21 世纪经典工程结构设计解析丛书

经典回眸

启迪设计集团股份有限公司篇

启迪设计集团股份有限公司　编

中国建筑工业出版社

图书在版编目（CIP）数据

经典回眸. 启迪设计集团股份有限公司篇 / 启迪设
计集团股份有限公司编.— 北京：中国建筑工业出版社，
2023.9
（21世纪经典工程结构设计解析丛书）
ISBN 978-7-112-29006-2

Ⅰ. ①经… Ⅱ. ①启… Ⅲ. ①建筑结构—结构设计—
作品集—中国—现代 Ⅳ. ①TU318

中国国家版本馆CIP数据核字（2023）第146107号

责任编辑：刘瑞霞 刘颖超
责任校对：姜小莲

21世纪经典工程结构设计解析丛书
经典回眸 启迪设计集团股份有限公司篇
启迪设计集团股份有限公司 编

*

中国建筑工业出版社出版、发行（北京海淀三里河路9号）
各地新华书店、建筑书店经销
国排高科（北京）信息技术有限公司制版
天津图文方嘉印刷有限公司印刷

*

开本：880毫米×1230毫米 1/16 印张：30½ 字数：906千字
2023年9月第一版 2023年9月第一次印刷
定价：**298.00**元
ISBN 978-7-112-29006-2
（41694）

丛书编委会

（按姓氏拼音排序）

顾　问：陈　星　　丁洁民　　范　重　　柯长华　　李　霆

　　　　李亚明　　龙卫国　　齐五辉　　任庆英　　汪大绥

　　　　杨　琦　　张　敏　　周建龙

主　编：束伟农

副主编：包联进　　戴雅萍　　冯　远　　霍文营　　姜文伟

　　　　罗赤宇　　吴宏磊　　吴小宾　　辛　力　　甄　伟

　　　　周德良　　朱忠义

编　委：蔡凤维　　贾俊明　　贾水忠　　李宏胜　　林景华

　　　　龙亦兵　　孙海林　　王洪臣　　王洪军　　王世玉

　　　　王　载　　向新岸　　许　敏　　袁雪芬　　张　坚

　　　　张　峥　　赵宏康　　周定松　　周　健

主编单位：北京市建筑设计研究院有限公司

参编单位：中国建筑设计研究院有限公司

华东建筑设计研究院有限公司

上海建筑设计研究院有限公司

同济大学建筑设计研究院（集团）有限公司

中国建筑西南设计研究院有限公司

中国建筑西北设计研究院有限公司

中南建筑设计院股份有限公司

广东省建筑设计研究院有限公司

启迪设计集团股份有限公司

丛书总序

伴随着中国的城市化进程，我国土木与建筑工程领域经历了高速发展时期，行业技术水平在大量工程实践中得到了长足发展。工程结构设计作为土木与建筑工程领域的重要组成部分，不仅关乎建筑物的安全与稳定，更直接影响着建筑的功能和可持续性。21 世纪以来，随着社会经济发展和人们生活需求的逐步提升，一大批超高层办公楼、体育场馆、会展中心、剧院、机场、火车站相继建成。在这些大型复杂项目的设计建造过程中，研发的先进技术得以推广应用，显著提升了项目品质。如今，我国建筑业发展总体上仍处于重要战略机遇期，但也面临着市场风险增多、发展速度受限的挑战，总结既往成功经验，继续保持创新意识，加强新技术推广，才能适应市场需求，促进建筑业的高质量发展。

为了更好地实现专业知识与经验的集成和共享，推动行业发展，国内十家处于领军地位的建筑设计研究院汇聚了 21 世纪以来经典工程项目的设计研究成果，编撰成系列丛书，以记录、总结团队在长期实践过程中积累的宝贵经验和取得的卓越成绩。丛书编委会由十家大院的勘察设计大师和总工程师组成，经过悉心筛选，从数千个项目中选拔出 200 余项代表性大型复杂项目，全面展现了我国工程结构设计在各个方向的创新与突破。丛书所涉及的项目难度高、规模大、技术精，具有普通工程无法比拟的复杂性。这些案例均由在一线工作的项目负责人主笔撰写，因此描述细致深入，从最初的结构方案选型，到设计过程中的结构布置思考与优化，再到结构专项技术分析、构造设计和试验研究等，进行了系统性的梳理归纳，力求呈现大型复杂工程在设计全过程中的思维方式和处理策略。

理论研究与工程实践相结合，数值分析与结构试验相结合，是丛书中经典工程的设计特点。土木工程是实践性很强的学科，只有经得起工程检验的研究成果才是有生命力、有潜力的。在大型复杂工程的设计建造过程中，对新技术、新工艺的需求更高，对设计人员也是很大的考验，要求在充分理解规范的基础上，大胆创新，严谨验证，才能保证研发成果圆满落地，进而推动行业的发展进步。理论与实践的结合，在本套丛书中得到了很好的体现，研究团队的技术成果在其中多项工程得到应用，比如大兴国际机场、雄安站、上海中心大厦、中央电视台新台址 CCTV 主楼等项目，加快了建造速度，提升了建筑品质，取到了良好的效果。

本套丛书开创了国内大型建筑设计院合作著书的先河，每个大院以一册的形式总结自己的杰出工程案例，不仅是对各大院在工程结构设计领域成就的展示，也是对我国工程结构设计整体实力的展示。随着结构材料性能提高、组合结构发展、分析手段完善、设计方法进步，新型高性能材料、构件和结构体系不断涌现，这些新材料、新技术和新工艺对推动建筑行业科技进步起到了重要作用，在向工程技术人员提出了更高挑战的同时也提供了创新空间。未来的土木工程学科将是追求高性能、高质量发展的学科，工程结构设计领域的发展需要不断的学习、积累和创新。希望这套丛书能够为广大结构工程师和相关从业人员提供有价值的参考，激发他们的灵感和创造力。同时，也希望通过这套丛书的分享和传播，进一步推动我国工程结构设计领域的创新和进步，为我国城镇建设和高质量发展贡献更多的智慧和力量。

中国工程院院士

清华大学土木工程系教授

2023 年 8 月

本书编委会

主　　编：戴雅萍

副主编：袁雪芬　张　敏　赵宏康

编　　委：（按姓氏拼音排序）

曹彦凯　邓春燕　陆春华　宋鸿誉　谭　骞

叶永毅　张　杜　张志刚　朱　怡

21 世纪经典工程结构设计解析丛书"经典回眸"集我国重要建筑工程项目之大成，经各方努力策划和编纂，得以出版，值得庆贺！本书《经典回眸 启迪设计集团股份有限公司篇》，是该丛书主要成果之一。

苏州是一座具有 2500 年历史的世界名城，碧波万顷的太湖、古朴典雅的园林、人文荟萃的底蕴，展现着她的迷人风姿，苏州人精益求精的工匠精神，造就了这座城市的精致典雅。进入新世纪后，苏州在保护和创新建设中穿越古今，成为被江南水乡环绕、历史和现代交相辉映的一颗明珠。

启迪设计作为新中国成立后苏州第一家建筑设计院，从诞生起便肩负着建设苏州、传承苏州文化的重要使命。进入 21 世纪后，伴随着苏州和全国的城市建设高潮踏上快速扩张与发展的崭新征程，启迪设计完成了许多具有挑战性的大跨度、高层、复杂建筑设计，比较典型的如：苏州博览中心项目，采用变高度立体管桁架屋盖结构，实现建筑单跨 90m ＋ 悬挑 34m 的苏州檀香扇造型，结合该项目所做的"空间并联 K 形钢管相贯焊接节点试验"课题研究获江苏省建设科技进步一等奖；扬州体育场项目，看台罩棚摒弃常规的悬挑式设计，采用跨越看台、荷载向两侧传递的方案，创造出轻盈、飘逸的视觉效果，为了解决罩棚的结构稳定性，提出了预调内力方法；苏州科技馆工业展览馆项目，设计展现为悬浮在半空中的椭圆弧形带状建筑，端部悬挑 45m，结构采用弧形钢箱梁 ＋ 折线型巨型钢桁架 ＋ 钢框架（局部钢管混凝土柱）体系，采用结构抗震的性能化设计；昆山 A15 地块超高层项目，为内设 180m 高中庭的超高层项目，结构设计采用布置带小洞口的剪力墙分散到四角的回字形平面，形成小束筒，最大限度提高建筑结构的抗侧力刚度。除此之外，启迪设计还完成了苏州博物馆、苏州中心、太湖文化论坛国际会议中心、苏州橙天 360剧场、苏州中银大厦、太湖新城地下空间等结构高难度项目，参与了高度 500m 的中南中心设计。

启迪设计历年来所完成的项目曾获得多项省级科技进步奖和全国优秀结构设计奖，为推动我国建筑行业技术进步做出了杰出贡献。

本书是启迪设计对 20 多年来所完成的主要工程结构设计的总结，相信对业内同行具有宝贵的参考价值。

全国工程勘察设计大师

2023 年 7 月

序 二

我非常荣幸，受邀为启迪设计集团结构专业作品集撰写序言。

我与启迪设计颇有渊源，早在 1976～1987 年我曾在启迪设计集团股份有限公司（原苏州市建筑设计研究院）工作，历任工程师、高级工程师、副总工程师等职务，在这段时间里，我主持完成了当时苏州最高建筑（第一栋 100m 高层建筑）雅都大酒店、南京华侨公寓等高层建筑的结构设计，第一次创新性提出了施工模拟的设计思想和方法。现在，启迪设计集团已在创业板上市，并成为全国勘察设计行业领先、特色领域技术优势明显、综合实力雄厚的全国一流城乡建设科技集团，我十分感慨，并由衷的高兴和自豪。

启迪设计集团创建于 1953 年，至今已有 70 年的历史。集团以"全过程咨询＋工程建设管理＋双碳新能源＋城市更新＋数字科技"五大板块为支撑，紧跟国家战略机遇，发挥科技创新力量，积极开展课题研究和创新工程实践。21 世纪以来，伴随着苏州和全国城市建设的快速发展，启迪设计抓住机遇、开拓争取，完成了一大批复杂的经典项目，积累了丰富的专业知识和工程经验，提升了结构设计能力和水平，助力企业高质量发展。

这本结构专业作品集很好地体现了其"传承致敬经典、创新融筑未来"的企业精神。编制组选取 20 个经典项目，类型涉及文化建筑、体育建筑、会展建筑、超高层建筑及复杂超限高层。如苏州博物馆，采用八面空间钢桁架及人字形双坡钢梁的巧妙设计，实现建筑错落有致的坡屋面造型；太湖国际会议中心，采用 45m 跨变截面钢桁架及倒放 H 型钢，实现内部大空间和建筑立面层层退台的重载要求；苏州胥江天街，采用带支撑的巨型钢桁架＋悬挂子结构，屋面设置环形帽桁架，支撑在角部四个钢框架筒体，形成跨越地铁的大跨商业、首层无柱空间；西交利物浦大学行政信息楼，针对立面开洞 T 形贯通、大面积楼面斜板、空中连廊等建筑特点，通过多模型多软件计算分析、性能化设计和振动台试验等，确保主体结构满足抗震设防目标。

通过长期不懈的努力和实践，启迪设计集团已荣获诸多国家和省部级奖项。如苏州博物馆荣获全国优秀工程勘察设计奖金奖、扬州体育公园体育场钢结构工程荣获中国钢结构金奖等；课题"地铁车辆上盖建筑设计关键技术集成与应用"荣获中国建筑学会科技进步三等奖、"双钢管并联 K 形节点受力性能及设计方法和施工工艺研究"荣获江苏省建设科学技术一等奖等，充分体现了结构专业超强的技术水平和创新能力，为推动我国建筑行业技术进步贡献力量。

70 年，栉风沐雨，风雨兼程，启迪设计从创建至今，经历了创业、发展、进取、腾飞的发展阶段，走过了她不平凡的光辉岁月。恭贺启迪设计集团股份有限公司成立 70 周年，同时祝贺结构设计师们取得的成就，祝愿启迪设计未来的事业蒸蒸日上、再创辉煌。

全国工程勘察设计大师
2023 年 7 月

前　言

首先非常感谢北京市建筑设计研究院总工程师束伟农组织编写 21 世纪经典工程结构设计解析丛书"经典回眸"，启迪设计非常荣幸参与该系列书的编写。

今年是启迪设计集团股份有限公司（原苏州设计）成立 70 周年，进入 21 世纪以来在中国现代化发展的蓬勃生机中，在苏州和全国城市化建设快速发展浪潮中，启迪设计深孚众望，积极投入现代化城乡建设，传承中华文化，推动行业技术创新发展，用惟精惟一的匠心，结构工程师的责任担当，成就了苏州现代化城市建设发展的壮丽史诗。

我是 1988 年进入启迪设计前身——苏州市建筑设计院工作，当时全院一共 50 多人，结构设计所承担的最大项目是傅学怡大师领衔负责的 100m 高的苏州雅都大酒店。进入 21 世纪后，启迪设计大力创新、率先转型、顺利改制，以民营科技企业的崭新姿态开启跨世纪发展的新阶段。党的十八大以来，国家发展进入新时期，集团紧抓时代机遇，稳步实现股改、上市的目标，开启快速扩张与发展的崭新征程。至今启迪设计已发展成为勘察设计行业领先、特色领域技术优势明显、综合实力雄厚的全国一流城乡建设科技集团。

苏州既是一座古老典雅的江南城市，又是一座开放创新充满活力的现代化城市。尤其是 21 世纪以来，苏州经济能级的迅速提高给了我们有所作为的学习锻炼提高机会。2003—2006 年，我们与贝聿铭大师合作了苏州博物馆，贝老的"中而新""苏而新""不高不大不突出"的创新设计方法，创造了一个与苏州古城肌理相融合又个性鲜明的现代建筑。结构设计在建筑思想的影响下，也进行了大量的创新实践，成功地用现代结构材料、先进结构技术、创新结构手法，完美地实现了"结构成就建筑之美"，结构设计得到了贝聿铭大师的高度赞扬。项目虽不大，但对结构设计的启发非常大。之后我们一直非常重视结构新技术的创新研究和运用，多年来与东南大学、南京工业大学、苏州科技大学、江苏省建筑科学研究院、同济大学、浙江大学等高校和科研单位合作进行了多项结构技术创新课题的研究，课题的研究成果运用到复杂建筑结构设计实践运用中。目前启迪设计参与的最高项目为 500m 的中南中心，设计建成的最大跨度项目是 280m 的扬州体育场，最高单层建筑项目是单层层高 63.8m + 单跨 56.35m 的国家电气科学实验室。同时我们还主编或参编了多本全国和地方行业标准，不断提升自身的技术能力，成为承"小家碧玉"又具"大家闺秀"的精致双面绣。

21 世纪经典工程结构设计解析丛书《经典回眸　启迪设计集团股份有限公司篇》总结了 21 世纪以来启迪设计完成的有一定结构难度、在结构技术上有所创新的部分工程设计案例。一共分 20 章，五大类型：文化建筑、体育建筑、会展建筑、超高层建筑、复杂超限高层建筑，其中有混凝土结构、钢结构、混合结构，这些项目反映了启迪设计在结构专业能力上的一步步成长过程，展现了启迪设计从一个小设计室到全国一流城乡建设科技集团的华丽蜕变。

　　今后启迪设计要不断向国内外同行学习，坚持科技创新引领高质量发展，助力行业技术进步，以实际行动谱写新时代更加绚丽的华章，为人民创造高品质生活、以中国式现代化全面推进中华民族伟大复兴贡献我们的智慧和力量。

启迪设计集团股份有限公司
董事长、首席总工程师
2023 年 7 月

目 录

全书延伸阅读扫码观看

第 1 章

苏州博物馆

1.1 工程概况

1.1.1 建筑概况

苏州博物馆坐落在苏州历史文化名城保护区，位于中国四大名园之一拙政园的西侧，紧邻国家重点文物保护单位忠王府，西南则是面对千年古城的小桥流水人家和粉墙黛瓦院落。整体建筑由世界著名建筑大师贝聿铭先生设计，是一座融苏州传统建筑风格与现代建设手法为一体，集当代博物馆建筑、苏州传统民居特色与创新江南山水园林之大成的综合性博物馆。

苏州博物馆新馆占地面积约 10750m²，总建筑面积约 19000m²，其中地上建筑面积 10420m²，地下建筑面积 8580m²，总投资约 3.39 亿元。为了充分尊重文化名城保护区域的历史风貌，地上大部分主体建筑为一层，檐口高度控制在 4m 以内，局部中央大厅和西部展厅为二层建筑，建筑最高处不超过 16m；较多功能设置在地下一层，最大深度为 8.1m。苏州博物馆总平面图见图 1.1-1，东西向剖面图见图 1.1-2，典型剖立面图见图 1.1-3。

图 1.1-1　苏州博物馆总平面图

图 1.1-2　苏州博物馆东西向剖面图

图 1.1-3　苏州博物馆典型剖立面图

苏州博物馆建筑群巧妙地运用现代几何立体造型体现江南民居错落有致的特色，深灰色花岗岩石材屋面结合墙面的边框装饰，配之建筑立面白墙，使建筑与苏州传统的城市肌理融合在一起，创造性地诠释了江南粉墙黛瓦的内涵。由几何形态勾勒的屋顶，既传承了苏州风格古建筑纵横交叉的斜坡屋顶，又突破了传统建筑大屋顶在采光方面的难题，淋漓尽致地体现了"让光线来做设计"的理念。屋顶立体几何形天窗和相邻的斜坡屋面形成了折角，呈现出优美的三角体型，不仅在视觉造型上令人赏心悦目，而且在使用功能上也使得自然光产生层次变化，让博物馆内的线条流动起来。苏州博物馆大厅效果见图 1.1-4。

博物馆建筑群通过组团围合了一个主庭院和多个小庭院，主庭院是基于苏州古典园林文化精髓打造的创意水墨山水园林，该园隔墙衔接拙政园，墙边高低错落排放片石假山，"以壁为纸，以石为绘"。在江南烟雨中，庭院呈现别具一格的水墨山水景观效果，恰如与拙政园融为一体，苏州博物馆庭院效果图见图 1.1-5。此外，博物馆景观设计嫁接了从当年文徵明手植的紫藤上修剪下来的蔓枝，延续了苏州文脉，融传统意蕴与时代气息为一体，在微风下紫藤的轻枝曼叶与建筑体块刚柔并济，相得益彰，使人心旷神怡。

图 1.1-4　苏州博物馆大厅效果图　　　　　　图 1.1-5　苏州博物馆庭院效果图

1.1.2　设计条件

1. 本工程设计时间在 2003—2004 年，执行下列结构设计标准

（1）《建筑结构可靠度设计统一标准》GB 50068—2001

（2）《建筑工程抗震设防分类标准》GB 50223—2004

（3）《建筑结构荷载规范》GB 50009—2001

（4）《建筑地基基础设计规范》GB 50007—2002

（5）《混凝土结构设计规范》GB 50010—2002

（6）《建筑抗震设计规范》GB 50011—2001

（7）《砌体结构设计规范》GB 50003—2001

（8）《钢结构设计规范》GB 50017—2003

（9）《钢结构工程施工质量验收规范》GB 50205—2001

2. 本工程结构抗震设防水准

（1）根据建筑使用功能的重要性分类，本工程抗震设防类别取为丙类。

（2）抗震设防烈度为 6 度，对应基本地震加速度值为 0.05g，设计地震分组为第一组。

（3）根据地质勘察报告，本工程建筑场地类别为Ⅲ类，场地特征周期 $T_g = 0.45s$。

（4）水平地震影响系数最大值 $\alpha_{max} = 0.04$，阻尼比：混凝土结构为 0.05，钢结构为 0.02。

3．工程所在地苏州市区基本风压为 0.45kN/m²，基本雪压为 0.4kN/m²。

4．其他设计参数取值

（1）结构的设计使用年限为 50 年。

（2）建筑结构安全等级为二级。

（3）建筑地基基础设计等级为乙级。

（4）建筑防火等级：地面以上部分为一级，地下室为一级。

（5）砌体结构施工质量控制等级为 B 级。

（6）屋面活荷载：0.70kN/m²。

（7）设计温差：±30℃。

5．钢结构主要设计参数

1）钢管采用满足国家标准《结构用无缝钢管》GB/T 8162—1999 中的热轧或冷拔钢管或按《直缝电焊钢管》GB/T 13793—1992 的要求，材质为 Q345B。

2）焊接 H 型钢，钢板用 Q345B 钢板，钢板满足国家标准《碳素结构钢和低合金结构钢热轧钢板和钢带》GB/T 3274—1988 要求，其尺寸及允许偏差符合《热轧钢板和钢带的尺寸、外形、重量及允许偏差》GB/T 709—1988 要求，按《焊接 H 型钢》YB 3301—1992 制作。

3）所有钢材均应具有抗拉强度、伸长率、屈服强度、冷弯试验和硫、磷、碳含量合格保证。同时，尚须符合下列规定：

（1）钢材的抗拉强度实测值与屈服强度实测值的比值不应小于 1.2；

（2）钢材应有明显的屈服台阶，且伸长率大于 20%；

（3）钢材应有良好的可焊性和合格的冲击韧性。

6．工程设计±0.000 标高相当于黄海高程 3.580m，苏州市区常年地下水位在黄海高程 2.000m，最低枯水位在黄海高程 1.500m，最高洪水位在黄海高程 2.500m。

1.2 建筑特点

1.2.1 空间无柱要求

苏州博物馆是一座现代化的博物馆，无论是在建筑设计或结构设计上都贯彻着"中而新""苏而新"的理念，贝聿铭先生更是将苏州博物馆建筑当成工艺品精雕细刻。在方案设计阶段，对于单层、局部二层建筑，结构初始拟采用框架结构体系，框架柱截面为 450mm×450mm，柱网基本间距为 6.75～8.10m，室内分隔墙拟采用苏州传统 220mm 厚的 85 砖，但这样每片墙角部均有 115 柱角或 230 柱角凸出室内，框架结构方案见图 1.2-1。

建筑师希望博物馆内部所有的墙面均为无凸出柱角的平整墙面线条。为避免柱子角凸出墙面的问题，结构将原来框架柱改成异形柱，即采用异形柱框架结构。根据构件抗震最小尺寸要求，异形柱截面的厚度为 250mm，长度为 500～750mm，但异形柱方案在外墙与内墙的交接处仍然凸出 220mm 砖墙外 30mm，异形柱结构方案见图 1.2-2。

为达到建筑完美空间效果，最后主体结构直接采用了剪力墙结构，墙肢厚度均为 250mm，尽量不用砖隔墙，个别位置采用框架柱，以确保建筑外立面及内部展厅功能和空间效果。较长剪力墙结合建筑门、窗洞口开设结构洞，形成多肢联墙，剪力墙结构方案见图 1.2-3。

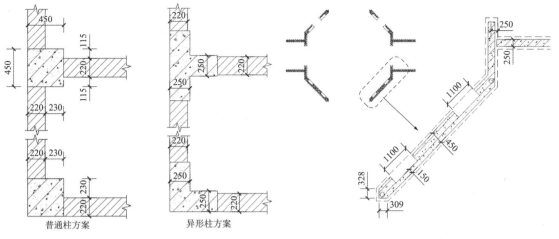

图 1.2-1 框架结构方案   图 1.2-2 异形柱结构方案   图 1.2-3 剪力墙结构方案（中央大厅局部）

1.2.2　多层转角空间屋面

　　苏州博物馆建筑造型采用了苏州典型民居错落有致的坡屋面，加之贝聿铭先生擅长的几何拼图技法，最终的建筑效果既与 2500 年的苏州古城相融合，又极具创新的现代建筑简约风格。入口处的大厅是博物馆的核心，这个八边形的大厅通过对传统建筑要素的几何形状加以转变以及重新诠释，打破民居方方正正的传统，形成八边形接四边形的多层转折空间，其实景见图 1.2-4。通过建筑几何形体变换、有效融合实现了现代建筑与传统建筑语言的和谐统一，这种多面多层米字形立体造型也给结构设计带来了挑战，必须通过巧妙布置、精确计算、合理构造才能确保空间的几何格构承受屋面的各种荷载作用。

图 1.2-4　多层转角空间屋面实景

1.2.3　人字形双坡屋面

　　苏州传统民居一般依水而建，建筑造型轻巧简洁，而屋顶大多采用传统木梁架体系的两坡顶。苏州博物馆对人字形坡屋顶进行了现代解读，设计采用与传统木构尺度相近的钢构件代替原木构件，再辅以木材饰面保留传统文化信息，人字形双坡屋顶实景见图 1.2-5。由于钢构件截面尺寸的限制，加之屋脊处角度过于平缓，对钢梁的挠度控制和支座变形控制产生较大的影响。

图 1.2-5　人字形双坡屋顶实景

1.2.4 钢结构悬挑三折楼梯

苏州博物馆由于用地和规划的限制，相当一部分的功能空间安排在地下。为了使地上地下空间连接更加自然且丰富有趣，建筑设计通过悬挑的三折楼梯贯通上下层，悬挑三折楼梯实景见图1.2-6。该悬挑三折楼梯与对景的水幕相呼应，游人跟着潺潺的流水在楼梯上行走，随着水声越来越大，到悬挑楼梯最远端，唯美的荷花池也映入眼帘，营造出古典的意境美。水幕、荷花池与通往展厅（书画厅）的钢结构三折悬挑楼梯刚柔结合，又不失现代感。

1.2.5 入口门头

苏州博物馆的入口正门面南，邻东北街。与苏州传统园林高墙围合、朱门紧闭的风格不同，建筑采用了既气派、又内敛的入口形式，更为大气、开放、吸引。入口采用玻璃重檐两坡式双层金属梁架结构，既有苏州传统建筑文化中古典园林大门的造型元素，又以现代建筑处理手法赋予其崭新的风格。大门门头实景见图1.2-7。

图1.2-6 悬挑三折楼梯实景　　　　　　　　　　　图1.2-7 大门门头实景

1.3 体系与分析

苏州博物馆主体结构采用剪力墙结构，所有剪力墙与建筑隔墙融为一体，并结合建筑门、窗洞口位置自然将剪力墙分割为各式的联肢墙。其中地下室外墙厚为500mm，内隔墙为250mm，上部结构墙厚均为250mm。考虑到楼面梁的搁置及锚固要求，内混凝土墙在楼面和屋顶部位增设框梁，剪力墙抗震等级为四级，均采用C30混凝土。

建筑设计楼面标高（尤其是一楼楼面）变化多，空间跨度大，且部分作为室外水池、景观庭院的底板，荷载较重，楼面采用现浇钢筋混凝土梁板结构，以下部剪力墙为支承。

屋面结合造型要求采用轻型钢结构，大多为平面或空间钢网格结构。

由于工程平面较为狭长，结合建筑立面变化，上部结构设置了4条防震缝将结构分为5个独立的抗震单元，防震缝宽度均为70mm。

根据场地周边条件和工程地质条件，基础采用钢筋混凝土筏板基础，以②黏土层或③粉质黏土层为持力层。由于地下室建筑层高不同，基础筏板分块落在不同的持力层。

地下室平面尺寸为108m×135m，面积较大，且存在一定的荷载差异，采取适当掺加抗裂、防渗混凝土外加剂，加强地下室构件配筋和设置施工后浇带等有效措施，充分降低温度和收缩应力对主体结构产生的不利影响。

1.4 专项设计（含计算及特殊构造）

1.4.1 多层转角八面空间钢结构屋面桁架

苏州博物馆中央大厅屋面采用空间八角形坡屋面形式，大厅屋面分为三层多面并逐层转角，整个屋架跨度为16.2m、高度为10.35m。根据建筑屋面形体设计，结构采用圆钢管为主要构件的轻型空间钢网格结构，整个钢结构屋盖支撑在8个$\phi219\times22$的圆钢管角柱上。为了使钢结构展现出古建筑同样的效果，钢架构件直径尺寸大都限制在141～168mm。博物馆屋面采用了被称为"中国黑"的花岗石取代了传统的灰瓦，这种黑中带灰的"中国黑"大理石淋了雨是黑的，在太阳下颜色恢复为浅灰或深灰色，屋面石材厚50mm，加上屋面保温、防水等基层建筑构造，屋面荷载比普通的民居瓦顶大许多，这对杆件细小、受力复杂的空间钢结构是一个挑战。

在大厅的正入口处，还有一个悬挑4.05m的折面悬挑雨篷，此雨篷与屋盖钢结构连为一体，亦增加了此屋盖的设计难度。

为了发挥空间钢网格效应，该八面空间钢结构在轴线立面内均形成稳定的钢结构平面桁架，在桁架主要的受力构件均采用较厚的同等直径的圆管，加大截面刚度和承载力的同时便于节点的转折；在斜屋面平面内增设水平支撑系统，以确保空间结构的每个面都形成三角形稳定体系。

大厅八面空间钢结构桁架整体结构图详见图1.4-1，2、3轴平面桁架图见图1.4-2。

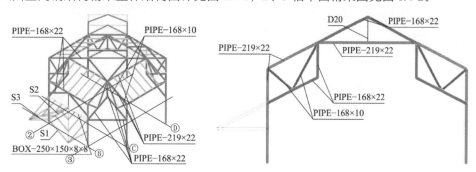

图1.4-1 大厅八面空间钢结构桁架整体结构图　　　图1.4-2 大厅八面空间钢结构2、3轴平面桁架图

采用ETABS软件对该钢网格结构进行了详细的计算分析，坡屋面中井字形布置的四榀构架形成了空间结构体系主要的承载结构。钢柱脚按铰接设计，支座反力竖向最大值为379.36kN，面内的水平力为20.02kN，该水平力由剪力墙承担。

2轴和3轴线上刚架杆件截面主要为$\phi219\times22$，$\phi168\times22$，$\phi168\times10$三种圆钢管。在各组合工况下，$\phi219\times22$钢管组合轴力范围 −376.47～60.8kN（受拉为正），组合弯矩最大值51.94kN·m，组合剪力最大值45.55kN；$\phi168\times22$钢管组合轴力范围 −231.81～4.33kN，组合弯矩最大值10.44kN·m，组合剪力最大值12.59kN；$\phi168\times10$钢管组合轴力范围 −148.85～118.63kN，组合弯矩最大值2.49kN·m。$\phi219\times22$最大弯矩发生在雨篷支撑点处，其余多管相交节点处最大弯矩33.47kN·m。三种圆钢管最大应力比分别为0.383、0.249、0.194。2、3轴平面桁架内力及应力比图见图1.4-3。由于桁架上弦杆总体压应力比不大，按规范验算后都能符合稳定要求。

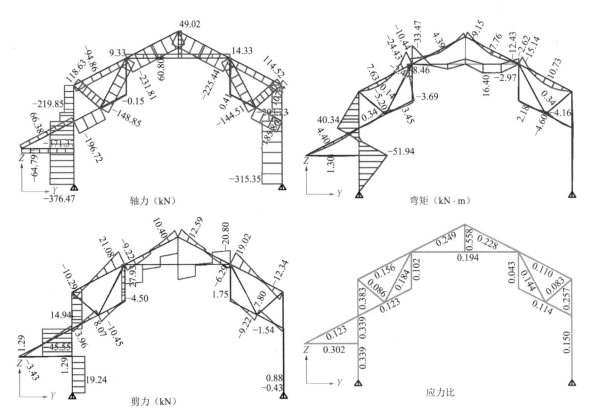

图 1.4-3　2、3 轴平面桁架内力及应力比图

与 2 轴、3 轴的刚架相比，由于 C 轴和 D 轴线上桁架没有悬挑雨篷的影响，总体受力比 2 轴、3 轴相对简单一些。

对于苏州博物馆这样的多面多折复杂空间钢结构，结构通过构件与结构的有效组合布置，使得空间结构受力均匀，传力直接，既把控空间结构整体受力，又进行面内受力复核，通过简洁高效的结构成就了建筑追求的理想空间。

西侧绘画厅屋面也采用类似的结构形式，但相对入门大厅屋面，此空间八面形坡屋面跨度相对较小，为 13.5m，二层结构形式，杆件空间关系相对大厅简单一些。西侧绘画厅八面空间钢结构桁架整体结构见图 1.4-4，2、3 轴平面桁架详见图 1.4-5。

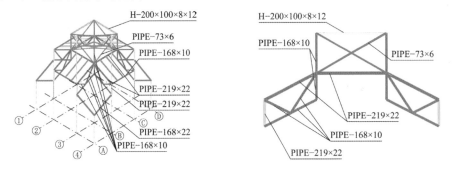

图 1.4-4　西侧绘画厅八面空间钢结构桁架整体结构图　　图 1.4-5　西侧绘画厅八面空间钢结构 2、3 轴平面桁架图

八角形坡屋面也是以井字形布置的四榀刚架形成了空间结构体系主要的承载结构。$\phi219 \times 22$、$\phi168 \times 22$、$\phi168 \times 10$ 三种圆钢管，最大应力比分别为 0.247、0.028、0.143。

1.4.2　人字形双坡钢梁

（1）坡屋顶是江南民居最常见的形式，苏州博物馆屋顶也大量采用了该形式，只是用现代钢构架代替了传统的木架，创新性地设计了无下弦拉杆的平面人字形组合钢梁形式。

该人字形双坡梁最大特点是取消了传统屋架的下弦拉杆，增加了顶部三角形，见图 1.4-6，既改善了梁的受力性能，又巧妙地应用三角形增加了梁跨中转折处的刚度，室内梁部分外露。建筑造型追求与传统民居屋架相同的效果，截面尺寸较小，屋面跨度 8.1m，外露的圆钢管直径为 89mm。为提高梁架的刚度和承载能力，结构采用了圆钢管与 T 型钢的组合截面形式，梁顶面采用 T 型钢可更好地适应建筑屋面的构造设计，而下部的圆钢管则类似传统民居的"椽子"。人字形双坡钢梁截面详见图 1.4-7。

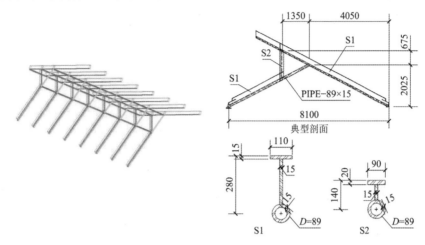

图 1.4-6　人字形双坡钢梁结构图　　　　图 1.4-7　人字形双坡钢梁截面图

按两端固定铰支座的平面组合钢架计算，该梁架各段杆件控制组合下的内力及应力比见表 1.4-1，组合截面的最大应力比为 0.219，各钢杆件应力较小，但三角拱受力效应明显，在支座处产生设计值为 40.9kN/1.35m 的水平推力，此推力作用在 4m 高、25mm 厚的悬臂剪力墙顶，产生较大的倾覆弯矩，导致墙体将出现 1mm 宽的水平裂缝，远超规范 0.3mm 限值。

人字形双坡钢梁架内力分布（两端铰支方案）　　　　　　表 1.4-1

两端支座固定铰接				
截面	轴力/kN	弯矩/kN·m	剪力/kN	应力比
S1 段	−67.32	25.68	19.19	0.176
S2 段	−5.14	16.56	14.48	0.219
PIPE89×15 段	−43.73	1.30	1.08	0.126

如释放梁的水平约束，改为一端支座固定铰接、一端支座可以水平滑动的方案，计算所得滑动支座端支座水平位移为 25.01mm，组合梁架各段杆件控制组合下的内力及应力比见表 1.4-2。释放水平约束后，拱效应降低，更接近折梁，跨中弯矩急剧增大，原杆件截面已不能满足承载力要求，相应的变形也急剧增大，跨中挠度达 24.87mm，超过规范 1/400 限值要求。

人字形双坡钢梁架内力分布（简支梁方案）　　　　　　表 1.4-2

一端支座固定铰接，一端支座水平滑移				
截面	轴力/kN	弯矩/kN·m	剪力/kN	应力比
S1 段	−56.72	90.10	87.01	0.469
S2 段	−71.40	83.68	86.86	1.074
PIPE89×15 段	99.46	6.42	4.47	0.468

为解决这一难题，采用部分释放水平力的方案，在梁架一端支座采用了创新设计的微型钢球滚轴支座，见图 1.4-8。此滚轴支座施工时允许支座先行滑移 15mm 之后再予以固定，释放预期的水平推力。在

这种先滑后铰的边界条件下，组合梁架各段杆件控制组合下的内力及应力比见表1.4-3，组合截面的最大应力比为0.752，支座处的水平推力降至设计值为14.48kN/1.35m，根据实际配筋计算的最大裂缝宽度为0.14mm，满足规范要求，既实现了室内效果的完美体现，又确保了下部支承结构的安全。部分释放水平力下人字形双坡钢梁架在竖向荷载作用下的内力分布详见图1.4-9。

人字形双坡钢梁架内力分布（先滑后铰方案）　　　　　　　　　　表1.4-3

一端支座固定铰接，一端支座限位滑移			
截面	轴力/kN	弯矩/kN·m	剪力/kN	应力比
S1 段	−49.70	79.06	76.97	0.312
S2 段	−62.90	73.44	76.37	0.752
PIPE89×15 段	88.73	5.62	3.94	0.320

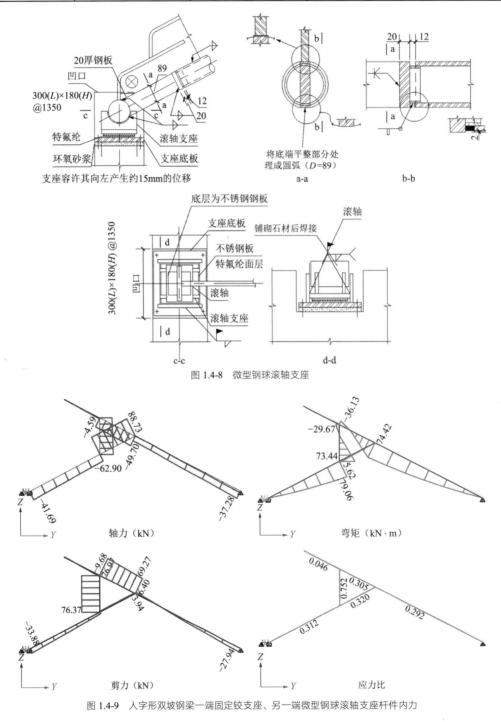

图 1.4-8　微型钢球滚轴支座

图 1.4-9　人字形双坡钢梁一端固定铰支座、另一端微型钢球滚轴支座杆件内力

（2）在坡屋面交接处，平面的梁架体系需变换为 90°交接的人字形双坡梁架体系，整体钢结构布置见图 1.4-10。为保证室内效果的一致性，采用了与平面梁架统一的形式和构件，见图 1.4-11。

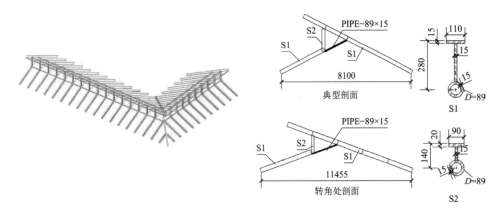

图 1.4-10　转角处双坡钢梁结构图　　　　　　　图 1.4-11　转角处双坡钢梁截面图

因为转角而设置的斜向梁架，跨度有所增大，还承载次梁架传递来的竖向荷载，采用上节所述的部分释放水平力的支座形式，则该斜桁架 S2 杆件段的应力比将达 1.42。增大杆件尺寸会给建筑的室内效果带来较差的体验感。有利的是该坡屋面交接处下部支承的剪力墙是完整的，均有互相垂直交叉的翼墙效应，见图 1.4-12，抗侧刚度和承载能力较强，因此该转角斜梁架采用两端固定铰支座。计算结果表明：转角处跨度 11.455m 的斜梁架在支座处产生的最大双向水平推力设计值 170.071kN，是 8.1m 跨度平面梁架在两端固定铰支座下计算反力的 4.16 倍。在施工图设计中，把该水平推力作为荷载加于同平面的剪力墙顶计算墙体的受力和配筋，并加强了该部位支承剪力墙体的构造暗柱及水平钢筋的相互搭接要求。支座形式的优化极大地减小了该梁架的内力，S2 杆件段最大应力比为 0.479，S1 杆件段最大应力比为 0.755，转角处斜桁架各杆件段应力比见图 1.4-13。

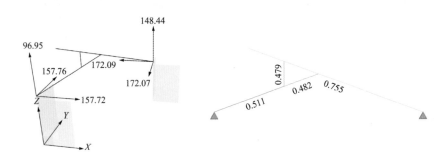

图 1.4-12　90°交接处地震墙抵抗的水平推力　　　图 1.4-13　转角处斜桁架各杆件应力比

（3）在当代艺术馆的上部，由于建筑屋面造型需求，钢结构屋架形式非常复杂。结构采用了人字形梁与转换桁架相结合的布置，两榀三角形桁架和两榀矩形桁架组成了主要受力体系，桁架跨度 10.80m，见图 1.4-14。

该三角形转换桁架不同于一般完整的三角形桁架，在一端只有下弦杆，下弦杆截面采用 360mm × 220mm 的 BOX 钢管，且高度变化较大，对端部高达 4.05m 的柱子，设置 250mm × 190mm 的 BOX 钢管柱，解决该桁架端柱的稳定问题。三角形转换桁架构件尺寸见图 1.4-15，计算结果见表 1.4-4，内力最大的是下弦杆，由于其形式还不是传统意义上的三角形桁架，下弦杆上同时存在较大的轴力、弯矩和剪力，但在采用了合适的 BOX 方钢管截面后，其应力比也控制较好。

矩形桁架高度为 1.7m，采用了上下弦杆和端杆为 H 型钢、中间腹杆为 L 型钢。三角形转换桁架和矩形转换桁架构件尺寸见图 1.4-15。矩形转换桁架内力计算结果见表 1.4-5。

三角形转换桁架内力计算结果 | 表 1.4-4

三角形桁架杆件内力包络值

截面	轴力/kN	弯矩/kN·m	剪力/kN	应力比
BOX-360×220×16×20	351.42	288.76	136.39	0.564
BOX-250×190×14×20	−193.07	24.93	12.47	0.173
H-200×102×8×12	−413.26	10.30	11.29	0.463
2L100×80×8	−145.55，144.39	—	—	0.549

矩形转换桁架内力计算结果 | 表 1.4-5

矩形桁架杆件内力包络值

截面	轴力/kN	弯矩/kN·m	剪力/kN	应力比
H-150×102×6×8 （上弦）	−210.93	1.5	4.12	0.519
H-150×102×6×8 （下弦）	52.07	1.27	3.12	0.190
H-150×102×6×8 （竖杆）	−19.25	—	—	0.052
2L90×56×7	−151.19	—	—	0.508

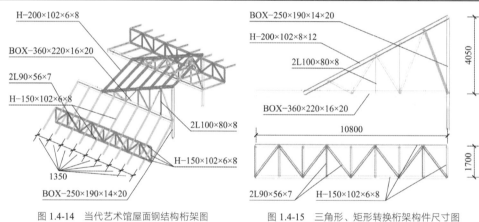

图 1.4-14 当代艺术馆屋面钢结构桁架图

图 1.4-15 三角形、矩形转换桁架构件尺寸图

1.4.3 钢结构三折悬挑楼梯

在荷花池上的三折悬挑楼梯，是苏州博物馆的内部建筑亮点之一。根据建筑布置要求，该楼梯的结构平面布置和剖面见图 1.4-16，其中一楼至二楼的楼梯为全悬挑三折楼梯。

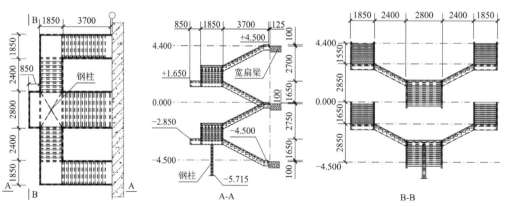

图 1.4-16 荷花池上三折悬挑楼梯平面和剖面图

该楼梯典型的内侧钢梁形式和尺寸见图 1.4-17，踏步的剖面见图 1.4-18。

012

经典回眸 启迪设计集团股份有限公司篇

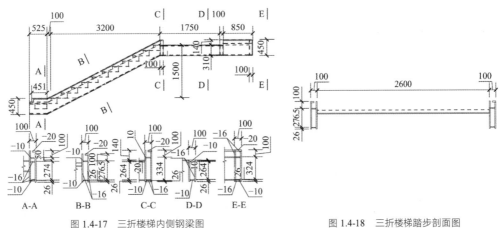

图 1.4-17　三折楼梯内侧钢梁图　　　　图 1.4-18　三折楼梯踏步剖面图

在一楼至地下室的梯段，为了降低结构成本，在平台正下方设置了截面非常小的交叉钢柱，见图 1.4-19。由于该钢柱设置的标高非常低，一般行人觉察不到该钢柱的存在。

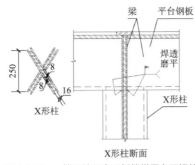

图 1.4-19　一楼至地下室三折楼梯平台下钢柱

此楼梯为内部重要的公共竖向交通，建筑面层采用"105mm 厚花岗石 + 45mm 厚水泥垫层"，设计活荷载 3.5kN/m²，其与楼面相连的支座节点成为整个楼梯的关键部位，尤其重要。

一层至二层的三折悬挑楼梯的计算简图见图 1.4-20。计算采用 SAP2000 软件计算，钢梁及踏步板均采用壳元模拟，钢梁之间、踏步板与钢梁连接均采用刚接模型，楼梯上端钢梁与二层楼面混凝土梁的连接采用了特别设计的锚固连接。计算结果显示，在最不利活荷载布置作用下钢梁最大应力为 160MPa，发生在图 1.4-17 钢梁变截面处，最大挠度发生在结构悬挑最远端为 22mm。钢梁在二楼支座固接处，相应的支座最大反力为：轴拉力 193kN，竖向剪力 131kN，扭矩为 115kN·m，发生在内侧上支座，见图 1.4-21。由于该楼梯总体左右对称，结构构件相互支撑，空间整体刚度较强，表现出了较好的整体抗扭性能。

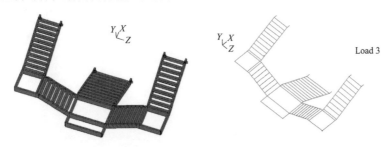

图 1.4-20　三折悬挑楼梯计算简图　　　　图 1.4-21　三折悬挑楼梯计算结果图

该悬挑楼梯的钢构件支座处存在较大的轴力、剪力和扭矩，导致支座处的传力较复杂。如采用传统的螺栓连接，一方面需要的螺栓过长，对螺栓固件的加工存在较大难度；另一方面，由于需要的螺栓数量比较多，施工质量难以得到保证。根据本悬挑钢梁支座反力，设计了专门的锚固结构，由支座锚板与型钢、混凝土梁的钢筋网结合共同组成支座锚固件，在锚板外侧设置型钢套接，套接型钢焊接固定悬挑钢梁。三折悬挑楼梯支座锚固结构见图 1.4-22。

在锚板后用型钢加钢筋网片代替了锚栓，既克服了锚栓截面直径限制所造成的复杂应力下螺栓根数过多，锚板偏大的缺点，又充分发挥锚板后面的型钢加钢筋网片所形成的整体刚度，同时在结构二层楼面支座边设置宽为 900mm 的宽扁梁，提供了足够的抗弯、抗剪、抗扭的能力，也解决了施工复杂的问题。

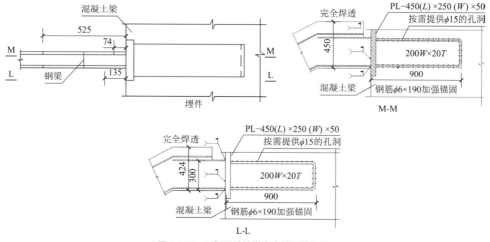

图 1.4-22 三折悬挑楼梯支座锚固结构图

1.4.4 钢结构紫藤架

博物馆紫藤园内设计有一个钢结构"文藤"架，跨度为 10.35m。紫藤园内营造了对游客完全开放的空间，并仿照天然紫藤架的效果，钢结构交叉梁架的下部不设柱子，横梁高度尺寸限制在 200mm、宽度限制在 50mm 以内，见图 1.4-23。

由于紫藤树生长迅速，爬藤能力强大，尤其是夏天藤枝满架、郁郁葱葱，多年苍老屈曲的文藤老枝扶摇而上，如虬龙一般伏睡，每到天气渐暖时便苏醒吐蕊，璎珞遍垂。结构设计对紫藤架的荷载取值没有依据可循。文藤老枝在向上、向外攀爬过程中给结构带来不少的牵引作用，亦模拟困难。为此，设计团队专门研究了苏州拙政园和忠王府内的紫藤架，对紫藤架的荷载进行了模仿加载检测，最后偏安全地取为 1.5kN/m²。结构形式与构件截面见图 1.4-23，梁截面为 □200 × 50 × 6，支座拉杆为 φ30 圆钢。

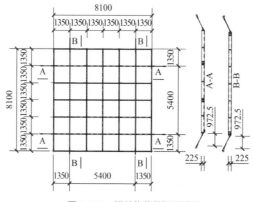

图 1.4-23 钢结构紫藤架平面图

紫藤架设计过程中考虑了三种吊挂方案。方案一：4 个吊挂点设置于紫藤架的第二个 1.35m 网格点，见图 1.4-24，梁最大弯矩 42.33kN·m，构件最大应力比为 1.09，最大挠度 83.5mm；方案二：4 个吊挂点设置于紫藤架四角点，见图 1.4-25，梁最大弯矩 86.57kN·m，构件最大应力比为 2.20，最大挠度 141.6mm；方案三：8 个吊挂点设置于紫藤架四边梁上距四角 1.35m 点，见图 1.4-26，梁最大弯矩 30.88kN·m，构件最大应力比为 0.815，最大挠度 50.8mm，见图 1.4-27。最终设计采用方案三作为实施方案。

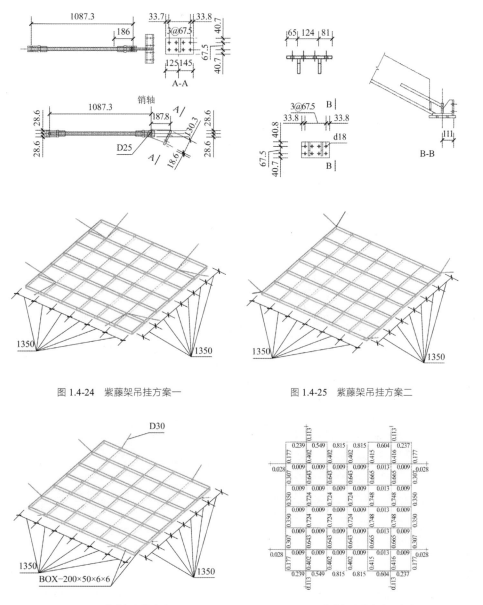

图 1.4-24 紫藤架吊挂方案一　　　　图 1.4-25 紫藤架吊挂方案二

图 1.4-26 紫藤架吊挂方案三　　　　图 1.4-27 紫藤架吊挂方案三应力图

1.4.5 主入口门头

主入口门头长 10.8m，宽 8.82m，高 3.3m，钢结构梁架布置见图 1.4-28，由叠檐双坡屋面组成。为了确保主入口所表达的意境，建筑与结构就各种方案的可行性进行了多次充分的研究，最终采用了较为复杂的组合截面钢梁和管桁架混合的复合结构方案。整体门头结构由 4 根 $\phi114 \times 17$ 圆钢管支承，屋顶部分斜杆截面为 $\phi89mm$ 圆钢管与 T 型钢的组合截面，其余构件主要为 $\phi89 \times 14$ 圆钢管，见图 1.4-29。为保证整体结构的稳定性，屋脊下方设置有纵向桁架，斜腹杆采用 $\phi36$ 圆钢，部分钢管相交节点采用了铸钢节点。

在各种不利荷载组合下，4 根支承钢管柱处的最大支座反力 224.93kN，支承钢柱应力比为 0.442；$\phi89 \times 14$ 圆管构件轴力为 190.44kN，最大应力比为 0.612；其余杆件的应力比最大值为 0.369。屋脊下方纵向桁架上弦最大应力比为 0.382；下弦杆最大应力比为 0.333；$\phi36$ 圆钢斜腹杆拉力 172.01kN，应力比为 0.709，详见图 1.4-30。

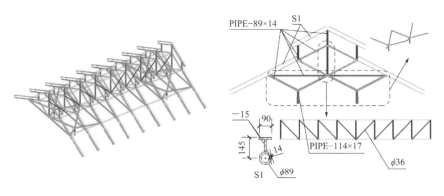

图 1.4-28 大门门头钢结构桁架图　　　　　图 1.4-29 大门门头钢结构桁架剖面图

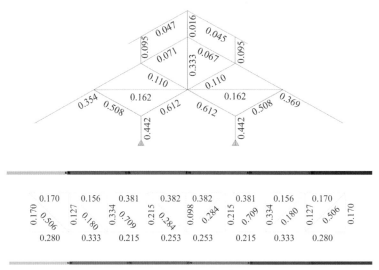

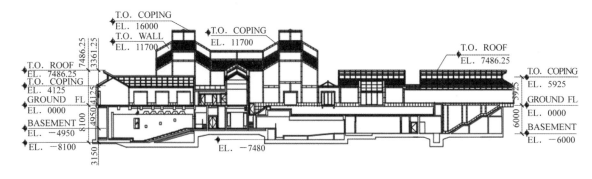

图 1.4-30 大门门斗杆件应力图

1.4.6 地下室抗浮设计

苏州博物馆由于用地和规划条件的限制，相当一部分的博物馆功能空间安排在地下室。地下布置有新石器时代和吴文化文物的展厅，影视厅、多功能厅、卫生间，藏品储藏库，各种行政管理和博物馆内部用房，机械设备用房、停车库以及装卸区域等都设计在地下室。为节省造价，地下室各部分层高变化亦较大，一般在 4.5～7.2m 之间，最高的报告厅部分层高达 8.1m。典型地下室剖面图见图 1.4-31。

图 1.4-31 典型地下室剖面图

工程建筑设计±0.000m 标高相当于黄海高程 3.580m。苏州地处典型的江南水乡，地下水位较高，常年水位在黄海高程 2.000m，最高洪水位在黄海高程 2.500m，按洪水位计算，再叠加地下室底板厚度，本工程地下室底板设计水浮力达 45～80kN/m²。

博物馆地上部分大多为一层，局部二层，结构的自重无法满足抗浮的稳定性要求；加之建设地点紧邻拙政园和忠王府，如采用挤土的预制桩方案，有可能对拙政园和忠王府的建筑造成难以弥补的破坏；如采用钻孔灌注桩，亦因周边是历史文化名城保护区环保要求而无法实施。最终经多番讨论，大胆采取了天然地基钢筋混凝土筏板基础，基础底板增设毛石混凝土压重的方案。

根据工程地质条件，筏板基础以④黏土层或⑤粉质黏土层为基础持力层，地基承载力特征值为130kPa。基础底板变标高处按 1∶2 分阶放坡，每阶深度不大于 500mm，确保落至持力层。筏板厚度一般在 800~1400mm 之间，抗浮的压重毛石混凝土厚度根据地下室不同深度及上部结构条件而定。结合建筑的层高和防潮要求，地下室内外混凝土墙也加厚至 400~500mm，关键功能部位铺双层石板和双层的围护结构，也增加了结构的自重，确保整体建筑在较高水位时的抗浮稳定性。

苏州博物馆建成以来，已历经多次梅雨及台风雨水期高地下水位的考验，不仅建筑抗浮安全性得到了验证，而且与拙政园紧邻的围墙保存完好，该粉墙与贝聿铭先生设计的片石假山融为一体，形成了一幅匠心独具的壮观的中国山水画，成为博物馆建筑中的经典庭院景观。

1.5 试验研究

1.5.1 试验概况

苏州博物馆工程屋盖钢结构杆件截面特殊，空间关系和受力复杂，出现大量多杆空间交汇节点。为确保节点传力可靠，同时满足节点造型美观、制作安装精确且施工方便的要求，设计采用了外形过渡平滑、尺寸小且符合古典园林建筑木结构节点特征的异形铸钢节点形式。其中绘画厅与大厅的两个节点均为 10 杆交汇，分别采用 8 管相交铸钢节点与 9 管相交铸钢节点，这些节点均为结构体系的关键节点，受力复杂。关于铸钢节点在设计之初尚无成熟的科学方法，《钢结构设计规范》GB 50017—2003 对此类节点的承载力计算尚无相关规定。为考察铸钢节点在实际设计荷载作用下的真实受力状态，研究多管件交汇铸钢节点的力学性能，分别选取绘画厅 8 管相交铸钢节点（试验节点 1）与入口大厅 9 管相交铸钢节点（试验节点 2），对该两类节点分别做三组试件进行全尺寸节点试验，节点模型见图 1.5-1、图 1.5-2。

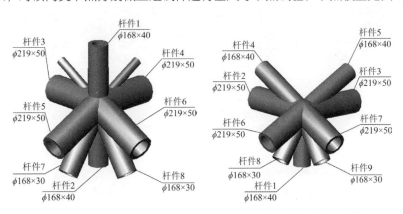

图 1.5-1 铸钢节点 1 模型及杆件编号   图 1.5-2 铸钢节点 2 模型及杆件编号

1.5.2 节点应力有限元分析

为和试验结果进行对比分析，采用通用有限元程序 ANSYS（8.1 版本）对上述节点进行了应力分析，依照节点试件模型，被动加载端采用铰接模型。

应力分析表明，在 1.5 倍设计荷载作用下第一类节点的最大应力为 176.353MPa，最大应力小于钢材的屈服强度 275MPa，见图 1.5-3。

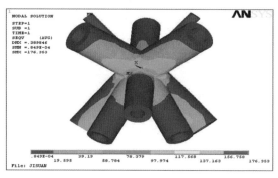

图 1.5-3　节点 1 在 1.5 倍设计基本荷载下的应力分布图

1.5.3　节点试验

试验节点采用足尺模型，铸钢节点的材质参照德国标准，其主要力学性能指标如表 1.5-1 所示。

铸钢材料的力学性能　　　　　　　　　　　　　　　　　　　　表 1.5-1

屈服强度/MPa	抗拉强度/MPa	设计强度/MPa	弹性模量/MPa	延伸率/%
275	450	230	206000	22

两类节点为空间多管交汇的形式且杆件壁厚较大，试验着重于验证该节点能否满足承载力要求。加载反力架及试验现场见图 1.5-4。

图 1.5-4　加载反力架及试验现场

相贯的多杆节点均体现半刚性节点的特征，钢管杆件除轴力外还有弯矩和剪力且弯矩占比较大，作用于铸钢节点上的弯矩不可忽略，这给节点试验带来了一定难度。通过对结构整体分析得到的最不利内力组合进行分析，按照"保留主要受力杆件的轴力、弯矩和剪力且内力值尽量不变，次要杆件的轴力保留、略去弯矩和剪力"的原则，对原节点平衡力系进行适当调整，形成新的节点平衡力系。调整后的节点受力与实际节点的受力相差不大，但便于实现。

本试验采用的荷载组合取最不利组合，最大加载至设计荷载的 1.5 倍，分 11 个加载步。在正式加载前进行了预加载至 0.4 倍设计荷载，卸载后重新加载，每个加载步间隔 5min。

节点 1 和节点 2 应变测点布置见图 1.5-5。

图 1.5-5　应变测点布置

从试验现象上看，铸钢节点全尺寸模型在整个加载过程中直到 1.5 倍设计荷载时还基本处于弹性工作阶段，实测最大应力为节点 1 中的 29 号测点，最大极限峰值未超过 200MPa，最大位移为 3mm，总体工作性能良好，未出现任何裂纹、断裂等异常情况，也未发现塑性变形的存在。整个节点在平衡力系的作用下，水平和竖向位移均很小。总体上，本次试验节点工作正常，试验结束时的节点 1 和节点 2 见图 1.5-6。

图 1.5-6　节点试验结束

1.5.4　试验结论

监测数据表明在 1.5 倍基本设计荷载下上述节点的各测点应力均在屈服点以下。

各测点应力在各级加载等级下具有良好的规律性，卸载后恢复良好，绝大多数测点无残余应变；节点无任何进入塑性的现象发生，表明两类节点应力水平较低，节点变形处于弹性范围内。最大应力点位于各管交汇区域，即节点核心区，各管与核心区应力分布不均匀。

试验中两类节点均未出现任何破坏特征，节点在各级加载等级下也未出现异常变形现象。加载过程中位移监测点读数正常。

理论分析应力为 176.4MPa，实测最大应力不超过 200MPa，试件的有限元分析结果与试验实测结果相近，试验测试结果与理论分析互相印证了节点设计的安全可靠。

综合两类 6 个节点的试验数据分析与理论计算分析结果，两类节点能够承受 1.5 倍设计荷载，铸钢节点设计安全可靠。

1.6　结语

苏州博物馆经历 4 年的选址、论证，再经过了 5 年多的设计和施工，在 2006 年 10 月 6 日隆重开馆，取得巨大成功。该建筑全面贯彻"中而新""苏而新""不高不大不突出"的设计原则，是一个与苏州古城肌理相融合又个性鲜明的现代建筑。结构设计在建筑思想的影响下，也进行了大量的创新实践，成功地用现代结构材料、先进结构技术、创新结构手法，完美地实现了"结构成就建筑之美"，结构设计得到了贝聿铭先生的高度赞扬。项目虽不大，但对结构设计的启发非常大，其过程中的经历体会终生难忘、终身受益。

苏州博物馆已经成为苏州的名片，是苏州古城历史文化传承创新的象征，在 2009 年获得全国优秀工程勘察设计奖金奖。

参考资料

[1] 苏州博物馆试验报告，苏州市建筑设计研究院有限责任公司，东南大学土木工程学院.

[2] 苏州博物馆多杆相交铸钢节点试验研究与理论分析，舒赣平，梁元玮，戴雅萍.

[3] Steel Designers' Manual, Fifth Edition, Editors: Graham W. Owens and Peter R. Knowles.

设计团队

建　　筑　　师：贝聿铭建筑师与贝氏建筑事务所（美国）

设　　计　　院：苏州市建筑设计院有限公司（现启迪设计集团股份有限公司）

结构设计团队：戴雅萍，耿光华，张　敏，施　茵，陈敏峰，陆国琪

结构工程顾问：LESLIE E. ROBERTSON ASSOCIATES, R.L.L.P.

执　　笔　　人：戴雅萍，陈敏峰

本章中所有效果图均由建筑师提供。

获奖信息

2009 年全国优秀工程勘察设计奖金奖

2009 年全国工程勘察设计行业一等奖

江苏省第十三届优秀工程设计一等奖

第 2 章

苏州橙天 360 剧场

2.1 工程概况

2.1.1 建筑概况

苏州橙天 360 剧场位于江苏省苏州市吴中太湖新城引黛街东南侧、太湖苏州湾北岸，占地面积约 33870.6m²，建筑面积约 26644m²。建筑方案概念缘起于"湖畔砾石"，是该区域标志性文体建筑。本建筑包含两座同等规模的剧场，每座剧场可容纳 1350 人；剧场 1 平面呈长方形、剧场 2 平面为正方形；剧场内表演区与观众区合为一体，采用 360°环形表演形式，带给观众逼真的沉浸式感官体验。两个剧场与周边休闲配套用房、室外公共观景平台等采用防震缝兼伸缩缝脱开。局部地下室为设备用房及消防水池，层高为 3.85m，覆土厚度为 0.5～1.3m；人行钢连桥位于地下室区域，两个支承柱间跨度 56m，图 2.1-1 为本工程总体鸟瞰图。

图 2.1-1　苏州橙天 360 剧场总体鸟瞰图

2.1.2 设计条件

本工程结构的设计使用年限为 50 年，两个剧场单体的建筑结构安全等级为一级（结构重要性系数 $\gamma_0 = 1.1$），其余部分单体建筑结构安全等级为二级（结构重要性系数 $\gamma_0 = 1.0$）。本工程设计室内地坪 ±0.000m 相当于 1985 国家高程基准 5.000m。

1．抗震设防要求

（1）抗震设防烈度为 7 度，设计基本地震加速度值为 0.10g，设计地震分组为第一组。

（2）根据本工程的勘察报告《苏地 2019-WG-58 号地块项目岩土工程详细勘察报告》，地面下 20m 深度范围内土层等效剪切波速平均值为 141.7m/s，建筑场地划分为 IV 类，不液化；场地设计特征周期 $T_g = 0.65s$（小震、中震），0.70s（大震）。

（3）两个剧场单体为大型剧场（座位数 ≥1200 座），根据《建筑工程抗震设防分类标准》GB 50223—2008，剧场单体抗震设防类别为重点设防类，其余部分为标准设防类。

2．设计荷载及作用

（1）恒荷载：建筑面层按实际计算。

（2）活荷载：按《建筑结构荷载规范》GB 50009—2012（以下简称《荷载规范》）取值，其中剧场屋面吊挂荷载按 2.0kN/m² 考虑。

3．风荷载和雪荷载

（1）《荷载规范》规定的基本风压：0.45kN/m²（50年一遇），用于承载力和变形计算；

0.30kN/m²（10年一遇），用于舒适度验算。

（2）地面粗糙度类别：A类，风荷载体型系数：1.40。

（3）基本雪压：0.40kN/m²。

4．温度作用：升温 25℃，降温 25℃。

5．场地工程地质条件

拟建场地地貌属于长江三角洲太湖流域冲湖积相堆积平原区，地貌类型单一。勘察期间，现场未见明塘分布，周边地形较为平坦。根据勘探深度范围内揭露的各土层特征，按其成因、类型、物理力学性质指标划分为 14 个土层，各土层综合评价详见表 2.1-1。

土层综合评价一览表 表 2.1-1

层号	土层名称	综合评价	工程地质性能	备 注
①	素填土（淤泥质素填土）	低强度	差	非均质，欠固结
③	粉质黏土	中高压缩性，中低强度	一般	均匀性一般
④	粉土夹粉质黏土	中等压缩性，中等强度	一般	土质不均
⑤	粉质黏土	中高压缩性，中低强度	较差	土质一般
⑥	黏土—粉质黏土	中低压缩性，中高强度	良好	均匀性较好
⑥A	粉质黏土	中等压缩性，中低强度	一般	土质不均
⑦	粉质黏土夹粉土	中等压缩性，中等强度	较好	土质不均
⑦A	粉质黏土	中等压缩性，中低强度	一般	土质不均
⑧	粉质黏土夹粉砂	中低压缩性，中等强度	较好	土质不均
⑨	粉质黏土	中等压缩性，中等强度	一般	土质不均
⑩	粉砂	中低压缩性，中高强度	良好	土质不均
⑩A	粉质黏土	中高压缩性，中低强度	较差	土质一般
⑪	粉土夹粉质黏土	中低压缩性，中高强度	较好	土质不均
⑫	粉质黏土	中高压缩性，中低强度	较差	土质不均
⑬	粉质黏土夹粉土	中等压缩性，中等强度	一般	均匀性一般
⑭	粉质黏土	中等压缩性，中等强度	一般	均匀性一般
备注	综合评价针对本工程而言，指土层天然状态			

根据区域水文地质资料，本地区历史最高地下水位约 +2.63m，最低地下水位约为 +0.63m，近 3～5年的最高地下水位约 +2.10m，常年稳定水位为 +1.50m，水位年变化范围在 +0.70～+1.30m 之间。抗浮设计水位取建筑物室外地坪标高以下 0.5m。

2.2 建筑特点

2.2.1 剧场屋面跨度大、荷载重

两个剧场主体为钢筋混凝土框架结构，柱距 7.2～8.1m，地上共三层，首层层高 6m，标准层层高 4.5m，

辅房混凝土屋面标高 14m。剧场屋面檐口标高 22.72m，中部最高点 23.7m。剧场 1 平面尺寸为 84m×64.8m、剧场 2 平面尺寸为 72.9m×72.9m，中部为观众区和表演区合为一体的无柱空间。另外，根据建筑功能要求，苏州橙天 360 剧场内部需要考虑设备管道、灯光、旋转观众席环形桁架吊挂及大面积马道等使用荷载，屋面均为机电设备，包括排烟机房、冷却塔及室外空调机组等，同时上覆"砾石造型"幕墙结构，跨度大，荷载重，图 2.2-1 为两个剧场典型剖面，图 2.2-2 为剧场底层建筑平面示意。

针对大跨重载屋面的特点，剧场区域大跨屋盖采用单向钢结构桁架体系，桁架支承在两端的混凝土柱顶，最高点标高为 23.7m，下方结构净高不小于 15m。桁架下弦轴线位置设置拉结梁，既保证桁架平面外的稳定，同时方便剧场内部设备、灯光及马道等搁置或吊挂。屋面楼板为 120mm 厚钢筋桁架楼承板，采用栓钉与桁架上弦杆上翼缘可靠连接。图 2.2-3 为剧场 1 桁架层结构布置。

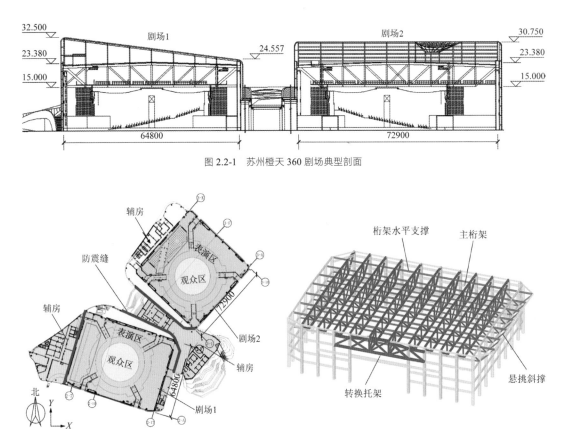

图 2.2-1 苏州橙天 360 剧场典型剖面

图 2.2-2 剧场底层建筑平面示意

图 2.2-3 剧场 1 桁架层结构布置

2.2.2 "砾石造型"幕墙面积大高度高、椭圆形开洞

根据建筑功能和造型要求，两个剧场桁架顶部为设备用房，上覆类似"湖畔砾石"的幕墙结构体系，剧场 1 幕墙高度为 9.548～1.619m，剧场 2 幕墙高度为 1.643～9.578m。根据设备布置位置及整体外观效果，幕墙层开设大小不同的椭圆形洞口，结合周边坡地景观，使剧场成为太湖边生长出来的两块"灵石"，与周边沿湖景观融为一体，创造优美的沿湖风景带。

"砾石造型"幕墙骨架的钢柱立在屋面大跨桁架上，面积大且高度高，骨架结构采用钢框架体系；幕墙骨架钢柱柱脚均与下方桁架上弦杆或钢梁刚接，同时设置双向拉结梁，保证钢立柱根部能有效传递弯矩和水平剪力，保证幕墙层骨架结构整体刚度和变形控制。图 2.2-4 为剧场 1 幕墙骨架层结构布置，图 2.2-5 为剧场 1 幕墙骨架与主体钢结构整装模型。

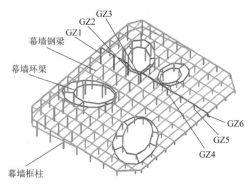

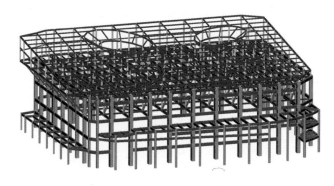

图 2.2-4　剧场 1 幕墙骨架层结构布置 　　　　　　图 2.2-5　剧场 1 幕墙骨架与主体钢结构整装模型

2.2.3　室外人行钢连桥跨度大、高差大

钢连桥为室外坡地至三层观景平台的步行通道，桥面总长度约 63.8m，宽度 6m。根据建筑要求，采用隐藏在设备用房内的 4 个钢管混凝土柱组成两个桥墩直接支承，桥墩之间间距为 56m；低端桥墩顶标高 1.28m，高端桥墩顶标高 6.542m，两端桥墩高差 5.262m，整体水平推力较大。

人行钢连桥桥面现浇混凝土楼梯踏步，两侧为清水混凝土挂板。钢连桥下端混凝土板面标高 2.625m，上端混凝土板面标高 8.867m，两端高差 6.242m。桥面铺设花岗石，附加恒荷载取 4.0kN/m²，使用活荷载取 5.0kN/m²。图 2.2-6 为人行钢连桥平面示意。

参照市政桥梁做法，人行钢连桥主体采用箱形钢梁，梁高根据建筑净空要求设计为 1800mm；钢连桥桥面浇筑 100mm 厚的 C30 混凝土面层，内配 Φ8@150 双层双向钢筋。钢箱梁上翼缘满打栓钉 ϕ19@300 × 300，栓钉焊后长度 70mm 锚入桥面混凝土板内，确保可靠连接。大跨钢连桥支承在两侧桥墩顶，低端桥墩采用固定铰支座、高端桥墩采用单向（顺桥向）活动铰支座。图 2.2-7 为连桥钢箱梁典型截面示意。

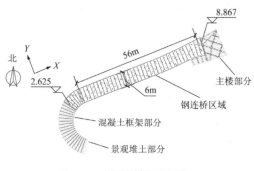
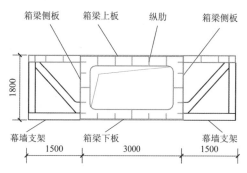

图 2.2-6　人行钢连桥平面示意 　　　　　　　图 2.2-7　连桥钢箱梁典型截面示意

2.2.4　入口膜结构跨度大、平面形状不规则

两个剧场入口处 A 区、B 区、C 区膜结构，支承在左右两侧混凝土结构单元，平面形状不规则，上下均覆盖 PTFE 膜材，既体现了观景大台阶入口处轻盈飘逸，又可以兼作两侧入口雨篷。A 区呈喇叭形，外侧跨度为 55.96m、内侧跨度为 25.153m；B 区跨度为 20.579～18.455m；C 区跨度为 14.394～12.43m。

为满足建筑外观尽量平缓的效果，主体结构采用拱高较小的空间管桁架支承在两侧主体框柱顶，局部无柱位置采用边桁架转换。周边管桁架通过适当旋转形成空间曲线满足建筑造型要求，同时檐口三角形桁架正放，有利于屋面排水。每区域内管桁架选定两处支座采用三向固定铰支座，其余采用单向滑动铰支座，适当释放水平推力和温度应力，优化构件设计。图 2.2-8 为管桁架平面布置及支座示意。图 2.2-9 为 A 区、B 区、C 区管桁架钢结构轴测图。

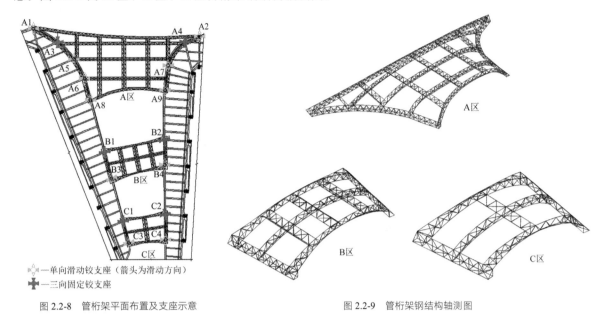

— 单向滑动铰支座（箭头为滑动方向）

— 三向固定铰支座

图 2.2-8 管桁架平面布置及支座示意　　　　　图 2.2-9 管桁架钢结构轴测图

2.3 体系与分析

2.3.1 方案对比

1. 剧场屋面大跨钢桁架支座连接方式

钢桁架两端与支承框架柱的连接，可采用刚接或铰接。对于剧场类单层大跨结构，如采用刚接可增强整体结构的抗侧刚度和冗余度，桁架跨中弯矩较小但桁架端部弯矩较大，支承框架柱也需加大截面且增设型钢来平衡桁架支座处的负弯矩以及实现与钢桁架的可靠连接；如采用铰接，框架柱截面适当减小、侧向约束降低，可有效释放支座弯矩及温度应力，同时节点构造简单，方便施工。

以剧场 1 为例，表 2.3-1 为钢桁架两端分别按铰接和刚接方案的桁架杆件截面尺寸和用钢量对比，表 2.3-2 为两个方案在多遇地震作用下整体计算刚性指标对比，图 2.3-1 为（2-10）轴桁架两端支座分别为铰接和刚接时的桁架弯矩图。根据表 2.3-1、表 2.3-2 以及图 2.3-1 对比分析可知，桁架两端刚接时，支承框架柱的弯矩比铰接方案中柱弯矩大很多，铰接方案的钢材用量与刚接方案基本持平，但支承框架柱的尺寸和型钢总量均小于刚接方案。

两个方案桁架杆件截面尺寸及用钢量对比　　　　　　　　　表 2.3-1

方案	两端铰接	两端刚接
桁架主要截面	高度（中到中）：端部 6750、中部 7730 上弦：端部 H800×450×25×30 　　　中部：H800×450×30×36 下弦：端部 H800×450×20×22 　　　中部：H800×450×30×36 腹杆：端部 H450×450×20×30 　　　中部 H400×400×12×20	高度（中到中）：端部 6750、中部 7730 上弦：端部 H800×400×20×25 　　　中部：H800×400×22×30 下弦：端部 H800×500×40×50 　　　中部：H800×400×20×22 腹杆：端部 H400×400×30×40 　　　中部 H400×400×12×20
支承框架柱截面/mm	柱截面：1000×1500，型钢：H900×500×25×40	柱截面：1200×1800，型钢：H1200×600×30×50
单榀质量/t	桁架钢结构：66.43，柱型钢：9.84	桁架钢结构：65.73，柱型钢：15.13

计算指标		两端铰接	两端刚接	铰接/刚接
振型/s	1	0.983（X向平动）	0.905（X向平动）	1.09
	2	0.930（Y向平动）	0.757（Y向平动）	1.23
	3	0.786（扭转）	0.722（扭转）	1.09
基底剪力/kN	X向	11553.1	12952.0	0.90
	Y向	13096.1	14870.5	0.88
剪重比/%	X向	6.75	7.02	0.96
	Y向	7.40	8.06	0.92
刚重比	X向	65.63	85.64	0.77
	Y向	71.11	113.75	0.63
最大层间位移角	X向	1/766	1/878	1.15
	Y向	1/698	1/924	1.32
最大层间位移比（考虑偶然偏心）	X向	1.27	1.30	0.98
	Y向	1.26	1.29	0.98
结构总质量/t		17655.6	18457.5	0.96

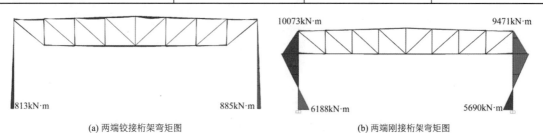

图 2.3-1　（2-10）轴桁架两端铰接和刚接的弯矩图

桁架支座采用两端铰接可有效释放桁架端部弯矩及支承框架柱弯矩，减小使用期间温度作用的不利影响；桁架跨中弯矩及竖向变形较大，通过考虑屋顶结构找坡，增加桁架跨中高度使其满足要求；且两端铰接后框架柱内仅设置构造型钢锚固在基础顶面便于施工，因此，本项目大跨钢桁架支座两端与主体结构最终采用两端铰接方案。

2. 大跨人行钢连桥钢箱梁截面形式

根据建筑外观要求及项目特点，对人行钢连桥的钢箱梁截面形式进行对比分析。方案 A 采用 6m 宽钢箱梁，分割成 4 个 1.5m 等距空腔；方案 B 采用 3m 宽钢箱梁，两侧每隔 2m 设置 1 榀悬挑 1.5m 长的钢桁架与钢箱梁侧板相连。钢箱梁沿钢连桥长度方向采用变板厚，每隔 2m 设置横向加劲肋，横向加劲肋之间沿箱梁四周设置纵向加劲肋，上下支座位置按受力要求加密加厚处理。图 2.3-2、图 2.3-3 为两个设计方案的钢箱梁跨中横断面示意。人行钢连桥主体结构高度 1.8m，钢材采用 Q345GJB。表 2.3-3 为方案 A 及方案 B 人行钢连桥的主要构件信息。

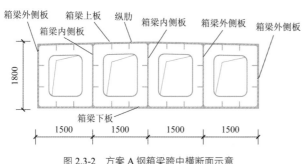

图 2.3-2　方案 A 钢箱梁跨中横断面示意

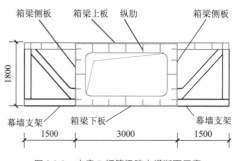

图 2.3-3　方案 B 钢箱梁跨中横断面示意

方案	构件信息	跨中部位/mm	支座部位/mm
方案A	箱梁上板厚	40	25
	箱梁下板厚	40	25
	箱梁外侧板厚	30	20
	箱梁内隔板厚	25	16
方案B	箱梁上板厚	35/20	35/16
	箱梁下板厚	50	35
	箱梁侧板厚	30	20
	通长封边梁	□200×200×20	□200×200×16
	桁架上弦	H200×150×12×20/12	H200×150×12×16/12
	桁架其他杆	H200×150×6×8	H200×150×6×8

采用 MIDAS Gen 对人行钢连桥进行静力计算分析，钢箱梁采用壳单元模拟，钢管柱及柱间支撑采用杆单元模拟，滑动支座采用软件中的连接属性，对实际支座的滑动和固定方向进行模拟。表2.3-4 为钢连桥方案 A 和方案 B 的计算结果对比。从表2.3-4 中可以看出，两个方案钢箱梁上下板的最大应力基本相同，方案 B 的竖向挠度小于方案 A，且钢材用量约为方案 A 的 80%，因此本工程选用了方案 B。

钢连桥两个方案计算结果对比 表2.3-4

方案	最大压应力/MPa	最大拉应力/MPa	跨中最大竖向挠度/mm	钢材用量/t
方案A	-273（上板）	264（下板）	365	376
方案B	-229（上板）	279（下板）	307	302

3. 入口膜结构管桁架支承点约束形式

两个剧场入口处膜结构，采用空间双向管桁架结构。A 区 X 向共 5 榀管桁架，跨度外侧 55.96m、内侧 25.153m，Y 向中部 5 榀次桁架与 X 向主桁架交汇，彼此共同工作保证整体结构变形协调和膜结构的固定，两侧边缘设置封边桁架以增强 A 区结构的整体性，同时可将 X 向管桁架内力通过转换传递至相邻支点。A 区管桁架左侧 5 个支点均位于辅房框柱顶，右侧 4 个支点其中 3 个位于辅房框柱顶、最外侧支点位于悬挑梁端部。图2.3-4 为入口处 A 区管桁架平面布置及支座示意。

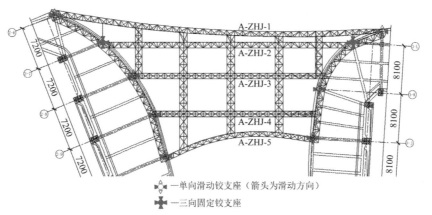

图2.3-4 入口处 A 区管桁架平面布置及支座示意

入口处 A 区膜结构位于室外且跨度较大，温度作用对其的影响不容忽视。由于辅房为低层混凝土框架且与剧场整体相连，主体结构在各工况下水平位移很小，因此，对与其相连的膜结构变形约束较大，支承点连接方式对钢结构受力影响较大。采用 MIDAS Gen，按三种支座方案（方案一：左右支点全部固定铰接；方案二：每侧 2 个支座固定铰接，其余支座单向滑动；方案三：每侧 1 个支座固定铰接，其余支座单向滑动）对 A 区 A-ZHJ-2 管桁架进行对比分析，构件应力比、竖向挠度及支座内力对比详见

表 2.3-5。从表中可以看出，方案三整体管桁架应力水平较小，能有效释放温度应力，支座水平推力减小对支承结构影响不大，竖向变形略大但满足规范要求，因此，本工程膜结构支点全部采用铰支座，其中两处为固定铰支座，其余为单向（Y向）滑动铰支座。

方案一～方案三计算结果对比   表 2.3-5

方案	升温工况下Y向水平反力（沿边桁架方向）/kN	竖向荷载下X向水平反力（沿跨度方向）/kN	支座处构件应力比/跨中构件应力比	挠度/mm
方案一	797.4	231.4	0.865/0.342	16.24
方案二	660.1	251.5	0.870/0.293	16.39
方案三	5.1	220.8	0.876/0.270	16.54

2.3.2 结构布置

1. 结构体系

本工程配套用房单体以地下室的顶板作为上部结构的嵌固端，地上结构由 4 道防震缝兼伸缩缝（缝宽 100mm）分为 5 个相互独立的抗震单元：剧场 1、剧场 2、三层配套用房、景观平台，大跨度钢连桥。

（1）剧场 1 和剧场 2

根据《江苏省房屋建筑工程抗震设防审查细则》第 5.1.3 条房屋规则性判断，两个剧场考虑偶然偏心的规定水平地震作用下扭转位移比大于 1.2 小于 1.5，属于扭转不规则；楼板开洞面积大于该层楼面面积的 30%，属于楼板局部不连续。由于剧场单体抗震单元存在两项一般不规则，不存在严重不规则，属于一般不规则的多层建筑（主体结构高度≤24m，不含幕墙层骨架斜屋面）。

剧场区域大跨屋盖采用单向钢结构桁架体系，桁架跨度分别为 64.8m 和 72.9m，桁架高度均为 7.24m。钢桁架支座两端与主体结构均采用铰接节点，上弦支承，即上弦杆通过球形支座与下端混凝土柱连接。剧场 1、剧场 2 桁架腹杆排布如图 2.3-5 所示，斜腹杆均以受拉为主。桁架弦杆和腹杆均采用 H 型钢，弦杆截面最大壁厚不超过 50mm。上、下弦杆钢材采用 Q345GJB，其余为 Q355B；上弦杆下翼缘与屋面板之间设置隔撑连接，保证上弦杆的整体稳定性。

(a) 剧场 1   (b) 剧场 2

图 2.3-5 剧场桁架腹杆排布示意

剧场 1 南侧入口处跨度为 26.4m，需要在顶部设置一榀转换托架将两榀屋面桁架的端部力传递至两侧型钢混凝土柱上。中部两榀屋面桁架支承在转换托架时，该部位上下弦均采用刚接，且端跨采用交叉斜撑，既满足桁架端部本身受力要求，又确保桁架端部截面内力的有效传递和转换托架平面外稳定。剧场 1 转换托架示意见图 2.3-6。剧场 1 东侧临湖展廊处的屋盖部分向外悬挑 6m，采用斜杆支撑悬挑部分荷载，斜杆另一端与柱连接，同时在柱的内侧对称设置一个斜杆，以平衡斜杆对柱产生的推力，剧场 1 展廊悬挑及撑杆示意见图 2.3-7。

（2）大跨度人行钢连桥：位于场地西侧，总跨度约 56m，采用钢箱梁结构，梁高 1.80m，箱梁钢材壁厚 30～50mm，钢材采用 Q345GJB。箱梁两端各设置两根钢管混凝土柱，箱梁支座一端采用固定铰支座，另一端采用滑动支座。

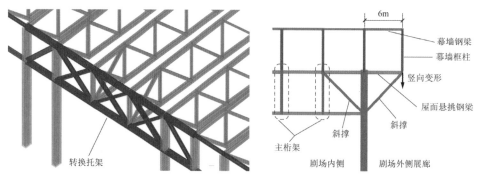

图 2.3-6 剧场 1 转换托架示意

图 2.3-7 剧场 1 展廊悬挑及斜撑示意

2．抗震等级

剧场包括单层 15m 净高的观众厅/表演区和周边附属用房，属重点设防类建筑，参照《建筑抗震设计规范》GB 50011—2010（2016 年版）（以下简称《抗规》）第 10.1 节单层空旷房屋的抗震要求，主体结构的抗震等级统一取为二级；屋顶钢桁架房屋高度 ≤ 50m，钢桁架及转换托架的抗震等级提高至二级，支承框架柱抗震等级提高至一级。

3．基础设计

两个剧场为大跨结构，支承框柱受荷面积大、荷载重，辅房为三层框架结构，荷载不大；设备用房地下室埋深 5.3～6.0m，局部位于多层附房下方、大部分区域为纯地下室无上部建筑；两个剧场中部为单层配套用房、屋面为室外景观平台，致使主体结构框柱荷载差异较大。

根据勘察报告及试桩报告，考虑本工程荷载大小、平面分布及地基持力层的分布情况等，观众厅（剧场）2-A 轴、2-J 轴、3-1 轴、3-10 轴（主桁架搁置点）柱下基础采用"直径 600mm 预应力混凝土管桩 + 承台"，桩长 41m，以⑨粉质黏土持力层，单桩抗压承载力特征值 2000kN；观众厅内部圆形看台下基础采用"直径 500 预应力混凝土管桩 + 承台"，桩长 14m，以④粉土夹粉质黏土持力层，单桩抗压承载力特征值 370kN；辅房无地下室位置柱下基础采用"直径 500 预应力混凝土管桩 + 承台"，桩长 23m，以⑥粉质黏土持力层，单桩抗压承载力特征值 950kN；地下室范围抗压采用"直径 500 预应力混凝土管桩 + 承台"，桩长 19m，以⑥粉质黏土持力层，单桩抗压承载力特征值 950kN；抗拔仅考虑直径 500mm 管桩上部单节部分的抗拔力，单桩抗拔承载力特征值 160kN。本工程场地典型地质剖面及各桩型持力层位置示意见图 2.3-8。

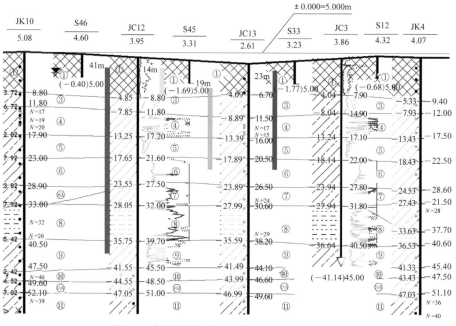

图 2.3-8 场地典型地质剖面及各桩型持力层位置示意

本工程桩基采用变刚度调平设计理念，考虑地基、基础与上部结构的共同工作，通过采用长短桩结合控制沉降差异，基底高差处采取桩长逐步过渡改善附加应力的相互影响等措施，控制主体结构沉降差异在规范允许范围内；同时在上部结构荷载差异较大的交界区域，通过加强上部结构刚度和配筋，抵抗两侧沉降差引起的附加内力，确保主体结构安全。

2.3.3　性能目标

两个剧场屋面跨度大、荷载重，为提高建筑结构的抗震安全性，关键构件（钢桁架、转换托架及支承框架柱等）进行抗震性能化设计，按中震弹性复核配筋，同时钢桁架两端采取可靠的柱顶连接措施，确保大震不倒。表 2.3-6 为两个剧场单体抗震性能目标。

两个剧场单体抗震性能目标　　　　　　　　　　　　　　　　　　表 2.3-6

抗震烈度水准		多遇地震（$\alpha_{max}=0.08$）	设防地震（$\alpha_{max}=0.23$）	罕遇地震（$\alpha_{max}=0.50$）
整体抗震性能目标	定性描述	完好	可修复	不倒塌
	整体变形控制目标	1/550	—	1/50
关键构件抗震性能目标	钢桁架、转换托架及支撑框架柱	弹性	弹性	不屈服
其他构件抗震性能目标	附房框架、拉结梁及幕墙骨架等	弹性	部分屈服	允许进入塑性，大震不倒

2.3.4　计算分析

1. 小震弹性分析

采用 SATWE 及 PMSAP 计算软件，两个剧场单体结构整体弹性分析结果见表 2.3-7。由表 2.3-7 可见，各抗震单元整体计算各项指标满足《抗规》要求。

两个剧场单体结构整体弹性分析结果　　　　　　　　　　　　　表 2.3-7

序号	项目		剧场 1		剧场 2	
			SATWE	PMSAP	SATWE	PMSAP
1	周期/s	T_1（X向平动）	1.0470	1.0162	1.1462	1.1175
		T_2（Y向平动）	0.9211	0.9016	0.9212	0.9123
		T_3（扭转）	0.7711	0.7489	0.8093	0.7890
2	周期比T_t/T_1		0.737	0.737	0.706	0.706
3	剪重比/%	X向	6.42	6.62	5.59	5.74
		Y向	7.29	7.29	7.28	7.32
4	刚重比	X向	39.61	41.23	37.74	38.44
		Y向	46.38	48.42	44.47	44.83
5	层间位移角	地震作用 X向	1/648（2F）	1/680（2F）	1/754（2F）	1/755（3F）
		地震作用 Y向	1/688（2F）	1/717（2F）	1/677（2F）	1/703（2F）
		风荷载 X向	1/4875	1/5062	1/4495（2F）	1/4957（2F）
		风荷载 Y向	1/4747	1/4972	1/5129（2F）	1/5183（2F）
6	规定水平力下最大层间位移比	X向	1.25（3F）	1.09（1F）	1.38（3F）	1.12（3F）
		Y向	1.41（3F）	1.37（4F）	1.48（4F）	1.35（4F）
7	楼层抗剪承载力比最小值/所在层数	X向	0.91/1F	0.93/1F	0.85/1F	0.87/1F
		Y向	0.84/1F	0.88/1F	0.86/1F	0.86/1F
8	结构总质量/t		17938.55	17610.15	20693.81	20807.3

2. 弹性时程分析

弹性时程分析采用 SATWE 软件，选用的地震波均由中国建筑科学研究院提供，设计采用两组双向人工波和五组双向天然波。通过选用的地震波加速度谱与规范谱的对比可知，时程曲线的平均地震影响系数曲线与振型分解反应谱法所采用的地震影响系数曲线在统计意义上相符，即两者对应于结构主要振型的周期点上相差不大于 20%，满足《抗规》第 5.1.2 条第 3 款的要求。

表 2.3-8 为两个剧场弹性时程分析结果。从表 2.3-8 可得，每条时程曲线计算所得的结构基底剪力不小于振型分解反应谱法（CQC 法）求得的基底剪力的 65%，不大于 CQC 法求得的基底剪力的 135%；7 条时程曲线计算所得的结构基底剪力平均值不小于 CQC 法求得的基底剪力的 80%，不大于 CQC 法求得的基底剪力的 120%，满足《抗规》第 5.1.2 条第 3 款的要求。

两个剧场弹性时程分析结果　　　　　　　　　　　　　　　　表 2.3-8

名称	计算指标	弹性时程计算结果（7 条地震波计算平均值）		CQC 法计算结果		比值	
		X向	Y向	X向	Y向	X向	Y向
剧场 1	基底剪力/kN	9700.3	11241.2	11553.1	13096.1	83.96%	85.84%
	最大层间位移角	1/773	1/802	1/766	1/698	99.10%	87.03%
剧场 2	基底剪力/kN	8516.6	8610.1	10219.1	10334.7	83.34%	83.31%
	层间位移角	1/687	1/684	1/624	1/585	90.83%	85.53%

注：比值为弹性时程计算结果与 CQC 法计算结果的比值。

弹性时程分析结果显示，7 条时程曲线计算所得的楼层剪力平均值小于 CQC 法计算所得的楼层剪力，故X向、Y向各楼层的地震作用无需放大；7 条时程曲线计算所得的结构最大层间位移角小于 1/550，满足《抗规》表 5.5.1 限值要求。

3. 动力弹塑性分析

采用 SAUSAGE 非线性分析软件对两个剧场整体结构进行罕遇地震作用下的动力弹塑性分析。钢材采用一维本构双线性随动强化模型，循环过程中，无刚度退化，分析假定钢材的强屈比为 1.2。混凝土材料采用弹塑性损伤模型，一维应力-应变本构关系及损伤因子基于《混凝土结构设计规范》 GB 50010—2010（2015 年版）附录 C，材料强度均采用标准值，构件配筋信息依据 SATWE 计算结果并考虑性能化设计包络。框架柱、楼面梁和钢结构杆件采用一维杆件弹塑性模型，楼板采用二维弹塑性分层壳单元。动力弹塑性分析采用了 5 条天然波和 2 条人工波，地震波有效峰值为 220gal，各条地震波下结构弹塑性最大层间位移角见表 2.3-9。

各条地震波下结构弹塑性最大层间位移角　　　　　　　　　　表 2.3-9

名称	方向	天然波 1	天然波 2	天然波 3	天然波 4	天然波 5	人工波 1	人工波 2
剧场 1	X向	1/117	1/83	1/114	1/96	1/78	1/117	1/123
	Y向	1/81	1/86	1/108	1/127	1/58	1/107	1/174
剧场 2	X向	1/89	1/71	1/95	1/83	1/70	1/94	1/94
	Y向	1/101	1/79	1/114	1/100	1/56	1/116	1/116

由表 2.3-9 可知，在天然波 5 作用下的主体结构的损伤较大。图 2.3-9、图 2.3-10 为剧场 1、2 在天然波 5 作用下的框架柱钢筋应变情况和性能水平。由图 2.3-9、图 2.3-10 可知，剧场 1 框架柱约 51% 为无损坏，42% 为轻微损坏—轻度损坏状态，25% 为中度损坏，仅 1 根附房角柱为重度损坏，该柱施工图设计时已另行加强。剧场 2 框架柱中，约 41% 为无损坏，44% 为轻微损坏—轻度损坏状态，15% 为中度损坏，无重度损坏。

经典回眸　启迪设计集团股份有限公司篇

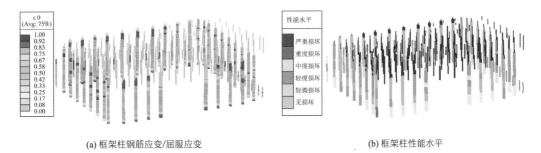

(a) 框架柱钢筋应变/屈服应变 　　　　　　　　(b) 框架柱性能水平

图 2.3-9　剧场 1 框架柱钢筋应变情况和性能水平

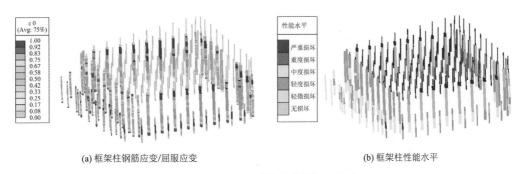

(a) 框架柱钢筋应变/屈服应变 　　　　　　　　(b) 框架柱性能水平

图 2.3-10　剧场 2 框架柱钢筋应变情况和性能水平

4．大跨钢连桥舒适度分析

钢连桥跨度较大，自振频率较小，需要进行舒适度（包括竖向振动和横向振动舒适度）设计。根据《建筑楼盖结构振动舒适度技术标准》JGJ/T 441—2019 第 4.2.4 条，连廊和天桥的第一阶横向自振频率不宜小于 1.2Hz，振动峰值加速度竖向不应大于 0.50m/s²，横向不应大于 0.10m/s²。根据计算结果，钢连桥横向水平振动第一周期为 0.49s，相当于自振频率为 2.04Hz，满足规范要求。

采用时程分析计算竖向和横向人群荷载激励下，钢连桥的振动峰值加速度，阻尼比按钢-混凝土组合楼盖取值为 0.01。钢连桥峰值加速度计算时考虑桥面上覆混凝土板、楼梯踏步、花岗岩面层及两侧混凝土挂板等非结构构件的影响。采用 MIDAS Gen 软件计算钢连桥在竖向和横向人群荷载激励下的振动峰值加速度时程曲线及峰值加速度，计算结果分别见图 2.3-11、表 2.3-10。

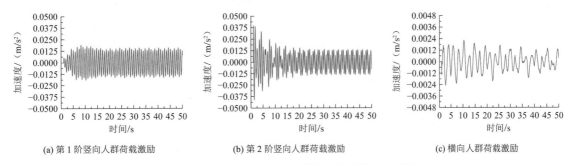

(a) 第 1 阶竖向人群荷载激励　　　(b) 第 2 阶竖向人群荷载激励　　　(c) 横向人群荷载激励

图 2.3-11　人群荷载激励下钢连桥的振动峰值加速度时程曲线

由图 2.3-11、表 2.3-10 可得，考虑了非结构构件的自重影响后，时程分析法计算所得的人行钢连桥竖向和横向振动峰值加速度均小于《建筑楼盖结构振动舒适度技术标准》JGJ/T 441—2019 规定的限值，钢连桥能够满足舒适度要求。

人群荷载激励下钢连桥的振动峰值加速度计算结果　　　　　　　表 2.3-10

激励荷载	峰值加速度/(m/s²)	加速度限值/(m/s²)
第 1 阶竖向人群荷载激励	0.019	0.50
第 2 阶竖向人群荷载激励	0.041	0.50
横向人群荷载激励	0.003	0.10

2.4 专项设计

2.4.1 剧场屋面大跨钢桁架设计

剧场1、2钢桁架采用上弦支承，按两端铰接计算。斜腹杆以受拉为主，均采用单拉杆，仅剧场2奇数跨钢桁架中跨采用交叉斜杆，确保左右侧斜拉杆内力的有效传递。两个剧场单体结构的竖向地震作用采用CQC法计算，竖向地震影响系数采用水平地震影响系数的65%，特征周期取0.65s。混凝土和钢结构构件计算中，荷载组合中均添加了以竖向地震作用为主的荷载组合工况。

选取跨度较大的剧场1中（2-10）轴处桁架，采用SAP2000对此桁架进行1.0恒荷载+1.0活荷载竖向荷载及竖向地震作用下的补充验算，结果见图2.4-1。轴力图中正值为拉力、负值为压力。由于桁架两端采用铰接，温度作用下桁架杆件附加内力较小，此处不赘述。由图2.4-1可得，剧场1中（2-10）轴处桁架杆件在各工况组合下，最大应力比为0.845，跨中最大弹性挠度为120mm相当于$L/540$，小于《钢结构设计标准》GB 50017—2017（以下简称《钢标》）相应$L/400$的限值要求。

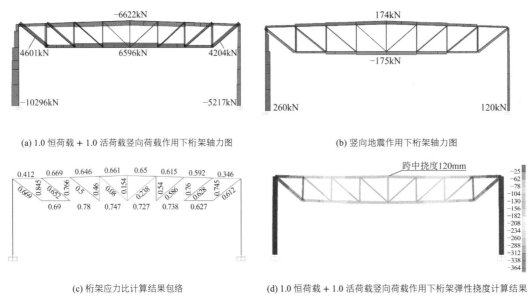

(a) 1.0恒荷载+1.0活荷载竖向荷载作用下桁架轴力图　　(b) 竖向地震作用下桁架轴力图

(c) 桁架应力比计算结果包络　　(d) 1.0恒荷载+1.0活荷载竖向荷载作用下桁架弹性挠度计算结果

图2.4-1 （2-10）轴桁架的补充验算结果

两个软件对比计算分析表明，SATWE与SAP2000计算结果中杆件轴力相差在10%以内，但SAP2000计算的桁架杆件弯矩比SATWE略大。由于剧场类建筑跨度大、荷载重，且本项目桁架采用两端铰接，杆件弯矩绝对值较小，桁架内力由竖向荷载作用控制。因此，整体结构采用SATWE计算能满足要求，受力复杂处采用SAP2000复核验算包络设计，确保主体结构安全。

剧场1南侧入口处大门宽度为26.4m，在门顶设置一榀转换托架作为两榀桁架的弹性支座。托架中部高度6.75m，与桁架端部一致，两侧高度4.75m。为避让屋顶钢桁架支点，转换托架端部上弦降低至固定球型支座底，同时转换托架两侧各延伸一跨至相邻跨框架柱，确保关键构件安全。转换托架弦杆采用截面为□800×800×32×32的焊接方钢管，腹杆采用截面为H800×500×25×30的焊接H型钢。转换托架杆件钢材采用Q345GJB。图2.4-2为转换托架立面示意。

转换托架作为两榀桁架的弹性支座，为剧场建筑的关键杆件。根据抗震性能化设计要求，按中震弹性复核转换托架杆件内力。设防地震作用下转换托架应力比计算结果如图2.4-3所示。从图2.4-3可得，设防地震作用下，转换托架上弦杆和腹杆的应力比最大为0.783，下弦杆应力比最大为0.843。通过性能化目标设计，保证了转换托架下弦杆在设防地震作用下的安全性。

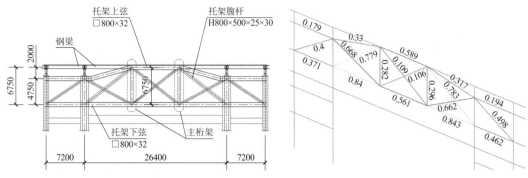

图 2.4-2 剧场 1 转换托架立面示意　　　　图 2.4-3 设防地震作用下转换托架应力比

剧场 1 东侧临湖展廊处的屋盖向外悬挑 6m,采用斜杆支撑悬挑部分荷载,斜杆另一端与框架柱下弦位置处铰接,同时在柱内侧对称设置一根斜杆,以平衡外侧斜撑对柱产生的推力。悬挑结构上承幕墙层骨架钢框柱。图 2.3-7 为剧场 1 东侧展廊悬挑及斜撑示意,表 2.4-1 为按有斜撑和无斜撑模型分别计算的杆件内力和变形。

有斜撑和无斜撑模型杆件内力和变形　　　　　　　　　　　　表 2.4-1

名称	有斜撑模型		无斜撑模型		比值	
	剪力/kN	弯矩/(kN·m)	剪力/kN	弯矩/(kN·m)	剪力	弯矩
桁架屋面上弦杆	102	275	578	2560	18%	11%
幕墙框柱	95	437	150	722	63%	61%
幕墙钢梁	162	516	137	404	118%	128%
悬挑端竖向变形	33mm		117mm		28%	

注: 比值为有斜撑模型与无斜撑模型的剪力、弯矩和竖向变形的比值。

由表 2.4-1 可知,设置斜撑后桁架屋面上弦杆剪力和弯矩明显改善,悬挑部位竖向变形得到了合理控制,有效减小了支撑主体结构竖向变形对幕墙层骨架内力的影响,确保了上部幕墙系统的正常使用。另外设置斜撑后相邻部位钢梁内力有所增加,应注意复核和加强。

2.4.2　幕墙骨架与主体钢结构一体化设计

"砾石造型"幕墙骨架的钢柱立在屋面大跨桁架上,面积大且高度高,骨架结构采用钢框架体系。椭圆形洞口周边设置环状通长钢梁,由于洞口形状大小不等,位置也无法与下方主体结构对应,洞口周边按需加密钢柱,与洞口斜面放射状斜杆组成高低跨框架;放射性斜杆结合幕墙分格布置,满足该部位幕墙支撑要求。骨架结构顶部四周封边钢梁采用焊接方钢管,其余采用焊接 H 型钢,钢材材质为 Q235B。钢柱截面为 H400×400、H300×300,主钢梁截面为 H300~400×200,洞口上端环梁截面为□400×200 的方钢管、下端环梁截面为 H400×200。剧场 1 幕墙骨架结构平面布置见图 2.2-4,幕墙洞口周边布置见图 2.4-4。

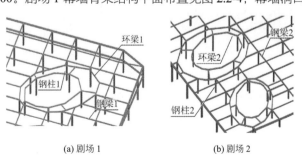

(a) 剧场 1　　　　　　　(b) 剧场 2

图 2.4-4　幕墙洞口周边布置

"砾石造型"幕墙骨架钢柱柱脚均与下方桁架上弦杆或钢梁刚接，同时设置双向拉结梁，保证钢立柱根部能有效传递弯矩和水平剪力，保证幕墙层骨架结构整体刚度和变形控制。采用 SAP2000 有限元分析软件，分别按单独模型（模型 1）、考虑施工加载顺序的整体模型（模型 2）和一次性加载的整体模型（模型 3）对骨架结构进行计算分析，充分考虑桁架的竖向变形对其的不利影响。图 2.4-5 列出了模型 2 按照实际施工的竖向加载顺序，即首先完成下部桁架结构的施工，然后对下部桁架施加结构恒荷载，其次对上部"砾石造型"骨架施工，并加载恒荷载，最后对整体结构施加活荷载。表 2.4-2 选取了 2-10 轴处的框架柱轴力和弯矩进行对比，表中各框架柱的编号见图 2.4-4。

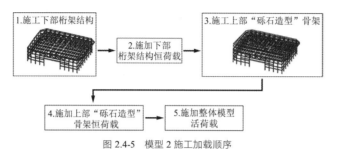

图 2.4-5　模型 2 施工加载顺序

由表 2.4-2 可知，模型中框架柱的轴力基本相同，但弯矩相差较大。其中模型 2 的框架柱弯矩比模型 1 略有增大，模型 3 的框架柱弯矩比模型 1 增大较多；同时位于框架两端的 GZ1、GZ6 和位于洞口两侧的 GZ2、GZ3 的弯矩增加较多，位于中间跨的 GZ4、GZ5 弯矩增加较少。

2-10 轴处框架柱内力对比
表 2.4-2

柱编号	轴力/kN			弯矩/(kN·m)		
	模型 1	模型 2	模型 3	模型 1	模型 2	模型 3
GZ1	257	263	293	12	40	234
GZ2	118	108	114	14	11	92
GZ3	44	40	27	11	28	250
GZ4	78	79	88	9	19	66
GZ5	93	92	83	7	7	78
GZ6	138	146	199	25	36	474

通过"砾石造型"幕墙骨架结构的 3 个模型内力对比可知，模型 1 未考虑下部桁架的竖向变形，上部框架计算内力偏小；模型 3 考虑一次性加载，使幕墙框架柱脚与桁架产生相同的竖向变形，上部框架计算内力偏大；模型 2 按施工的竖向加载顺序，考虑了上部框架柱实际的竖向变形，较真实地模拟上部框架的受力。因此，骨架结构采用模型 2 进行内力计算和杆件设计。另外，框架两端和洞口两侧框架柱弯矩受桁架竖向变形影响较大，应注意复核该部位杆件的应力比。

2.4.3　室外人行钢连桥和柱墩设计

人行钢连桥跨高比、荷载大，跨中最大竖向挠度 307mm，约为 L/183（L 为人行桥跨度），已超过《钢标》附录 B.1 受弯构件挠度容许值 L/400，应考虑预起拱，以抵消恒荷载（含结构自重）作用下钢连桥大部分竖向变形。根据计算可知，钢箱梁在恒荷载作用下跨中最大挠度为 247mm；为避免面层和挂板等荷载未施工前反拱，钢箱梁制作时中部预起拱 200mm（相当于恒荷载作用下挠度的 80%），在正常使用极限状态下，控制人行钢连桥的实际竖向挠度减小至 107mm（约为 L/523），满足规范限值 L/400要求。

依据《城市人行天桥与人行地道技术规范》CJJ 69—1995 第 2.5.2 条，天桥上部结构，由人群荷载计算的最大竖向挠度，梁板式主梁跨中不应超过 $L/600$。本项目钢箱梁在活荷载作用下跨中最大竖向挠度为 60mm（约为 $L/933$），满足要求。

根据相关文献，截面边长比（腹板高度与翼缘宽度之比）小于 2 的箱形截面梁，翼缘宽厚比对梁的稳定性影响大。本项目钢箱梁跨中截面上翼缘宽厚比为 84，为防止其局部失稳，按《钢标》第 6.3.6 条规定设置加劲肋，如图 2.4-6 所示。其中横向加劲肋间距 2m，板厚 16mm；纵向加劲肋间距 300～500mm，板厚 20mm，外伸宽度 ≥ 150mm；横隔板（横向加劲肋）洞口四周构造设置 12mm 厚镶边板，板宽 200mm。

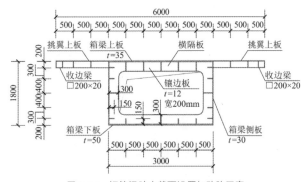

图 2.4-6 钢箱梁跨中截面设置加劲肋示意

图 2.4-7 为人行钢连桥前三阶振型计算结果，图 2.4-8 为人行钢连桥在竖向多遇地震及温度作用下位移云图。由图 2.4-8 可知，竖向多遇地震作用下，人行钢连桥的最大位移为 10.06mm，温度作用下支座的最大水平位移为 23.93mm。

由此可见，钢箱梁断面形式及构件尺寸选用恰当，设置加劲肋后的受压区域稳定满足要求，主体结构设计合理，符合工程需要。

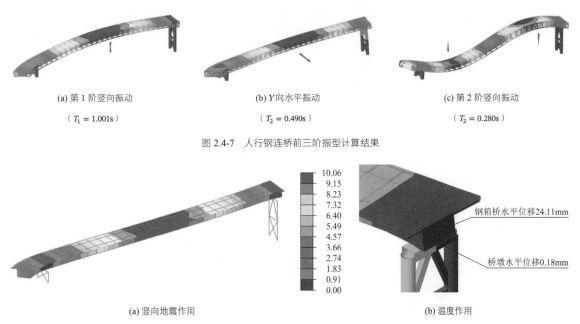

(a) 第 1 阶竖向振动

（$T_1 = 1.001$s）

(b) Y 向水平振动

（$T_2 = 0.490$s）

(c) 第 2 阶竖向振动

（$T_2 = 0.280$s）

图 2.4-7 人行钢连桥前三阶振型计算结果

(a) 竖向地震作用

(b) 温度作用

图 2.4-8 人行钢连桥在竖向多遇地震及温度作用下位移云图

采用 MIDAS Gen 软件，对钢连桥进行罕遇地震作用下的动力弹塑性分析。模型中钢材采用一维本构双线性随动强化模型，循环过程中，无刚度退化，分析假定钢材的强屈比为 1.2。动力弹塑性分析采用了 2 条天然波和 1 条人工波，地震波有效峰值加速度为 220gal，各条地震波下的人行钢连桥动力弹塑性时程分析结果见表 2.4-3。由表 2.4-3 可得，天然波 1 作用下支承桥墩的损伤较大。

钢连桥动力弹塑性时程分析结果　　表 2.4-3

地震波	基底剪力/kN		柱顶侧移/mm	
	X向	Y向	X向	Y向
天然波 1	1608	1745	5.58	5.38
天然波 2	1454	1534	4.97	5.26
人工波 1	1584	1644	4.92	5.07

图 2.4-9 为钢连桥在天然波 1 作用下支承桥墩延性系数（当前变形和第一阶段屈服变形的比值）计算结果。由图 2.4-9 可得，X向地震波和Y向地震波作用下，下墩的延性系数分别为 0.29 和 0.27，均未达到材料塑性变形的临界值。由此可见，人行钢连桥的上、下支承桥墩，在罕遇地震作用下仍能保持安全可靠。

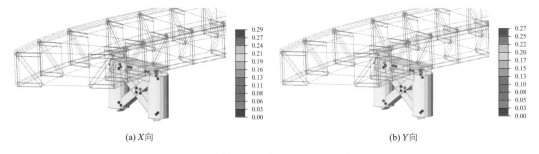

(a) X向　　　　　　　　　　　　　　　　(b) Y向

图 2.4-9　天然波 1 作用下支承桥墩延性系数计算结果

利用表 2.4-3 中 3 条地震波计算罕遇地震作用下，钢箱梁与上支承桥墩之间的滑移量，即两者之间顺桥方向的水平位移差值。其中天然波 1 作用下，滑移量最大为 58.77 − 5.44 = 53.33mm，如图 2.4-10 所示，大于温度作用下 23.93mm 的滑移量（图 2.4-8）。

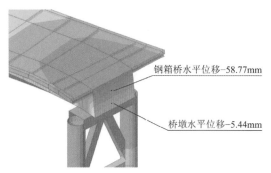

钢箱桥水平位移-58.77mm

桥墩水平位移-5.44mm

图 2.4-10　罕遇地震作用下钢箱梁与上支承桥墩之间的滑移量

为研究钢连桥在恒荷载、活荷载、地震及温度作用下的变形对上、下桥墩支座受力的影响，上、下桥墩分别按固定铰支座和单向（顺桥向）滑动铰支座的三种组合形式进行对比分析。表 2.4-4 为三种支座组合形式下钢管混凝土柱桥墩的应力比对比。

3 种支座组合形式下桥墩应力比对比　　表 2.4-4

支座组合形式		最大应力比	
下桥墩	上桥墩	下桥墩	上桥墩
固定铰支座	单向滑动铰支座	0.513	0.194
单向滑动铰支座	固定铰支座	0.509	0.582
固定铰支座	固定铰支座	0.523	1.036

由表 2.4-4 可知，三种支座组合形式对下桥墩的应力比影响较小，对上桥墩的应力比影响较大。如果上、下桥墩均采用固定铰支座，上桥墩应力比会超限。因此，本工程最终选择了下桥墩固定铰支座，上桥墩单向滑动铰支座的组合形式，可有效减小钢管柱的应力，优化支承桥墩截面，减轻结构自重。通过

合理选择球型支座，满足钢连桥在正常使用阶段的承载力和变形要求。

支承钢连桥的四个钢管柱，按"中震弹性，大震不屈服"的抗震性能目标设计，控制钢管柱应力比不大于0.9；同时钢管采用C40自密实混凝土灌芯处理，进一步提高其整体稳定性和承载能力。

2.4.4 入口膜结构钢桁架和支座设计

以A区管桁架为例，进行整体计算分析，附加恒荷载按0.2kN/m²（上下两层膜）、活荷载按0.5kN/m²，同时考虑温度作用（室外温差大，按升温+35℃、降温−35℃）和地震作用。图2.3-4为A区管桁架平面布置及支座示意。主桁架弦杆主要截面为P180×8，腹杆主要截面为P89×5；次桁架弦杆主要截面为P114×6、腹杆主要截面为P60×4；边桁架弦杆主要截面为P245×12、腹杆主要截面为P114×6；均为Q355B热轧无缝钢管。

采用MIDAS Gen，计算A区管桁架的主要自振模态为：第一阶为整体竖向振动（$T_1 = 0.203$s）、第二阶为外侧主桁架翘曲振动（$T_2 = 0.177$s）、第三阶为内侧主桁架竖向振动（$T_3 = 0.109$s）。A区管桁架前三阶自振模态示意如图2.4-11所示。

(a) 一阶模态（竖向振动）　　　　(b) 二阶模态（外侧主桁架翘曲振动）　　　　(c) 三阶模态（内侧主桁架竖向振动）

图2.4-11　A区管桁架前三阶自振模态示意

入口膜结构A区管桁架的应力比计算结果如图2.4-12所示。由图2.4-12可知，管桁架上弦及腹杆应力比水平在0.7以下，管桁架下弦杆件应力比大部分在0.85以下，仅支座部位杆件最大应力比为0.875小于0.9，所有构件承载力满足设计要求。

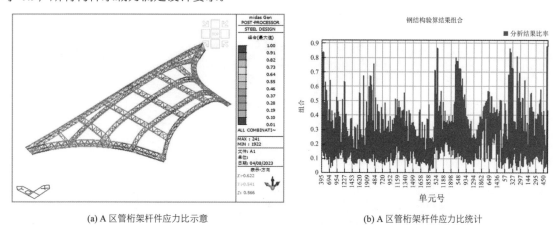

(a) A区管桁架杆件应力比示意　　　　　　　　(b) A区管桁架杆件应力比统计

图2.4-12　A区管桁架杆件应力比计算结果

采用MIDAS Gen对A区管桁架模型进行屈曲分析，图2.4-13为A区管桁架第一阶屈曲模态。第一阶整体屈曲模态为最外侧桁架的翘曲形态，与第二阶自振模态相呼应，但第一阶屈曲模态对应的荷载因子为258.9，说明管桁架具有较好的整体稳定性能。

A区管桁架竖向变形如图2.4-14所示，在恒活荷载标准组合工况下，管桁架的最大竖向变形为16.52mm，最大变形处管桁架跨度为56m，管桁架变形远小于规范限值。

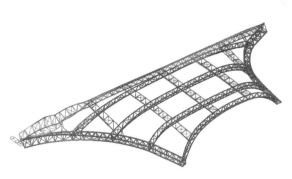
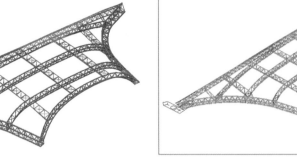

图 2.4-13　A 区管桁架第一阶屈曲模态　　　　　　　图 2.4-14　A 区管桁架竖向变形

入口膜结构造型采用了拱高较小的空间管桁架作为支承结构，管桁架两端支座分别作用在两侧剧场 1 和剧场 2 的主体结构上，支座需向管桁架提供一定侧向反力，以保证在拱高较小的情况下，管桁架仍具有较好的竖向荷载承载能力。因此，两侧剧场 1 和剧场 2 主体结构的侧向刚度，对管桁架的变形与应力具有一定的影响。对管桁架及主体结构组装的整体模型和管桁架的单独模型的计算结果分别进行对比，主体结构整体模型及管桁架单独模型如图 2.4-15 所示，以 A 区 A-ZHJ-2 管桁架（图 2.4-15b 中红色杆件部分）作为分析对象，两个模型的支座反力、杆件应力和竖向变形结果详见表 2.4-5。

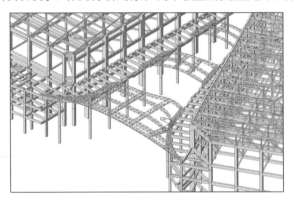
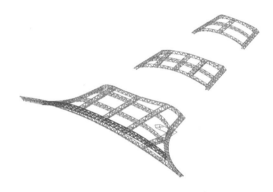

(a) 主体结构整体模型　　　　　　　　　　　　　　　　(b) 管桁架单独模型

图 2.4-15　主体结构整体模型及管桁架单独模型

整体模型与管桁架单独模型计算结果对比　　　　　　　　　　　　　表 2.4-5

模型	升温工况下Y向水平反力（沿边桁架方向）/kN	竖向荷载下X向水平反力（沿跨度方向）/kN	支座处构件应力比/跨中构件应力比	挠度/mm
整体模型	7.5	186.4	0.695/0.317	20.15
单独模型	5.1	220.8	0.876/0.270	16.54

根据表 2.4-5 整体模型和单独模型的计算结果对比，可见两端主体结构的侧向刚度对管桁架的受力有一定的影响。竖向荷载工况下，沿桁架跨度方向，整体模型的支座水平反力比单独模型小 18.4%，整体模型支座杆件应力小于单独模型，跨中杆件应力大于单独模型，整体模型的跨中挠度比单独模型大 17.9%。根据以上对比分析可知，整体模型中，管桁架的支座刚度小于单独模型，但对管桁架的计算结果影响较小，内力与变形的计算结果差值均在 20%以内。

2.4.5　特殊构造

1. 大跨钢桁架支座连接构造

大跨钢桁架采用上弦支承的铰接支座，支座节点为屋盖结构的关键节点，桁架支座与下部支承框架柱之间采用固定球型支座。固定球型支座具有承受额定竖向荷载并能各向转动的功能，可承受各向水平荷载作用且无水平位移。图 2.4-16 为桁架支座处节点构造及现场实景。

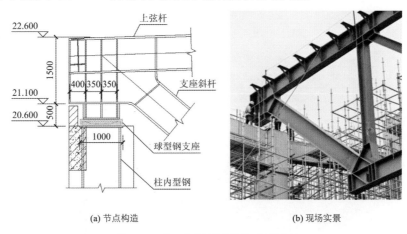

(a) 节点构造　　　　　　　　　　　　(b) 现场实景

图 2.4-16　桁架支座处节点构造及现场实景

根据罕遇地震作用下桁架支座处竖向荷载，选定固定球型支座的竖向承载力为 7000kN 及 9000kN，根据《桥梁球型支座》GB/T 17955—2009 技术要求，固定球型支座水平承载力不小于竖向设计承载力的 10%，转角为 0.05。剧场 1 支座型号为 QZ 7000GD/R0.05、剧场 2 支座型号为 QZ 7000GD/R0.05，如表 2.4-6 所示。

固定球型支座设计参数　　　　　　　　　　　　　　　　　　表 2.4-6

参数	剧场 1		剧场 2	
	包络内力值	支座承载力或变形允许值	包络内力值	支座承载力或变形允许值
支座竖向荷载/kN	5688	7000	7254	9000
支座水平剪力/kN	500	700	467	900
支座转角/rad	0.012	0.05	0.013	0.05

为了确保大跨桁架与支承框架柱的可靠连接，混凝土框架柱内设置型钢延伸至基础顶，型钢顶设置 40mm 厚钢板，方便固定球型支座底板与框架柱顶钢板焊接，增强结构的整体性和安全性。对支承框架柱进行小震和中震作用下的计算时不考虑型钢，在大震作用下的计算分析计入其有利作用时，支承框架柱可达到大震不屈服的性能目标。

2．钢箱梁支座节点构造

支座附近的钢箱梁横断面采用加密肋板的方式来承受球型支座提供的集中竖向反力和水平力。钢箱梁支座部位横断面示意如图 2.4-17 所示，钢箱梁横隔板和纵肋板厚均为 20mm。

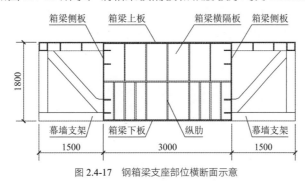

图 2.4-17　钢箱梁支座部位横断面示意

采用 MIDAS Gen 软件对钢箱梁支座处进行应力分析，分析采用四节点壳单元，有限元网格尺寸不大于 300mm。表 2.4-7 为各荷载组合工况下支座处钢材的最大有效应力。图 2.4-18 为荷载组合工况 2 作用下钢箱梁支座处钢材的应力云图。

荷载工况	荷载组合	最大有效应力/MPa
工况 1	1.3 恒荷载 + 1.5 活荷载	213
工况 2	1.3 恒荷载 + 0.65 活荷载 + 1.3X向地震 + 0.5 竖向地震	298
工况 3	1.3 恒荷载 + 0.65 活荷载 + 1.3Y向地震 + 0.5 竖向地震	206
工况 4	1.3 恒荷载 + 0.65 活荷载 + 1.3 竖向地震	208

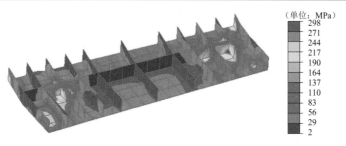

图 2.4-18　工况 2 作用下钢箱梁支座处钢材的应力云图

　　从表 2.4-7、图 2.4-18 可知，各个荷载组合工况下，支座附近的钢材应力均小于钢材的设计强度 315MPa。其中，最大应力出现在荷载组合工况 2 作用下，最大有效应力为 298MPa，钢材仍然在弹性阶段。由此可见，本项目钢箱梁支座处加劲肋设置合理有效，可以确保安全。

2.5　结语

　　（1）对于剧场类单层大跨空旷房屋，分别采用振型分解反应谱法，多遇地震弹性时程法和罕遇地震弹塑性时程分析法分析了不同地震水准下结构的抗震性能，为类似项目提供了设计思路和方法。

　　（2）转换托架作为大跨钢桁架的弹性支座，根据抗震性能化设计目标，按中震弹性复核其内力；同时转换托架两侧各延伸一跨，加强其与主体结构的可靠连接，确保安全。

　　（3）支承框架柱作为大跨钢桁架的关键构件，按中震弹性的性能目标加强，按罕遇地震作用下柱底剪力复核尺寸，防止截面出现斜压破坏；必要时支承框架柱可设置型钢，既保证与桁架端部可靠连接，又能在大震作用下提供安全储备。

　　（4）直接支承在主体结构上的幕墙骨架，应与屋面钢桁架一体化设计，按单独模型及考虑模拟施工顺序整装模型分别计算，充分考虑大跨结构竖向变形对其的影响。

　　（5）对于搁置在两侧结构单元的低拱高管桁架结构，首先通过合理的结构布置使其承载力和变形满足规范要求；其次通过多方案比选确定支座连接方式，寻求低拱高桁架结构竖向变形与水平推力的平衡点；最后按整体总装模型复核主体结构特别是支座周边杆件承载力和竖向位移等，充分考虑抗震单元之间的变形对其的影响。

参考资料

[1]　戴雅萍, 袁雪芬, 张杜, 等. 苏州太湖国际会议中心大跨度钢桁架结构设计[J]. 建筑结构, 2012, 42(1): 1-5.

[2] 袁雪芬，戴雅萍，张为民，等. 苏州科技大厦办公主楼转换钢桁架结构设计[J]. 建筑结构, 2013, 43(20): 39-45.

[3] 戴雅萍，袁雪芬，孙文隽，等. 苏州360剧场大跨度钢桁架设计研究[J]. 建筑结构, 2022, 52(7): 28-36, 104.

[4] 袁雪芬，戴雅萍，孙文隽，等. 苏州360剧场室外人行钢连桥设计研究[J]. 建筑结构, 2022, 52(7): 37-43, 104.

设计团队

建筑设计单位：启迪设计集团股份有限公司（方案+初步设计+施工图设计）
　　　　　　　清华大学建筑设计研究院有限公司（概念方案）

结构设计单位：启迪设计集团股份有限公司

结构设计团队：戴雅萍，袁雪芬，孙文隽，郑履云，倪秋斌

执　笔　人：袁雪芬，孙文隽

第 3 章

苏州科技馆工业展览馆

3.1 工程概况

3.1.1 建筑概况

苏州科技馆、工业展览馆工程建于苏州狮山东北侧，建筑整体造型顺狮山山坡之势向下延伸、沿湖旋转而后与狮山隔湖相望。主体建筑一层架空，仅五个筒状楼电梯间落地，形成整个建筑悬浮在半空中的效果，全景效果见图3.1-1。

工程总建筑面积为61285m²，由分别位于场地西部的工业展览馆和东部的科技馆组成。科技馆地下一层，地上三层，中央是大面积下沉式广场，建筑功能为综合展览，建筑高度从下沉式广场地面算起为31.7m。

建筑一、二层平面见图3.1-2和图3.1-3，代表性剖面见图3.1-4和图3.1-5。

图3.1-1　建筑效果图

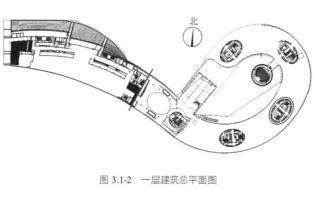

图3.1-2　一层建筑总平面图

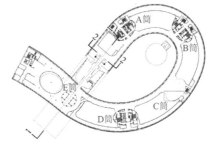

图3.1-3　科技馆二层建筑平面图

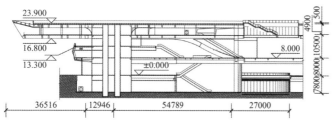

图3.1-4　建筑局部纵向剖面1-1

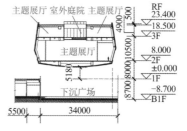

图3.1-5　建筑横向剖面2-2

整个建筑呈带状扭曲，屋顶覆土300~500mm，为连续的人行坡道，可从地面一直走到屋面最高处观景。地下一层的层高是7.8m，首层层高为8m，屋面最高点的标高为23.9m。

3.1.2 设计条件

1. 主体控制参数

控制参数见表3.1-1。

控制参数   表 3.1-1

结构设计基准期	50 年	建筑抗震设防分类	重点设防类（乙类）
建筑结构安全等级	一级（结构重要性系数 1.1）	抗震设防烈度	7 度（0.10g）
地基基础设计等级	甲级	设计地震分组	第一组
多遇地震峰值加速度	35cm/s²	场地类别	Ⅲ类

2. 竖向荷载取值

按展陈要求，科技馆二层不同区域承受 5.0～8.0kN/m² 活荷载、工业展览馆地面承受 8.0kN/m² 活荷载。苏州地区 50 年一遇的基本雪压为 0.4kN/m²，其值小于上人屋面活荷载，不起控制作用。

3. 结构抗震设计条件

苏州市的抗震设防烈度为 7 度，设计基本地震加速度值为 0.10g，设计地震分组为第一组。依据场地剪切波速测试结果计算所得的等效剪切波速值为 $V_{se} = 172～180$m/s，场地覆盖层厚度为 5～50m（东侧大于 50m），建筑场地类别为 Ⅱ～Ⅲ 类，设计特征周期取为 0.45s（罕遇地震下取 0.50s）。本场地属于建筑抗震一般地段。

工业展览馆钢筋混凝土/型钢混凝土框架的抗震等级为二级；科技馆部分钢筋混凝土框架的抗震等级为一级，钢结构的抗震等级为三级。计算多遇地震作用时阻尼比取为 0.04，罕遇地震下的弹塑性分析阻尼比取为 0.05。

4. 风荷载

苏州地区的基本风压 $w_0 = 0.45$kN/m²，用于舒适度控制的 10 年重现期风压为 $w_0 = 0.30$kN/m²。工程所在场地地面粗糙度类别为 B 类，体型系数取为 1.3，风荷载作用下结构阻尼比取为 0.02。因科技馆上部建筑部分没有明确的主轴方向，设计按每隔 30°分别计算水平作用，包络设计。

5. 温度作用

结构温度作用按考虑施工、合拢和使用三个不同阶段的最不利温差进行设计。温差按苏州地区近 10 年气象实录的月最高、最低、平均气温及实际施工季节温度确定：结合施工安排，混凝土施工温度取为 10～15℃，夏季升温 35℃、冬季降温 21℃；钢结构合拢温度取为 15～20℃，夏季升温 19℃、冬季降温 37℃。

6. 荷载组合

对于大跨度水平扭曲空间钢结构和大悬挑钢结构，设计计算中除常规荷载组合外，增加了以竖向地震作用效应为主的组合，见下式：

$$1.2S_{Gk} + 1.3S_{Evk} + 0.5S_{Ehk} + 1.4 \times 0.2S_{wk} < R/\gamma_{RE}$$

式中符号含义同文献[1]。

3.2 建筑特点

建筑的总体造型构思是从西南侧狮山延续过来形成一个独特扭曲的连续形建筑，允许市民沿屋面步行而上直达最高处的望湖天台，因此，屋面是连续的螺旋上升曲面，使整体建筑突破了传统"楼层"的概念，见图 3.2-1。二层楼面是水平的，二层层高随屋面弯曲螺旋上升连续变化，在层高较高的局部设置有三层。

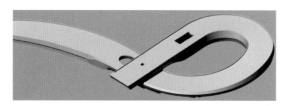

图 3.2-1　屋面连续曲面造型

如图 3.1-2 所示,科技馆部分仅有 5 个圆形或椭圆形的竖向交通核落地作为整个建筑地面以上结构的支座,由此形成地面以上结构的大跨度,其外围最大单跨弧长达到 77.2m。整个二层及以上结构的割线跨度为 41.943~50.733m。为达到建筑物呈弧形带状悬浮在半空中的建筑效果,落地筒体的宽度比二层及以上楼面的宽度明显缩小。

因区域规划条件要求本工程在室外地面以上的建筑最大高度不超过 24m,所以对建筑整体的层高限制很严格,尤其在大跨度的建筑三层部分以及大悬挑根部,允许的结构高度相对于跨度或出挑长度以及负荷而言都相当小,对结构设计提出了很高的要求。在屋面螺旋上升的端部,建筑向外悬挑达到 41.169m〔从出挑根部支座(核心筒)中心起算〕,其根部即为整个建筑层高控制难度最大的区域(图 3.1-4),建筑层高仅为 5.3m。

3.3　体系与分析

3.3.1　结构方案及结构体系

因建筑曲形中线总长达到约 300m,在工业展览馆与科技馆交界处设一道防震-伸缩缝(缝宽 150mm),西侧工业展览馆部分为钢-混凝土混合框架-钢支撑结构,采用钢筋混凝土柱(部分为型钢混凝土柱)+ 大跨度钢蜂窝梁结构,不设地下室,地上为单层,屋面高度由西向东逐渐升高。其典型跨度为 22.4m,南侧悬挑 14.8m 以达到南立面幕墙内无柱的效果。

因存在大面积下沉式广场,东侧科技馆主体结构以地下室底板为嵌固端。地下室柱网为(7~9)m ×(8.35~28)m,采用钢筋混凝土-钢混合框架结构。大部分柱网依建筑平面呈弧形,一般跨度柱网采用钢筋混凝土楼盖。地下室顶板部分大跨度梁采用钢梁,相应部分的楼板采用钢筋桁架楼承板组合楼板。

针对科技馆落地筒形带支撑钢框架及少量圆钢管混凝土柱之间跨度大、负荷重、允许结构高度小且整体为水平方向扭曲造型的情况,结构充分利用建筑物层高进行布置,在带形建筑物的两侧依建筑外形布置整层高的折形钢结构空间巨型桁架,同时在核心筒之间顺着平面弧线设置弧形箱梁,这样科技馆地上部分就形成了弧形钢箱梁 + 巨型折形钢桁架 + 钢框架(局部钢管混凝土柱)支撑整体工作的空间结构。

落地的 5 个钢支撑筒自下而上保持竖向连续。受建筑造型和使用功能的严格限制,巨型桁架不允许直接支承在落地框架柱上,只能以在楼面和屋面标高处从筒形带支撑钢框架上挑出的大梁端部为支点,传力效率有所降低。图 3.3-1 示出了科技馆典型区段的结构布置。

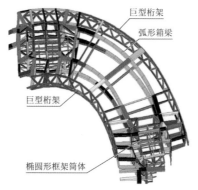

图 3.3-1　科技馆结构典型区段布置（未显示楼面次梁）

传力路径为:

展厅两侧巨型桁架的构件以受轴力为主,而筒形带支撑钢框架之间的弧形钢箱梁则处于复杂的弯剪扭受力状态,在每个跨间设三道径向梁来调节中间两道弧形钢箱梁与两侧巨型桁架之间的变形差异并调节水平弧形梁内力。这样的结构布置在充分满足建筑对造型和使用空间要求的前提下,最大限度地发挥出结构的整体空间作用。

科技馆二层特别薄弱的天桥东南端采用滑移支座释放温度变化、风荷载、地震等引起的复杂作用力,如图 3.3-2 所示。图 3.3-3 为科技馆部分结构模型。

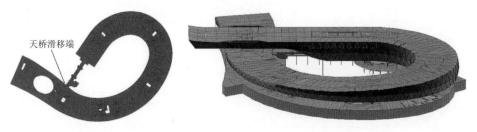

图 3.3-2　二层天桥滑移支座　　　　　　图 3.3-3　科技馆部分结构模型

工业展览馆屋面和科技馆的楼屋面,都采用钢筋桁架楼承板组合楼板,楼屋面次梁按钢-混凝土组合梁设计以控制用钢量。在科技馆部分区域结构高度受建筑净高限制,跨度 34m 仅允许结构梁高 1.25m,悬挑 41.169m 桁架结构的弦杆中心高度仅 5m(结构外包高度 6.375m),由此带来的使用舒适度问题通过设置质量调谐阻尼器(TMD)解决。

球幕影院坐落在地下一层下沉式广场,采用单层网壳结构,如图 3.3-4 所示。

图 3.3-4　球幕影院结构模型

3.3.2　结构计算模型

采用 SAP2000 软件进行整体指标计算及钢构件验算分析,采用 PMSAP 软件进行复核,同时进行下部钢筋混凝土结构部分的设计;采用 ANSYS 软件建立多尺度模型,用于水平箱形弧梁及关键节点分析以及位移等计算结果校核。

SAP2000 和 ANSYS 软件计算都考虑了结构的几何非线性 $P-\Delta$ 效应的影响。

3.3.3　结构分析

1. 主要计算结果

科技馆部分的主要计算结果见表 3.3-1。因科技馆屋面是连续扭曲的斜面,现行规范中基于平面楼层提出的层间位移角、层间位移比等指标及相应限值并不完全适合本工程，表中结果为近似统计得到的数据。

由表 3.3-1 可知计算结果满足相关规范的各项要求，SAP2000 与 PMSAP 的计算结果相近，说明计算模型和结果合理、可靠。

结构主要振型如图 3.3-5 所示。

科技馆部分的主要计算结果　　　　　　　　　　　　　　　　表 3.3-1

计算软件		SAP2000	PMSAP
第 1 平动周期		1.09（Y 向平动）	1.03（Y 向平动）
第 2 平动周期		0.93（X 向平动）	0.89（X 向平动）
第 1 扭转周期		0.97（扭转）	0.83（扭转）
第 1 扭转/第 1 平动周期		0.89	0.81
50 年一遇风荷载下最大层间位移角	X	1/42342	1/29128
	Y	1/12533	1/10735
地震作用下最大层间位移角	X	1/1265	1/1673
	Y	1/1220	1/1547
扭转位移比	X	1.55	—
	Y	1.14	—
地震作用基底剪力/kN	X	31731	34335
	Y	31775	33987
剪重比	X	2.73%	3.314%
	Y	2.74%	3.281%
刚重比	X	—	181.65
	Y	—	143.38

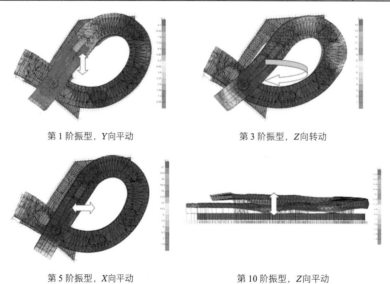

第 1 阶振型，Y 向平动　　　　　　　　第 3 阶振型，Z 向转动

第 5 阶振型，X 向平动　　　　　　　　第 10 阶振型，Z 向平动

图 3.3-5　结构主要振型

降温工况下的屋面板主应力和中震作用下屋面板应力 S11 分别示于图 3.3-6 和图 3.3-7。可见，降温 21°工况下屋面板主应力和中震下屋面板应力 S11 均小于 f_{tk}。

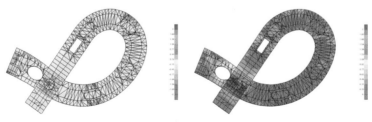

图 3.3-6　降温 21°下的屋面板主应力云图　　图 3.3-7　中震作用下屋面板应力 S11 云图

考察各区段结构变形计算结果，图 3.3-8 示出的是恒荷载下最大曲率区段的最不利点的竖向变形，表 3.3-2 示出了该最不利节点（点 A）在各工况下的三向位移。

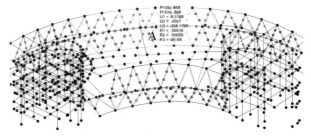

图 3.3-8　恒荷载下最大曲率区段的最不利点的竖向变形

点 A 在各工况下的三向位移　　　　　　　　　　　　表 3.3-2

工况	$U1$/mm	$U2$/mm	$U3$/mm
恒荷载	−8.52	0.46	−198.18
活荷载	−4.19	1.99	−51.43
X向风荷载	−0.23	0.48	−0.51
Y向风荷载	−0.23	0.48	−0.51
X向地震	8.73	9.81	20.27
Y向地震	7.91	10.41	21.92
升温 19℃	5.21	15.55	4.88
降温 37℃	−10.14	−30.29	−9.51

可见，在该区段的最不利点 A 处，钢结构变形在采取预起拱（将"1.0 恒荷载 + 0.5 活荷载"工况下变形反向）措施后，结构在使用阶段的变形能够满足规范要求。

同样，在悬挑 41.169m 的观景台端部，按 $D + L/2$（D 为恒荷载，L 为活荷载）变形反向起拱 320.4mm，则正常使用时结构在活荷载下的变形为 1/128，能够满足 1/100 的规范要求。

2. 结构弹性时程分析

采用 SAP2000 对整体结构模型进行多遇地震下的弹性时程分析。选用 2 条天然波和 1 条人工波进行了弹性时程分析，主方向峰值加速度为 35gal，主方向与次方向及竖向的峰值加速度的比值为 1.00：0.85：0.65。结构阻尼比为 0.04，时程分析时间长度为 40s，时间步长 0.02s。

计算结果表明，每条时程曲线计算得到的结构底部剪力不小于振型分解反应谱法得到的剪力的 65%，多条时程曲线计算得到的底部剪力平均值不小于振型分解反应谱法得到的底部剪力的 80%。地震波的选取满足要求。

以 EL Centre 波为例，大悬挑端部的竖向位移时程如图 3.3-9 所示。

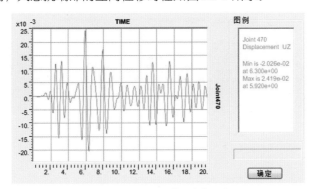

图 3.3-9　大悬挑端部的竖向位移时程

可见，在地震作用下，大悬挑端部位移能够满足规范要求。但峰值约为采用 CQC 方法计算地震作用下位移的 90%，可见采用 CQC 方法能够保证结构安全。

3. 屈曲分析

对科技馆进行弹性屈曲分析，计算出在 $D+L$ 荷载下的弹性屈曲系数，前 6 阶如表 3.3-3 所示。第 1 阶和第 2 阶屈曲模态示于图 3.3-10 和图 3.3-11。

科技馆主要屈曲模态　　　　　　　　　　　表 3.3-3

屈曲模态	屈曲系数
1	13.905539
2	20.971447
3	−21.252627
4	24.609663
5	25.301102
6	−25.689567

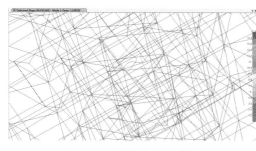 

图 3.3-10　科技馆第 1 阶屈曲模态　　　　　　图 3.3-11　科技馆第 2 阶屈曲模态

由此可见，结构弹性屈曲系数均大于 10，且前几阶屈曲都出现在较为次要的构件上，结构能够满足弹性屈曲稳定的要求。

对钢材采用双折线形本构模型，并考虑位移大变形的双非线性极限验算，安全系数达到 3.6，满足规范要求。其变形图见图 3.3-12。

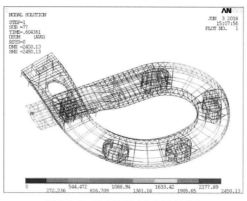

图 3.3-12　双非线性屈曲分析变形图

3.4 专项设计

3.4.1 性能化设计

1. 超限检查

科技馆主体结构总高为 37m（从大面积下沉式广场地面起算），高度不超限。

在考虑偶然偏心影响的规定水平地震作用下，楼层竖向构件最大水平位移和层间位移比近似统计为1.59，大于1.2；科技馆为曲带形开口平面，属于凹凸不规则；部分区域有效宽度小于50%、开洞面积大于30%，属于楼板不连续；存在局部的穿层柱和夹层。共计存在4项不规则。

如前所述，科技馆屋面为弯曲螺旋形上升曲面，突破了常规的"楼层"概念，属于特殊类型高层建筑。大悬挑41.169m，大于40m；屋盖结构的伸直长度大于300m，属于大跨屋盖建筑。

因此，科技馆为A级高度高层建筑，存在扭转不规则、凹凸不规则、楼板不连续（二层楼面楼板为弯曲开口的空间弧形）、局部不规则（局部夹层、穿层柱）等4项一般不规则项超限，属于特殊类型及大跨屋盖建筑。

2. 抗震性能目标

本工程设定结构抗震性能目标为D+级，并对科技馆圆形、椭圆形带支撑钢框架及周边结构构件适当提高抗震性能目标。

关键构件为圆形及椭圆形带支撑钢框架，其二层楼面以下构件按中震下应力比不超过0.8，二层楼面以上构件按中震下应力比不超过0.85设计。

箱形曲梁和巨型桁架中震下应力比按不超过0.8设计。

3.4.2 部分弯矩释放设计

取一个典型跨间（B筒~C筒）外侧的巨型桁架作为考察对象，其在恒荷载下的弯矩图如图3.4-1所示，杆件1~7在各工况下的弯矩列于表3.4-1。

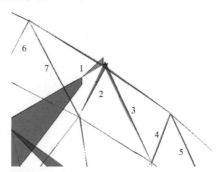

图 3.4-1 典型跨间主结构恒荷载下弯矩图（局部）

杆件1~7在各工况下的弯矩（kN·m） 表 3.4-1

工况	1	2	3	4	5	6	7
恒荷载	−2612.8	1642.2	1540.2	129.1	224.6	304.1	133.1
活荷载	−895.1	505.9	479.5	65.0	45.9	46.1	79.6
风荷载	45.1	−19.2	−19.3	−1.5	−3.8	−4.6	−1.7
水平地震	222.8	139.0	132.5	10.3	21.5	29.5	11.1
竖向地震	144.3	87.4	83.1	6.7	13.4	18.5	7.1
升温19℃	111.3	−41.6	−45.2	−6.3	−9.0	−15.1	−2.7
降温37℃	−216.8	81.0	88.0	12.2	17.5	29.4	5.4

从表中数据可见，与径向横梁1相连的巨型桁架腹杆2、3端部的弯矩远大于不与径向横梁相连的腹杆4~7端部的弯矩。而建筑效果要求巨型桁架腹杆的外包尺寸统一为400mm宽（平行于外表面方向）和700mm高（垂直于外表面方向），难以提供对应于表中腹杆2、3内力的抗力。在不允许加大构件截面的情况下，将构件2、3上端设计成铰接，把端部弯矩释放掉。这样不仅构件能够满足要求，而

且显著降低了用钢量。类似情况位置多数设铰后，恒荷载作用下该跨间最大位移的节点（NODE118）在 X、Y、Z 三个方向的位移，由（5.7mm、2.3mm、−109.2mm）变为（5.6mm、1.4mm、−124.9mm），在可接受范围内。

同时，由表 3.4-1 可见，各构件在恒荷载作用下产生的弯矩远大于其他作用产生的弯矩。因此，对各筒形带支撑钢框架，当钢柱截面受限时，可采取同样的措施释放恒荷载引起的弯矩。为保持框架结构足够的抗侧刚度，除合理设置约束屈曲支撑外，仅对部分与悬臂梁相连、柱端弯矩过大的柱端设置球形钢支座以释放柱端弯矩；并对其中部分柱端采取恒荷载基本施加完成后再恢复刚性连接的措施。

巨型桁架腹杆端部铰接采用设置万向铰连接构造，如图 3.4-2 所示。

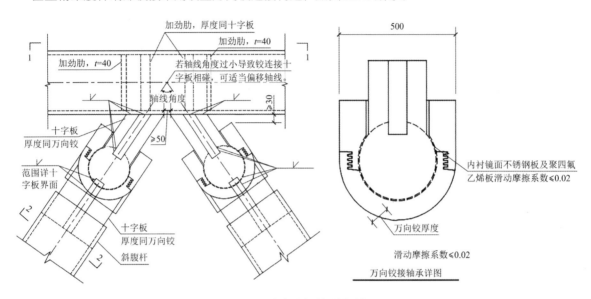

图 3.4-2　巨型桁架腹杆端部铰接大样图

部分柱端永久性铰接大样图见图 3.4-3，柱端临时性铰接大样图见图 3.4-4。

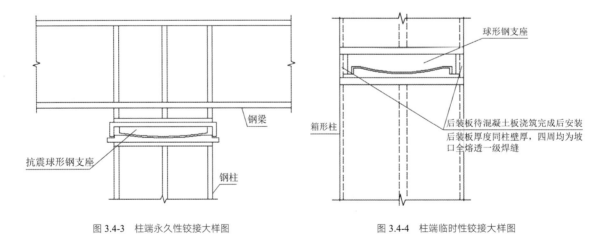

图 3.4-3　柱端永久性铰接大样图　　　　图 3.4-4　柱端临时性铰接大样图

3.4.3　多尺度模型分析

本工程的主要传力构件中包括水平箱形弧梁，箱形截面的扭转刚度是该梁刚度的重要组成部分。在 SAP2000 计算模型中，所有杆件都是采用框架线单元建模，为精细分析箱形截面抗扭刚度的贡献，采用 ANSYS 软件构建了多尺度模型，将平面曲率最大区段的钢结构箱形水平弧梁及其支座节点（含肋板）采用壳单元建模，其他钢构件采用杆单元建模，如图 3.4-5、图 3.4-6 所示。

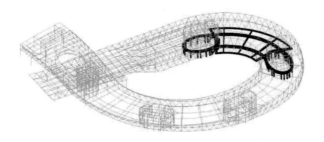

图 3.4-5　ANSYS 多尺度模型（局部壳元建模）

从 ANSYS 多尺度模型的计算结果可见，结构变形比 SAP2000 的计算结果略大（考察点的位移比值为 1.02～1.16），原因在于多尺度模型采用壳单元模拟水平弯曲箱形梁及节点加劲肋，较线元模型更准确地反映了截面的扭转刚度，也包含了截面的翘曲变形。计算结果显示节点应力均能够满足要求（图 3.4-7）。

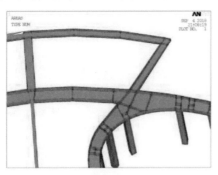

图 3.4-6　局部节点加劲肋

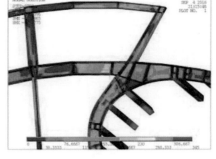

图 3.4-7　Mises 应力云图

3.4.4　罕遇地震下动力弹塑性时程分析

采用 SAUSAGE 软件进行罕遇地震下的动力弹塑性时程分析，复核结构在罕遇烈度地震作用下的抗震性能。选择 2 条天然波、1 条人工波，主方向峰值加速为 220gal，按与多遇地震相同的各方向峰值加速度比值输入。

图 3.4-8 是 X 向基底剪力时程，最大层间位移角出现在二层，为 1/122，满足要求。在人工波 RH1TG045 下的能量图示于图 3.4-9，可见能量耗散趋于稳定。

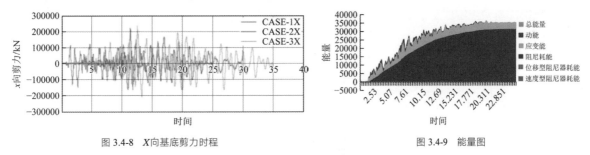

图 3.4-8　X 向基底剪力时程

图 3.4-9　能量图

计算结果显示，罕遇地震下框架柱损伤多数处于轻微损坏状态，个别柱出现中度损坏；一层部分与地下室外墙相邻的楼板以及二层穹顶洞口两侧被削弱的楼板出现重度损坏，应予以加强。

3.4.5　楼面舒适度分析

如前文所述，因规划限高的原因，建筑对结构高度的限制极其严苛，而相当多区域楼屋盖结构跨高比很大，楼盖竖向振动频率较低，致使人群在楼屋面行走时，可能引起楼面共振而使人感觉不适。本工程采用调频质量阻尼器减振技术，对结构的人致振动响应进行控制。采用 SAP2000 进行减振前后的动力分析。进行结构模态分析时，质量源方向考虑竖向振动的Z方向，阻尼比取为0.01。

以刚度最小的41.169m大悬挑端部为例，减振按开放空间进行分析设计。模态分析结果显示，结构的第5阶振型为大悬挑楼板竖向振动主振型，频率为1.025Hz。考虑该频率下的最不利单人连续行走激励和人群荷载激励，共计两个分析工况。

经过优化计算，在大悬挑结构端部布置3套TMD减振装置。每套减振装置由弹簧减振器、质量块、弹簧、导向轴等构件组成，质量块质量为800kg，调频频率为1.025Hz。主要振型下相对变形最大的节点1017减振前后曲线如图3.4-10所示，加载时间均为75s。从图中可以看出：工况2减振前楼板在动力荷载下引起共振，随着时间增长，加速度逐渐增大，加速度峰值超过0.15m/s²；减振后由于TMD的作用，加速度峰值明显降低，且随着时间的增加加速度逐渐趋于稳定，楼面加速度控制在0.15m/s²以下。

人行荷载激励下的动力响应分析显示，结构的最大加速度峰值由0.171m/s²降到0.064m/s²，减振率达到62.57%，效果明显。

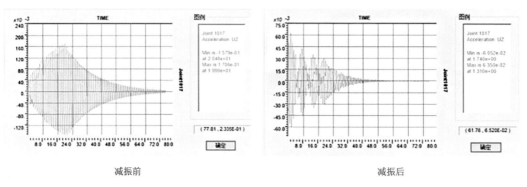

减振前　　　　　　　　　　　　　　　减振后

图 3.4-10　减振前后节点 1017 加速度时程

3.4.6　基础设计

从前文所述可见，上部结构对基础差异沉降敏感，因此，基础设计按以减小绝对沉降来控制相对沉降的思路进行。

场地勘察查明，在勘探深度范围内的岩土层为新生界第四系地层，大部分属长江三角洲、太湖水网平原冲、湖积地层。按其沉积环境、成因类型及工程地质特性，自上而下共分为13个工程地质层，岩面上表面倾斜。典型土层剖面见图3.4-11。

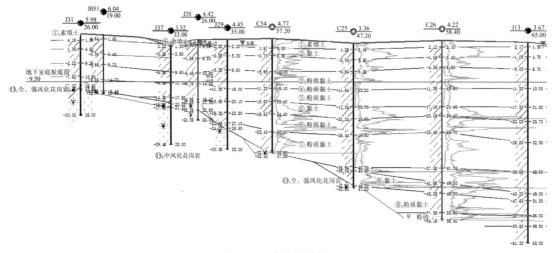

图 3.4-11　典型土层剖面

本工程西南角基岩埋藏较浅，局部单层建筑及一层地下室采用天然地基。地下室局部直接持力土层为④₁粉质黏土和⑤₁粉质黏土，其下设不小于300mm厚砂石褥垫层。向东采用桩基础，以⑧₁、⑧₂及⑧₃土为联合桩端持力层。核心筒及重载柱下选用桩径ϕ1000mm的钻孔灌注桩，有效桩长40m，并采用桩端后注浆技术以获得相对较高的单桩承载力，有效桩长单桩竖向抗压承载力特征值$R = 3800$kN。其他柱下采用桩径ϕ700mm的钻孔灌注桩，有效桩长19～40m（按距离岩石面一定距离控制），抗压兼作抗拔，有效桩长单桩竖向抗压承载力特征值$R = 2500$、1500kN，单桩竖向抗拔承载力特征值$= 1150$、700kN。底板厚度为0.7m，核心筒下承台厚度为2m。

布桩依据基桩静载荷试验结果考虑基桩实际刚度对主体结构的影响。沉降验算结果显示各筒体筏基之间、筏基与邻近柱基之间的差异沉降均在允许范围之内。

3.5 钢结构健康监测

3.5.1 钢桁架结构施工卸载方案

本项目钢结构平面尺寸较大，其二层、三层、内外侧桁架及屋面悬挑结构在施工过程中大量使用了支撑胎架，在整个施工卸载过程中主体结构和支撑结构的内力重新分布、空间桁架传力复杂。根据结构本身的受力情况、传力途径、变形情况、体系形成过程及支撑胎架的实际情况，通过计算分析决定采用分区分级同步卸载。卸载时，分批同步进行，卸载的先后顺序根据结构计算和工况分析得出的结果进行，即以变形量控制支撑胎架的卸载先后顺序，以保证卸载时相邻支撑胎架的受力不会产生过大的变化，同时保证主体结构构件的内力不超出规定的容许应力，避免主体结构构件内力过大而出现破坏现象。根据结构本身及支撑胎架的布置情况，在计算分析的基础上将整个支撑胎架体系按照施工区域划分为B区、C区、D区、E区、F区、G区、H区、H区悬挑段共8个区（图3.5-1），在每个区域的层与层之间以及桁架与地面之间设置了不同类型的胎架，如图3.5-2所示。

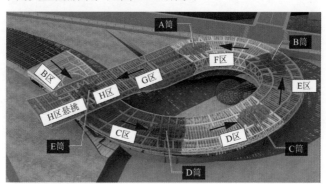

图 3.5-1 钢桁架结构分区示意图

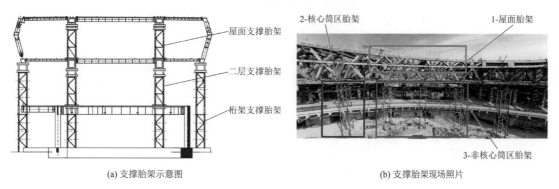

(a) 支撑胎架示意图 (b) 支撑胎架现场照片

图 3.5-2 支撑胎架的主要类型

钢结构施工卸载分为4个阶段：（1）屋面支撑分区卸载；（2）核心筒二层悬挑支撑分区卸载；（3）非

核心筒区域二层支撑分区卸载；（4）悬挑区域支撑卸载。钢结构施工卸载的 4 个阶段细分为 19 个小步，主要步骤如表 3.5-1 所示。

钢桁架结构卸载施工步　　　　　　　　　　　　　　表 3.5-1

序号	施工内容	示意图
1	第 1～6 步：C～H 区屋面层支撑胎架顺次卸载	
2	第 7～12 步：B、C、D、E、F、H 区核心筒处桁架支撑胎架卸载（绿色）	
3	第 13～19 步：B～H 非核心筒区二层、桁架支撑胎架卸载（黄色）	

3.5.2 测点布置

为确保结构的安全性和正常使用性，从施工卸载开始到全部竣工后 2 年对结构关键部位的位移、应变以及使用舒适度情况进行监测。共布置 278 个测点，包括加速度监测点 23 个、梁上应变监测点 117 个、柱上应变监测点 11 个及结构位移监测点 127 个。二层测点布置位置见图 3.5-3。

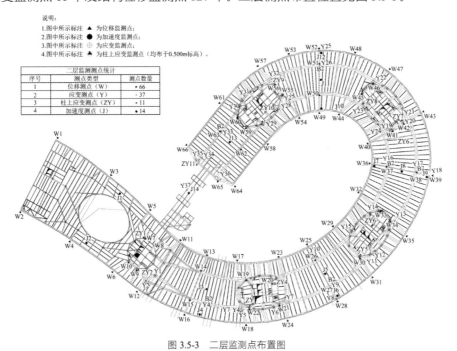

图 3.5-3　二层监测点布置图

3.5.3 施工卸载过程有限元模拟

模拟计算了每个施工步的最大/最小应力值和最大/最小位移值。其中，整个结构施工卸载过程中最大应力值为第 19 步的 122.17MPa，应力比为 0.36 < 0.9；整个结构施工卸载过程中最小应力值为第 16 步的 −97.34MPa，应力比为 0.27 < 0.9；整个结构施工卸载过程中最大向上的 Z 向位移为第 15 步的 2.86mm < L/300 = 26000/300 = 86mm；整个结构施工卸载过程中最向下的 Z 向位移为第 19 步的 −162.54mm < L/150 = 41000/150 = 273.33mm。

3.5.4 监测结果

每个施工阶段的应力最值如表 3.5-2 所示。利用有限元模型对监测结果进行对比分析，各工况之间测点应力监测值和模拟值的对比如图 3.5-4 所示。从模拟和监测可知，主体钢结构各测点应力的数值模拟值与监测值除个别测点外，数值相对接近，变化趋势一致。

各施工卸载过程的应力最值统计表 表 3.5-2

施工步骤	测点编号	最大拉应力/MPa	应力比	测点编号	最大压应力/MPa	应力比
第 1 大步：屋面支撑分区卸载	3Y17	28.21	0.08	1Y22	−115.27	0.32
第 2 大步：核心筒二层悬挑支撑分区卸载	1Y26	155.04	0.44	1ZY4	−155.09	0.44
第 3 大步：非核心筒区二层支撑分区卸载	2Y3	95.87	0.27	1Y22	−72.20	0.20
第 4 大步：悬挑区域支撑卸载	3Y52	116.95	0.33	3Y54	−211.58	0.60

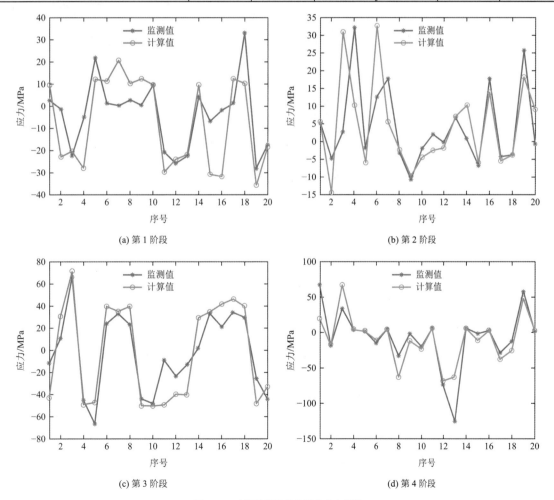

(a) 第 1 阶段　　　　　　　　　　　(b) 第 2 阶段

(c) 第 3 阶段　　　　　　　　　　　(d) 第 4 阶段

图 3.5-4　主要施工阶段的测点应力模拟

从监测结果可知，施工卸载过程中 Z 向位移最大的点的位移值为 43.92mm，位移不超过限值，每个施工阶段的位移最值如表 3.5-3 所示。有限元模型对位移监测结果进行对比分析，各工况之间测点位移增值对比如图 3.5-5 所示。从模拟和监测可知，测点位移的数值模拟值与监测值除个别测点外，数值相对接近，变化趋势吻合。

各施工卸载过程的位移最值统计表　　　　　　　　　　　　　　　　　表 3.5-3

施工步骤	测点编号	最大位移/mm	限值/mm	测点编号	最小位移/mm	限值/mm
第 1 大步：屋面支撑分区卸载	1W38	38.49	226	1W8	1.90	—
第 2 大步：核心筒二层悬挑支撑分区卸载	1W27	17.81	197	4W2	1.04	255
第 3 大步：非核心筒区二层支撑分区卸载	1W64	11.55	67	1W57	0.88	57
第 4 大步：悬挑区域支撑卸载	3W12	43.92	80	1W54	0.03	61

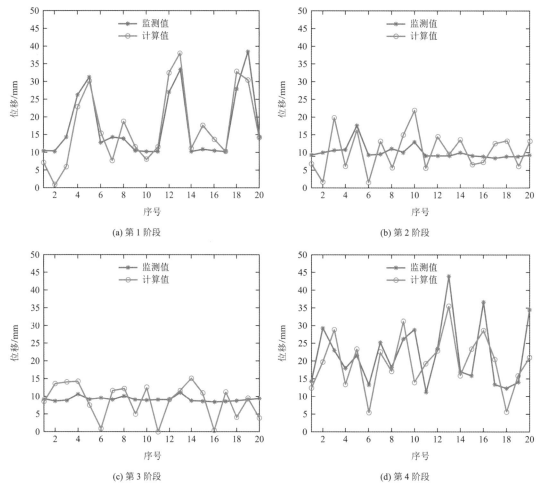

图 3.5-5　巨型钢桁架结构的数值模拟与现场监测的位移增量

3.6　结语

苏州科技馆工业展览馆工程造型新颖，连续扭曲螺旋向上的屋面突破了传统建筑"楼层"的概念，结构体系复杂。在充分满足标志性建筑造型和功能的前提下，结构设计力求传力直接，通过合理设置多种铰接连接，改善了结构受力状况，有效控制了用钢量，达到了安全性与经济性统一的目标。

参考资料

[1] 赵宏康. 采用预调内力方法设计复杂空间钢结构[J]. 建筑结构, 2013, 43(20): 26-29.

设计团队

结构设计单位：启迪设计集团股份有限公司（初步设计 + 施工图设计）

结构设计团队：戴雅萍，赵宏康，陆春华，丁　磊，王碧辉，丛　戎，谭　均，唐　伟，张会凯，张黎忠

执　笔　人：赵宏康

第 4 章

扬州体育公园体育场

4.1 工程概况

4.1.1 建筑概况

扬州体育公园体育场建于扬州新城西区，是市民健身、休闲、竞技、娱乐的场所。场地内地势西高东低，高差超过 10m。建筑设计遵循生态、自然、低碳、节能实用的理念，充分利用地形布置看台：采用西侧看台多、东侧看台少的不对称布置方案，与地形断面走势完全一致，和原有地形浑然一体，从而在最大程度上减少了挖填土方量。在西侧看台上方单侧设置的罩棚建筑造型优美，其全景效果见图 4.1-1。

图 4.1-1 体育场全景

体育场按容纳人数 30000 人设计，总用地面积 118661m²，总建筑面积 41722m²。西看台罩棚的建筑投影面积为 10001m²，其中双层叠合部分投影面积为 1689m²。看台的总体轮廓采用四心椭圆形。结合西看台的建筑主体分为 3 层，中间设局部夹层；东看台的建筑主体为 2 层，其下设 1 层地下室。一、二层为办公用房、库房、商业服务区及媒体中心等；二层为用于看台的观众服务用房及半室外的观众厅。东看台地下室是地下车库和设备用房。

一层层高 4.5m，二层层高 5.1m，局部夹层层高 3.8m。看台最高点标高 26.56m，看台罩棚最高点标高 47.5m。室内±0.000 标高相当于 1985 国家高程 10.000m，运动场地标高为 1985 国家高程 9.700m。看台层、屋面平面图及剖面图见图 4.1-2、图 4.1-3。

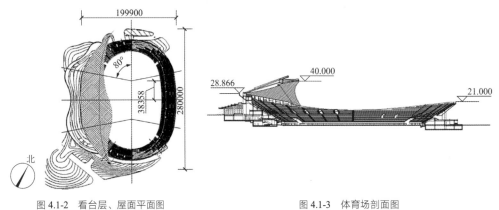

图 4.1-2 看台层、屋面平面图　　　　　　　　图 4.1-3 体育场剖面图

4.1.2 设计条件

1. 主体控制参数

主体控制参数见表 4.1-1。

控制参数　　　　　　　　　　　　　　　　表 4.1-1

结构设计基准期	50 年	建筑抗震设防分类	重点设防类（乙类）
建筑结构安全等级	一级（结构重要性系数 1.1）	抗震设防烈度	7 度（0.15g）
地基基础设计等级	甲级	设计地震分组	第一组
建筑结构阻尼比	0.04（小震）/0.06（大震）	场地类别	Ⅱ类

2．竖向荷载取值

恒荷载按建筑构造做法取值：生态看台上的覆土按"营养土"重度取 8kN/m³，屋面膜及其次结构按实际做法由膜结构专业公司提供支点反力。

看台活荷载考虑人员可能密集等因素，取 3.5kN/m²；膜屋面活荷载与雪荷载取大值计算。基本雪压按 100 年一遇采用，取 0.4kN/m²，在罩棚前端上下重叠区及其附近区域考虑局部积雪的不利影响，积雪系数取为 2.0（图 4.1-4），同时进行下挑棚雪荷载满载的附加验算。活荷载考虑全跨满载及半跨满载、半跨空载等不利情况（图 4.1-5）。

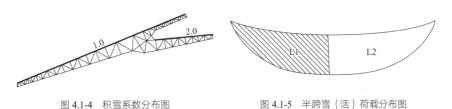

图 4.1-4　积雪系数分布图　　　　　　　　图 4.1-5　半跨雪（活）荷载分布图

3．结构抗震设计条件

根据《中国地震动参数区划图》GB 18306—2001 国家地震区划和工程场地地震安全性评价报告，工程所处的扬州地区抗震设防烈度为 7 度，设计基本地震加速度值为 0.15g，设计地震分组为第一组。依照场地剪切波速测试，计算所得等效剪切波速平均值为 $V_{se} = 210.8$m/s，场地覆盖层厚度在 3.0～50m 之间，故建筑场地类别判定为Ⅱ类，场地特征周期值取为 0.35s（罕遇地震下取 0.40s）。在 7 度时，场地内的粉土、粉砂层经判别为不液化土层。本工程建筑抗震设防类别为重点设防类。

4．风荷载

体育场罩棚是对风作用敏感的结构，且不同体育场罩棚造型各异，在《建筑荷载设计规范》GB 50009—2012 中没有现成数据可供查用，因此，在湖南大学风工程实验研究中心进行了刚性模型测压风洞试验。试验模型的几何缩尺比取为 1/200，共测试了 24 个风向角。试验包括将来可能的东看台罩棚接建前（即不设东看台罩棚）和接建后两种情况。设计按试验结果确定风载体型系数、采用风致响应分析确定风振系数，进而按等效静力风荷载确定计算输入的风载数值。结构承载力计算采用 100 年重现期的风压值；位移计算采用 50 年重现期的风压值。风洞试验模型见图 4.1-6，风洞试验风向角和典型等效静力风荷载见图 4.1-7。

图 4.1-6　风洞试验模型

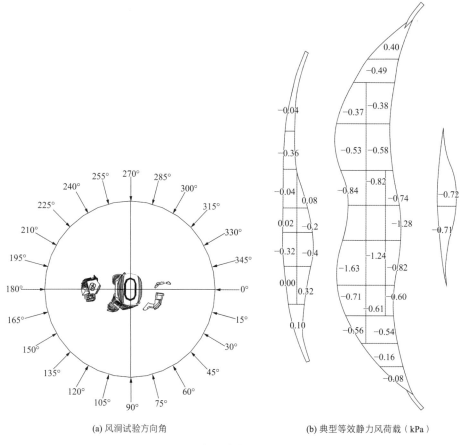

(a) 风洞试验方向角　　　　　　　(b) 典型等效静力风荷载（kPa）

图 4.1-7　风洞试验风向角和典型等效静力风荷载

5．温度应力

结构温度应力按考虑施工、合拢和使用 3 个不同阶段的最不利温差进行设计。温度差按扬州地区 1955 年以来历史极端最高、最低气温和近 10 年气象实录的月最高、最低、平均气温及实际施工季节温度确定：混凝土施工温度取为 5°，夏季最高温度 40℃，升温 35℃；冬季最低温度−17℃，降温 21°；钢结构合拢温度取为 21°，夏季升温 19°、冬季降温 37°。同时基于欧洲 CEB-FIP MC90 模式规范的相关规定考虑混凝土的收缩徐变特性。

6．荷载组合

对属于超大跨度结构的钢结构罩棚，在设计计算中除常规荷载组合外，还增加以竖向地震作用效应为主的组合以及以风荷载为主同时考虑地震作用效应的组合，见下式：

$$1.2S_{Gk} + 1.3S_{Evk} + 0.5S_{Ehk} + 1.4 \times 0.2S_{wk} < R/\gamma_{RE}$$
$$1.2S_{Gk} + 0.2(1.3S_{Evk} + 0.5S_{Ehk}) + 1.4S_{wk} < R/\gamma_{RE}$$

式中符号含义与《建筑结构荷载规范》GB 50009—2012 相同。

7．结构设计控制标准

大跨度钢结构关键构件（大跨度拱、支撑桁架等）的安全等级定为一级，重要性系数取为 1.1。同时从严控制关键杆件应力比及稳定验算标准：在重力和中震组合下以及重力与风载组合下，关键杆件的应力比按不大于 0.85 控制，稳定验算按不大于 0.90 控制，线性屈曲系数按不小于 10 控制，非线性稳定分析极限荷载因子按不小于 2 控制。钢结构部分的抗震等级为三级，钢筋混凝土框架的抗震等级为二级，剪力墙的抗震等级为一级。

结构抗震性能化设计目标按表 4.1-2 规定采用。

抗震烈度水准			小震	中震	大震	
整体抗震性能目标	定性描述		完好	损坏可修	不倒塌	
	整体变形控制目标	水平向	1/800	—	水平向	1/200
		拱竖向	1/400			
关键构件抗震性能目标	西看台"背拱"支座剪力墙		小震弹性	中震弹性	抗剪截面控制条件	
	大跨度主拱		小震弹性	中震弹性	—	
	拱脚		小震弹性	中震弹性	—	
	东、南、北看台长悬臂梁		小震弹性	中震受剪弹性、受弯不屈服	—	
	长悬挑梁下框架柱		小震弹性	中震弹性	—	

4.2 建筑特点

4.2.1 拱高限制

建筑师为使市民从体育场南侧的城市主干道上看到的体育公园各建筑物（包括体育馆、游泳馆等）构成的天际线相互协调，对体育场最高点进行了限高。由此造成大拱平面内的矢跨比为 0.185，非常扁平。

4.2.2 对结构布置的要求

体育场罩棚钢结构不仅是结构本身，而且也是暴露在公众视野中的建筑的重要组成部分，建筑师对暴露结构的形式、构成无疑十分关注。本工程建筑师在构思建筑方案时就要求罩棚主体结构达到一种与多数体育场悬挑式罩棚截然不同的建筑效果，即要求罩棚的结构外观给观众一种"罩棚跨越看台、荷载是向两侧传递"的视觉效果，同时要求做到尽量轻盈、飘逸。这与"力沿最短路径传递"的力学原理不相吻合，给结构设计带来了很大的挑战。另外，仅单侧设置罩棚的建筑设计使罩棚钢结构失去了四周围合、形成封闭整体的空间传力结构的可能性，结构的空间整体受力大大削弱。

从图 4.1-1 中可见，罩棚的建筑造型采用了膜面在出挑的最前端由一片变化为带"台阶"的形式，可能带来局部积雪，进一步加大了大跨度罩棚端部、主拱跨中的负载。

4.3 体系与分析

4.3.1 结构方案及结构体系

西看台采用钢筋混凝土（含部分型钢混凝土）框架-剪力墙结构体系；东、南、北看台均采用钢筋混凝土框架结构体系，部分采用型钢混凝土构件。看台混凝土结构总长 242.9m，宽 239.4m。针对体育场多数看台为露天生态看台的建筑设计，结合看台的不同建筑分区及下部建筑功能，在混凝土看台中设置 4 道防震-伸缩缝，将整个看台分为 4 个相互独立的抗震单元。防震缝宽度取为 120mm。防震缝的定位同时保证使西看台钢结构罩棚支座坐落在同一抗震单元上。混凝土看台结构分缝平面位置见图 4.3-1。

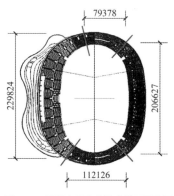

图 4.3-1　混凝土看台结构分缝平面位置

各层楼盖部分采用现浇钢筋混凝土梁板结构，西看台部分采用预制看台板结构，部分外露建筑造型采用预制钢筋混凝土挂板。西侧入口大厅顶板依建筑造型设计成依地势曲折形状的无梁楼盖结构，以取得最大的建筑净高。

西看台钢结构罩棚是本工程设计的关键之一。由于建筑师构思的罩棚建筑效果排斥传统的悬挑式结构，在空间上也没有提供悬挑结构在出挑根部所必需的高度，因此，结构放弃采用传统的悬挑式，而是顺应建筑造型要求采用退进布置的由预应力钢管桁架拱、钢桁架撑、斜撑杆和背拱共同组成的拱承式桁架结构。拱与水平面夹角取为 55°，通过钢桁架撑、放射状斜撑杆与看台后部拱（简称为"背拱"）连成一个共同工作的空间结构，保证了罩棚结构空灵通透的建筑效果。大拱拱脚跨度 280m，屋盖外缘自拱中心向东最大出挑 25.75m。拱体为两个等腰三角形组成的管桁架，在拱跨中顺着建筑造型加大管桁架截面对角线长度以取得尽可能大的拱截面高度。根据建筑造型要求，屋面主桁架呈放射状布置，次桁架为环形布置，通过万向铰支座支承在内设桁架式钢骨的剪力墙上，为斜拱提供可靠支撑。在罩棚钢结构的上表面和下表面分别包覆半透明膜材。罩棚正投影图、立面图和主拱截面见图 4.3-2～图 4.3-4。

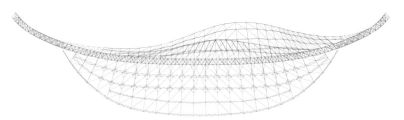

图 4.3-2　西看台钢结构罩棚正投影图

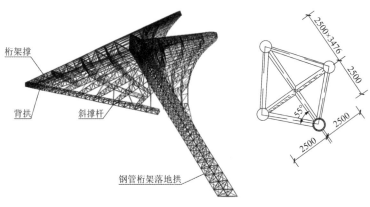

图 4.3-3　钢结构罩棚立面图　　　　图 4.3-4　主拱截面

为控制钢管桁架拱传到基础上的水平推力并调节上部钢结构扁平拱的杆件内力，在南北拱脚之间、比赛场地地面以下一定距离设预应力索对拉。施工时结合部分屋盖钢结构杆件后装，在适当时机张拉预应力以获得最优效果。预应力张拉完毕后将拱脚固定，此后在风荷载、地震作用以及温度变化作用下引起的拱脚水平推力都传到桩基础，由桩基础和基础筏板共同承受。

西看台钢结构罩棚的基本传力路径见图4.3-5。

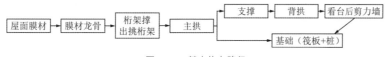

图 4.3-5 基本传力路径

大跨度拱脚通过对比计算进行优化设计，采用结合施工过程的可滑移铰接转变为刚接，设置一定数量预应力平行钢丝束以在一定程度上调节恒载下罩棚钢构件内力及平衡部分拱脚连线方向的水平力，同时桩基设计考虑平衡活（雪）载、风载以及温度变化、地震作用下的拱脚水平推力。

钢结构构件根据受力分析结果和工作温度分别采用 Q345C 和 Q460E 高强低合金钢材。

4.3.2 结构计算模型

西侧带罩棚的结构单元造型复杂，且包含超大跨度钢结构，设计采用多种方法进行各项分析：采用 SAP2000 程序进行整体结构分析，采用 MIDAS/Gen 程序进行校验，采用 ABAQUS 程序作弹塑性极限承载力分析，采用 ANSYS 程序进行节点有限元分析。西看台及其上方的罩棚采用单独钢结构屋盖模型和钢结构屋盖与下部混凝土看台结构总装模型（图4.3-6）两种模型分别计算，取包络进行设计。

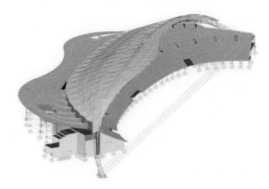

图 4.3-6 SAP2000 全楼总装模型

弹性动力时程分析采用三维地震波输入，共选用了 2 条天然波和 1 条人工波，其峰值加速度按 1：0.85：0.65（X向：Y向：Z向）比例考虑，取计算结果的包络值与振型分解反应谱法的计算结果进行对比。

考虑基础刚度的影响，从静载荷试桩结果推算出基桩的竖向刚度和水平刚度，输入到计算模型中，使结构在水平推力下的内力和在温度变化下的内力更加符合实际。分别进行整体结构的线性屈曲分析和考虑材料非线性、几何非线性的双非线性稳定分析。考虑模拟施工全过程对结构受力的影响，按实际施工拼装顺序和预应力施加过程进行仿真计算。地震作用和使用阶段的结构内力均以施工完成时的静载内力作为初始状态进行分析，同时考虑施工临时支撑对结构内力分布的影响。

4.3.3 基础设计

根据场地勘察情况，考虑荷载的大小、平面分布及地基持力层的分布情况，选用⑦砾质砂岩层为拱脚下基桩持力层，采用直径 1200mm 钻孔灌注桩，有效桩长为 10～12m，按静载荷试桩报告取单桩抗压承载力特征值为 4200kN，单桩水平承载力特征值为 700kN；选用⑦砾质砂岩层或⑧泥质砂岩层为其他区域的基桩持力层，采用直径 600mm 钻孔灌注桩，有效桩长 7～15m 随土层而变，单桩抗压承载力特征值为 1050～1450kN，单桩抗拔承载力特征值为 500kN。

基础埋深为2~5.5m，采用桩筏基础（西看台拱脚连线及附近部分区域）和独立桩承台＋基础拉梁（其他部位）的基础形式。地下室部分采用"桩承台＋止水板"设计。

大跨度钢拱结构拱脚设计的关键是要平衡好拱脚水平力，设计采取以下措施：（1）部分水平力直接由承台下的桩承受，该承台下桩按承受水平作用的桩进行设计；（2）桩顶预埋数个H型钢，规格为H300×300×10×15，以确保承台水平力可靠地传递到桩；（3）在拱脚之间、与承台顶面平，由南至北一定范围内设500mm厚整体筏板以平衡部分拱脚水平力。

4.3.4 结构分析

1. 结构位移

西看台罩棚钢结构的主拱拱脚施加有预应力，结构的主要受力分为两个阶段：（1）主拱拱体钢桁架、屋面多数桁架撑、多数斜撑安装完毕后，张拉拱脚拉索，对已安装的结构施加预应力；（2）预应力张拉完毕后将未安装的那部分钢结构安装就位，并浇筑完成所有拱脚混凝土、完成固接拱脚施工，钢罩棚结构进入全结构整体受力状态。

钢结构屋盖的位移也依上述施工实际顺序进行控制：首先是安装多数杆件后施加预应力，主拱及已安装部分向上变形、结构部分落架；然后将后装杆件安装就位、拆除施工支撑，主拱及钢结构各部分均产生向下的位移。除结构自重外的其他荷载，包括风、雪、温度变化、地震等，产生的变形均以主体结构成形后的状态为初始状态。在初始状态，尚应计入钢结构施工安装时设定的起拱值。

预应力筋采用6束PEJ15B-22D 1860级环氧涂层高强低松弛钢绞线（单束公称截面积30.58cm²），总共施加预应力5528kN，张拉时控制张拉端水平位移为104mm（南拱脚支座）和107mm（北拱脚支座）。

钢结构罩棚的变形控制分为三部分：一是主拱的变形控制，按跨中最大不超过主拱跨度的1/400控制；二是上挑棚、下挑棚端部的变形控制，按最大变形不超过悬挑长度的1/100控制，按从背拱位置起算和主拱外侧起算两部分包络控制；三是钢桁架撑跨中的变形控制，按最大不超过钢桁架撑跨度的1/400控制。从钢罩棚在恒荷载下竖向位移云图（图4.3-7）可知，前两者在位移控制中起决定作用，控制节点分别是主拱跨中节点node342和下挑棚端部节点node4431。

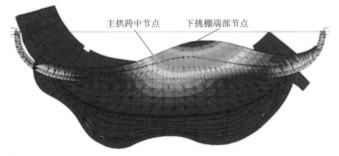

主拱跨中节点　　下挑棚端部节点

图4.3-7　钢罩棚在恒荷载下竖向位移云图

从表4.3-1主拱跨中节点竖向位移可见，主拱在各种荷载的作用下向上、向下位移标准组合的幅值分别为跨度的1/1145和1/755，远小于主拱跨度的1/400，满足规范要求。下挑棚端部距背拱距离L为60.964m，变形幅值在$L/127$以内；下挑棚端部距主拱外侧距离L_1为22.729m，相对变形幅值212.2mm约为$L_1/107$，均满足规范1/100的限值要求。

罩棚控制节点竖向位移　　　　　　　　　　　　　　　　　　　　表4.3-1

荷载	主拱跨中节点竖向位移/mm	下挑棚端部节点竖向位移/mm
恒荷载（含预应力反拱）	−179.2	−361.3
活（雪）荷载	−89.1	−200.3

荷载	主拱跨中节点竖向位移/mm	下挑棚端部节点竖向位移/mm
施工起拱	223.8	461.5
风荷载（向上）	196.0	368.1
风荷载（向下）	−187.3	−355.4
竖向地震	±15.3	±35.9
升温 19℃	63.7	165.7
降温 37℃	−144.9	−164.7
向上位移幅值	244.5	477.6
向下位移幅值	−370.5	−418.0

2. 结构自振特性

结构总装模型的主要振型见表 4.3-2。从计算结果可见，钢结构罩棚的主要模态为竖向振动，与整体结构的主要模态周期相距较远，说明两者刚度差别较大。由于钢结构屋盖沿背拱处为周边多点支撑，因此屋盖整体结构抗扭转能力很强，各主要振型中几乎不包含整体扭转成分。

在总装模型中，由于钢结构屋盖质量远小于下部混凝土部分的质量，因此，钢结构屋盖各振型的质量参与系数在总量中都占比很小。结构的主要模态见图 4.3-8～图 4.3-13。

结构主要模态　　　　　　　　　　　　　　表 4.3-2

模态序号	周期/s	振型描述
1	1.242	屋面钢结构沿 Z 向平动
2	1.059	屋面钢结构沿 Y 向平动
4	0.535	结构沿 Y 向平动
5	0.526	结构沿 X 向平动
15	0.384	结构沿 Z 向转动
78	0.167	结构沿 Z 向平动

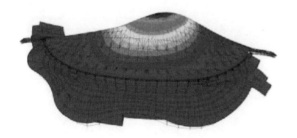

图 4.3-8　第 1 模态

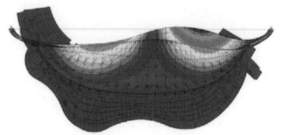

图 4.3-9　第 2 模态

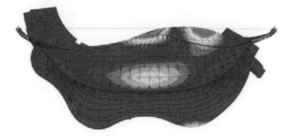

图 4.3-10　第 4 模态

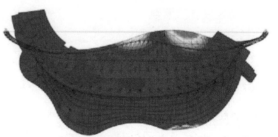

图 4.3-11　第 5 模态

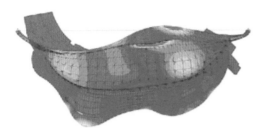
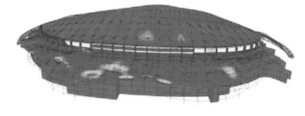

图 4.3-12　第 15 模态　　　　　　　　　　　图 4.3-13　第 78 模态

3．时程分析

选用适用于Ⅱ类场地的 El Centro 波、Taft 波和 1 条Ⅱ类场地人工波进行总装模型的弹性时程分析。3 条波的峰值加速度分别按X向：Y向：Z向为 1：0.85：0.65 和X向：Y向：Z向为 0.85：1：0.65 的比例考虑。3 条地震波的持续时间均不小于结构基本自振周期的 5 倍，也不小于 15s，满足规范要求。

计算结果表明，每条时程曲线计算得到的结构底部剪力不小于振型分解反应谱法得到的剪力的 65%，多条时程曲线计算得到的底部剪力平均值不小于振型分解反应谱法得到的底部剪力的 80%。地震波的选取满足要求。对大跨拱结构，跨中部分的竖向响应不容忽视。图 4.3-14 给出了跨中上弦杆在三向 El Centro 波作用下的轴力时程曲线；图 4.3-15 给出的是跨中节点在三向 El Centro 波作用下Z向的位移时程曲线。

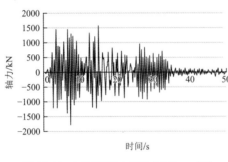
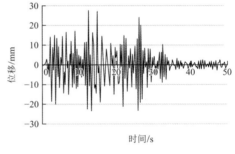

图 4.3-14　主拱弦杆轴力时程（El Centro 波）　　　图 4.3-15　主拱跨中Z向位移时程（El Centro 波）

从位移时程曲线可知，在输入的 3 条地震波作用下，主拱跨中在X，Y，Z三个方向的位移响应有大于振型分解反应谱法相应位移的情况；主拱弦杆轴力的时程响应也有超出振型分解反应谱法结果的情况。说明就本工程而言，采用振型分解反应谱法的计算结果有不完全包络时程分析结果的情况，需将地震影响系数适当放大。

4.4　专项设计

4.4.1　罩棚钢结构的稳定设计

1．稳定设计的原则

空间钢结构由空间钢杆件组成，而钢杆件的稳定性应该放在结构整体中分析，也就是必须考虑相邻构件的约束作用。空间钢结构中杆件的合理布置和截面尺寸是空间钢结构整体稳定和局部稳定的主要影响因素。设置得当的支撑能够显著减小构件计算长度，是提高杆件稳定性的有效而经济的方法。

2．稳定设计的思路和步骤

本工程钢结构稳定设计的思路是首先顺应建筑造型，依据基本力学概念和以往的设计经验尽可能合理地布置结构，如前文所述在拱跨中顺着建筑造型加大管桁架截面对角线长度以取得尽可能大的拱截面高度等，然后借助结构自振模态分析的结果调整结构杆件的几何布置，避免病态结构和局部特别薄弱的布置，使结构自振周期和振型模态处于正常合理的范围，做到结构的几何布置基本合理；接着再通过线性屈曲分析进一步发现并找出结构稳定性低的部位，设置必要的支撑杆件或适当调整部分杆件的截面来提高结构的稳定承载力；在线性屈曲分析得到满意的结果之后，进行考虑材料非线性和几何非线性的双重非线性稳定分析以考察整体结构的极限承载能力。

不同失稳模式的耦合作用以及局部和整体稳定的相关性也是这种复杂空间钢结构必须考虑的问题，因此，在进行双重非线性稳定分析时考虑不同失稳模式的耦合并补充进行局部杆件失效下的整体稳定性复核。

从本工程罩棚钢结构杆件的几何布置可见，主拱在平面外受到桁架撑和斜撑杆的可靠支承而不会较早发生屈曲，可能出现屈曲的部位主要是受到较大轴向压力的斜撑杆、各钢桁架撑（平面桁架）的平面外以及主拱的平面内。

3．稳定分析模型

为真实考虑钢结构罩棚背拱下部支座的弹性刚度及其空间分布，采用通用有限元软件 ABAQUS 建立了包括上部钢结构罩棚和下部钢筋混凝土看台在内的总装模型进行整体稳定分析。

模型中罩棚钢结构杆件采用 B31 单元，支撑背拱的钢筋混凝土剪力墙采用实体单元 C3D8R，下部看台钢筋混凝土梁柱采用 B31 单元，钢筋混凝土楼板及看台剪力墙采用壳单元，其中四边形板采用 S4R 单元，三角形板采用 S3 单元。钢材采用理想弹塑性模型，不考虑材料强化的影响。

为获得更准确的稳定临界荷载，建模时一根杆件细分为四个单元。整个模型共划分单元 48734 个。

4．稳定设计及分析

（1）借助模态分析消除特别薄弱部位

对稳定设计而言，可以借助结构模态分析的结果来查找病态结构和局部特别薄弱部位：病态结构可能使模态分析异常中断，而如果存在特别薄弱部位，就会出现仅为该部位振动的、周期特别长的局部模态。经过多次调整和计算，可以将自振模态中的局部振动或个别杆件的振动通过调整杆件的几何布置和增设支撑予以消除。

（2）线性屈曲分析

线性屈曲分析就是特征值屈曲分析，虽然忽略了结构的实际变形情况和几何缺陷从而会导致过高估计结构的稳定承载力，但仍可以用来预测结构在弹性状态下的屈曲强度、找出结构的薄弱环节、得到结构的屈曲模态来为非线性分析中施加初始缺陷或扰动位移提供依据。

结合罩棚钢结构的受力特点和几何形式，稳定分析的工况采用："恒荷载 + 满跨活荷载""恒荷载 + 半跨活荷载"和"恒荷载 + 活荷载 + 风荷载（风吸）"3 种。结构前 5 阶线性屈曲系数示于表 4.4-1，均为个别或少数杆件的局部屈曲。

前 5 阶线性屈曲系数　　　　　　　　　　　　　　　　　　　表 4.4-1

屈曲模态	屈曲系数
1	−9.119
2	−9.326
3	9.510
4	−10.29
5	−10.44

分析结果显示，空间钢结构罩棚的屈曲模态情况较为复杂，大致可归纳为个别杆件屈曲、局部结构屈曲和较大范围结构屈曲三大类。以"恒荷载 + 满跨活荷载"工况为例，3 种各具代表性的屈曲模态依次示于图 4.4-1。

(a) 屈曲模态 1：屈曲系数 = − 9.119

(b) 屈曲模态 19：屈曲系数 = 13.001

(c) 屈曲模态 81：屈曲系数 = 17.509

图 4.4-1　线性屈曲模态

图 4.4-1 中屈曲模态 1 是主拱根部一根腹杆的屈曲，这种个别杆件屈曲的模态在所有屈曲模态中占有相当的数量。另一种较具代表性的屈曲模态是如屈曲模态 19 那样的局部结构屈曲变形。而屈曲模态 81 则代表分布范围较大的主拱平面内整体屈曲，在本模型前 100 个屈曲模态中仅有两个这种较大范围结构屈曲。

从罩棚钢结构的特征值屈曲系数最小为 9.119、较大范围主拱屈曲模态的屈曲系数为 17.509 可见，钢结构罩棚具有较好的整体结构稳定性。

（3）基于线性屈曲分析的结构调整

起始设计时，钢桁架撑与环向次桁架正交，如图 4.4-2（a）所示，此时线性屈曲分析得出屈曲模态 1 的屈曲系数为 6.886，数值偏小。而屈曲部位在钢桁架撑与环向次桁架相交处（图 4.4-2b），同时连续数个屈曲模态都是这个情况，说明钢桁架撑与环向次桁架这两个方向的平面桁架在平面外的稳定性偏低，应该加强。

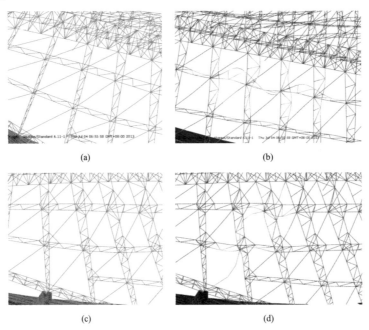

(a)

(b)

(c)

(d)

图 4.4-2　局部调整

一种解决方法是在环向和径向桁架的跨中在上下弦各加一根撑杆，则两个方向平面桁架的平面外计算长度各减小一半，稳定性将大幅提高。但所加撑杆长度超过 10m，要维持其自身的稳定，截面必定较大，自重也相当可观，不是理想的选择。

另一种设计是在两个方向桁架相交的角部设置斜向角撑，如图 4.4-2（c）所示，由于角撑长度很短，采用规格为 φ159×6 的钢管即可使线性屈曲分析得出的屈曲系数提高到 9.51，基本满足当前多数工程希望线性屈曲系数达到 10 的要求。

（4）非线性稳定分析

结构极限稳定承载能力一般采用考虑初始缺陷的非线性分析来确定。初始缺陷包括力学缺陷（如残余应力、材料不均匀等）、几何缺陷（如初弯曲、初偏心等）等，后者可通过线性屈曲模态、振型以及一般节点位移来引入计算。

采用 ABAQUS 通用有限元软件进行非线性稳定分析的方法有 Riks 法，General Statics 法（加阻尼）以及动力法。此处采用 Riks 法来进行非线性稳定分析，考虑材料非线性、几何非线性以及初始缺陷的影响。即首先进行上节所述小变形情况下的特征值屈曲分析，得到临界荷载和屈曲模态；然后引入由屈曲模态（单个或组合）描述的几何初始缺陷，采用位移控制加修正的弧长法进行大变形情况下的后屈曲分析。

初始几何缺陷存在多种选择，通常网壳结构的初始几何缺陷分布采用结构的最低阶屈曲模态。而对于复杂空间钢结构，最低阶屈曲模态往往是个别杆件的屈曲或范围很小的局部屈曲，没有反映出结构的整体屈曲，而分布范围较大的结构整体屈曲往往是高阶的屈曲模态。因此，分析时进行了将最低阶屈曲模态和分布范围较广的主拱沿竖向变形的屈曲模态（分别见图 4.4-1a 和图 4.4-1c）作为初始缺陷分别引入非线性屈曲分析模型中的计算，也进行了将数个典型屈曲模态按一定的缺陷因子（比例）一起输入的计算，取所得结果的最小极限承载力作为代表。缺陷的最大值取为主拱跨度的 1/300。

以"1.0 恒荷载 + 1.0 活荷载"的加载模式，在计算中打开大变形开关，按照施工顺序设置生死单元和步骤来模拟加载和加减构件顺序。图 4.4-3 为整体结构非线性屈曲破坏 Mises 应力图。

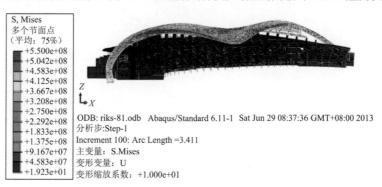

图 4.4-3 整体结构非线性屈曲破坏 Mises 应力图

从图 4.4-3 可见，当结构达到破坏极限时，主拱拱脚和跨中钢结构构件的 Mises 应力都较大，其中拱脚部分杆件的应力更大些。这与主拱根部杆件在弹性计算中应力水平远小于跨中杆件的应力水平形成鲜明对照，说明主拱根部在极限状态下的重要性，其杆件的规格应适当加强。尤其主拱根部的桁架腹杆，在弹性设计阶段受力较小，一般均选用较小截面的杆件，但在达到破坏极限时，应力水平相当高，需引起重视。极限破坏时拱脚钢结构 Mises 应力局部放大如图 4.4-4 所示。

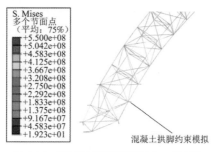

图 4.4-4 极限破坏时拱脚局部 Mises 应力图

计算所得的荷载因子（非线性屈曲极限荷载与设计荷载之比）为3.08，满足规范要求，表明结构具有足够的安全储备。极限破坏时，主拱跨中最大下挠变形为1.348m。荷载因子-位移曲线见图4.4-5中曲线A。

从分析结果看，引入不同几何初始缺陷得到的荷载因子-位移曲线差别不大，破坏形态也十分接近，说明本结构的非线性稳定性能对几何初始缺陷不敏感。

图4.4-5中曲线B对应的是前文中不设环向和径向桁架角部斜撑时的情况，此时极限荷载因子为2.85，低于设角撑时的3.08，再次验证了增设角撑的有效性。

（5）考虑拱脚约束条件影响的非线性稳定分析

由于大跨度拱结构对主拱拱脚的重要性，分别进行了考虑拱脚钢筋混凝土约束和不考虑拱脚钢筋混凝土约束的非线性极限分析。分析条件与前文相同，差别为后者取消了图4.4-4中标出的模拟混凝土拱脚约束的杆件。

分析结果显示不考虑拱脚钢筋混凝土约束时，荷载因子显著降低至1.95，已略低于规范要求，表明结构的稳定极限承载力偏低。极限破坏时，主拱跨中最大下挠变形为0.706m，约为考虑拱脚钢筋混凝土约束情况下的52%；破坏形态为拱脚弦杆、腹杆发生破坏而主拱跨中塑性发展不充分，这是设计者不希望的形态。两者对比的荷载因子-位移曲线见图4.4-6，从图中可见，这两种情况下，随着荷载的增加，主拱跨中下挠变形曲线基本一致，但稳定极限承载力相差很大。

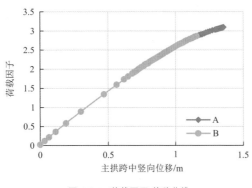

图4.4-5　荷载因子-位移曲线

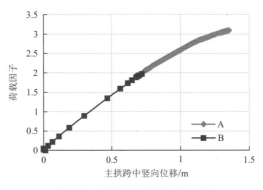

图4.4-6　荷载因子-位移曲线对比图

这也从另一个侧面反映出拱脚设计的重要性，包括拱脚二次受力时的钢筋混凝土部分的设计需要高度重视。

（6）局部失效下的整体稳定分析

对于体育场这种可能容纳大量人群的公共建筑，由于突发事件或偶然因素使结构局部失效后，能否确保人员安全是结构设计应该考虑的问题。因此，局部失效下的结构稳定分析和极限承载力分析显得颇有必要。

由于主拱在钢结构罩棚结构中的重要性，将其设为关键构件，受到足够的保护而在罕遇外力作用下不会倒塌，并能够通过塑性发展使竖向荷载发生重分布。以下重点考察部分斜撑杆发生意外失效后结构的整体稳定性所受到的影响。

假定钢结构罩棚北侧靠近观众席的1～2根斜撑杆意外失效（图4.4-7），进行局部失效下的线性屈曲分析。

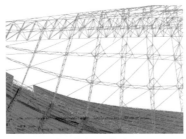

一根斜撑失效（模型A）

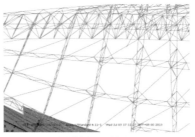

两根斜撑失效（模型B）

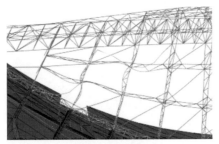
一阶屈曲模态（模型 A）

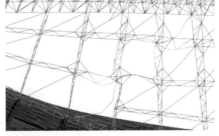
一阶屈曲模态（模型 B）

图 4.4-7　局部失效及相应的一阶屈曲模态

从图 4.4-7 可见，个别斜撑杆失效后，荷载向失效杆件相邻的区域传递，导致相邻区域杆件应力水平上升、屈曲临界荷载下降，表 4.4-2 为两种情况下的前 5 阶线性屈曲系数。

局部斜撑杆失效下的线性屈曲系数　　　　　　　　　　　　　表 4.4-2

屈曲模态	模型 A	模型 B
1	8.407	6.594
2	8.632	7.231
3	9.004	7.250
4	−9.111	7.839
5	9.126	−9.101

从屈曲模态来看，模型 A 的前 3 阶屈曲模态均为失效杆件附近的局部屈曲，模型 B 的前 4 阶屈曲模态均为失效杆件附近的局部屈曲；模型 A 的第 4 阶屈曲模态和模型 B 的第 5 阶屈曲模态基本对应，且基本与完整结构的第 1 阶屈曲模态相似，说明由于局部结构失效导致的屈曲模态变化基本结束。模型 B 的前 4 阶屈曲系数比模型 A 的前 3 阶屈曲系数有明显减低，但并未减小到很小的程度，说明局部杆件失效对整体结构稳定性有一定程度的影响，进一步的极限承载力分析是有必要的。

进一步的局部失效下的非线性整体稳定分析，前提条件与前文相同，得到的荷载因子-位移曲线见图 4.4-8。

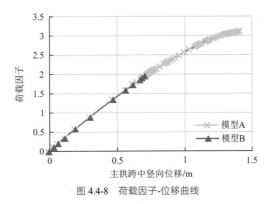

图 4.4-8　荷载因子-位移曲线

其中，模型 A 的荷载因子为 3.06，模型 B 的荷载因子为 1.95。前者与没有构件失效的完整模型的荷载因子基本相同，说明影响很小；后者则明显下降，但仍基本达到规范 2.0 的要求。

4.4.2　采用预调内力方法设计复杂空间钢结构

随着社会经济的不断发展，城市标志性建筑日益呈现多样化发展的态势，如各种独特造型的构筑物、体育场馆、会展中心、城市综合体等不断涌现。这些地标性建筑，大多形状独特、极不规则，有的跨度很大，有的高度很高，而且多数要求达到轻盈飘逸的建筑效果。

众所周知，合理的结构布置是决定合理的传力路径、保证结构安全经济的基础，而各种独特的造型并不能总是保证符合力学原理。这就给结构工程师提出了需要探索解决的课题：如何在满足建筑造型要求的前提下设计出合理的结构，既要满足建筑要求，又要符合力学原理，做到安全、可靠、经济。

这些独特造型的建（构）筑物大多采用空间钢结构来实现，而空间钢结构往往构造方式多样、杆件众多，在设计难度增大的同时，也给结构工程师提供了广阔的发挥空间。

1. 预调内力设计法

空间钢结构多数跨高比较大，此时结构的竖向荷载（自重、附加恒荷载、活荷载和雪荷载）在结构中引起的内力通常占到相当大的比例；风荷载也通常是轻型大跨结构的控制因素，而风压（指方向向下）和风吸（指方向向上）一般存在数值上的差异，作用控制方向大多固定。"预调内力设计"就是通过采取适当的措施，在一定程度上改变固定方向荷载（或虽为变方向荷载，但其控制作用的方向仍然是固定的）在结构中的传递路径，预先调节结构部分（或全部）杆件的内力，调节结构各部分刚度在整体中的分布，从而达到在满足建筑造型的前提下使结构传力尽可能合理、尽可能轻巧、尽可能经济的目的。

1）实现预调内力的措施

预调空间钢结构杆件内力可以通过施加预应力、部分构件（杆件集合）后装，并可按经试算确定的特定先后顺序组合运用这两种方法。

施加预应力是预调结构构件内力分布的常用方法，对于钢网格结构也是如此。但是传统的预应力钢结构大多用于平面规则结构。当在不规则的复杂空间钢结构中施加预应力时，由于结构的复杂形状和高次超静定特性，会带来非常复杂的次内力，不可避免地存在有些次内力有利、有些则是不利的。不利的次内力有可能会使涉及的杆件内力明显增加而需要增大截面、增加材料用量，这是结构工程师不希望看到的。

另外一个预调空间钢结构杆件内力的方法是部分构件或部件后装。设计时规定结构中的特定杆件或部件不安装而使结构先完成部分变形（全部或部分落架），然后完成全部安装，同样可以达到调整结构内力分布的目的。

而既要避免对复杂形状的空间钢结构施加预应力所带来的不利的、分布极其复杂的次内力，又要减小部分结构构件受结构其他部分变形带来的不利影响，可以采用施加预应力时先不安装部分特定杆件（杆件集合），待预应力施加完毕、结构完成部分变形后再完成全部安装的方法，其优点在于：

（1）凸显施加预应力的有利效果：将合适部位的特定杆件后装，可取得使预加应力向设计师期望的杆件、方向传递的效果。譬如，给重力荷载下受压的杆件预加一定的拉力、重力荷载下受拉的杆件预加一定的压力，从而减小施工阶段、使用阶段部分杆件的受力，就可以达到提高结构承载力、降低用钢量的目的。

（2）预加应力的次内力，有的可以部分"抵消"竖向荷载下的内力（与之反号时），有的可能加大内力（与之同号时），特定杆件后装，就可以"截断"不利次内力的传递路径，"放大"有利次内力，从而达到一定程度上"预设"杆件内力的效果。

上述预应力张拉和杆件后装的先后顺序、涉及的杆件范围等，都可以根据实际工程的需要、按试运算的结果多次反复调整，以达到设计师需要的结果。

需要注意的是，上述措施如果取用不当，可能不但达不到预期的效果，反而可能加大结构局部或整体的受力，这是应该避免的。

2）预调内力设计法的设计流程

首先进行结构构件布置，按常规方法分析空间钢结构的内力；从初步分析结果中找到实际的或希望的最主要的受力构件或构件集合，在计算模型中布置这些构件或构件集合形成局部结构；在合适位置布置拉索，对上述构件或构件集合施加预应力，使这些特定构件内产生与恒（活）荷载作用下相反的内力；

然后安装剩余的构件形成完整的空间钢结构。计算整体结构内力并验算构件截面，如符合要求则完成预调内力设计；如不符合要求则重复上述步骤直至达到预期效果。

以上流程可表达为框图，见图 4.4-9。

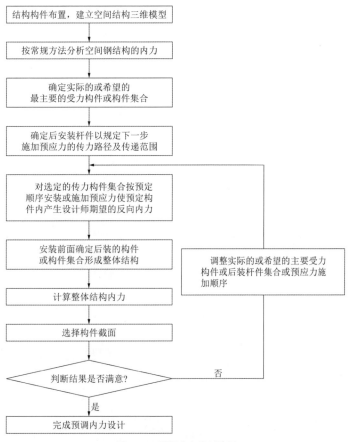

图 4.4-9　预调内力设计流程

需要说明的是，在采用常规方法初步分析的结果中，内力较大的构件或构件集合可能是该结构"主要的受力构件或构件集合"，也可能仅仅是不合理内力分布的"应力集中区域"或奇异区域。若为后者，则正是需要通过预调内力改变荷载传递路线对这些杆件的内力进行调节的重点。

2．预调内力设计可达到的效果

预调内力设计的目的是在满足建筑效果的前提下节省材料、降低造价。

通过前面所述的措施，可以达到减小空间钢结构杆件截面、减小结构跨度内自重，从而降低造价的目的。尤其对于大跨度、超大跨度结构，由于较大部分结构内力是由结构的自重引起的，所以减小结构自重或减小跨中部分结构的自重，可以明显降低结构内力，从而使结构更加合理。

由于预应力的施加，可以在结构内先行产生与某种荷载作用下反向的变形和相反的内力，由此能够增加结构的刚度、提高结构的承载能力。

通过部分杆件后装引导部分荷载的传递路径，可以改变荷载在结构中，尤其是在不规则结构中局部的"应力集中"式奇异分布，从而改善结构受力。

3．适用于预调内力设计的分析方法

预调内力设计与一般的设计不同，在设计中需要强调"应力历史"的概念，引入阶段应力状态，这就要求分析必须紧密结合各阶段实际情况，进行全过程模拟施工的分析：按实际内力设计的需要设定施工过程，并真实模拟各阶段增量使结构内力的发展与实际相吻合。

其特点之一是需要将施工临时支撑引入计算，并适时拆除部分临时支撑；在分析中按实际参与受力

的杆件构筑各不同阶段不同的结构总刚度矩阵,并运用"结束刚度"来如实体现应力历史对结构振型模态、屈曲模态等的影响,从而确保结构计算的准确性。

一种近似的做法是采用"等代力"或"等效荷载"来代替施工临时支撑或预加力(如预应力拉索等),而不把实际的临时支撑构件或预应力拉索等构件建入计算分析模型。应特别注意,这种近似一般建立在非线性效应不明显的前提下,由于忽略了临时支撑或预应力拉索的刚度而可能对计算结果产生偏差,尤其是在需要考虑材料、几何非线性时,以及进行弹(塑)性动力时程分析、弹(塑)性屈曲分析等复杂计算分析时。同时这种偏差能否控制在允许范围之内也很难在近似做法范围内进行评估。

对于在通用分析软件中较为常用的采用"降温法"建立预应力的建模方法,应特别注意在预应力拉索上施加的降温荷载,与在拉索中实际建立的预应力并不等同,后者是前者与实际结构总体变形协调的结果。

在运用不同计算程序实现的过程中,需要灵活运用非线性阶段施工(如 SAP2000 程序、MIDAS Gen 程序等)、生死单元(如 ANSYS 程序、ABAQUS 程序等)等高级功能,有的还需要结合实际需要编制运行命令流。

4. 预调内力设计对施工的要求

采用预调内力方法设计的工程,应严格按设计规定的步骤进行施工,对设计设定的临时支撑,预加应力的时间、方式、卸载时间、方式等均应严格执行。

设计设定的后装杆件,均应采用"无应力段焊接"技术,避免钢结构在应力状态下施焊造成过大变形、甚至安全事故。

对临时施工支撑,应专门设计其构造,以保证在不引起不希望的约束的前提下,实现临时传力的方向、大小与计算相吻合,从而达到设计要求。

5. 预调内力方法在本工程设计中的实践

本工程西看台罩棚具有跨度大、矢高小,负载大的特点。其三维示意图见图 4.4-10。

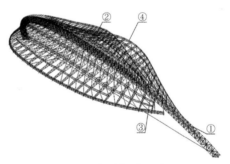

图 4.4-10 钢结构罩棚三维图

从采用常规方法对全结构进行初步分析的结果可知,整个罩棚受到荷载作用后力的传递,主要分为主拱受力(向南北两侧)和通过斜撑桁架及撑杆向背拱传力(向西侧)两个方面。其中,由于通过斜撑桁架及撑杆向背拱传力的传力路径更短、更直接,因此如果采用传统的设计方法,大部分屋盖荷载将会通过斜撑桁架及撑杆传递到背拱。这巨大的作用力将不可避免地加大斜撑桁架及撑杆的杆件截面,这样在建筑师不接受常规体育场悬挑式罩棚的前提下会带来以下两个问题:(1)这些杆件距看台观众席的距离很近,一味加大截面会明显影响建筑效果;(2)斜撑桁架及撑杆加大截面后自重随之增大,将加重大跨度主拱的负载。另外,主拱外侧上挑棚和下挑棚因需与主拱变形协调而在很大程度上参与了主拱受力,致使该部分杆件受力相当大,需要较大的截面而带来更大的自重,更进一步加大主拱受到的荷载。

从常规分析的结果可知,结构设计需要重点解决的问题是:(1)主拱和背拱之间支撑桁架和撑杆所受到的巨大轴向力,尤其是相交角部杆件的巨大轴力;(2)上挑棚、下挑棚杆件受到的较大的整体内力;

（3）如何将荷载向背拱和主拱方向"引导"，减小支撑桁架和撑杆所起的作用以减小其杆件的截面。

经过多轮试算，按预调内力方法设计，采用以下做法：（1）安装图 4.4-11 中的"先装结构"，在主拱下和有后装杆件的支撑桁架下设置临时支座；（2）张拉拱脚拉索施加预应力，此时部分已安装结构落架；（3）安装上挑棚、下挑棚；（4）安装"后装撑杆及支撑桁架杆件"，完成全部钢结构施工。

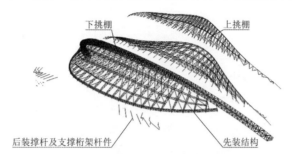

图 4.4-11　钢结构罩棚拼装顺序示意图

以下对比了结构在模型 1（无后装杆件、无预应力作用）、模型 2（设后装杆件、无预应力作用）、模型 3（设后装杆件、施加预应力作用）三种计算模型，图 4.4-10 所标主拱靠近拱脚的弦杆①、主拱跨中上弦杆②、主拱和背拱相交角部斜撑杆③以及下挑棚环向杆件④的杆件设计应力比见表 4.4-3。由于杆件设计应力比综合反映了杆件强度、杆件整体稳定等因素，是用来决定结构杆件截面的主要指标，在同样判别条件下直接影响到结构杆件的选择，因此在此处用作比较预调内力效果的指标。

为使计算结果具有可比性，三个计算模型采用完全相同的杆件截面、荷载条件（包括荷载工况、大小以及组合）、外部边界条件、内部连接条件等；模型 2 和模型 3 中所设后装杆件也完全相同。由于三个模型的结构杆件用的是按模型 3 的内力确定的截面，因此，在模型 1、模型 2 中有的杆件出现应力比超过 1.0 是正常的。如采用模型 1 或模型 2 作为设计依据，就需要调整相应杆件的截面，同时也会改变其他杆件的应力比。

杆件应力比对比　　　　　　　　　　　　　　　　　　　　　　　　表 4.4-3

杆件编号	模型 1	模型 2	模型 3
①	0.631	0.640	0.827
②	0.715	0.707	0.770
③	1.155	1.140	0.867
④	0.708	0.733	0.569

从表 4.4-3 的计算结果可见：部分杆件后装和施加预应力都在结构内部引起明显的内力重新分布，可以作为调整结构内力的有效措施。其中，就示例结构而言，施加预应力对结构内力分布调整的程度强于部分杆件后装，但对于其他结构可能相反。而综合采用这两种措施，可以在更大幅度上调整结构的内力分布，更好地实现设计目标。

在本实例中，部分杆件后装减小了支撑桁架和斜撑杆部分的结构刚度，将部分恒载引向主拱和背拱，从而减小了支撑桁架和斜撑杆的受力、缓解了主拱和背拱相交角部的"应力集中"；在主拱拱脚之间设置拉索施加预应力，在主拱跨中产生向上的位移，进一步加大主拱刚度，使其担负更多屋面荷载，减轻支撑桁架和斜撑的负荷，减小其杆件截面，使结构更加符合建筑师"改变传统的悬挑式体育场罩棚"形式的总体构思；上挑棚和下挑棚的后装，减小了在恒荷载作用下参与主拱整体受力的程度，尤其在模型 3 中其环向杆件的应力比显著减小，为进一步减轻自重创造了条件，使整体结构向更加合理的方向发展。

在主拱拱脚之间设置拉索张拉预应力，还直接减小了基础承担的拱脚水平荷载，大大降低了基础造价，取得了更大的经济效益，同时结构的安全度进一步提高。

对比三个模型的计算结果，其动力特性（自振周期和模态）几乎完全相同，而弹性整体屈曲模态和屈曲系数则有一定程度的差别，如表 4.4-4 所示。

屈曲系数对比 表 4.4-4

屈曲模态序号	1	2	3	4	5	6	7	8
模型 1	7.61	7.75	7.87	8.08	8.28	8.36	8.37	8.4
模型 2	7.66	7.75	7.93	8.09	8.29	8.33	8.42	8.47
模型 3	8.07	8.33	8.47	8.5	8.64	8.8	8.85	8.92

表 4.4-4 中模型 3 的屈曲系数都比对应的模型 1 的屈曲系数大，而两者的屈曲模态相近，说明施加预应力和部分杆件后装降低了关键杆件的应力水平，可以在一定程度上提高空间结构的整体稳定性，从而改善了结构的安全性。

4.4.3 特殊节点-拱脚支座设计

按上部钢结构整体设计受力需要，在拱底预应力索张拉施工时，主拱拱脚应为允许转动的铰接支座，并需要随预应力拉索的张拉向跨度内侧方向相向滑移 104mm（南拱脚支座）和 107mm（北拱脚支座）（均为单侧滑移值，两端相向滑移总量为 211mm）。此时结构处于后装杆件尚未安装、已安装杆件随预应力张拉而部分逐渐落架的状态。SAP2000 模型的计算结果是南北拱脚受到的竖向力分别为 $N_v = 4408kN$、$4399kN$，东西向的水平推力分别为 $N_{h1} = 2453kN$、$2489kN$，预应力索拉力为 $N_{h2} = 5528kN$。南北拱脚在预应力张拉阶段位移及拱脚反力略有差异，是由于上部罩棚钢结构外挑棚在南北向不对称、致使钢结构杆件规格不对称引起的。

从设计的角度来看，"可滑移的铰支座"要求拱脚的传力归拢到一点，否则难以实现一定量的转动和滑移。但在构造上，若将主拱 4 根外径 750mm 的弦杆并拢到一点，不仅实际施工制作的难度很大、造价很高（主拱弦杆为 Q460 高强钢材，如采用相近强度的铸钢件，需要在铸钢中添加特殊化学元素，将明显提高造价，且焊接的难度也大大提高），而且可能加大下一阶段主拱拱脚变换为固接支座后在构造上和传力上的难度。因此经多方案比选，决定采用主拱弦杆在拱脚处不内收、另设加强腹杆交会到拱底形心的设计。同时，为保证铰接支座的可转动性，在拱底加强腹杆交会的形心处采用销接构造；预应力张拉时的滑移采用销下设限位滑槽的方法。

为保证可靠传力，在前述拱脚端部加强腹杆之间设置双向穿心钢板和径向撑管两道，以改善拱脚在第 1 阶段的受力。在穿心钢板上满打 M19@200 × 200 的焊钉以保证钢板在下一阶段与混凝土结成整体。

为减小滑块和滑槽之间的摩擦力，相关接触面须进行精加工，在两个接触面之间放置镜面不锈钢板和聚四氟乙烯板，使接触面摩擦系数不超过 0.02。销轴和销孔之间的接触面也应精加工、做镜面处理以保证张拉预应力时不产生对支座和结构不利的附加内力。此阶段拱脚支座示意图见图 4.4-12。

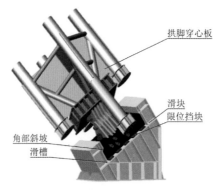

图 4.4-12 第一阶段拱脚轴侧图

预应力张拉完毕后，拱脚受力将从第 1 阶段过渡到第 2 阶段，由铰接-滑移拱脚变为固接拱脚。由于没有将主拱弦杆交会，所以在第 2 阶段可以很方便可靠地实现埋入式固结拱脚，而尺寸较大的外包混凝土能够恰好被在拱脚处建筑设计所需要的堆土所覆盖。主拱弦杆按伸入拱脚混凝土内不小于 3 倍的弦杆外径进行设计，同时在弦杆端部设环形靴梁，在弦杆伸入混凝土拱脚约 300mm 处设环形反牛腿，在弦杆外表面满打焊钉以保证埋入式拱脚的可靠传力。在混凝土承台中除沿外表面配置双层双向钢筋外，在内部配置三向钢筋网，并在下部灌注桩施工时在桩端先行预埋型钢，以提高拱脚抗拔和抗剪承载能力，并加强桩身和承台之间的整体性。

拱脚示意图见图 4.4-13，相关剖面图详见图 4.4-14。

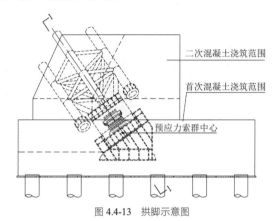

图 4.4-13　拱脚示意图

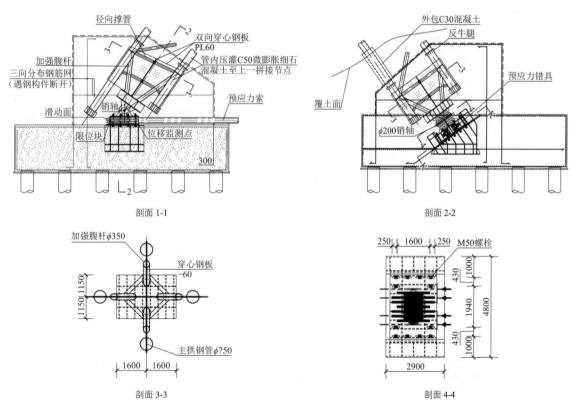

剖面 1-1　　　　　　　　　　　　　　　　剖面 2-2

剖面 3-3　　　　　　　　　　　　　　　　剖面 4-4

图 4.4-14　剖面图

1. 拱脚支座有限元分析

由于拱脚受力十分复杂，设计时采用 ANSYS 软件进行非线性有限元分析。按拱脚在不同阶段不同的受力特征采用不同的结构构造，分别建立预应力张拉时的纯钢结构模型和埋入式拱脚成型后的钢-混凝土组合结构模型进行计算。

为了真实地模拟预应力张拉过程的拱脚受力，计算模型 1 中必须包括滑槽和张拉端的大位移滑块，因此边界条件的合理确定显得尤为重要。由于西看台钢结构罩棚整体不是对称结构，为了真实地模拟边界条件，建立了包括所有钢结构罩棚构件在内的整体模型并进行分析。为了保证拱脚分析的精度，拱脚部分按实际情况采用三维实体单元 Solid45 精细建模；在拱脚弦杆 1 个节间以外的结构采用杆单元 Beam188 模拟以提高计算效率。由于杆单元 Beam188 不带有旋转自由度，在杆单元与实体元相接处按杆单元伸入实体元建模的部分一定距离（本模型为一个节间）来建模，以保证轴力、弯矩、剪力、扭矩等各种内力的可靠传递。这样，既确保了模型的完整性和边界条件的准确性，又有效地控制了计算规模，兼顾了计算精度和计算效率的不同需要。模型简图见图 4.4-15（a），拱脚局部放大见图 4.4-15（b）。

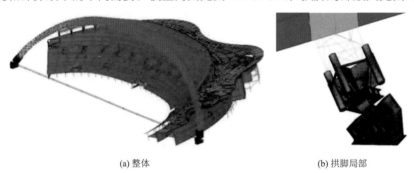

(a) 整体   (b) 拱脚局部

图 4.4-15 ANSYS 计算模型

为了方便地从 124 个荷载组合中得到起控制作用的荷载组合下的拱脚支座应力分布，首先将采用 SAP2000 程序进行的纯杆系整体模型的受力结果进行整理分析，从中找出拱脚受力最大的数种组合，然后在 ANSYS 分析中模拟这几种荷载组合，并根据计算结果进一步减少起控制作用的荷载组合的数量，以进一步提高分析效率。

2. 预应力张拉阶段纯钢结构模型有限元分析

拱脚受力的第 1 阶段采用纯钢结构模型，分析考虑材料非线性和几何非线性，采用全牛顿-拉斐逊迭代求解，考虑大变形和应力刚化效应。支座节点板、销轴均采用三维 8 节点实体单元 Solid45 建模，假定销轴与耳板之间以及支座滑块侧面、底面与滑槽之间的镜面不锈钢板和聚四氟乙烯板厚度均为零，只考虑其作为摩擦介质的作用，在计算模型中均采用三维 8 节点面-面接触单元 Conta174 和二维目标单元 Targe170 进行模拟。其中，销轴之间的转动以销轴的外表面为接触面、耳板的孔内壁为目标面进行接触分析；支座滑块侧面、底面的滑动以滑动支座块的侧面和底面为接触面，滑槽的内表面为目标面进行接触分析，摩擦系数均取为 0.02，接触刚度的罚系数 FKN 均取为 0.1。

拱脚钢板采用的材料是 Q345C 钢，弹性模量取为 2.06×10^5N/mm^2，泊松比 $\mu = 0.3$，屈服强度取为 345MPa。本构关系采用双线性随动强化模型，切线模量取为 6.18×10^5N/mm^2。

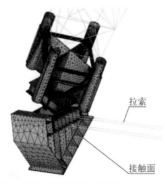

图 4.4-16 ANSYS 模型细部（拱脚、滑动块、拉索）

此阶段的荷载是拉索的预应力荷载和结构在预应力作用下局部落架使部分自重由结构承担带来的荷载。结构自重以竖向加速度的形式施加，预应力以降温的方式施加在模拟拉索的单元上，总降温 180℃，初始预应力荷载值为 7252kN，最终拉索上的预应力值为 5828kN（此值为整体结构模型的计算结果，与前述 SAP2000 计算结果有所差异，是由于 ANSYS 模型中引入了滑动摩擦，并与滑动摩擦系数的取值有关）。拱脚、滑动块、拉索 ANSYS 模型细部如图 4.4-16 所示。

随着拉索预应力的不断施加，支座各部分的应力和变形不断加大。从位移云图（图 4.4-17）可以看出，拱脚滑动块随着拉索预应力的不断施加而沿着预定轨道

（支座滑槽）逐步向跨中滑移，该滑移值与 SAP2000 模型对应支座在同样载荷下的位移值相接近，验证了两个不同力学模型软件的计算对实际的模拟是合适的。图 4.4-19 为南北两个拱脚处拉索预应力与拱脚滑移块位移的关系曲线。从图中可见，南北两个拱脚在拉索预应力的作用下位移是不同的，这与上部结构不完全对称是吻合的，但都具有起始阶段位移发展慢、后续发展较快的特点。

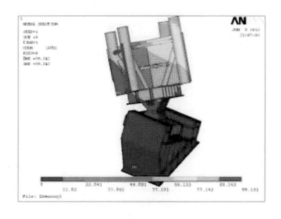

图 4.4-17 拱脚支座位移云图　　　　　　　图 4.4-18 Von-Mises 应力云图

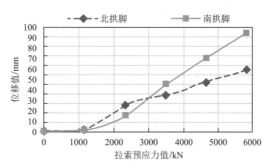

图 4.4-19 拱脚拉索预应力分级-滑块位移曲线

从拱脚支座和 Von-Mises 应力云图（图 4.4-18）可以看出，支座部分应力较大的区域集中在节点的销轴部位，其他部位应力均较小。图 4.4-20 为销轴和滑块-滑槽应力最大点处的荷载-应力曲线，其横坐标是拉索预应力值，纵坐标为销轴应力最大点处的 Von-Mises 应力。从应力发展曲线可见，拱脚支座的应力在拉索预应力起始张拉阶段发展相对较慢，在预应力张拉到预定终值的 20% 后发展加快，曲线转折后基本上沿直线发展，说明支座整体基本上处于弹性状态，安全度是足够的。

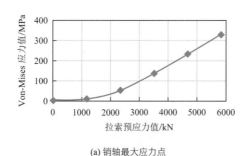

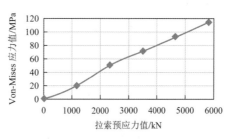

(a) 销轴最大应力点　　　　　　　　　　(b) 滑块-滑槽最大应力点

图 4.4-20 拉索预应力-Von-Mises 应力关系曲线

拉索预应力张拉结束时销轴和滑块、滑槽最大应力点的 Von-Mises 应力云图见图 4.4-21，其中销轴上的应力最大值为 330MPa，滑块、滑槽上为 114MPa。

从图 4.4-18 中也可看出，在大拱弦杆根部存在一定范围的应力集中，对拱脚整体传力的安全性、可靠性没有影响。

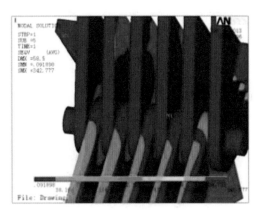
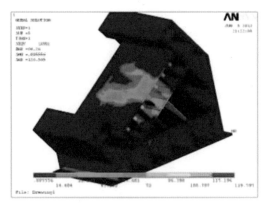

销轴   滑块-滑槽

图 4.4-21　预应力张拉完成时支座 Von-Mises 应力云图

3．正常使用时埋入式拱脚钢-混凝土组合模型有限元分析

为简化建模，分析集中在埋入式柱脚的受力状况，偏安全地略去前文专门分析的销轴和滑槽部分，着重考察主拱的 4 根钢管弦杆埋入混凝土底座后底座混凝土内的应力应变分布情况。弦杆荷载采用 SAP2000 整体分析中完整结构正常使用后拱脚出现最不利受力情况的荷载组合。

钢管钢材的本构关系及计算单元与前一阶段纯钢结构模型相同。混凝土采用 C40，按《混凝土结构设计规范》GB 50010—2010 附录 C 中给出的本构关系输入。承台混凝土采用 Solid65 三维实体单元，钢筋按弥散形均匀分布，并将沿外层含钢率高的区域和内部含钢率低的区域区分开来，这样可以更真实地模拟实际工程情况。在钢管和混凝土之间定义接触单元，摩擦系数取为 1.0。组合模型见图 4.4-22。

图 4.4-23 给出了混凝土承台变形的计算结果，可见最大变形出现在主拱弦管与下部混凝土相接部位，最大变形为 0.59mm。

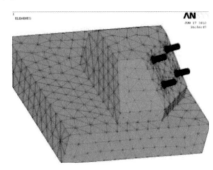
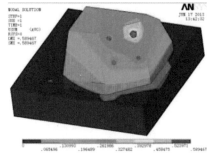

图 4.4-22　承台分析模型　　　　　　　　图 4.4-23　承台变形云图

通过对承台混凝土内应力应变分布的检查，可见钢管弦杆传来的应力，在混凝土内一定范围扩散后，就不再继续扩散，整个钢筋混凝土承台处于较低应力应变水平，因此承台设计是安全的。承台力最大的主管剖面上的变形、应力切片云图见图 4.4-24。

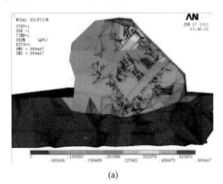
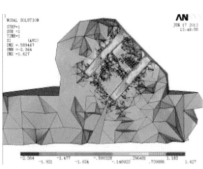

(a)　　　　　　　　　　　　　　　　(b)

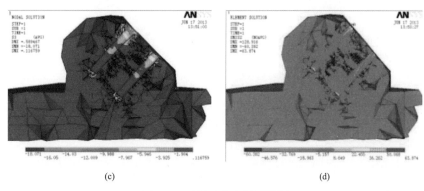

(c)　　　　　　　　　　　　　　　　(d)

图 4.4-24　承台应力应变切片云图

图 4.4-24（a）为力最大的主管剖面上混凝土变形图，最大变形为 0.59mm；图 4.4-24（b）为该剖面上混凝土主拉应力图，最大主拉应力为 1.627MPa；图 4.4-24（c）为该剖面上混凝土的主压应力图，最大主压应力为 18.071MPa；图 4.4-24（d）为该剖面上钢筋应力图，变化幅度为 −60.4～63.9MPa。

4．拱脚构造细节

（1）确保顺利滑移的构造

第 1 阶段拱脚构造的关键是要确保预应力张拉时滑块能够在滑槽中顺利滑动，从而顺利施加预应力。结构设计首先依据计算的结果分析可能引起问题的部位：从 SAP2000 模型计算的结果中可知拱脚在预应力张拉时除了沿销轴方向的转动外，还出现了垂直于销轴方向的转角，其值为 0.013～0.014rad，可见滑块在实际结构中受到的力不是理想化的平推作用，还有微小的"翘曲"作用；采用三维实体元和接触单元精细模拟的 ANSYS 模型分析发现，如果滑块与滑槽相接的边角部位不进行倒角、圆滑处理，两者在预应力张拉、变形过程中会出现"卡死"现象，这会导致实际施工无法进行，是很大的问题。

根据以上的分析结果，设计采取以下措施：①滑块与滑槽接触面和销轴与耳板接触面均要求精加工，并衬以镜面不锈钢垫板和聚四氟乙烯板，要求组合件的实测摩擦系数在 0.01～0.02 之间；②在滑块上部与滑槽相嵌的两个角部，做 45°斜坡，并倒角处理；③滑块下部的两个角部均作倒角处理；④要求耳板穿销轴的孔径按比销轴直径大 2mm 加工，最外侧两块耳板的孔径再进一步放大 1mm，达到比销轴直径大 3mm 的要求，以释放部分主拱平面外的转动位移。相关构造见图 4.4-13、图 4.4-14。

（2）确保南北拱脚按设定值滑移的构造措施和具体施工要求

确保预应力张拉时主拱南北两个拱脚按预定数值滑移是使主拱按计算模式可靠受力、保证主体钢结构安全的关键。模拟计算分析表明，如果南北两个拱脚不能按预定位移滑移而出现一侧滑移量明显超过另一侧的话，上部钢结构各杆件的内力分布就会大不相同，可能出现安全隐患。

为确保预应力张拉时滑块按预设数值滑移，在滑块外侧的滑槽面上专门设置了固定式限位挡块和跟进式限位挡块，前者的作用是防止滑块在预应力张拉前向外侧滑移；后者的作用是随着滑块在预应力的作用下逐渐向内滑移而跟进前移，并随时固定以防向外侧倒滑。同时要求通过穿过滑块的地脚锚栓在施工中的放松和拧紧来控制南北拱脚滑块在每一级预应力作用下的均衡滑移。限位挡块的布置见图 4.4-14。

4.5　结语

对于体育场这类结构暴露的建筑，结构必须体现建筑在造型方面的设想，实现建筑师的意图。在此前提下，结构工程师需要将可能不符合力学原理的建筑造型设计成合理传力、安全可靠的结构。在这个过程中，可以综合、灵活地运用施加预应力和结构分区、分片按特定顺序安装，从而达到"预调内力"的目的，使结构趋向合理。

（1）钢结构主受力构件紧贴建筑外皮布置，能够加大结构截面抵抗矩、提高整体结构刚度，从而在耗材基本不增加的前提下得到更高的结构承载能力、更好的整体稳定性；这样的布置同时可以减少建筑或装饰次结构，进一步节省材料、减轻自重。

（2）拱脚约束对超大跨度拱结构的跨中位移影响明显，对拱结构多数弦杆的内力影响不大，实际设计可以根据不同需要进行选择，必要时可以适时转换。

（3）对于大跨度轻型钢结构屋盖而言，由于质量相对较小，地震作用下的内力和位移均对结构设计不起控制作用，除恒、活荷载外，风荷载起控制作用，温度作用引起的内力不可忽视。

（4）大跨钢结构屋盖结构采用振型分解反应谱法的计算结果不一定能完全包络时程分析的结果，需适当调整取用。

（5）罩棚钢结构稳定设计可以借助自振模态分析、线性屈曲分析查找薄弱部位，通过合理设置支撑构件来取得合理的结构布局和设计。

（6）在非线性稳定分析中反映本工程钢结构罩棚对几何初始缺陷不敏感，在考虑材料非线性和几何非线性情况下的极限荷载因子为3.08，说明结构具有较好的整体稳定性。

（7）非线性极限分析反映出极限状态下主拱根部杆件的应力水平和这些杆件在弹性计算中的应力水平相差很大，形成鲜明对照，需引起重视。

（8）非线性稳定分析从一个侧面验证了拱脚约束的强弱对结构整体稳定性的重要影响，拱脚全受力过程的合理设计十分重要。

（9）考虑局部结构失效下的非线性整体稳定分析初步反映结构在局部失效下具有一定的耐受能力，整体稳定是有保障的。

（10）预调内力设计是将预应力技术和钢结构杆件特定施工安装顺序有机结合起来，从而在一定程度上预先调节空间钢结构杆件内力的分布，以期达到结构内力分布更加合理、设计更加安全经济的效果。设计时首先应设定预调内力的目标，即希望把结构内力"引导"到哪些杆件上去，然后通过确定安装顺序、施加预应力、设置施工临时支撑等的有机组合，来实现这些目标。计算分析时应采用考虑施工顺序过程的仿真分析，应进行结构内力按设定施工步骤逐步变化的"增量"式计算，这是与传统计算分析方法不考虑精确施工顺序截然不同的。

参考资料

[1] 赵宏康，戴雅萍，陈磊，等. 扬州体育公园体育场结构设计综述[J]. 建筑结构，2013, 43(20): 11-16.

[2] 赵宏康，邵建中，谢超. 扬州体育公园体育场罩棚钢结构设计[J]. 建筑结构，2013, 43(20): 17-25.

[3] 赵宏康. 采用预调内力方法设计复杂空间钢结构[J]. 建筑结构，2013, 43(20): 26-29.

[4] 赵宏康，丁磊. 扬州体育公园体育场巨型拱结构新型支座结构设计[J]. 建筑结构，2013, 43(20): 30-34, 53.

设计团队

结构设计单位：启迪设计集团股份有限公司（初步设计＋施工图设计）

结构设计团队：赵宏康，戴雅萍，陈　磊，朱文学，王开华，邵建中，丁　磊，李　莉，谢　超

执　笔　人：赵宏康

获奖信息

2015 年中国钢结构金奖（国家优质工程）

第 5 章

扬州体育馆

5.1 工程概况

5.1.1 建筑概况

扬州体育馆位于扬州市新区，火车站东、国际展览中心以西、文昌西路北侧、真州北路南侧。是一座集比赛、训练、健身、演出、展览、休闲于一体的多功能建筑，包括比赛馆、训练馆及辅助用房，比赛馆座位接近 6000 座。总建筑面积 24900m²。

工程建造在土山包上，土山包上原为砖瓦窑厂，局部有取土下沉土坑。建筑设计充分利用地形，入口标高为±0.00，内场为−6.00m。两个内场屋面呈四锥体，其余屋顶呈梯田台阶状，周边除入口外均有覆土景观绿化，并延伸至混凝土屋顶上。房屋东西向总长约 155m，南北向总长约 166m。

体育馆屋盖的造型由冰雪覆盖的山峰和顶部水滴两个元素构成，远看似冰雪覆盖的山峰顶部冰雪开始融化形成水滴向下流淌，下部为绿色的田野，好似春天的到来，引领人们投身到自然中进行健身。建筑效果图如图 5.1-1。建筑各平面图见图 5.1-2，剖面图见图 5.1-3。

比赛馆屋顶为四面不等坡屋面，四面坡脊线顶部交于一点，最高点标高为 30.90m，屋顶水平投影大致为 94.0m×106.6m，屋面大部均为金属屋面，锥顶部为玻璃采光顶，外观造型通透。对于室内平时利用自然采光，比赛时打开遮阳设施采用人工照明光。周边有通风百叶，藏于采光顶与非采光顶交界位置，机电设备隐藏于平台桁架中。内部空间为四面锥形，剖面图见图 5.1-3，室内空间见图 5.1-4，四锥台形空间可形成有效的拔风效果，自然通风好。训练馆屋顶水平投影大致为 53.6m×46.3m，顶部有一露天设备平台。

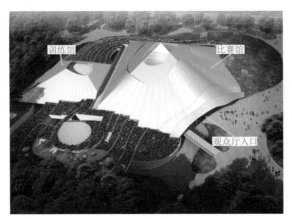

图 5.1-1 建筑效果图

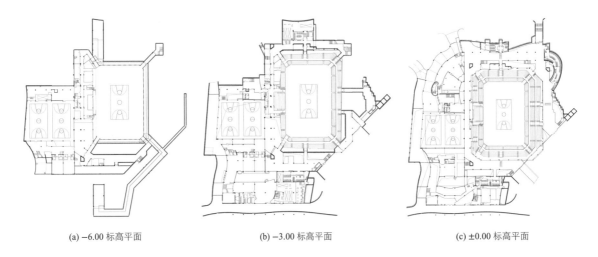

(a) −6.00 标高平面　　　　　(b) −3.00 标高平面　　　　　(c) ±0.00 标高平面

经典回眸　启迪设计集团股份有限公司篇

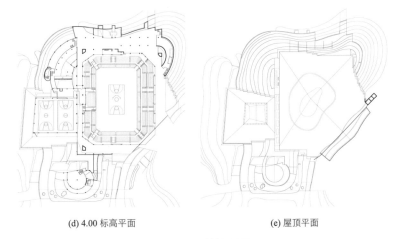

(d) 4.00 标高平面　　　　　　　　　(e) 屋顶平面

图 5.1-2　建筑平面图

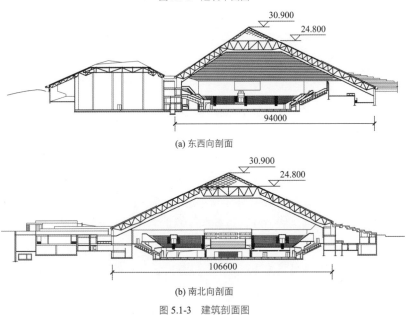

30.900
24.800

94000

(a) 东西向剖面

30.900
24.800

106600

(b) 南北向剖面

图 5.1-3　建筑剖面图

比赛馆东侧、南侧、北侧的大部分看台基本都与地基土接触，并且有多条与土壤接触的土建风道。建筑机电设计采用了较多的绿建新技术，以减少整个房屋的能源消耗。主体看台结构均采用预制钢筋混凝土构件。

设计尽可能采用自然色彩，观众厅部分的墙面设计为清水混凝土，北部和西北部顶棚也要求做清水混凝土。

建筑设计标高±0.00 相当于 85 高程 20.50m，土山周边道路标高为 9.00～11.00m。建筑耐火等级为一级。

图 5.1-4　比赛馆室内空间图（施工中）

5.1.2 设计条件

1. 主体控制参数

控制参数见表5.1-1。

结构设计使用年限	50年	抗震设防烈度	7度
建筑结构安全等级	二级	基本地震加速度	0.15g
结构重要性系数	1.0,由于跨度大,比赛馆和训练馆的钢结构屋盖主要承重结构重要性系数为1.1	设计地震分组	第一组
地基基础设计等级	甲级	场地类别	II类
抗震设防类别	乙类建筑	特征周期	0.35s
结构阻尼比	混凝土结构:0.05,钢结构:0.02（多遇地震）	抗震地段	一般地段

2. 自然条件

（1）风荷载

基本风压为0.40kN/m²（50年重现期），地面粗糙度B类。

考虑钢结构对风荷载较为敏感，按100年重现期，基本风压取0.45kN/m²。

考虑建筑物在山包上，风荷载再乘以1.05放大系数。

（2）雪荷载

基本雪压为0.35kN/m²（50年重现期），雪荷载准永久值系数为$\psi_q = 0$。

考虑钢结构对雪荷载较为敏感，按100年重现期，基本雪压取0.40kN/m²。

（3）温度作用

根据气象资料，扬州月平均最高气温36℃，月平均最低气温−6℃，基准温度15～20℃。

基准温度取15～20℃，实际分析中，降温取−25℃，升温取25℃。

3. 结构材料

（1）混凝土C30，支承比赛馆屋顶钢结构的主要受力5个筒体为C40；

（2）钢筋HRB400；

（3）钢材Q345B。

5.2 建筑特点

5.2.1 大跨四坡锥台形钢结构屋面

建筑钢结构屋顶造型见图5.2-1，建筑顶部采光顶部分造型外观上要求通透的效果，对于结构布置，不应出现大截面结构杆件。结构设计结合建筑造型，进行结构布置。

比赛馆屋盖采用主次管桁架结构，沿4条脊线布置了4榀三角形截面空间主桁架，次桁架采用平面管桁架垂直于环向进行布置，节点采用相贯焊接。桁架上端通过顶部环形空间管桁架连成整体，这样形成了一个呈四锥台形的空间主结构，四锥台形造型见图5.2-2（a）。

比赛馆锥台面以上四坡玻璃顶采用网架结构，四坡网架结构造型见图5.2-2（b）。作为二次结构支承在主结构上设计，主要基于：

（1）如将主桁架直接延伸至尖顶，多管汇集在一起，节点施工难度极大。

（2）顶部为玻璃顶，要求杆件尽量少又小，以增强通透效果。

（3）为了比赛馆室内效果，建筑在顶部设置一仅有钢桁架的透空平台，以支承遮阳设施。

训练馆屋顶采用双向双折线形平面管桁架形成四锥台形空间结构。

图 5.2-1　建筑钢结构屋顶造型

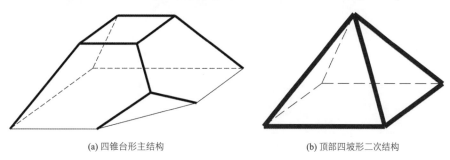

(a) 四锥台形主结构　　　　　　　　(b) 顶部四坡形二次结构

图 5.2-2　比赛馆形体构成

5.2.2　东南角观众厅入口处大悬挑屋顶大跨转换

由于建筑造型效果要求，东南角观众厅入口处外墙为玻璃幕墙，屋顶无落地结构，净跨达 75m，入口处立面效果见图 5.2-3。比赛馆四锥台形的空间主结构东南角脊线上主桁架不能设置落地支座，在该主桁架下部设置了空间转换索拱桁架进行转换，并且东南角屋顶边缘至转换索拱桁架悬挑最大达 16m。

图 5.2-3　东南角观众厅入口处立面效果

5.2.3　覆土梯田形自然造型

南部、北部和西北部覆土呈梯田台阶形自然造型，使建筑与周边绿化融为一体，更接近自然，见图 5.2-4。

图 5.2-4　梯田台阶形覆土造型

南部梯田形覆土屋顶的下部房间均有吊顶，见图 5.1-3（b），结构采用有钢筋混凝土主次梁板结构形式，台阶处采用变标高折梁方案。北部和西北部梯田形覆土屋顶的下部房间均没有吊顶，建筑造型要求顶棚无梁呈折板形，并要求采用清水混凝土，为达到室外造型和室内效果，该部分屋顶结构布置采用折板形无梁屋盖，板底采用清水混凝土，见图 5.2-5。对有采光带开洞处的屋顶布置梁板结构，将梁上翻，柱帽和上翻梁均置于景观覆土中。

图 5.2-5　折板形无梁屋盖示意图

5.2.4　下沉开口地下工程

钢筋混凝土结构为一个开口的地下工程，各平面（标高 −3.00、+0.00、4.00，屋顶）楼板均不完整、不封闭，周边挡土墙的顶部或中部仅有少部分钢筋混凝土水平楼面结构相连。

与常见的地下工程不同，没有封闭的水平楼面隔板平衡周边挡土墙的土压力。除挡土墙需要考虑土压力的作用外，主体结构也需要考虑土压力的不利影响，并考虑周边土体引起的水平地震力对主体结构的影响。为此对主体结构按不带土压力和带土压力及其地震作用两种情况分别计算，取二者大值包络设计，并局部抽取框架采用平面 PK 进行复核。

5.2.5　观众厅清水混凝土墙面和顶棚

建筑造型要求房屋与自然融为一体，观众厅的墙面采取清水混凝土墙，这些位置的墙大部分为不落至基础的混凝土墙。为了节约造价，这些部位清水混凝土墙结构设计按非结构构件的隔墙考虑。为此，采取以下措施减少其对主体结构的刚度贡献：

（1）考虑施工因素墙厚尽量做小，墙厚取 150mm；

（2）墙高 2.5m 以下采用单层配筋，墙高 2.5m 以上采用双层配筋；

（3）墙端与柱、墙顶与上部梁的连接采用柔性连接，墙钢筋锚入梁柱，混凝土表面 20mm 相连，内部用 20mm 木丝板隔开，如图 5.2-6 所示。

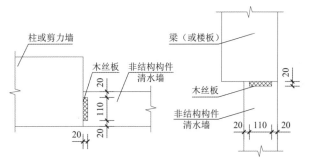

图 5.2-6 清水混凝土墙与柱、上部梁连接构造

5.3 体系与分析

5.3.1 比赛馆方案对比

1. 方案一：网架结构方案

在方案设计阶段，按照比赛馆建筑空间造型，采用两向斜交斜放平面桁架系折板形网架，弦杆平行于四锥面四条脊线布置，比赛馆网架在主入口上部设置暗桁架。网架周边采用上弦节点支座支承在周边环梁支座上，南侧观众厅与比赛大厅之间有部分柱作为点支座，采用下弦节点支座，柱点支座处设置暗桁架。网架节点采用螺栓球节点。

网架结构布置见图 5.3-1，图中略去部分腹杆杆件。网架厚度 3.5m（上下弦杆中心线厚度），悬挑部分厚度为 2.0m。

周边支座采用固定铰支座，中间 4 根柱顶支座采用滑动铰支座，观众厅入口处无支座。

分析结果显示，周边支座水平力特别大，而大部分钢筋混凝土支座抗侧刚度非常小，无法承担网架结构在支座的水平力。

将角部支座采用固定铰支座、周边支座采用滑动支座，用以释放部分水平力。按此方案计算，则网架结构厚度需增加较大，使得空间净高不能满足建筑空间要求。

采取网架结构方案，还存在以下问题：

（1）施工需采用满堂或接近满堂脚手支撑体系，脚手支撑和网架的安装、脚手支撑的拆卸周期均较长，成本较高。

（2）脚手支撑支点较多，支撑拆卸的顺序复杂，难以准确地进行卸载模拟施工计算分析。

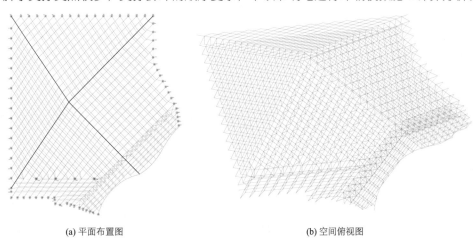

(a) 平面布置图　　　　　　　　　　　　(b) 空间俯视图

图 5.3-1 比赛馆屋盖网架布置图

2．方案二：四锥台形空间管桁架结构

根据建筑造型，充分利用四锥台面的脊拱特点，脊拱竖向刚度大，竖向变形小，能承担较大的竖向荷载，竖向荷载引起的水平力主要沿脊线传向底部，见图5.3-2。

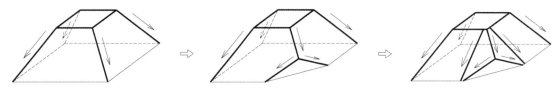

图 5.3-2　四锥台面的脊拱

沿4条脊线布置了4榀三角形截面空间主桁架与顶部环形空间管桁架连成整体，东南角脊线上主桁架不能设置落地支座，布置了1榀空间索拱转换管桁架，在转换索拱桁架两侧支座位置与四锥台顶面环形空间管桁架之间设置了2榀支承桁架，形成了四锥台形的空间主结构，四锥台形主结构支承在5个钢筋混凝土筒体上，整个屋盖钢结构由5个筒体承担水平力。该方案可以有效地解决周边除5个筒体外的支座均无屋盖引起的水平力。

3．方案确定

最终采用方案二：四锥台形空间管桁架结构。

5.3.2　结构布置

1．比赛馆屋顶钢结构

比赛馆屋盖水平投影大致为94.0m×106.6m，屋盖采用主次管桁架结构，节点均采用相贯焊接。

沿4条脊线布置了4榀三角形截面空间主桁架，脊桁架上端与顶部锥台处环形空间管桁架连成整体，这样初步形成了1个呈四锥台形的空间主结构，见图5.3-2。

因东南角观众入口处的1榀脊线主桁架不能设置支座，在其下端设置了1榀人字形转换拱桁架进行了转换，转换拱桁架截面为三角形布置，同时为了将部分荷载直接传至支座，减少人字形转换拱桁架所承担的荷载，在人字形转换拱桁架两端位置设置了2榀三角形截面的支承桁架。

次桁架为沿锥面垂直于环向布置的平面管桁架，上端支承在四锥台形的空间主结构上，下端支承在混凝土结构上，共布置了20榀。

同时沿环向布置了3道三角形截面的环桁架，以加强屋盖的整体性，并将次桁架释放的水平推力传递到主桁架上，通过主桁架传递到钢筋混凝土筒体上。这样形成了一个呈四锥台形的空间主结构，结构布置见图5.3-3。

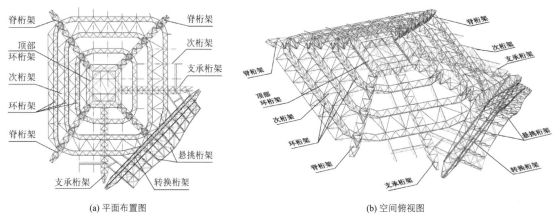

(a) 平面布置图　　　　　　　　　　　　　　(b) 空间俯视图

图 5.3-3　比赛馆屋盖钢结构布置图

在东南角观众入口处人字形转换拱桁架上布置了13榀悬挑长度最大为16m的悬挑平面管桁架,形成建筑要求的屋盖大挑檐。

竖向荷载主要传力形式为屋面荷载→次桁架或悬挑桁架(大部分)→主桁架及转换索拱桁架→钢筋混凝土筒体及基础。屋面周边次桁架支座均采用滑动支座,整个钢结构通过主桁架及转换索拱桁架将水平力传递至5个钢筋混凝土筒体上,为承担较大的水平推力、减少水平变位,空间主结构支座采用成品固定万向转动铰支座。为减小人字形转换拱桁架支座水平力对下部结构的影响,在人字形转换拱桁架两端支座之间设置一道预应力拉索31ϕ^s15.2,用以承担约4000kN的水平推力,施工时考虑一次张拉完成但分三级张拉。人字形转换索拱桁架示意图见图5.3-4。

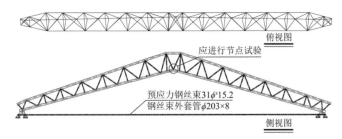

图5.3-4 转换索拱桁架示意图

钢结构采用Q345B,转换桁架弦杆截面ϕ530×25,在转换节点附近的下弦杆截面ϕ750×25,腹杆、斜杆截面ϕ180×7~ϕ273×10,支座部位最大腹杆、斜杆截面为ϕ377×13。其余主桁架弦杆截面ϕ530×16~ϕ530×25,腹杆、斜杆截面ϕ180×7~ϕ219×9,支座部位为ϕ273×10。环向桁架弦杆截面ϕ299×12~ϕ377×13,斜杆截面ϕ140×7~ϕ245×10,腹杆截面ϕ121×6~ϕ180×7。

2. 训练馆屋顶钢结构

钢结构屋顶水平投影大致为53.6m×46.3m,顶部有设备平台,屋顶呈四锥台形。根据建筑造型,采用双向双折线形平面管桁架,见图5.3-5,部分支座采用可滑移铰支座,以释放竖向荷载引起的水平力。弦杆截面ϕ159×8~ϕ219×12,腹杆截面ϕ133×6~ϕ203×12,钢材均为Q345B。

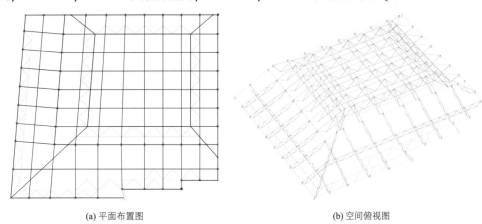

(a) 平面布置图　　　　　　　　　　(b) 空间俯视图

图5.3-5 训练馆屋盖钢结构布置图

3. 钢筋混凝土结构

混凝土部分采用框架-剪力墙结构,楼屋盖采用钢筋混凝土主次梁板结构,北部和西北部梯田形覆土屋顶采用折板形无梁屋盖结构,如图5.3-6所示。剪力墙设置按以下原则:

(1)比赛馆主桁架根部的5个支座位置设置钢筋混凝土筒体,见图5.3-6,筒体内配置型钢。

(2)由于部分位置楼板连接刚度特别薄弱,按照分块刚性原则设置剪力墙。

(3)考虑挡土和传力需要设置剪力墙。

框架抗震等级为一级，剪力墙抗震等级为二级，支承比赛馆屋顶钢结构的 5 个简体的剪力墙抗震等级取一级；剪力墙底部加强部位的高度取全高。

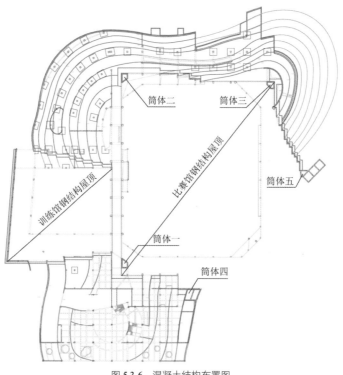

图 5.3-6　混凝土结构布置图

4．基础布置

根据岩土工程勘察报告，区域最高防洪水位为 8.20m，本地下工程抗浮设计水位为 17.50m，即相对标高−3.00m。

基础采用柱下或墙下桩基础，桩采用钻孔灌注桩，以中等风化岩层为桩端持力层，对有溶洞的部位，桩穿过溶洞进入稳定的岩层中，深度不小于 1000mm。由于岩层起伏大且下部可能存在溶洞，地勘采取一柱一孔，每个柱基的桩长根据钻探孔岩层情况确定，灌注桩桩径为 600mm，桩长 11.0～24.5m。单桩竖向抗压承载力特征值为 $R_a = 1550kN$，单桩竖向抗拔承载力特征值为 $R_{ua} = 820kN$，单桩水平承载力特征值为 $R_h = 100kN$。

防水设计水位以下与土接触面的地面设置钢筋混凝土防水底板，与土接触面的墙面均设置钢筋混凝土防水挡土墙板，与主体结构连结在一起。比赛馆、训练馆室内地面的钢筋混凝土防水底板，采用平板，周边与主体结构之间设置后浇带，其底板下设置抗拔桩。

5.3.3　结构分析

结构计算采用 PKPM 系列之 SATWE、PMSAP（2003 年 6 月版）及 ETABS（V8.0）进行计算；钢结构部分采用 SAP2000、ETABS（V8.0）进行计算，钢结构节点采用 ANSYS 进行分析。

大跨空间结构的下部混凝土结构和上部钢结构各自独立分析无法反映上部钢结构刚度对整体结构的贡献，也不能反映下部混凝土结构刚度对上部钢结构的影响。为此采用 ETABS 软件对结构进行了整体模型的计算分析。

计算模型有比赛馆、训练馆和混凝土部分的 3 个分体计算模型及总装整体计算模型，见图 5.3-7～图 5.3-10。

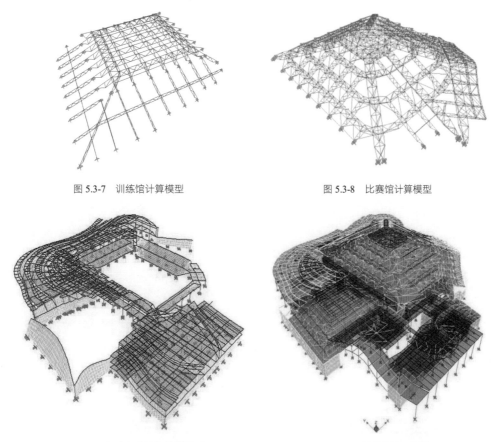

图 5.3-7 训练馆计算模型	图 5.3-8 比赛馆计算模型

图 5.3-9 混凝土部分结构计算模型	图 5.3-10 总装结构计算模型

1. 比赛馆计算分析

比赛馆屋顶钢结构单独模型计算，采用 SAP2000 进行分析。对可变荷载考虑满跨、半跨不利工况组合进行计算包络设计。

（1）比赛馆钢结构屋顶前 3 周期见表 5.3-1，前 3 振型图见图 5.3-11。

比赛馆屋顶钢结构计算周期结果 表 5.3-1

周期/s		振动方向
T_1	0.3542	X向水平振动
T_2	0.3083	Y向水平振动
T_3	0.2799	竖向振动

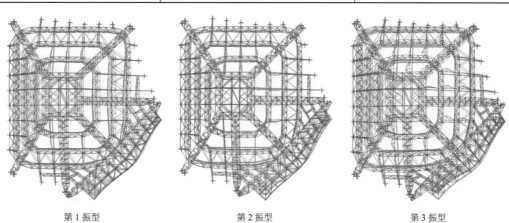

第 1 振型	第 2 振型	第 3 振型

图 5.3-11 比赛馆钢结构屋顶前 3 振型图

（2）承载能力极限状态

采用 SAP2000 有限元软件进行计算分析，考虑各种荷载工况下的荷载效应，然后按规范进行荷载组合。承载能力极限状态指构件的强度、结构整体稳定和构件的局部稳定。由于构件均为热轧无缝钢管，其直径与壁厚之比 D/t 在规范规定的范围内，故满足局部稳定要求。

考虑结构的安全性及经济性，确定构件应力比的控制标准为：比赛馆三角形空间主桁架、转换桁架上下弦杆应力比不大于 0.85，其余平面次桁架及环形桁架杆件应力比不大于 0.9。

（3）正常使用极限状态计算

屋盖主桁架的整体变形满足 $\Delta \leqslant [\Delta] = L/400$。构件的刚度由长细比来控制，对压杆 $[\lambda] = 150$，对拉杆 $[\lambda] = 300$。

屋盖钢结构在"恒荷载 + 活荷载"标准值组合下，平台位置竖向最大绝对位移为 85mm，挠跨比为 1/1105，悬挑大挑檐的竖向最大绝对位移为 90mm，竖向最大相对位移为 19mm，相对挠跨比为 1/1684；活荷载标准值作用下，平台位置竖向最大绝对位移为 12mm，挠跨比为 1/7830，悬挑大挑檐的竖向最大绝对位移为 15mm，竖向最大相对位移为 3mm，相对挠跨比为 1/10666，均满足规范的要求。

（4）比赛馆支座反力

比赛馆屋顶钢结构的支座反力见表 5.3-2，对应的支座编号示意图见图 5.3-12。

比赛馆屋顶钢结构支座反力计算结果 表 5.3-2

节点	F_X/kN	F_Y/kN	F_Z/kN	备注	节点	F_X/kN	F_Y/kN	F_Z/kN	备注
43	−7180	−7250	−4730	南侧筒体	240		840	−770	
64	7160	7080	−5460	东侧筒体	246			−970	
81		−1140	−570		249			−480	
83		500	−890		250			−810	
86		−820	−710		269			−350	
88		−660	−770		279			−290	
118		750	−640		694	−2810	−3890	−2300	西南角筒体上
121		560	−600		696	−2310	−3900	−1770	
122		−540	−870		724	−2880	3660	−1880	西北角筒体上
124		830	−680		726	−2650	3880	−1650	
126		−210	−900		773	3010	2980	−1640	东北角筒体上
128		−290	−900		790	3280	2310	−1500	
130		−260	−940		1145	−880	−2940	−1420	南侧筒体
132		−200	−950		1147	480	−3340	−1540	
237		760	−750		1160	3640	230	−1830	东侧筒体
238		600	−700		1164	3080	920	−1300	

2. 训练馆分析

训练馆屋盖钢结构在"恒荷载 + 活荷载"标准值组合下，竖向最大位移为 55mm，挠跨比为 1/841；活荷载标准值作用下，最大位移为 10mm，挠跨比为 1/4630，均满足规范的要求。

3. 下部混凝土结构分析

下部混凝土结构单独模型计算时，将上部钢结构支座反力按荷载输入，采用 SATWE 和 ETABS 两个程序分别进行计算包络设计。

经典回眸 启迪设计集团股份有限公司篇

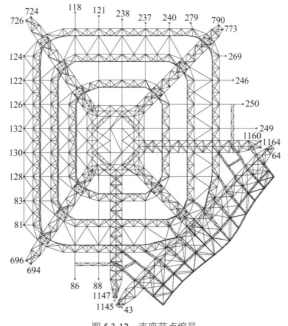

图 5.3-12 支座节点编号

4．总装模型计算

总装整体模型采用 ETABS 软件进行计算分析。计算结果表明，两个方向的楼层最大层间位移角分别为 1/844 和 1/914，满足框架-剪力墙结构的层间位移角限值要求。其两个方向平动及扭转周期分别为 0.53663s、0.48823s、0.41114s。

总装模型中的钢结构应力分布情况和单体模型基本相似，比赛馆钢结构屋盖在支座附近的杆件应力比变化稍大。最后屋盖设计以总装模型计算结果为主，并结合屋盖单体模型计算结果，取二者包络值作为设计依据。

5.4 专项设计

5.4.1 大跨人字形转换索拱桁架分析研究

转换索拱桁架 ZHJ1 跨度方向水平投影尺寸约为 84.5m。经 SAP2000 计算分析，其在支座位置的水平推力标准值为 8200kN。

为减小转换桁架支座处水平推力对基础的影响，在转换桁架支座位置设置一道预应力拉索 $31\phi^s15.2$。考虑到拉索张拉时，结构仍处在施工阶段，屋面板还未安装，预应力拉索仅承担钢屋盖结构自重产生的约 4000kN 的水平推力。如图 5.4-1 所示为转换索拱桁架 ZHJ1 侧视图。

预应力钢拉索
钢丝束外套管 $\phi203\times8$

图 5.4-1 转换索拱桁架 ZHJ1 侧视图

施工时预应力拉索考虑一次张拉完成但分三级张拉，每张拉完一级停顿 1～2h，观察转换桁架顶点竖直及水平位移，两端支座水平位移及整体变形，确认无异常情况后进行下一级张拉。

1．计算工况

根据工程条件，考虑到结构除在施工阶段，作用于结构上的荷载仍以结构自重为主，仅考虑结构自重、张拉端的摩阻力及张拉索力。

荷载工况：

工况 1：结构自重 DZ 及张拉端摩阻力作用组合；

工况 2：结构自重 + 摩阻力 + 200t 索力作用；

工况 3：结构自重 + 摩阻力 + 300t 索力作用；

工况 4：结构自重 + 摩阻力 + 400t 索力作用。

2．转换拱的拱脚位移及反力

在不考虑胎架作用的情况下，节点 64 处的水平方向弹簧约束保留，而节点 66 处的只保留竖向约束，分析转换拱在不同的工况下的拱的变形及拱脚反力。

节点位置见图 5.4-2，各种不同工况下的转换拱位移及拱脚反力见表 5.4-1。

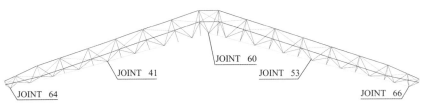

图 5.4-2　转换拱的节点位置示意图

各种不同工况下的转换拱位移及拱脚反力　　　　　　　　　　　　表 5.4-1

工况		拱脚支座反力/kN		转换拱节点位移/mm				
		JOINT 64	JOINT 66	JOINT 64	JOINT 41	JOINT 60	JOINT 53	JOINT 66
工况 1	X	1348.00	0.00	3.59	−1.62	7.24	5.25	22.46
	Y	1281.80	0.00	3.41	−13.74	10.80	21.46	26.88
	Z	1000.30	567.51	0.00	−62.73	−64.79	−53.18	0.00
工况 2	X	1381.46	0.00	0.37	−3.72	6.01	0.15	3.62
	Y	1173.96	0.00	0.31	−4.53	−2.89	−0.27	3.91
	Z	1025.29	1046.47	0.00	−31.80	−22.81	−26.64	0.00
工况 3	X	−463.43	0.00	−1.24	−4.67	5.12	−2.88	−7.27
	Y	−460.84	0.00	−1.23	0.83	−10.81	−12.80	−9.29
	Z	1033.65	1323.14	0.00	−14.31	0.92	−11.64	0.00
工况 4	X	−1065.00	0.00	−2.84	−5.61	4.24	−5.91	−18.09
	Y	−1039.00	0.00	−2.77	6.18	−18.73	−25.33	−22.51
	Z	1042.01	1599.80	0.00	3.17	24.65	3.36	0.00

3．结论

（1）拱脚脚点反力的变化：由于节点 64 处支座固定，而在节点 66 处，即转换拱的另一脚点处支座在张拉过程可产生相对滑移，故通过分析表 5.4-1 可看出随着索力的不断增大，转换拱拱脚有相对靠拢的位移，使得转换拱的张拉端支座反力不断增大，从而也使得张拉过程中支座处的滑动摩阻力增大。

（2）分析计算结果可得出：在钢结构自重作用下，张拉端向外（相对于结构设计状态）水平位移为 36mm（考虑钢板之间的摩擦力的影响），在张拉完成之后，张拉端向内水平位移为 31mm，即拱脚处在张拉前后产生最大相对位移为 67mm。

（3）分析比较转换拱结构在四分之一处节点 41、53 和拱顶节点 60 在张拉过程中不同工况下的竖向

经典回眸 启迪设计集团股份有限公司篇

位移来看，随着索力的不断增大，也将是转换拱逐步脱离胎架的一个过程，最后达到与这个结构共同工作的状态。

（4）上述结构是在未考虑胎架作用进行计算分析得出的，根据施工现场的实际情况而言，转换拱下的支撑胎架对转换拱在张拉阶段的影响较小，可不考虑该部分胎架的作用。而与转换拱相连钢结构的支撑胎架对转化拱张拉端位移影响较小，而且在这些支撑胎架对钢结构产生的摩阻力作用下，会使得张拉端拱脚的相对位移减小。

5.4.2 节点设计

1. 钢桁架节点分析

屋盖主体结构管桁架采用钢管与钢管相贯节点焊接连接方式，对双向杆件正交时，受力较大的弦杆作为贯通主管。对比赛馆主桁架和平台环向四边形空间桁架相交节点，其受力复杂、连接杆件多，采用内加环形加劲肋板的 $\phi700 \times 22$ 焊接空心球节点进行连接。通过规范和构造手册钢管与钢管相贯节点连接计算公式和有限元分别对屋盖上、下弦杆件节点连接处的强度进行了计算分析。

验算点的位置示意图见图 5.4-3，部分主桁架相贯节点计算分析示意图见图 5.4-4。ZHJ2 与平台环向桁架相交节点图详见图 5.4-5。

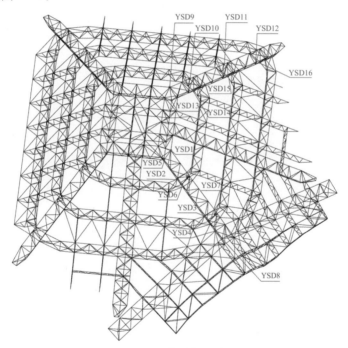

图 5.4-3　验算点位置示意图

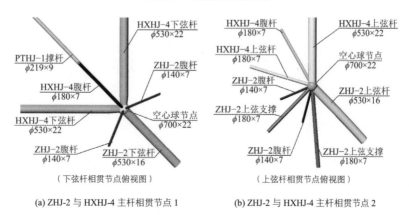

（下弦杆相贯节点俯视图）　　　　（上弦杆相贯节点俯视图）

(a) ZHJ-2 与 HXHJ-4 主杆相贯节点 1　　　(b) ZHJ-2 与 HXHJ-4 主杆相贯节点 2

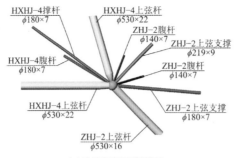

（上弦杆相贯节点俯视图）

(c) ZHJ-2 与 HXHJ-4 主杆相贯节点 3

图 5.4-4 部分主桁架相贯节点计算分析示意图

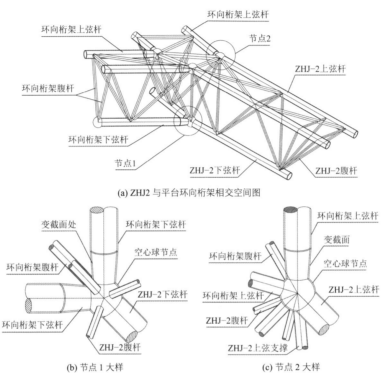

(a) ZHJ2 与平台环向桁架相交空间图

(b) 节点 1 大样

(c) 节点 2 大样

图 5.4-5 ZHJ2 与平台环向桁架相交节点图

比赛馆主桁架支座采用万向转动铰支座，平面次桁架支座采用板式橡胶滑移支座。图 5.4-6 为转换索拱桁架 ZHJ1 支座节点图，由于两个立柱均采用万向转动，桁架平面内无法提供转动，仅考虑转换桁架平面外承受水平推力下的转动。图 5.4-7 为比赛馆主桁架支座节点图。主桁架混凝土支座斜放，桁架支座处合力方向与支座平面尽量垂直。主桁架支座设计时未考虑温度应力的释放，采用考虑各工况组合的包络设计，如 **ZHJ4 万向转动支座**承载力要求：抗压强度 ≥ 8000kN，抗拉强度 ≥ 2300kN，抵抗最大水平剪力 ≥ 2200kN。

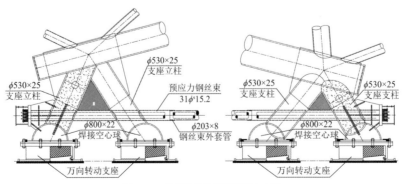

图 5.4-6 比赛馆转换索拱桁架支座图

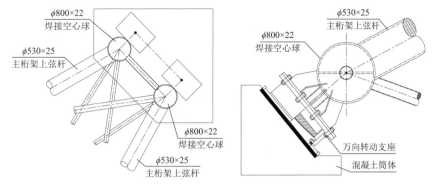

图 5.4-7　比赛馆主桁架支座节点图

2. 混凝土筒体支座设计

（1）筒体一、二、三支座

主桁架在筒体一、二、三上支座见图 5.4-7，支座力和力系转换见表 5.4-2。

筒体一、二、三支座力系转换　　　　　　　　　　　　　　表 5.4-2

		筒体一		筒体二		筒体三	
角度		$\alpha = 55.30°$，$\beta = 40°$		$\alpha = 55.30°$，$\beta = 40°$		$\alpha = 225°$，$\beta = 40°$	
支座		支座1	支座2	支座1	支座2	支座1	支座2
整体坐标/kN	F_x	−2310	−2810	−2650	−2880	3280	3010
	F_y	−3900	−3890	3880	3160	2310	2980
	F_z	−1770	−2300	−1650	−1880	−1500	−1640
局部坐标/kN	F_x'	−4521	−4798	−4699	−4649	−3953	−4236
	F_y'	−321	96	30	−285	686	21
	F_z'	−1770	−2300	−1650	−1880	−1500	−1640
支座斜面坐标/kN	F_{x0}	−4601	−5154	−4660	−4770	−3992	−4299
	F_{y0}	−321	96	30	−285	686	21
	F_{z0}	1550	1322	1757	1548	1392	1467

注：$F_x' = F_x \times \cos\alpha + F_y \times \sin\alpha$，$F_y' = -F_x \times \sin\alpha + F_y \times \cos\alpha$，$F_z' = F_z$，$F_{x0} = F_x' \times \cos\beta + F_z' \times \sin\beta$，$F_{y0} = F_y'$，$F_{z0} = -F_x' \times \sin\beta + F_z' \times \cos\beta$。

综合筒体一、二、三，在支座斜面坐标下支座力取大值 $F_{x0\_max} = 5154$ kN（压）、$F_{y0\_max} = 686$ kN、$F_{z0\_max} = 1757$ kN。

支座底板 PL-1160 × 1160 × 40mm，中部开孔直径 150mm，混凝土强度能够满足局部受压要求且富余较多。

按牛腿计算横向钢筋，为计算偏安全，取埋件 1/4 处的计算高度 $h = 1453$mm，$a = 483$mm，经验算抗裂满足，横向钢筋 $A_s = 11235$mm²。

抗剪验算，$F_{xmax}' = 4798$kN，为计算偏安全，取埋件 1/4 处的计算高度 $h = 1453$mm，经计算箍筋实配 $\Phi12@200 \times 100$ 抗剪能够满足且富余较多。

顶板抗弯计算，$M = 599$kN·m，顶板厚度取 1000mm，构造配筋即可满足。

（2）筒体四、五支撑桁架支座

筒体四、五支撑桁架支座力见表 5.4-3。

筒体四、五支撑桁架支座力　　　　　　　　　　　　　　表 5.4-3

		筒体四		筒体五	
角度		$\alpha = 45°$，$\beta = 40°$		$\alpha = 45°$，$\beta = 40°$	
支座		支座1	支座2	支座1	支座2
整体坐标/kN	F_x	480	−800	3640	3080
	F_y	−3340	−2940	230	920
	F_z	−1540	−1420	−1830	−1300

筒体四、五支撑桁架支座计算略。

（3）转换索拱桁架支座

转换索拱桁架支座节点力见表 5.4-4 所示，两个支座均采用双钢球支座，直接落在基础底板上。

转换桁架支座节点力 表 5.4-4

		节点 1	节点 2			节点 1	节点 2
整体坐标/kN	F_x	−7180	7160	局部坐标/kN	F'_x	10203	10069
	F_y	−7250	7080		F'_y	−49	−57
	F_z	−4730	−5460		F'_z	−4730	−5460

预应力 $H_{pk} = 4000kN$，其设计值 $H_p = 4000 \times 1.2 = 4800kN$。

节点 1 支座计算简图如图 5.4-8（a）所示，A、B 支座水平力为 $F_{hA} = F_{hB} = 2720kN$，A、B 支座竖向力为 $F_{vA} = 11613kN$，$F_{vB} = -6883kN$。节点 2 支座计算简图如图 5.4-8（b）所示，A、B 支座水平力为 $F_{hA} = F_{hB} = 2702kN$，A、B 支座竖向力为 $F_{vA} = 10239kN$，$F_{vB} = -4779kN$。

支座底部钢板 1000mm × 1000mm，厚 40mm，孔直径 150mm，经验算支座混凝土局压能够满足且富余较多。基础底板厚度取 1500mm，经验算底板冲切满足，底板抗弯抗剪采用基础筏板有限元计算。

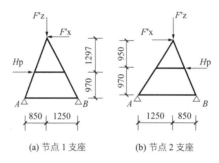

(a) 节点 1 支座　　(b) 节点 2 支座

图 5.4-8　转换桁架支座计算简图

5.4.3　折板无梁屋盖分析

对带折板无梁屋盖，先按放平的普通无梁屋盖用 SlabCAD 计算一次，作为参考。但这个结果不能反映其实际受力情况，需考虑转折处肋的刚度增强效应引起传力的改变。为此采用 ETABS 将折板按实际空间位置进行建模，考虑整体结构抗侧力的影响，放入整体结构中进行计算分析。计算时此处屋面均考虑面内和面外刚度，按弹性楼板进行计算分析。

取典型跨按平板计算与按折板计算的板弯矩对比见表 5.4-5。

按平板计算与按折板计算的板弯矩 表 5.4-5

板带		平板/kN·m	折板/kN·m	差异
垂直板肋方向柱上板带	支座	−620.0	−705.0	+13.7%
	跨中	67.5	73.9	+9.5%
垂直板肋方向跨中板带	支座	−53.1	−57.8	+8.8%
	跨中	62.7	67.7	+8.0%
平行板肋方向柱上板带	支座	−620.0	−600.5	−3.2%
	跨中	67.5	57.3	−15.0%
平行板肋方向跨中板带	支座	−53.1	−51.0	−4.0%
	跨中	62.7	56.7	−9.6%

由计算结果可以看出，垂直板肋方向柱上板带和跨中板带的弯矩明显增大，平行板肋方向柱上板带和跨中板带的弯矩相应减小。由于转折处肋的刚度效应增强导致传力的明显改变，在设计中应考虑转折处肋的刚度，并按实际空间位置进行建模，以得到符合实际的受力状态。

5.4.4 挡土墙设计

挡土墙墙顶有约束时土压力取静止土压力，侧压系数取$k_0 = 0.50$；当挡土墙顶部有侧向推力的支座时其土压力侧压系数取$k_0 = 0.60$；挡土墙墙顶无约束时土压力侧压系数取$k_0 = 0.40$。

挡土墙根据实际边界情况，取相应的计算边界条件。一般取上下单向受力计算模式，对于扶壁式挡土墙立板按三边支承设计。

本项目挡土墙施工图编号多达 69 种，高度最高达 15.0m，形式有多种，典型计算模式如下：

（1）单层高上下端均有约束挡土墙，计算简图见图 5.4-9，计算条件见表 5.4-6。

单层高上下端均有约束挡土墙的计算条件 表 5.4-6

编号	高度/m	下端标高	上端标高	下端边界	上端边界	活荷载/（kN/m²）	侧压系数	墙厚/mm
DQ58～60	3.00	−3.00	±0.00	刚接	铰接	5.0	0.6	250
DQ61～63	3.00	−3.00	±0.00	铰接	铰接	5.0	0.6	250
DQ22	3.60	−6.60	−3.00	刚接	铰接	5.0	0.6	250
DQ47	6.60	−6.00	0.60	刚接	铰接	5.0	0.6	450
DQ11	6.60	−6.60	±0.00	刚接	铰接	5.0	0.6	450
DQ15	3.60	−6.60	−3.00	刚接	铰接	地下二层	0.6	350
DQ35	4.80	−4.80	±0.00	刚接	铰接	5.0	0.6	350
DQ45	4.30	−6.60	−2.30	刚接	铰接	20	0.6	350
DQ46	6.60	−6.60	±0.00	刚接	铰接	土面−3.00 q = 5.0	0.6	450

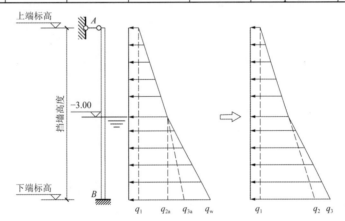

图 5.4-9 单层高上下端均有约束挡土墙的计算简图

（2）两层高各层有约束挡土墙，计算简图见图 5.4-10，计算条件见表 5.4-7。

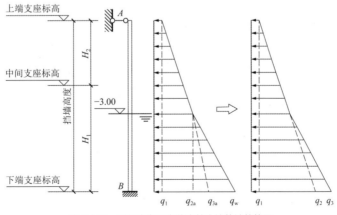

图 5.4-10 两层高各层有约束挡土墙的计算简图

编号	高度/m	支座标高			边界条件			活荷载/（kN/m²）	侧压系数	墙厚/mm
		下端	中间	上端	下端	中间	上端			
（7）/ （U）-（V）	6.60	−6.60	−3.00	±0.00	刚接	铰接	铰接	5.0	0.6	300
水池处挡土墙	7.80	−4.80	±0.00	3.00	刚接	铰接	铰接	5.0	0.6	400
DQ13	9.00	−4.80	±0.00	4.20	刚接	铰接	铰接	5.0	0.6	400

（3）三层高各层有约束挡土墙，计算简图见图 5.4-11，计算条件见表 5.4-8。

三层高各层有约束挡土墙的计算条件 表 5.4-8

编号	总高/m	支座	层高/m	标高	边界	活荷载/（kN/m²）	侧压系数	墙厚/mm
DQ34	15.0	顶部	—	8.40	铰接	5.0	0.6	400
		中上	5.40	3.00	铰接			
		中下	3.80	−0.80	铰接			
		底部	5.80	−6.60	刚接			

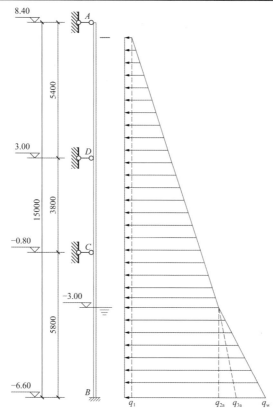

图 5.4-11 三层高各层有约束挡土墙的计算简图

（4）考虑整体结构挡土墙，计算简图如图 5.4-12 所示。

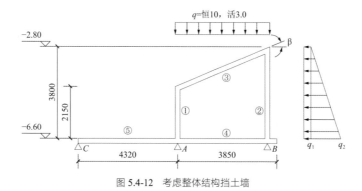

图 5.4-12 考虑整体结构挡土墙

（5）悬臂挡土墙，计算简图如图 5.4-13 所示，计算条件如表 5.4-9 所示。

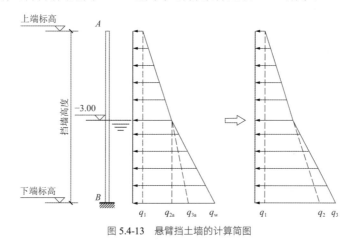

图 5.4-13　悬臂挡土墙的计算简图

悬臂挡土墙的计算条件　　　　　　　　　　　　　　　　　表 5.4-9

编号	高度/m	下端标高	上端标高	下端边界	上端边界	活荷载/（kN/m²）	侧压系数	墙厚/mm
DQ56，DQ59	3.00	−3.00	±0.00	刚接	自由	5.0	0.4	250
DQ3	1.80	−4.80	−3.00	刚接	自由	20.0	0.6	250
DQ1～2	1.80	−4.80	−3.00	刚接	自由	10.0	0.6	250
DQ8～10	3.60	−6.60	−3.00	刚接	自由	5.0	0.6	350

（6）扶壁悬臂挡土墙，计算简图如图 5.4-14 所示，计算条件如表 5.4-10 所示。

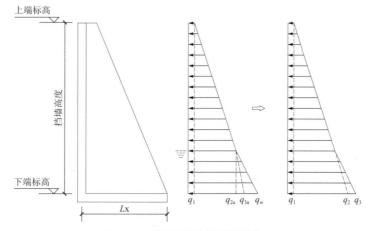

图 5.4-14　扶壁悬臂挡土墙的计算简图

扶壁悬臂挡土墙的计算条件　　　　　　　　　　　　　　　　　表 5.4-10

编号	高度/m	下端标高	上端标高	底板宽/m	扶壁间距/m	活荷载/（kN/m²）	侧压系数
（1）轴挡土墙	8.00	−5.00	3.00	4.70	4.50	5.0	0.5
DQ23	7.20	−3.00	4.20	4.30	4.50	5.0	0.5
DQ24	9.00	−4.80	4.20	4.50	4.50	5.0	0.5
（T）轴右侧挡土墙	12.80	−5.60	7.20	7.70	4.50	5.0	0.5
（17）/（T）轴挡土墙	12.20	−5.60	6.60	7.50	4.50	5.0	0.5
（17）/（R）轴挡土墙	11.00	−5.60	5.40	7.20	4.50	5.0	0.5
（17）/（N）轴挡土墙	9.80	−5.60	4.20	4.80	4.50	5.0	0.5
（18）/（N）轴挡土墙	9.20	−5.60	3.60	4.50	4.50	5.0	0.5

5.4.5 模拟施工分析

由于主体钢结构在安装过程中采用脚手架支撑体系，因此，施工阶段的结构支撑工况与最终结构受力情况不同，为此必须在安装基本完成后，进行受力体系的转换，使主体结构受力实现设计预设的传力模式。卸荷过程必须坚持以下原则：以结构计算分析为依据，以保证结构安全为宗旨，以变形协调为核心，以实时监控为手段。

比赛馆屋顶钢结构建筑面积约 1 万 m^2，主体钢结构总重量约为 1100t，中心顶标高为 24.865m，最大坡面角度为 24.78°，其结构形式为焊接钢管空间桁架。

1. 施工临时支撑位置和形式

比赛馆屋架钢结构采用分段吊装、空中组对的方式进行安装，在环桁架、主桁架、支撑桁架各段下方设置承重脚手架进行临时支撑，承重脚手架根据安装进度和位置逐步搭设就位。钢桁架的支撑点总共约 300 个，其中脊桁架和中心环桁架支撑点为 172 个，支撑点根据桁架分段情况对称设置，分布情况详见图 5.4-15。

钢桁架为倒置三角形截面形式，为了便于安装，HXHJ-4、ZHJ 及 ZCHJ 的脚手架支撑点设置在上弦，其余 HXHJ-1～3 的支撑点分别设置在上弦和下弦。脚手架支撑点上设置钢板平台和钢板支撑托架用于调整和直接支撑桁架，施工支撑形式见图 5.4-16，支撑托架交替设置千斤顶，以便同一批卸载点同时卸载。

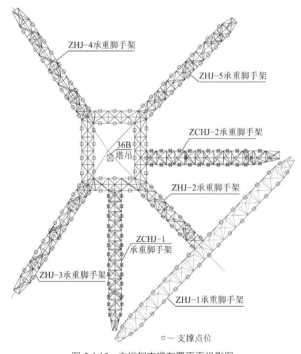

图 5.4-15 主桁架支撑布置平面投影图

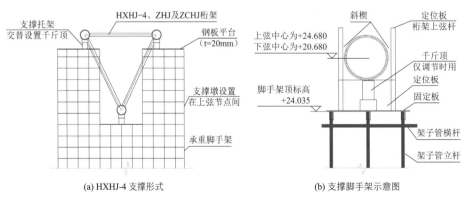

(a) HXHJ-4 支撑形式　　(b) 支撑脚手示意图

图 5.4-16 施工支撑形式

2. 主体结构卸荷时的结构状态

根据施工进度要求,计划在主体钢结构基本完成后即开始卸荷。卸荷前应完成主桁架 ZHJ-1 以内、除 ZCCHJ-3、4 下弦杆及其腹杆外的所有一次结构的安装和焊接工作,并且焊缝探伤合格。主桁架 ZHJ-1 以外的挑檐结构必须在卸荷前,完成 XTHJ-5～8 桁架与主桁架 ZHJ-1 的焊接工作,其余挑檐部分可在卸荷后再继续安装。

3. 卸荷顺序分析

1)卸荷顺序的基本原则

由于比赛馆结构跨度较大,在其拆除支撑点卸荷过程中将会有较大的变形,计算结果预计中心环桁架将下沉 80～110mm。因此,选择合理的卸荷顺序将直接影响主体结构的整体受力性能和结构安全。卸荷顺序的选择要求遵循以下基本原则:

(1)确保临时支撑脚手架结构的安全;

(2)尽量使主体结构沉降、变形均匀,形成较为合理的受力形式;

(3)尽量简化卸荷步骤,以缩短卸荷工期。

2)卸荷过程的分析

为了便于分析,首先将主体结构简化为平面结构,如图 5.4-17(a)所示。图中 Z1、Z2 支撑点为承重脚手架,Z3 为铰接支座。根据此简图,较为合理的卸荷方法应该为 Z1→Z2→Z3 的逐步卸荷顺序。

拆除 Z1 支撑点后,主体结构将形成如图 5.4-17(b)形式所示。中心环桁架下沉,下沉量在 30～42mm。此时主桁架可视为顶部自由的悬挑结构形式,顶部跟随中心环桁架下沉,形成主桁架跨中起拱。支撑点 Z3 受力减小、Z2 受力明显增大,对支撑脚手架的压力很大。

拆除 Z2 支撑点后,主体结构将形成如图 5.4-17(c)所示形式。结构载荷全部由 Z3 承载,主体结构完全受力。

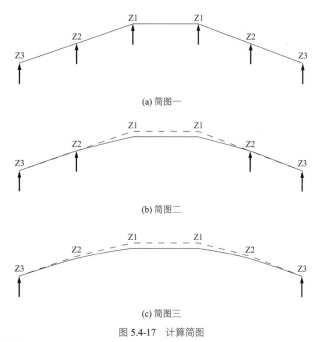

(a) 简图一

(b) 简图二

(c) 简图三

图 5.4-17 计算简图

3)以上卸荷过程中需避免以下问题:

(1)在支撑点 Z1 拆除后,对中心结构下沉需要控制,极易因下沉过大而造成 Z2 等支撑点的受力超过承受能力失稳。

(2)一次性卸荷结构的下沉量较大,对结构有一定的冲击影响,尤其是易产生应力集中的转角节点等位置,可能会造成隐患。

4）卸载具体实施顺序

为了最大程度地降低以上不利影响，要求施工用 28 组 32t 千斤顶替换中心环桁架 HXHJ-4 的安装支撑点，然后开始按以下步骤进行卸荷：

（1）先由中心顺序拆除次桁架及环桁架的临时支撑点，使主桁架承载次桁架及环桁架荷载；由 ZHJ-1 跨中向两端逐步、对称拆除支撑点，使 ZHJ-1 在其他主桁架卸荷前处于自由状态。

（2）主桁架第一轮卸荷：下调中心环桁架的支撑千斤顶，并从中心环向四周逐圈降低主桁架的支撑点至主桁架跨中支撑位置。

卸荷中心环桁架支撑千斤顶的预计下调高度为 50~60mm，但不是一次降到位，而是先下调 20mm，而后随主桁架支撑点的降低逐步下调，每次下调量不大于 20mm。

主桁架支撑的下调量应根据支撑点与中心环桁架的间距按比例确定，以保证 HXHJ-4 缓慢下沉，避免发生纵向位移突变。

第一轮卸荷后暂停卸载，观测沉降情况，待稳定后再进行第二轮卸载。

（3）主桁架第二轮卸荷：由中心环桁架向四周逐圈拆除主桁架的支撑点至支座位置。中心环桁架支撑千斤顶随主桁架支撑点的拆除逐步降低直至完全撤出。

（4）卸荷完毕后停留数小时，使主结构充分变形，观测沉降情况，待稳定后再进行下一步施工。

4．卸载工况分析

经计算分析，仅在屋盖钢结构自重下平台位置的最大竖向变形为 23mm，转换桁架跨中下弦的最大竖向变形为 19mm。

卸载完毕后，实测平台位置的最大竖向变形为 21mm，转换桁架跨中下弦的最大竖向变形为 23mm，考虑到施工及现场等因素，实测数据与计算结果比较吻合。

5.5 试验研究

5.5.1 节点试验模型

比赛馆主桁架 ZHJ2 与转换桁架 ZHJ1 的下弦连接节点为多管相贯热弯节点，此节点受力复杂，国内使用尚少，节点形式超出规范相关内容，为考察该节点在实际设计荷载作用下的真实受力状态，进行了有限元分析和三组足尺节点试验，热弯节点采取退火处理。

如图 5.5-1 所示为节点三维模型及杆件编号。图中杆件 2、3 为主桁架的下弦杆，杆件 1 为另一主桁架的下弦杆，杆件 4、5、6、和 7 为主桁架的四根斜腹杆。此节点的主管（杆件 2、3）为热弯曲线型钢管，侧向支管（杆件 1）与主管采用相贯焊连接，同时设计荷载下对主管有 180t 的侧向推力；另四根支管管径与主管管径相差较大，受力较为不利。根据试验需要，共制作了三个足尺节点模型。

在设计节点模型时要求主管每端长度取为 $2d$，支管净长度取为 $2ds$，考虑试验的可行性，节点形式作了适当的简化，按突出关键杆件及其受力的原则，建立平衡力系。如图 5.5-2 所示为节点试验图。

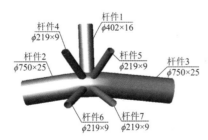

图 5.5-1 节点三维模型及杆件编号

图 5.5-2 节点试验图

5.5.2 节点试验现象

1. 加载取值

相贯节点破坏形态通常为支管冲压主管管壁，致使主管管壁产生过大的塑性变形而导致节点失效。考虑到相贯节点破坏时支管对主管的局部压力起到控制作用，以及加载时节点自身的平衡和试验的可行性，实际加载时各杆件的基本荷载取两组平衡力系，试验所采用的基本荷载见表5.5-1。

试验所采用的基本荷载N_0 表 5.5-1

杆件编号	1	2	3	4	5	6	7
平衡力系一N_0/kN	1820	6630	6630	780	780	1260	1260
平衡力系二N_0/kN	1820	6670	6670	840	840	930	930

通过施加两组平衡力系，可以比较相贯节点破坏时主管和支管相应的应力状态对节点的承载力有何不同程度的影响。对于两组平衡力系，在确定加载制度表时均按照主管的应力状态划分加载等级，最大加载等级均取为主管基本荷载的1.4倍。

2. 试验现象

（1）试件一和试件二（加载平衡力系一）

主管加载至$0.6N_0$时，试件节点区主管及支管没有明显变化。

主管加载至$0.7N_0$时，试件节点区主管壁表面开始剥皮，主管与支管相贯部分焊缝焊皮脱落。

主管加载至$0.9N_0$时，试件节点区支管6、7下侧的主管壁开始出现塑性线。

主管加载至$1.1N_0$时，试件节点区支管6、7下侧的主管壁塑性线明显密集，成45°交叉状，如图5.5-3（a）所示。

主管加载至$1.3N_0$时，节点区主管变形不断增大而支管6、7荷载加不上去，节点区由于主管壁过度变形而破坏，主管对应于支管6、7处明显下凹，上表面鼓曲接近7mm，侧表面鼓曲接近20mm，如图5.5-3（b）所示。

卸载完毕，支管钢管大部分变形可恢复，节点区主管大部分变形不可恢复。

(a) 主管出现塑性线　　　　　　　　　　　(b) 主管管壁凹陷

图 5.5-3　试件一和试件二试验现象

（2）试件三（加载平衡力系二）

主管加载至$0.6N_0$时，试件节点区主管及支管没有明显变化。

主管加载至$0.9N_0$时，试件节点区主管表面开始剥皮，主管与支管相贯部分焊皮脱落。

主管加载至$1.0N_0$时，试件节点区支管6、7下侧的主管壁开始出现塑性线。

主管加载至$1.1N_0$时，试件节点区支管6、7下侧主管壁塑性线明显密集，成45°交叉状。

主管加载至$1.3N_0$时，节点区主管变形不断增大而支管6、7荷载加不上去，节点由于主管管壁过度变形破坏，主管对应于支管 6、7 处明显下凹，上表面鼓曲接近 7mm，侧表面鼓曲接近 20mm。

卸载完毕，支管钢管大部分变形可恢复，节点区主管大部分变形不可恢复。

3. 试验结果分析

1）节点应力有限元分析

采用通用有限元程序 ANSYS 对节点进行承载力分析，节点分析时被动加载端采用铰接模型。单元采用 ANSYS 单元库中的六面体单元 Solid95 三维 8 节点单元，分析时考虑了材料非线性和几何非线性，同时模拟了试验中的加载和约束情况。分析时假定材料是理想弹塑性材料，服从 Mises 屈服准则，不考虑材料屈服后的强化，同时不考虑焊接残余应力及焊缝对节点承载力的影响。

有限元分析时节点计算模型及网格划分如图 5.5-4 所示。在平衡力系二作用下，节点的最终破坏形式如图 5.5-5 所示，节点破坏时塑性区开展如图 5.5-6 所示，节点破坏时应力分布如图 5.5-7 所示。

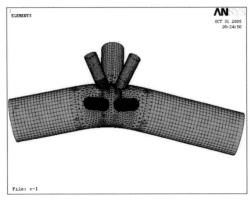

图 5.5-4 有限元分析模型及网格划分

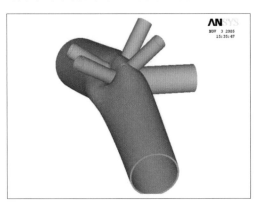

图 5.5-5 节点破坏形式

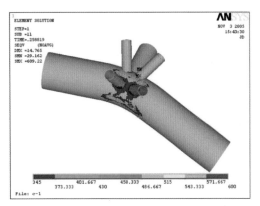

图 5.5-6 节点塑性区开展

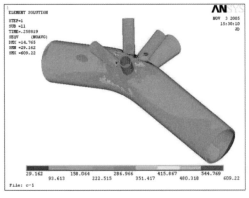

图 5.5-7 节点应力分布

根据此有限元分析模型计算得基本荷载（平衡力系二）下节点区粘贴应变花位置的 Mises 等效应力与试验结果对比如图 5.5-8 所示（横坐标代表应变花编号 A～G，纵坐标代表相应应变花的等效应力）。节点区应变花 Mises 等效应力与试验结果对比存在着一定的偏差，原因分析如下：

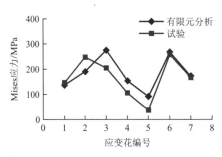

图 5.5-8 试验结果与有限元结果对比

（1）有限元分析结果是根据设计的理想模型计算而得到的，而实际节点模型包括支管与主管间的角度、主管焊缝工艺与理想模型均有偏差，导致实际受力与有限元分析存在一定的偏差；由于支管与主管间的角度偏差，试验过程中虽然对反力架作了局部调整，但各杆件依旧很难满足轴心加载，存在着偏心。

（2）有限元分析结果是主管被动加载端在理想铰接状态下计算的，而实际试验过程中主管被动加载端并不是理想铰接，有限元分析时边界条件的模拟很难与试验实际情况相符，由此产生一定的偏差。

2）节点应力分析

（1）节点破坏模式

当通过支管加载时，支管与主管相贯线复杂，主管径向刚度和支管轴向刚度相差较大，应力沿主管的径向和环向分布很不均匀，主支管交会区相贯线上某点首先屈服，当继续加载后该点将形成塑性区，使节点区应力重新分布。随着荷载的继续增加，塑性区不断向四周扩散，直到出现显著的局部塑性变形后节点最终破坏。节点破坏时主管壁局部严重变形，对应于受压支管下方主管壁凹陷，侧表面向外鼓曲，属于节点塑性破坏模式。

（2）应力分析

由于节点区焊缝相对较集中，节点在主管与支管交会区承受三向应力，受力复杂，该区域应力集中现象亦较明显，局部区域可能较早就达到了屈服状态。因此，为考察主支管交会区的复杂应力状态及其分布规律，以及该区域主管的弹塑性变形程度，在主支管交会区的主管壁布置有7个三轴45°应变花（编号为A～G），节点区外主管与支管主要承受轴力，布置有36片应变片（编号22～57）。

根据各测点的应变及节点试件的材性试验测得的平均屈服强度、弹性模量，在弹性范围内将该测点的复杂应力转化为Mises等效应力。根据有限元分析和试验检验，节点模型破坏区域位于支管6和支管7与主管相交处。

试件一、试件二的测点A、B和C（图5.5-9）在各级加载下应力分布曲线如图5.5-10所示；试件三的测点A、B和C在各级加载下应力分布曲线如图5.5-11所示。

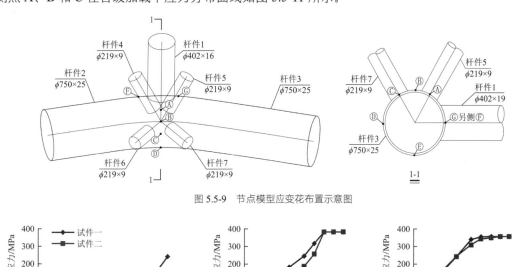

图 5.5-9 节点模型应变花布置示意图

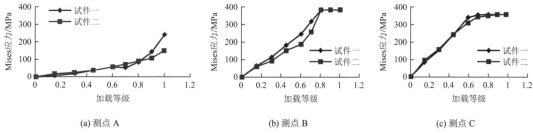

(a) 测点 A   (b) 测点 B   (c) 测点 C

图 5.5-10 试件一、试件二在各级加载下应力分布曲线图

从两种平衡力系下的应力关系曲线可以看出支管荷载对节点区主管应力分布有很大影响，在主管荷载相同的情况下，支管荷载对节点区塑性发展很明显，主管局部区域较早就由弹性状态进入塑性状态。

节点最终破坏时，三个试件的破坏形式相同，但试件三承载力略低于试件一和试件二，主要因为试件三在加载平衡力系二下破坏时主管自身的加载吨位稍大些。

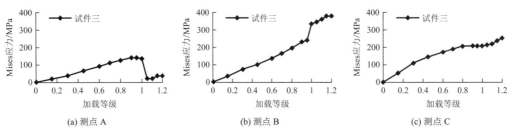

图 5.5-11　试件三在各级加载下应力分布曲线图

综合有限元分析和试验结果表明，支管荷载对节点承载力起决定作用，主管荷载对节点承载力影响很小，节点承载力随主管荷载增大而略有降低。

5.5.3　试验结论

试验中三个节点破坏形式相同，节点破坏起因于主管发生过度的塑性变形从而引起节点失效，属于节点塑性破坏模式。

节点区主管壁的 Mises 等效应力分布很不均匀，有的测点很早就进入了塑性而有的测点却一直处于弹性阶段，应力值较大且增长较快的区域集中在主支管交会处的主管管壁。

节点承载力取决于受压支管荷载大小，主管荷载对节点承载力影响很小，主管荷载增大时承载力略有降低。

综合三个试件的破坏形态和破坏时的加载吨位，与设计荷载对比可得出，该节点能够承受 1.3 倍的设计荷载，设计是安全可靠的。

5.6　结语

扬州体育馆为一座建筑结合地形设计的多功能绿色建筑，下部为钢筋混凝土结构的开口地下工程，上部为钢结构屋盖。比赛馆钢结构屋盖采用四锥台形空间管桁架结构，在东南角观众厅主入口处采用大跨人字形索拱桁架进行转换，屋顶檐口至转换索拱桁架悬挑最大达 16m。训练馆钢结构屋盖采用双向双折线形平面管桁架。

由于工程建设场地和建筑造型设计的特殊性，结构设计面临了诸多挑战。结构设计结合建筑特点，从结构方案对比、结构计算分析、结构专项设计等多方面进行结构计算分析，并通过节点试验进行对比验证分析，再通过合理的构造措施，使房屋具有足够的安全储备和抗震能力。

对于比赛馆钢结构屋盖提出了一种新颖的四锥台形空间管桁架结构形式，可供类似工程参考。

参考资料

[1]　张敏, 宋鸿誉, 张杜. 扬州体育公园体育馆钢屋盖结构设计[J]. 建筑结构, 2013, 43(20): 6-10.

[2]　东南大学土木工程学院. 扬州体育馆钢结构节点试验报告[R]. 2005.

[3]　杜卫华. 扬州体育馆工程比赛馆屋架钢结构卸载工艺[J]. 施工技术, 2006, 35(9): 16-19.

设计团队

结构设计单位：苏州市建筑设计研究院有限责任公司（初步设计＋施工图）

　　　　　　　（现启迪设计集团股份有限公司）

结构设计团队：张　敏，宋鸿誉，张　杜，闫海华，张为民，裴　波

执　笔　人：宋鸿誉，张　敏

获奖信息

2006 年第四届中国建筑学会建筑佳作奖

2008 年度江苏省第十三届优秀工程设计一等奖

2009 年度江苏省工程勘察设计行业奖建筑结构专业二等奖

2008 年度全国优秀工程勘察设计行业奖建筑工程二等奖

2009 年度全国优秀工程勘察设计行业奖建筑结构三等奖

第 6 章

苏州国际博览中心

6.1 工程概况

6.1.1 建筑概况

苏州国际博览中心位于苏州工业园区金鸡湖畔，总建筑面积 450000m²，平面呈扇形，由 5 个扇页组成，市政道路苏州大道东（下有苏州轨道交通 1 号线隧道）从中部穿过。建筑的主要功能是展览、会议以及酒店，由西向东分为 5 个展厅。工程建成后的照片见图 6.1-1。

西侧第一个扇叶是酒店，地上建筑共 5 层，其他 4 个扇叶的北部为展厅，由西向东依次为 2～5 号展厅，东侧 5 号展厅南部为会议功能。其中北部 2、3、4 号展厅为标准展厅，长 108m，宽 90m，为地上二层建筑（局部有夹层）。在平面功能布置上，标准展厅最南部为前厅，中部为标准的二层展厅，北部是双层卸货区。2～5 号展厅一层层高为 15m，二层层高为 12m，平面布置见图 6.1-2。

5 号展厅中部又称东桥厅，其南北向长 123.75m，东西向宽 91.5m，地上二层，首层层高 15m，二层层高 12m；其首层夹层以下是苏州大道东，二层是跨越苏州大道的展厅。

各扇叶之间、扇叶内部共设置 10 条防震缝兼伸缩缝，划分出 9 个平面体型较为规则的抗震单元。

图 6.1-1　苏州国际博览中心建成照片

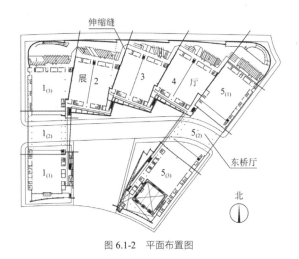

图 6.1-2　平面布置图

6.1.2 设计条件

1. 主体控制参数

控制参数见表 6.1-1。

控制参数 表 6.1-1

结构设计基准期	50 年	建筑抗震设防分类	重点设防类（乙类）
建筑结构安全等级	一级（结构重要性系数 1.1）	抗震设防烈度	6 度（0.04g）
地基基础设计等级	一级	设计地震分组	第一组
建筑结构阻尼比	0.04（小震）/0.06（大震）	场地类别	Ⅲ类

2. 结构可变活荷载取值

为满足大型展览的使用需要，标准展厅活载按 16kN/m² 设计。

卸货区一夹层是整个工程的设备用房，我国《建筑结构荷载规范》GB 50009—2012 中没有提供此类大型设备用房的荷载取值，参照美国规范，取一夹层设备用房活载为 9.5kN/m²。二层卸货区楼面参照美国规范取活荷载见表 6.1-2。

二层卸货区楼面活载取值 表 6.1-2

所验算的构件	楼面活载取值
板	35kN/m² 或 80kN 集中力
主梁和次梁	16kN/m²
巨型平面桁架	12kN/m²

3. 风荷载

结构变形验算时，按基本风压 0.45kN/m² 计算，承载力验算时取基本风压的 1.1 倍，场地粗糙度类别为 B 类。项目进行了风洞试验，模型缩尺比例为 1∶300。设计中将规范风荷载和风洞试验结果进行包络验算。

4. 结构抗震设计条件

1 号酒店建筑、2 号展厅部分设有二层地下室，上部结构采用地下室顶板作为上部结构的嵌固端；其他各抗震单元不设地下室，均嵌固在承台顶面。

展厅剪力墙筒体抗震等级为二级，钢框架抗震等级为三级。

5. 温度荷载

荷载作用中考虑了温度效应的组合，根据苏州地区的气候特点，全年温度变化范围为−15℃～41℃。设计按季节温差考虑，结合施工时的温度，温度荷载取+21℃和−35℃。

考虑到巨型平面桁架上弦支承楼面为二层卸货区，上面除了有结构混凝土板外，还有建筑混凝土面层，腹杆基本全在设备用房室内，下弦杆虽暴露在室外，但不会直接受阳光照射，所以在结构整体设计计算中，卸货区温度荷载取±20℃。

6.2 建筑特点

6.2.1 下弦两根钢管并列的大跨度变高度钢管桁架

建筑从苏州人文历史中汲取灵感，采用"苏扇"造型，由五个扇叶组成，其特点为每个扇叶的屋面呈一侧高另一侧低的形式，由此造成各扇叶屋盖 90m 跨度屋架两端高度相差悬殊。屋面结构采用下弦两根钢管并排的形式，构成大跨变高度钢管桁架（图 6.2-1）。

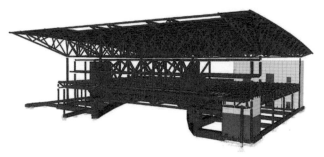

图 6.2-1 东桥厅结构三维模型

6.2.2 东桥厅大跨巨型桁架跨越市政道路

因整个二层楼面为 80000m² 的连续无柱展览空间，所以东桥厅需跨越 54m 宽的市政道路。同时二层楼面活载标准值达 16kN/m²，屋盖结构横向跨度 90m，中间部分沿市政道路方向的纵向跨度达 72m，并有最大 29.8m 的大悬挑；同时因跨越弯曲的市政道路，依竖向交通盒布置的钢筋混凝土核心筒偏置于结构的南半部，且东西两端不对称。结构采用巨型钢桁架结构跨越市政道路，采用巨型墩柱作为主要竖向受力构件。

6.3 体系与分析

因建筑体量巨大，采用 10 条伸缩-防震缝将整个建筑分为 9 个独立的抗震单元。各标准展厅均为长 180m、宽 90m 的二层建筑（局部有夹层），采用钢筋混凝土筒体 + 钢排架柱支承体系。

标准展厅前后布置了较强的剪力墙筒体，且中部钢结构桁架支承柱与基础采取铰接形式，加之采用了平面刚度较好的整体楼板，计算结果表明，刚性楼板将水平力较好地传给了两个筒体，即两端剪力墙筒体几乎承担了所有的水平荷载，包括水平地震作用和风荷载作用，钢结构框架只起到传递竖向荷载的作用。为确保工程具有良好的抗震性能，设计中对结构进行了中震作用下的结构强度验算。结果表明，由于南北混凝土筒体刚度较大，在中震作用下，两端混凝土筒体仍处于弹性受力阶段，这样的结构布置可充分发挥钢框架与混凝土剪力墙组合结构的优点。在钢框架-混凝土剪力墙组合结构中，特别是本工程所采取的结构布置，中部钢框架的抗侧移刚度远远小于南北两个混凝土筒体。如全部钢框架刚接于下部承台，在设防烈度地震作用下，对应于地震作用标准值的各层钢框架总剪力远远小于《建筑抗震设计规范》GB 50011—2001 所要求的底部总剪力的 25%。而在水平地震的反复作用下，混凝土剪力墙的刚度将退化，这势必加大钢框架所承担的水平剪力。即使在弹塑性情况下，地震力将小于结构弹性时的地震力，但由于钢框架的侧向刚度很小，要承担两道防线的作用，承受 25% 地震剪力是有一定难度。为此，需要调整钢框架部分所承担的水平剪力，以提高钢框架的承载力，必然引起钢框架柱截面的加大，造价增加。而本工程采用了钢框架下部铰接的构造，充分利用两个巨大的混凝土筒体，并通过加强构造措施增强剪力墙核心筒的延性，既满足了建筑设计功能布局的要求，又达到确保结构安全的目的，且降低了造价。

6.3.1 楼盖结构方案对比

由于二层楼盖的面积及荷载作用均特别大，其结构方案的优劣对经济性影响较大。对楼面桁架做了两个方案比较，第一方案是按钢结构常规设计，两个方向的桁架（图 6.3-1）分别按跨度 18m 和 27m 的单跨桁架计算，该方案的优点是计算简单，但计算结果表明：桁架中各杆件受力极不均匀，部分杆件内力集中，特别是上弦杆压力过大，造成截面偏大，用钢量大，同时还存在挠度大的缺点。为此，设计中改用将两个方向的桁架均作为连续桁架，且相同高度的结构方案，并与下部的钢箱柱形成平面框架进行计算。图 6.3-1 分别为展厅主桁架和次桁架的计算简图。计算结果表明：在荷载作用下连续桁架的内力分布趋于均匀，特别是上弦杆内的最大压力明显减小，受力性能显然优于按单跨计算的桁架。与按单跨计算结果相比，上弦杆中的压力减小 30%，下弦杆的拉力减小 27%，腹杆拉力加大 23%，这为减小构件截面尺寸起到了关键作用。结合内力计算情况，主桁架上下弦及腹杆为 H600 × 600 × 28 × 34，次桁架上下弦为 H600 × 500 × 18 × 28，腹杆为 2 × T214 × 407 × 20 × 34。按此优化设计后，桁架截面尺寸受到较好的控制，楼面桁架设计总用钢量下降了约 10%。这个方案不仅使结构受力更加合理，而且主次桁架相同的高度也简化了节点构造。

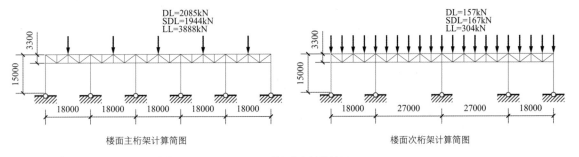

图 6.3-1 楼面桁架计算简图

6.3.2 结构布置

1. 标准展厅

标准展厅结合建筑功能要求，在南北两端布置有长 90m 和 107m、宽 9m 的钢筋混凝土筒体，混凝土筒体从基础起至低层屋面止，墙身厚度 400mm，形成主要的抗侧力结构。标准展厅二层楼面的典型柱网为 18m × 27m，纵横两个方向均采用高度 3.9m 的平面钢桁架，900mm × 900mm 箱形柱下部铰接于桩基承台，上部与钢桁架刚接，形成柱底铰接的多跨单层双向框架结构。主桁架为 18m 等跨的五跨连续桁架，次桁架是跨度 18m + 27m + 27m + 18m 的四跨连续桁架，次桁架间距 9m，其间每隔 2.25m 加设 9m 跨钢梁。二层楼面采用压型钢板组合楼板，采用国产 U76 型 1mm 厚开口型结构楼承板，楼承板高 76mm，组合楼板总高 225mm。楼承板仅用作施工模板，板内另配受力钢筋。这样的结构布置不仅为一层提供了大柱网的展厅，而且使二层楼面下的一层展厅的所有设备及设备通道穿越于楼面桁架之间，更重要的是最大限度地提高了建筑的净高。

二层以上是 90m 跨度的无柱展厅，故结合建筑造型，屋面采用 90m 跨变高度的钢结构空间管桁架，桁架横断面为倒梯形：上弦是二根中心间距 9m、外径 610mm 的焊接钢管，下弦为二根中心间距 1m、外径 610mm 的焊接钢管，下弦两钢管间用外径为 508mm 的钢管连接，两侧腹杆均为外径 508mm 的钢管。一个标准展厅屋盖共设置 5 榀东西向空间管桁架，管桁架支座间距 27m，相邻上弦杆之间最大间距 18m。在南北向设置的三道纵向稳定桁架分别位于屋面的东西两侧和中部，与在 27m 间距的屋面桁架之间设置的跨度为 18m、间距 4.5m 的 H 型钢檩条（典型规格为 H606 × 201 × 12 × 20）及其上的双层铝镁锰合金屋面板共同组成屋面结构系统。每跨檩条之间设 3 根 φ80 × 6.3 的刚性系杆，以确保檩条的侧向稳定和对檩条整体刚度贡献的充分发挥。二层楼面至屋面桁架下弦支座的高度为 12.5m。二层结构平面布置图、屋面结构平面图、剖面图和轴测图见图 6.3-2～图 6.3-5，屋盖轴测图见图 6.3-6。

采用 ETABS 和 SAP2000 程序对标准展厅部分进行计算和分析（图 6.3-7）。

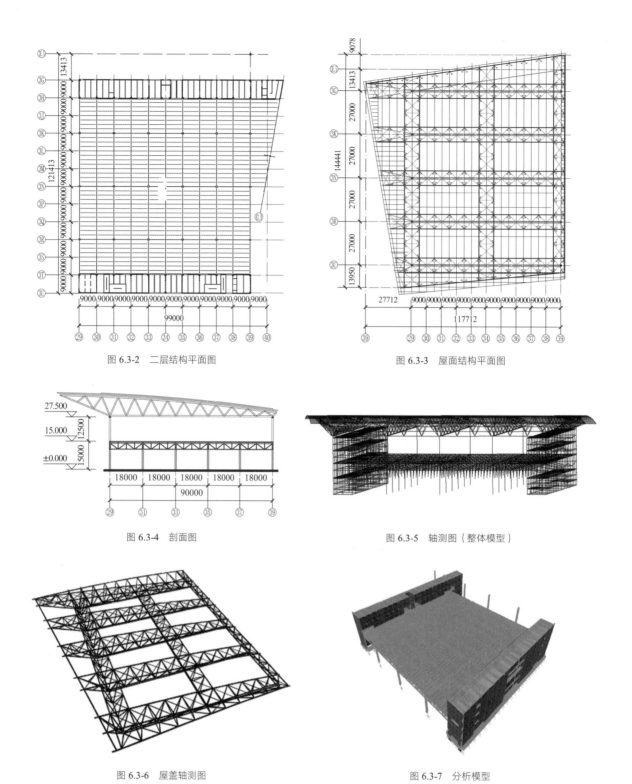

图 6.3-2　二层结构平面图

图 6.3-3　屋面结构平面图

图 6.3-4　剖面图

图 6.3-5　轴测图（整体模型）

图 6.3-6　屋盖轴测图

图 6.3-7　分析模型

2．卸货区

项目的机电用房统一在 4 号展厅北部一层卸货区和二层卸货区之间设置了夹层，面积约 6500m²。夹层楼面的建筑标高为 7.55m，建筑净高为 7.15m，夹层建筑平面详见图 6.3-8。由于机电夹层荷载较重，且一层卸货区需预留行走、回车、停放大型集装箱货车的高大空间，结构柱的平面布置受限较多，二层卸货区楼面同样需承受大型车辆的荷载，所以该区域的结构设计面临较多条件的制约。

在大跨度承受重荷载且对净高和空间又有较高要求的建筑中，如何选用既满足建筑功能，结构受力合理，同时具有良好的施工可行性和合理的经济性的结构体系是结构工程师面临的首要问题。经多方案比较，本工程设计选用了竖向布置14榀上弦杆为二层卸货区楼面梁，下弦杆为一夹层设备层楼面梁，高度为7.3m（上弦杆中线至下弦杆中线）的巨型平面桁架，东西向分别在平面桁架的节点处布置主梁，而在南北向布置间距为3m的次梁，详见图6.3-9、图6.3-10。这样，整个卸货区结构布置既满足了建筑、设备功能的需要，又利用一夹层7.55m层高，最大程度地发挥出巨型平面桁架的结构刚度。整个布置结构体系明确，传力直接，各部分构件受力合理。更是在一夹层楼面至二层卸货区之间布置了巨型平面桁架后，一层卸货区柱间距从18m起，最大拉大至38m，既保证了一层的净高，又大大方便了车辆的行驶及回车。

由于本工程特殊的建筑平面和结构体系布置，所有的水平荷载均通过刚度较好的楼板传至展厅南北两侧的钢筋混凝土筒体，因此不考虑该卸货区的巨型平面桁架承受主体结构的地震作用和风荷载等水平作用。

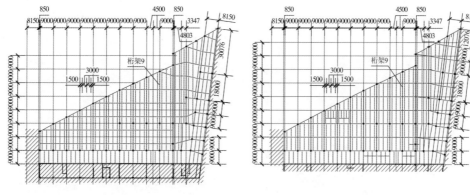

图6.3-8 4号卸货区一夹层结构平面　　　　　　图6.3-9 4号卸货区二层结构平面

3. 东桥厅

东桥厅结构的特殊性在于承受展览重荷载（二层楼面恒载、活载标准值各为16kN/m²）的展厅需跨越54m宽的市政道路，同时顺着市政道路方向的屋盖跨度是72m（只有这样才能满足整个建筑二层80000m²连续无柱展览空间的建筑设计要求），并有最大29.8m的大悬挑；也由于跨越弯曲的市政道路，钢筋混凝土核心筒偏置于结构的南半部，且东西两侧不对称。结构采用全钢桁架结构，二层钢桁架平面布置见图6.3-10。二层楼面钢桁架按在结构体系中的作用可分为四类，见表6.3-1。

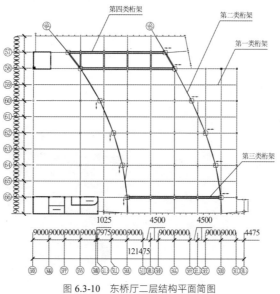

图6.3-10 东桥厅二层结构平面简图

桁架类别	功能	位置
第一类	仅承受二层楼面竖向荷载	59~65 轴平面桁架
第二类	①承受二层楼面竖向荷载； ②西北-东南向主要的抗侧力结构	5RA，5RC 弧形平面桁架
第三类	①承受二层楼面竖向荷载； ②同时承受屋面 72m 跨桁架传来的荷载	66 轴平面桁架
第四类	①承受二层楼面竖向荷载； ②同时承受屋面 72m 跨桁架传来的荷载； ③二层楼面以上主要的抗侧力构件	57~58 轴的空间桁架

结合建筑平面布置，在东南部设钢筋混凝土核心筒，长 36m，宽 9m，混凝土墙厚 400mm，设置的位置为从桩基承台顶面至屋面桁架下弦；西南部亦设有混凝土核心筒，长 9m，宽 9m，墙厚 400mm，设置的位置为从桩基承台顶面至二层楼面。二层楼面跨越市政道路的桁架由 5RA、5RC 轴上共 12 个 2500×2500（四角切角 250mm）的钢筋混凝土巨型柱（桥墩）支承。二层楼面在钢桁架之间布置 9m 跨实腹钢梁、上铺压型钢板组合楼板，组合楼板厚 225mm，形成刚性楼面分配水平作用。屋面结合建筑立面设计采用 72m 跨变高度钢结构空间管桁架，沿南北向设置二道纵向支撑桁架，分别位于 58 轴和 66 轴。

二层楼面以下由钢筋混凝土筒体和墩柱共同传递竖向力和水平作用。二层楼面以上，57~58 轴间的巨型空间钢桁架在传递竖向荷载的同时也构成了屋面桁架的不动铰支座，传递屋盖水平作用；66 轴桁架在南北方向将二层楼面和屋面竖向荷载以及水平荷载向支座传递，而在东西方向则相当于"摇摆柱"，对屋面桁架而言类似于允许微小位移和转动的辊轴支座。二层楼面和屋面的水平作用力分别通过二层楼板和屋面水平、纵向支撑体系传到抗侧力构件。结构传力体系示意图见图 6.3-11。

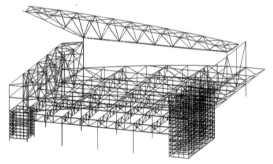

（注：为清晰起见，总共 5 榀屋面桁架，图中仅示出一榀。）

图 6.3-11　东桥厅主要结构传力体系示意图

6.3.3　结构分析

结构设计采用 SAP2000 和 ETABS 两个程序进行计算。用框架（Frame）单元模拟梁-柱和桁架，用可以同时考虑平面内、平面外刚度的壳（Shell）单元模拟楼板和剪力墙。由于上部结构荷载分布很不均匀，桩基础的水平和竖向刚度按实际情况以支座刚度的形式建入计算模型（图 6.3-12）。

采用 Ritz 向量分析进行结构的模态分析，由于总装模型包括钢结构和钢筋混凝土结构，标准展厅模型共计算了 600 个振型。

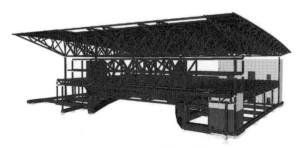

图 6.3-12　东桥厅结构三维模型

6.4 专项设计

6.4.1 大跨变高度立体管桁架屋盖整体结构性能分析

立体桁架本身的形状使其平面内外均有较大的刚度，是一个自稳定体系，不但便于吊装，而且可减少施工期间的临时支撑，其稳定性能较平面桁架有较大提升。

1. 计算模型的简化

《钢结构设计规范》GB 50017—2003 规定对采用相贯节点的管桁架结构，当弦杆长径比 ≤ 12、腹杆长径比 ≤ 24 时不能忽略节点的刚度，计算模型中杆件端部采用固接来模拟；否则可忽略节点刚度的影响，按铰接计算。本工程屋面变高度的空间管桁架，其腹杆长径比变化较大，但都不超过 24，而弦杆长径比均超过 12，若将弦杆端部简化为铰接而腹杆固接显然与实际构造不符，也是不合理的。实际工程中，采用相贯焊接节点的管桁架的弦杆构造上都是连续的，相贯节点也属于半刚性节点的范畴，因此，整体分析采用弦杆、腹杆全刚接的计算模型。

分析采用梁柱 Frame 单元模拟柱和桁架杆件、Shell 单元模拟屋面板，采用 Ritz 向量分析进行结构的模态分析。采用振型分解反应谱法计算时，振型组合用 CQC 法，方向组合用 SRSS 法。结构的阻尼比取 $\xi = 0.02$。

2. 温度荷载作用的分析

标准展厅屋盖桁架东西向跨度 90m，南北支座相距 108m。在升温 30℃时，沿东西向北侧桁架弦杆内产生的轴向力最大达到 2319.4kN（压力），该桁架温升 30℃时的轴力图见图 6.4-1。

由于温度升或降产生的内力是等值反号的，即都存在与竖向荷载及其他荷载作用下内力"同号相加"组合的可能性，因此温度内力将对屋盖构件及下部支承构件的设计产生很大影响。结构在温度变化时产生内力都是由于约束，尤其是过强的边界条件引起的，因此，减小温度内力的最有效方法是释放外部约束。屋盖四个角部支座的下方是混凝土核心筒，刚度极大，从分析结果可知，在这四个支座附近的桁架杆件中的温度内力是最大的，而屋盖中部六个钢柱支座附近杆件的温度内力则小得多，尤其沿东西向的中部桁架内的温度内力明显比边桁架小。为释放温度内力，将 4 个混凝土筒上的支座除一处保留为不动支座（但允许一定程度的转动）外，其他二处支座改为单向滑动支座、一处改为双向滑动支座。调整后，在升温 30℃时桁架内产生的轴向力见图 6.4-2。

图 6.4-1　温升 30℃时的轴力图（不动支座）　　　　图 6.4-2　温升 30℃时的轴力图（部分滑动支座）

对比图 6.4-1 和图 6.4-2，当支座固定时，桁架下弦杆中的温度内力明显大于上弦杆；而一端支座可滑移后，桁架下弦杆的温度内力变得非常小。这显然是支座约束释放所起的作用。而上弦杆温度内力减小的幅度不大，是因为上弦杆中的温度内力主要是由于屋盖自身的冗余约束、桁架上下弦杆长度不同造成相同温度变化时杆件伸缩尺度不同以及金属屋盖面变形与桁架杆变形差异引起的，与四个角上的支座约束关系不大。

应该指出的是，上述将屋面板用膜单元模拟、假定其与桁架上弦杆协调变形的计算模型，会高估桁架的温度内力。实际季节温差的完成都是一个缓慢的过程，屋面板与桁架之间实际上是存在微小的变形差的，这会释放相当一部分温度内力。但如果不将屋面板用膜单元模拟并建入计算模型，又将低估桁架的温度内力，因为檩条的设计考虑了屋面板的应力蒙皮效应，屋面板是通过射钉、螺钉与檩条牢固连接、再通过檩托与桁架可靠传力的，除了在跨越防震缝的位置采用长圆孔滑移构造外，标准展厅屋面本身是一个整体。

3．自振特性分析

采用 Ritz 向量分析进行结构的模态分析，共计算了 60 个振型。图 6.4-3 给出了前 4 阶振型图，屋盖结构的自振周期分布见图 6.4-4，周期-模态参与质量百分比之和曲线见图 6.4-5。

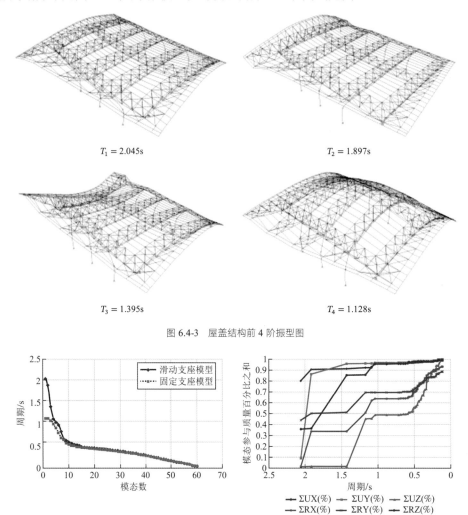

$T_1 = 2.045\text{s}$ $T_2 = 1.897\text{s}$

$T_3 = 1.395\text{s}$ $T_4 = 1.128\text{s}$

图 6.4-3　屋盖结构前 4 阶振型图

图 6.4-4　屋盖结构的自振周期分布图　　　图 6.4-5　周期-模态参与质量百分比之和曲线

图 6.4-4 示出了不同支座情况下的屋盖结构自振周期，可见不同支座条件对结构的基本自振周期影响很大，T_1 增加近 1 倍；同时也反映出不同支座条件对结构的影响集中在低阶周期段，当进入 0.6s 左右振型分布密集，显示出明显的空间钢桁架振动特征后，边界条件的影响基本结束。

从图 6.4-5 可知，前 3 阶振型分别是相当纯粹的沿 X 向平动、沿 Y 向平动和绕 Z 轴转动；第 4 阶振型是以沿 Z 向平动为主的振型。在屋盖结构的主要振型中，以比较"单纯"的振型为主，$T_t/T_1 = 0.68$ 也说明产生耦联扭转的可能性很小。因此，这种以下弦为双钢管为主要特征的倒梯形立体桁架组成的屋盖结构的动力特性是相当理想的。

4．部分采用可滑移支座对支座反力的影响

地震发生时，地面运动由地基传到基础，再通过下部结构及支承连接传到屋盖。显然，如果连接支座有一定的变形能力，就能够消耗一部分地震能量，减小地震作用。前文已述，为了释放温度内力，将 4 个混凝土筒上的支座中的 3 个分别改为单/双向滑动支座。计算表明，采用滑动支座后屋盖结构的基本

经典回眸　启迪设计集团股份有限公司篇

周期增加了近 1 倍。从抗震规范给出的地震影响系数α与结构自振周期T的关系曲线$\alpha(T)$可知，结构的基本周期越长，离场地的卓越周期越远（本工程$T_g = 0.49s$），地震影响系数就越小，结构的加速度反应越小，地震反应就越小。

标准展厅各支座在地震作用下的反力/kN　　　　　　　表 6.4-1

平面位置	编号	V_x		V_y		R_z	
		部分滑动支座	固定支座	部分滑动支座	固定支座	部分滑动支座	固定支座
$29 \times 3G$	1	1199.51	704.94	1147.38	805.04	467.29	430.28
$29 \times 3K$	2	41.14	21.89	41.60	22.91	447.64	342.81
$29 \times 3N$	3	48.26	26.95	42.21	23.14	200.85	226.71
$29 \times 3R$	4	47.79	23.25	42.89	22.80	175.26	346.90
$29 \times 3U$	5	1058.61	647.90	0.00	754.57	161.92	433.76
$39 \times 3E.5$	6	11.62	4.78	6.26	2.93	241.45	233.67
$39 \times 3G$	7	0.00	1103.76	1156.60	969.86	187.68	298.03
$39 \times 3K$	8	42.70	22.04	24.91	15.58	162.02	204.17
$39 \times 3N$	9	46.79	24.96	25.52	15.72	180.38	215.10
$39 \times 3R$	10	49.06	22.11	26.89	16.92	153.50	203.60
$39 \times 3U$	11	0.00	1071.76	0.00	641.07	188.17	353.17
合计Σ		2545.48	3674.32	2514.26	3290.54	2566.16	3288.20

表 6.4-1 的计算结果证实了采用滑动支座后屋盖结构在X、Y、Z三个方向总的地震反应都是减小的，但因能传递地震剪力的支座在两个水平方向各减少 2 个，因此设置滑动支座后剩下的不动支座的水平地震反力是增加的，相对来说在竖向地震作用下的反力除个别支座略有增加外，大多数是减小的。

采用三向输入的时程分析方法进行分析，输入 El-Centro 波、TAFT 波、耿马波进行结构弹性地震下的时程反应分析，地面运动最大加速度沿南北向取为 $18cm/s^2$，东西向取为南北向的 85%，竖向取为南北向的 65%。图 6.4-6 是整个钢屋盖在 El-Centro 波作用下的支座反力响应；图 6.4-7 是不动铰支座在 El-Centro 波作用下的支座反力响应。图中实线为部分滑移支座模型，虚线为全固定支座模型。

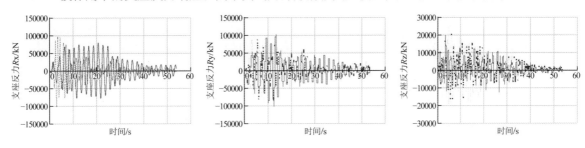

图 6.4-6　钢屋盖在 El-Centro 波作用下的支座反力响应

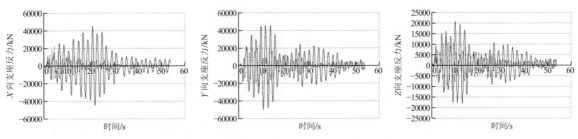

图 6.4-7　不动铰支座在 El-Centro 波作用下的支座反力响应

部分支座改用滑动支座后，地震作用下各方向总的支座反力都是减小的，这与采用振型分解反应谱法得到的结果类似；同时也应注意到水平向支座反力处于较大值范围的时段较多，这与输入的频谱特征有关。在把4个混凝土筒上的支座中的3个改为单/双向滑动支座后，剩下的那个不动铰支座3个方向的支座反力都有明显增大，进行支座设计时应予注意。

5．非线性静力分析

展厅屋盖跨度90m，一端最大悬挑27.750m，采用的是变高度桁架，矢高在左右两个支座处分别为10.238m、2.235m，其杆件轴力作用于杆件相对其弦线侧向位移上的二阶弯距和二阶挠度（即$P\text{-}\delta$效应）必然比一般结构大。二阶效应使杆件变形加大、内力增加。

在竖向静力荷载（恒载加一半活载）作用下，3-G轴桁架考虑$P\text{-}\delta$效应时最大挠度是324mm，不考虑时是280mm，二者相差颇为可观。考虑$P\text{-}\delta$效应使跨中挠度增大，使悬挑端负挠度增大。

从图6.4-8可见，$P\text{-}\delta$效应对桁架上下弦杆的影响较明显，本例增幅大致在10%～20%；少数内力较小的弦杆变化幅度更大些，但绝对数值不大。$P\text{-}\delta$效应对桁架腹杆的影响相当小，本工程基本上在5%以内；仅个别腹杆变化幅度略大些，但绝对数值较小。

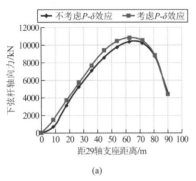
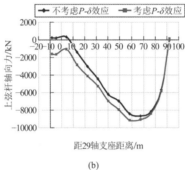
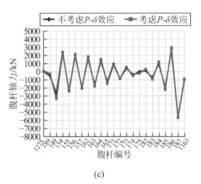

(a)　　　　　　　　(b)　　　　　　　　(c)

图6.4-8　3-R轴桁架内力对比图

6.4.2　卸货区巨型桁架设计

设计中，将上、下弦杆及腹杆在桁架竖向平面内均呈H形放置，并在楼面结构设计中，将二层卸货区楼面和一夹层楼面次梁和主梁的顶面分别高于平面桁架上弦杆面和下弦杆面，使混凝土楼板与上下弦杆面之间存在5mm的空隙，楼板上的恒载和活载通过次梁传给主梁，主梁以集中荷载的形式传至平面桁架节点。既减小了桁架构件在平面内的弯矩作用，又充分发挥钢结构巨型平面桁架轴心受力的优势，加强了构件平面外的刚度，详见图6.4-9。由于桁架所有杆件主要受轴向力作用，决定桁架在竖向平面内的整体刚度的主要因素是桁架的高度和各杆件的截面面积，而非杆件在竖向平面内对自身中性轴的惯性矩，因此，这种构件布置方法对钢桁架的整体刚度影响不大，反而确保了桁架所有构件均承受轴向力作用（图6.4-10）。

图6.4-9　桁架构件布置图　　　　　图6.4-10　桁架立面图

巨型桁架计算的参数输入和计算假定为：

（1）钢结构构件截面参数输入时，直接输入相应的截面形式和参数。

（2）桁架构件在各节点处的连接方式按其实际连接状况确定。上弦杆按连续杆件输入。由于腹杆在节点处的拼接是腹杆腹板用螺栓拼接，而腹杆的上、下翼板是打坡口等强焊接，所以腹杆在节点处仍按刚接考虑。计算结果表明，由于桁架中各杆件在竖向平面内均呈 H 形放置，对自身中性轴的惯性矩极小，构件主要受轴向力，即使按刚接计算，弯矩极小可以忽略。

（3）由于受到建筑对柱子布置位置的限制，平面桁架均为跨度相差较多的大小两跨，详见图 6.4-11 桁架 9 计算简图。如设计成连续刚接两跨，由于跨度相差较多，在中间柱处存在较大的不平衡力，将会在中柱和边柱上形成较大的弯矩。设计中，将桁架在柱处的节点均假定为可以转动，但不可水平移动的铰支座，即柱按整根连续输入，桁架在柱边铰接输入。这样柱子在顶部仅承受桁架传来的竖向荷载。而柱子在桁架下弦支承的中部，虽然由于桁架受力后在平面内的竖向变形造成该处有水平力作用而使柱存在一定的弯矩，但由于假定桁架的下弦与柱为不可移动的铰支座，下弦杆形成柱的中间支承点，将柱子的计算高度减为实际高度的二分之一，非常有利于提高柱截面的承载力。此外，还能减小由于该桁架跨度方向的变形而在柱中产生的二阶弯矩和变形效应，加强整体桁架与主体结构的连接，有利于水平力传到钢筋混凝土筒体。表 6.4-2 为桁架 9 部分杆件计算所得的最大内力。

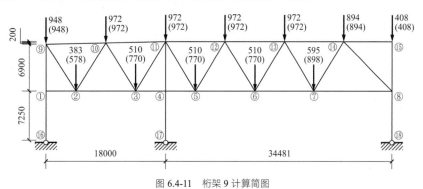

图 6.4-11　桁架 9 计算简图

桁架 9 部分杆件计算所得的最大内力　　表 6.4-2

内力	上弦杆 （13）～（14）	下弦杆 （6）～（7）	斜腹杆 （5）～（11）	斜腹杆 （8）～（14）	中柱 （11）～（17）	边柱 2 （15）～（18）
轴力/kN	+7972	−8636	−9176	+8336	+14681	+7154
弯矩/kN·m	47.7	33.0	10.3	56.2	301.5	717.5
剪力/kN	44.9	36.4	28.7	39.5	41.6	99.0

注：其中"−"为拉力，"+"为压力。

在恒荷载和标准活荷载同时作用下的桁架中部计算的最大挠度为 3.6mm。可见尽管桁架上作用的荷载和跨度均较大，但由于平面桁架的高度较高，计算挠度值很小，充分显示了该桁架的巨大刚度。

按《钢结构设计规范》GB 50017—2003 对上弦杆（13）～（14）及中柱（15）～（17）复核计算的结果　表 6.4-3

验算内容	对应规范公式	上弦杆 $500 \times 450 \times 50 \times 70$	中柱 $600 \times 600 \times 40$
轴心受力构件强度	$\dfrac{N}{\varphi A} \leqslant f$	199.5 < 250	251.6 < 295
偏压杆件强度	$\dfrac{N}{A_n} \pm \dfrac{M_x}{\gamma_x W_{nx}} \pm \dfrac{M_y}{\gamma_y W_{ny}} \leqslant f$	110.6 < 250	239 < 295
弯矩作用平面内的稳定性	$\dfrac{N}{\varphi_x A} + \dfrac{\beta_{mx} M_x}{\gamma_x W_{1x}\left(1 - 0.8\dfrac{N}{N'_{EX}}\right)} \leqslant f$	117.1 < 250	276.9 < 295
弯矩作用平面外的稳定性	$\dfrac{N}{\varphi_y A} + \eta \dfrac{\beta_{tx} M_x}{\varphi_b W_{1x}} \leqslant f$	202.1 < 250	268.6 < 295

由表 6.4-3 可以看出：由于桁架上、下弦杆及腹杆所承受的弯矩、剪力很小，按压弯构件或拉弯构件计算所得的结果与按轴心受力构件计算结果非常接近，设计中可以直接按轴心受力构件进行设计。

6.4.3 东桥厅采用滑移支座释放温度应力及对结构动力性能的影响

东桥厅是由钢筋混凝土核心筒、桥墩（钢筋混凝土巨型柱）和巨型钢结构桁架组成了复杂的钢-混凝土混合结构，钢桁架的跨度及负荷都很大，如果钢桁架和桥墩之间采用刚性连接，则在地震作用下将产生很大的内力，桥墩底部剪力和弯矩都将很大；而在日常使用中，四季温度的变化也将在结构中产生很大的应力。为减小温度效应的影响，56m 跨桁架与桥墩的连接除在 5RC 轴与 57、58 轴相交处设计成双向固定铰支座外，在 5RA 轴设置允许沿 57 轴方向单向滑移的支座、在 5RC 轴设置允许沿 5KK 轴方向单向滑移的支座。各支座滑移方向在图 6.4-11 中以箭头形式示出。

在 SAP2000 中采用非线性连接单元来考虑滑移支座的作用，采用非线性模态时程分析进行地震反应分析。输入 El Centro 波、Taft 波和 Gengma 波进行动力时程分析，地面运动最大加速度取为 18cm/s²，三向加速度比值为 1∶0.85∶0.65。

计算结果表明，当各支座允许转角 0.05rad、各滑移支座沿滑移方向具有 ±50mm 的低摩擦力滑移能力时，能够有效减小温度效应引起的结构内力。以 66 轴钢桁架为例，主要构件的温度内力显著减小（尤其是对杆件截面影响较大的弯矩），部分数据对比见表 6.4-4。从表 6.4-4 可见，在地震作用下，各桁架杆件的内力有增有减，以有所增加的居多，但绝对数值大多比温度内力的减小值为小。另外，剪力墙和未设置滑动支座（或非滑动方向）的桥墩在地震作用下的内力有所增加，但增大值远比温度内力的减小值为小。

66 轴钢桁架内力对比 表 6.4-4

杆件内力		无滑动支座	有滑动支座	备注
①	M	−3563.2（422.6）	400.3（299.6）	
	V	−1043.7（98.7）	4.9（90.5）	
②	M	514.8（46.7）	215.0（83.6）	
	V	79.6（6.8）	43.7（12.6）	
③	M	−377.4（105.5）	−65.6（128.9）	
	V	−52.4（11.2）	−8.0（14.3）	
④	M	286.2（140.3）	41.6（165.3）	
	V	6.5（8.9）	1.8（9.5）	
⑤	M	1062.6（109.9）	184.2（166.4）	
	V	130.7（16.7）	22.4（24.1）	

桁架示意

说明：括号外数值为温度下降35℃时的内力，括号内数值为地震作用下的内力；剪力 V 单位为 kN，弯矩 M 单位为 kN·m

采用滑移支座后，结构的动力性能改变不大：周期-模态参与质量百分比之和曲线对比示于图 6.4-12，从图中可见各主要周期变化不大，主要振型也仅略有改变。

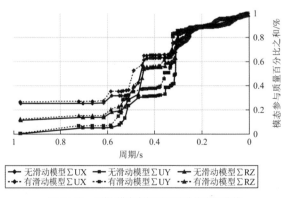

图 6.4-12 周期-模态参与质量百分比之和曲线

经典回眸 启迪设计集团股份有限公司篇

图 6.4-13 给出了表 6.4-4 中第四类桁架、58 轴巨型桁架（图 6.4-13 中用粗黑线凸显）及其支座巨柱、上部屋面桁架的立面图。该桁架是本工程中最主要的大跨、重载桁架之一。

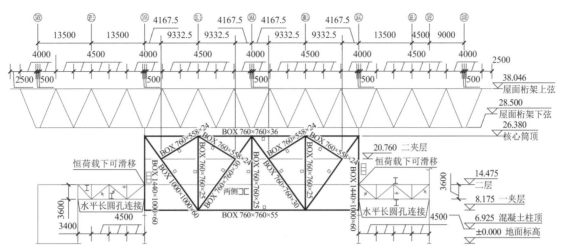

图 6.4-13　58 轴桁架立面图

为获得最优的结构性能，并最大限度地降低用钢量，结构充分利用建筑上允许的最大高度来设计巨型桁架：巨型桁架下部以市政道路要求的净高为限坐落在"桥墩"即巨型混凝土柱上，上弦设在屋面桁架底部，在巨型桁架高度内设有一夹层、二层和二夹层，在二层楼面还与周边桁架相连。图 6.4-13 中所示尺寸及标高均为构件中心线尺寸，桁架跨度为 54m，高度为 18.205m，采用再分式桁架。桁架上弦采用箱形截面□760×760×36，下弦采用箱形截面□760×760×55，中间竖向腹杆为箱形截面□760×760×25，两侧竖向腹杆采用目字形截面 1440×1000×60，斜腹杆为箱形截面□1000×1000×60，□760×760×30 等，钢材均采用 Q345C。

为充分发挥构件材料的作用，应尽量减小桁架构件可能受到的节间力，从而减小桁架杆件上的弯矩和剪力，使桁架构件以受轴向力为主。设计时主要通过采取构造措施和控制施工顺序来达到这个目标：（1）如图 6.4-13 所示，将与二层楼面桁架相遇的支点，在上弦设计成恒载下可滑移的构造（连接钢板采用水平向长圆孔、楼板混凝土局部后浇），待二层楼面荷载作用完毕、变形稳定后才固定水平向约束，楼面桁架的下弦采用水平长圆孔与连接，释放该桁架端部转角引起的水平作用；（2）如图 6.4-13 所示，两侧在二层楼面标高设 1m 高槽形钢梁，以竖腹杆为支点，跨越斜腹杆，用作二层楼面次梁和楼板的支点，避免腹杆在节间受到约束而产生弯矩；（3）确定桁架杆件的截面形状时，尽量采用截面积相同情况下截面惯性矩小的形状，减小桁架杆件中的弯矩。

对比分析表明，采用以上措施后，部分杆件用钢量可节省一半以上。可见，尽量确保桁架构件只受轴向力可以有效控制用钢量，可达到既安全又经济的效果。

57 和 66 轴也采用与 58 轴一样的设计方法。图 6.4-14 为施工拼装时的照片。

图 6.4-14　施工拼装

图 6.4-15　桁架双向加劲钢板式过渡节点

东桥厅跨越的苏州大道东在东桥厅处是弧形弯曲的，这就使得桥厅楼面结构中每一榀桁架的跨度都是不同的。此时有两种结构处理方法：一是按跨度的不同调整桁架腹杆节间距离，但无法使楼面梁都支到桁架节点上，从而会在桁架弦杆内引起较大的弯矩；二是保持桁架腹杆节间距离不变，使所有的楼面梁都直接作用到桁架节点上，但会引起部分桁架临近支座处斜腹杆与弦杆角度太小，影响传力效率并加大施工难度。

本工程经反复对比和分析，采用固定各桁架腹杆节间距离的设计，而在支座处采用如图 6.4-15 所示的方法处理：上下弦杆通长到支座内，同时保持支座处桁架腹杆与弦杆夹角在正常范围内，在桁架根部竖向腹杆和端部斜腹杆之间设置双向加劲的钢板。分析和实践表明，这种受到上下弦杆有效约束的双向加劲钢板能够有效传递较大的剪力和弯矩，在传力上是可靠的，其施工难度也较小，在本工程中收到了较好的效果。

6.4.4　桥墩巨型柱与球形钢支座设计

计算结果显示，桥墩支座受到的最大竖向压力为 60000kN。为改善桥墩的延性，在其中央设直径为 1.5m 的芯柱。其截面配筋图示于图 6.4-16。

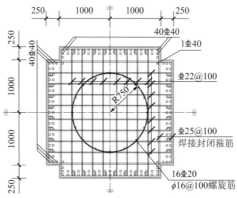

图 6.4-16　桥墩巨柱配筋截面

由于桁架结构跨度大、负载大，所以支座是设计的关键之一。经过反复比较，决定采用减震球形钢支座。减震球形钢支座是以普通球形钢支座作为承受各种荷载以及位移的构件，以软钢阻尼作为耗能减震的构件而组合成的一种新型大吨位抗震支座。

球形钢支座与盆式支座相比，具有下列优点：（1）球形钢支座通过球面传力，不出现力的缩颈现象，作用在混凝土柱上的反力比较均匀；（2）球形钢支座通过球面聚四氟乙烯板的滑移来实现支座的转动过程，转动力矩小，而且转动力矩只与支座球面半径及聚四氟乙烯板的摩擦系数有关，与支座转角大小无关，因此特别适用于大转角的要求；（3）支座各向转动性能一致；（4）支座不用橡胶承压，不存在橡胶老化对支座转动性能的影响；（5）抗震性能好。球形钢支座可受拉、压、剪（横向力），在巨大的随机地震作用下，只要上下结构本身不破坏，就不会发生落梁、落架等灾难性后果。

设在球形钢支座内的软钢阻尼器，采用屈服应力比较低的软钢（Q195）给结构附加刚度和阻尼，利用软钢屈服后的塑性变形和滞回变形耗散输入的地震能量。这种在支座内加设软钢阻尼的设计对造价几乎没有影响。

本工程中减震球形钢支座包括 55000kN-GD 和 35000kN-GD 两种固定支座以及 60000kN-ZX±150 和 35000kN-ZX±150 两种单向滑移支座。结构整体分析结果要求单向滑移支座在顺桥向允许最大滑移 ±150mm，当位移量在 ±50mm 以内时支座中滑移面之间的摩擦系数为 0.01～0.03，位移量超过 ±50mm 后软钢阻尼器提供阻尼力，等效阻尼系数为 0.2。

支座设计采用通用有限元分析软件 ANSYS 进行。在核心区的有限元计算中，假定上顶板和中间球面板的镜面不锈钢和四氟板厚度为零，中间球面板和底盆的镜面不锈钢和四氟板厚度为零，只考虑其作为摩擦介质的作用。计算模型按照支座总装结构考虑，在上顶板和中间球面板、底盆和中间球面板之间设置面接触单元。55000kN-GD 固定支座和 60000kN-ZX±150 单向滑移支座的平面和剖面示意图见图 6.4-17。图 6.4-18 给出了 60000kN-ZX-±150 单向滑移支座核心区的有限元分析应力云图。

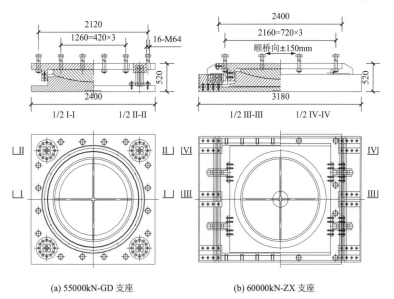

(a) 55000kN-GD 支座　　　　(b) 60000kN-ZX 支座

图 6.4-17　支座平面和剖面示意图

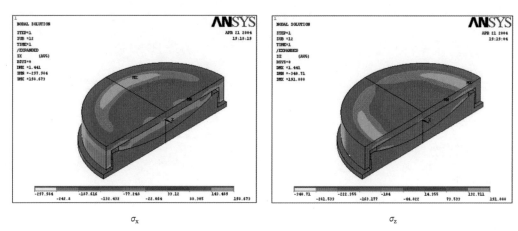

σ_x　　　　　　　　　　σ_z

图 6.4-18　60000kN-ZX 支座核心区有限元分析应力云图

有限元分析结果（图 6.4-18）表明，支座的最大应力出现在很小的区域，绝大部分区域的应力均小于材料的允许应力，所以支座满足设计要求。支座水平力-位移符合双折线模型。图 6.4-19 为 55000kN-GD 固定支座的恢复力模型。其屈服荷载为 1155kN，屈服前刚度为 2.96×10^8N/m，屈服后刚度为 1.5×10^7N/m。

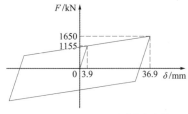

图 6.4-19　55000kN-GD 支座恢复力模型

6.4.5 钢结构框架与混凝土剪力墙的连接

由于二层楼面结构布置，南北方向次桁架将与混凝土核心筒相连，混凝土剪力墙先于钢结构施工，而且混凝土结构施工时所允许产生的误差远远大于钢结构的允许值。对于钢桁架与混凝土筒体的连接，如采用在普通的混凝土墙上预埋钢板的连接方式，则不仅会因为预埋件位置的初始偏差，而且会因为钢筋的绑扎及混凝土浇筑振捣产生进一步的偏位，在平面和竖向的位置偏移值均会远远大于钢结构加工尺寸所允许的误差。特别是由于本工程二层楼面荷载较大，由单榀次桁架传至混凝土核心筒处的竖向力设计值可达 1900kN，如采用预埋件的形式，预埋钢板的厚度将大于混凝土墙钢筋保护层厚度，预埋件将突出混凝土墙面较多。为解决这一连接缺陷，本工程设计时在混凝土核心筒对应于次桁架部位都设置了 H 形钢柱（间距 9m），钢柱从基础顶面升至屋面，这样不仅很好地解决了钢桁架与混凝土筒体的连接问题，且由于混凝土筒体中增加了钢柱，形成组合结构，大大提高了混凝土筒体的延性，从而又达到了提高结构抗震性能的目的。本工程混凝土筒体中对应于次桁架部位的钢柱为 H 形柱，截面为 H460 × 420 × 30 × 50，与次桁架的连接节点大样见图 6.4-20。

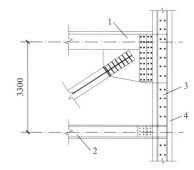

1—次桁架上弦杆；2—次桁架下弦杆；3—钢柱；4—混凝土核心筒

图 6.4-20 次桁架的连接节点大样

6.5 试验研究

6.5.1 空间并联 K 形钢管相贯焊接节点试验及有限元分析

1. 试验概况

苏州国际博览中心屋面采用下弦是两根平行钢管的倒梯形空间相贯焊接管桁架，其下弦出现的空间并联 K 形相贯节点超出了当时国家标准《钢结构设计规范》GB 50017—2003 有关条文的范畴。为了解这种新型空间相贯节点的性能、进而确定其极限承载能力，并为工程设计提供依据，在同济大学土木工程防灾国家重点实验室进行了大比例节点的静力试验。试件取自工程中两个主管径厚比不同的节点（编号 J-1、J-2），并另做一个材料、截面等均与 J-2 相同的平面节点（J-3）作为对比。试件与原型的关系见表 6.5-1。

试件与原型的比例关系　　　　表 6.5-1

节点编号		主弦管	受拉支管	受压支管	缩尺比例	搭接率O_v	主管径厚比γ
J-1	原型	P610 × 12	P508 × 10	P508 × 12	1:0.83	45.03%	50.8
	模型	P508 × 10	P423 × 8	P423 × 10			
J-2 J-3	原型	P610 × 20	P508 × 10	P508 × 12	1:0.5	47.69%	30.5
	模型	P305 × 10	P254 × 5	P254 × 6			

试件采用 Q345-B 钢材制作的直缝焊接钢管（与实际工程中使用的钢管相同），并要求采用与工程实际相同的搭接顺序。所有不可见焊缝都按设计要求进行了焊接。

试验采用自平衡反力框架作为加载装置。为尽量减少次弯距对试验结果的影响，试件上下支管的端部分别通过半球压铰和剪力销实现的拉铰连接在反力架上。试验时通过油压千斤顶由下向上施加轴向压力，使上下支管分别受压和受拉。J-2 的加载照片见图 6.5-1。试件终止加载的条件为：①千斤顶加荷不能稳定时；②在节点部位出现断裂，裂缝并不断发展时；③当节点出现很大的塑性变形后；④其他使荷载不能继续施加的情况发生时。测试内容包括千斤顶作用力、试件内力、位移、节点应力分布四个方面。

图 6.5-1　J-2 加载照片　　　　图 6.5-2　J-2 破坏形态　　　　图 6.5-3　J-3 破坏形态

2. 试验结果

从图 6.5-2 中的 J-2 的破坏形态可见，在管件交汇处主管管壁靠节点的外侧略有凸出，受压支管与主管交汇处管壁略有凹陷，受拉支管根部与主管连接焊缝开裂后支管断裂，连接管无明显变形。从图 6.5-3 中 J-3 的破坏形态可见，在管件交汇处主管管壁明显变形，与受压支管交汇处凹陷、两侧鼓曲，受压支管与主管交汇处管壁明显凹陷，受拉支管根部在两侧略有鼓曲。

J-2 的破坏属于受拉支管与主管间的焊缝失效进而被拉断、受压支管在压力作用下屈曲破坏的综合形式；J-3 的破坏属于与支管相连的主管壁因形成塑性铰线、产生过大的变形而失效、受压支管在压力作用下屈曲、受拉支管发生轴拉屈服破坏的综合形式。

空间并联 K 形相贯节点因连系支管的存在，破坏模式与平面 K 形节点明显不同：主要是主管的变形被连系支管有效约束，发生主管管壁冲剪破坏、局部塑性变形和局部失稳破坏的可能性大大降低。连系支管使主支管交汇处主管管壁在受拉支管和受压支管作用下发生局部塑性变形，而破坏只可能发生在连系支管的反面一侧，发生主管被刺入破坏的可能性大大降低。

确定节点的承载能力首先需确定节点何时进入非线性工作状态及塑性的发展情况。节点进入非线性工作状态及塑性的发展包括两层含义：一是节点整体层面上的非线性工作，即节点整体的受力-结构反应呈现非线性工作特征；二是局部层面上的塑性及其发展，如应力集中处、局部缺陷处、焊接残余应力等与荷载作用下的应力同号叠加处的小范围塑性。这两者是相互关联的：由于应力集中的存在使塑性区较早就会出现，但当范围较小时，节点整体仍表现为线性工作特征，整体基本处于弹性工作状态，此时如果卸载，残余变形极小几乎可以忽略；随着荷载逐步增加，塑性区不断扩展，节点的整体荷载-位移曲线出现转折点，节点整体进入塑性工作阶段，此时如果卸载，残余变形明显。本次试验取主弦管沿竖向的位移-千斤顶作用力关系曲线为综合反应管节点承载能力的曲线。

图 6.5-4、图 6.5-5 所示的 J-2、J-3 主管位移曲线都出现了屈服拐点；从节点整体屈服到极限变形有相当长的一段变形发展过程，说明节点整体的延性很好；但达到极限承载力时的变形尚未达到极限变形的一半，且承载力略有下降，说明节点的后期强度储备不大。而 J-2 进入屈服后强化段的发展比J-3 充分，承载力下降明显晚于后者，说明空间并联 K 形节点连系支管对节点承载力的提高能够起到一定作用。

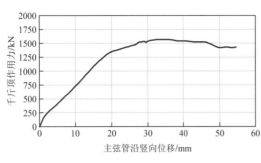

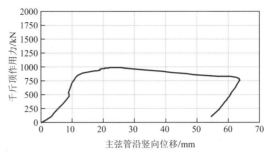

图 6.5-4　J-2 主弦管沿竖向位移曲线　　　　　　图 6.5-5　J-3 主弦管沿竖向位移曲线

从试验结果看，节点进入塑性的区域相当大，塑性的发展较为充分，为便于研究材料进入塑性后的情况，以应变强度为横坐标、千斤顶作用力为纵坐标绘制了各应变片处实测应变强度曲线。J-2 和 J-3 的应变强度曲线如图 6.5-6、图 6.5-7 所示。

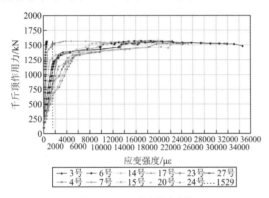

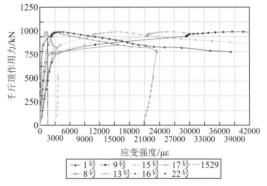

图 6.5-6　J-2 应变强度曲线　　　　　　　　　图 6.5-7　J-3 应变强度曲线

在节点受荷初期，所有测点的应变强度几乎都是沿直线线性增大的。随着荷载的逐级增加，各测点应变强度的发展情况相当不同，主要体现在主、支管相贯连接处应力集中程度相当高：在负荷相当小时，就有部分测点的应变强度达到并超过屈服点，越靠近相贯线的测点，越早到达屈服点；节点在正常工作状态就是带塑性区工作的；而当荷载到达设计荷载时，有相对多测点的应变强度到达屈服点，有的应变已达到相当大的数值，可见进入屈服的部分有一定的范围。比照图 6.5-4、图 6.5-5 主管竖向位移曲线，节点整体进入屈服强化阶段时的荷载已接近极限荷载，则应力集中产生的高应力区，即部分较早进入屈服的区域的存在对节点的整体工作性能影响不大，不会引起节点出现明显的强度和刚度退化，说明节点在正常使用状态带局部塑性区工作是安全的。

图 6.5-8 所示的管壁各测点 Von-Mises 应力分布曲线进一步证实了节点区应力在弹性阶段的分布就非常复杂，应力集中十分明显。譬如，在距离相贯线相同位置的管壁上的应力相差很大：主管在靠近受拉支管的鞍点处应力较大，受压支管上的鞍点是应力集中最大处，并最先进入塑性。从 J-3 弦管内外排应变花实测应力的分布情况来看，在弦管两侧区域，塑性发展较快，但沿向外方向的衰减也很快。从管壁开始出现塑性区的始屈荷载到节点的破坏荷载，两者相差数倍，说明节点具有较大的强度储备。

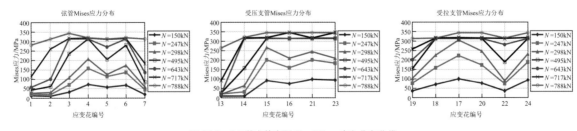

图 6.5-8　J-2 节点的实测 Von-Mises 应力分布曲线

3．试验与有限元计算的对比分析

有限元分析采用 ANSYS 通用分析软件进行。模型的计算简图模拟试验的加载方式取用，即在受拉支管和受压支管端板的水平直径上定义三个平动自由度（UX，UY，UZ）的线约束来模拟试验中的拉铰和压铰；在主管底板的下表面施加均匀分布的表面压力来模拟千斤顶加载。选用 Solid45 八节点实体元，在靠近相贯连接的区域采用较细的网格，其他区域采用较粗的网格，以在尽量提高分析精度的同时减少系统开销。

图 6.5-9 示出了节点 J-1 主管的实测位移、部分测点的实测 Von-Mises 应力与 ANSYS 有限元分析结果的对比曲线。

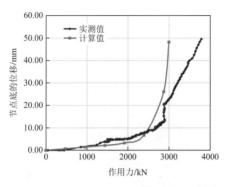
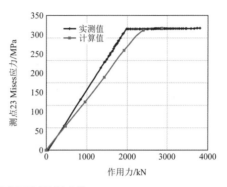

图 6.5-9　J-1 试验、有限元分析对比曲线

可见实测数据与 ANSYS 程序的计算结果基本吻合，有的大致趋势吻合，说明这种有限元节点模型的建立方法和计算结果较为可靠。

从图 6.5-10、图 6.5-11 对比示出的 J-2 和 J-3 管壁相应位置在各级荷载下的 Von-Mises 应力曲线可见，在相同单管荷载下，J-2 主管上的 Von-Mises 应力一般比 J-3 相应位置的大些；而受压、受拉支管上的 Von-Mises 应力是 J-3 上大，说明并联 K 形搭接相贯节点主管受连系支管的约束作用刚度有所增大，在与搭接的受拉、受压支管直接传递部分作用力分配时，主管分配到的力差比平面 K 形节点的主管大，即并联 K 形搭接节点主管在节点处的负担有所增加，而支管在节点区域的应力有所减小。

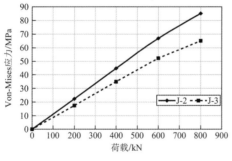
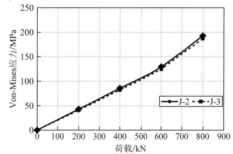

图 6.5-10　节点 J-2 和 J-3 主管管壁 Von-Mises 应力对比曲线

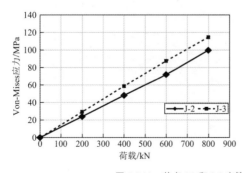
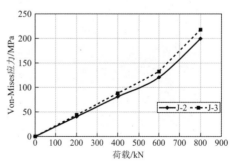

图 6.5-11　节点 J-2 和 J-3 支管管壁 Von-Mises 应力对比曲线

试验实测和有限元分析都表明支管端部往往存在一定范围的塑性区，所以实际施工中应避免支管端

部过大的切割和拼接误差；如果出现较大的拼接间隙，不应直接用小的边角料填充，而应将拼接焊缝转移到远离支管根部的位置。

6.5.2　平面 K 形圆钢管相贯节点主管内设加劲肋加强的对比试验

1. 试验设计

试件取自苏州国际博览中心工程中的一个搭接节点，对比试件的几何尺寸、材料完全相同，区别仅为一个在主管内设加劲肋加强（J-1），另一个不设内加劲肋（J-2），均为 1/2 比例试件，如图 6.5-12 所示。

试验采用自平衡反力框架作为加载装置，试件受拉、受压支管的端部分别通过耳板销轴、半球压铰连接到反力架上。试验时通过油压千斤顶由下向上施加作用力，试验加载见图 6.5-13。试验采用分级加载，施加每级荷载后停 3min，以保证荷载、变形稳定。按预分析所得的极限荷载分 20 级加载，按加载分级的逆过程卸载。每完成一次加载后采集一次数据；持荷 3min 在下一级加载前再采集一次数据；当出现加载不能平稳持荷时连续采集数据。

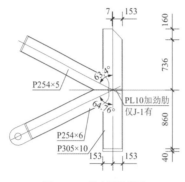
图 6.5-12　节点试件详图

图 6.5-13　节点试验加载

每次试验开始时，先预加二级荷载，每级 100kN，同时监控其力-变形关系是否正常。如情况正常，则卸载至 50kN（防止各处空隙重现而影响正式试验精度），然后正式分级加载，直至试件破坏。

测试内容包括千斤顶作用力、试件内力、位移、节点应力分布四个方面。

2. 试验结果

表 6.5-2 描述了各节点试件的破坏形态。试件的破坏形态见图 6.5-14、图 6.5-15。

试件节点的破坏形态　　　　　　　　　　表 6.5-2

试件编号	破坏形态描述
J-1	管件交会处主管管壁无明显变形，受压支管与主管交会处管壁凹陷。受拉支管根部焊缝开裂，并引起受压支管撕裂
J-2	管件交会处主管管壁明显变形；与受压支管交会处凹陷、两侧鼓曲。受压支管与主管交会处管壁凹陷，受拉支管根部在两侧略有鼓曲

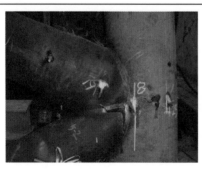
图 6.5-14　试件 J-1 破坏形态

图 6.5-15　试件 J-2 破坏形态

从试验结果可见，J-1 的破坏属于受拉支管与主管间的焊缝失效、受压支管在压力作用下屈曲破坏的综合形式。J-2 的破坏属于与支管相连的主管壁因形成塑性铰线、产生过大的变形而失效、受压支管在压力作用下屈曲破坏、受拉支管发生轴拉屈服的综合形式。

由 J-1 和 J-2 破坏模式的对比可见：在主管内设加劲肋可有效增强主管的承载能力，基本上避免因主管管壁发生冲剪破坏和发生局部塑性变形、局部失稳而引起的破坏。主管内设加劲肋加强后节点发生破坏更多的可能性是出现在主支管之间连接焊缝及周边区域（尤其在焊缝的热影响区）开裂、断裂及支管本身的破坏。而已有的研究成果表明，与支管相连的主管管壁因形成塑性铰线产生过度变形而失效是钢管相贯节点破坏的主要模式，在主管内设加劲肋有效避免了这种破坏模式，从而提高节点的承载能力。

J-1、J-2 主管竖向位移曲线（图 6.5-16）都出现了屈服拐点，J-1 的强化程度高于 J-2；从节点整体屈服到达到极限变形有相当长的一段变形发展过程，说明节点整体的延性很好；但达到极限承载力时的变形尚未达到极限变形的一半，且此后随着变形的发展承载力略有下降，说明节点的后期强度储备不大。J-2 的极限承载力仅为 J-1 的 64%，而且破坏形态也有很大差别，说明 J-1 主管内设加劲肋后有效地约束了主管的变形，使决定节点承载能力的因素由主管的局部屈曲变形改变为其他因素，改变了节点的破坏形态，使支管和连接焊缝的强度得以充分发挥，明显提高了节点的承载能力。

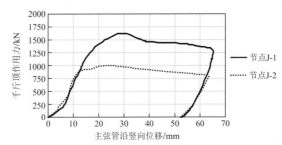

图 6.5-16　J-1 和 J-2 主管沿竖向位移曲线

3. 试验与有限元计算的对比分析

有限元分析采用 ANSYS 通用分析软件进行。模型的计算简图模拟试验的加载方式，在受拉支管和受压支管端板的水平直径上定义三个平动自由度的线约束来模拟拉铰和压铰；在主管底板的下表面施加均匀分布的表面压力来模拟千斤顶加载。选用 Solid 45 三维八节点实体元进行建模和计算。材料采用 Q345 钢，按材性试验得到的数据来建立简化的线性硬化弹塑性模型，弹性模量 $E = 2.06 \times 10^5 \text{N/mm}^2$，强化模量 $E_1 = 400 \text{N/mm}^2$，$f_y = 315 \text{N/mm}^2$。按 Von-Mises 准则及其相关的流动法则、等向强化理论考虑材料弹塑性，考虑大变形几何非线性对单元形状的改变和刚度改变。采用 Newton-Raphson 法进行非线性平衡方程求解，并采用线性搜索技术（Line Search）、应用预测（Predictor）、自适应下降（Adaptive Descent）等方法加速收敛。在靠近相贯连接的区域采用较细的网格，其他区域采用较粗的网格，以在尽量提高分析精度的同时减少系统开销。本文没有考虑节点区焊缝和焊接残余应力对节点极限承载力的影响。

图 6.5-17 是 J-1 部分测点的实测 Von-Mises 应力与 ANSYS 有限元分析结果的对比曲线。可见实测数据与 ANSYS 程序的计算结果基本吻合，说明这种有限元节点模型的建立方法和计算结果是可靠的。但由于圆钢管管壁应力发展对缺陷特别敏感、试件的加工制作误差不可避免、焊接残余应力和焊缝区的局部强化以及试件与加载系统的装配偏差等使部分实测结果与计算结果有一定差异也是难免的。

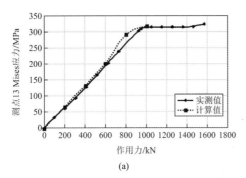
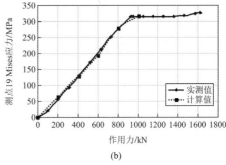

图 6.5-17　J-1 试验、有限元分析对比曲线

从相同荷载下试件 J-1、J-2 管壁应力云图（图 6.5-18）和管壁应力发展的有限元计算结果（图 6.5-19）可见，主管内设加劲肋后，主管的高应力区被内加劲肋"分割"开来，主管应力分布比无肋节点均匀，有效地减小了主管应力集中的程度，最终改变了节点的破坏模式。在主管内增设加劲肋后，明显降低了主管管壁的应力；支管管壁应力在部分区域有所增加，部分区域有所减小，但幅度都不大。

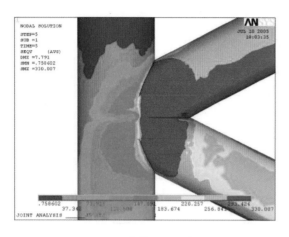

(a) J-1 加载 1000kN 时   (b) J-2 加载 1000kN 时

图 6.5-18   J-1 和 J-2 管壁应力发展的应力云图

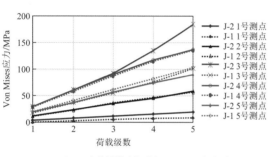

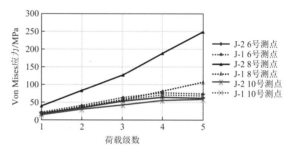

(a) J-1 和 J-2 主管外排对应测点 Von Mises 应力对比   (b) J-1 和 J-2 主管内排对应测点 Von Mises 应力对比

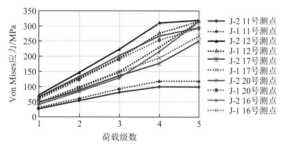

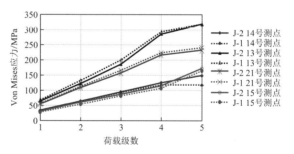

(c) J-1 和 J-2 受压支管对应测点 Von Mises 应力对比   (d) J-1 和 J-2 受拉支管对应测点 Von Mises 应力对比

图 6.5-19   J-1 和 J-2 管壁应力有限元计算结果对比曲线

6.5.3 平面 K 形节点采用内加劲肋加强的极限承载力分析

1. 计算模型

从桁架节点的实际受力特点出发，节点的计算模型采用主管左支座固定约束、右支座沿径向约束、仅沿主管轴向允许滑动，支管远端沿径向约束、仅沿支管轴向允许滑动，在两支管端部施加反对称轴向荷载，如图 6.5-20 所示。为尽量减小边界约束对节点受力、变形的影响，模型中各段钢管的长度均取为各自管径的 3 倍以上。模型的加载采用单向加载方式。

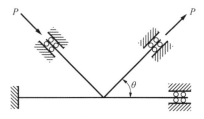

图 6.5-20 平面 K 形节点的计算模型

2. 内加劲肋设置前后的荷载位移曲线

图 6.5-21 示出了保持主管外径 500mm、壁厚 6mm，支管外径 250mm、壁厚 6mm，$\theta_t = \theta_c = 45°$ 不变，分别取间隙 $a = 146mm$、$a = 50mm$，搭接 $q = 100mm$、$q = 236mm$、$q = 284mm$ 时受压支管端部作用力与受压支管端部位移的关系曲线。图中曲线主要反映了管节点在外荷载作用下的整体工作性能。可见管节点从开始受荷到最后破坏，主要经历了弹性工作阶段—初始屈服阶段—塑性变形阶段，而且搭接率越高，承载力越高、延性越好。主管内设加劲肋后，节点的承载力和延性都有提高。从图 6.5-21 中曲线的情况看，承载力提高幅度最大的是搭接率为 28% 的搭接节点。就内加劲肋对节点延性的提高程度而言，搭接节点比有间隙节点高。

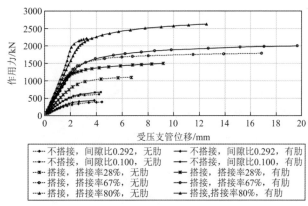

—◆— 不搭接，间隙比0.292，无肋	—▲— 不搭接，间隙比0.292，有肋
—●— 不搭接，间隙比0.100，无肋	—×— 不搭接，间隙比0.100，有肋
—▲— 搭接，搭接率28%，无肋	—✳— 搭接，搭接率28%，有肋
—◆— 搭接，搭接率67%，无肋	—◆— 搭接，搭接率67%，有肋
—✳— 搭接，搭接率80%，无肋	—▲— 搭接，搭接率80%，有肋

图 6.5-21　不同间隙/搭接率下节点受压支管位移曲线

3. 几何参数分析

几何参数分析就是对考察对象的关注指标有影响的各几何参数，变化其中的一个参数而固定其他参数，作出此参数与所关注指标的关系曲线，从而分析其内在的关系。

本文进行几何参数分析的目的是研究采用内加劲肋加强平面 K 形节点时，各几何参数对节点承载力的影响。由于 K 形相贯节点的几何参数比较多，本文取对节点承载力影响较大的 5 个参数：主管径厚比 $\gamma = d/t$、支主管外径比 $\beta = d_1/d$、支管轴线与主管轴线之间的夹角 $\theta_{c(t)}$、支主管厚度比 $\tau = t_1/t$、支管之间的间隙比 $\xi = a/d$（当为搭接节点时，取 $a = -q$）。

因前文分析中反映出加劲肋本身应力分布相当复杂，应力集中程度较高，所以在以下的分析中主管内所设加劲肋的厚度均取为与主管管壁厚度相同。

（1）主管径厚比 γ 变化时主管内加劲肋的作用

保持主管外径 500mm，支管外径 250mm，$\theta_t = \theta_c = 45°$ 不变，分别取间隙 146mm、50mm，搭接 100mm、236mm、284mm 时，主管厚度取 6mm、8mm、10mm、12mm、14mm、16mm（支管壁厚作同步改变，保持支主管壁厚比不变）。不同间隙/搭接率下，管节点极限承载力与主管径厚比 γ 的关系曲线见图 6.5-22，图中虚线代表主管内没有加劲肋加强的节点的极限承载力，实线代表所有参数均相同、主管内有加劲肋加强的节点极限承载力（后同）。

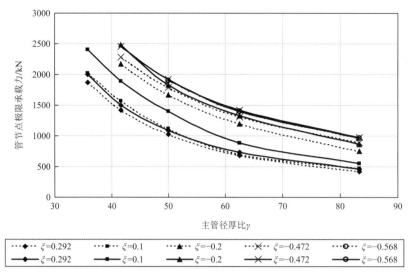

图 6.5-22　主管径厚比γ对管节点极限承载力的影响

　　从图 6.5-22 可见，在其他参数相同的情况下，不论是有间隙节点还是搭接节点，主管径厚比γ越大，节点的极限承载力越低；γ值较小时极限承载力随γ值增大而减小的幅度比γ值较大时大。主管内设加劲肋后，极限承载力提高幅度最大的是间隙比$\xi = 0.1$ 和$\xi = -0.2$ 时。随着主管径厚比γ的变化，节点的破坏模式也有不同。

　　（2）支主管外径比β的变化时主管内加劲肋的作用

　　保持主管外径 500mm、壁厚 8mm，$\theta_t = \theta_c = 45°$不变，支管外径分别取为 150mm、250mm、400mm，支管壁厚统一取为 8mm，分别取间隙 146mm、50mm，搭接 80mm、170mm。不同间隙/搭接率下，管节点极限承载力与支主管外径比β的关系曲线见图 6.5-23。

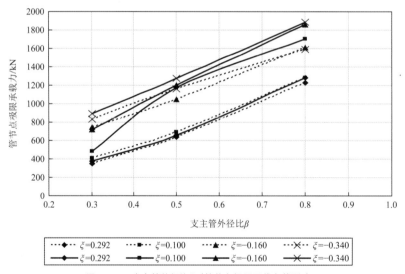

图 6.5-23　支主管外径比β对管节点极限承载力的影响

　　各节点的极限承载力随着支主管外径比的增大而增大，大多基本符合线性关系。主管内设加劲肋加强后节点的极限承载力同样随着支主管外径比的增大而增大，其中当间隙比$\xi = 0.1$、支主管外径比$\beta = 0.5$时的增幅最大。

　　（3）支管轴线与主管轴线之间的夹角θ变化时主管内加劲肋的作用

　　保持主管外径 500mm、壁厚 8mm，支管外径 250mm、壁厚 6mm 不变，受拉、受压支管轴线与主管轴线之间的夹角分别取 30°、45°、60°，分别取间隙 146mm、50mm，搭接 80mm、236mm。不同间隙/搭接率下，管节点极限承载力和受拉、受压支管轴线与主管轴线之间的夹角θ的函数1/sinθ的关系曲线见图 6.5-24。

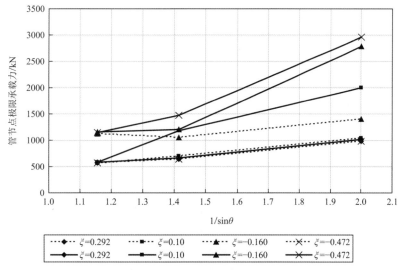

図 6.5-24 支主管轴线之间的夹角 θ 对管节点极限承载力的影响

各节点的极限承载力随着支主管轴线间夹角的减小而增大，夹角越小，增幅越大。主管内设加劲肋加强后节点的极限承载力同样随着轴线间夹角的减小而增大，当间隙比 $\xi = 0.1$、$\xi = -0.16$，夹角较小时增幅最大。但当间隙比较大或夹角较大时，增幅不明显。

（4）支主管壁厚比 τ 变化时主管内加劲肋的作用

保持主管外径 500mm、壁厚 16mm，支管外径 250mm，受拉、受压支管轴线与主管轴线之间的夹角取 45°不变，支管壁厚分别取 6mm、10mm、16mm，分别取间隙 146mm、50mm，搭接 100mm、236mm、284mm。不同间隙/搭接率下，管节点极限承载力与支主管壁厚比 τ 的关系曲线见图 6.5-25。

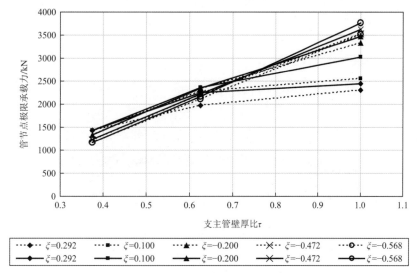

图 6.5-25 支主管壁厚比 τ 对管节点极限承载力的影响

由图 6.5-25 可见，随着支主管壁厚比 τ 的增大，管节点极限承载力同时提高。主管设内加劲肋后，支主管壁厚比 τ 较大时作用较大。当间隙比 $\xi = 1.0$、支主管壁厚比 $\tau = 1.0$ 时增幅最大。

4．结论及对主管内设加劲肋相贯节点的设计建议

在大比例试验和有限元分析的基础上，指出在主管内设加劲肋可有效防止主管管壁发生破坏，明显提高节点的极限承载能力，充分发挥支管的强度。有关试验研究和有限元分析成果为苏州国际博览中心工程大跨度屋盖部分 K 形圆钢管相贯节点的加强设计提供了可靠依据。现该工程一期已建成使用两年多，主体结构工作情况正常，达到了预期效果。

从 120 个有限元模型的几何参数分析可知，对破坏模式是主管过度塑性变形的平面 K 形圆钢管相贯

节点，采用在主管内设加劲肋的方法加强具有明显效果。内设加劲肋后节点极限强度的提高与主管径厚比γ、支主管外径比β、支管轴线与主管轴线之间的夹角θ、支主管壁厚比τ以及间隙比/搭接率等因素有关。基于前述分析，本文提出以下设计建议：

（1）对破坏模式是主管过度塑性变形的平面 K 形管节点，可以采用在主管内设加劲肋的方法来提高节点的极限承载力。内加劲肋的厚度可取与主管厚度相同，与主管内壁的连接焊缝宜采用坡口全熔透焊缝。

（2）当间隙节点间隙比较小以及搭接节点搭接率不大时，在主管内两支管轴线伸长线交点位置设加劲肋对节点强度提高作用较大。当主管径厚比γ较大时，内加劲肋作用较大。

（3）由于主管内设加劲肋的工作机理是通过约束主管在节点区域的变形来提高管节点的极限承载力，对支管本身没有直接的提高作用，因此，从工程实际出发，当支管的应力比（支管应力设计值与支管材料强度设计值之比）较高时，主管内宜设加劲肋，建议当支管应力比超过 0.85 时内加劲肋对节点强度和刚度的提高作用作为储备。

（4）对间隙比较大的节点，尤其是正偏心的节点，仅在两支管轴线伸长线交点位置设一道加劲肋作用十分有限，可考虑在主管内对应于两支管鞍点的位置分别设置加劲肋，即设置多道加劲肋。

（5）内加劲肋的设置应结合钢结构制作安装过程中主管的自然分段进行设计，应避免为了加肋而在主管上开槽等费工费料的做法，在节点区域过多的拼接所带来的难以预计的焊接残余应力以及缺陷对结构的受力是极为不利的，在设计中应该尽最大可能避免。

6.5.4　球形钢支座模型试验

为了检测球形减震钢支座在低周反复荷载作用下的滞回性能、阻尼参数以及支座的承载能力，在同济大学土木工程防灾国家重点实验室以 35000kN-ZX±150 球形减震钢支座为原型，采用相似理论，设计制作了 1/2 比例模型，模型支座的设计竖向承载力为 8750kN，横向水平力为 1500kN，顺桥向位移±75mm，转角为 0.05rad。采用 20000kN 电液伺服支座试验系统进行了竖向承载能力试验、水平摩擦系数的测定、顺桥向滞回性能试验、横桥向滞回性能试验以及横桥向水平承载能力试验。试验照片见图 6.5-26。

图 6.5-26　球形减震钢支座力学性能试验

竖向承载能力试验的测试内容包括竖向荷载、支座四角竖向变形和应力集中点的应变。试验测得在最大竖向试验荷载作用下，支座的竖向变形最大值为 3.31mm，支座侧面的最大应力为 13.7MPa。

水平摩擦系数测定是先施加竖向试验荷载至 8750kN，然后施加水平荷载至支座滑移，测得水平摩擦系数平均值为 0.0106。

纵向（顺桥向）滞回性能试验是先施加竖向荷载至 8750kN，并保持此荷载，按水平加载频率 0.1Hz，分别以最大位移±20mm、±40mm、±60mm、±75mm 为控制量，沿水平向加载 5 周，连续记录竖向荷载、水平荷载和水平位移。顺桥向滞回曲线如图 6.5-27 所示。从试验结果分析可得，支座的等效阻尼系数大于 0.2，在工作区间内，支座的减震性能优良。

横向（横桥向）滞回性能试验是先施加竖向荷载至 8750kN，并保持此荷载，按水平加载频率 0.1Hz，分别以最大位移±4mm、±6mm、±10mm为控制量，沿水平向加载5周，连续记录竖向荷载、水平荷载和水平位移。横桥向滞回曲线如图6.5-28所示。从试验结果分析可得，支座的等效阻尼系数大于0.1，在工作区间内，尽管无需考虑其减震性能，仍具有较好的消能性能。

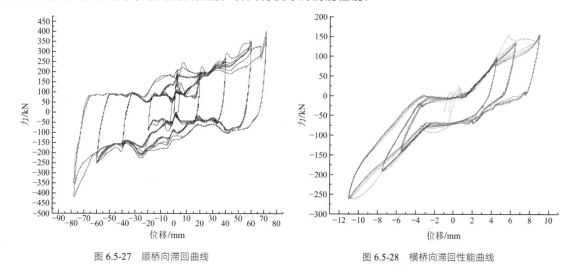

图6.5-27 顺桥向滞回曲线　　　　　　　　图6.5-28 横桥向滞回性能曲线

6.6 结语

（1）对大跨度钢屋盖结构，温度荷载的影响较大，适当减少边界约束是减小温度内力的有效措施；滑移支座滑移方向的合理确定，可以在释放温度应力的同时保持甚至改善整体结构的抗震性能。

（2）钢屋盖的支座条件对其动力性能影响较大，计算分析应合理、真实地模拟边界条件以保证计算精度。

（3）考虑大跨结构$P-\delta$效应，对桁架上下弦杆的影响较明显，对腹杆的影响相当小，少数内力较小的杆件变化幅度大些，但绝对数值不大。

（4）并联K形搭接相贯节点在正常使用状态下是带一定范围塑性区工作的，具有较高的承载能力，且延性较好。

（5）并联K形相贯节点的破坏模式与平面K形相贯节点不同，连系支管对主管能够起到有效的约束作用，使主管上形成塑性铰线的外荷载往往高于平面K形节点。

（6）大跨度重载结构可采用巨型钢结构桁架，应充分利用建筑允许的高度尽量减小跨高比。

（7）巨型平面桁架的杆件在平面内呈H形放置，强化桁架轴心受力性能，弱化在自身平面内的刚度，保证桁架所有构件均受轴向力作用。

参考资料

[1] 赵宏康，戴雅萍，吕西林. 苏州国际博览中心屋盖结构分析和并联K形圆钢管相贯节点研究[J]. 建筑结构学报，2006(4): 51-60.

[2] 戴雅萍, 赵宏康. 苏州国际博览中心卸货区钢结构桁架设计[J]. 建筑结构, 2008, 38(12): 59-61.

[3] 赵宏康, 戴雅萍. 苏州国际博览中心标准展厅地震反应分析[J]. 建筑结构, 2007(2): 22-26.

[4] 戴雅萍, 赵宏康. 苏州国际博览中心钢结构楼面设计[J]. 建筑结构, 2005(6): 36-39.

[5] 赵宏康, 戴雅萍. 苏州国际博览中心东桥厅带巨型钢桁架复杂结构设计[J]. 建筑结构, 2014, 44(14): 75-80.

[6] 赵宏康, 戴雅萍, 吕西林. 内加劲肋加强的 K 形圆钢管相贯节点研究及设计建议[J]. 建筑结构, 2009, 39(5): 56-60.

[7] 吴捷, 蒋剑峰, 戴雅萍, 等. K形圆钢管搭接节点受力特点及极限承载力分析研究[J]. 工业建筑, 2009, 39(1): 122-127.

[8] 吴捷, 戴雅萍, 赵宏康. 内隐藏焊缝不焊的K形搭接节点承载力[J]. 天津大学学报, 2008(2): 226-232.

[9] 蒋剑峰, 冯健, 戴雅萍, 等. 新型双钢管并联K形相贯节点的受力性能研究[J]. 特种结构, 2007(2): 44-47.

[10] 蒋剑峰, 吴捷, 冯健, 等. 并联K形相贯搭接节点的试验研究和有限元分析[J]. 工业建筑, 2006(8): 64-67.

经典回眸 启迪设计集团股份有限公司篇

设计团队

结构设计单位：启迪设计集团股份有限公司（初步设计 + 施工图设计）
　　　　　　　SOM 建筑设计事务所（方案 + 初步设计）

结构设计团队：戴雅萍，赵宏康，陈　磊，朱　怡，徐文希，朱文学，朱一强，廉浩良，陈剑清

执　笔　人：赵宏康

获奖信息

2007 年第五届全国结构优秀设计三等奖

2018 年江苏省第十八届优秀工程设计三等奖

第 7 章

太湖国际会议中心

7.1 工程概况

7.1.1 建筑概况

太湖国际会议中心位于苏州太湖国家旅游度假区香山镇内，基地南侧为城市景观道路湖滨大道，北侧为烟波路。建筑包括论坛区、接待区两部分，总建筑面积为 65603m²。论坛区为地下二层，地上四层（局部五层），房屋主体高度为 27.4m，建筑平面尺寸约为 144m×95m，首层层高 7.5m，标准层层高 6m，地下室层高均为 4.2m。

论坛区地上一层主要功能为入口门厅、接待厅、1000 人多功能厅、600 人报告厅、大小会议室以及展厅等；地上二层主要功能为 2000 人大会议厅及贵宾休息室、辅助用房等；三层中部为大会议厅上空，周边为办公及国际会议厅等；屋面为种植屋面，功能为观景平台。主屋面以上为两层苏式阁楼望湖阁。论坛区两层地下室主要为汽车库、设备用房及工艺品商店。接待区东楼为接待主楼，以贵宾接待和会议为主，西楼为餐饮楼，两楼之间由两层连廊连接。接待区的地下室布置了员工自行车库、员工更衣室、厨房和汽车库等。

论坛区建筑采用"姑苏台"这一立意。根据平面功能的排布，建筑呈现层层退台的形式，各退台上或是绿草葱葱，或是平台广开，每退台分别蕴含了水、云、山等主题。最后到达建筑的制高点——望湖阁。高台与开阔的湖面相映，形成了舒适的视野，并与自然山体融为一体，创造了与环境相一致的天际线。退台的处理手法减小了作为会议中心庞大体量对太湖景观的压迫感，同时提供了更多的绿化景观平台供游客登高览湖。论坛区建筑层层平台在会议时是嘉宾们高谈阔论之所，平时又是市民休闲登高之地。会议期间和平时的流线也可互相分开，满足了将来使用的灵活性。建筑效果图见图 7.1-1，建筑平面图及剖面图见图 7.1-2～图 7.1-4。

7.1.2 设计条件

1. 设计参数

设计参数见表 7.1-1。

设计参数   表 7.1-1

结构设计基准期	50 年	建筑抗震设防分类	重点设防类（乙类）
建筑结构安全等级	二级	抗震设防烈度	6 度（0.05g）
地基基础设计等级	一级	设计地震分组	第一组
建筑结构阻尼比	钢筋混凝土 0.05、钢结构 0.04	场地类别	Ⅲ类

2. 荷载

附加恒荷载根据建筑构造确定；活荷载按荷载规范要求取值。

本工程位于太湖边，地面粗糙程度取 A 类，设计基本风压 0.45kN/m²（按 50 年一遇），计算舒适度时则采用 10 年一遇的风荷载，基本风压 0.30kN/m²（并考虑横向风振影响），风荷载体型系数取 1.4。

钢结构设计考虑温度作用如下：苏州地区基本气温最低为 −5℃、最高为 40℃，设计使用基准温度按 20℃，使用阶段最大升温按 20℃，最大降温按 25℃，现场钢结构合拢温度按 10～20℃。

地上建筑平面尺寸约为 143m×110m，因建筑功能及立面效果需要未设置伸缩缝，为超长混凝土结构，对楼板进行温度应力分析，考虑混凝土入模温度为 15℃，最大升温按 25℃，最大降温按 20℃。

图 7.1-1　建筑鸟瞰图

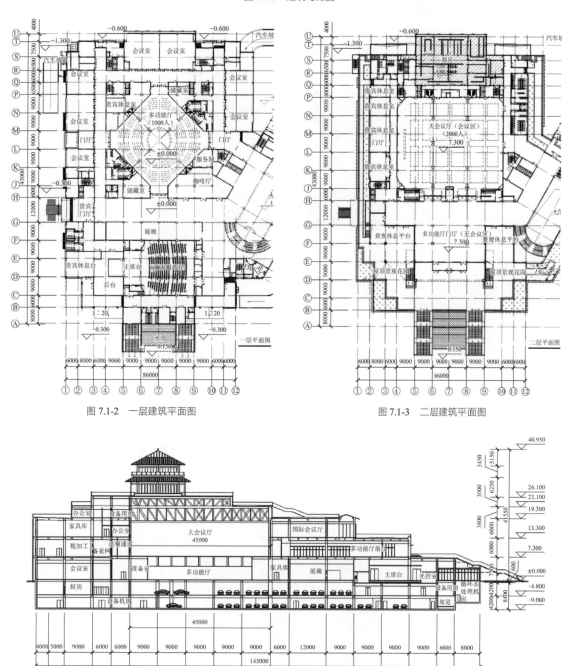

图 7.1-2　一层建筑平面图

图 7.1-3　二层建筑平面图

图 7.1-4　建筑剖面图

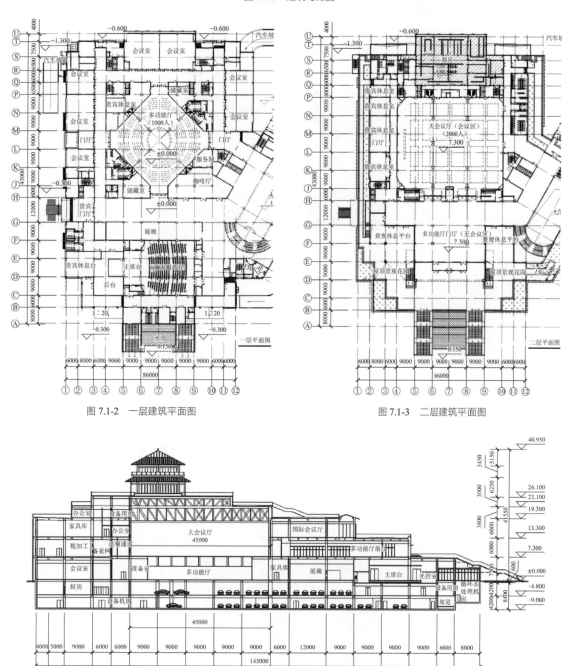

7.2 建筑特点

7.2.1 首层 36m × 45m 大跨多功能厅屋面楼盖

根据建筑功能，论坛区首层设有 36m × 45m 跨度的 1000 人多功能厅，其座位呈环形布置，东南西北四个方向均设置出入口，建筑层高为 7.3m，业主要求使用净高为不小于 4m。周边横向柱网尺寸分别为 9m、18m、9m，纵向柱网尺寸分别为 13.5m、18m、13.5m。因多功能厅四个方向均有出入口，中间柱网抽柱，中间最大柱间距达 18m。

扣除建筑面层厚度，结构和机电管线安装空间高度仅剩 3.25m，考虑此区域双向跨度较大且相差不大，常规楼盖结构方案是设置双向正交平面钢桁架，此方案要求支座处中间柱跨均要设置托桁架支撑，双向正交平面钢桁架在重力荷载下发生变形时，托桁架下弦易产生平面外受扭。

考虑建筑净高要求，结合机电设备布置，参照楼盖单向密肋梁方案，最终方案在 36m 短向跨度方向采用了 9 榀 2.9m 高的单向平面钢桁架。图 7.2-1 为多功能厅顶钢桁架空间示意图。

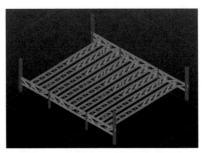

图 7.2-1　多功能厅顶钢桁架空间示意图

7.2.2 二层 54m × 45m 大会议厅屋面楼盖

根据建筑功能，二层设有跨度为 54m × 45m 的 2000 人的大会议厅，会议厅上空层高 18.8m，业主要求的建筑净高不小于 10.5m；会议厅顶部屋面为平均覆土厚度 600mm 屋顶花园，功能为观景平台，屋面花园以上设有两层高的望湖阁建筑。为达到望湖阁最佳的观湖效果，望湖阁位于大会议室屋面靠北面。根据整体建筑效果，其平立面均采用层层退台的形式，退台部分均为屋顶花园，其屋面荷载重，跨度大，给结构设计造成较大挑战。

为了充分利用建筑空间，争取结构最大高度，结合建筑退台式布置，在大会议厅屋面结构设计沿南北侧采用 5 榀跨度为 45m 单向变高度平面钢桁架，间距 9m，桁架在单层处总高度为 5.1m，在双层部位总高度达 8.1m。

屋面以上两层望湖阁采用钢框架结构，支撑在屋面钢梁或屋面钢桁架上，5 榀转换变截面钢桁架支撑屋面荷载及其以上两层望湖阁等重量，钢桁架受力较为复杂，整体结构抗震性能不利，其受力及变形是结构分析的重点。图 7.2-2 为大会议室厅顶钢桁架空间示意图。

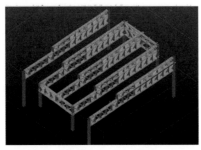

图 7.2-2　大会议室厅顶钢桁架空间示意图

7.2.3 其他大跨楼屋面空间结构楼盖

1. 二层屋面27m变截面转换型钢折梁

一层600人的27m×36m报告厅顶部为二层多功能厅门厅及南侧主要入口，因部分框架柱无法落地，需在报告厅顶进行转换。经多方案比选，在报告厅屋面采用27m跨度的型钢混凝土梁进行转换，此处转换梁北面1/3跨在室内，结构标高为7.250m，南面2/3跨为屋面，结构标高为6.900m，形成高差为350m的变截面转换型钢折梁，梁高为2.5～2.85m，梁下净高4.4m。为方便设备管线穿越，在梁高中部设置四处1100mm×600mm的洞口，洞口部位型钢设置肋板加强。为了提高混凝土浇筑质量，设计时对型钢梁两侧进行加腋处理。型钢折梁立面图见图7.2-3，具体详图见图7.2-4。

2. 三层屋面36m型钢梁

南侧二层主入口处因建筑效果，中间两跨无框架柱，二层入口处屋面跨度达到36m，此处建筑层高仅5.7m，如何保证主入口处建筑净高是结构设计的关键。为保证建筑效果，结构采用型钢混凝土梁，型钢梁截面800mm×2500mm，内置H2300×500×30×50（材质Q345B），屋面板厚度150mm，型钢梁跨高比约1/14.5，型钢梁详图见图7.2-5。

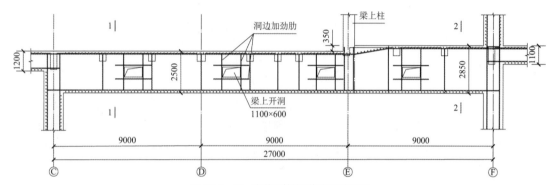

图7.2-3　27m变截面转换型钢折梁立面图

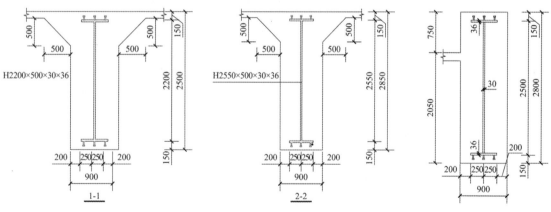

图7.2-4　27m变截面转换型钢折梁详图　　　图7.2-5　36m大跨型钢梁详图

7.3 体系与分析

7.3.1 结构布置

论坛区地上四层（局部五层），房屋主体高度为27.4m，主体采用钢筋混凝土框架结构体系，楼面采用120～150mm现浇钢筋混凝土楼板。因建筑功能要求，建筑多处楼屋盖跨度较大，部分大跨度区域框架采用型钢混凝土梁柱结构，首层 36m×45m 大跨多功能厅楼盖采用单向平面钢桁架，二层 54m×45m 大会议室厅顶楼盖结合建筑造型采用单向变截面平面钢桁架，其楼面为压型钢板组合楼板。

竖向荷载传力体系：楼板→钢筋混凝土梁、钢梁、型钢混凝土框架梁、钢桁架及托桁架→框架柱→基础；抗侧力体系由钢筋混凝土梁、型钢混凝土框架梁、钢桁架及托桁架 + 钢筋混凝土框架柱、钢筋混凝土型钢柱的框架体系组成。

结构方案考虑钢筋混凝土框架结构体系和钢筋混凝土框架-剪力墙结构体系比选，对框剪结构，剪力墙宜设置在建筑楼梯及电梯部位。本工程因建筑楼梯多处上下不连续布置，剪力墙布置较为困难，故最终采用框架结构体系。

论坛区普通钢筋混凝土框架的抗震等级为三级，跨度超过 18m 的大跨型钢梁及型钢混凝土转换柱抗震等级为二级；二层跨度 36m 的 9 榀单向平面钢桁架、托桁架抗震等级取三级，屋面跨度为 45m 单向变高度平面转换钢桁架、托桁架抗震等级取三级，支撑型钢混凝土柱抗震等级取二级；屋面层以上望湖阁钢框架抗震等级为三级。

竖向构件混凝土强度等级为 C40，水平构件混凝土强度等级为 C35，钢桁架、钢托桁架、钢梁钢柱材质均为 Q345B。普通钢筋混凝土框架柱截面尺寸 600mm×600mm～800mm×800mm；大跨多功能厅周边型钢混凝土框架柱为直径 1200mm 圆形型钢柱（内置 600×30 矩形钢管）、1200mm×1300mm 矩形型钢柱（内置 800×900×30 矩形钢管）；大会议室厅周边型钢混凝土框架柱为 1200mm×1300mm 矩形型钢柱（内置 H800×800×36×36 矩形钢管）。

1. 首层 36m×45m 大跨多功能厅屋面楼盖结构布置

首层 36m×45m 跨度的 1000 人多功能厅顶部即二层楼面采用采用了 9 榀 2.9m 高的单向平面钢桁架（弦杆中心间距 2.3m），桁架间距取 4.5m，以支撑 36m 跨度的上部荷载，钢桁架跨高比约 1/12.5。2 榀钢桁架直接支承在型钢柱上，另 7 榀平面钢桁架端部无框架柱，与支座位置设置 2 榀三跨（跨度分别为 13.5m、18m、13.5m）高度相同的托桁架上相连，托桁架支撑在周边型钢柱上。

为减小平面钢桁架下弦杆平面外的计算长度，下弦杆每 9m 设置 H200×300 型钢与之铰接，以保证其平面外稳定性，该次梁也有作为设备专业管道及建筑吊顶的安装吊点；在上弦每隔 3m 设置钢次梁与钢桁架平面外连接，同时作为楼面梁支撑楼板。机电管道铺设在上下弦杆间，确保建筑净高满足使用要求。钢桁架以上楼面采用厚度 150mm 的 U76 金属楼承板 + 钢筋混凝土板组合楼板，所有钢次梁均考虑组合梁作用。图 7.3-1 为多功能厅顶二层楼面结构平面布置图，图 7.3-2 为典型钢桁架立面图，图 7.3-3 为托桁架立面图。

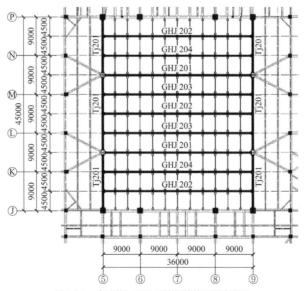

图 7.3-1　多功能厅顶二层楼面结构平面布置图

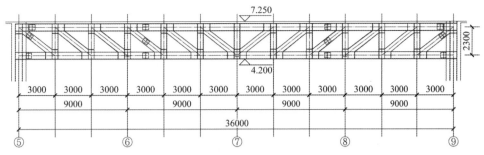

图 7.3-2 典型钢桁架立面图

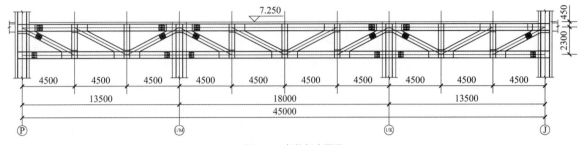

图 7.3-3 托桁架立面图

7 榀平面钢桁架由三跨连续转换托桁架支撑,并将荷载传递到周边竖向构件上,钢桁架在重力荷载下发生变形时,其下弦会对与托桁架下弦平面外产生较大的水平推力,而托桁架平面外悬空,如此推力直接作用在托桁架下弦势必会引起托桁架平面外的失稳,影响结构安全,因此,钢桁架下弦杆与托桁架伸出钢牛腿腹板采用螺栓铰接,下弦杆 H 型钢腹板、连接板的一端螺栓孔开设长圆孔,来释放施工阶段下的水平力,以确保托桁架下弦稳定。具体构造见图 7.3-4。

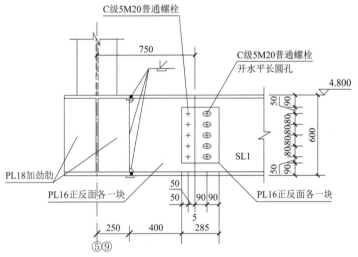

图 7.3-4 二层钢桁架下弦与托桁架下弦连接节点

2. 二层 54m×45m 大会议室厅屋面楼盖结构布置

二层 54m×45m 跨度 2000 人大会议室厅屋面结合建筑立面退台布置,沿南北侧采用 5 榀跨为 45m 单向变高度平面钢桁架,间距 9m,桁架在单层处总高度为 5.1m,在双层部位总高度达 8.1m。两侧的四榀钢桁架支撑在周边型钢柱上,中间榀支承部位处无框架柱,故采用与桁架等高的 18m 跨托桁架相连,将上部荷载传递到两侧型钢混凝土柱上,中间榀桁架与托桁架采用刚接。其楼面采用厚度 150mm 的 U76 金属楼承板+钢筋混凝土板组合楼板。

四层钢桁架跨度大,中、下弦平面处无楼板相连,其平面外的稳定性存在隐患,设计采用加设钢次梁的方式来保证，各层钢次梁均与周边楼层混凝土结构相连，以确保整体钢桁架的稳定。同时下弦增设钢次梁可作为设备吊挂和马道检修用。为保证净高，设备管线均从桁架内部穿越。

图 7.3-5 为大会议室厅顶四层结构平面布置图，图 7.3-6 为典型钢桁架立面图，图 7.3-7 为南侧托桁架立面图，图 7.3-8 为北侧托桁架立面图。

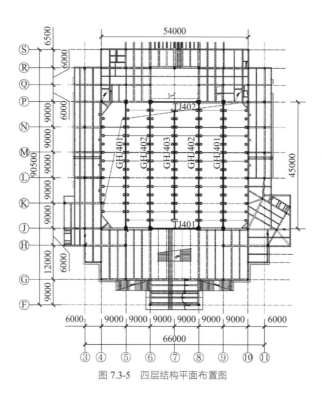

图 7.3-5 四层结构平面布置图

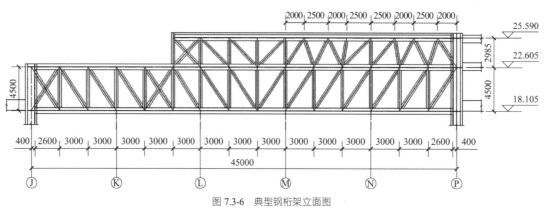

图 7.3-6 典型钢桁架立面图

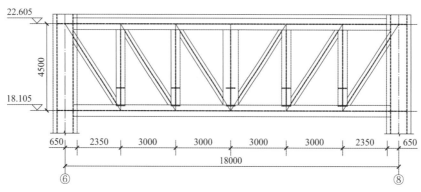

图 7.3-7 南侧托桁架立面图

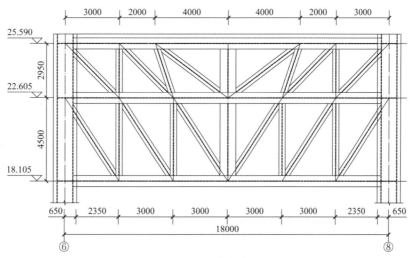

图 7.3-8 北侧托桁架立面图

3．望湖阁结构

大屋面层以上望湖阁建筑三层，主体结构采用钢框架结构，二层楼面采用厚度 150mm 压型钢板组合楼板；夹层设有 20t 水箱，为减轻自重，楼面采用 5mm 带肋钢板；屋面为坡屋面，为铝板轻钢屋面。望湖阁的钢柱与大屋顶钢桁架及钢次梁的连接采用刚性连接，以确保其与主体结构连接牢靠。其建筑立面示意图见图 7.3-9，二层结构平面图见图 7.3-10，屋面结构平面图见图 7.3-11。

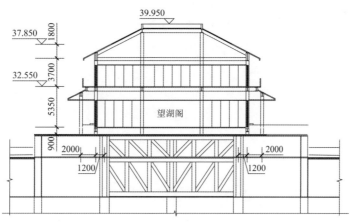

图 7.3-9 望湖阁立面示意图

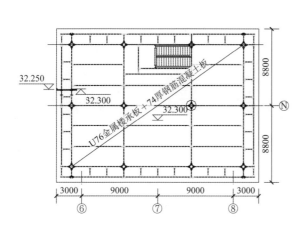

图 7.3-10 望湖阁二层结构布置图

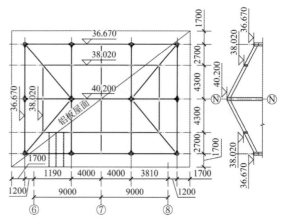

图 7.3-11 望湖阁屋面结构布置图

4．基础设计

论坛区建筑地基基础设计等级、建筑桩基设计等级均为乙级。论坛区采用"钻孔灌注桩 + 柱下承台、筏板"的桩基础形式，桩顶伸入承台或筏板内 100mm。单柱柱底内力较大处（主要是大跨度区域）柱下采用ϕ800 的钻孔灌注桩，以⑨$_2$粉质黏土层作为桩端持力层，桩长为 42m，单桩竖向承载力特征值为 3000kN；其余部位柱下采用ϕ700 的钻孔灌注桩，以⑦粉质黏土层为桩端持力层，桩长为 21m，单桩竖向抗压承载力特征值为 1400kN，单桩竖向抗拔承载力特征值为 750kN。论坛区地下二层底板板厚为 600mm，承台厚度为 1300～2500mm。

7.3.2 性能目标

1．结构超限措施

论坛区上部结构存在以下不规则项：扭转不规则、楼板不连续、构件间断造成结构转换、竖向体型收进等，属于平面及竖向不规则的超限高层建筑。针对结构超限情况，采取了以下措施保证结构安全。

（1）分别采用 SATWE 及 ETABS 软件进行多模型的分析比较，验证及校核计算模型的可靠性。补充了小震下的弹性时程分析，进行小震弹性时程分析的包络设计。采用 ANSYS 软件对关键节点进行有限元分析。

（2）补充抗震性能化设计，对结构体系中的关键构件、重要部位和薄弱部位提出较高的性能目标。

（3）对楼板采用"弹性模"单元，以真实考虑楼板面内刚度及面内变形。

（4）进行大震静力弹塑性时程分析，考察结构构件的塑性发展程度及损伤情况，并控制罕遇地震下结构变形，控制层间位移角不超过 1/80，确保大震下结构不倒塌，竖向传力路径不失效。

（5）补充大跨度变截面转换钢桁架、托桁架的结构变形对支承型钢柱及整体结构的影响分析。

（6）补充大跨度楼面的舒适度分析。

（7）对本工程平面复杂开洞较大，楼板分析考虑温度应力的影响，适当增加楼面板、梁的配筋率，减少混凝土收缩及温度应力给结构带来的不利影响。补充温度变化对钢桁架内力的影响分析。

（8）补充大跨度变截面转换钢桁架、托桁架施工吊装模拟分析。

2．性能目标

结合本工程特点，确定结构和关键构件的抗震性能目标见表 7.3-1。

结构抗震性能目标   表 7.3-1

项目	多遇地震	设防地震	罕遇地震
整体结构性能水准	基本完好	轻微损伤	中度破坏
层间位移角	1/550		1/80
36m 单向钢桁架、托桁架、支承型钢混凝土柱	弹性	弹性	不屈服
45m 变截面钢桁架、托桁架、支承型钢混凝土柱	弹性	弹性	不屈服
27m 转换型钢折梁及支承型钢混凝土柱	弹性	弹性	满足抗剪截面要求
36m 型钢梁及支承型钢混凝土柱	弹性	抗剪弹性，抗弯不屈服	满足抗剪截面要求

7.3.3 结构分析

1．小震弹性分析

采用两种不同力学模型的三维空间分析软件 SATWE 和 ETABS，进行多遇地震作用下的内力和位移计算，主要计算结果见表 7.3-2。从表中可以看出，两套软件计算结果，结构质量、振型周期、基底剪力、刚重比、层间位移角、位移比等基本一致，可以判断计算模型的分析结果准确、可信。ETABS 结构整体模型图见图 7.3-12。

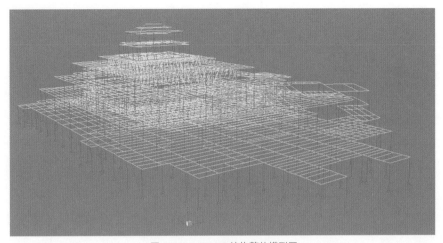

图 7.3-12　ETABS 结构整体模型图

主要计算结果　　　　　　　　　　　　　表 7.3-2

计算程序		SATWE		ETABS	
振型	序号	周期/s	方向	周期/s	方向
	1	1.0450	X	1.0537	X
	2	0.9760	Y	0.9942	Y
	3	0.8359	扭	0.8364	扭
周期比 T_t/T_1		0.800		0.7938	
基底剪力/kN	X向	10450.43		10290	
	Y向	12840.58		12520	
剪重比/%	X向	1.72		1.80	
	Y向	2.11		2.10	
刚重比	X向	45.17		36.23	
	Y向	56.15		47.79	
层间位移角	X向	1/1548		1/1567	
	Y向	1/1647		1/1819	
最大层间位移比	X向	1.34		1.32	
	Y向	1.27		1.22	
结构总质量/t		60745.938		61060	

2. 大震静力弹塑性时程分析

大震静力弹塑性时程分析采用 Pushover 静力推覆分析，Pushover 分析方法本质上是一种与反应谱相结合的静力弹塑性分析方法，它是按一定的水平荷载加载方式，对结构施加单调递增的水平荷载，逐步将结构推至一个给定的目标位移来研究分析结构的线性性能，从而判断结构及构件的变形、受力、是满足设计要求。0°与 90°方向能力谱和需求谱曲线见图 7.3-13、图 7.3-14；0°与 90°方向框架梁框架柱混凝土破坏铰图见图 7.3-15、图 7.3-16。

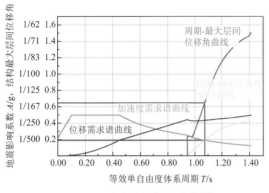
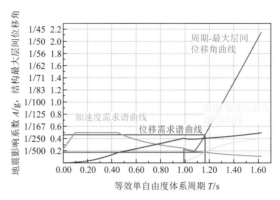

图 7.3-13　0°方向能力谱和需求谱曲线　　　　　　图 7.3-14　90°方向能力谱和需求谱曲线

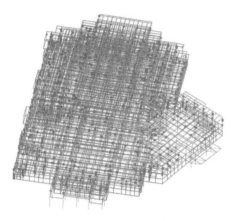
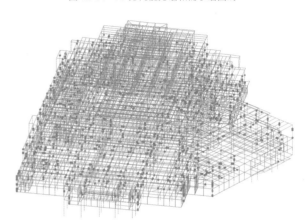

图 7.3-15　0°方向框架梁框架柱混凝土破坏铰图　　　图 7.3-16　90°方向框架梁框架柱混凝土破坏铰图

分析结果显示：①0°方向性能点对应的最大层间位移角为 1/154，90°方向性能点对应的最大层间位移角为 1/215，小于规范规定的弹塑性层间位移角限值 1/50。

②由性能点对应的罕遇地震下塑性铰分布可知：在性能点时部分梁端出现轻微及中等损伤；柱端出现一些轻微、中度损伤以及少量较重损伤，未出现破坏退出。

7.4　专项设计

7.4.1　二层钢桁架及其支承托架设计

首层 1000 人多功能厅屋面楼面采用了 9 榀 2.9m 高 36m 跨的钢桁架，桁架间距 4.5m，钢桁架上下弦杆均采用 H600×500 规格钢材，腹杆为 H500×300 规格钢材，其板材厚度按其实际应力大小采用 20～32mm 不等，钢材均采用 Q345B 级碳素钢，控制其最大应力比不大于 0.8。桁架的弦杆、腹杆等的连接均采用刚接（焊接）；两侧 1/3 处采用等强拼接节点，拼接节点处上下弦杆、腹杆翼缘采用焊接，腹板采用螺栓连接，以减少现场拼接时的焊接工作量，确保拼接质量。

二层钢桁架其下弦平面外设 H200×300 型钢次钢梁，保证下弦平面外的稳定，次钢梁与桁架铰接，端部有柱时支承至框架柱，端部无柱时则采用斜杆与楼层部位型钢混凝土梁连接。

1.　多遇地震下承载力及变形分析

用 ETABS 软件进行桁架计算，荷载工况考虑恒荷载、活荷载、地震作用、温度荷载等工况组合，小震下典型钢桁架及托桁架不考虑楼板作用的应力云图见图 7.4-1、图 7.4-2，最大应力小于 0.80 限值。钢桁架的跨中最大挠度为 79.4mm，控制在 $L/400$（176mm）的限值之内，施工考虑预起拱。

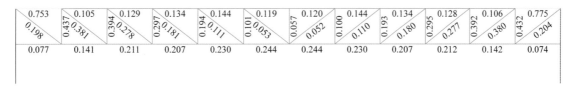

图 7.4-1　二层典型单向钢桁架应力比

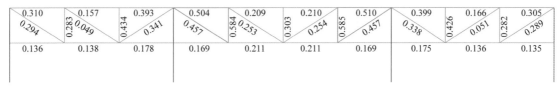

图 7.4-2　二层典型托桁架应力比

2．中震弹性验算

考虑钢桁架跨度较大，对钢桁架、托桁架及周边支撑型钢混凝土柱设置抗震性能化目标，按中震弹性验算，中震下考虑与竖向荷载组合的验算结果见图 7.4-3，结果表明钢桁架、托桁架及周边型钢混凝土柱在中震下能够保持弹性工作状态。

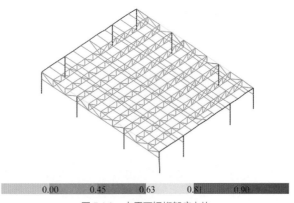

图 7.4-3　中震下钢桁架应力比

3．舒适度分析

使用 PKPM 软件的"复杂楼板设计"模块进行舒适度验算，对二层桁架处楼板进行分析计算，经楼盖振动模态分析，前三阶模态固有频率计算结果如表 7.4-1，楼盖最不利振动点位于两侧托桁架中部楼板，计算显示，此处楼盖最小振动频率为 15.016 Hz，满足规范中对楼盖振动舒适度的要求。

楼板频率分析结果统计　　　　　　　　　　　　　　　　　　表 7.4-1

模态编号	各阶固有频率值/Hz	模态参与系数
1	15.016	0.04010
2	15.386	0.03893
3	26.100	0.000489

7.4.2　四层大跨度变截面钢桁架及其支承托架设计

二层 2000 人大会议厅顶屋面采用了 5 榀跨度为 45m 变高度钢桁架（间距 9m），变截面钢桁架下层的轴线高度为 4.5m，上层轴线高度为 3m，桁架单层处总高度为 5.1m，双层部位总高度达 8.1m。

钢桁架上中下弦杆均采用 H850×600 规格钢材，腹杆均采用 H850×400 或 H850×400 规格钢材，其板材厚度按其实际应力大小采用 20～36mm 不等，钢材均采用 Q345B 级钢。因荷载较大，钢桁架上承楼板采用 180mm 压型钢板组合楼板。

1. 桁架弦杆、腹杆 H 型钢正放和倒放对比分析

为使钢桁架杆件基本承受轴向力，常规钢桁架杆件一般采用正放 H 型钢，为保证钢桁架上下弦杆及腹杆仅承受较大的轴力（拉压），充分发挥桁架最大承载能力。对典型一榀钢桁架弦杆及腹杆正放 H 型钢和倒放 H 型钢计算结果进行对比，见图 7.4-4、图 7.4-5，在桁架高度相同时弦杆、腹板 H 型钢正放杆件应力比约为弦杆、腹板 H 型钢倒放杆件应力比的 1.1～1.4 倍，故最终采用弦杆及腹杆倒放 H 型钢钢桁架方案。

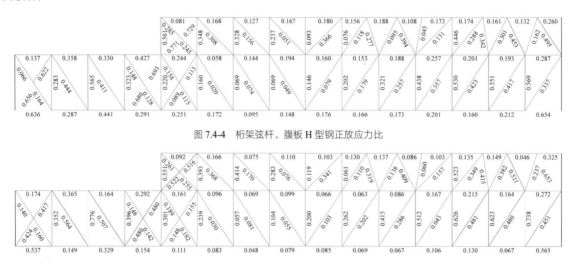

图 7.4-4　桁架弦杆、腹板 H 型钢正放应力比

图 7.4-5　桁架弦杆、腹板 H 型钢倒放应力比

2. 多遇地震下承载力及变形分析

考虑桁架跨度大、荷载重，关键构件如桁架弦杆及托桁架所有构件控制最大应力比不大于 0.8，其余控制最大应力比不大于 0.85。桁架的弦杆、腹杆等的连接均采用刚接（焊接），计算模型按腹杆与弦杆按刚接、铰接两种工况进行包络设计，分析考虑竖向地震作用。用 ETABS 软件进行计算，小震下典型钢桁架及托桁架的应力比见图 7.4-6。钢桁架的跨中最大挠度为 65.6mm，控制在 $L/400$（176mm）的限值之内。

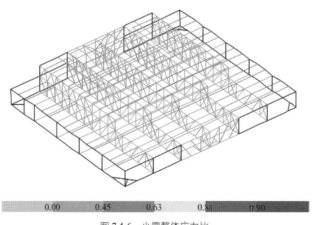

| 0.00 | 0.45 | 0.63 | 0.81 | 0.90 |

图 7.4-6　小震整体应力比

3. 变高度处斜撑设置比选及节点分析

变高度桁架是结构设计中的关键构件，且由于建筑造型限制在跨中采用了变高度，经多方案计算比

较，引进桥梁桁架设计概念，具体如下：

结合建筑屋面平面退台台阶位置，在一侧 3/5 跨区域（望湖阁位置）采用双层桁架。由于在桁架受力最大处高度加大，减小了桁架本身的应力，同时也满足了建筑退台高差的要求，达到结构性能与建筑需求的有机结合、和谐统一。考虑到变高度部位杆件受力复杂，采用 ETABS 软件对该部位斜杆布置进行比较分析，最终采用交叉斜撑以减缓该部位应力突变，计算表明加交叉斜撑后变高度部位竖杆和弦杆应力比由峰值 1.174 和 0.966 降至 0.536 和 0.799，表现出良好的结构性能。图 7.4-7 为桁架变高度处设置单向斜撑与设置交叉斜撑的应力比较。

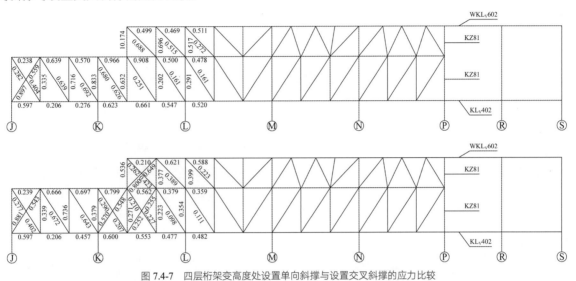

图 7.4-7 四层桁架变高度处设置单向斜撑与设置交叉斜撑的应力比较

根据 ETABS 程序计算最大杆件内力，利用 ANSYS 程序对桁架变高度处按设置单向斜撑与设置交叉斜撑分别进行节点应力分析，计算用单元采用 SHELL63，分析主要结果详见图 7.4-8、图 7.4-9。

计算结果表明设置交叉斜撑后，节点的最大 Mises 应力为 227N/mm²，未设置交叉斜撑的节点最大 Mises 应力为 276N/mm²，说明加交叉斜撑后变高度部位竖杆和弦杆应力峰值明显减小。

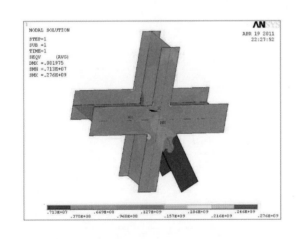

图 7.4-8 单向斜撑模型 Mises 等效应力

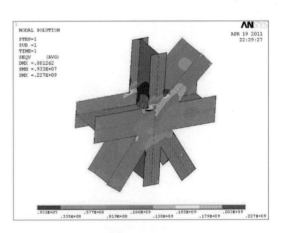

图 7.4-9 交叉斜撑模型 Mises 等效应力

根据 ETABS 及 ANSYS 对比分析结果，本工程四层钢桁架变高度处最终采用交叉斜撑以减缓该部位应力突变，确保关键构件结构安全。

4．中震弹性验算

对变高度钢桁架、托桁架及周边支撑型钢混凝土框架柱进行抗震性能化设计，按中震弹性验算，中震下验算结果见图 7.4-10，结果表明钢桁架及周边型钢柱在中震下能够保持弹性工作状态。

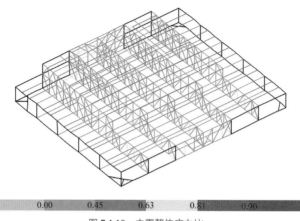

图 7.4-10　中震整体应力比

对典型的单榀桁架，按仅考虑竖向荷载组合和考虑地震作用（中震）与竖向荷载组合的应力比计算结果如图 7.4-11、图 7.4-12 所示，结果表明钢桁架主要杆件的应力在仅考虑竖向荷载组合下与考虑地震作用（中震）与竖向荷载组合基本差不多，说明钢桁架杆件应力比基本为竖向荷载控制。

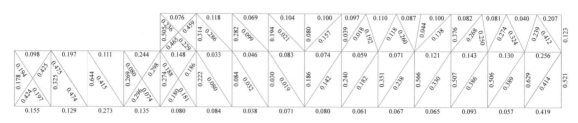

图 7.4-11　仅竖向荷载组合应力比计算结果

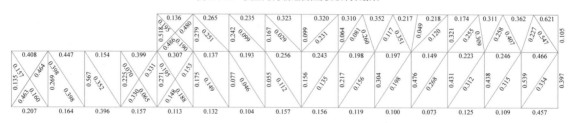

图 7.4-12　仅地震组合（中震）应力比计算结果

5. 温度变化对钢桁架内力的影响分析

对四层钢桁架进行温度应力分析，由于桁架屋面有压型钢板组合楼板屋面及屋顶覆土、建筑保温层等，故温度作用考虑两种工况 T_1（升温 25℃）、T_2（降温 25℃）。利用 ETABS 程序，将以上两种工况单独计算结果与恒载作用下计算结果比较，表 7.4-2 为 GHJ401～GHJ403 下部跨中弦杆计算结果。

钢桁架温度作用的影响计算结果　　　　　　　　　　　　　　　　表 7.4-2

工况	GHJ401 下部跨中弦杆轴力/kN	GHJ402 下部跨中弦杆轴力/kN	GHJ403 下部跨中弦杆轴力/kN
T_1 工况	−203	−186	−176
T_2 工况	202	183	174
恒荷载工况	4210	5170	4800
T_1、T_2 工况下与恒荷载工况下轴力比值	4.8%	3.6%	3.6%

上述计算结果表明，由于四层钢桁架承受的整体结构荷载较大，温度作用引起桁架内力占总内力的比例很小，桁架内力主要是竖向重力荷载起控制。

7.4.3 大跨度钢桁架结构变形对支承型钢混凝土柱及整体结构的影响分析

由于本工程钢桁架跨度大、荷载重，尤其是四层桁架，结构整体变形较大，钢桁架上、下弦产生较大的拉、压应力，特别是钢桁架支座处上弦杆所产生的拉力，对支承柱及整体结构的影响不可忽视。以（6）轴桁架 GHJ402 北侧支承型钢混凝土框架柱和相连的框架梁为例，SATWE 及 ETABS 程序的主要计算结果见表 7.4-3。

从表 7.4-3 计算结果可以看出，SATWE 的计算结果比 ETABS 计算结果要小许多，分析其原因，主要是因为 SATWE 软件与 ETABS 软件在楼板处理的形式不同，单元类型和边界条件等方面处理也不同，导致桁架变形对周边杆件所产生的内力影响有差异。以 25.6m 标高处桁架后连框架梁配筋为例，按 SATWE 和 ETABS 内力计算所得配筋结果比较见图 7.4-13，两者配筋支座处相差达 162%，跨中相差达 64%。对于关键构件受力差别较大时，应采用第三方软件（如 SAP2000 或 MIDAS GEN）对关键构件内力进行复核，以确保构件内力计算结果的准确性。

在实际设计中支承四层钢桁架的型钢柱及后连框架，应按多程序包络提供的内力，复核其承载力和配筋，与支承型钢柱相连的框架梁按拉弯构件计算配筋，且构造上将梁的纵向钢筋全跨拉通，并加强此跨度方向相邻跨主体结构梁板配筋，以确保结构安全。施工中增加施工措施，大跨钢桁架按考虑施工起拱抵消部分变形影响。

<table>
<tr><td colspan="7" align="center">（6）轴支承型钢柱及后连框架梁计算内力</td><td align="right">表 7.4-3</td></tr>
</table>

标高	支承型钢柱 KZ81			后连框架梁		
	内力	ETABS	SATWE	内力	ETABS	SATWE
18.1m	N	−19500	−16543	KLv402		
	M_x	−4000	−144	N	−2027	
	M_y	−1000	−449	M	−1004	−708
	V_x	250	116	V	−406	−388
	V_y	1100	8			
	内力	ETABS	SATWE	内力	ETABS	SATWE
25.6m	N	−5500	−4012	WKLv602		
	M_x	2500	1925	N	614	
	M_y	−260	−938	M	−1259	−517
	V_x	200	481	V	−626	−343
	V_y	−1200	−507			

注：N、V 单位为 kN；M 单位为 kN·m。

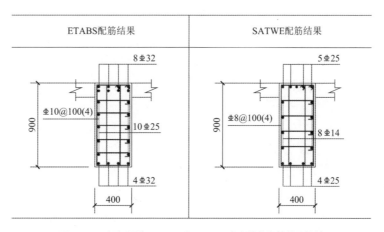

图 7.4-13　框架梁按 SATWE 和 ETABS 内力计算配筋结果比较

7.4.4 四层大跨度变截面钢桁架整体提升施工分析

1. 整体提升施工方案的选择

由于本工程四层钢结构桁架位于建筑物内部，距离建筑物外边最近距离约30m，现场拼装场地狭小，且建设方工期要求高，周边混凝土结构的浇筑一旦完成并达到强度，钢桁架的施工必须尽快结束。该桁架东西长54m，南宽45m，矢高8.1m，总重为1088t（包括四层以上钢结构桁架以及望湖阁第一节钢柱），吊装拼装难度大。

若采用高空散拼方案需要搭设大量满堂红脚手架，现场吊装机械也很难满足要求，另外对工程进度、工程质量控制都会带来不利影响，在工程安全生产管理方面难度也非常大。

主体结构地下室顶板施工完成后，采用桁架地面拼装然后整体提升的施工方案，大量工作可在地面完成，减少工地脚手架用量，避免了高空作业，降低工程的安全管理难度；同时也能避免大吨位汽车吊在地下室顶板的频繁作业，在满足施工要求前提下，尽量减小地下室加固工程量，为满足整体提升，地面拼装位置底层楼板进行了加强板厚和配筋加强。因此，经反复分析比较，本工程采用桁架地面拼装然后整体提升的施工方案。

2. 钢桁架整体提升的特点及难点

（1）利用结构自身牛腿做提升点，减少提升加固工程量

根据本工程的实际情况，没有像以往工程一样在桁架的上一层单独做提升牛腿或设立提升支架，而是充分利用原结构预留的桁架弦杆做提升牛腿。对原预留桁架倒置H型钢弦杆予以加强，上下各加一块肋板形成日字形断面补强，并采取钢管支撑的加固方式保证该牛腿满足提升要求，采用MIDAS软件对结构本身牛腿的应力应变及竖向变形进行计算。

（2）桁架高空合拢接口多，整体合拢精度不易控制

高空合拢接口北侧有15个，南侧有10个，两个边跨的支撑是只能临时固定在上下弦之间，提升到位后采用倒链安装就位，严格控制桁架的拼装精度，对其中一个单元的整个提升过程进行计算机模拟计算，了解提升过程中各提升点的受力情况，桁架的挠度变形。确定合理的预起拱值，并且主桁架的合拢对接要经过变形、应力计算，保证桁架整体安装精度。

（3）整体提升同步性控制

钢结构桁架跨度大，提升同步性控制难度大，需要有成熟的技术应用，才能解决大跨度提升同步性的问题。提升过程中桁架变形控制难度很大，需要经过精确的计算，对结构进行合理的加固，并且对提升工装作业合理的设计、计算，以减小施工变形，满足桁架设计规范，施工质量验收规范以及桁架自身强度、刚度、稳定性等方面的要求。

3. 钢桁架整体提升点位布置

结合本工程结构特点，将与框架柱相连的4榀桁架的提升上锚固点布置于钢柱牛腿上弦杆上，下锚点布置于地面桁架的下弦杆上。中间一榀桁架因支撑在托桁架上，故托桁架先行吊装，并安装到位，提升上锚固点布置于托桁架牛腿上弦杆上，下锚点布置于托桁架的下弦杆上。根据桁架自重计算提升点受力，并通过模拟计算施工工况，确定提升点位。图7.4-14为提升点布置图。

经计算，本工程整体提升共设置10个整体提升点，用千斤顶20台，其中，100t千斤顶10台，200t千斤顶10台，共用泵站6座。

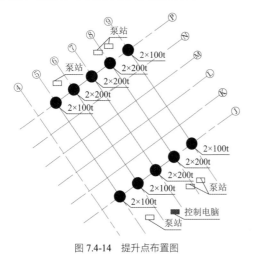

图7.4-14 提升点布置图

4．钢桁架整体提升点位的计算分析

钢桁架整体提升点位内力的计算，采用 MIDAS GEN 进行建模，按《钢结构设计规范》GB 50017—2003 进行验算。在提升中将被提升结构的自重作为活荷载，考虑 1.4 分项系数组合，其他荷载组合按照荷载规范要求。

提升计算时，将望湖阁荷载折成等效荷载作用于相应桁架节点位置。根据计算分析，四层钢桁架结构在施工整体提升过程中最大提升点提升力 177t，构件计算结果均满足规范要求，允许应力比较小，均小于 0.2，结构整体变形最大为 13mm，变形整体可控。

托桁架牛腿部分结构为分析的重点，楼层处建模时用弹性支座模拟，根据计算，四层桁架牛腿在提升状态下的构件均满足要求，允许应力比最大为 0.699。

5．钢桁架整体提升节点的设计

由于提升锚点利用原结构预留牛腿，上弦牛腿向前伸出 2.15m，下弦牛腿向前伸出 0.7m，为了减小对原结构的影响，上下弦牛腿考虑用 30mm 厚钢板做肋板，作为千斤顶支撑点，上下牛腿间采用 2 根 $\phi219 \times 18$ 的支撑钢管加强，并将原结构的腹杆装好。图 7.4-15 为桁架上锚点及下锚点示意图。

由于本工程的弦杆 H 型钢倒置，翼缘朝两边放置，受力性能和 H 型钢正放差异较大，因此，将牛腿的 H 型钢上下增设两块钢板，形成日字形牛腿进行加固。

为验证日字形牛腿安全性，在 MIDAS GEN 程序中进行模拟计算，所有杆件均按按板元建模。提升力按动荷载，考虑 1.2 的动力放大系数，按规范要求进行荷载组合计算。上锚点提升牛腿计算最大剪应力为 165N/mm²，最大等效应力为 203N/mm²，采用此种节点加固形式满足施工阶段的要求。

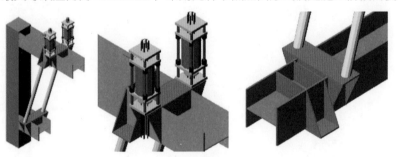

图 7.4-15　桁架上锚点及下锚点

7.4.5　典型节点构造

1．四层变截面钢桁架典型节点构造

四层变截面钢桁架，弦杆及腹杆均采用倒放 H 型钢，为避免因非节点区域受力在弦杆中产生较大弯矩而降低弦杆的受力性能，采用弦杆均与本层楼板脱离的办法，即同层次的楼板底部高出弦杆 30mm，不直接支撑在弦杆上，从而保证上下弦杆及腹杆仅承受较大的轴力（拉压），发挥桁架最大承载能力。钢桁架弦杆与现浇楼面板节点大样见图 7.4-16。

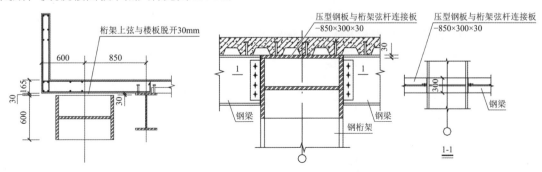

图 7.4-16　钢桁架弦杆与现浇楼面板节点大样

中间榀钢桁架支承部位处无框架柱，采用与桁架等高的 18m 跨托桁架相连，将上部荷载传递到两侧型钢混凝土柱上。钢桁架和托桁架连接节点见图 7.4-17。

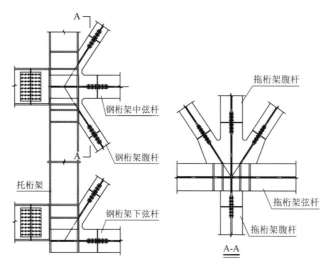

图 7.4-17　钢桁架与托桁架连接节点大样

2．望湖阁柱脚构造

屋面以上望湖阁为二层建筑，采用钢框架结构，钢柱采用 $\phi450 \times 25$ 钢管，材质 Q235B，支撑在屋面次钢梁或屋面钢桁架上，采用刚接连接。钢柱支撑桁架弦杆刚接连接详图见图 7.4-18。

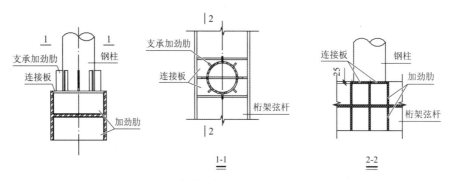

图 7.4-18　钢柱支撑桁架弦杆刚接连接详图

7.5　结语

（1）对于大跨度、重荷载结构设计，要根据建筑要求和特点，选择最优的结构方案，以达到建筑功能与结构受力双重合理的效果。

（2）对大跨钢结构桁架，要充分发挥钢结构构件承受轴向力的优势，尽可能避免钢结构桁架构件设计成拉弯（压弯）构件。

（3）大跨钢结构桁架由于结构变形引起的支座的拉力（压力）对主体结构及连接构件的影响不可忽视，对于关键构件受力差别较大时，应采用第三方软件对关键构件内力进行复核，以确保构件内力计算结果的准确性。

（4）大跨度钢结构应进行施工模拟分析，需采取合适的施工次序，有效降低主体结构及连接构件的内力，在确保结构安全前提下取得最佳经济性。

参考资料

[1] 戴雅萍, 袁雪芬, 张杜, 等. 苏州太湖国际会议中心大跨度钢桁架结构设计[J]建筑结构, 2012, 42(1): 1-5.

[2] 中亿丰建设集团股份有限公司. 太湖会议中心钢桁架吊装专项方案.

设计团队

结构设计单位：苏州市建筑设计研究院有限责任公司（初步设计 + 施工图）

　　　　　　　（现启迪设计集团股份有限公司）

结构设计团队：戴雅萍，袁雪芬，张　杜，廉浩良，曹　霖，胡群英，洪庆尔，夏俊杰

执　笔　人：张　杜

获奖信息

2010 年度江苏省勘察设计行业奖建筑结构专业一等奖

2011 年度全国优秀工程勘察设计行业建筑结构三等奖

2012 年度江苏省第十五届优秀工程设计二等奖

第 8 章

太仓规划展示馆

8.1 工程概况

8.1.1 建筑概况

太仓规划展示馆工程位于江苏省太仓市南郊新城，使用功能为城市规划展示，建筑面积约为14765m²。展示馆建筑造型为两条相互追逐的鱼，地下1层，地上3层，各层层高均为6m，其中混凝土结构的最大高度为18m，鱼形钢结构单层网壳的最大高度约为22m。展示馆效果图详见图8.1-1。

图 8.1-1 太仓规划展示馆效果图

该馆空间造型复杂，由钢筋混凝土框架-剪力墙结构、鱼形单层网壳及预应力张弦梁采光顶三部分组成，塔楼典型剖面如图8.1-2所示。上部鱼形单层网壳采用了新型的高强螺栓毂节点，很好地满足了受力及工期的要求。

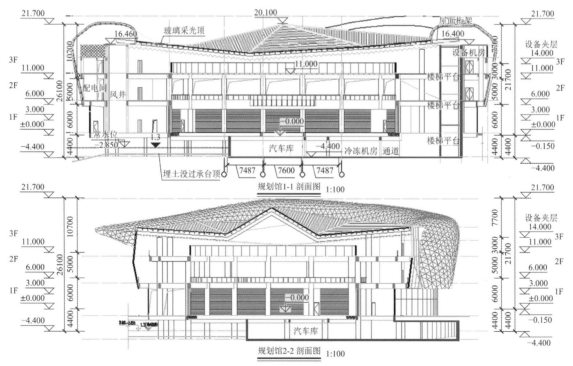

图 8.1-2 建筑塔楼典型剖面图

8.1.2 设计条件

1．工况概况

（1）结构设计工作年限为 50 年，建筑结构安全等级为二级，地基基础设计等级为乙级。

（2）抗震设防类别为标准设防类。

2．荷载与作用

场地基本风压为 0.45kN/m²，地面粗糙度类别为 B 类。基本雪压为 0.40kN/m²，雪荷载准永久值系数分区为Ⅲ区。采光顶为内凹造型，为防溢水孔堵塞，建筑设有备用溢水孔，结构设计时考虑内凹积水 300mm 深，以活荷载输入来复核屋盖结构。

荷载包括结构自重、附加恒载、雪载、风载（四个方向）、结构升降温（±25℃）、地震作用。考虑到该结构的大跨度及重要性，本工程大跨梁考虑竖向地震作用。

工程抗震设防烈度 7 度，设计基本地震加速度 0.10g，设计地震分组第一组。建筑场地类别为Ⅳ类，场地特征周期 $T_g = 0.65s$。

8.2 建筑特点

8.2.1 鱼形建筑外立面抽象、复杂

建筑外形展示馆上部鱼形建筑为附属于主体结构的造型结构（图 8.2-1），造型抽象且无几何构图规律，局部外挑尺度较大（约 15m），结构找形及采用的结构形式是工作重点。

本项目建筑体型存在较多无几何构图规则的空间异形结构，传统的二维图形方式难以精确表达，采用 BIM 的 Autodesk Revit 完成曲线建模的工作。把复杂的屋面形态进行分组，分解成若干部分相对简单的工作组，每一部分根据建筑的构件进行划分，如屋面板、边梁、主次梁、柱子、墙体，最后再把模型组合在一起。空间模型形成后，确定梁、墙、柱的空间定位，复核构件和设备管线碰撞情况。并将模型信息导入 SAP2000，进行相关的计算分析工作。

结构找形上考虑大网格结构 + 二次结构、小网格一次成形结构方案，经比较后采用单层网壳结构一次成形的方案（详见 8.3.1 节）。

根据导入的空间曲线模型，结构进行试算找型，确定符合结构受力优化的造型；对受力不合理（应力集中）处先和建筑专业协商调整，同时适当调整杆件尺寸。

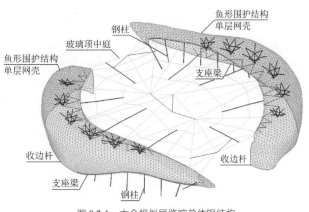

图 8.2-1　太仓规划展览馆总体钢结构

8.2.2 鱼形网壳节点形式复杂

鱼形网壳采用边长为 1m 左右的三角形网格来满足建筑外形曲面的要求。单条鱼形网壳有二千多个节点，六千多根杆件。网壳节点如采用相贯焊接，不仅工期较长，同时施工中壳形难以调节，节点焊接质量也难以保证，需采用新型节点形式。

大量相贯焊产生的残余应力对构件承载力影响较大，构件也容易变形，难以保证流线型的外形，因此本工程尝试采用新型高强螺栓毂节点（图 8.2-2）。各相贯杆件间用高强螺栓连接代替焊接，通过对高强螺栓施加扭矩从而使螺杆中产生一定的预紧力，迫使杆件的弧形端面与毂节点的侧面紧密贴合，使接触面有足够的摩擦力来承担杆端剪力，从而保证节点的刚度（图 8.2-3）。经过分析计算，本工程采用的节点毂基本尺寸如下：毂的直径均为 243mm，高度有 220mm、180mm 两种类型，分别对应高为 200mm 和 160mm 两类网壳杆件，壁厚均为 25mm，采用 Q345 钢。

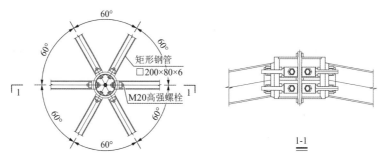

图 8.2-2 新型高强螺栓毂节点平面图

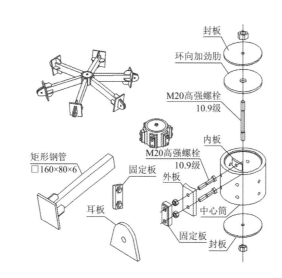

图 8.2-3 新型高强螺栓毂节点组成示意图

8.2.3 展示馆中庭采光顶起伏叠落、跨度大

展示馆中庭搁置在下部混凝土结构柱上，同时中庭的钢结构也作为鱼形屋顶悬挑部分的支撑构件。中庭采光顶屋面标高起伏叠落跨度大，结构难度较大，且中庭顶是内凹的造型，对可能的积水荷载进行分析。

经过多方案的对比分析，最终采用由两片斜向张弦梁（ZL-1，ZL-2 作为承受弯矩和压力刚性构件）和若干辐射梁组成的结构体系，结构布置见图 8.2-4、图 8.2-5。正常使用极限状态下，底部设置拉索进行预张拉控制结构变形，详见图 8.2-6。

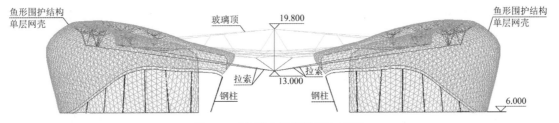

图 8.2-4　展示馆中庭采光顶结构立面图

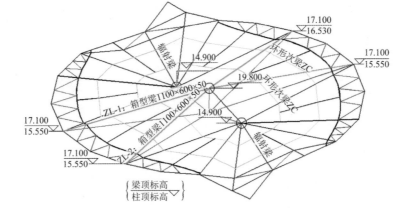

图 8.2-5　展示馆中庭采光顶结构布置图

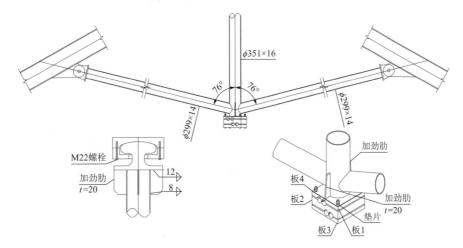

图 8.2-6　拉索及支撑结构布置图

如前所述，采光顶高低起伏局部屋面形成内凹，设计时考虑积水 300mm 深并以活荷载输入来复核屋盖结构的变形，保证正常使用状态下结构的变形满足要求。通过静力分析表明：$D+L$ 变形为控制工况，竖向最大位移为 146.9mm。挠度和跨度比按 1/250 控制，结构跨度为 66m，允许挠度为 66000/250 = 264mm，在考虑可能积水的工况下，屋盖在正常使用极限状态下变形满足设计要求。为避免挠度较大影响采光顶钢结构的外观效果及屋面排水问题，采用预应力解决钢梁下挠问题，最终变形控制在 −50mm 左右。

8.2.4　钢筋混凝土结构分析

本工程下部钢筋混凝土建筑的平面形状由三维模型切割而来，基本平面为椭圆环形（图 8.2-7）。整体楼板较窄，楼板大开洞，整体刚度偏弱。

根据建筑平面，采用钢筋混凝土框架结构可满足设计要求，考虑上部鱼形围护单层网壳对下部混凝土结构既有地震作用又有刚度约束，混凝土部分对上部钢结构既有支撑又有效应放大，结构设计优先考虑选用具备多道抗震防线的框架剪力墙结构。因此，在满足建筑平面功能的前提下，增设适当的剪力墙来提高整体结构的刚度，使结构更加合理（图 8.2-7，图 8.2-8）。

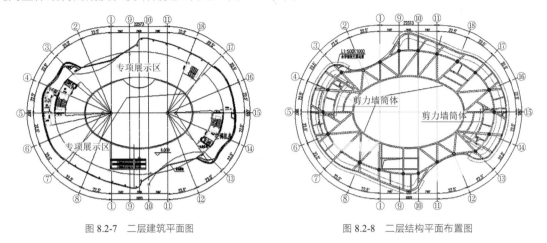

图 8.2-7　二层建筑平面图　　　　　　　　　图 8.2-8　二层结构平面布置图

8.3 体系与分析

8.3.1 方案对比

1. 钢筋混凝土结构优选

1）钢筋混凝土框架结构

（1）优点：建筑平面布置灵活，对使用功能没有影响。

（2）问题：工程为平面和竖向均不规则的建筑结构，且有较多楼层楼板开有大洞，楼板不连续；计算分析表明，采用钢筋混凝土框架结构，结构两个方向整体抗侧刚度偏弱，整体抗扭刚度也较弱，结构整体性较差。

2）钢筋混凝土框架-剪力墙结构

（1）优点：计算分析表明，采用钢筋混凝土框架-剪力墙结构，结构两个方向整体抗侧刚度较大，整体抗扭刚度相比于钢筋混凝土框架结构得到较大改善，最大层间位移角、扭转位移比等指标均满足规范要求。

（2）问题：剪力墙布置可能会对使用功能有一定的影响，因此，剪力墙布置需兼顾考虑建筑使用功能和结构整体刚度这两个重要因素。

结构体系指标结果对比　　　　　　　　　　　　表 8.3-1

结构体系	周期			最大层间位移		最大位移		刚重比	
	T_1	T_2	T_3	X 向	Y 向	X 向	Y 向	X 向	Y 向
框架剪力墙	0.42	0.29	0.26	1/2969	1/5625	1.02	1.15	17.41	14.12
框架结构	0.75	0.72	0.76	1/1002	1/889	1.10	1.23	8.42	8.16

由表 8.3-1 中的对比结果看出，在楼梯、电梯设备间区域增加少量钢筋混凝土剪力墙，增强结构的抗侧刚度，有利于提高结构的抗震性能。考虑楼（电）梯间剪力墙筒体无法满足剪力墙的最大间距要求，设计时根据剪力墙筒的影响范围，提取分块模型进行分析，并提高剪力墙筒体间的框架柱的抗震构造措施，构件设计时与整体模型包络设计。

经典回眸　启迪设计集团股份有限公司篇

2. 鱼形网壳结构方案对比

为更好地符合建筑立面和内部空间的效果要求，两侧鱼形钢构部分采用单层网壳形式，常规单层网壳分为：（1）单斜杆型；（2）弗普尔型；（3）联方型；（4）三向网格型；（5）交叉斜杆型。详见图 8.3-1。

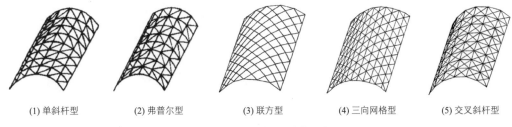

(1) 单斜杆型   (2) 弗普尔型   (3) 联方型   (4) 三向网格型   (5) 交叉斜杆型

图 8.3-1 常见单层网壳的形式

单斜杆型杆件数量少，但刚度偏弱，适合小型柱网及荷载不大的网架；联方型网格杆件数量少，杆件长度统一且节点构造相对简单，但刚度较差；三向网格刚度最好，且杆件数量也相对较少。本工程优选三向网格型。

方案初期，为达到弧形立面造型，考虑采用主体结构面增设二次构件的方式达到找形要求（图 8.3-2）或者利用部分结构构件作为骨架，其余构件采用二次找形的形式（图 8.3-3），此种方式不但增加自重也加大了二次构件的安装难度，难以达到精确的找形要求，经和建筑充分讨论采用方案三的形式（图 8.3-4），利用结构构件一次成形。

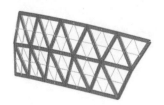

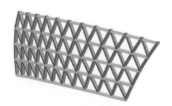

图 8.3-2 鱼形网壳方案一   图 8.3-3 鱼形网壳方案二   图 8.3-4 鱼形网壳方案三

3. 展示馆中庭采光顶结构方案对比

为了将自然环境以更好的方式引入城市和建筑空间之中，创造舒适的近似于室外空间的内部空间，结构设计时需从总体设计和构造设计两个不同的角度响应建筑中庭及中庭采光顶的空间需求。本项目中庭采光顶跨度 66.3m，结构选型时考虑普通钢梁、平面钢桁架、空间桁架三种结构方案进行优选。

方案一：大跨结构采用普通钢梁（图 8.3-5），截面规格为箱形□1300×600×50×50，承载力满足要求，但钢梁变形达到 410mm（图 8.3-6），无法满足正常使用极限状态的要求。

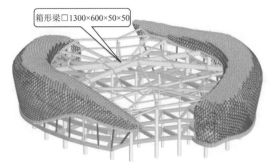

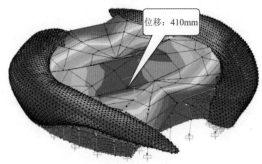

图 8.3-5 方案一：展示馆中庭钢梁方案   图 8.3-6 展示馆中庭钢梁方案—结构变形

为解决展示馆中庭正常使用极限状态下挠度变形问题，中庭大跨钢梁采用平面桁架方式代替（图 8.3-7）。展示馆中庭桁架高度较大，承载力和变形满足设计要求，但桁架高度对两侧看台位置的平面功能影响较大，且该方案的结构布置和杆件尺寸都无法满足轻盈跃动的建筑效果。

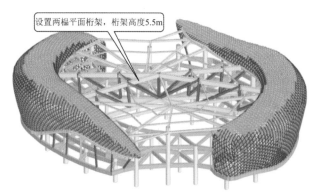

图 8.3-7　方案二：展示馆中庭钢桁架方案

经过多方案比选，最终采用由两片斜向张弦梁和若干辐射梁组成的结构体系，张弦梁截面尺寸口 1100 × 600 × 50 × 50，两根张弦梁下均采用两根拉索（图 8.3-8），可以很好地解决正常使用极限状态下结构的变形问题（图 8.3-9），更好地符合雕塑型建筑的灵动创新的外观要求。

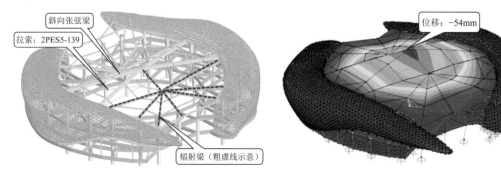

图 8.3-8　方案三：展示馆中庭拉索方案　　　　图 8.3-9　展示馆中庭拉索方案-结构变形

8.3.2　结构布置

本工程主馆由三部分组成：下部钢筋混凝土建筑、两个鱼形单层网壳结构和跨度 66.3m 的展示馆中庭采光顶（图 8.2-1 和图 8.3-8）。上部钢构与混凝土结构的支座关系详见图 8.3-10。

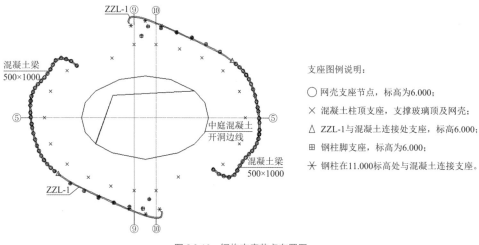

图 8.3-10　钢构支座节点布置图

经过上述结构方案对比分析，确定下部钢筋混凝土建筑的结构体系为钢筋混凝土框架-剪力墙结构，楼盖承重体系为钢筋混凝土梁板结构；两个鱼形建筑采用分网尺寸约为 1m 的单层网壳结构，采用柱上伞状支撑；展示馆中庭采光顶结构采用预应力张弦梁钢结构（图 8.2-4）。

1. 下部钢筋混凝土结构布置

（1）剪力墙布置

剪力墙主要布置在楼梯、电梯及部分设备管井位置周边围合成筒体，尽量不影响建筑使用功能的前提下设置两个剪力墙筒体，见图8.3-11。

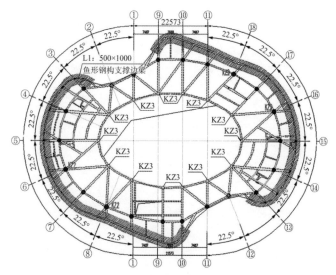

图8.3-11　混凝土结构布置及构件尺寸

（2）框架梁柱类型

混凝土结构为带少量剪力墙的框架结构，框架抗震等级按三级考虑。主楼外侧框柱为上部钢构的支座（图8.3-10），此部分按抗震等级二级构造加强。

（3）主要构件尺寸

二层平面的封边梁设置钢立柱支承鱼式围护结构，设计时也根据其受力特点进行复核加强，混凝土部分主要构件的尺寸详见表8.3-2。

混凝土主要构件尺寸　　　　　　　　　　　　　　　　　表8.3-2

构件名称	截面尺寸/mm	备注
KZ1	D1100	鱼形钢构搁置柱
KZ2	D1300	张弦梁搁置柱
KZ3	D800	内庭柱
Q1	400	核心筒墙体
KL1	600×1000	一般位置框架梁
L1	500×1000	鱼形钢构立柱支点

2. 两个鱼形单层网壳结构布置

鱼式围护结构采用单层网壳结构形式（图8.2-1），杆件均采用矩形管（□200×80×6、□160×80×6）。网壳下侧支承于标高为6m的钢筋混凝土悬挑梁上，并通过支座梁1（ZZL1）逐渐过渡至采光顶标高，上侧通过支座梁2（ZZL2）支承于中部采光顶钢梁上。为保证网壳的整体稳定性，网壳中部支于混凝土柱顶设置的二级伞形支撑上。悬挑在外的鱼尾部分支于 ZZL1 和 ZZL2 交接处，ZZL1 通过钢柱（□400×300×16）与混凝土结构连接，ZZL2 支承于采光顶上，钢柱在 6m 和 11m 标高处分别和混凝土结构形成铰接连接。网壳支座节点形式均采用铰接支座。

3. 展示馆中庭采光顶结构布置

展示馆中庭采光顶屋面标高起伏叠落跨度大，顶部采用由两片斜向张弦梁和若干辐射梁组成的结构体系，结构布置见图8.3-12。为保证结构的整体稳定，设置了两道环向梁，并设置斜撑保证平面外稳定。

展示馆中庭钢构件的截面详见表8.3-3。

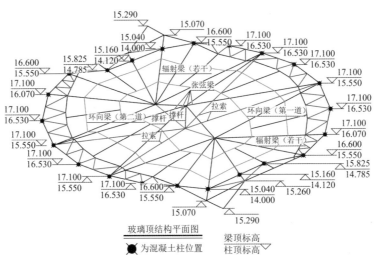

图 8.3-12　展示馆中庭结构布置图

展示馆中庭钢构件截面规格　　　　　　　　　　　　　　　表 8.3-3

名称	截面尺寸/mm	备注
主梁	□1100 × 600 × 50 × 50	箱形
圈梁	□500 × 300 × 16 × 16	箱形
环梁	H488 × 300 × 11 × 18	H 形
斜撑	H340 × 250 × 9 × 14	H 形
撑杆	φ351 × 16	热轧无缝钢管
	φ299 × 12	
拉索	PES5-139	—

4. 基础设计

（1）主楼采用柱下独立桩基承台 + 防水板基础，工程桩采用先张法预应力混凝土管桩，桩径500mm，桩长35m，以⑧₂粉土夹粉质黏土层为桩端持力层，单桩竖向承载力特征值1300kN，底板厚度400mm。

（2）地下室抗浮设防水位按整平后的室外地坪标高以下0.50m且结合最高历史潜水位及周边道路标高综合取值。经计算本工程各柱下均未出现抗浮工况，均可按抗压桩设计。

（3）地下室底板设置400mm厚防水板，板下虚铺100mm厚松散煤渣，确保防水板在施工期间不至发生过大的压缩变形，同时，在底板混凝土达到设计强度后，具有恰当的可压缩性。

8.3.3　性能目标

本项目竖向抗侧力构件连续，刚度均匀无突变，考虑偶然偏心的扭转位移比均小于1.2，平面呈椭圆环形，中庭位置无楼板，楼板不连续，属平面不规则、扭转、竖向规则的建筑结构。考虑下部的钢筋混凝土主体结构和钢结构二者的整体协同，结构设计时采取以下措施：

（1）主体结构采用三维空间分析软件进行整体内力、位移计算分析，并补充弹性时程分析。

（2）针对关键构件，采用抗震性能目标化设计，并采取相应的抗震措施。

（3）底部混凝土结构、上部钢结构的内力和位移分别采用 YJK 和 SAP2000 补充分块模型的验算，并采用 SAP2000 对总装模型进行整体分析。

（4）明确支座本身的力学属性，支座的铰接和滑动通过对柱顶的弯矩和剪力释放来实现。

（5）通过节点连接的试验研究，进一步确定节点的承载能力与节点刚度。

结合工程结构特点及关键构件，确定结构的抗震性能目标见表 8.3-4。

结构抗震性能目标 表 8.3-4

抗震烈度水准		多遇地震	设防烈度	罕遇地震
抗震性能目标定性描述		不损坏	损坏可修复	不倒塌
整体变形控制目标		1/800	—	1/100
构件抗震性能目标	外框柱（支撑钢构的框架柱）	小震弹性	中震弹性	允许进入塑性，并保证$\theta_p < L_s$
	展示馆中庭大跨张弦梁			
	钢构支座			
	其他结构构件	小震弹性	—	—

8.3.4 计算分析

（1）模型建立

采用有限元软件 SAP2000 分析结构的抗震性能，计算单元主要有梁、柱、杆、索和壳单元。钢结构（钢梁、钢柱）与混凝土连接支座设计为铰接。张弦梁与混凝土柱的连接，采用双向滑动的橡胶支座，软件中采用连接支座单元进行模拟，使该连接支座单元的刚度与橡胶支座的刚度基本相同。

（2）分析结果

按总装模型（混凝土 + 钢结构）和切分块模型（钢结构）进行地震作用分析。

采用反应谱法进行总装模型的地震作用分析，结构前六阶屈曲模态如图 8.3-13～图 8.3-18 所示。

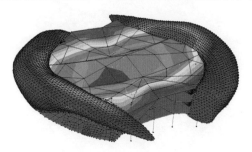

图 8.3-13 结构第一阶屈曲模态（$T_1 = 0.935$s）

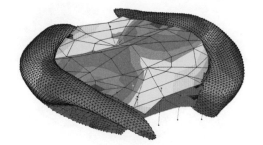

图 8.3-14 结构第二阶屈曲模态（$T_2 = 0.753$s）

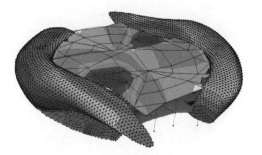

图 8.3-15 结构第三阶屈曲模态（$T_1 = 0.696$s）

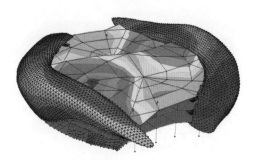

图 8.3-16 结构第四阶屈曲模态（$T_2 = 0.653$s）

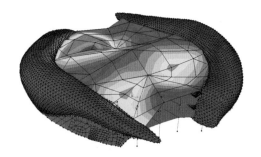
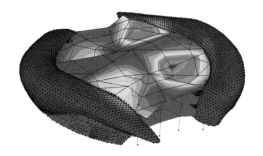

图 8.3-17　结构第五阶屈曲模态（$T_1 = 0.546\text{s}$）　　　　图 8.3-18　结构第六阶屈曲模态（$T_2 = 0.542\text{s}$）

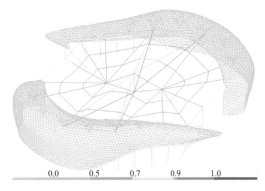

0.0　　0.5　0.7　　0.9　　1.0

图 8.3-19　钢结构杆件应力比图

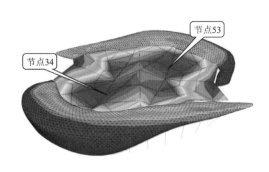

节点53
节点34

图 8.3-20　工况：1.0 恒 + 1.0 活荷载作用下挠度图

　　钢结构杆件的应力比均控制在 0.9 之内，对于如预应力张拉索及撑杆等关键构件应力比控制在 0.6 之内。各杆件应力比计算如图 8.3-19 所示。

　　1.0 恒 + 1.0 活荷载工况下的挠度如图 8.3-20 所示，最大位移发生在节点 34 和节点 53 处，在该荷载标准组合工况下的最大位移分别为 146.95mm、146.92mm，约为跨度的 1/450，满足规范的要求。

　　上部钢结构部分采用反应谱法进行地震作用的计算分析，针对该结构，计算了前 120 阶模态，使 X 方向和 Y 方向的振型质量参与系数大于 0.9，结构前六阶屈曲模态如图 8.3-21～图 8.3-26 所示。通过计算可知，在地震作用下结构杆件的内力均满足要求。

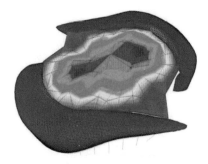
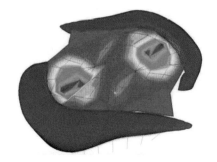

图 8.3-21　结构第一阶屈曲模态（$T_1 = 0.613\text{s}$）　　　　图 8.3-22　结构第二阶屈曲模态（$T_2 = 0.496\text{s}$）

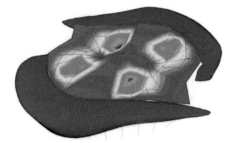
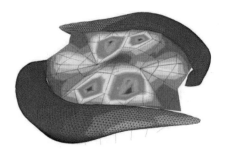

图 8.3-23　结构第三阶屈曲模态（$T_3 = 0.462\text{s}$）　　　　图 8.3-24　结构第四阶屈曲模态（$T_4 = 0.441\text{s}$）

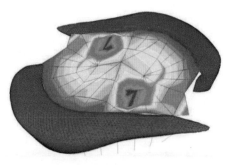
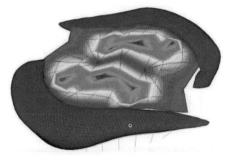

图 8.3-25　结构第五阶屈曲模态（$T_5 = 0.440\text{s}$）　　图 8.3-26　结构第六阶屈曲模态（$T_6 = 0.411\text{s}$）

8.3.5　弹性时程分析

多遇地震作用下的弹性时程分析，地震波的选择满足场地类别、数量、频谱特性、持时要求、统计特性的要求。

（1）地震波的输入

选取两条天然波 Imperial Valley-06_NO_178，$T_g(0.63)$、Loma Prieta_NO_752，$T_g(0.66)$波和一条人工波 ArtWave-RH2TG065，$T_g(0.65)$，进行时程加速度反应谱、时程平均反应谱与规范反应谱的比较分析，按水平向地震峰值加速度比$X : Y = 1 : 0.85$ 和$X : Y = 0.85 : 1$ 共 6 个工况分别进行计算，输入的地震波时程曲线见图 8.3-27。

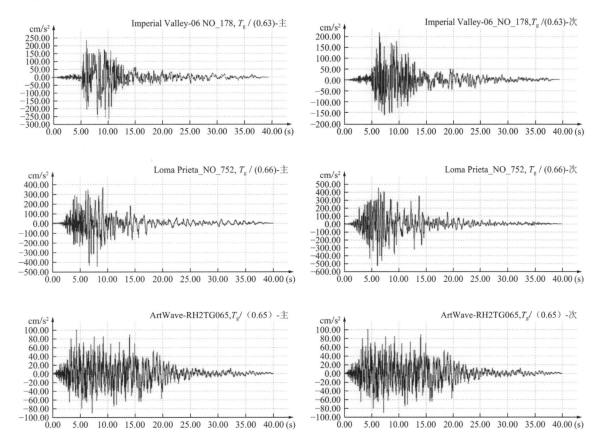

图 8.3-27　输入地震波时程曲线

（2）时程分析结果

弹性时程分析下，楼层剪力和位移如图 8.3-28 和图 8.3-29 所示。

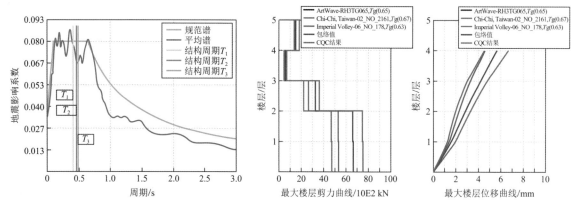

图 8.3-28　地震波与规范反应谱比较　　　　　　　　图 8.3-29　时程分析楼层剪力和位移图

由上述计算结果得出：

（1）所选地震波频谱特性满足规范要求。弹性时程分析每条波的基底剪力大于振型分解反应谱法的65%，三条波的平均基底剪力大于振型分解反应谱法基底剪力的80%。

（2）弹性时程分析每条波计算得到的最大层间位移角满足规范要求，支座处的位移满足要求。

（3）从分析结果来看，结构具有合适的刚度，时程分析与反应谱计算结果之间具有一致性，符合工程经验及力学概念判断。

（4）时程分析结果的包络值均小于振型分解反应谱法计算结果，采用振型分解反应谱法满足要求。

8.3.6　中震弹性分析

1. 支撑上部钢结构的框架柱

考虑到鱼形钢构和展示馆中庭张弦梁均搁置在混凝土框架柱上，对支撑钢构的框架柱按中震弹性设计，构造上对箍筋全长加密，提高其抗剪承载力。中震弹性验算结果详见图 8.3-30，外框柱作为钢结构的支座，在中震下能够保持弹性状态，满足性能目标。

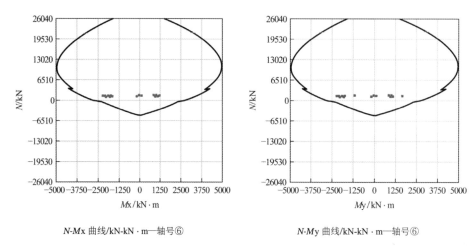

N-M_x 曲线/kN-kN·m—轴号⑥　　　　　　　　N-M_y 曲线/kN-kN·m—轴号⑥

图 8.3-30　支撑钢构的框架柱中震弹性验算

2. 大跨张弦梁及典型支座

大跨张弦梁、拉索和典型支座的关系如图 8.3-31 所示。经复核，屋面钢结构、张弦梁和相关搁置支座的承载力非地震工况控制，重点复核支座处的水平位移。设防地震作用下选取张弦搁置支座和鱼腹式钢构典型支座为代表，统计小震和中震下支座的弹性位移，详见表 8.3-5。

钢结构支座位移 表 8.3-5

位置	小震弹性位移/mm		中震弹性位移/mm	
	X向	Y向	X向	Y向
张弦梁搁置支座	6.18	5.87	17.11	15.34
搁置钢构典型位置	6.35	4.93	16.26	13.19

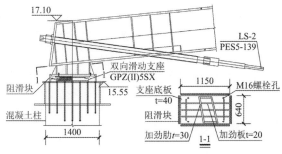

图 8.3-31 张拉端支座节点大样

8.3.7 塑性位移角

罕遇地震作用下，结构X向塑性位移角 1/323；Y向塑性位移角 1/414，结构满足大震设防水准要求。

8.4 专项设计

8.4.1 异形建筑结构找形

本工程由于建筑体型存在较多无几何构图规则的空间异形结构，数字化设计的方式在几何形体生成及优化、面板分割优化、幕墙与结构的一体化设计具有不可比拟的优势，提高结构比选效率的同时也极大地丰富了建筑的表达手段。

施工图阶段利用 BIM 技术，将各专业复杂异型模型整合在一起，形成建筑、结构、幕墙高度一致的高质量精确三维模型，实现不同平台、不同阶段的三维数据流动。本项目的 BIM 整体模型详见图 8.4-1。

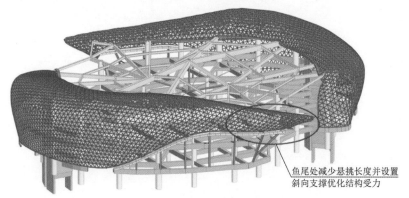

图 8.4-1 Reveit Structure 建立的整体模型

8.4.2 抗连续倒塌分析

展示馆中庭是由张弦梁、辐射梁及环梁为基本构成单元，通过预应力拉索提供一定刚度来调节变形的结构体系，为考察结构中局部索破坏对整体结构的影响以及该结构的抗连续倒塌能力，模拟分析长短方向各设置的 2 根 PES5-139 在断索状态下结构其余杆件内力的变化和结构最终到达平衡位置，通过观察局部索的破断是否引起其他杆件松弛从而造成较大的节点变形来判断结构体系的安全，有助于结构的合理设计正常使用和长期维护。

长索 2 根 PES5-139 断索其中一根的工况，应力和变形见图 8.4-2、图 8.4-3。

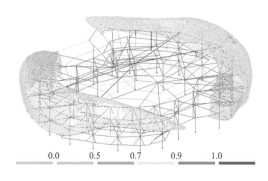

图 8.4-2　长索失效一根工况下的应力

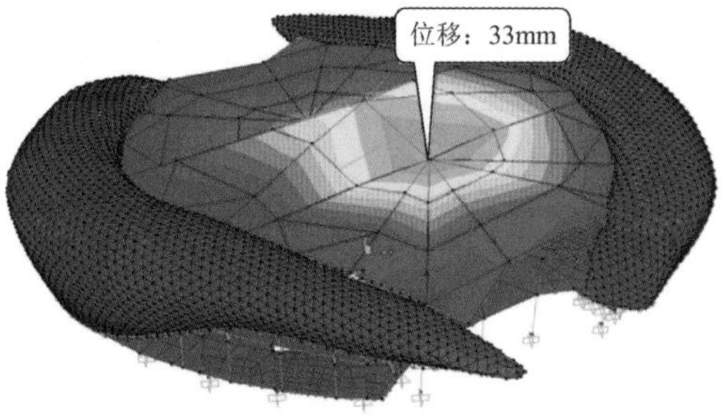

图 8.4-3　长索失效一根工况下的变形

短索 2 根 PES5-139 断索其中一根的工况，应力和变形见图 8.4-4、图 8.4-5。

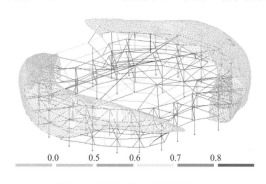
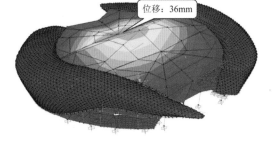

图 8.4-4　短索失效一根工况下的应力

图 8.4-5　短索失效一根工况下的变形

为评价结构的抗连续倒塌能力，上述不同工况下屋面钢结构主要受力杆件的应力比和位移量统计详见表 8.4-1。

张弦梁的应力比和变形　　　　　　　　　　　　表 8.4-1

工况	最大应力比	变形/mm
长短拉索正常工作	0.809	54.42
长索断一根	0.809	33.39
短索断一根	0.809	34.61

长短方向各设置 2 根 PES5-139，当长短方向失效一根拉索时，屋面主受力构件承载力不变，屋顶竖向的反向位移从 54.42mm 减少至 33mm 左右，由此可见，结构有足够抗连续倒塌能力，屋面构件的应力和位移均可满足要求。

8.4.3　节点分析

本工程两个鱼形单层网壳由于建筑造型的需要，网格尺寸较小，造成单个网壳结构的杆件数与节点数众多，若采用常规的相贯焊节点，不仅现场焊接质量较难保证，工期也无法满足业主的要求。

基于上述情况，本工程创造性地采用了一种新型的高强螺栓毂节点进行连接用高强螺栓连接代替焊接，通过对高强螺栓施加扭矩从而使螺杆中产生一定的预紧力，迫使杆件的弧形端面与毂节点的侧面紧密贴合，使接触面有足够的摩擦力来承担杆端剪力，从而保证节点的刚度。其构造如图 8.2-3 所示。

经过分析计算，本工程采用的节点毂基本尺寸如下：毂的直径均为 243mm，高度有 220mm、180mm

两种类型，分别对应高为 200mm 和 160mm 两类网壳杆件，壁厚均为 25mm，采用 Q345 钢。

对于高强螺栓毂形节点，螺栓扭力值的的确定是保证节点刚接的关键。由相关规范可知，高强螺栓连接的终拧扭矩值可按下式计算：

$$T_c = K \cdot P_c \cdot d \tag{8.4-1}$$

式中：T_c——终拧扭矩值（kN·m）；

$\quad\quad P_c$——施工预拉力值标准值，根据《钢结构工程施工质量验收规范》GB 50205—2001，10.9 级 M20 高强螺栓连接副施工预拉力标准值为 170kN；

$\quad\quad d$——高强螺栓直径（mm）；

$\quad\quad K$——扭矩系数，本工程取 0.14。

由计算结果可知，当采用 10.9 级 M20 高强螺栓，终拧扭矩值可取 470kN·m，根据相关试验结果表明，节点平面外刚度已接近理论分析值。

对于此种节点形式，杆件及内板的端面与毂的紧密贴合程度对节点刚度影响较大，所以应加强施工精度的控制，确保它们之间能紧密贴合。

8.4.4 网壳吊装施工模拟

施工时从鱼头部位开始分区，分成 1、2、3、4 四个大区（图 8.4-6），安装时在鱼头部位及 A1 区开始，直至鱼尾。每个区再分为约 3m×6m 的若干个小单元，在地面平台组装完成整体吊装。为保证整体造型空间位置每个安装小单元设置 5 个控制点（图 8.4-7），模拟分析施工时网壳的受力和变形状态。

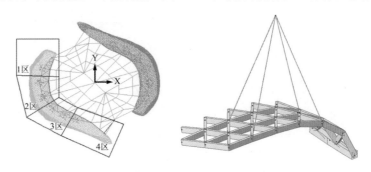

图 8.4-6 鱼形网壳施工分区（对称）　　　　图 8.4-7 吊点示意（拉索夹角 45°）

吊装过程中网壳的变形分析及强度验算结果详见图 8.4-8、图 8.4-9。网壳各分区在吊装的过程中满足强度、刚度要求，吊装过程安全合理。

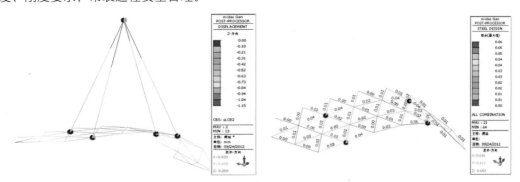

图 8.4-8 鱼形网壳吊装变形图　　　　　　　图 8.4-9 鱼形网壳吊装应力图

8.4.5 预应力索张拉方案

预应力张拉需在结构构件安装之后，二次装饰构件及玻璃安装之前完成，张拉过程中注意事项如下：

（1）以毫米为单位，12台千斤顶同时微微顶升，逐步将钢梁往上顶升，中央铸钢节点通过4台千斤顶最终顶升12.0mm（每台千斤顶约为34t），旁边两边铸钢节点亦通过4台千斤顶最终顶升9.0mm（每台千斤顶约为12t）。

（2）采用PES5-139拉索，穿索、锁索。

（3）按设计值对索进行张拉，施加张拉索预应力，最终达到的预应力为：长索：3130.5kN（单根1565.25kN）；短索：2923.1kN（单根1461.55kN），在预应力作用下，三个铸钢节点将逐渐脱离千斤顶。

（4）安装玻璃顶，三个铸钢节点将逐步回到设计标高或者设计标高以下。为了安全起见，千斤顶应同步回缩，始终保持与铸钢接触，但不起作用，直到整个采光顶安装完成。

（5）整个采光顶安装完成后，长索索力为：3332.3kN（单根1666.15kN）短索索力为：3244.9kN（单根1622.45KN），经过计算，成型后采光顶的三个铸钢节点标高分别为：17.1～25.28mm、14.9～31.26mm、14.9～31.26mm。

（6）承载能力极限状态下长索的最大索力为：4468.4kN（每根为2234.2kN），短索的最大索力为：4449.9kN（每根为2225.0kN），安全系数约为2.05（PES5-139拉索破断载荷为4558kN）。

8.5 试验研究

8.5.1 试验目的

高强螺栓毂节点在试验荷载作用下的受力性能研究并探索高强螺栓对节点平面外抗弯刚度的影响。

8.5.2 构件制作

本节点由毂核、内板、外板、高强螺栓及其他配件拼装而成。各杆件截面统一规格为□160×80×6，材质均为Q345B，毂形节点与各杆件之间采用M20摩擦型高强螺栓（10.9级）连接（图8.5-1），该节点的主要参数如表8.5-1所示。

试验毂形节点的主要参数 表8.5-1

参数	D/mm	T/mm	H/mm	材料
试验节点	250	25	200	Q345B

根据空间网格自由曲面的几何特征，将节点及其连接的杆件投影到节点所在曲面的切平面，可以得到杆件之间在该切平面的夹角α、杆件与切平面的夹角β。通过调整核心筒上螺栓孔的位置，可以达到调节α的目的。杆件通过内外板、两颗10.9级高强螺栓与核心筒组成一个整体。为保证核心筒的刚度，在核心筒中部设置了环向加劲肋，除此之外还在核心筒的两端设置封板，保证节点的美观性。装配完成后的节点如图8.5-1所示。

图8.5-1 装配式节点三维示意图

实际工程中设置尺寸较小的六根杆件交汇于节点，杆件形成的曲率接近于平面状态。试验时为不失一般性，六个水平角α均取 60°，六个垂直角β角均取 10°，如图 8.5-2、图 8.5-3 所示。为保证节点更好受力，毂核与杆件交汇的地方，铣成宽 80mm 的平面，方便接头处更好的连接。杆件规格取 160mm × 80mm × 6mm。节点各组件详细尺寸见试件加工图。

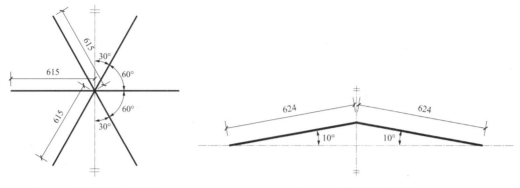

图 8.5-2 杆件水平角α示意图　　　　　　　　　图 8.5-3 杆件垂直角β示意图

8.5.3　试验过程及结论

螺栓施加的扭矩值不同，螺杆中的预紧力也不同，为考察螺栓施加的扭矩值对节点刚度的影响，根据规范提供的 10.9sM20 高强螺栓预拉力值范围，螺栓扭矩值的范围为 370~460kN·m，试验时分成五组：340kN·m、370kN·m、400kN·m、430kN·m 和 460kN·m 进行。每组试验操作流程均相同，试验过程中通过对中心节点采用人工分级加载，每级荷载约 100g，分 8 级加载来考虑内力和变形。试验过程详见图 8.5-4~图 8.5-9。

图 8.5-4 安装就绪　　　　图 8.5-5 杆端弯矩的测量　　　　图 8.5-6 反力架监测点 1

图 8.5-7 反力架监测点 2　　　　图 8.5-8 核心筒应力测量　　　　图 8.5-9 应变片布置

通过试验得出以下结论：

（1）加强施工的精度，保证每根构件的端面与节点紧密贴合，对节点的刚度，以及整个结构的受力性能具有非常重要的作用。

（2）试验荷载作用下，杆件和节点的测点应力都在弹性范围，中心节点的竖向位移也呈线性变化。

（3）随着高强螺栓扭矩值增加，中心节点的刚度随之增加，平面刚度满足要求。

8.6 结语

太仓规划展示馆造型独特、美观大方，结构杆件众多、构造复杂，通过本章的研究可得到以下结论：

（1）通过不同软件分析比较，反应谱分析和弹性时程分析的对比，按照设定的抗震性能目标进行性能化设计，使其有足够的安全储备，满足结构既定的抗震能力。

（2）对于空间关系特别复杂的结构，采用 BIM 进行设计可有效避免各类设计中的碰撞。

（3）鱼形单层网壳部分创造性地采用了新型高强螺栓毂节点，满足了受力及工期的要求。

（4）大跨度采光顶采用预应力张弦梁结构，达到了实用性和经济性的统一。

参考资料

[1] 叶永毅, 舒赣平, 张为民, 等. 太仓规划展示馆结构设计[J]. 建筑结构, 2013, 43(20): 1-5.

[2] 太仓市规划馆单层网壳毂形节点试验报告, 2012.

设计团队

建筑方案设计单位：赫瑞建筑设计咨询有限公司

施工图设计单位：苏州市建筑设计院有限公司，现启迪设计集团股份有限公司

结构设计团队：叶永毅，舒赣平，张为民，刘 勇，曹彦凯，张 惠，卞克俭，王宝清，张 涛，危大结

执 笔 人：叶永毅，刘 勇

获奖信息

2016 年第九届全国优秀建筑结构设计三等奖

第 9 章

泰州国际博览中心二期

9.1 工程概况

9.1.1 建筑概况

泰州国际博览中心二期工程位于江苏省泰州市国家医药高新技术产业开发区，建筑造型的灵感源于人体骨骼经络和细胞结构，此意向在建筑的平面设计及立面设计中得以体现。整个建筑形成一个立体的空间结构，人体的经脉组织、皮肤表皮被赋予建筑语言中的线和面。大小展厅的结合布置将人体细胞结构抽象地反映在功能布局中，展厅之间的连廊和通道等交通要素是血管和经络的抽象表现。二期主要由主展厅、会议中心、餐厅等部分组成，图 9.1-1 为泰州国际博览中心二期效果图。

主展厅建筑面积为 6.5 万 m²，建筑外形长 207m、宽 126m，建筑层数为 2 层，并在标高 6.00m、18.00m 有部分夹层。内部主要功能为 4 个 10000m² 左右的大展厅，一层展厅柱网为 18m×30m，层高 12m，二层展厅为 90m×108m 无柱大空间，主体结构高度为 29.70m。

图 9.1-1　泰州国际博览中心二期效果图

泰州国际博览中心二期主展厅空间造型复杂，由大跨度的钢筋混凝土型钢混凝土框架结构、90m 跨带两道斜拉索的箱形实腹钢梁屋面组成，形成彼此既相互独立又相互支撑的系统。带斜拉索的箱形实腹钢梁屋面造型新颖，很好地实现了建筑的空间构想。

9.1.2 设计条件

1. 设计参数

控制参数见表 9.1-1。

控制参数　　　　　　　　　　　　　　　　　　　　　　　　　表 9.1-1

结构设计基准期	50 年	建筑抗震设防分类	标准设防类（丙类）
建筑结构安全等级	二级（结构重要性系数 1.0）	抗震设防烈度	7 度（0.10g）
地基基础设计等级	甲级	设计地震分组	第一组
建筑结构阻尼比	0.05（小震）/0.07（大震）	场地类别	Ⅲ类

2. 结构荷载

本工程结构设计计算时，主要考虑的荷载包括恒荷载、活荷载（会展区取 15kN/m²）、雪载、风荷载、结构升温（30℃）、结构降温（−30℃）、地震作用。

本工程屋面为金属屋面，主要考虑荷载包括以下四项：

（1）永久荷载：结构自重，屋面活荷载、雪荷载及吊挂荷载。

（2）屋面活荷载：不上人屋面取 0.5kN/m²；雪荷载：基本雪压取 0.35kN/m²，靠过厅 22.5m 内考虑不均匀积雪分布系数 2.0，其余部分考虑不均匀积雪分布系数 1.0；吊挂荷载：消防喷淋管取为 0.25kN/m²，屋顶风机取为 0.1kN/m²，总计吊挂荷载为 0.35kN/m²。屋面活荷载和雪荷载取大值，并与吊挂荷载组合考虑为活荷载，即靠过厅 22.5m 内活荷载取 0.35 + 0.35 × 2 = 1.05kN/m²，其余部分活荷载取为 0.35 + 0.5 = 0.85kN/m²。此外，展厅周边悬挑处的封口梁吊挂蒙皮板，蒙皮板的荷载按活荷载考虑，取蒙皮荷载为 2.6kN/m²，即考虑封口梁的活荷载为 2.6 × 6 = 15.6kN/m。

（3）温度作用：由于《建筑结构荷载规范》GB 50009—2012 没有给出泰州地区基本气温的统计数据，参考江苏省其余各市气温，江苏最低气温为−8℃，最高气温为 41℃。考虑升温和降温各 30℃，分别定义为 TU 和 TD 两种荷载工况，结构合拢基准温度为 10～20℃。

（4）地震作用：参数见表 9.1-1。钢屋盖跨度 90m，按规范考虑竖向地震作用。

9.2　建筑特点

9.2.1　室内梁式简洁杆件

建筑师要求展厅内不吊顶、结构构件要简洁，且一层、二层展厅顶均采用尺寸相对较小的梁类构件。

国内主要会展场馆通常采用空间网架、张弦梁或管桁架等结构形式，本工程为了满足建筑的空间要求二层采用型钢混凝土楼面，沿 18m 方向设置主梁（700mm × 2600mm），沿 30m 方向设置次型钢梁（450mm × 2400mm）。屋面结合本工程过厅的设置，采用带斜拉索的实腹箱形钢梁（图 9.5-1～图 9.5-6）。

9.2.2　超长混凝土结构

本工程现浇框架结构的长度，已超过国家规范规定的温度伸缩缝 55m 的规定。平面超长，东西向 207m，南北向 126m，如果设缝将对外立面和内部空间产生较大影响，故未设永久结构缝。

通过如下措施减少温度效应对结构的影响：（1）设置适量后浇带，即沿建筑物纵横向设贯通的后浇带，将整体结构在混凝土施工阶段切割成 30～40m 长的若干块子结构，待子结构混凝土初期收缩完成后，一般为 2 个月，再行选取低温时段浇筑后浇带混凝土，将子结构连成整体结构，这个措施能有效地减少混凝土前期收缩影响；（2）改善混凝土的收缩特性，从水泥品质、水灰比、骨料质量外加剂等环节入手，主要减少混凝土的收缩率；（3）优化施工进度安排，控制施工及竣工时间，改善建筑热工，降低混凝土的入模温度，减少混凝土终凝与使用时的最大负温差，控制温度效应；（4）改善混凝土的施工条件，避免泵送混凝土的高水灰比、高收缩率；（5）通过温差收缩应力计算分析，对结构温差收缩引起应力集中的薄弱部位予以加强，以提高结构的抗力；（6）沿长度方向，结构构件（梁、板）内设置通长受拉钢筋及构造钢筋；（7）加强建筑外保温，减少温差影响。

9.2.3　大跨重载展览空间

本工程层高较高，首层 12m，大空间展厅的四周局部含一个夹层；二层 15m，无柱网展厅的四周局部含一个夹层。荷载重，首层展厅荷载 50kN/m²，二层展厅 15kN/m²。首层展厅的主要柱网尺寸为 18m × 30m 及 18m × 18m，二层展厅为 90m × 108m 的大跨无柱空间。

二层 18m × 30m 大跨位置采用型钢混凝土框架结构体系，沿 18m 短向设置型钢混凝土主梁，沿 30m

长向布置单向型钢混凝土次梁，见图 9.2-1。

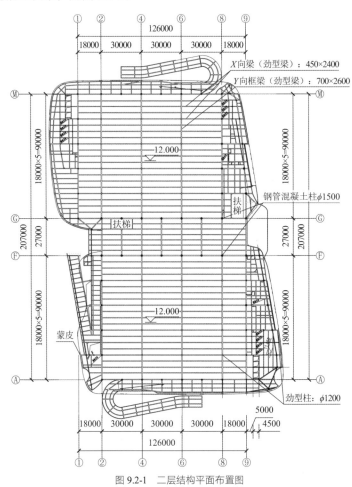

图 9.2-1　二层结构平面布置图

屋面大跨 108m × 90m 无柱空间，以过厅桁架为平衡支点，采用带两道斜拉索的 90m 跨箱形实腹钢梁，从而解决了室内无柱和建筑净高的问题，见图 9.2-2。

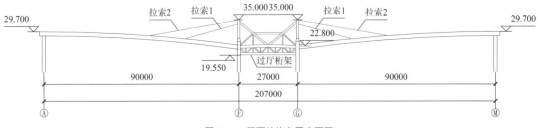

图 9.2-2　屋面结构布置立面图

9.2.4　穿孔梁提升建筑净空

为了提高一层净高，建筑专业要求在 30m 跨型钢混凝土梁上每跨预留 6 个 800mm 直径的圆形洞口便于机电管线的穿行，从而增加建筑的净空，见图 9.2-3。

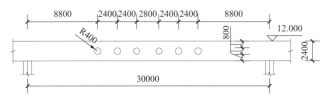

图 9.2-3　二层 30m 跨型钢混凝土梁开洞图

在型钢混凝土梁的钢骨腹板及混凝土部分预留 800mm 的洞口，按实际模型及边界进行实体有限元应力分析，对薄弱部位进行适当加强，开洞后的现场见图 9.2-4。

图 9.2-4　二层 30m 跨型钢混凝土梁开洞现场

9.2.5　型钢混凝土梁大高厚比钢骨的运输及安装要求

二层结构 18m × 30m 大跨柱网范围，由于荷载大，设计采用了型钢混凝土梁；为了结构经济性，钢骨尽量按规范下限取值。18m 跨度框架梁设置 700 × 2600 梁，钢骨截面为 2200 × 350 × 25 × 60（图 9.2-5），其腹板高厚比为 $h_w/t_w = 2080/25 = 83.2$，略小于组合结构设计规范对 Q345 钢材腹板高厚比限值 91 的要求，但是远大于钢结构设计规范腹板高厚比限值 $80\sqrt{235/345} = 66$（不设横向加劲肋）的要求。30m 跨度框架梁设置 450 × 2400 梁，钢骨截面为 2000 × 250 × 22 × 36（图 9.2-5），其腹板高厚比为 $h_w/t_w = 1928/22 = 87.6$，略小于组合结构设计规范对 Q345 钢材腹板高厚比限值 91 的要求，但是远大于钢结构设计规范腹板高厚比限值 $80\sqrt{235/345} = 66$（不设横向加劲肋）的要求。

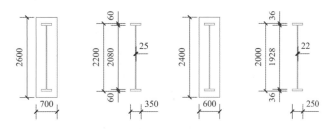

(a) 二层 18m 跨型钢混凝土梁钢骨图　　　(b) 二层 30m 型钢混凝土梁钢骨图

图 9.2-5　钢骨截面

本工程型钢混凝土梁钢骨大高厚比满足组合结构设计规范，在混凝土凝固结构成型之后是安全的。但是在运输和安装过程中，钢骨就是一个单纯的钢构件，高厚比在超过了钢结构设计规范的前提下，宜采取适当的措施，以确保施工过程中构件的安全。

故明确要求钢骨在运输及安装过程中，应采取可靠措施加以保护，避免钢梁屈曲、面外失稳或过大不利变形（图 9.2-6）。并要求施工过程中对临时钢框架的上下翼缘，设置小型钢支撑及纵向连系型钢小梁，以避免吊装及混凝土浇筑时钢骨的变形及移位（图 9.2-7）。

图 9.2-6　钢骨在运输过程中不利变形　　　　　图 9.2-7　安装过程中钢骨支撑

9.2.6 蒙皮围护钢结构

建筑外表皮为了展现流动、镂空、圆润的设计风格，采用了体型复杂的空间曲线造型，见图9.2-8。

图 9.2-8 建筑外立面蒙皮效果图

根据建筑方案要求，在主体结构外围单独设置钢结构空间桁架。蒙皮高低错落、凹凸进退无固定规律，钢结构骨架采用空间建模、空间定位、整体分析。蒙皮钢结构与钢筋混凝土主体结构相互关系亦比较复杂，蒙皮钢结构作为围护结构支承在钢筋混凝土主体结构上，见图9.2-9。

(a) 南展厅蒙皮钢结构示意图　　　　　　(b) 北展厅蒙皮钢结构示意图

(c) 主入口弧形幕墙钢结构示意图

图 9.2-9　蒙皮钢结构示意图

9.3 体系与分析

9.3.1 方案对比

1. 屋面结构体系的对比

1）张弦梁方案

张弦梁上弦压杆采用 H750×250×12×16 的 Q345B 工字钢（图9.3-1），撑杆间距9000mm 截面为 H250×120×12×10 的 Q345B 工字钢，下弦拉索直径160mm，强度等级为1670MPa，拉索破断力 $P_{cr}=$

33577kN，拉索最大轴力 $N_{max} = 12435kN$，$N_{max}/P_{cr} = 0.37$，拉索最大受力低于 0.4 倍破断力的要求，且最小索力都大于 0，即拉索不会出现松弛现象。

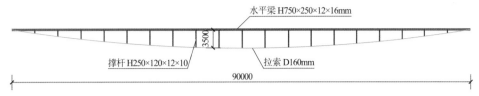

图 9.3-1　张弦梁方案立面图

优点：结构形状与内力形状基本一致，能够使材料得到充分利用，其刚度大、自重轻，杆件较纤细。

缺点：根据规划要求，建筑总高度受限制，屋盖采用 3.5m 高的张弦梁使展厅内部空间显得压抑，且建筑师认为仍不够简洁。另外，预应力二次施加时，高空作业难度大。其侧向刚度比竖向刚度弱，安装过程中稳定性较差。

2）钢管桁架方案

屋面采用大跨度双向圆钢管空间桁架结构，本屋盖由 10 榀 Y 向桁架和 12 榀（其中中间两榀为平面桁架）X 向次桁架组成。Y 向桁架跨度（90 + 27 + 90）m，X 向桁架跨度 108m，两端悬挑 10m，桁架水平节点间距为 6m，最低点桁架立面高度 4.5m，最高点桁架立面高度 6m。屋顶材料采用轻钢屋面。结构三维模型如图 9.3-2 所示。

优点：三角形空间管桁架结构体系成熟，截面材料绕中和轴分布较均匀，使截面同时具有良好的抗压和抗弯扭承载能力及较大刚度，比平面桁架扭转刚度大、稳定性好，能够跨越更大的跨度。腹杆与弦杆的连接方式采用相贯焊，不用节点板，构造简单，施工制作安装方便。

缺点：结构高度大，以及不吊顶结构杆件相对较多，建筑效果不太理想。

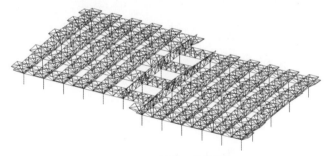

图 9.3-2　屋面桁架三维模型图

3）斜拉索方案

由于内部空间有限，将思路转到建筑物外部，借鉴桥梁结构设计方法，采用大跨钢梁 + 斜拉索的结构形式，其具体演化过程如下：

（1）交叉琴弦式拉索 + 桅杆柱方案（图 9.3-3）

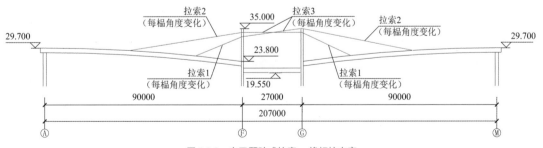

图 9.3-3　交叉琴弦式拉索 + 桅杆柱方案

优点：整根索受力，节点较少。

缺点：主钢梁上的拉结点远近不一致，角度不理想，索拉力大小相差较大；断索情况或张拉过程，桅杆柱受力不平衡；桅杆柱两侧钢梁错位，桅杆柱受剪，不合理（$V_{max}=11000kN$）；过厅屋面梁过于单薄，难以平衡两侧展厅钢梁传来的水平；力结构冗余度不高。

（2）长短双索＋桅杆柱方案（图9.3-4）

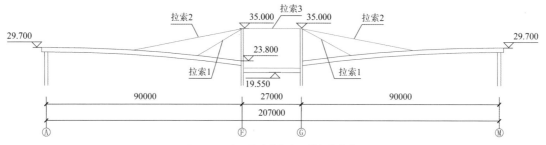

图9.3-4 交叉琴弦式拉索＋桅杆柱方案

优点：索受力对称，节点较少。

缺点：断索情况或张拉过程，桅杆柱受力不平衡；桅杆柱两侧钢梁错位，桅杆柱受剪，不合理（$V_{max}=$ 11000kN）；过厅屋面梁过于单薄，难以平衡两侧展厅钢梁传来的水平力；结构冗余度不高。

（3）长短双索＋过厅桁架方案（图9.3-5）

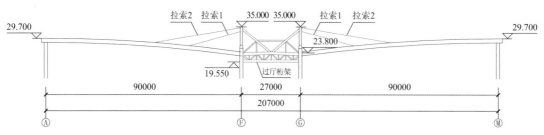

图9.3-5 长短双索＋过厅桁架方案

优点：过厅桁架与两侧桅杆柱形成的大桁架可以很好地承受两侧拉索拉力；两道独立的拉索，便于张拉、锚固；过厅桁架上弦与展厅屋面梁对应设置，有效传递水平力；两道拉索，即使是断索的极限状态，内力也有重新分布的路径，结构冗余度较高。

缺点：用钢量稍大于方案（1）、方案（2）。

综上，长短双索＋过厅桁架方案，通过斜拉索及过厅屋面桁架的设置，较好地传递了大跨钢梁的水平分力，拉索竖向分力较好地控制了屋面钢梁的变形及材料用量，也为斜拉索的固定提供可靠支撑条件，最终选取长短双索＋过厅桁架方案。

另外，长短双索＋过厅桁架方案虽然技术相对较优，但由于桅杆柱高度的限制，拉索角度总体偏小不理想，同时为避免一道拉索断索后结构连续倒塌风险，设计采用两道拉索，对于拉索与钢梁的具体连接位置（图9.3-6），比选过程如下：

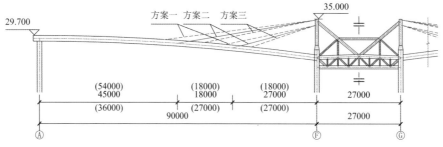

图9.3-6 拉索吊点位置方案

方案一：远拉方案——拉索角度很小，拉结点远离桅杆柱；

方案二：中拉方案——拉索角度稍大，拉结点位于 90m 的跨中；

方案三：近拉方案——拉索角度最大，拉结点相对最靠近桅杆柱。

三个方案在相同条件下，即拉索类型相同，拉索预应力接近和钢梁截面相同，经受力计算分析，方案一钢梁最大应力比为 0.898,最大位移为 203.6mm;方案二钢梁最大应力比为 0.834,最大位移 199.3mm;方案三钢梁最大应力比为 1.130，最大位移 396.7mm。

由上可见：方案一由于拉索角度相对最小，拉索沿主钢梁轴向分力较大，主钢梁的轴力对过厅桁架影响较大。方案二拉索角度适中，应力比、位移均较理想。方案三由于拉索拉结点最靠近桅杆柱，对减少主钢梁跨中弯矩效果较小，主钢梁的应力比、位移均较其他方案大。

经以上分析对比，长短双索 + 过厅桁架中拉方案（方案二）是较优方案。

2. 外蒙皮结构体系的对比

（1）实腹梁柱方案

优点：杆件数量相对较少，杆件刚度大。

缺点：用钢量大，且由于蒙皮曲线造型复杂，钢结构的加工制作难度大。

（2）管桁架方案

优点：结构布置灵活，能够紧贴建筑表皮，可根据模型参数准确下料，施工容易，用钢量相对较省。

缺点：杆件数量相对较多，钢结构的防护材料用量有所增加。

综上，蒙皮结构在相对平直部位择优选择实腹梁柱，在曲线造型部位选择管桁架体系，按实际部位区别布置，能较好地满足建筑造型的需求。

9.3.2 结构布置

1. 下部主体结构布置

主体结构采用钢筋混凝土框架结构，二层楼面的展厅及过厅区域采用型钢混凝土梁、柱，过厅两侧框架柱采用钢管混凝土柱。

根据建筑的需求，二层 2 个 90m × 108m 大展厅屋盖采用带两道斜拉索的箱形实腹钢梁钢结构屋盖；中部跨度 27m 的过厅采用钢梁 + 组合楼板屋面。图 9.2-1 为二层（标高 12.000m）结构平面布置图。

2. 下部主体结构主要构件截面尺寸

钢梁、钢柱、屋面水平支撑采用 Q345 钢；屋面檩条、系杆采用 Q235 钢；拉索采用 ϕ7 高强钢丝束（抗拉强度 1670MPa）。

一层展厅柱网为 18m × 30m，框架柱采用 ϕ1300 圆柱；过厅柱为 15m × 27m，两侧框架柱采用 ϕ1500 圆形钢管混凝土柱，兼做主屋面斜拉索桅杆。

二层展厅楼面主框架梁（18m 跨度）截面为 700mm × 2600mm，次框架梁（30m 跨度）及次梁（30m 跨度）截面为 450mm × 2400mm；楼面采用现浇楼板，板厚 150mm。图 9.3-7 为结构计算总装模型。

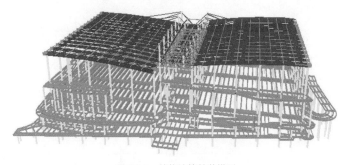

图 9.3-7 结构计算总装模型

3．屋盖结构布置

两个 90m×108m 大展厅屋面采用带两道斜拉索的箱形实腹钢梁钢屋面（图 9.3-8），展厅南北向柱网为 90m，东西向柱网为 108m，主要受力方向为南北向的主梁，其采用箱形截面，截面为口1800×600×20×32，并通过两道拉索连接在过厅边排柱子上，使两边展厅相互协调，形成类似斜拉桥结构。共选用了三种拉索，均为低应力防腐拉索系列，采用的三种型号为 PES（FD）7-151、PES（FD）7-367，PES（FD）7-211，强度等级为 1670MPa。图 9.3-9 为钢结构屋盖空间示意图。东西方向次梁采用工字形截面，使整个屋盖形成一个空间体系。展厅周边悬挑 2m，四周的蒙皮板悬挂在收边梁上。

过厅部分南北向柱距 27m，东西向柱距为 90m，主要受力方向为南北向的 7 榀平面主桁架，主桁架间距均为 15m，其上弦杆中心线与展厅主梁中心线平齐，桁架中心线高度 3m，并在下弦杆上布置组合楼面。东西方向布置了 5 榀平面次桁架，次桁架最大间距为 6.75m，次桁架与主桁架正交，次桁架直接搭接于主桁架上。此外，主次桁架间还布置了一些支撑、撑杆和次梁，使整个过厅结构形成一个空间交叉桁架体系。过厅上部南北向通过 7 榀平面三角桁架平衡展厅拉索传来的荷载，使整个结构成为一个合理的受力体系，图 9.3-8 为屋盖结构正立面视图。图 9.3-9 为钢结构屋盖空间示意图。

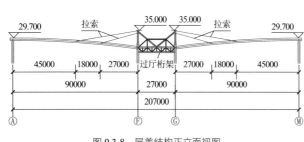

图 9.3-8　屋盖结构正立面视图

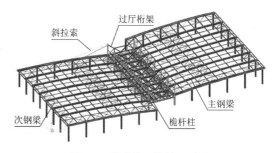

图 9.3-9　钢结构屋盖空间示意图

9.3.3　性能目标

1．抗震设计及措施

本工程 25.8m 高度不超限，仅有局部夹层、扭转不规则等两项一般不规则情况。

采用两种不同力学模型的分析程序 SATWE 和 ETABS 进行计算分析。进行弹性时程分析并依据其结果对支承大跨屋盖的外围框架柱及过厅框架采取增强配筋等措施作适当加强。对 6.0 标高及 18.0 标高的夹层楼板采用弹性板假定，以考虑楼板刚度，加强连接部位设计，使其达到能协同各部分共同工作；连接薄弱处的楼板进行中震下应力分析，采用双层双向配筋，并以应力分析结果确定板厚及指导配筋设计。

2．抗震性能目标

根据采用基于性能的抗震设计方法，确定了主要结构构件的抗震性能目标，如表 9.3-1 所示。

主要构件抗震性能目标　　　　表 9.3-1

抗震烈度水准		小震	中震	大震
整体目标	整体结构性能水准的定性描述	不损坏	损坏可修复	不倒塌
	整体变形控制目标	1/800	—	1/100
关键构件	支承拉索的框架柱	弹性	中震弹性	满足抗剪截面控制条件
	连接薄弱部位的梁、板	弹性	弹性	—
	钢梁斜拉索	弹性	弹性	不屈服

9.3.4 结构分析

1. 结构模型及计算结果

本工程总装模型计算采用的程序为结构有限元分析软件 ETABS 及 SATWE。屋盖钢结构局部模型进行钢结构体系的模态分析采用 SAP2000 软件。表 9.3-2 和表 9.3-3 为整体模型的主要结果。

结构整体计算部分结果 表 9.3-2

程序		SAWTE		ETABS	
作用方向		X向	Y向	X向	Y向
地震作用	总剪力/kN	60271	63179	62040	64820
	最大层间位移角	1/861	1/1043	1/986	1/1087
	最大位移比	1.20	1.13	1.11	1.11
	剪重比	3.98%	4.17%	4.08%	4.39%
风荷载	总剪力/kN	7851	5374	7269	5770
	最大层间位移角	1/7051	1/9297	1/9435	1/7698

两种软件计算结构自振周期及周期比 表 9.3-3

软件	T_1（X向平动）/s	T_2（Y向平动）/s	T_3（扭转）/s	周期比T_3/T_1
SATWE	1.1056	1.0940	0.9889	0.894
ETABS	1.1532	1.0181	0.9898	0.858

2. 时程分析主要结果

小震下结构的弹性时程分析采用 1 条人工波（RH4TG045）和 2 条天然波（TH1TG045、TH2TG045），共 3 条波进行计算分析。基底剪力见表 9.3-4。

时程分析基底剪力 表 9.3-4

工况	Q_{0x}/kN	Q_{0y}/kN	与CQC法计算结果的比值·	
			Q_{0x}的比值	Q_{0y}的比值
CQC	60231	63127	—	—
RH4TG045	45097	47122	74.9%	74.6%
TH1TG045	60125	58119	99.8%	92.1%
TH2TG045	44416	48983	73.7%	77.6%
平均值	49879	51408	82.8%	81.4%

时程分析结果表明：从表 9.3-4 中弹性时程分析结果可见，每条时程曲线计算所得的结构底部剪力不小于振型分解反应谱法求得的底部剪力的 65%，不大于 135%；3 条时程曲线计算所得的结构底部剪力平均值不小于振型分解反应谱法求得的底部剪力的 80%，不大于 120%，满足《建筑抗震设计规范》GB 50011—2010 对弹性时程分析的基本要求。

从结果中可以看出，振型分解反应谱法在各楼层均能包络 3 条地震波响应的最大值，CQC 法计算结果可以作为配筋设计的依据。

9.3.5 基础设计

根据拟建场地情况，本工程采用钻孔灌注桩基础，ϕ800 钻孔灌注桩的桩长为 45m，以⑤粉细砂为桩端持力层，单桩承载力特征值为 3500kN。本工程无地下室，采用柱下独立承台桩基，混凝土强度等级为 C35。典型跨 18m × 30m 柱网下承台厚度为 1100～1800mm。过厅桁架钢管混凝土柱采用埋入式柱脚，其承台厚度为 3100m。

9.4 专项设计

9.4.1 超长结构的分析及应对措施

1. 超长结构温度应力分析

本工程平面尺寸较大，最大平面尺寸约 126m × 207m，由于建筑使用要求，不允许结构设置永久的伸缩缝，属超长结构。补充超长结构温度应力分析。考虑整体环境温差的影响，仅考虑降温过程。温度作用：按出模温度为 15℃，考虑+30℃（温度工况 1）、−30℃（温度工况 2）的季节温度变化。图 9.4-1、图 9.4-2 分别为标高 6.00m 夹层和二层楼板温度应力分析结果。

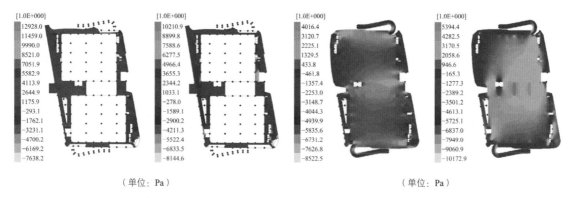

（单位：Pa）

（单位：Pa）

图 9.4-1　标高 6.00m 温荷工况下板面内正应力　　　图 9.4-2　二层温荷工况下板面内正应力

由图 9.4-1 和图 9.4-2 可见，温度作用下，本层大部分区域内楼板面内拉应力小于 2.01MPa（C30 混凝土拉应力标准值），仅在局部洞口及转角框架附近出现应力集中现象，楼板拉应力大于混凝土容许拉应力 2.01MPa，这些区将按本章 9.2.2-（2）条的措施进行处理。

另外，经温度作用应力分析，温度效应对竖向构件的影响较小。

2. 超长楼板薄弱部位在中震下的应力分析及加强措施

根据建筑功能要求，在标高 6.00m、18.00m 夹层楼面局部连接较为薄弱，补充楼板连接薄弱部位在中震下的应力分析验算。PMSAP 分析结果如图 9.4-3 所示。

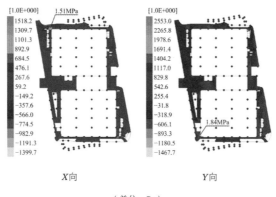

X 向　　　　　　　Y 向

（单位：Pa）

图 9.4-3　标高 6.00m 夹层地震作用下板内正应力

从图 9.4-3 可见，中震作用下，各楼层大部分区域内楼板面内正应力小于 2.01MPa，在开洞处附近及转角区域，楼板正应力大于混凝土容许拉应力 2.01MPa，出现应力集中现象，这些区域通过适当配置加强钢筋以抵抗相对较高的拉应力水平。

9.4.2 二层大跨型钢混凝土梁开洞应力分析及加强措施

根据建筑效果要求，二层楼面梁（标高 12.000m）部分设备管道须进行穿梁处理，穿梁套管直径 $D = 800mm$，梁跨度 30m，梁截面尺寸为 450mm × 2400mm，每跨梁需穿管 6 根，具体穿管位置见图 9.4-4（洞口尺寸及位置符合构造要求）。梁上荷载（标准值）：恒荷载 $g_k = 0.45 × 2.4 × 27 + 4.5 × (0.15 × 27 + 2) = 56.4kN/m$，活荷载：$q_k = 4.5 × 15 = 67.5kN/m$。

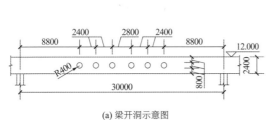

(a) 梁开洞示意图　　　　　(b) 梁开洞实景图

图 9.4-4　梁开洞图

采用 ABAQUS 软件分析所得的变形图、应力云图如图 9.4-5、图 9.4-6 所示，由图可以看出，钢筋的最大应力为 283.7MPa，出现在支座处，跨中受拉区纵筋最大应力为 160MPa，均未达到钢筋的屈服强度。梁的最大位移为 28.6mm，发生在跨中，仅为梁的跨度的 1/1000，满足规范的挠度要求。同时跨中受压区混凝土最大压应力为 15MPa、跨中及支座最大拉应力为 1.66MPa，均未达到混凝土的强度设计值，且洞口周围应力集中不明显，该梁是安全可靠的。

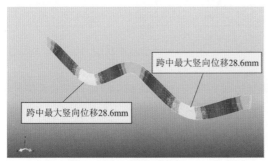

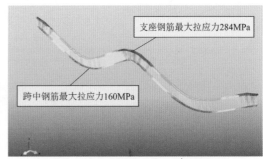

图 9.4-5　开洞梁变形图　　　　　图 9.4-6　开洞梁纵筋和箍筋 Mises 应力云图

9.4.3 带两道斜拉索的 90m 跨箱形实腹屋面钢梁

本工程屋盖分析采用的计算程序为 SAP2000 结构有限元软件。在 AUTOCAD2004 中建立了结构的三维模型，然后导入 SAP2000 中进行计算。采用的计算单元主要有梁单元、柱单元、杆单元和连接单元。在程序中建立了钢屋盖结构的整体模型，见图 9.4-7。

柱底按实际设计分别选取刚接和铰接。由于结构跨度及纵向长度较大，为了释放由于温度产生的结构内力，混凝土柱上钢屋盖的支座根据需要设置了固定铰支座、单向滑动支座、双向滑动支座，采用连接支座单元模拟，使该连接支座单元的抗侧刚度与橡胶支座的抗剪刚度相同。屋盖支座平面布置图见图 9.4-8，表 9.4-1 为橡胶支座部分材料信息表。

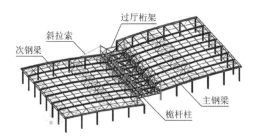

图 9.4-7 钢屋盖三维模型示意图

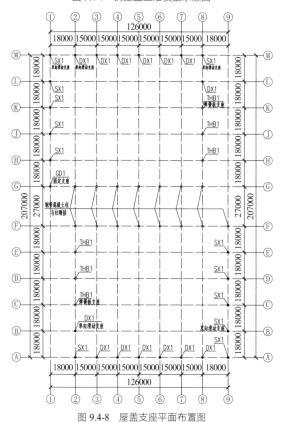

图 9.4-8 屋盖支座平面布置图

橡胶支座部分材料信息 表 9.4-1

支座	支座规格	纵向位移/mm	横向位移/mm	截面大小/mm	总厚度/mm	设计承载力/kN
GD1	GPZ(KZ)2GD	—	—	410 × 410	125	2000
DX1	GPZ(KZ)3DX	±100	±3	495 × 740	165	3000
SX1	GPZ(KZ)2SX	±50	±40	400 × 420	105	2000

注：GD 为固定支座；DX 为单向滑动支座；SX 为双向滑动支座。

1. 主要杆件的内力

根据 SAP2000 的分析结果，本工程各类杆件的应力比均控制在 0.85 之内，对于如预应力张拉索及撑杆等关键构件应力比控制在 0.6 之内，杆件截面选择合理。钢结构杆件应力比如图 9.4-9 所示。

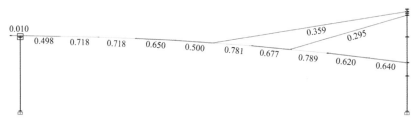

图 9.4-9 钢结构杆件应力比

2. 主要节点的位移

工程在计算结构位移时共考虑了 34 种组合工况，统计计算结果可知，对于展厅部分，竖向最大位移发生在荷载组合 5DL 下节点 16 和节点 670 处（节点位置如图 9.4-10 所示，两节点为反对称点），竖向最大位移分别为−199.26mm 和−198.76mm，结构在荷载组合 5DL 下变形如图 9.4-10 所示。

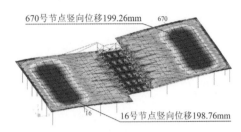

图 9.4-10　展厅结构变形图（荷载组合 5DL）

根据《钢结构设计规范》GB 50017—2003 附录 A 可知挠度和跨度的比值要小于 1/400。图中最大位移点位移小于允许挠度 90000/400 = 225mm，满足要求。

3. 结构动力分析主要结果

对整体屋盖结构进行动力分析，钢屋盖阻尼比取 0.02，对结构的前 300 个振型进行计算分析，使 UX、UY 和 RZ 方向的振型质量参与系数大于 0.9，图 9.4-11 给出了结构前 6 阶模态视图。通过计算可知，在地震作用下结构杆件的内力均满足要求。

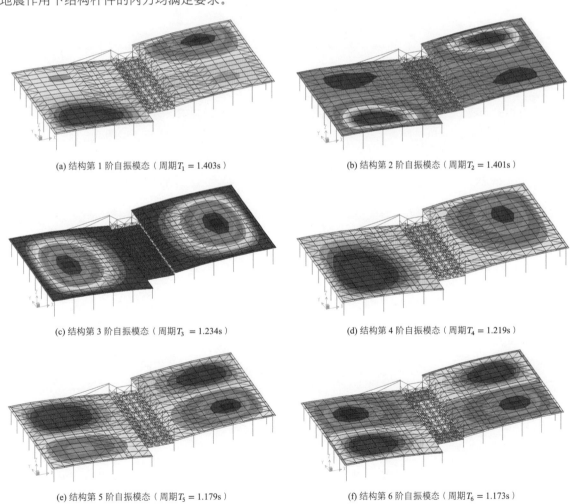

(a) 结构第 1 阶自振模态（周期 T_1 = 1.403s）　　(b) 结构第 2 阶自振模态（周期 T_2 = 1.401s）

(c) 结构第 3 阶自振模态（周期 T_3 = 1.234s）　　(d) 结构第 4 阶自振模态（周期 T_4 = 1.219s）

(e) 结构第 5 阶自振模态（周期 T_5 = 1.179s）　　(f) 结构第 6 阶自振模态（周期 T_6 = 1.173s）

图 9.4-11　结构前 6 阶模态

4．拉索内力分析

本工程拱共选用了三种拉索，均为低应力防腐拉索系列，采用的三种型号为 PES（FD）7-151，PES（FD）7-367，PES（FD）7-211，强度等级为 1670MPa，拉索布置情况详见图 9.4-12，拉索信息详见表 9.4-2，拉索内力状况详见表 9.4-3。

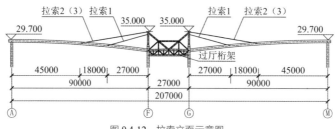

图 9.4-12　拉索立面示意图

拉索信息表 表 9.4-2

编号	规格	型号	长度/m	数量
LS1	低应力防腐拉索	PES（FD）7-151	28.086	14
LS2	低应力防腐拉索	PES（FD）7-367	45.556	12
LS3	低应力防腐拉索	PES（FD）7-211	45.556	2

拉索受力状况 表 9.4-3

编号	破断力P_{cr}/kN	N_{max}/kN	N_{min}/kN	N_{max}/P_{cr}
LS1	8993	3465.77	28.086	0.385
LS2	28214	10864.13	45.556	0.385
LS3	28214	10513.55	45.556	0.373

由表 9.4-3 可知，三种拉索最大受力均满足低于 0.4 倍破断力的要求，且最小索力都大于 0，即拉索不会出现松弛现象。拉索与过厅桁架连接节点见图 9.4-13，拉索与钢梁连接节点见图 9.4-14。

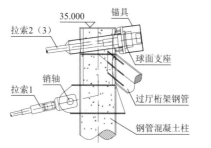
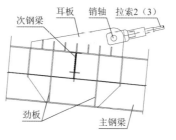

图 9.4-13　拉索与过厅桁架顶部连接节点　　图 9.4-14　拉索与屋面钢梁连接节点

5．抗连续倒塌分析

每榀主钢梁上有两道拉索，设计时采用变化荷载路径法（AP 法）对结构进行断索分析，进一步确保钢屋盖在突发情况下的可靠性。工程分别对内侧拉索和外侧拉索进行断索分析。

根据美国 GSA 规范，与被拆除构件（拉索）相连的主钢梁及靠近的其他构件考虑动力特性放大系数，可取为 2，即荷载工况取为 2×（1.0 恒荷载 + 0.25 活荷载），而对于其他不与被拆除构件（拉索）直接相连的屋盖部分，动力放大系数取 1，即荷载工况取为 1×（1.0 恒荷载 + 0.25 活荷载）。而根据美国 GSA 规范采用构件需求能力比 DCR 准则判定构件失效性，对于规则结构，DCR 的限值是 2.0，对于不规则结构，DCR 的限值是 1.5。结合中国规范中的构件承载力计算方法，本工程根据中国规范要求计算的应力比（此处区分强度采用标准值）来判断构件的破坏情况。此外，材料的动力加载试验的一般结果表明，材料的动态强度随应变率的增大而提高，因此，在动力计算中可考虑材料强度的动力放大，参考美国 UFC 规范规定，采用 1.25 作为钢材屈服强度的动力放大系数。

图 9.4-15 和图 9.4-16 分别为撤去单根长拉索和短拉索对应的变形图。经断索分析，对于撤去单根外侧长拉索，折算应力比和变形均最大，最大应力比为 0.944，最大变形为 531mm，约为跨度的 531/90000 = 1/169，未发生失效。分析可知，由于该屋盖结构符合单向预应力斜拉索结构的平面传力特征，单根拉索断裂的影响范围仅限于与拉索相连的展厅屋盖主钢梁，且该主梁并未发生失效，即拉索的断裂不会引起结构的连续倒塌，屋盖具有较强的抗连续倒塌能力。

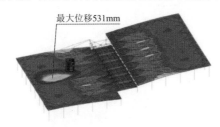

图 9.4-15 撤去单根外侧长拉索变形图   图 9.4-16 撤去单根内侧短拉索变形图

9.4.4 外蒙皮结构设计

1. 蒙皮形式

根据建筑方案要求，在主体结构外围设置造型独特的蒙皮结构，以使得立面造型更加饱满、丰富。蒙皮钢结构形式见图 9.2-9。

2. 蒙皮钢结构设计难点

蒙皮造型独特，钢结构设计比较复杂，难点较多。蒙皮高低错落、凹凸进退无固定规律，钢结构骨架采用空间桁架结构，需要空间建模、空间定位、整体分析，且蒙皮钢结构节点种类繁多，同时蒙皮钢结构与钢筋混凝土主体结构相互关系亦比较复杂，蒙皮钢结构需要支承在钢筋混凝土主体结构上，受力大小及连接做法各不相同，成为蒙皮设计的又一个难点。

3. 展厅蒙皮钢结构计算分析

蒙皮结构设计时，根据建筑 BIM 模型，导入 SAP2000 模型，并结合主体混凝土结构的实际情况设置合适的支撑及连接点，进行准确的计算分析。蒙皮钢结构变形和应力比计算结果分别如图 9.4-17 和图 9.4-18 所示。

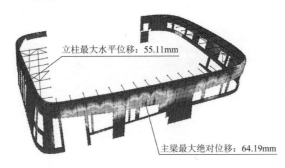

图 9.4-17 北侧蒙皮钢结构变形图

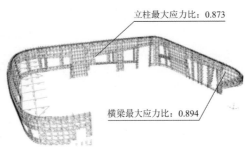

图 9.4-18 北侧蒙皮钢结构应力比图

验算结果表明，虽然蒙皮钢结构形状复杂且各不相同，在满足建筑美观要求的前提下，通过设置合理的空间杆件可使得空间桁架的传力途径清晰，受力合理，所有杆件均满足承载力极限状态的要求。同时，根据不同部位蒙皮钢结构的实际受力状况，通过设置多种形式的支座来实现蒙皮钢结构与主体结构的变形协调。

4．主入口弧形钢结构计算分析

主入口弧形钢结构中间区为单向弧面结构，两侧三角区为双向弧面结构，主钢梁最大跨度约30m，上端支承于跨度27m的过厅管桁架上，两侧分别支承在钢筋混凝土主体结构的不同部位。根据建筑方案美观要求及实际受力情况，合理选用构件截面形式：中间区单向弯矩主钢梁采用哑铃形截面，其他钢梁、钢柱均采用钢管结构，构件布置见图9.4-19。

根据建筑BIM模型，导入SAP2000模型，并结合主体混凝土结构的实际情况设置合适的支撑及连接点，进行准确的计算分析。钢结构变形计算结果见图9.4-20。

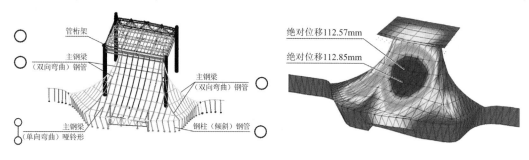

图9.4-19　主入口弧形幕墙钢结构构件布置示意图　　　图9.4-20　主入口弧形幕墙变形图

经计算，杆件最大应力比小于0.9，有适当余量，满足设计要求；节点301最大绝对位移112.85mm，相对位移70.135mm，所在梁曲线长度为30.750m，挠度限值$[u] = 30750/400 = 76.875mm > 70.135mm$，梁挠度满足要求。

9.4.5　钢屋盖水平滑移施工

1．总体方案

钢屋盖钢梁跨度90m，如果按照传统施工工艺需要采用满堂脚手架支撑，会严重影响施工工期。根据本工程屋盖的构成情况和现场施工条件，钢屋盖安装的总体施工思路为：施工二层及以下框架结构（含型钢混凝土钢构）→中厅屋面钢结构过厅桁架→屋盖钢结构滑移安装→屋面次结构安装→预应力索张拉→拆除临时支撑，结构成型（图9.4-21）。

图9.4-21　屋面钢结构立面图

2．屋盖钢结构水平滑移安装

在主体结构的西侧，北区1轴西侧，南区2～3轴分别设置建筑物范围外的临时拼装平台（图9.4-22的蓝色区域）。在二层结构标高以上的D轴和J轴设置临时钢排架柱子和钢梁（其下层的柱子及基础在滑移荷载作用下经复算，满足规范要求），并在钢梁上设置滑移轨道。同时利用主体结构 A、F、G、M 轴的结构梁，在其上设置滑移轨道。屋盖水平滑移单元编号见图 9.4-23。

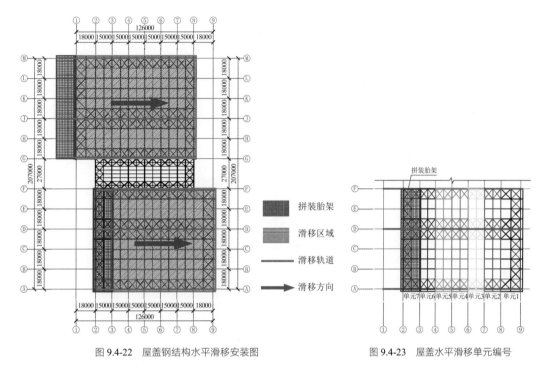

图 9.4-22　屋盖钢结构水平滑移安装图　　　　图 9.4-23　屋盖水平滑移单元编号

钢结构水平滑移安装步骤如下：

（1）在左侧拼装平台对接拼装两榀主梁；

（2）拼装主梁间次梁；

（3）安装主梁间水平支撑；

（4）完成第一单元模块的拼装，并开始第一次顶推滑移。第一单元重 210t，后期累积单元为单根主梁、次梁及相关二次构件。A～F 轴单独施工区滑移累积总重量 1200t，滑移总长度 108m；

（5）依次按第一单元模块的施工步骤施工第二～七单元。

在七次滑移过程，按实际工况对结构进行有限元模型模拟，轨道下的梁、柱、基础，以及屋盖自身的应力变形均在规范限值范围内，说明施工方案是合理可行的。

3．预应力索张拉

拉索张拉控制采用双控原则：控制索力为主，变形为辅。单榀结构位于钢桅杆的一端主动张拉，采用一次张拉到位的张拉方法。安装阶段索施工主要为两个阶段：第一阶段就是每一榀梁滑移前，将拉索在钢梁表面铺开；第二阶段就是屋盖滑移到位后，提升安装。具体流程为：钢架在拼装胎架上拼装→拉索展开，平铺在钢架梁表面→拉索下索头与钢架对应节点连接、锚固→钢架滑移到位→在柱顶搭设安装操作平台→安装提升系统→提升拉索，并将上索头与柱顶对应节点有效连接。

张拉顺序：总体顺序采用从两边向中间对称张拉，即 2 轴→8 轴→7 轴→3 轴→4 轴→6 轴→5 轴的顺序（图 9.4-24），每榀中先张拉外索（LS2、LS3）再张拉内索（LS1），使得屋盖均匀受力。

拉索预应力施工分析，采用 SAP2000 通用有限元分析软件，采用几何非线性和材料非线性分析，建立非线性施工过程工况求解（本模型中认为支撑胎架的刚度足够大，能够临时支撑整体屋盖的荷载）。对拉索张拉施工过程各工况下的索拉力、索拉伸量及钢梁应力进行分析，结果表明：预应力索张拉过程中，最大竖向位移 154mm（张拉点处），钢梁最大应力比为 0.67，满足要求。

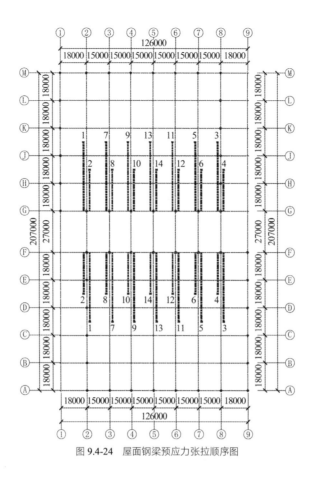

图 9.4-24 屋面钢梁预应力张拉顺序图

9.5 结语

泰州国际博览中心二期工程造型独特、美观大方,结构跨度大、杆件多,又有张拉索相连接,构造复杂。从结构方案对比、结构计算分析、结构专项设计等多方面进行结构设计解析,工程总结如下:

(1)对于建筑造型复杂的工程,在设计前可结合建筑 BIM 模型建立较为精确的结构整体模型,采用 SATWE 及 ETABS 等多模型进行分析设计,对结构按构件类型、受力复杂程度以及构件的重要性等提出抗震性能化设计目标。

(2)对于大开洞造成的连接薄弱部位,应进行温度应力和中震应力分析,根据分析结果进行相应加强。对超长混凝土结构,结构设计中通过对温度应力进行分析,设置后浇带,加强梁、板内通长及构造钢筋等措施,减少了温度作用和收缩变形对钢筋混凝土结构的不利影响。

(3)目前,建筑造型多样化,特别是外装饰构件空间化、复杂化,只要建立准确的空间模型,选用合适的空间结构形式,均可以实现建筑与结构的完美统一。

(4)对于大跨度轻钢屋盖设计,除了传统的桁架、网架等结构形式外,在建筑净高受限或建筑师对内部结构形式有特殊要求的情况下,可借鉴桥梁结构设计方法,采用大跨度钢梁 + 拉索的结构形式。

(5)增设拉索与不加拉索而直接采用大跨钢梁结构形式,在结构变形控制及经济性控制方面有显著效果。

(6)过厅屋顶采用桁架结构替代典型的桅杆柱为斜拉索提供了稳固的端部支撑条件,为结构的安全性提供可靠保障。

参考资料

[1] 北京金土木软件技术有限公司, 中国建筑标准设计研究院. SAP2000中文版使用指南[M]. 北京: 人民交通出版社, 2006.

[2] 王铁梦. 工程结构裂缝控制[M]. 北京: 中国建筑工业出版社, 2000.

[3] U. S. General Services Administration(GSA). Progressive collapse analysis and design guidelines for new federal office buildings and major modernization project [S]. Washington D. C. , 2003.

[4] U. S. Unified Facilities Criteria(UFC). Design of building to resist progressive collapse [S]. Washington D. C. , 2005.

[5] 叶永毅, 戴雅萍, 舒赣平, 等. 泰州国际博览中心二期结构设计[J]. 建筑结构, 2017, 47(20): 48-52.

[6] 叶永毅, 舒赣平, 戴雅萍, 等. 泰州国际博览中心二期屋盖结构设计[J]. 建筑结构, 2017, 47(20): 53-56.

设计团队

建筑方案设计单位：未来都市（苏州工业园区）规划建筑设计事务所有限公司

施工图设计单位：苏州设计研究院股份有限公司，现启迪设计集团股份有限公司

结 构 设 计 团 队：叶永毅，戴雅萍，舒赣平，曹彦凯，谭　骞，张为民，陆　虎，周　超，吕妙男，陈宇申，王宝清，谢金辉

执　　笔　　人：叶永毅，谭　骞

获奖信息

2018 年度省第十八届优秀工程设计二等奖

2018 年度江苏省优秀工程勘察设计行业奖建筑结构专业二等奖

第10章

昆山 A15 地块超高层

10.1 工程概况

10.1.1 建筑概况

本工程位于昆山花桥经济开发区核心区，北临商吉路（原纬三路），南临光明路，大体呈方形，南北长 95.5m，东西长 98m，用地面积 9316.1m²，总建筑面积 106266.29m²。地块西南侧设有地铁光明路站，西侧有人行天桥驳接，延伸至南侧地块。

建筑主要由商场、办公、地下车库组成，地上 40 层（包含 3 层避难层），一～五层为商业，营业面积约 8000m²，五层及以上为办公，办公经常使用人数超过 8000 人。按《建筑工程抗震设防分类标准》GB 50223—2008 均划为重点设防类。

塔楼主体高度为 180.29m，一层层高为 5.0m，标准层层高为 4.5m，建筑典型标准层采用回字形平面，平面尺寸（$L \times B$）为 60.7m × 56.2m，长宽比（L/B）为 1.08，高宽比：H/B 为 3.21，$H/\sqrt{BL}$ 为 3.02，结构体系为剪力墙结构，为超 B 级高度超高层建筑。项目建成照片和建筑标准层平面图如图 10.1-1 所示。

(a) 项目建成照片

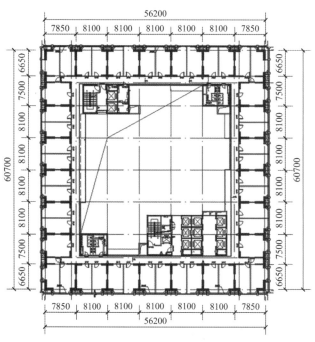

(b) 建筑标准层平面图

图 10.1-1　项目建成照片和建筑标准层平面图

10.1.2 设计条件

1. 设计参数（表 10.1-1）

设计参数　　　　　　　　　　　　　　　　　　　　　　表 10.1-1

结构设计基准期	50 年	建筑抗震设防分类	重点设防类（甲类）
建筑结构安全等级	一级（结构重要性系数 1.1）	抗震设防烈度	7 度（0.10g）
地基基础设计等级	甲级	设计地震分组	第一组
建筑结构阻尼比	0.05（小震）/0.07（大震）	场地类别	Ⅲ类

经典回眸　启迪设计集团股份有限公司篇

2. 风荷载与雪荷载（表10.1-2）

内容		规范值	备注
基本风压	50 年	0.55	基本风压按上海地区选用； 用于位移计算，承载力计算时按基本风压的 1.1 倍采用
	10 年	0.40	1. 基本风压按上海地区选用； 2. 用于顶点加速度计算
风荷载体型系数		1.4	
地面粗糙度类别		B 类	
基本雪压	50 年基本雪压	0.20kN/m²	
	积雪分布系数	1.0	局部高低屋面处 2.0

10.2　建筑特点

10.2.1　核心筒分散布置的回字形平面超高层建筑

主楼结构高度为 180.29m，塔楼平面尺寸为 60.7m×56.2m。由于建筑功能需要，平面为回字形，中部有约 35m×35m 的洞口，标准层开洞率约 33%。核心筒沿周边分散布置，每侧竖向构件间建筑宽度仅 6.5m（含悬挑内阳台约为 9.8m）。查找相关资料，国内类似平面在超高层中没有采用过，可以参考的资料不多。在第一轮的建筑方案中，交通核主要集中在其中两个内角，无法采用公共建筑中常用的框筒结构。

经过多次试算及与建筑方案团队沟通，将公共卫生间及设备用房与主体交通核分开，形成 4 个内角均布置成筒体结构形式：其中两个小角的筒体尺寸约为 16.1m×14.3m，筒体高宽比约为 12.6，略大于框筒结构的要求。两个较大筒体尺寸约为 16.3m×21.5m、19.0m×30.3m，筒体高宽比约为 11、9.5，小于框筒结构的要求。四角通过设置四个筒体，建筑物整体刚度可以得到保证。

对于窄腰部分最不利处，两个角筒间间距约为 32m，约为楼板宽度的 3.3 倍，从角筒外伸约为宽度的 1.65 倍。结合使用功能的要求，结构布置为 6.5m×8.1m 的四组筒体。筒体的高宽比约为 27，抗侧刚度较弱，后续分析中补充窄腰部位楼板应力分析。

从上述分析可知，本工程无法采用常规的框筒或筒中筒的结构体系，采用了束筒的概念，形成周圈成束筒结构，整体刚度及抗扭转性能均较好。

10.2.2　标准层需考虑居家办公分隔的要求

本工程标准层层高 4.5m，考虑今后实际居家办公的需求，需满足精装修可能隔为两层的需求。

一方面总体荷载相当于 65 层的荷载；另一方面为满足增设夹层的要求，局部梁高、梁宽有限制，对结构布置造成影响。

结构计算按使用阶段的荷载考虑，对相应的结构构件进行加强；对每个标准办公空间周边墙、梁等构件尺寸控制，满足相应的建筑要求。

10.2.3　桩基基础变刚度调平设计

本工程塔楼部分（回字形区域）同纯地库部分存在巨大的荷载差异，从而可能引起较大的后期沉降差异。若基础采用均匀布桩的桩筏基础,其沉降呈蝶形分布,桩顶反力呈马鞍形分布。

采用桩基基础变刚度调平设计,根据荷载分布的特点、上部结构刚度,通过调整基础刚度,刚柔并济,达到结构局部减沉增沉,以实现沉降趋向均匀,减少差异沉降、降低承台内力和上部结构次内力,节约资源,提高建筑使用寿命,确保正常使用功能。

在基础设计中改变桩径和桩长成为增加或降低基础刚度的主要方法。采用外弱内强的布桩方法,"弱"包括减少桩数以及缩小桩径和桩长;"强"并非简单的加密,而是内部桩的数量相对外围桩较多,长度相对比外围长;通过相对的外弱内强布桩并依次调整各桩的刚度,可使筏板各点的沉降值均匀一致,以实现与荷载匹配的支承刚度分布,尽量减少上部结构的次内力。

塔楼范围内的桩采用后注浆技术进一步加大其承载力,控制其绝对沉降量,从而减少与裙房的相对沉降差值。采用桩端注浆方式,可有效提高桩端阻力及向上 12m 左右范围侧阻力(一般可提高单桩承载力 10%~15%,并有效减少沉降量,经测算单根桩注浆增加造价仅占桩体总造价的 4%~5%),并有效解决灌注桩一般存在的桩端沉渣问题。

10.3 体系与分析

10.3.1 方案对比

1. 钢筋混凝土剪力墙结构方案

根据建筑平面布置及高度,本工程考虑采用钢筋混凝土剪力墙结构。结构布置如图 10.3-1 所示。

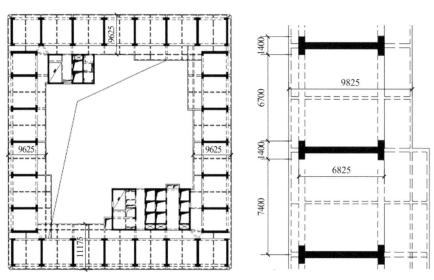

图 10.3-1 钢筋混凝土剪力墙方案

优点:结构平面布置最大程度上满足了建筑使用功能的要求。

问题:回字形平面楼板开洞率较大(33%),四个边在短跨方向刚度较弱,不利于水平力在回字各边之间互相传递;整体刚度较弱,最大层间位移角不能满足规范 1/1000 的要求。结构回字形内侧两个筒体(西北,东南角)吸收地震力较大,倾覆力矩较大;回字形平面开洞内侧(东北阴角、西南阴角)受力集中,复杂。

2. 钢筋混凝土剪力墙围成"周边束筒"结构

结合上述普通剪力墙结构的优缺点,优化结构平面。根据本项目的特点回字形平面,平面长、宽尺度均较大，结构的长宽比、高宽比均较小，比较有利；不利之处为回字形的四个边结构宽度较小，不利于水平力在各回字边间互相传递，因此，结构设计的关键是提高回字形的四个边在短跨方向的结构刚度。本工程拟在四个边的短跨方向满布带小洞口的剪力墙（内廊宽度部分除外），形成"周边束筒"提高抗侧刚度。

通过与方案团队及业主协商，平面布局及使用功能不受影响的情况下，在内庭角部范围增设混凝土筒，以增强这 2 个受力集中的角部刚度，使结构受力更加合理。

优化后结构平面方案，如图 10.3-2 所示。

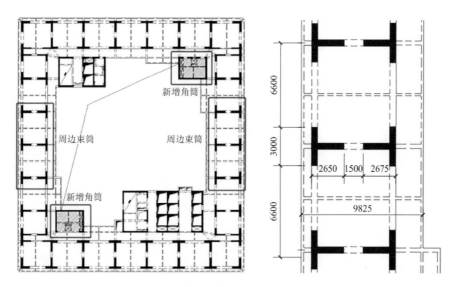

图 10.3-2　优化后的结构平面方案

3．剪力墙结构与"周边束筒"结构指标对比

采用 SATWE 软件对上述两种结构体系进行多遇地震、风荷载作用下的整体指标的初步分析（表 10.3-1）。

结构方案整体指标对比　　　　　　　　　　表 10.3-1

	周期/s	$T_1 = 4.94$	$T_2 = 4.85$	$T_3 = 3.99$
剪力墙结构	地震作用下最大层间位移角	1/926（X向）		1/897（Y向）
	风作用下最大层间位移角	1/1124（X向）		1/1276（Y向）
	最大层间位移比	1.16（X向）		1.11（Y向）
	结构总质量/t	180225.84		
"周边束筒"结构	周期/s	$T_1 = 3.53$	$T_2 = 3.28$	$T_3 = 2.62$
	地震作用下最大层间位移角	1/1575（X向）		1/1512（Y向）
	风作用下最大层间位移角	1/2868（X向）		1/3085（Y向）
	最大层间位移比	1.14（X向）		1.09（Y向）
	结构总质量/t	203747.66		

分析结果表明："周边束筒"方案相比普通剪力墙方案，两个方向整体抗侧刚度均有较大提高；结构周期明显减小，最大层间位移角得到较大改善，扭转位移比、周期等指标均满足规范要求。优化后的结构平面布置同样满足了建筑使用功能的要求。内侧开洞的两个阴角增设了混凝土角筒，角部的受力集中得到改善，受力更加合理。

10.3.2 结构布置

根据上述分析对比,本工程在四个边的短跨方向均布置带小洞口的剪力墙,使每个开间均形成小筒,最大限度提高四个窄边的抗侧力刚度;并在四个内角结合楼电梯间及设备用房设置核心筒,形成周圈成束筒的结构形式,很好地提高了整体刚度及抗扭转性能。结构概念布置见图 10.3-3,标准层结构平面见图 10.3-4。

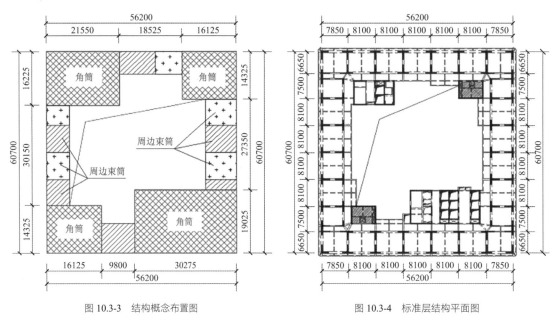

图 10.3-3 结构概念布置图   图 10.3-4 标准层结构平面图

1. 主要构件截面

主要构件截面尺寸见表 10.3-2。

主要构件截面尺寸   表 10.3-2

楼层	剪力墙厚度/mm			框架梁
	外侧四角	内部四角筒	其他区域	
地下三~地下一层	650	外墙厚度为350,内墙厚度为250/200	600	550×800
一~五层	600		550	550×800
六层~屋顶	550~350		500~300	(500~300)×800

主楼范围地下二及地下一层车库楼板厚度为 120mm,车库顶板厚度为 180mm。上部结构回字形窄边端部楼板厚度为 150mm,其他区域为 120mm。

本工程剪力墙的混凝土强度等级见表 10.3-3。地下室底板、侧壁、水池壁混凝土强度等级为 C40,梁板混凝土强度等级均为 C35。

剪力墙的混凝土强度等级   表 10.3-3

楼层	基础~八层	九~十九层	二十~二十四层	二十五~二十九层	三十~三十四层	三十五层~屋面
混凝土强度等级	C60	C55	C50	C45	C40	C35

2. 地下室及结构嵌固层的选择

本工程地下 3 层,自下而上的层高分别为 3.80m、3.80m、5.10m,整体地下室不设置永久缝,塔楼与大地下室连成整体。地下室楼盖均采用现浇钢筋混凝土梁板结构。

上部结构嵌固于地下室顶板。地下一层的剪切刚度大于地上一层的剪切刚度的 2 倍,满足嵌固要求。

3．基础结构设计

本工程地基基础设计等级为甲级，建筑桩基设计等级为甲级。

根据工程地质勘察报告资料，结合本工程的特点，本工程抗压桩采用桩端后注浆的泥浆护壁钻孔灌注桩（表 10.3-4）。

主要土层分布情况和桩基设计参数表　　　　　　　　　　　　　表 10.3-4

层号	土层名称	土的状态	钻孔灌注桩			
			极限桩侧阻力标准值q_{sik}/kPa	后注浆侧阻力增强系数$âsi$	极限桩端阻力标准值q_{pk}/kPa	后注浆端阻力增强系数$âp$
⑦	粉质黏土夹粉土	$I_L = 0.91$	40	1.4	350	2.0
⑧	粉质黏土夹粉砂	$I_L = 0.79$	48	1.4	450	2.0
⑨	粉细砂	$N > 50$	70	1.6	1400	2.4
⑩	中粗砂	$N > 50$	90	1.8	2300	2.6

"塔楼"范围的抗压桩桩径取 900mm，桩长 65m，以⑩中粗砂层做为桩端持力层，桩端 12m 做后注浆，桩身混凝土强度等级为 C45，根据试桩报告，单桩竖向抗压承载力特征值为 8000kN。

"地下车库"范围的抗拔桩桩径取 700mm，桩长 45m，桩端以⑦粉质黏土夹粉土层做为桩端持力层，桩端进入持力层深度不小于 2 倍桩径，桩身混凝土强度等级为 C35，根据试桩报告，单桩抗压承载力特征值为 2000kN，抗拔承载力特征值为 1680kN。

10.3.3　性能目标

1．抗震超限分析和采取的措施

按《高层建筑混凝土结构技术规程》JGJ 3—2010，7 度区 B 级高度钢筋混凝土高层建筑的最大适用高度为 150m。本工程房屋高度 180.29m，属超 B 级高度超高层建筑。如表 10.3-5 所示。

高度超限判别　　　　　　　　　　　　　　　　　　　表 10.3-5

高度超限判别	房屋高度	规范限值	建质【2010】109 号	判断
	180.29m	7 度区 B 级高度剪力墙结构 150m	剪力墙结构高度 120m	高度超限

不规则情况判别：根据《江苏省房屋建筑工程抗震设防审查细则》(第二版)（苏建抗〔2016〕302 号），本工程开洞面积占楼面面积的 33%（大于 30%），属于楼板不连续。

根据本工程结构超限判别及结构特点，主要采取如下分析与设计措施：

（1）采用 SATWE 软件和 ETABS 软件建立结构模型，对多遇地震作用下的内力和变形计算结果进行分析比较，验证力学模型正确可靠；

（2）采用时程分析法进行多遇地震下的补充计算。楼层地震剪力取时程计算所得与振型分解反应谱法计算结果的包络值进行结构设计，保证各构件满足多遇地震；

（3）采用 SATWE 软件进行设防地震下剪力墙拉应力分析，罕遇地震下底层剪力墙的剪压比分析，检查设防地震作用下关键构件是否达到性能水准要求；

（4）采用 SAUSAGE 软件对整体塔楼进行罕遇地震弹塑性时程分析，检查罕遇地震作用下结构整体抗震性能是否满足性能水准要求。

2．抗震性能目标

根据抗震性能化设计方法，确定了主要结构构件的抗震性能目标，如表 10.3-6 所示。

地震烈度 50 年超越概率		多遇地震 63%	设防地震 10%	罕遇地震 2%
宏观损坏程度		完好、无损	轻度损坏	中度损坏
层间位移角限值		1/1000	—	1/120
底部加强区及过渡层剪力墙（关键构件）	压弯	弹性	中震不屈服	允许塑性变形满足抗剪截面要求
	抗剪		中震弹性	
一般部位剪力墙（普通竖向构件）	压弯	弹性	允许屈服	允许塑性变形满足抗剪截面要求
	抗剪		抗剪不屈服（墙肢轴压比不小于 0.3）（设约束边缘构件），允许抗剪屈服（轴压比小于 0.3）	
框架柱（关键构件）		弹性	抗弯不屈服，抗剪弹性	允许塑性变形控制屈服曲率 LS

10.3.4 结构分析

本工程采用的分析软件为 SATWE、ETABS 和 SAUSAGE 三种。

上部结构整体指标分析、多遇地震下的弹性时程分析、罕遇地震下的弹塑性验算时，均采用嵌固层以上的上部结构模型；结构构件设计、验算均采用包含"相关范围"内的所有嵌固层以下部分的整体结构模型。

1. 结构质量分析

多遇地震下采用 ETABS 和 SATWE 软件分别计算，周期折减系数 0.9。如表 10.3-7 所示，SATWE 和 ETABS 计算得到的质量基本相当，楼层单位面积质量合理；楼层质量与相邻下层楼层质量之比均小于 1.5，质量分布比较规则。

结构质量分析 表 10.3-7

项目	SATWE	ETABS
塔楼总质量/t	246603.2	247500.0
标准层单位面积质量/（kg/m²）	2182.0	2198.8
上部结构各层最大质量比	1.03（第四层）	1.03（第四层）

2. 结构动力特性分析

为证明结构体系安全成立，确保抗震性能目标的实现，对结构在风荷载及多遇地震、设防地震的各种水平荷载情况下进行分析，弹性模型分析软件采用 SATWE，同时采用 ETABS 进行计算校核。表 10.3-8 给出了两种软件的前 6 阶自振周期，可以发现：两种软件计算得到的结构前 6 阶振型比较接近。第 1、2 振型分别为 X 向和 Y 向平动，第 3 振型为扭转。X、Y 方向的振型参与质量均满足规范大于 90% 的要求。结构扭转为主的第一自振周期与平动为主的第一自振周期的比值不大于规范限值 0.90。

各振型周期统计如表 10.3-8 所示。

结构动力特性分析 表 10.3-8

振型		1	2	3	4	5	6
SATWE	周期/s	3.6614	3.4538	2.7805	1.0425	0.9595	0.8998
	T_t/T_1	0.759（小于 0.85）					
	T_2/T_1	0.943（大于 0.80）					
ETABS	周期/s	3.6337	3.4347	2.6367	0.9886	0.9424	0.8398
	T_t/T_1	0.726（小于 0.85）					
	T_2/T_1	0.945（大于 0.80）					

3．多遇地震作用下弹性分析

两个程序（SATWE 和 ETABS）计算得到的最大层间位移角分别为 1/1670 和 1/1612（Y向地震），满足《高层建筑混凝土结构技术规程》JGJ 3—2010 第 3.7.3 条插值计算最大层间位移角 1/770；层间位移比均控制在 1.20 以内。

结构各层的抗剪承载力与其相邻上一层抗剪承载力之比均大于 0.8，结构不存在软弱层。

地震剪力系数依据《建筑抗震设计规范》GB 50011—2010 第 5.2.5 条，并结合结构自振周期 $T_1 = 3.6614s$（Y向）、$T_2 = 3.4538s$（Y向），得出 $\ddot{e}_{xmin} = 1.60\%$、$\ddot{e}_{ymin} = 1.56\%$，本工程Y向地上各层的地震剪力系数均大于 1.56%，满足要求；地上一层的X向地震剪力系数为 1.54%，略小于规范要求的 1.60%，计算时通过地震剪力系数调整，满足规范要求。多遇地震工况下弹性分析结果见图 10.3-5。

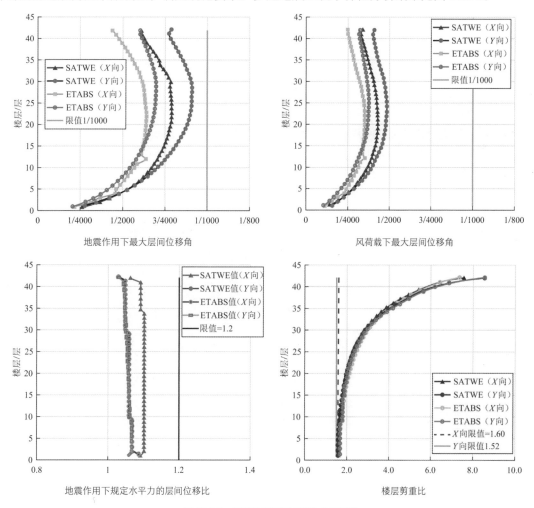

图 10.3-5 多遇地震工况下弹性分析结果

4．多遇地震弹性时程分析

根据《建筑抗震设计规范》GB 50011—2010 第 5.1.2 条和《高层建筑混凝土结构技术规程》JGJ 3—2010 第 4.3.4 条规定：7 度区且建筑高度大于 100m 的高层建筑应采用弹性时程分析法进行多遇地震下的补充计算。

1）地震波输入

按建筑场地类别、设计地震分组及结构动力特性，选用 2 组实际强震记录和 1 组人工模拟的加速度时程曲线。地震波有效持时均大于结构基本自振周期的 5 倍，结构阻尼比为 0.05，主分量峰值加速度 $\acute{a}_{max}$ 根据规范取 35cm/s²。根据上述要求，经筛选，选取 2 条天然地震波分别为 San Fernando，Bigbear-01 和 1 条人工波 RH3TG055，时程曲线如图 10.3-6 所示。

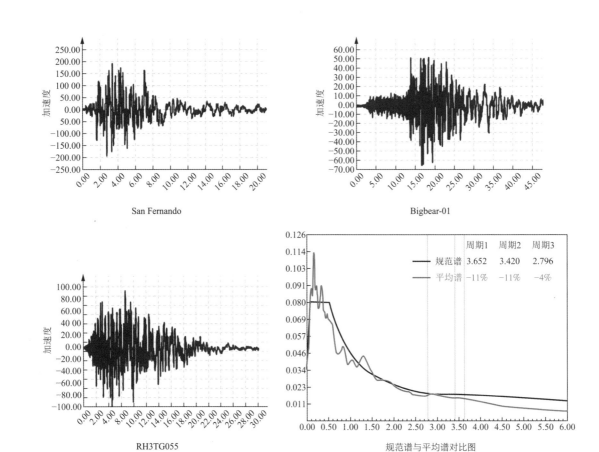

图 10.3-6 弹性时程分析地震波的输入

从图 10.3-6 中可以看出，三组时程波的平均地震影响系数曲线与振型分解反应谱法所用的地震影响系数曲线相比，在对应结构主要振型的周期点上最大相差为 11%，不大于 20%。满足地震波时程曲线的平均地震影响系数曲线与振型分解反应谱法所采用的地震影响系数曲线在统计意义上相符的要求。

2）弹性时程分析结果

弹性时程分析结果见表 10.3-9。每条时程曲线计算所得结构底部剪力均大于振型分解反应谱法计算结果的 65% 且小于 135%，3 条时程曲线计算所得结构底部剪力平均值大于振型分解反应谱法计算结果的 80% 且小于 120%，所选择的时程曲线满足规范要求。同时，其他各楼层弹性时程分析结果剪力亦均小于振型分解反应谱法计算所得结果，设计时按振型分解反应谱法计算结果控制。

时程分析基底剪力   表 10.3-9

工况		X向底部剪力/kN	Y向底部剪力/kN	与 CQC 相比所在比例	
				X向	Y向
CQC		32152.4	33380.5		
天然波	San Fernando	24758.3	26118.4	77%	78%
	Bigbear-01	26097.2	25035.4	81%	75%
人工波	RH3TG055	29063.0	30751.3	90%	92%
平均值		30598.1	31113.3	82%	82.6%

3 条地震波楼层位移曲线、层间位移角曲线及楼层剪力图形如图 10.3-7 所示，对比最大层间剪力可以发现：时程计算的部分楼层最大包络地震剪力大于反应谱法，因此，结构采用反应谱法计算地震剪力时，对二十四～三十三层考虑放大系数，放大系数取值为 1.087。

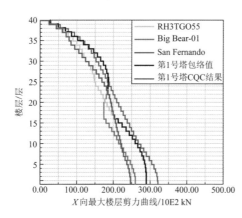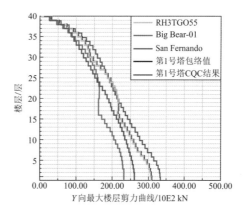

图 10.3-7　弹性时程分析结果

通过对该项目进行弹性时程分析，可以得到如下结论：

（1）3 条地震波的平均地震影响系数曲线与振型分解反应谱法所采用的地震影响系数曲线在统计意义上相符；

（2）3 条地震波引起的结构底部剪力均大于振型分解反应谱法计算结果的 65% 且小于 135%，3 条时程波引起的结构底部剪力平均值大于振型分解反应谱法计算结果的 80% 且小于 120%，所选择的时程波满足规范要求；

（3）通过对 3 条地震波楼层位移曲线和层间位移角曲线图形分析，楼层位移变化平缓，表明结构竖向刚度相对平均；3 条地震波的分析结果和振型分解反应谱法分析结果的趋势一致，没有明显的薄弱层出现；

（4）3 组时程计算的局部楼层地震剪力包络值大于反应谱法计算结果，结构采用反应谱法计算地震剪力时需考虑放大系数。

5．结构抗震性能化设计

根据各类构件的性能水准和设计要求，本节对各类构件进行相应的设计、验算。

1）设防地震下偏心受拉墙的受力性状分析

根据《超限高层建筑工程抗震设防专项审查技术要点》（建质【2010】109 号），设防地震时出现小偏心受拉的混凝土构件应采用《高层建筑混凝土结构技术规程》JGJ 3—2010 中规定的特一级构造，拉应力超过混凝土抗拉强度标准值时宜设置型钢。当轴向拉力作用在墙两端暗柱钢筋合力作用点之间时为小偏心受拉，否者为大偏心受拉。本工程在设防地震下角部部分墙体出现受拉，所以应对墙体的受力性状进行分析。图 10.3-8 为一～四层部分偏心受拉墙体平面位置及编号示意。

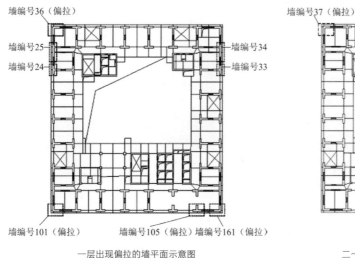

图 10.3-8　部分偏心受拉墙体示意图

根据底部墙肢应力数据分析得出结论：中震下，一层的 105 号、161 号墙，二、四层的 107 号、108 号墙及三层的 37 号、108 号墙为小偏拉，除上图所编号以外的其他墙体不存在受拉情况。

对于小偏拉墙，名义拉应力均小于 C60 混凝土抗拉强度标准值 $f_{tk} = 2.85\text{MPa}$，设计中采用《高层建筑混凝土结构技术规程》JGJ 3—2010 中规定的特一级构造。

2）罕遇地震下底层剪力墙的剪压比验算

结构在罕遇地震作用下，甚至在可能的超越预估罕遇地震作用下，保证墙体的延性是提高结构抗震性能，防止结构脆性破坏的最有效措施，因此，须保证墙体有足够的截面要求。结构设计时，对墙体在预估大震下的剪压比进行验算，以保证墙体在预估罕遇地震作用下不会出现脆性剪切破坏。

采用等效弹性方法，按不屈服组合的内力组合工况，找出底层混凝土墙的最大剪力，取该最大组合剪力进行剪压比验算。由于墙内力是按弹性分析软件计算得到的，所得地震剪力是偏大的，本节的验算结果是偏安全的。一层部分墙体罕遇地震下的剪压比计算结果如表 10.3-10 所示，墙体编号如图 10.3-8 所示。

一层部分剪力墙在罕遇地震下的剪压比验算 表 10.3-10

楼层	墙号	墙厚/m	墙长/m	V_{max}/kN	$[V] = 0.15f_{ck}bh_0$/kN	$V_{max}/[V]$
一层	24	0.55	3.0	3973.0	9528.75	0.42
	25	0.55	5.0	8833.5	15881.25	0.56
	33	0.55	3.0	4154.1	9528.75	0.44
	34	0.55	5.0	9222.3	15881.25	0.58

根据一层剪力墙在罕遇地震下的剪压比验算分析可知，本工程剪力墙在预估罕遇地震作用下的剪压比都能满足规范要求，抗震墙的剪压比均较小，有较大富裕，结构能保证在预估罕遇地震甚至更大的地震作用下墙体不出现脆性破坏。

10.4 专项分析

10.4.1 罕遇地震弹塑性时程分析

根据《高层建筑混凝土结构技术规程》JGJ 3—2010 第 5.1.13 条规定，体型复杂、结构布置复杂的高层建筑结构，宜采用弹塑性静力或弹塑性动力方法补充计算。本工程采用有限元软件 SAUSAGE 进行动力弹塑性分析，计算模型详见图 10.4-1。

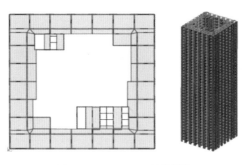

图 10.4-1　SAUSAGE 计算模型

1. 地震波选取与输入

根据规范要求，选取 2 条天然波（TH062TG065、TH002TG065）和 1 条人工波（RH1TG065）基于总装模型进行罕遇地震下的弹塑性时程分析（表 10.4-1）。地震波为双向输入，对于每组地震波分别考虑 X 主向输入和 Y 主向输入，对应本工程，共计 6 个工况（图 10.4-2）。

地震波的选取 表 10.4-1

类型	对应地震波	持续时间/s	主方向加速度/（m/s²）	次方向加速度/（m/s²）
人工波 1	RH1TG065	40		
天然波 1	TH062TG065	44.8	220	187
天然波 2	TH002TG065	28.5		

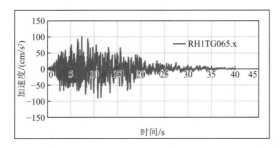 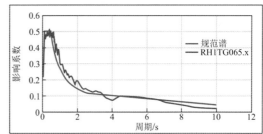

RH1TG065 主方向

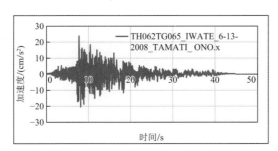 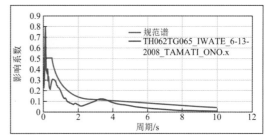

TH062TG065 主方向

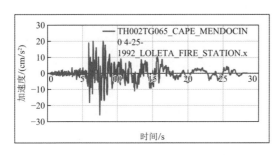 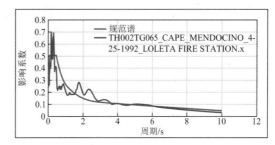

TH002TG065 主方向

图 10.4-2 地震波工况汇总

可以看出选取的 3 条波在结构主要振型的周期点上相差不大于 20%，满足规范要求。

考虑到弹塑性分析理论复杂，并应考虑结构的实际配筋，为了获得稳定可靠的结果，弹塑性分析模型可做适当简化处理，但不能与实际情况偏差太大。为了保证 SATWE 线弹性分析与设计模型 SAUSAGE 的一致性，需对比两个模型的总体计算指标，详见表 10.4-2。

SATWE 与 SAUSAGE 模型周期、质量对比 表 10.4-2

振型号	SATWE		SAUSAGE		相对误差
	周期/s	方向	周期/s	方向	
1	3.6454	X向平动	3.6310	X向平动	0.04%
2	3.4153	Y向平动	3.4380	Y向平动	0.07%
3	2.7925	扭转	2.8820	扭转	0.04%
总质量	210246.66t		203294.44t		3.11%

由表 10.4-2 可以看出，两个模型总体上差异在可接受范围内，满足结构动力弹塑性分析的要求。

2. 结构弹塑性变形

统计了 6 个工况下模型的顶点最大位移与层间位移角（图 10.4-3 和图 10.4-4）。由表 10.4-3 可见，该结构的层间位移角均小于 1/100，满足规范要求。

X、Y向各组地震波下结构弹塑性最大楼层位移角 表 10.4-3

工况	主方向	类型	最大顶点位移	最大层间位移角	位移角对应层号
RH1TG065_X	X主向	弹塑性	0.522	1/278	20
RH1TG065_Y	Y主向	弹塑性	0.441	1/265	32
TH062TG065_X	X主向	弹塑性	0.627	1/228	24
TH062TG065_Y	Y主向	弹塑性	0.458	1/295	31
TH002TG065_X	X主向	弹塑性	0.497	1/292	20
TH002TG065_Y	Y主向	弹塑性	0.486	1/278	31

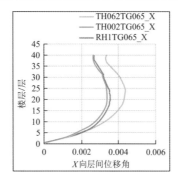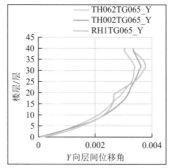

图 10.4-3 X，Y向层间位移角

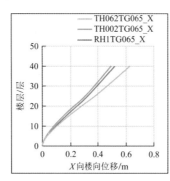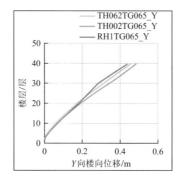

图 10.4-4 X，Y向楼层位移

3. 结构弹塑性剪力

结构罕遇地震下楼层的剪力分布如图 10.4-5 所示。

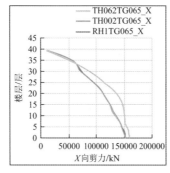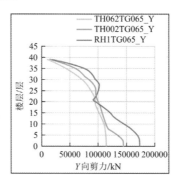

图 10.4-5 X，Y向层间剪力曲线

大震下基底剪力与小震下基底剪力关系如表 10.4-4 所示。

X、Y向各组地震波下基底剪力与小震下基底剪力关系　　　　　表 10.4-4

时程曲线	X向为主方向			Y向为主方向		
	大震基底剪力/kN	小震反应谱剪力/kN	大震/小震	大震基底剪力/kN	小震反应谱剪力/kN	大震/小震
RH1TG065	149200		4.55	173600		5.16
TH062TG065	158900	32787	4.84	114900	33639	3.42
TH002TG065	151800		4.62	144400		4.29
平均值	153300		4.68	144300		4.29

由表 10.4-4 可以看出，不同的地震波输入，计算结果具有一定的离散性，在罕遇地震作用下，结构的X、Y向基底剪力均值约为规范小震作用下的 4.67 和 4.29 倍，地震力在合理范围内。

每组地震波作用下结构的最大基底剪力与相应的剪重比见表 10.4-5。

X、Y向各组地震波下基底剪力与相应的剪重比　　　　　表 10.4-5

工况	X向主方向		Y向主方向	
	剪力/kN	剪重比/%	剪力/kN	剪重比/%
RH1TG065	149200	7.3	173600	8.5
TH062TG065	158900	7.8	114900	5.6
TH002TG065	151800	7.46	144400	7.1
平均值	153300	7.54	144300	7.1

4. 构件损伤评价

图 10.4-6 为部分工况结构剪力墙及连梁单元损伤程度。部分连梁中度损伤，充分发挥了地震过程中的耗能作用；剪力墙基本处于轻微损坏和轻度损坏，底部少部分剪力墙存在中度的损坏，没有重度损坏及严重损坏。

在罕遇地震作用下，弹塑性分析主要结论：

（1）罕遇地震作用下，结构主要的抗侧力构件没有发生严重破坏，多数连梁屈服耗能，部分框架梁参与塑性耗能，但不至于引起局部倒塌和危及结构整体安全，大震下结构性能满足性能目标要求；

（2）结构最大弹塑性层间位移角为 1/228，满足《高层建筑混凝土结构技术规程》JGJ 3—2010 第 3.7.5 条的位移角限值要求；

（3）在罕遇地震作用的过程中，结构的破坏形态可描述为：在罕遇地震下结构连梁及框架梁最先出现塑性铰，然后损伤迅速发展并出现剪切损伤，随着地震时程的持续作用损伤逐步累积；

（4）底部加强区剪力墙混凝土出现轻微损伤，钢筋未屈服；非底部加强区剪力墙混凝土出现轻微损伤，钢筋未屈服，满足抗剪截面条件要求。

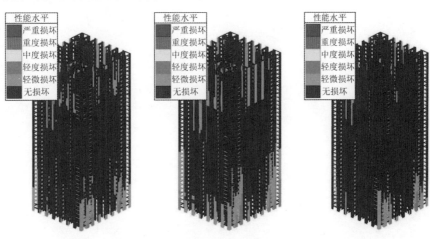

RH1TG065_X 剪力墙及连梁性能　　TH062TG065_X 剪力墙及连梁性能　　TH002TG065_X 剪力墙及连梁性能

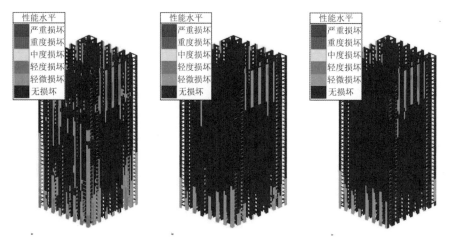

| RH1TG065_Y 剪力墙及连梁性能 | TH062TG065_Y 剪力墙及连梁性能 | TH002TG065_Y 剪力墙及连梁性能 |

图 10.4-6　剪力墙及连梁损伤情况

10.4.2　楼板抗剪验算

由于本结构回字形结构四边的楼板宽度较小，仅为 9.825m（含内走廊宽度），每片剪力墙长度仅有 6.825m，开间尺寸为 8.1m，每片剪力墙难以承担每个开间分配的水平力，需由开间内的楼板向两侧传递水平力。

根据《建筑抗震设计规范》GB 50011—2010 附录 E.1.2 条，对楼板抗剪进行验算：

$$V_f \leqslant 1/\gamma_{RE} \quad (0.1f_c b_f t_f)$$

式中：V_f——由不落地抗震墙传到落地抗震墙处按刚性楼板计算的框支层楼板组合的剪力设计值，8 度时应乘以增大系数 2，7 度时应乘以增大系数 1.5；验算落地抗震墙时不考虑此项增大系数；

b_f、t_f——分别为框支层楼板的宽度和厚度（本工程取回字形四边每开间楼板的宽度和厚度）；

γ_{RE}——承载力抗震调整系数，可取用 0.85。

现取出 2 个开间进行模拟计算，验算对象示意如图 10.4-7 所示。

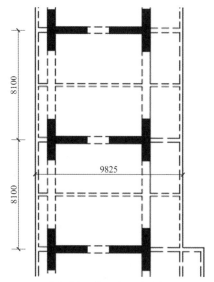

图 10.4-7　验算对象示意图（取X向中部两个开间）

根据计算，在水平地震及风荷载作用下的单层最大剪力设计值分别为 $V_e = 256.2$kN（40 层）和 $V_W = 196.2$kN（40 层），根据《高层建筑混凝土结构技术规程》JGJ 3—2010[2]第 5.6 节荷载组合方式：非地震工况下，风荷载组合值系数 1.0；地震工况下风荷载组合值系数为 0.2，取两种组合中最不利：$V_{\max} = \max$（V_W，$V_e + 0.2V_W$）$= 295.5$kN，最大位移角为 1/116（风荷载），为规范限值 1/1000 的 $1000/116 \approx 9$ 倍，易知，需由开间内楼板承担（传递）水平力为（8/9）$V_{\max}$，则本工程 V_f 取最不利位置（40 层）回字形四边角部第一开间楼板承受水平力设计值：

$V_f = V_{\max}/2 \times 8/9 \times 1.5 \times 2 = 393.9$kN（考虑计算简图 10.4-7 中两榀外侧各半跨楼面自重未考虑，此处水平力考虑 1.5 倍放大系数；考虑回字形中庭洞口风荷载影响，取 2.0 放大系数，足够安全）

$f_c = 16.7$MPa（楼板混凝土强度等级为 C35），$b_f = 6825$mm（竖向构件宽度范围内楼板宽度，即不考虑悬挑板），$t_f = 120$mm（最不利回字形四个角区楼板厚度）

则：$0.1f_c b_f t_f = 0.1 \times 16.7 \times 6825 \times 120 = 1367.3$kN $> V_f = 393.9$kN 楼板抗剪满足要求。

本着概念设计的要求，在相关区域，特别是回字形四边靠近角部的应力相对集中区域的楼板，适当加大楼板厚度及配筋。

10.4.3 楼板应力验算

分别采用 ETABS 软件对楼板应力进行分析。小震单工况作用下，混凝土楼板主拉应力应满足下式：$\sigma_{tk} \leq f_{tk}$ 其中，f_{tk} 为混凝土轴心抗拉强度标准值。经验算，楼板在小震作用下的拉应力结果如图 10.4-8 所示。

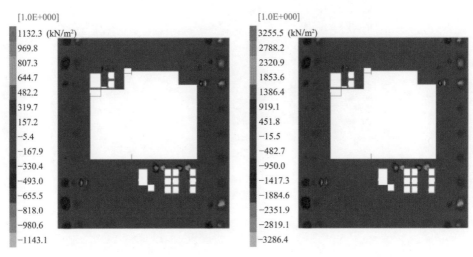

2 层 X 向小震工况下楼板面内 X 向正应力　　　　　2 层 X 向中震工况下楼板面内 X 向正应力

图 10.4-8　楼板应力验算结果图

分析结果表明，小震作用下，各楼层大部分区域内楼板面内正应力均小于混凝土抗拉强度标准值 f_{tk}（C35，$f_{tk} = 2.20$MPa）；中震工况下，部分区域楼板最大正应力略大于 f_{tk}，设计时对相关区域楼板，特别是回字形四边靠近角部的应力相对集中区域的楼板，加大楼板厚度及配筋处理。

10.4.4 基础调平设计

本工程塔楼部分（回字形区域）高度 180m，总体荷载同纯地库部分存在巨大的荷载差异，基础及上部结构具有较大刚度导致上部结构荷载在传至地基时向周边集中，产生了桥梁状的跨越作用，使反力呈周边大、中间小的马鞍形分布状态，而沉降变形出现内大外小的蝶形分布，当地基出现塑性变形时跨越作用将表现得不再明显。工程中增强边角桩或增厚筏板的保守设计和均匀布桩方式使地基刚度很大，承载力也很大，但此法常常使上部结构次内力和基础内力明显增大，如图 10.4-9 所示。

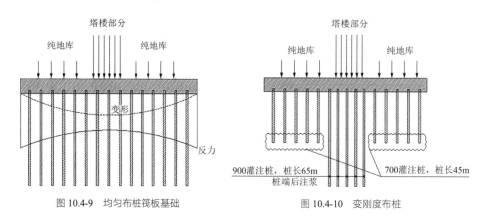

图 10.4-9 均匀布桩筏板基础　　　　　图 10.4-10 变刚度布桩

本工程基础设计中引入变刚度调平概念设计方法如图 10.4-10 所示，在回字形塔楼范围内不仅布桩数量相对于纯地库较多，且塔楼部分桩长（65m）相对比纯地库部分（45m）长，塔楼部分桩径（900mm）相对比纯地库部分（700mm）大。如图 10.4-11 所示，通过调整不同区域内桩的刚度，使得底板范围内各区域沉降值均匀一致，以此实现与上部荷载匹配的支撑刚度，减少上部结构次内力和基础内力。

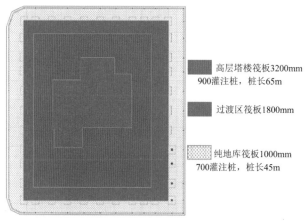

高层塔楼筏板3200mm
900灌注桩，桩长65m

过渡区筏板1800mm

纯地库筏板1000mm
700灌注桩，桩长45m

图 10.4-11 基础布置平面图

10.5 结语

本工程为平面呈回字形、建筑高度 180m 的超高层建筑结构。针对平面开洞率较高、上部结构附加荷载较重、塔楼部分同纯地库部分巨大的荷载差异导致沉降不均等主要特点，从结构方案对比、结构计算分析、结构专项设计等多方面进行结构设计解析，现总结如下：

（1）本工程的最大特点是平面呈回字形，回字形的四个边结构宽度较小，不利于水平力的互相传递，因此，结构设计的关键是提高回字形的四个边在短跨方向的结构刚度。本工程在四个边的短跨方向满布带小洞口的剪力墙（内廊宽度部分除外），形成"周边成束筒"，相比普通的钢筋混凝土剪力墙方案，最大限度提高抗侧刚度；

（2）前述章节的分析表明，只要计算分析考虑充分，并配以针对性的措施，"周边成束筒"结构方案是可行的，设计是安全、可靠的。采用 SATWE 和 ETABS 两个软件进行整体分析，各项指标是合理的，且均控制在规范允许范围内；

（3）各类结构构件均能满足抗震性能目标的要求：设防地震下，仅个别墙肢出现拉应力，且其名义拉应力均不大于混凝土的抗拉强度标准值 f_{tk}，设计时该部分墙肢抗震构造措施提高一级至特一级。剪力墙在罕遇地震作用下的剪压比都能满足规范要求，抗震墙的剪压比均较小，有较大富裕，结构能保证在预估罕遇地震甚至更大的地震作用下墙体不出现脆性破坏；

（4）回字形结构四边的每层楼板在水平荷载作用下，楼板的面内应力都在混凝土抗拉强度标准值 2.20MPa（梁板采用 C35 混凝土）以内，满足安全及使用要求；

（5）基础桩基的设计采用变刚度的调平设计，依据塔楼纯地库不同的受力状态依次调整各区域桩的刚度（桩长、桩径、桩数），可使筏板各点的沉降值均匀一致，满足正常使用的变形要求。以实现与荷载匹配的支承刚度分布，尽量减少上部结构的次内力。

参考资料

叶永毅, 曹彦凯, 张敏, 等. 昆山 A15 地块超限高层结构设计与分析. 建筑结构, 2017, 47(20): 19-24.

设计团队

启迪设计集团股份有限公司（方案及初步设计＋施工图设计）：

叶永毅，张　敏，曹彦凯，张为民，王桢希，陆　虎，刘　飞，卞克俭（结构），张　斌，王科旻，韩顾翔，沈　晨（建筑）

执　笔　人：叶永毅，王桢希，曹彦凯

获奖信息

第11章

恒力全球运营总部超高层公寓

11.1 工程概况

11.1.1 建筑概况

本项目位于江苏省苏州工业园区内，地上单体建筑面积约 6.5 万 m²。建筑主要功能为公寓，地下 4 层，地上 53 层，首层大堂层高 9m，其余标准层层高 3.40m，结构高度 188.35m，建筑立面最大高度 199.95m。标准层平面尺寸（$B \times L$）约为 19.90m × 67.80m，结构体系为剪力墙结构，为超 B 级高度超高层建筑。标准层建筑平面见图 11.1-1，建筑效果见图 11.1-2。

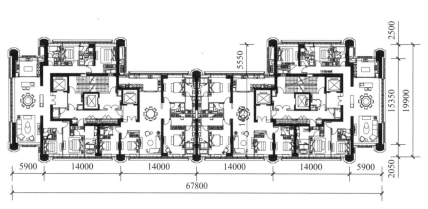

图 11.1-1　标准层建筑平面

图 11.1-2　建筑效果图

11.1.2 设计条件

1. 主体控制参数

控制参数见表 11.1-1。

控制参数　　　　　　　　　　　　　　　　　　　　表 11.1-1

结构设计基准期	50 年	建筑抗震设防分类	标准设防类（丙类）
建筑结构安全等级	二级（结构重要性系数 1.0）	抗震设防烈度	7 度（0.10g）
地基基础设计等级	一级	设计地震分组	第一组
建筑结构阻尼比	0.05（小震）/0.07（大震）	场地类别	Ⅲ类（特征周期 0.56）

2. 风荷载

50 年一遇的基本风压为 0.45kN/m²，地面粗糙度为 B 类，风载体型系数取 1.40。考虑高层建筑群体效应，相互干扰增大系数取 1.05。结构变形计算时，风荷载按 50 年一遇的基本风压采用；承载力设计时，风荷载按 50 年一遇基本风压的 1.1 倍采用。风振系数及风压高度变化系数根据《建筑结构荷载规范》GB 50009—2012 计算。塔楼风振舒适度验算时风荷载按 10 年一遇的风压 0.30kN/m²。

项目开展了风洞试验，模型缩尺比例为 1 : 300，模拟风场为 B 类地貌，地貌指数 $\alpha = 0.15$。根据风洞试验报告，比较了规范风荷载形成的基底反力与风洞试验的结果，见表 11.1-2。WX 和 WY 分别为 X

和 Y 方向的规范风荷载工况，W50、W150、W180、W230 和 W340 分别表示风洞试验 50°、150°、180°、230° 和 340°方向的风荷载工况。可以看到，在风洞试验的工况中，由于 180°风向角下塔楼处于上游且无遮挡，因此，180°角方向荷载效应最大，Y 向基底剪力与规范风荷载基本相当。设计时按规范风荷载和风洞试验结果进行位移和强度包络验算。

重现期 50 年基本风压的基底反力

表 11.1-2

工况	V_x/MN	V_y/MN	T/(MN·m)	M_x/(MN·m)	M_y/(MN·m)
规范风 W_x	7.08	12.26	161.03	1578.27	834.04
规范风 W_y	12.94	22.46	76.80	2618.08	1507.16
风洞 W50	2.89	8.22	145.62	2252.34	443.88
风洞 W150	3.05	19.41	133.87	2192.91	356.90
风洞 W180	3.63	22.69	63.15	2514.42	395.84
风洞 W230	5.48	17.91	121.01	1925.81	611.86
风洞 W340	4.43	11.58	117.83	1393.54	522.32

3. 嵌固端

上部结构以地下室顶板为嵌固端。通过相关范围内局部加厚或增设剪力墙，保证嵌固层与上部结构首层的剪切刚度比不小于 2。地下室顶板室内外结构高差 1500mm，通过局部设置斜板，尽量降低每一台阶处的高差，并采取加腋处理，保证上部结构水平力的有效传递。

11.2 建筑特点

11.2.1 建筑高宽比较大

塔楼建筑平面两端宽度 19.90m，中间宽度为 14.35m，端柱凸出平面 850mm，按惯性矩等效方式计算，平面等效宽度为 17.77m。本工程为超 B 级高度的剪力墙结构，等效高宽比为 10.6，超出规范合理值较多。仅从结构安全角度而言，高宽比限值不是必须满足的，主要影响结构设计的经济性。故对高宽比较大的结构，更应保证结构抗侧刚度的高效设计。因此，本项目的设计策略为结构布置时尽量使横墙组成长度较大的联肢墙，同时使剪力墙尽量围合成筒体，并适当加大翼缘截面。

11.2.2 南北立面无剪力墙

近年来，由于城市用地紧张及户型要求等原因，出现较多 B 级或超 B 级高度的剪力墙结构住宅。此类剪力墙结构往往长宽比及高宽比均较大，为满足侧向刚度要求，一个方向剪力墙较多，而在另一个方向剪力墙稀少，与规范定义的传统剪力墙结构存在一定差异。

由于立面效果及户型要求，本建筑南北立面不允许设置剪力墙，仅在横墙端部形成端柱。

11.2.3 首层层高相对较大

为满足建筑大堂效果，首层层高 9.0m，而上部标准层层高为 3.4m，相差较大，见图 11.2-1。结构设计时，不仅加厚了首层剪力墙，同时加大了首层剪力墙水平钢筋的配筋率，以满足首层与上层的受剪承载力比值不小于 0.8，避免首层成为软弱层与薄弱层。

图 11.2-1　建筑首层大堂效果

11.3　体系与分析

11.3.1　方案对比

方案设计阶段，对不同的结构布置进行了对比分析，三个方案如下：

方案 1 为各开间均匀布置横墙，并设置次梁分隔楼板，标准层结构平面见图 11.3-1。此方案优点为标准层剪力墙厚度以 200mm 为主，楼板跨度小，自重轻；缺点是剪力墙数量多，房间布置不灵活，南北立面的纵向墙肢影响室内及景观效果。

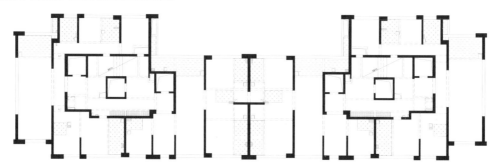

图 11.3-1　方案 1 标准层结构平面

方案 2 为大开间布置横墙，标准层结构平面见图 11.3-2。此方案优点为墙体数量少，房间布置灵活；缺点是标准层剪力墙厚度需加大，不设次梁时楼板跨度大。

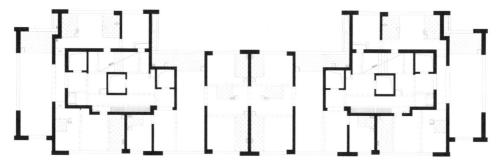

图 11.3-2　方案 2 标准层结构平面

方案 3 仍为大开间布置横墙，但南北立面纵墙缩短为端柱，标准层结构平面见图 11.3-3。此方案优点是为墙体数量少，房间布置灵活，南北面室内及景观效果好；相对于方案 1，缺点是标准层剪力墙厚度需加大，不设次梁时楼板跨度大，板厚增加，纵向剪力墙稀少。

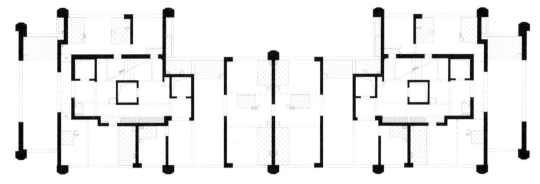

图 11.3-3　方案 3 标准层结构平面

1. 结构周期

计算结果显示，三个方案的整体指标影响较小，均能满足规范要求。三个方案的动力特性差异较小，结构周期对比见表 11.3-1。

不同方案结构周期对比　　　　　　　　　　　　　　　　　　　表 11.3-1

周期	方案 1		方案 2		方案 3	
	周期	平动系数（$X+Y$）	周期	平动系数（$X+Y$）	周期	平动系数（$X+Y$）
T_1	4.9788	0.00 + 1.00	5.0815	0.00 + 1.00	5.1192	0.00 + 1.00
T_2	4.5523	0.99 + 0.00	4.2026	0.96 + 0.00	4.8604	0.99 + 0.00
T_3	3.6869	0.01 + 0.00	3.4321	0.04 + 0.00	3.7367	0.01 + 0.00

2. 层间位移角

计算显示，层间位移角由风荷载控制，不同方案层间位移角对比见表 11.3-2。

不同方案层间位移角对比　　　　　　　　　　　　　　　　　　表 11.3-2

层间位移角		方案 1	方案 2	方案 3
地震作用下层间位移角最大值	X方向	1/1123	1/1191	1/1037
	Y方向	1/933	1/896	1/905
风荷载作用下层间位移角最大值	X方向	1/3080	1/3692	1/2689
	Y方向	1/735	1/732	1/735

3. 结构总质量

计算显示，由于楼板厚度加大、端柱截面加大、隔墙增多等原因，方案 3 结构布置的总质量略有增加。不同方案结构总质量对比见表 11.3-3。

不同方案结构总质量对比　　　　　　　　　　　　　　　　　　表 11.3-3

方案	方案 1	方案 2	方案 3
结构的总质量/t	127770.5	130148.7	131507.8
百分比	100%	101.8%	102.9%

4. 典型墙厚

计算显示，剪力墙厚度底部主要由轴压比控制，中上部由侧移角控制。不同方案剪力墙厚度对比见表 11.3-4。

分类	方案 1	方案 2	方案 3
七层以上标准层典型墙厚/mm	200～300	200～450	200～450
二～六层典型墙厚/mm	300～400	350～500	350～500
二层墙体面积/m²	139.78	132.92	137.47
十四层墙体面积/m²	120.45	117.43	119.43

11.3.2　结构布置

为保证建筑效果，剪力墙位置结合立面效果及幕墙序列布置，最终采用方案 3 带端柱的剪力墙结构体系。端柱的设置可弥补横墙没有翼缘墙的缺陷，有效提高结构的整体抗侧刚度及抗弯承载力。

1）构件截面

首层层高较大，剪力墙考虑稳定性要求适当加厚，典型墙厚为 600mm，外凸端柱截面宽 1550mm、高 1250mm；二层以上典型墙厚为 500～200mm，外凸端柱截面宽 1550mm、高 1200mm，结合建筑立面造型设置。

楼盖采用现浇楼板，楼板厚度 120～160mm，尽量不设或少设次梁，便于机电管线布置。

2）抗震等级

地上结构抗震等级见表 11.3-5。考虑结构不规则类型与超限情况，底部加强区剪力墙（含端柱）的抗震等级提高为特一级。

抗震等级 表 11.3-5

部位		剪力墙（含端柱）抗震等级	
		内力调整	构造措施
地上	非加强部位	一级	一级（其中小偏拉构件按特一级构造）
	底部加强部位	特级	特一级

11.3.3　性能目标

1. 抗震超限分析和采取的措施

本工程属于高度超限的超 B 级高层建筑，存在高宽比大、单向少墙、扭转不规则、刚度突变等不规则情况。针对结构不规则类型和超限情况，设计中采取了如下应对措施：

（1）结构高宽比超出规范合理值较多。结构布置时，尽量使横墙组成长度较大的联肢墙，并适当加大端柱截面，以提高结构整体刚度及抗倾覆能力；对公共交通区域的剪力墙围合成筒体；补充中震不屈服双向地震作用下墙肢拉应力验算，对超出混凝土抗拉强度标准值的墙肢，设置型钢承担拉力。

（2）由于立面效果及户型要求，建筑南北立面不能设置剪力墙，仅在横墙端部形成端柱。按单向少墙结构进行设计，少墙方向补充二道防线设计，并对端柱进行加强；楼板按弹性板计算复核配筋。

（3）塔楼底层层高较大，适当加大截面厚度保证墙肢稳定性，控制考虑层高修正的楼层刚度比；并加强配筋以满足受剪承载力比；底层强制薄弱层，多遇地震下地震剪力放大 1.25 倍。

（4）个别楼层在"规定水平力"作用下考虑偶然偏心的扭转位移比大于 1.20，属于扭转不规则结构。计算中计入扭转的影响，考虑了双向地震和偶然偏心的扭转效应；严格控制剪力墙的轴压比，并加强端柱构造措施，保证剪力墙的延性，从而提高整个结构的变形能力。

（5）采用两个不同力学模型的三维空间分析软件，进行整体结构内力、位移的计算和比较，确保计算分析结果的真实可靠。

（6）补充弹性时程分析和弹塑性时程分析，分析结构的抗震性能。

2．抗震性能目标

根据抗震性能化设计方法，确定了主要结构构件的抗震性能目标，见表 11.3-6。

主要构件抗震性能目标 表 11.3-6

地震水准	多遇地震	设防烈度地震	罕遇地震
允许层间位移角	1/723	—	1/120
底部加强部位剪力墙（含端柱）	弹性	抗剪、抗弯弹性	剪压比 $V/F_{ck}A < 0.15$
五～七层过渡层剪力墙（含端柱）	弹性	抗剪弹性、抗弯不屈服	剪压比 $V/F_{ck}A < 0.15$
其他部位剪力墙（含端柱）	弹性	抗剪、抗弯不屈服	剪压比 $V/F_{ck}A < 0.15$

11.3.4 结构分析

1．整体指标分析

采用 SATWE 和 MIDAS Building 分别计算，周期折减系数 0.9。计算结果显示，两个软件计算的结构总质量、振动模态、周期、基底剪力、层间位移比等指标基本一致，可以判断模型的分析结果准确可信。

（1）结构周期

计算结果显示，结构周期处于工程合理范围，见表 11.3-7。

结构周期 表 11.3-7

计算程序		SATWE		MIDAS Building	
		周期	平动系数 $(X+Y)$	周期	平动系数 $(X+Y)$
周期	T_1	5.1192	（0.00 + 1.00）	4.9052	（0.00 + 0.88）
	T_2	4.8604	（1.00 + 0.00）	4.8374	（0.89 + 0.00）
	T_t	3.7367	（0.00 + 0.00）	3.8846	（0.17 + 0.00）
T_t/T_1		0.73		0.79	

（2）层间位移角

计算结果显示，层间位移角由风荷载控制，高宽比较大的方向层间位移角接近限值，见图 11.3-4、图 11.3-5。

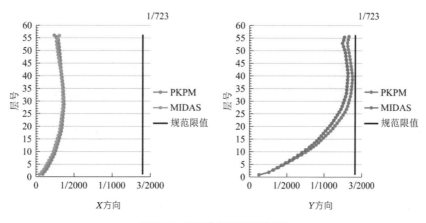

图 11.3-4　风荷载作用下层间位移角

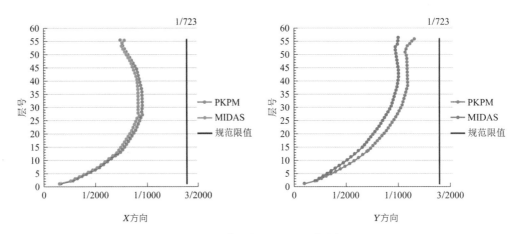

图 11.3-5 多遇地震作用下层间位移角

（3）整体稳定刚重比

计算结果显示，结构刚重比大于1.4，满足整体稳定性要求，但应考虑重力二阶效应的影响，刚重比验算结果见表11.3-8。

刚重比　　　　　　　　　　　　　　　　　　　　　　　　　　　　　　　　　　表11.3-8

刚重比	X方向	Y方向
	1.94	1.71

2. 异形端柱设计

端柱在外立面上结合建筑造型设置，截面形状为矩形中部外凸。结构整体计算时，异形端柱等效为矩形柱输入计算模型。端柱与剪力墙相连，在墙肢平面内，端柱截面形状对墙肢的刚度和承载力影响很小；在墙肢平面外，端柱等效成高度相同的矩形截面，采取刚度等效与面积等效的平均值，减小模型简化对整体分析的影响。端柱截面等效示意见图11.3-6。

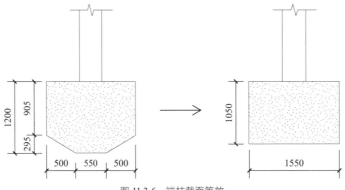

图 11.3-6 端柱截面等效

异形端柱在底部加强区设置型钢，按型钢混凝土剪力墙边缘构件进行设计，剪力墙的外侧水平分布钢筋全部绕过或穿过异形端柱型钢。为便于施工并减少对型钢的开孔，拉筋间隔穿过型钢，如图11.3-7所示。

结构在地震作用下，通常处于双向偏心受力状态，尤其对于异形截面，单向受力承载力验算可能存在误差。本工程通过绘制三维PMM曲面，对异形端柱进行正截面承载力验算，其中正截面受压承载力考虑稳定系数的折减。中震弹性条件下，底部加强区异形端柱YBZ4、YBZ8（端柱平面位置见图11.4-4）正截面承载力P-M_x-M_y验算见图11.3-8，结果显示，端柱的轴力及弯矩点位于P-M_x-M_y承载力包络曲面内，端柱正截面承载力满足要求。

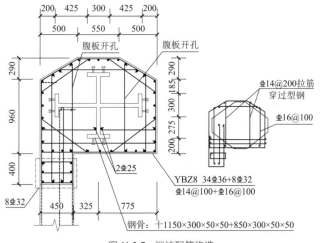

图 11.3-7　端柱配筋构造

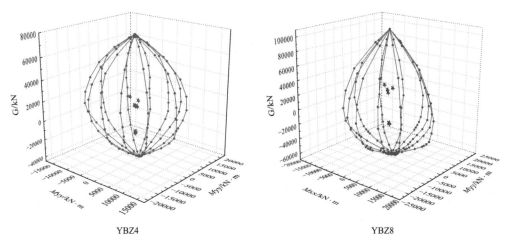

YBZ4　　　　　　　YBZ8

图 11.3-8　异形端柱正截面承载力验算

3．罕遇地震作用下结构性能分析

采用 SAUSAGE 进行结构的弹塑性时程分析，考虑几何非线性和材料非线性，采用显式积分方法进行计算。杆件非线性模型采用纤维束模型，主要用来模拟梁、柱、斜撑和桁架等构件；剪力墙、楼板采用弹塑性分层壳单元。

1）地震波的选取

进行动力弹塑性计算时，地面运动加速度时程的选取、预估罕遇地震作用时的峰值加速度取值以及计算结果的选用应符合《高层建筑混凝土结构技术规程》JGJ 3—2010 第 4.3.5 的规定。选取了 5 条天然波和 2 条人工波，地震波的平均地震影响系数曲线与振型分解反应谱法所用的地震影响系数曲线相比，在结构前三个周期点的误差分别为−1.15%、0.31%、−0.32%，在统计意义上相符。

（1）小震弹性模型的底部剪力对比

小震弹性时程分析的计算结果显示，每条时程波计算所得的结构底部剪力均大于振型分解反应谱法计算结果的 65% 且小于 135%，7 条时程波计算所得的 X 向结构底部剪力平均值为振型分解反应谱法计算结果的 93.83%，Y 向结构底部剪力平均值为振型分解反应谱法计算结果的 92.92%，均满足大于 80% 且小于 120% 的规范要求。

（2）大震弹塑性时程基底剪力与小震反应谱弹性基底剪力的对比

大震弹塑性时程基底剪力与小震反应谱弹性基底剪力的对比见表 11.3-9。结果显示，大震弹塑性时程基底剪力平均值与小震弹性基底剪力，X 向为 4.86 倍，Y 向为 5.76 倍，在合理范围内。

时程曲线	X向为主方向			Y向为主方向		
	大震弹塑性基底剪力/kN	小震反应谱剪力/kN	大震/小震	大震弹塑性基底剪力/kN	小震反应谱剪力/kN	大震/小震
RH1TG065	89500		4.37	108600		5.23
RH4TG065	103100		5.03	112300		5.41
TH001TG065	115000		5.61	136700		6.58
TH035TG065	126400	20498.90	6.17	118000	20765.06	5.68
TH036TG065	89200		4.35	115800		5.58
TH040TG065	78900		3.85	121200		5.84
TH063TG065	95100		4.64	124900		6.01
平均值	99600		4.86	119643		5.76

2）整体性能评价

（1）分析参数

依次选取结构X或Y方向作为主方向，另一方向为次方向，分别输入7条地震波的2个分量记录进行计算，峰值加速度220gal。每个工况地震波峰值按水平主方向：水平次方向＝1:0.85进行调整。

（2）基底剪力响应

各条地震波计算的结构最大基底剪力及其剪重比统计结果见表11.3-10。结构在X、Y方向的大震弹塑性时程最大基底剪力平均值分别为99600kN和119643kN，对应剪重比分别为7.12%和8.55%。

大震时程分析底部剪力对比 表 11.3-10

时程曲线	X向为主方向		Y向为主方向	
	剪力/kN	剪重比/%	剪力/kN	剪重比/%
RH1TG065	89500	6.39	108600	7.76
RH4TG065	103100	7.37	112300	8.02
TH001TG065	115000	8.22	136700	9.77
TH035TG065	126400	9.03	118000	8.43
TH036TG065	89200	6.37	115800	8.27
TH040TG065	78900	5.64	121200	8.66
TH063TG065	95100	6.79	124900	8.92
平均值	99600	7.12	119643	8.55

（3）楼层位移及层间位移角响应

结构在X方向的顶点位移平均值为653mm，为结构高度的1/306；X方向层间位移角为1/209（不含构架层），小于规范限值1/120。

结构在Y方向的顶点位移平均值为815mm，为结构高度的1/245；Y方向层间位移角为1/177（不含构架层），小于规范限值1/120。

罕遇地震作用下X、Y方向的楼层位移见图11.3-9，层间位移角见图11.3-10。

3）构件性能分析

构件的损坏主要以混凝土的受压损伤因子、受拉损伤因子及钢材（钢筋）的塑性应变程度作为评定标准。混凝土承载力与受压损伤因子的简化对应关系如图11.3-11所示。对整个剪力墙构件而言，由于墙肢面内一般不满足平截面假定，在边缘混凝土单元出现受压损伤后，构件承载力不会立即下降，因此，以剪力墙受压损伤横截面面积作为其严重损坏的主要判断标准。

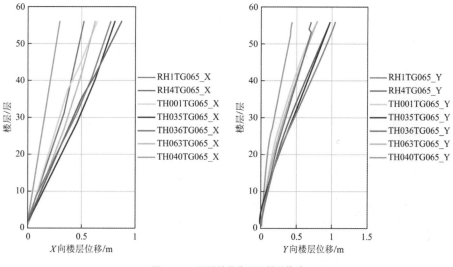

图 11.3-9　罕遇地震作用下楼层位移

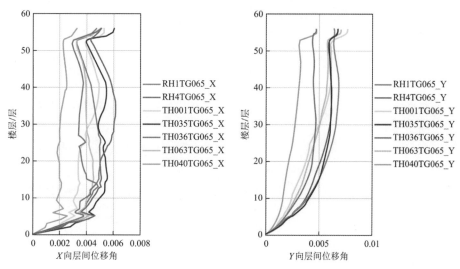

图 11.3-10　罕遇地震作用下楼层层间位移角

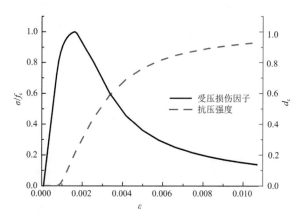

图 11.3-11　混凝土承载力与受压损伤因子的简化对应关系

（1）剪力墙及连梁损伤情况分析

各个墙肢的损伤分布示意如图 11.3-12 所示，从图中可以看出，剪力墙在罕遇地震作用下总体处于轻微及轻度以下损伤；端柱基本处于无损坏及轻度损坏状态；连梁有较明显损伤，发挥了地震过程中的耗能作用。

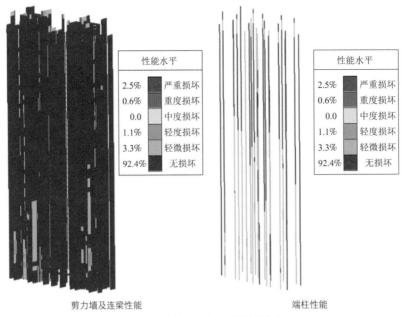

剪力墙及连梁性能   端柱性能

图 11.3-12　剪力墙及连梁、端柱性能水平

（2）框架梁的损伤响应

通过对罕遇地震作用下框架梁的损伤情况分析表明，框架梁发生中度及以下塑性损伤，总体抗震性能良好。

（3）楼板的损伤响应

通过对罕遇地震作用下混凝土楼板的损伤情况分析表明，楼板抗震性能良好，具有较好地承担竖向荷载和传递水平地震作用的能力。

综上所述，结构在大震作用下的弹塑性反应及破坏机制符合结构抗震工程的概念设计要求，结构具有良好的变形能力，能够实现预期的抗震性能目标。

11.4　专项设计

11.4.1　较大高宽比结构设计与分析

高层建筑的高宽比是对结构刚度、整体稳定、承载能力和经济合理性的宏观控制；在结构设计满足规定的承载力、稳定、抗倾覆、变形和舒适度等基本要求后，仅从结构安全角度讲，高宽比限值不是必须满足的，主要影响结构设计的经济性，一定条件下也影响结构设计的难度。

1. 结构布置原则

对高宽比较大的结构，应保证抗侧刚度的高效设计。因此，结构布置尽量使横墙组成长度较大的联肢墙，并加大端柱截面，同时使公共交通区域等剪力墙围合成筒体，见图 11.4-1。

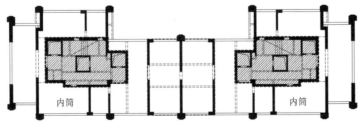

内筒　　　　　　　　　　　　　　　　　　内筒

图 11.4-1　结构墙体平面示意

2．抗倾覆验算

《高层建筑混凝土结构技术规程》JGJ 3—2010 第 12.1.7 条规定，在重力荷载与水平荷载标准值或重力荷载代表值与多遇水平地震标准值共同作用下，高宽比大于 4 的高层建筑，基础底面不宜出现零应力区；高宽比不大于 4 的高层建筑，基础底面与地基之间零应力区面积不应超过基础底面面积的 15%。本工程抗倾覆验算结果显示，多遇水平地震作用或风荷载下基底未出现零应力区，详见表 11.4-1。

基底零应力区验算   表 11.4-1

工况	抗倾覆力矩M_r/(kN·m)	倾覆力矩M_{ov}/(kN·m)	比值M_r/M_{ov}	零应力区/%
X向地震	4.45×10^7	2.56×10^6	17.34	0
Y向地震	1.27×10^7	2.61×10^6	4.88	0
X向风荷载	4.56×10^7	9.43×10^6	48.32	0
Y向风荷载	1.31×10^7	3.00×10^6	4.36	0

3．风振舒适度评价

按规范方法计算，在 10 年重现期风压下，塔楼顶层加速度响应见表 11.4-2。结果显示，X向横风向结构顶层加速度计算值为 0.083m/s^2，小于规范限值 0.150m/s^2。

结构顶层加速度响应   表 11.4-2

方向	X向顺风向	X向横风向	Y向顺风向	Y向横风向
顶层加速度/m/s²	0.022	0.083	0.067	0.081

根据风洞试验，在 10 年重现期风压下，由于高层建筑群体效应相互干扰，塔楼顶层在 330° 风向角下出现 0.0697m/s^2 的最大峰值合成加速度值，10 年重现期风压下塔楼结构顶层风振加速度响应见图 11.4-2。同时，在 1 年重现期风压条件下，塔楼的峰值合成加速度响应为 0.0107m/s^2，满足国际标准组织推荐的住宅用途结构风振舒适度标准值 0.085m/s^2 的限值。

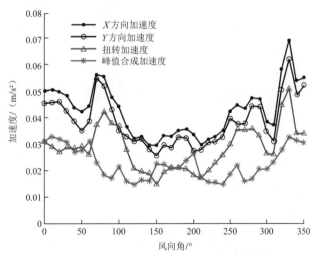

图 11.4-2　10 年重现期风压下塔楼结构顶层风振加速度响应

4．墙肢拉应力控制

在中震不屈服工况下，底部部分墙肢与端柱存在拉应力，因此，端柱及小偏拉墙肢设置型钢承担拉力，首层轴拉比如图 11.4-3 所示。型钢面积按以下公式计算，并满足性能目标的要求。

$$A_a \geqslant (N_{EK} - D - 0.5L)/f_{ak} \tag{11.4-1}$$

$$(N_{EK} - D - 0.5L)/(A + A_a E_a/E_C - A_a) \leqslant \gamma * 2f_{tk} \tag{11.4-2}$$

$$其中，\gamma = \begin{cases} 1, & \rho_s \leqslant 2.5\% \\ \rho_s/(2.5\%), & \rho_s > 2.5\% \end{cases}$$

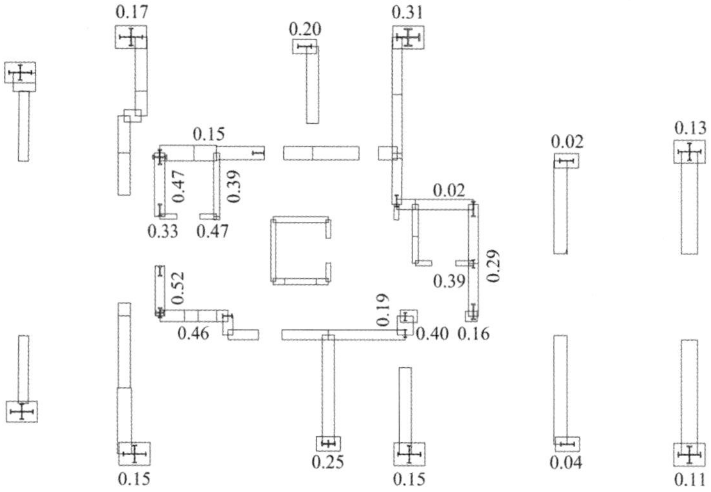

图 11.4-3　首层轴拉比简图

5．抗震性能目标

高宽比较大时，水平荷载引起的倾覆弯矩对结构底部外围构件的轴力影响大，在地震作用下会出现较大的拉力。为保证结构的整体抗震性能，宜适当提高底部加强区外围竖向构件的抗震承载力。主要结构构件的抗震性能目标详见表 11.3-6。

6．地震作用下桩基安全性分析

本项目高宽比较大，考虑到桩基的重要性与不可修复性，进行地震作用下桩基安全性分析。

场地勘察深度内揭露的各土层主要由黏性土、粉性土及砂土组成，场地地层分布较稳定，浅部地基土属中软土—中硬土。本场地在设防烈度下无液化土层，可以不考虑液化影响。

概念设计时，在基础埋深确定的条件下，为减小大震倾覆力矩对边桩的影响，布桩时边桩适当外扩，并加大筏板外挑长度，在总桩数基本不变的前提下有效降低桩筏内边桩的反力；边桩拉力较大时，亦可适当提高边桩纵筋配筋率，保证大震下的抗拉强度。

结果显示，各水准地震作用下桩基竖向承载力满足要求。桩基竖向承载力验算详见 11.4.3 节。

11.4.2　单向少墙结构受力分析与设计

1．少墙方向各部分承担的地震倾覆力矩百分比

规定水平力作用下，端柱框架、Y 向剪力墙面外、X 向剪力墙面内承担的 X 向底层地震倾覆力矩百分比见表 11.4-3。结果显示，少墙方向属于框架-剪力墙结构体系，由 X 向剪力墙、端柱框架及 Y 向剪力墙面外贡献共同承担水平地震作用。因此，少墙方向按框架-剪力墙（核心筒）结构进行设计。

各部分承担的 X 向底层倾覆力矩百分比　　　　表 11.4-3

端柱框架	Y 向剪力墙面外贡献	X 向剪力墙面内
30.4%	10.4%	59.2%

2．少墙方向各部分承担的底层地震剪力百分比

按端柱的面外剪力统计到框架部分进行计算，端柱、筒外 Y 向剪力墙面外及内筒承担的 X 向底层地震

剪力百分比见表 11.4-4。分析结果显示，X 向剪力主要由内筒承担，端柱及筒外剪力墙面外承担的剪力百分比较小。

各部分承担的 X 向底层剪力百分比 表 11.4-4

端柱	筒外 Y 向剪力墙面外	内筒
3.2%	6.4%	90.4%

筒外 Y 向剪力墙面外承担的底层剪力百分比见表 11.4-5。构件编号平面示意见图 11.4-4。

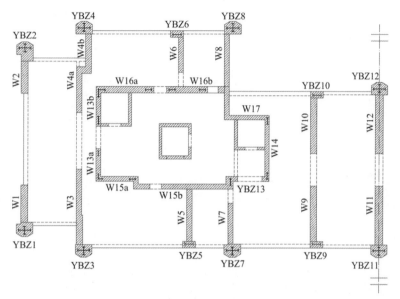

图 11.4-4　构件编号平面示意

筒外剪力墙面外承担的底部剪力百分比 表 11.4-5

墙肢编号	面外承担的剪力百分比/%	墙肢编号（对称）	面外承担的剪力百分比/%
W1	0.07	W1'	0.07
W2	0.19	W2'	0.19
W3	0.42	W3'	0.41
W4a	0.34	W4a'	0.34
W4b	0.24	W4b'	0.23
W5	0.38	W5'	0.38
W6	0.14	W6'	0.14
W7	0.11	W7'	0.11
W8	0.57	W8'	0.58
W9	0.19	W9'	0.19
W10	0.18	W10'	0.18
W11	0.32		
W12	0.29		

3．剪力墙面外弯矩验算

提取计算模型中剪力墙面外控制弯矩，对其承载力进行复核，标准层剪力墙面外弯矩验算见表 11.4-6。分析结果显示，剪力墙面外弯矩较小，面外按受弯构件计算的单侧配筋率很小，为 0.01%～0.05%。因此，结构设计时可以按普通剪力墙进行截面设计。

墙段编号	墙肢厚度	墙段长度	面外弯矩 W_0	单侧计算配筋	单侧配筋率/%
W1	400	3300	7.97	66.50	0.005
W2	400	3400	5.35	44.62	0.003
W3	450	7325	13.22	97.18	0.003
W4a	450	3850	30.92	227.20	0.013
W4b	450	3825	22.62	166.20	0.010
W5	300	5300	20.25	231.45	0.015
W6	300	3750	0.08	0.92	0.001
W7	300	4175	11.54	131.96	0.011
W8	400	8150	127.73	1065.51	0.033
W9	400	6500	91.27	761.34	0.029
W10	400	4525	55.15	460.07	0.025
W11	500	6849	1.58	10.35	0.001
W12	500	6350	1.37	8.98	0.001
W13a	400	2425	51.51	429.64	0.044
W13b	400	3100	48.07	400.96	0.032
W14	300	5425	33.03	377.62	0.023

4．水平作用对楼板的影响

为考虑水平作用对楼板的影响，将楼板定义为弹性板，考虑面内、面外刚度，并在*X*向布置柱上板带。分析结果表明，考虑水平地震作用、风荷载组合，核心筒左侧走道处局部楼板由于板跨较小，水平力作用下楼板内力较大，配筋需要加强；其余楼板内力在剪力墙支座处有所增大，但对楼板配筋总体上影响不大。标准层楼板*X*向按柱上板带配筋计算结果见图 11.4-5。

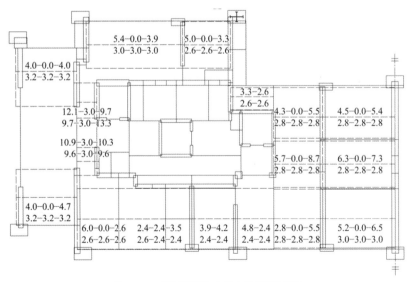

图 11.4-5　标准层楼板*X*向柱上板带配筋结果

5．少墙方向二道防线设计

本工程剪力墙在南北立面设置较大尺寸端柱，以提高结构的整体抗侧移刚度及抗倾覆能力。由于端柱截面尺寸较大，考虑其合理性，分别按不同方式建模，并进行对比分析。模型 1 端柱按框架柱方式建模，且框架柱节点与剪力墙端节点重合，变形协调。模型 2 端柱按框架柱 + 刚臂方式建模，框架柱节点与剪力墙端点之间通过短梁（刚臂）连接，如图 11.4-6 所示。模型 3 端柱按厚度较大的短肢墙方式建模。计算结果显示，除了地震倾覆力矩统计方式差异外，不同建模方式对结构整体指标影响较小。

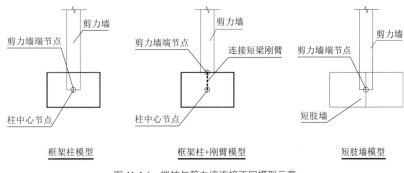

图 11.4-6　端柱与剪力墙连接不同模型示意

（1）结构周期

计算结果显示，不同建模方式对周期指标影响较小，结构周期见表 11.4-7。

结构周期　　　　　　　　　　　　表 11.4-7

对比模型		模型 1		模型 2		模型 3	
		周期	平动系数（$X+Y$）	周期	平动系数（$X+Y$）	周期	平动系数（$X+Y$）
周期	T_1	5.1192	0.00 + 1.00	5.0907	0.00 + 1.00	5.1136	0.00 + 1.00
	T_2	4.8604	1.00 + 0.00	4.7855	0.99 + 0.00	4.5986	0.98 + 0.00
	T_3	3.7367	0.00 + 0.00	3.7323	0.01 + 0.00	3.6796	0.02 + 0.00

（2）地震剪力与倾覆力矩百分比

模型 2（框架柱 + 刚臂模型）中，由于端柱与剪力墙强制解耦，端柱承担的地震剪力和倾覆力矩增大。框架部分地震剪力与倾覆力矩百分比见表 11.4-8。

框架部分地震剪力与倾覆力矩百分比　　　　　　　表 11.4-8

		模型 1	模型 2	模型 3
框架地震倾覆力矩百分比（规定水平力作用下）/%	X方向	30.40	40.25	/
	Y方向	0.01	2.34	/
框架部分楼层地震剪力最大值与底部总剪力之比/%	X方向	23.84（30F）	30.84（29F）	/
	Y方向	0.10（1F）	5.70（2F）	/

（3）二道防线内力调整

模型 2（框架柱 + 刚臂模型）中，由于端柱与剪力墙强制解耦，少墙方向二道防线充分调整。对比模型 1（框架柱模型），框架部分承担的楼层地震剪力百分比增大 30%～40%，见图 11.4-7；框架部分承担的楼层地震倾覆力矩百分比增大 25%～35%，见图 11.4-8。模型 3（短肢墙模型）中，端柱按剪力墙进行计算，无二道防线调整。

（4）端柱承载力复核

模型 2（框架柱 + 刚臂模型）端柱 X 向剪力和弯矩均较大，对比模型 1（框架柱模型），大部分端柱 X 向纵筋增大 1.1～1.3 倍，箍筋增大 1.0～2.0 倍，顶部楼层放大较多，见图 11.4-9 和图 11.4-10；而 Y 向配筋影响较小。

端柱配筋设计时，在边缘构件配筋量基本不变的前提下，通过调整端柱两个方向的配筋比例，实现对少墙方向承载力的加强。

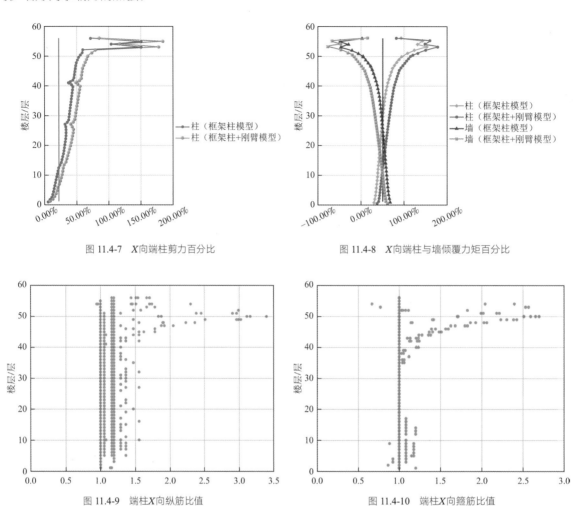

图 11.4-7　X向端柱剪力百分比　　　　　　图 11.4-8　X向端柱与墙倾覆力矩百分比

图 11.4-9　端柱X向纵筋比值　　　　　　　图 11.4-10　端柱X向箍筋比值

11.4.3　桩基础设计

1. 基础方案

塔楼采用桩筏基础，地基基础设计等级为甲级，建筑桩基设计等级为甲级。筏板厚度 2650mm，桩型采用直径 1000 的钻孔灌注桩，采用桩端多次后注浆工艺，有效桩长 56～57m，以⑪$_2$号细砂层为桩端持力层，单桩抗压承载力特征值为 10500kN。为减小差异沉降的不利影响，在塔楼和裙房间设置沉降后浇带。

2. 桩基性能化设计

单桩竖向极限承载力是指单桩在竖向荷载作用下到达破坏状态前或出现不适于继续承载的变形时所对应的最大荷载，它取决于土对桩的支承阻力和桩身承载力。规范中土对桩的支承阻力采用安全系数法表达，桩身承载力采用分项系数法表达。

1）不同水准地震作用下的桩基竖向承载力安全系数

根据《建筑桩基技术规范》JGJ 94—2008 第 5.2 节规定，桩基竖向承载力计算应符合下列要求：无震组合时，$N_k \leqslant R_a$ 和 $N_{kmax} \leqslant 1.2R_a$；小震组合时，$N_{Ek} \leqslant 1.25R_a$ 和 $N_{Ekmax} \leqslant 1.5R_a$；$R_a = Q_{uk}/2$。即对于无震组合，以单桩竖向极限承载力标准值 Q_{uk} 为基准，单桩竖向承载力安全系数不小于 2.0；偏心受压群桩的平均安全系数不小于 2.0，其中最低安全系数不小于 $2/1.2 \approx 1.67$。对于小震组合，允许单桩竖向承载力提高 1.25 倍，即安全系数不小于 1.6；偏心受压群桩的平均安全系数不小于 1.6，其中最低安全系数不应小于 2/1.5 ≈ 1.33。

由于小震、中震、大震发生的概率依次递减，因此，各水准地震作用下的桩基竖向承载力安全系数也可依次降低。综合考虑地震作用快速加载方式不同于静载试验慢速维持法，以及桩周土在大震下摩阻力可能下降的不利因素，大震作用下的最低安全系数取 1.0。不同水准下的桩基竖向承载力安全系数如表 11.4-9 所示。

不同水准下的桩基竖向承载力安全系数　　　　　　　　　　　　　　表 11.4-9

组合	单桩竖向承载力安全系数	偏心受压群桩的竖向承载力安全系数	
		平均安全系数	最小安全系数
无震组合	2.0	2.0	1.67
小震组合	1.6	1.6	1.33
中震组合	1.33	1.33	1.2
大震组合	1.1	1.1	1.0

2）不同水准地震作用下的桩身承载力

（1）桩身受压承载力

根据《建筑桩基技术规范》JGJ 94—2008 第 5.8.2 条规定，无震组合时，钢筋混凝土轴心受压桩正截面受压承载力应符合下列规定：$N \leqslant \psi_c f_c A_{ps} + 0.9 f'_y A'_s$。其中 N 为荷载效应基本组合下的桩顶轴向压力设计值；ψ_c 为基桩成桩工艺系数，灌注桩取 $\psi_c = 0.7 \sim 0.8$。为便于比较，换算成荷载标准值，荷载分项系数取 1.35，即 $N_k \leqslant (\psi_c f_c A_{ps} + 0.9 f'_y A'_s)/1.35$。小震组合时，桩身承载力可以除以承载力抗震调整系数 γ_{RE}，γ_{RE} 可按轴压比不小于 0.15 的柱取 0.8，可得 $N_{k\,小震} \leqslant (\psi_c f_c A_{ps} + 0.9 f'_y A'_s)/1.08$。如桩身承载力采用标准值表示，混凝土抗压强度标准值为设计值的 1.4 倍，钢筋部分的承载力占桩身承载力的比例较小，则近似可表达为 $N_{k\,小震} \leqslant (\psi_c f_{ck} A_{ps} + 0.9 f'_{yk} A'_s)/1.5$，可知小震下相对于桩身强度标准值的安全系数约为 1.5。

中震不屈服组合、大震不屈服组合时，上部结构荷载为地震作用标准值，桩身抗力取材料强度标准值，不考虑承载力抗震调整系数，即 $N_{k\,中震,\,大震} \leqslant (\psi_c f_{ck} A_{ps} + 0.9 f'_{yk} A'_s)/K$。其中 f_{ck} 表示混凝土轴心抗压强度标准值，K 为安全系数，可与土支承阻力的安全系数基本一致。

（2）桩身受拉承载力

根据《建筑桩基技术规范》JGJ 94—2008 第 5.8.7 条规定，无震组合时，钢筋混凝土轴心抗拔桩的正截面受拉承载力为：$N \leqslant f_y A_s$。其中 N 为荷载效应基本组合下的桩顶轴向拉力设计值。为便于比较，换算成荷载标准值，荷载分项系数取 1.35，即 $N_k \leqslant f_y A_s/1.35$。小震组合时，桩身承载力可除以承载力抗震调整系数 γ_{RE}，γ_{RE} 可按受拉构件取 0.85，可得 $N_{k\,小震} \leqslant f_y A_s/1.15$。如桩身承载力采用标准值表示，钢筋屈服强度标准值为设计值的 1.11 倍，则 $N_{k\,小震} \leqslant f_{yk} A_s/1.28$，可知小震下相对于桩身强度标准值的安全系数约为 1.3。

中震不屈服组合、大震不屈服组合时，荷载取地震作用标准值，抗力取钢筋的屈服强度标准值，不考虑承载力抗震调整系数，即 $N_{k\,中震,\,大震} \leqslant f_{yk} A_s/K$。其中，$f_{yk}$ 为钢筋屈服强度标准值，K 为安全系数，可与土支承阻力的安全系数基本一致。

3）桩基性能目标

为达到与上部结构相匹配的抗震性能，并考虑到桩基震后修复的困难性，对桩基进行抗震性能化设计。

在地震作用下，桩筏基础中的边桩受力最为不利，边桩最大反力起控制作用，群桩平均反力不起控制作用，为简化验算，确定本工程桩基的性能目标如表 11.4-10 所示。

地震水准	土对桩的支承阻力	桩身承载力
小震	土体不失效，安全系数 1.33 抗压：$N_{k小} \leqslant Q_{uk}/1.33$， 抗拔：$N_{k小} \leqslant T_{uk}/1.33$	桩身弹性。 抗压：$N_{k小} \leqslant (0.75f_cA_{ps} + 0.9f'_yA'_s)/1.08$， 抗拔：$N_{k小} \leqslant f_yA_s/1.15$
中震	土体不失效，安全系数 1.2 抗压：$N_{k中} \leqslant Q_{uk}/1.2$， 抗拔：$N_{k中} \leqslant T_{uk}/1.2$	桩身不屈服，安全系数 1.2。 抗压：$N_{k中} \leqslant (0.75f_{ck}A_{ps} + 0.9f'_{yk}A'_s)/1.2$， 抗拔：$N_{k中} \leqslant f_{yk}A_s/1.2$
大震	土体不失效，安全系数 1.0 抗压：$N_{k大} \leqslant Q_{uk}$， 抗拔：$N_{k大} \leqslant T_{uk}$	桩身不屈服，安全系数 1.0。 抗压：$N_{k大} \leqslant 0.75f_{ck}A_{ps} + 0.9f'_{yk}A'_s$， 抗拔：$N_{k大} \leqslant f_{yk}A_s$

4）桩基性能化设计

按不考虑外围地库底板进行计算，结果显示，各水准地震作用下桩基竖向承载力满足要求；在设定的桩基性能目标下，桩基竖向承载力验算由大震组合控制，见表 11.4-11。

桩基竖向承载力验算结果　　　　　　表 11.4-11

地震水准		边桩最大反力/kN	基桩竖向承载力/kN	桩身强度允许值/kN	验算结果
小震	抗压	10075	15790	14423	满足
	抗拔	0	5000	1903	满足
中震	抗压	13846	17500	17728	满足
	抗拔	0	5540	2026	满足
大震	抗压	18372	21000	21274	满足
	抗拔	−441	6650	2432	满足

3．桩端多次后注浆工艺与承载力分析

本工程灌注桩桩身范围以粉质黏土为主，桩端注浆水泥量取桩径的 4～5 倍，分两次注浆。第一次注浆量为额定的 70%，第二次注浆量为额定的 30%，两次注浆间隔 1.5～2.0h。注浆终止条件应控制注浆量与注浆压力两个因素，以控制注浆量为主。采用慢速注浆，注浆流量不宜超过 50L/min，注浆压力控制在 1～2MPa，第二次注浆终止压力不宜小于 2.5MPa，如压力过低可采取间歇注浆或适当增加注浆量。后注浆施工质量对桩基工程至关重要，若后注浆失败，对单桩承载力影响较大。

1）桩身轴力检测

为充分了解和掌握桩端后注浆灌注桩的侧阻、端阻分布情况及提高系数，本工程进行了钢筋测力计检测。通过埋设钢筋测力计，测试桩身轴力、桩侧各土层分层摩阻力和桩端支承力。逐级加载下桩身轴力见图 11.4-11。

由图 11.4-11 可知，加载开始时，荷载主要由桩身上部的侧阻承担；随着加载量的逐级加大，桩身上部轴力曲线的斜率趋于平行，表明上部土层侧阻增量趋向于零，即逐步接近极限承载力；当接近最大加载量时，增加的荷载主要由桩端部分的端阻及侧阻承担。

2）单桩承载力估算

实测数据显示，桩端两次注浆后，泛浆使桩周土得到了增强。最大加载量下土层等效侧阻、端阻分布情况见表 11.4-12。侧阻、端阻的增强系数与《建筑桩基技术规范》JGJ 94—2008 中表 5.3.10 提供的增强系数上限值比较接近。由于试桩最终没有达到土体破坏，因此桩端部分土层的提高系数偏于安全。因此，单桩承载力估算时，侧阻、端阻的增强系数可按桩基规范提供的增强系数采用。

实测数据显示，注浆增强段范围可近似按有效桩长全长考虑。单桩承载力估算时，在总注浆量相等的条件下，注浆增强段范围可按桩基规范第 6.7 节桩端桩侧复式注浆经验公式换算，简化后可得注浆增

强段长度$L_e = 12 \times (1.4 G_c / d - 2)$，工程中可根据实际情况适当折减。

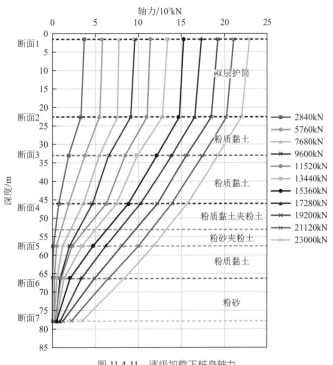

图 11.4-11　逐级加载下桩身轴力

土层等效侧阻、端阻分布情况　　　　　　　　　　　　　　表 11.4-12

项目	土层厚度/m	土层性质	地勘建议值/kPa	实测平均值/kPa	注浆提高系数	规范参考系数
断面 1-2 侧阻	21.22	护筒隔离	/	14.5	/	/
断面 2-3 侧阻	10.3	粉质黏土	56.8	84.3	1.5	1.4～1.8
断面 3-4 侧阻	13.2	粉质黏土	50.8	88.0	1.7	1.4～1.8
断面 4-5 侧阻	11.4	粉质黏土夹粉土	57.9	113.0	2.0	1.4～1.8
断面 5-6 侧阻	8.9	粉质黏土	58.6	119.9	2.0	1.4～1.8
断面 6-7 侧阻	11.7	粉砂	69.7	150.3	2.2	1.6～2.0
端阻	/	粉砂	2500.0	3219.2	1.3	2.4～2.8

11.5　结语

（1）超高层公寓由于其"类住宅"特点，一般采用剪力墙结构体系。为保证建筑效果，本项目剪力墙位置结合立面及幕墙序列布置，保证底部架空层足够通透，采用带端柱的剪力墙结构体系。端柱的设置弥补了横墙没有翼缘墙的缺陷，有效提高了结构的整体抗侧刚度。楼盖采用大板方案，尽量不设或少设次梁，便于机电管线布置，且有利于隔音。

（2）超高层公寓一般高宽比较大，应保证抗侧刚度的高效设计，宜将横墙布置成长度较大的联肢墙，剪力墙宜尽量围合成筒体，并增大翼缘墙厚度或端柱截面，使结构具有良好的抗侧刚度及抗震性能。结构设计时，应补充中震下墙肢名义拉应力、风振舒适度，以及大震下地基基础安全性等计算分析，保证结构安全可靠。

（3）对于超高层公寓单向少墙的特点，少墙方向按框架-剪力墙结构进行设计。少墙方向可采取增加剪力墙数量或截面、加强端柱框架刚度、减少墙身平面外刚接梁等措施，以弱化另一方向剪力墙在平面外承担的剪力与弯矩，保证剪力墙的正常工作性能。少墙方向宜进行不同模型二道防线设计，加强少墙方向框架的抗震承载能力。

参考资料

[1] 恒力全球运营总部项目 T4T5 塔楼风振响应及等效静力风荷载研究报告. 杭州: 浙江大学建筑工程学院, 2021.

[2] 苏州恒力全球运营总部项目岩土工程详细勘察报告(K2020-032). 上海: 上海勘察设计研究院(集团)有限公司, 2020.

[3] 恒力全球运营总部项目试桩工程桩身内力测试(钢筋计法)检测报告(A0172012218S010). 南京: 江苏省建筑工程质量检测中心有限公司, 2021.

设计团队

方案设计单位：立面：Foster + Partners；户型：大象设计

施工图设计单位：启迪设计集团股份有限公司

结构设计团队：邓春燕，张　敏，武川川，翟江棚，刘进进，卢苇白

执　　笔　　人：邓春燕

第12章

苏州轨道交通 5 号线胥口车辆段上盖开发

12.1 工程概况

12.1.1 建筑概况

苏州轨道交通 5 号线胥口车辆段上盖由孙武路、茅蓬路、燕河路、繁丰路所围合，整体呈"凹"字形，上盖效果图如图 12.1-1。胥口上盖南北向长约 293m，东西向长约 1064m。分盖上、盖下两部分，盖下主要有停车列检库、联合车库、洗车库、污水处理间等。上盖为两层，一层为车辆段用房，二层为小区停车等功能，上盖屋面同时作为小区户外平台。两层上盖平台及车辆段总建筑面积约 41.5 万 m²。

图 12.1-1　苏州轨道交通 5 号线胥口车辆段上盖效果图

依据上盖平台地块的不同特征，分为 A、B、C 三个区。A 区盖下为停车列检库、联合车库，上部建筑排布相对规整，盖上北侧为 2 栋 16 层住宅，剪力墙直接落地；南侧为 8 栋 13 层住宅，剪力墙不落地，盖下采用框架结构，盖上采用箱形转换 + 剪力墙的结构形式；B 区为车辆段咽喉区，盖上布置 1 栋 3 层社区配套用房和中心景观；C 区盖下为出入段线区域，盖上布置 6 栋错开轨行区的住宅，与上盖连为一体，剪力墙直接落地。

根据该项目建筑平面形状，盖上和盖下建筑的使用功能，层数变化等设置防震-伸缩缝，将平台结构分成 24 个抗震单元，见图 12.1-2，缝宽 150mm。由于抗震单元较多且各抗震单元计算分析过程类似，因此，转换区域选取具有代表性的 A1 区进行设计解析，超长区域选取 C4 区进行设计解析。

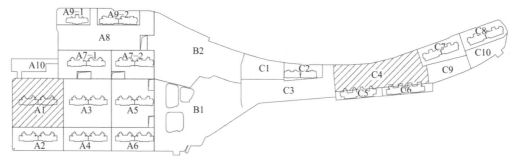

图 12.1-2　抗震单元划分图

上盖平台 A1 区底层结构高度 10.2m，二层层高 5.3m，上部住宅标准层层高 2.9m，房屋主体高度 54.7m。上盖建筑标准层平面见图 12.1-3，建筑剖面图见图 12.1-4。

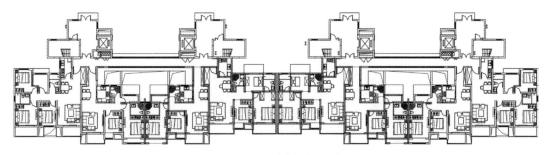

图 12.1-3　A1 区建筑标准层平面图

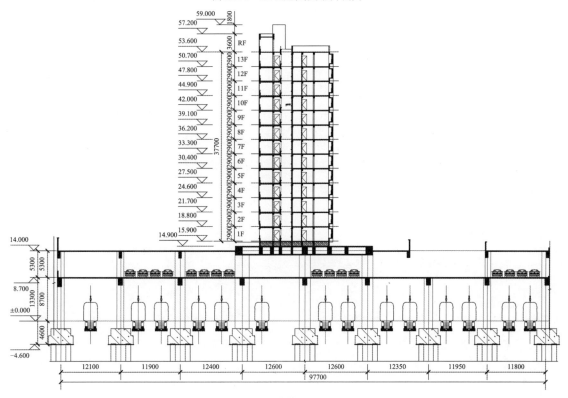

图 12.1-4　建筑塔楼典型平面图

12.1.2　设计条件

1. 主体控制参数

控制参数见表 12.1-1。

控制参数　　　　　　　　　　　　　　　　　　表 12.1-1

结构设计基准期	50 年	建筑抗震设防分类	标准设防类（丙类）
建筑结构安全等级	二级（结构重要性系数 1.0）	抗震设防烈度	7 度（0.10g）
地基基础设计等级	甲级	设计地震分组	第一组
建筑结构阻尼比	0.05（小震）/0.06（中震）/0.07（大震）	水平地震影响系数最大值	0.08（小震）/0.23（中震）/0.50（大震）
场地类别	Ⅲ类	竖向地震影响系数最大值	水平地震影响系数最大值 65%
耐久性设计工作年限	100 年（上盖平台）	地震峰值加速度	35cm/s²

2. 荷载与作用

结构变形验算时，按 50 年一遇取基本风压为 $0.45kN/m^2$，承载力验算时按基本风压的 1.1 倍，场地粗糙度类别为 B 类。

3. 构抗震设计条件

结构采用底部全框支框架＋箱形转换＋剪力墙的结构体系。框支框架抗震等级为二级；剪力墙底部加强部位（盖上两层墙体）抗震等级为二级；剪力墙一般部位抗震等级为三级。

12.2 建筑特点

12.2.1 盖上住宅剪力墙不落地

车辆停放检修区盖上为住宅，盖上住宅朝向与轨道线方向相平行。盖下轨道采用双线柱网，垂直于轨道方向柱网为 12.6m，盖上住宅为满足使用功能，最理想的结构形式是剪力墙结构，剪力墙的布置由住宅户型决定；而盖下停车检修区域车辆限界对结构竖向构件（剪力墙、框架柱）的位置和布置均有严格限制，最理想的结构形式是框架结构，这样就导致盖上住宅范围内的竖向构件（剪力墙、框架柱）全部无法落地，形成了上部剪力墙、下部框架的独特结构类型，需要在车辆基地上盖平台上进行较大规模的结构转换。

12.2.2 两层平台超长且暴露在室外

考虑联合车库、停车列检库、工程车库等用于车辆停放、清洁、检修和维护的特殊工艺车间，要求其上盖结构尽量少设防震-伸缩缝，以避免后期可能产生的变形、漏水等隐患造成不利影响，因此，车辆基地上盖结构通常都是超长混凝土结构，本工程最长的 C4 区长度约约为 202m，盖下二层平台没有任何外墙等围护结构，属于直接暴露在大气环境中的室外开敞结构，混凝土楼板和框架梁、柱温差影响都比较大，因此结构温度场效应特别明显。

12.2.3 盖上二次开发时间通常滞后于盖下平台

基础荷载分布不均匀，二次开发住宅范围层数较多，荷载较大，而无住宅范围上盖平台为两层，荷载相对较小，两者之间荷载差异较大。盖下由于轨道的原因一般无法设置地下室，无法通过地下室较大的刚度来调节差异沉降。

由于盖上和盖下土地性质、开发主体均不同，二次开发时间大部分晚于下部车辆段平台的实施时间，为了保证下部车辆段的正常使用，结构中用于减少差异沉降的后浇带在平台完成后就需要封闭，而此时上盖的二次开发还未实施，对基础而言二次开发的荷载并没有完全加载完成，相应的基础也没有达到最终沉降的稳定。因此，如何减少由上述问题产生的差异沉降成为基础设计时很关键的控制环节。

12.2.4 平台分割楼板需满足 3 小时耐火极限

依据《建筑设计防火规范》GB 50016—2006 防火墙的耐火极限要求，采用耐火极限不低于 3h 钢筋混凝土梁板将盖下车辆基地与盖上开发建筑完全分隔。《建筑设计防火规范》GB 50016—2006 规定了各种建筑构件不同耐火极限所对应的构件厚度或截面最小尺寸，钢筋混凝土承重柱截面尺寸为 370mm ×

370mm 时，耐火极限为 5h，钢筋混凝土承重墙厚度为 240mm 时，耐火极限为 5.5h，胥口上盖平台的钢筋混凝土墙厚度均大于 240mm，柱尺寸均大于 370mm × 370mm，故其耐火极限均大于 4h，但现浇钢筋混凝土楼板最大耐火极限只有 2.65h 的构件要求，没有楼板 3h 耐火极限的设计措施。《建筑混凝土结构耐火设计技术规程》DBJ/T 15-18—2011 满足相应耐火极限的普通混凝土板对板厚和纵向受拉钢筋的保护层厚度有相应的要求，但板的耐火极限只有 1.5h 的构件要求，没有楼板 3h 耐火极限的设计措施，因此，楼板如何满足 3h 的耐火极限是上盖设计的关键因素。

12.3　体系与分析

12.3.1　结构布置

1. 项目特点

本项目盖上轨道线走向与房屋朝向垂直，框支柱沿轨道线走向的布置一般不受轨道限界的影响，因此，相比于盖上住宅朝向与轨道线方向相平行布置方案，盖上住宅朝向与轨道线方向相垂直布置方案可根据盖上剪力墙的布置适当调整框支柱位置，尽可能使上部不落地剪力墙通过一级转换构件（框支梁）进行转换，见图 12.3-1、图 12.3-2。

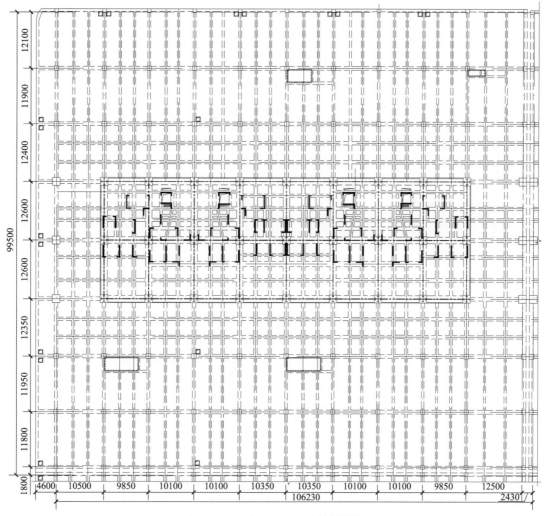

图 12.3-1　A1 区 14.000m 标高结构平面图

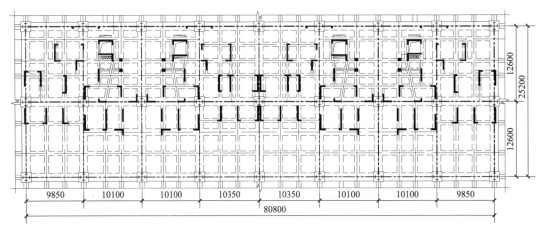

图 12.3-2　A1 区箱形转换上盖板结构布置图

2. 主要构件断面尺寸

主体结构材料均为钢筋混凝土，具体截面尺寸与材质见表 12.3-1。

主要构件尺寸　　　　　　　　　　　　　　　表 12.3-1

层号	柱/mm		梁/mm		楼板/mm		剪力墙/mm	
	截面	强度	截面	强度	板厚	强度	截面	强度
一层	2300 × 2300（内置型钢：1100 × 600 × 40×60）	C50/C40	800 × 1600 600 × 1600	C50	200	C40	—	—
二层	1700 × 1700（内置型钢：1100 × 500 × 34×40）800 × 800	箱体范围:C50 其他范围: C40	1400 × 1800（内置型钢：H1400 × 400 × 30×40）800 × 1400	C50（箱体范围）/C40(其他范围)	箱体范围: 200（上盖板）+200（下盖板）、其他范围: 250	箱体范围:C50 其他范围: C40	—	—
三层～四层	—	C50	200 × 500	C40	120	C40	200	C50
五层～八层	—	C40	200 × 500	C35	120	C35	200	C40
九层～十一层	—	C35	200 × 500	C30	120	C30	200	C35
十二层～屋面	—	C30	200 × 500	C30	120	C30	200	C30

3. 混凝土构件保护层厚度

本项目耐久性设计工作年限为 100 年（上盖平台），根据现行国家标准《混凝土结构设计规范》GB 50010，并结合建筑耐火时间的要求，上盖平台保护层厚度见表 12.3-2。

混凝土构件保护层厚度　　　　　　　　　　　　表 12.3-2

构件	柱/mm	梁侧、梁底/mm	板底/mm
一层盖板	30	40	30
二层盖板	30（框支柱、车辆段顶盖部分）	40（框支梁、防火墙下）	车辆段顶盖:30 其余:21

4. 基础结构设计

由于车辆段工艺及减小车辆振动对上盖开发影响的要求，上盖基础应尽量避让车辆段道床，故上盖高层不做地下室，通过加大基础埋深满足高层埋深要求，因此，本工程采用"钻孔灌注桩 + 承台"的基础形式，高层下部基础埋深不小于 54.7/18 = 3.04m 要求。

为减少差异沉降，上部住宅范围及平台采用长短两种桩型。住宅范围布置桩径 1000mm 钻孔灌注桩，桩长 78m，以⑩₂或⑪粉质黏土夹粉土层作为其桩端持力层，桩进入持力层深度不小于 2.5 倍桩径，单桩竖向承载力特征值 8500～9000kN，水平承载力特征值为 304kN，为进一步减少差异沉降，有效控制绝对沉降量，提高桩基承载力，住宅塔楼下的桩采用后注浆工艺。

转换箱体范围以外布置桩径 900mm 钻孔灌注桩，桩长 60m，单桩承载力特征值 3500～4000kN。以 ⑧₂ 粉质黏土夹粉土层、⑨₁ 粉砂层作为其桩端持力层；桩进入持力层深度不小于 2.5 倍桩径。具体布置情况及土层剖面见图 12.3-3。

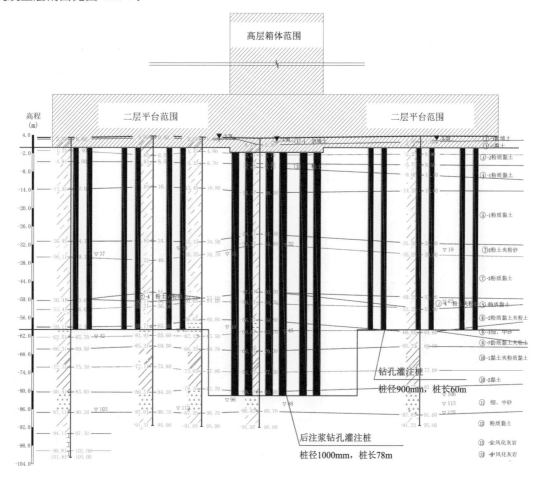

图 12.3-3　A1 区域桩位图

12.3.2　性能目标

1. 抗震超限分析

1）超限检查

（1）剪力墙均不落地，属于结构类型超限。

（2）考虑偶然偏心的扭转位移比大于 1.2，属于扭转不规则。

（3）相邻层刚度变化大于 70%，属于刚度突变。

（4）竖向构件位置缩进大于 25%，属于尺寸突变。

超限检查结论：工程属于特别不规则的超限高层建筑结构。

2）应对措施

（1）针对结构不规则情况，采用了 YJK、MIDAS 两个不同力学模型的三维空间分析软件进行整体内力位移计算（鉴于当时计算软件的功能制约，采用不考虑箱体部分下板的计算模型进行整体内力计算），并对计算主要结果进行对比分析。

（2）采用弹性时程分析法进行多遇地震作用下的补充计算。

（3）罕遇地震作用下结构弹塑性动力分析，以保证结构大震不倒的抗震性能目标。

（4）采用通用有限元软件对箱式结构进行有限元应力分析，按应力校核配筋。

（5）考虑基础有限刚度，对超长结构进行温度效应分析。

（6）除各类转换构件外，位于塔楼相关范围内的其他盖下结构竖向构件的纵向钢筋最小配筋率比规范规定限值提高 0.1%。

2. 抗震性能目标

结合工程结构特点及关键构件，确定主要结构构件的抗震性能目标见表 12.3-3。

主要构件抗震性能目标　　　　　　　　　　　　　　　表 12.3-3

抗震烈度水准		小震	中震	大震
整体目标	整体结构性能水准的定性描述	不损坏	损坏可修复	不倒塌
	盖上结构层间位移角限值	1/1000	—	1/120
	盖下全框支框架层间位移角限值	1/1000	—	1/120
关键构件	盖上结构底部加强部位竖向构件	弹性	弹性	满足截面控制条件
	水平箱式转换构件	弹性	弹性	满足截面控制条件
	盖下框支柱	弹性	弹性（包含相关范围）	满足截面控制条件

12.3.3 结构分析

1. 小震弹性计算分析

在多遇地震作用下，采用 YJK、MIDAS 两个不同力学模型三维空间分析软件对结构进行计算，主要计算结果见表 12.3-4。从表中可以看出，结构各项指标如质量、周期比、有效质量系数、层间位移角、剪重比、刚度比、受剪承载力比、位移比等均基本一致，且满足规范要求，可以判断计算模型的分析准确、可信。

多遇地震整体指标计算结果　　　　　　　　　　　　　表 12.3-4

序号	科目		程序	
			YJK1.8.2	MIDAS
1	结构总质量/t		115050	114941
2	侧向刚度比 Rat1	X向	1.07	1.02
		Y向	1.00	0.92
3	侧向刚度比 Rat2	X向	8.29	3.95
		Y向	5.28	3.00
4	底层地震剪力/kN	X向	61649	60615
		Y向	66152	61713
5	剪重比/%	X向	5.36	5.38
		Y向	5.75	5.48
6	有效质量系数/%	X向	96.93	95.25
		Y向	97.33	96.00
7	刚重比	X向	5.64	7.32
		Y向	3.99	4.75

序号	科目			程序	
				YJK1.8.2	MIDAS
8	层间位移角	地震作用	X向	1/1327	1/1362
			Y向	1/1311	1/1232
		风荷载	X向	1/8541	1/9152
			Y向	1/3384	1/3679
9	最大位移与层平均位移比值		X向	1.19	1.17
			Y向	1.20	1.24
10	楼层抗剪承载力比		X向	0.92	1.01
			Y向	0.93	1.01
11	底层柱轴压比最大值			0.26	0.28

2. 弹性时程分析

采用 YJK 进行多遇地震下的弹性时程分析,在软件波库提供的地震波中选择 2 组人工波加速度时程曲线,5 组地面设计谱加速度记录时程曲线,分析结果如下:

(1)通过 2 组人工波加速度时程曲线和 5 组地面设计谱加速度记录时程曲线的加速度反应谱、时程平均反应谱与规范反应谱的分析比较,表明所选地震波频谱特性满足规范要求。

(2)每条时程曲线计算所得结构底部剪力大于 CQC 计算结果的 65% 且小于 135%,多条时程曲线计算所得结构底部剪力的平均值大于 CQC 计算结果的 80%,且小于平均值的 120%,满足规范要求。

(3)在各地震波作用下的最大楼层剪力曲线及最大楼层弯矩曲线的平均值曲线与振型分解反应谱法的计算结果的对比,时程最大楼层剪力和最大楼层弯矩的平均值均小于振型分解反应谱法的计算结果。

(4)从弹性时程分析结果来看,结构具有合适的刚度,时程分析与反应谱计算结果之间具有一致性,符合工程经验及力学概念判断。

(5)结构地震作用效应取时程分析结果的平均值与振型反应谱法计算结果的较大值。

3. 塑性时程分析

根据《高规》3.7.4 条和 3.11.4 条规定,采用新一代建筑结构弹塑性分析软件 SAUSAGE 对结构进行弹塑性时程分析。

1)地震波输入

根据本项目地勘报告以及《抗规》《高规》的相关规定,选取罕遇地震水准下的两组实际强震记录加速度时程曲线和一组人工模拟加速度时程曲线。根据规范规定,地震波加速度峰值为 220gal。选取的地震波参数详见表 12.3-5。

地震波的输入方向,依次选取结构 X 或 Y 方向作为主方向,分别输入三组地震波的两个分量记录进行计算。结构初始阻尼比取 5%。每个工况地震波峰值按水平主方向:水平次方向:竖向 = 1:0.85:0.65 进行调整。

地震波参数　　　　　　　　　　　　　　　　　　　　　　　　　表 12.3-5

记录地震波	时长/s	步长/s	峰值加速度/gal
RH4T（人工）	30	0.02	220
TH051（天然）	30	0.02	220
TH048（天然）	30	0.02	220

选取的地震波有效持续时间均大于 15s 或结构基本周期的 5 倍，满足《高规》4.3.5-2 的要求。

2）时程分析结果

（1）基底剪力响应

3 条地震波作用下结构小震基底剪力和大震弹塑性基底剪力汇总见表 12.3-6。

地震波作用下基底剪力及剪力墙底层剪力与小震 CQC 对比 表 12.3-6

主方向	地震波	底层剪力/10⁵kN			转换层上层剪力（三层）/10⁵kN		
		时程分析	小震 CQC	比值	时程分析	小震 CQC	比值
X	RH4T	2.213	0.616	3.59	0.354	0.132	2.68
	TH051	2.293		3.72	0.412		3.12
	TH048	2.348		3.81	0.410		3.11
Y	RH4T	2.370	0.662	3.58	0.307	0.116	2.65
	TH051	2.798		4.23	0.374		3.22
	TH048	2.753		4.159	0.393		3.39

（2）结构位移响应

罕遇地震作用下弹塑性时程分析得到的结构两个方向最大层间位移角见表 12.3-7。从表中可以看出，结构两个方向最大层间位移角均为盖上，且小于规范要求的弹塑性层间位移角 1/120 的限值，满足"大震不倒"的抗震设防目标。盖下两个方向最大层间位移角均不大于 1/300，远小于规范要求的弹塑性层间位移角 1/50 的限值。

各组地震波作用下结构最大层间位移角 表 12.3-7

时程曲线名称	X 向位移角	Y 向位移角
RH4T	1/158（9 层）	1/136（10 层）
TH051	1/165（8 层）	1/164（10 层）
TH048	1/164（8 层）	1/163（10 层）

（3）构件损伤分析情况

图 12.3-4、图 12.3-5 给出了剪力墙墙肢的混凝土受压损伤因子分布和钢筋塑性应变分布情况，从图中可以看出，7 度罕遇地震作用下，结构主承重墙未出现明显损伤，损伤比较严重的部位主要在连梁，起到了耗能效果。

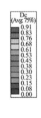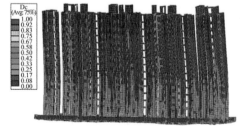

图 12.3-4　A1 区结构混凝土受压损伤因子　　　　图 12.3-5　A1 区结构钢筋塑性应变

3）结论

结构在 3 条地震波作用下，具有较好的抗震性能，满足"大震不倒"的设防要求，具体结论如下：

（1）3 条地震波作用下，结构的最大层间弹塑性位移角 X 向为 1/158，Y 向为 1/136，满足规范限值 1/120 的要求。

（2）结构主承重墙未出现明显损伤，损伤比较严重的部位主要在连梁，起到了耗能效果。

（3）结构损伤的发展：连梁混凝土首先出现损伤，达到一定程度，局部剪力墙混凝土出现损伤。

综上，结构在罕遇地震作用下盖下层间位移角远小于规范的限值，转换梁未出现塑性损伤，盖上主要抗侧力构件没有发生严重损坏，多数连梁屈服耗能，但不至于引起局部倒塌和危及结构整体安全，弹塑性反应及屈服耗能机制符合结构抗震工程学概念，结构整体满足"大震不倒"的抗震设防目标。

12.4　专项设计

12.4.1　转换箱体应力分析

1. 计算模型

采用 ANSYS 对转换箱体进行有限元应力分析，框支梁、柱及箱体范围梁采用 SOLID185 单元，墙体和楼板采用 SHELL181 单元，梁采用 BEAM188 单元；单元尺寸为 0.6m。楼板恒、活荷载取值同 YJK，风荷载取 YJK 的计算结果，按倒三角形荷载分布到每层的受力面上，采用 CQC 法计算结构的地震作用效应。网格划分如图 12.4-1 所示。

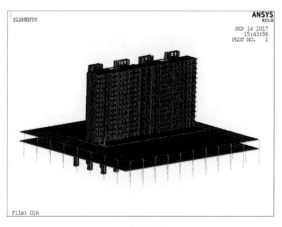

(a) 整体模型　　　　　　　　　　　　(b) 框支范围

图 12.4-1　网格划分图

结构自振周期表　　　　　　　　　　　　表 12.4-1

周期	ANSYS	YJK	ANSYS/YJK	周期	ANSYS	YJK	ANSYS/YJK
T_1	1.061	1.125	0.943	T_{10}	0.305	0.333	0.916
T_2	1.049	1.101	0.953	T_{11}	0.296	0.319	0.928
T_3	0.908	1.092	0.832	T_{12}	0.203	0.246	0.825
T_4	0.893	1.047	0.853	T_{13}	0.199	0.241	0.826
T_5	0.78	0.869	0.898	T_{14}	0.197	0.215	0.916
T_6	0.77	0.845	0.911	T_{15}	0.183	0.214	0.855
T_7	0.448	0.498	0.900	T_{16}	0.18	0.174	1.034
T_8	0.417	0.474	0.880	T_{17}	0.175	0.173	1.012
T_9	0.41	0.449	0.913	T_{18}	0.174	0.12	1.450

对整体结构进行模态分析，得到的结构前 18 个自振周期如表 12.4-1 所示。盖上有两个塔，其中一塔以扭转为主的周期T_5与平动为主的第一周期T_1之比为 0.735，另一塔扭转为主的周期T_6与平动为主的第一周期T_2之比为 0.734；ANSYS 和 YJK 的T_1、T_2、T_5、T_6差值百分比分别为 6%、5%、10%、9%。

结构在竖向荷载作用下的变形云图见图 12.4-2。

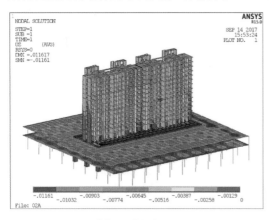 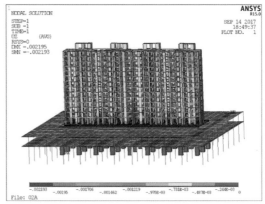

(a) 恒荷载（最大位移 11.61mm）　　　　　　(b) 活荷载（最大位移 2.193mm）

图 12.4-2　结构竖向变形云图

2. 箱体转换梁内力分析

箱体部分X、Y向各选取两跨受力较大的转换梁，每跨梁选各选取 3 个断面（具体位置详见图 12.4-3），分别提取恒荷载、活荷载、地震单工况下的内力，与 YJK 计算模型的结果进行比较，数据汇总详见表 12.4-2。

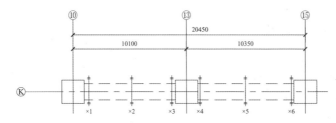

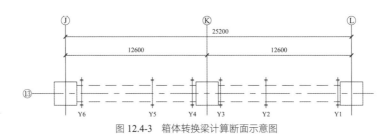

图 12.4-3　箱体转换梁计算断面示意图

转换梁内力对比　　　　　　　　　　　表 12.4-2

方向			恒荷载			活荷载			地震力		
			ANSYS	YJK	ANSYS/YJK	ANSYS	YJK	ANSYS/YJK	ANSYS	YJK	ANSYS/YJK
X向	1	M	−3437	−5149	0.67	−606	−697.8	0.87	600	552.8	1.09
		V	3416	7917.8	0.43	591	1071.4	0.55	−604	−738.4	0.82
	2	M	1351	2954.6	0.46	253	457.6	0.55	−39	−41.5	0.94
		V	257	460.4	0.56	73	698.4	0.10	−531	−598.2	0.89
	3	M	−3695	−4619	0.80	−639	−636	1.00	−783	−975.1	0.80
		V	−3757	−6722	0.56	−664	−927.4	0.72	−409	−873.5	0.47

方向			恒荷载			活荷载			地震力		
			ANSYS	YJK	ANSYS/YJK	ANSYS	YJK	ANSYS/YJK	ANSYS	YJK	ANSYS/YJK
X向	4	M	−4175	−4957	0.84	−713	−679.4	1.05	600	1070.9	0.56
		V	3892	6502.2	0.60	662	903.3	0.73	−382	−701.4	0.54
	5	M	1968	3547.2	0.55	330	386.3	0.85	27	80.9	0.33
		V	272	418	0.65	40	52.4	0.76	−376	−653.4	0.58
	6	M	−3868	−3878	1.00	−678	−687	0.99	−663	−942.3	0.70
		V	−3324	−5743	0.58	−569	−797.3	0.71	−413	−787.1	0.52
Y向	1	M	−2241	−5359	0.42	−373	−774.4	0.48	1192	1821.3	0.65
		V	2979	7134.6	0.42	437	991.7	0.44	−782	−1860	0.42
	2	M	2397	3478.7	0.69	380	498.5	0.76	117	212.3	0.55
		V	301	375.9	0.80	458	516.4	0.89	−477	−715.1	0.67
	3	M	−3846	−6947	0.55	−1851	−1736	1.07	−1059	−1931	0.55
		V	−4203	−8924	0.47	−737	−1328	0.55	−854	−1341	0.64
	4	M	−3521	−4823	0.73	−704	−650.6	1.08	1100	1335.1	0.82
		V	4126	5010.2	0.82	737	980.7	0.75	−618	−1500	0.41
	5	M	1681	2320.1	0.72	341	309.3	1.10	−121	−152.7	0.79
		V	783	1302.8	0.60	220	244.4	0.90	−640	−839.2	0.76
	6	M	−1923	−2973	0.65	−327	−442.9	0.74	−811	−1731	0.47
		V	−1672	−1792	0.93	−258	−382.3	0.67	−485	−1002	0.48

由表 12.4-2 可以看出，转换梁在单工况作用下 ANSYS 内力计算分析结果大部分小于 YJK 计算结果，个别断面 ANSYS 大于 YJK 计算结果，但差值在 10% 之内。考虑本工程恒荷载效应约占整个内力的 70%，占比较大，而计算断面处恒荷载内力计算结果 YJK 均大于 ANSYS，各工况组合后 YJK 计算结果均大于 ANSYS 计算结果。

3. 箱体转换上下盖板应力分析

箱体上、下盖板的应力计算详见图 12.4-4、图 12.4-5。

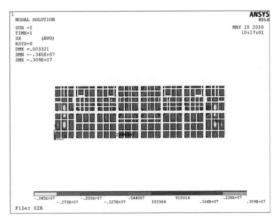

(a) 恒荷载

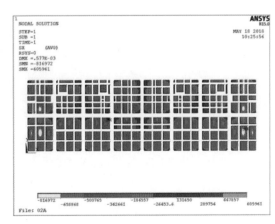

(b) 活荷载

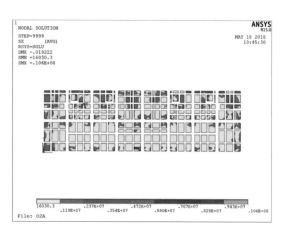
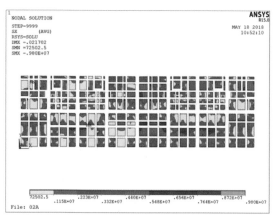

(c) X向大震   (d) Y向大震

图 12.4-4　箱体上板应力云图

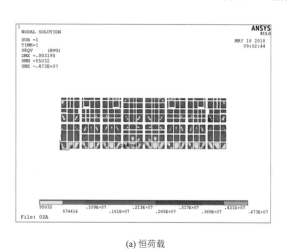
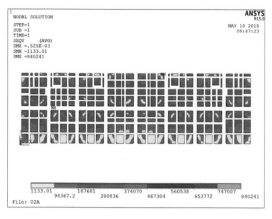

(a) 恒荷载   (b) 活荷载

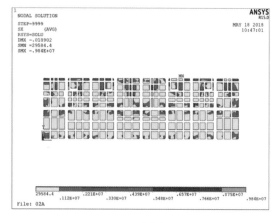

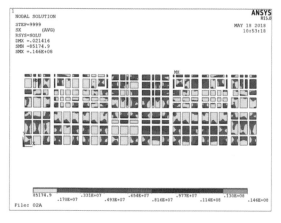

(c) X向大震   (d) Y向大震

图 12.4-5　箱体下板应力云图

从图中可以看出，在不考虑局部的应力集中的情况下，箱体上板在恒荷载、活荷载作用下多数为压应力，仅在柱周围出现拉应力（小于 1MPa）；地震作用下均为拉应力，荷载工况组合后楼板以压应力为主，楼板应力基本在 2~4MPa 之间。应力较大区域主要分布在：楼板边角区域、中部大开洞的周边区域。将在楼板设计中，对这些部位适当提高楼板配筋率，增强结构整体性。

箱体下板在恒荷载、活荷载、地震作用下为拉应力，设防地震作用下箱体下板工况组合后楼板应力约为 3.6MPa，箱体下板厚 200mm，采用 HRB400 12@100，$A_s = 1000 \cdot h_s \cdot \sigma$中震$/f_y = 1000 \times 200 \times$

$3.6/360 = 2000\text{mm}^2$。罕遇地震作用下箱体下板工况组合后楼板应力约为 3.88MPa，$A_s = 1000 \cdot h_s \cdot \sigma$大震 $/f_{yk} = 1000 \times 200 \times 3.88/400 = 1940\text{mm}^2$。实际配筋采用 HRB400 12@100（双层双向配筋面积 2262mm^2），楼板钢筋满足中震弹性和大震不屈服的要求，应力较大区域主要分布在：楼板边角区域、中部大开洞的周边区域。将在楼板设计中，对这些部位适当提高楼板配筋率，增强结构整体性。

4．分析结论

（1）本工程采用 ANSYS 有限软件对箱形转换进行应力和变形分析，整体指标和 YJK、MIDAS 接近。

（2）转换梁在单工况作用下 ANSYS 内力计算分析结果大部分小于 YJK 计算结果，各工况组合后 YJK 计算结果均大于 ANSYS 计算结果。

12.4.2 考虑基础刚度的超长敞开结构温度效应分析

本项目为超长且四周开敞的结构，温度应力的控制是结构设计必须解决的关键问题。在深入了解基础有限刚度、混凝土长期徐变和收缩效应对结构温度应力影响规律的基础上，得出考虑其真实边界条件，有利于释放上部结构收缩应力和温度效应。采用 ABAQUS 分析软件对超长上盖箱式转换结构进行温度效应分析，计算中考虑了桩基有限刚度和混凝土收缩徐变对超长上盖结构温度应力的影响。

1．温度作用

在温度应力计算时，把混凝土的收缩量换算成当量温差 $T = \varepsilon_y^t/a$，其中：$a = 1.0 \times 10^{-5}/^\circ\text{C}$；$\varepsilon_y^t$ 为某时段的收缩量。

2．混凝土的收缩和徐变

混凝土的收缩和徐变是混凝土材料所固有的两种时效特性，是混凝土的长期效应。

在温度收缩作用下，混凝土结构变形与按弹性计算变形相等，考虑徐变的应力等于弹性应力乘以折减系数。

3．后浇带合拢季节对混凝土胀缩的影响

超长钢筋混凝土应设置后浇带，以释放混凝土水化热和早期收缩产生的应力。结构后浇带留置时间，应根据释放较多早期应变原则，按混凝土浇筑季节不同采用 30～90d。

4．工况分析

（1）根据《建筑结构荷载规范》GB 50009—2012 中的计算均匀温度作用标准值，根据苏州地区气象资料，$T_{s,\min} = -5^\circ\text{C}$，$T_{s,\max} = 36^\circ\text{C}$。施工后浇带合拢温度一般取 15～20℃。根据最大温升与温降公式可计算出升温温差 $\Delta T_k = 36 - 15 = 21^\circ\text{C}$；考虑本工程混凝土浇筑历时较长，后浇带闭合时间贯穿整个夏季，因此降温温差 $\Delta T_k = -5 - 36 = -41^\circ\text{C}$。

（2）对于混凝土的收缩变形，可参考预应力混凝土结构设计规程的公式计算混凝土收缩当量温差 $\Delta T_k{}'$，计算考虑龄期为无限大和 t 时刻的收缩应变，收缩开始时的龄期为 3d，混凝土的线膨胀系数，计算混凝土收缩当量温差 $\Delta T_k{}'$。结构后浇带在混凝土浇筑完成后 60d 封闭，因此，$\varepsilon_{cs}(\infty, 3) = 310 \times 10^{-6}$，$\varepsilon_s(60,3) = 107 \times 10^{-6}$，根据公式计算得混凝土收缩当量温差 $\Delta T_k{}' = 20.3^\circ\text{C}$。

（3）温差效应计算考虑混凝土材料的徐变性能，混凝土的徐变影响可通过折算等效温差 ΔT_{st} 来考虑，计算公式如下：

$$\Delta T_{st} = R(t, t_0)(\Delta T_k + \Delta T_k{}') \tag{12.4-1}$$

考虑长期作用，取 $t = \infty$，t_0 为加载时混凝土龄期，取 7d，经计算，可得 $R(\infty, 7) = 0.37$。

表 12.4-3 为本项目通过式(12.4-1)计算出的温差汇总。

温差计算

表 12.4-3

计算温度工况	施工后浇带封闭温差	收缩当量温差	应力松弛系数	计算温差
升温	+21℃	−20℃	0.37	+0.37℃
降温	−41℃	−20℃	0.37	−22.57℃

由于升温工况温差较小，且结构在升温工况下混凝土处于受压状态，混凝土受压能力远大于受拉，因为本节仅给出降温工况计算结果。

5. 基础有限刚度模拟

采用 ANSYS 对桩基承台在荷载作用下的变形进行计算分析。土体采用实体单元 SOLID65 模拟，桩采用 BEAM44 梁单元模拟。土体底部固结，土的弹性模量取为压缩模量的 4 倍，压缩模量按地质勘测报告取值。土的作用取距桩中心 20m 的范围。桩基有限元局部承台桩模型详见图 12.4-6、图 12.4-7，桩基的水平刚度和转动刚度详见表 12.4-4。

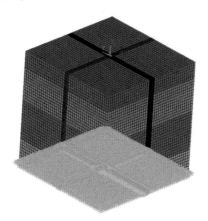

图 12.4-6 桩基有限元模型

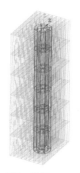

(a) 1 根桩（桩径 800mm）

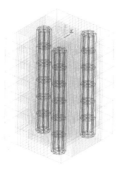

(b) 3 根桩（桩径 800mm）

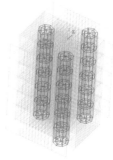

(c) 3 根桩（桩径 900mm）

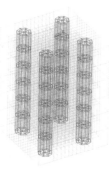

(d) 4 根桩（桩径 800mm）

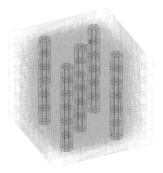

(e) 5 根桩（桩径 800mm）

图 12.4-7 桩基局部有限元模型图

桩基刚度

表 12.4-4

桩基根数	水平位移/（10^{-4}m）	转角/（10^{-6}rad）	水平刚度/（10^4kN/m）	转动刚度/（10^5kN·m/rad）
1 根桩 CT1（桩径 800mm）	0.362	5.505	2.76	1.98
3 根桩 CT3（桩径 800mm）	0.128	0.403	7.81	24.8
3 根桩 CT3A（桩径 900mm）	0.122	0.320	8.20	30.5
4 根桩 CT4（桩径 800mm）	0.111	0.226	9.01	44.2
5 根桩 CT5（桩径 800mm）	0.104	0.130	9.62	76.9

6. 温度效应计算

温度效应计算模型基本情况见表 12.4-5。

温度效应计算模型情况表

表 12.4-5

对照组	模型	温差	恒荷载 + 活荷载	基础刚度	预应力
工况 1	1-1	−23	不考虑	有限刚度	有
	1-2			无限刚度	有
	1-3			有限刚度	无
工况 2	2-1	−23	考虑	有限刚度	有
	2-2			无限刚度	有
	2-3			有限刚度	无

本工程楼板混凝土为 C40，钢筋为 HRB400，混凝土抗拉强度标准值为 2.39MPa；钢筋屈服应力为 400MPa，楼板计算结果见表 12.4-6、表 12.4-7。

选取最典型的降温与恒活组合工况下，一层楼板混凝土受拉损伤云图（图 12.4-8）与一层楼板 X 向应力云图（图 12.4-9），模型 2-1 考虑基础有限刚度及预应力，模型 2-3 仅考虑基础有限刚度未施加预应力。

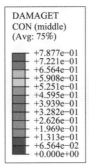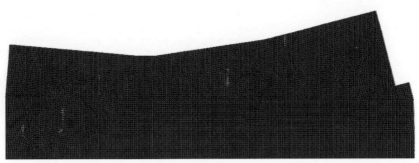

(a) 模型 2-1（考虑恒、活荷载，考虑基础有限刚度，施加预应力）

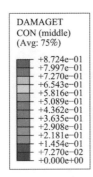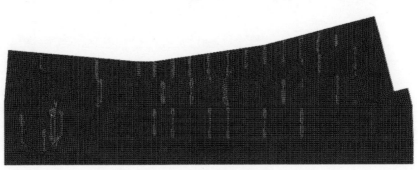

(b) 模型 2-3（考虑恒、活荷载，考虑基础有限刚度，不施加预应力）

图 12.4-8　一层楼板受拉损伤云图

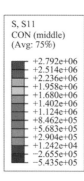
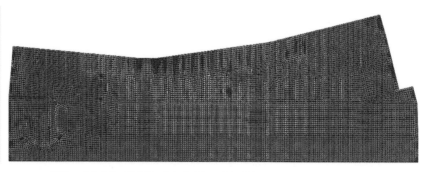

(a) 模型 2-1（考虑恒、活荷载，考虑基础有限刚度，施加预应力）

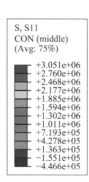
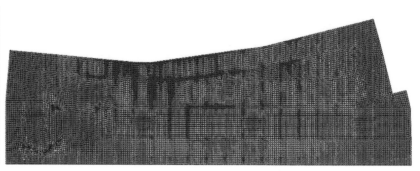

(b) 模型 2-3（考虑恒、活荷载，考虑基础有限刚度，不施加预应力）

图 12.4-9　一层楼板X向应力云图

楼板计算结果（工况 1）　　　　　　　　　　　　表 12.4-6

工况 1		1-1	1-2	Δ1	1-3	Δ2
		基础有限刚有预应力	基础无限刚有预应力		基础有限刚无预应力	
一层	混凝土受拉损伤/条	0	0	—	2	−2
	混凝土最大拉应力/MPa	2.40	2.66	−9.8%	2.74	−12.4%
	钢筋最大拉应力/MPa	62	95	−34.7%	176	−64.8%
	最大裂缝宽度/mm	0.018	0.028	−34.7%	0.056	−67.6%
二层	混凝土受拉损伤/条	0	0	—	0	—
	混凝土最大拉应力/MPa	0.74	0.76	−2.6%	1.29	−42.6%
	钢筋最大拉应力/MPa	53	73	−27.4%	64	−17.2%
	最大裂缝宽度/mm	0.016	0.022	−27.4%	0.019	−17.2%

楼板计算结果（工况 2）　　　　　　　　　　　　表 12.4-7

工况 2		2-1	2-2	Δ1	2-3	Δ2
		基础有限刚有预应力	基础无限刚有预应力		基础有限刚无预应力	
一层	混凝土受拉损伤/条	4	5	−1	18	−14
	混凝土最大拉应力/MPa	2.47	2.63	−6.1%	2.74	−9.9%
	钢筋最大拉应力/MPa	188	218	−13.8%	413	−54.5%
	最大裂缝宽度/mm	0.076	0.124	−39.1%	0.441	−82.8%
二层	混凝土受拉损伤/条	2	2	—	4	−2
	混凝土最大拉应力/MPa	0.88	0.97	−9.3%	1.29	−31.8%
	钢筋最大拉应力/MPa	261	291	−10.3%	378	−31.0%
	最大裂缝宽度/mm	0.194	0.243	−20.0%	0.384	−49.4%

降温工况计算结果表明：仅温度工况作用下，考虑基础有限刚度可使得裂缝宽度最大减小 34.7%；初始预应力可使得混凝土受拉损伤由 2 条减小至 0 条，裂缝宽度最大减小 67.6%；组合工况作用下，考虑基础有限刚度可使得混凝土受拉损伤由 5 条减小至 4 条，裂缝宽度最大减小 39.1%；初始预应力可使得混凝土受拉损伤由 18 条减小至 4 条，裂缝宽度最大减小 82.8%。

12.4.3　差异沉降的控制与分析

本工程高层开发区域和平台区域存在巨大的荷载差异，而且盖上开发的施工通常滞后，为保证车辆段部分的正常使用，不允许在盖上开发建造时和大底盘之间设置沉降后浇带，从而可能引起较大的后期沉降差异，本项目采取以下措施。

1．变刚度调平设计

基本思路：根据荷载分布的特点，上部结构刚度，通过调整基础刚度，达到结构局部减沉增沉，以实现沉降趋向均匀，减少差异沉降、降低承台内力和上部结构次内力，节约资源，提高建筑使用寿命，确保正常使用功能。在上盖荷载较大区域（上盖开发区域）桩基采用较长及直径较大的桩，平台部分采用相对较短和直径小的桩，按变刚度调平设计的概念进行桩基计算及沉降验算，适当拉开水平向距离，以减小各区位应力场的相互重叠对沉降较大区域有效刚度的削弱。

2．采用后注浆

住宅范围的桩采用后注浆技术进一步加大其承载力，控制其绝对沉降量，从而减少与平台的相对沉降差值。采用桩端注浆方式，可有效提高桩端阻及向上 12m 左右范围侧阻（一般可提高单桩承载力 10%～15%，并有效减少沉降量，经测算单根桩注浆增加造价仅占桩体总造价的 4%～5%），并有效解决灌注桩一般存在的桩端沉渣问题。

3．差异沉降随时间变化的计算

由于上盖住宅区域和平台区域存在巨大的荷载差异，且高层建筑的施工通常滞后，因此，沉降差异随时间变化的有效控制成为设计必须解决的问题。结构设计时可引入基础实际刚度进行施工与使用全过程仿真分析，考虑混凝土收缩徐变特性对结构长期变形的影响。

1）计算方法

计算根据基桩静载荷试验结果，取基桩竖向承载力特征值与静载荷试验中加载到该值时对应的沉降量之比作为基桩的抗压刚度。将此桩基竖向刚度输入到上部结构计算模型中进行整体计算。荷载分布的不均匀以及荷载施加时间的先后而引起结构内力、变形分布不同可引入混凝土材料的收缩徐变进行分析计算。收缩徐变计算基于欧洲 CEB-FIP90 模式规范的相关规定进行。

2）计算实例

根据基桩静载荷试验结果，取基桩竖向承载力特征值与静载荷试验中加载到该值时对应的沉降量之比作为基桩的抗压刚度。可得直径 1000mm 桩的单桩抗压刚度为 5.92×10^5 kN/m，直径 900mm 桩的单桩抗压刚度为 3.83×10^5 kN/m，将此桩基竖向刚度输入到结构模型中进行计算。

对比分析不计入混凝土徐变连续施工、计入混凝土徐变连续施工、计入混凝土徐变且盖上高层滞后 2 年施工、计入混凝土徐变且盖上高层滞后 5 年施工这 4 种情况的结构沉降变形见图 12.4-10，得出混凝土徐变及盖上高层滞后施工对结构差异沉降影响的规律，从而确定盖上开发滞后产生的差异沉降对主体结构的影响。

图 12.4-11 中轴 F～P 对应为图 12.4-10 中 X 轴坐标 1～9。该计算结果中计入了基桩抗压刚度、柱轴向压缩等因素的影响。

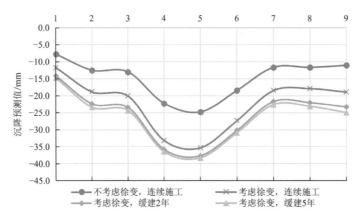

图 12.4-10　A1 区随时间变化的差异沉降图

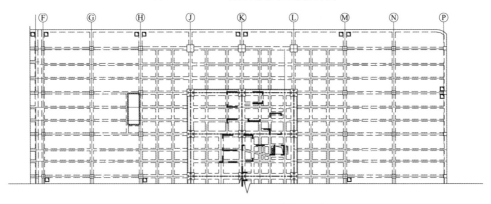

图 12.4-11　A1 区随时间变化的差异沉降图

计算结果表明：

（1）当考虑混凝土徐变、连续施工时，因上部结构荷载随施工逐层连续增加，而下部竖向构件混凝土的龄期较短，徐变变形大，竖向变形明显大于不考虑徐变变形时的情况。

（2）塔楼缓建引起主裙楼之间的差异沉降随着缓建时间的增长而加大，但增幅逐渐减小。以沉降计算点 5 为例，缓建 2 年沉降预测值由 35.3mm 增至 37.7mm，缓建 5 年沉降预测值增至 38.3mm，柱间沉降差的增长非常有限。

（3）为保证将来塔楼建造时大底盘上盖平台结构正常工作，将基础沉降差的控制指标扩展到先建的各楼层，即考虑基桩刚度、混凝土徐变、塔楼缓建等因素的上盖平台各层相邻柱沉降差不超过 0.002 倍相邻柱中心距离。同时对塔楼四周的上盖平台框架梁在容许差异变形沉降引起的内力进行设计，此时混凝土的变形模量取为 0.85 倍的弹性模量，并施工期间加强监测。

12.5　试验研究

分隔楼板耐火极限试验

1. 试验目的

楼板厚度和钢筋保护层厚度是影响楼板耐火极限的重要因素，对满足耐火极限 3h 的混凝土楼板，确定合适的楼板厚度和钢筋保护层厚度。

2. 试验设计

钢筋混凝土保护层的最小厚度取决于构件的受力钢筋粘结锚固性能、耐久性和防火要求。保护层的最小厚度应满足：①保证钢筋与其周围混凝土能共同工作，使钢筋充分发挥计算所需的强度；②在设计使用年限内保证构件的钢筋不发生危及结构安全的锈蚀；③保证构件在火灾中按建筑防火设计确定的耐火极限的这段时间里，构件不会失去承载能力。《地铁设计规范》GB 50157—2013要求地铁的主体结构工程设计使用年限不低于100年，车辆基地上盖平台属于地铁的主体结构工程，为满足使用年限不低于100年的耐久性，板的钢筋保护层的厚度不应小于21mm（《混凝土结构设计规范》GB 50010—2010（2015年版）表8.2.1中数值的1.4倍），依据表12.5-1，耐火极限1.5h单向板的保护层最小厚度为25mm，确定板的钢筋保护层厚度为25mm。

板厚和纵向受拉钢筋保护层厚度的最小值　　　　　　　　　　　　　表 12.5-1

耐火极限/min	板厚/mm	纵向受拉钢筋的保护层厚度/mm		
		单向板	双向板	
			$l_y/l_x \leqslant 2.0$	$2.0 < l_y/l_x \leqslant 3.0$
60	80	20	15	15
90	100	25	15	20

注：1. l_y 和 l_x 分别为双向板的长跨和短跨，双向板适合于四边支撑情况，否则按单向板考虑；
　　2. 向受拉钢筋的保护层厚度与钢筋半径之和大于0.2倍板厚时，需计算校核裂缝宽度，必要时应配置附加钢筋。

（1）试件的设计

双向板的耐火试验在应急管理部天津消防研究所检测中心的水平火灾试验炉上进行，火灾试验炉的平面尺寸为4.5m×5.0m。由于试验条件的限制，无法进行楼板[平面尺寸9.0m×(9.0～15)m、板厚300mm]足尺构件试验，平面尺寸及板厚按1/2比例进行缩尺试验，确定试验双向板的平面尺寸为4.5m×5.0m，板厚150mm，钢筋保护层厚度25mm，构件数量为1块。板端约束边梁截面尺寸为300mm×450mm，配筋情况见图12.5-1。混凝土采用硅质骨料的C30混凝土。

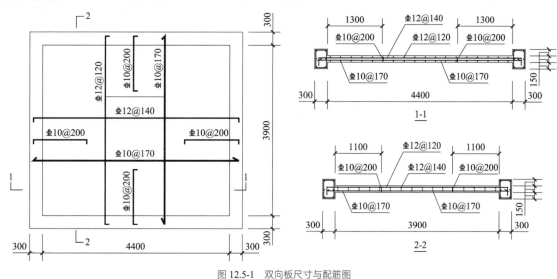

图 12.5-1　双向板尺寸与配筋图

（2）约束装置

由于火灾试验炉仅能模拟支座为简支的状态，为了模拟实际楼板四周固支的边界条件，设计了板端约束系统。该约束系统在试验板每边分别用两根竖向钢立柱对板端位移进行约束，两对边的梁立柱由横向钢梁连接，以保证板四周具有足够的转动约束刚度，钢柱通过预埋在板端约束梁内的螺栓与楼板连接，双向板约束系统见图12.5-2。竖向钢柱做成箱型，底部用钢板封堵，只留一个泄水孔，钢柱内注满冷水用以冷却耐火试验中由预埋件传递来的热量，使其在试验中保持常温。

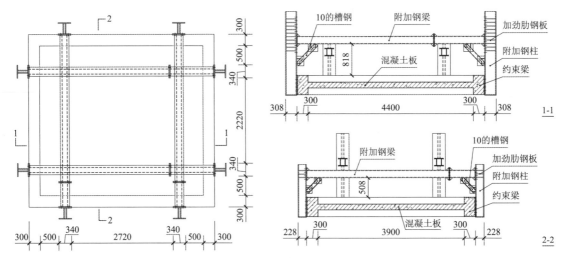

图 12.5-2　双向板约束系统

（3）试验加载

火灾试验炉炉口尺寸为 4.5m×5m，炉体在长边方向两侧各布置 6 个燃气喷嘴。板面竖向荷载通过在板面均匀布设 105kN 铸铁块来施加均布荷载，实际加载值为 6.1kN/m²。

正式试验前施加 50% 的预定荷载以压实缝隙，并检查各量测系统是否正常，随后卸载。试验分 40%、80%、100% 三级加载。试验采用恒荷载升温方式进行，在加载完毕后，按照 ISO834 标准升温曲线对试件进行升温。待 6.1kN/m² 荷载施加完毕稳定后，开始点火升温。

3．试验结果

经按《建筑构件耐火试验方法》（系列标准）GB/T 9978.1～9—2008 要求检验承载能力、完整性和隔热性均大于等于 3h。均布加载设计荷载 6.1kN/m²，耐火试验进行到 180min 时，未失去完整性；背火面最高平均温升为 85.0℃，最高点温升为 96.0℃，未失去隔热性；试件未垮塌，最大挠度为 97mm，未失去承载能力。

4．分析验证

使用 SAFIR 软件，建立试验双向板数值模型，在模型中配筋、材料属性、荷载均是按照试验所采用的数据。模型采用了 10×10 共 100 个矩形单元等分网格对试验板划分有限元单元，板的四边考虑为固支，模拟板的实际约束情况。

图 12.5-3 为试验双向板的板底、板中心和板顶三点温度曲线，图 12.5-4 为板中心点竖向挠度随时间变化的模拟值曲线和实测值曲线，3h 后板的最大挠度实测值为 97mm，模拟值为 116mm，均小于极限挠度值 316.9mm。从图 12.5-4 中可见，两条曲线趋势相近，但在同一时刻，板竖向挠度的模拟值始终略大于实测值，实测曲线在受火的开始 5min 内挠度基本没有变化，可能是由于炉内点火后温升延迟所导致，受火 180min 时挠度模拟值比实测挠度大 19.6%，略微大于试验误差 15%，在可接受范围。偏差原因分析：利用传统塑性铰线理论对板的极限承载力计算时对薄膜效应的影响考虑不足，计算值偏保守，混凝土板在高温时产生的张拉薄膜效应对耐火性能有较大提高，混凝土板的薄膜效应对防止结构的倒塌破坏起着重要作用，尤其是大变形下产生的受拉薄膜效应对维持火灾下板的承载力起到了关键作用。模拟值与实测值整体趋势一致，验证了双向板数值模拟结果的有效性。

5．试验结论

（1）增加楼板厚度可显著提高板的耐火性能。楼板厚度增加，使板底高温损伤混凝土在截面高度方向所占比例减小，截面抗弯刚度的降低速率降低，板的跨中挠度的增加更为缓慢，提高了板的耐火极限。

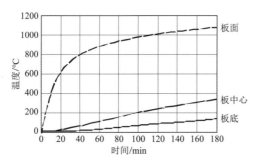

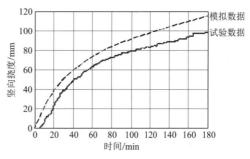

图 12.5-3 双向板三点温度-时间曲线   图 12.5-4 双向板中心点挠度-时间曲线

（2）增加钢筋混凝土保护层厚度可提高板的耐火性能。在板厚（不大于 150mm）不变的情况下，当增加保护层厚度会降低板的截面有效高度，明显降低板在常温下的承载能力。

（3）减小结构板面荷载可提高板的耐火性能。在高温与荷载共同作用下，较大的荷载会降低混凝土与钢筋的力学性能，挠度及变形量会增大，导致耐火时间变短。

（4）减小板的跨度可显著提高板的耐火性能。在高温下，跨度较大的楼板会使混凝土与钢筋的力学性能降低，挠度及变形量增大，耐火极限迅速降低。减小板跨，可减小板的内力，有效降低板竖向挠度，显著提高板耐火极限，可优先考虑采用此措施，通过增设次梁减小板跨。

（5）增大负弯矩钢筋配筋率可提高板的耐火性能。在火灾过程中，负弯矩钢筋由于距火焰较远，会比正弯矩钢筋温度低，负弯矩钢筋的力学性能降低明显较小，从而正弯矩相应减小、负弯矩相应增加引起板的内力重分布，一般情况下，这种重新分布足以引起负弯矩钢筋的屈服，同时，正弯矩钢筋可以在失效前被加热到较高的温度。对钢筋混凝土连续板增大负弯矩钢筋配筋率可有效提高板的耐火时间，且板厚越大、板跨越小效果越明显。

（6）优化梁板平面布置。板的耐火时间：双向板优于单向板，连续板优于简支板；中间跨板（一短边临外边）> 边跨板（一长边临外边）> 角跨板。

12.6 结语

胥口上盖开发为竖向特别不规则且超长的超限复杂高层建筑结构，针对剪力墙不落地、结构超长且暴露在室外、盖上二次开发时间通常滞后于盖下平台、平台分割楼板耐火时间超出规范规定等主要建筑特点，从结构方案对比、结构计算分析、结构专项设计及试验等多方面进行结构设计解析，总结如下：

（1）对于竖向特别不规则的超限高层建筑结构，通过采用多模型、多软件的分析比较，反应谱分析和弹性时程分析的对比，并按设定的抗震性能目标进行性能化设计，使其具有足够的安全储备，能满足结构既定的抗震能力。

（2）对于箱形转换部位，通过采用 ANSYS 通用有限元软件单独建模进行专项设计，通过有限元分析，计算结果整体指标和 YJK、MIDAS 接近，转换梁在单工况作用下 ANSYS 内力计算分析结果大部分小于 YJK 计算结果，各工况组合 ANSYS 计算结果均小于 YJK 计算结果。

（3）结构在罕遇地震作用下盖下层间位移角远小于规范的限值，转换梁未出现塑性损伤，盖上主要抗侧力构件没有发生严重损坏，多数连梁屈服耗能，但不至于引起局部倒塌和危及结构整体安全，弹塑性反应及屈服耗能机制符合结构抗震工程学概念，结构整体满足"大震不倒"的抗震设防目标。

（4）通过考虑基础有限刚度，可以大幅减小平台楼板的拉应力，解决了传统温度效应分析方法造成的措施过度和浪费问题，使得温度应力裂缝控制措施更有针对性、准确性和有效性。

（5）通过对基础差异沉降的分析，得出了上盖开发不同开发时间所引起的差异沉降，为基础及平台设计提供依据。

（6）通过分割楼板耐火试验，总结得出控制荷载、提高配筋率、适当加大保护层厚度、减小板跨和优化板的布置是提高钢筋混凝土板耐火性能的有效措施。

参考资料

[1] 张敏，徐文希，杨玉坤，等. 超长上盖箱型转换结构温度应力分析[J]. 建筑结构, 2013, 47（20）: 78-82.

[2] 张敏，朱怡，魏祥，等. 桩基刚度对超长混凝土结构温度应力的影响[J]. 建筑结构, 2017, 47(20): 73-77.

设计团队

结构设计单位：启迪设计集团股份有限公司、中铁第四勘察设计院集团有限公司

启迪设计结构设计团队：张　敏，朱　怡，朱黎明，叶　佳，武文春，魏　祥，张　琴，杨玉坤，张同进，黄彦文，陈耀贵，徐　政，吴书阁

中铁第四勘察设计院集团有限公司结构设计团队：张　峰，江胜学，陈丽萍

执　笔　人：朱　怡，张　敏

第13章

苏州中心广场北区

13.1 工程概况

13.1.1 建筑概况

苏州中心广场项目位于苏州工业园区湖西 CBD 核心区域,北临苏绣路、南到苏惠路、西起星阳街、东至星港街,地块东侧面向金鸡湖城市广场,是苏州工业园区金鸡湖畔标志性建筑。项目占地面积约 15.4ha,地上总建筑面积约 70 万 m²,地下总建筑面积约 40 万 m²。H 地块为办公楼综合体;内圈区域 (A、B、C 区)为主要商业开发及部分办公,D、E 地块以酒店、出租型公寓及出售型公寓为主要业态。苏州中心广场北区包括 H 地块、A 地块及 J 地块。苏州中心广场项目整体效果如图 13.1-1 所示,北区总平面示意如图 13.1-2 所示。

图 13.1-1 苏州中心广场项目整体效果图

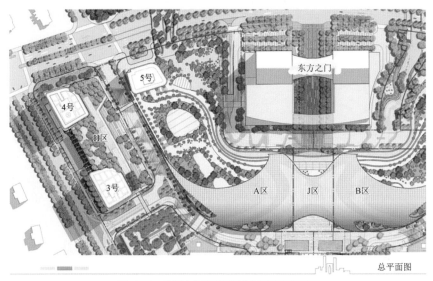

图 13.1-2 苏州中心广场项目北区总平面图示意

H 地块包括 2 栋高层办公楼(3 号、4 号楼)及商业裙房,总建筑面积 22.42 万 m²,其中地上建筑面积 15.4 万 m²、地下建筑面积 7.02 万 m²;地下 4 层,3 号楼地上 33 层,底层层高为 5.5m,二层、三层层高为 5.3m,四层层高为 5.6m,五层层高为 5.0m,标准层层高为 4.4m,十九层(避难层)层高为 4.8m,33 层层高为 5.0m,主体建筑高度为 151.2m;4 号楼地上 27 层,层高基本同 3 号楼,主体建筑高度为 124.8m;裙房地上 4 层,高度为 22m。H 地块底部四层(包括主楼)主要功能为商业,四层以上均为办公。

A 地块及 J 地块包括 1 栋高层办公（5 号楼）、商业裙房及中轴线共享空间组成，总建筑面积 26.2 万 m²，其中地上建筑面积 15.9 万 m²、地下建筑面积 10.3 万 m²。地下 3 层，5 号楼地上 21 层，底层二层层高为 6.5m，三层、四层层高为 6.0m，五～十九层层高为 4.3m，二十层及二十一层层高为 5.0m，主体建筑高度为 99.8m；裙房地上 6 层，高度为 36.3m；中轴线共享空间跨度 55m，地上 7 层，主体结构高度为 48m。A 地块及 J 地块主楼底部四层及裙房六层均为商业，主楼四层以上均为办公。

13.1.2 设计条件

本工程结构的设计使用年限为 50 年，建筑结构的安全等级为二级，建筑耐火等级为一级，设计室内地坪 ±0.000m 相当于 1985 国家高程基准 4.200m。

1. 结构抗震设防要求

（1）抗震设防烈度为 7 度，设计基本地震加速度值为 0.10g，设计地震分组为第一组。

（2）根据江苏苏州地质工程勘察院提供的《苏州中心广场项目（北区）岩土工程详细勘察报告》（编号：2011-K-324-1），本工程建筑场地类别为 Ⅲ 类，场地特征周期 T_g 按规范插值采用 0.53s。

（3）根据其使用功能的重要性，H 地块底部四层裙房（包括 3 号、4 号楼）建筑抗震设防类别为重点设防类，裙房以上为标准设防类；A 地块及 J 地块裙房为重点设防类，5 号楼为标准设防类。

（4）各单体均以地下室顶板作为上部结构嵌固部位，地下室应满足作为嵌固端的相关要求。

2. 设计地震动参数

根据江苏省地震工程研究院提供的《苏州中心广场项目工程场地地震安全性评价报告》（编号：JSE2011A151），本工程所在场地地表设计地震动参数如表 13.1-1 所示。

工程场地地表设计地震动参数表（$\xi = 0.05$）　　　　　　表 13.1-1

位置	特征参数	50 年超越概率			100 年超越概率		
		63%	10%	2%	63%	10%	3%
地表	A_{max}/g	0.036	0.100	0.182	0.054	0.130	0.190
	β_{max}	2.50	2.50	2.60	2.50	2.50	2.60
	α_{max}	0.090	0.250	0.473	0.135	0.325	0.494
	T_g/s	0.50	0.60	0.75	0.55	0.65	0.85
	γ	0.90	0.90	0.90	0.90	0.90	0.90

根据表 13.1-1 提供的参数，多遇地震作用下 $\alpha_{max} = 2.25 \times A_{max} = 0.081$，与 7 度（0.08）基本相同；设防地震作用下 $\alpha_{max} = 2.25 \times A_{max} = 0.225$，比 7 度（0.23）略小；罕遇地震作用下 $\alpha_{max} = 2.25 \times A_{max} = 0.4095$，比 7 度（0.5）略小。故本工程抗震设计均按设防烈度 7 度进行计算即可。

3. 整体计算阻尼比

（1）H 地块 3 号、4 号楼及裙房、A 地块 5 号楼结构（钢筋混凝土框架—核心筒结构）

地震作用下：0.05；风荷载作用下：0.05；风荷载作用下舒适度验算：0.02。

（2）A 地块裙房（钢筋混凝土框架结构，局部为型钢混凝土框架）

地震作用下：0.045；风荷载作用下：0.045；风荷载作用下舒适度验算：0.02。

（3）J 地块中轴线共享空间（大跨度格构式钢框架、树形网壳结构）

地震作用下：0.04；风荷载作用下：0.02；风荷载作用下舒适度验算：0.01。

4．风荷载

本工程基本风压 0.45kN/m²，对于房屋高度 ≥ 60m 的 3 号、4 号、5 号楼承载力设计时按基本风压的 1.1 倍采用，地面粗糙度类别为 B 类，风载体型系数为 1.4。

根据同济大学土木工程防灾国家重点实验室提供的《苏州中心广场结构风荷载研究报告》，将结构各层的等效静力风荷载与 SATWE 考虑群体干扰增大系数 1.1 后按规范计算所得的各层风荷载进行比较，其中，风洞试验所得结构各层的等效静力风荷载按内力峰值等效，100 年重现期。通过风洞试验与规范计算对比可知，除裙房及顶部小塔楼外，风洞试验所得各层等效静力风荷载均小于 SATWE 考虑群体干扰增大系数 1.1 后计算结果，故本工程主体结构风荷载按规范取值，并考虑高层建筑群体效应，群体干扰增大系数取为 1.1。3 号、4 号楼顶部小塔楼风荷载采用风洞试验结果。

13.2　建筑特点

13.2.1　大底盘多塔楼

H 地块包括 2 栋高层塔楼（3 号、4 号楼）和 4 层裙房，两栋塔楼左右对称分布在裙房北侧，裙房平面长度约 176.7m，平面宽度约 77.4m，属超长结构。3 号、4 号楼塔楼平面布置基本相同，仅 4 号楼顶部标准层少 6 层，为了更好地满足裙房商业的使用功能，保证底部门厅、入口雨篷的完整性等，H 地块塔楼与裙房未设缝，形成大底盘多塔楼复杂高层建筑。图 13.2-1 及图 13.2-2 为 H 地块二层及裙房屋面结构平面示意。

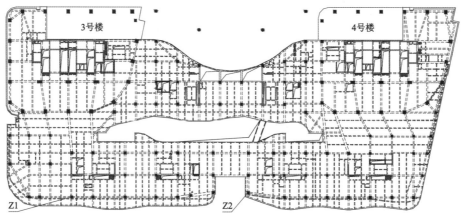

图 13.2-1　H 地块二层结构平面示意

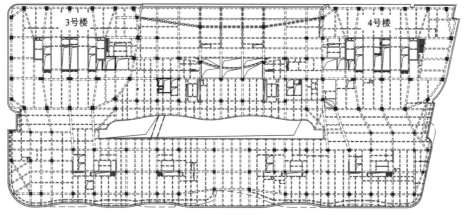

图 13.2-2　H 地块裙房屋面结构平面示意

13.2.2　大跨度格构式巨型框架

中轴线中庭共享空间钢结构，既作为立面造型复杂树形幕墙的结构支撑，又作为跨越地铁轨道联系两侧南北商业裙房的连廊，跨度约55m、高度48m。中庭钢结构跨度大，荷载重，根据建筑效果和地铁的特殊要求，采用单跨大跨度格构式钢框架结构体系，格构式钢桁架三层总高2.5m、四～六层总高1.9m、7层总高2.2m。格构柱由四个H型钢组成，几何轮廓尺寸为1400mm×2600mm，垂直桁架方向通过设置斜撑提高平面外刚度，平行桁架方向采用25mm钢板相连，确保格构柱的整体工作；通过层层设置55m单跨、间距1400mm双榀钢桁架与格构柱完全刚接。图13.2-3为中轴线中庭共享空间钢结构模型简图，图13.2-4为格构柱组合截面示意。

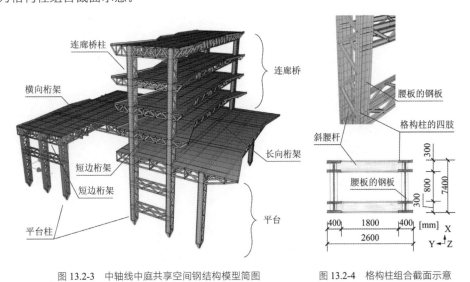

图 13.2-3　中轴线中庭共享空间钢结构模型简图　　　　图 13.2-4　格构柱组合截面示意

13.2.3　中庭树形支撑结构

为了在中轴线中庭获得更为吸引人的视觉元素，建筑师在中轴线中庭南北两侧的观光电梯周围设置了树形的支撑结构。树形支撑结构从中轴线中庭的平台上升起，在中部收细，然后再在顶部扩大伸展开来，形成非常纤细和舒展的形体。图13.2-5为中庭树形支撑结构实景图。

图 13.2-5　中庭树形支撑结构实景图

中轴线中庭平台树形支撑结构共有两处，均采用单层空间网格结构，三角形网格。北侧树形支撑结构完全落地，底部直接与中庭钢结构相连，而南侧树形支撑结构有一部分底边线被局部抬高，通过钢柱与中庭钢结构相连。结构底部均支承在中庭钢结构上，侧边分别支承在两侧A、B地块混凝土结构上。树结构底部与中庭钢结构连接处的柱脚采用双向滑动平板橡胶支座；侧边与裙房混凝土结构连接采用固定铰支座及竖向释放位移的销轴支座。

13.3 体系与分析

13.3.1 方案对比

1. H地块大底盘多塔楼结构

H地块大底盘多塔楼结构，塔楼采用框架—核心筒结构，裙房按是否增设部分剪力墙进行对比，裙房区域剪力墙结合楼电梯周边墙体布置，分别位于中部洞口东南、西南角，有效控制裙房各层整体扭转效应和偏心率。采用SATWE软件，H地块裙房区域设墙及不设墙的主要计算结果对比见表13.3-1。H地块裙房区域设墙及不设墙的各工况下框柱剪力对比见表13.3-2。

H地块裙房区域设墙及不设墙的主要计算结果对比表　　　　表13.3-1

序号	科目		H地块总模（裙房设墙）	H地块总模（裙房不设墙）
1	周期/s	T_1（X向平动）	4.2337（塔1）/3.4776（塔2）	4.2779（塔1）/3.4849（塔2）
		T_2（Y向平动）	4.1561（塔1）/3.3042（塔2）	4.1897（塔1）/3.3544（塔2）
		T_3（扭转）	3.1713（塔1）/2.6285（塔2）	3.1777（塔1）/2.6197（塔2）
2	扭转与平动第一自振周期之比T_3/T_1		0.75（塔1）/0.76（塔2）	0.74（塔1）/0.75（塔2）
3	地震作用下层间位移角最大值	X方向	1/949（双向地震作用下）	1/876（双向地震作用下）
		Y方向	1/1140（双向地震作用下）	1/1042（双向地震作用下）
4	风荷载下层间位移角最大值	X方向	1/1860	1/1731
		Y方向	1/1404	1/1339
5	底层框架柱倾覆弯矩百分比	X方向	29.85%	33.33%
		Y方向	29.41%	31.23%
6	底层框架柱总剪力百分比	X方向	11.23%	18.30%
		Y方向	9.57%	12.82%
7	底层偏心率	X方向	0.0371	0.0154
		Y方向	0.2115	0.3548

H地块裙房区域设墙及不设墙的各工况下框柱剪力（kN）对比表　　　　表13.3-2

柱编号		X向地震		Y向地震		X向风		Y向风	
		裙房设墙	裙房不设墙	裙房设墙	裙房不设墙	裙房设墙	裙房不设墙	裙房设墙	裙房不设墙
Z1	第2层	76.7	111.6	62.8	67.0	40.0	61.8	44.5	48.3
	第4层	174.6	219.5	134.5	120.4	114.2	148.9	116.3	109.2
Z2	第2层	52.2	74.5	45.9	59.6	27.7	41.4	37.1	48.7
	第4层	180.3	218.9	131.3	157.0	119.4	150.1	136.0	169.8

注：柱编号详见图13.2-1；柱剪力方向与地震/风相同。

根据对比计算分析，裙房区域无论是否增设剪力墙整体结构各项指标均能满足要求。裙房设置剪力墙后，裙房部分Y向塔楼和底盘的刚度偏心由35.48%减小至21.15%，且裙房框架柱各工况下剪力大大降低（Z1、Z2降低幅度约25%），有利于提高底部裙房框架的冗余度，保证主体结构底盘与塔楼的整体作用。因此，裙房区域按设置少量剪力墙进行结构设计。

2. 中轴线大跨钢桁架结构

中轴线钢结构采用大跨度格构式钢框架，单跨跨度55m。为确保与南北裙房连通，各层层高同裙房商业，底层二层为6.5m、三层、四层为6.0m、五层为6.3m、六层为7.3m。因此，采用层层设置双榀钢桁架与周边格构式框柱刚接，同时采取诸多措施减小钢桁架结构高度确保净高要求。

为实现以上目标，钢桁架上下弦杆按普通H型钢及π形截面进行对比分析，以一组双榀钢桁架及格构柱组成的典型框架作为分析单元，分别计算弦杆采用H型钢截面及π形截面的情况下，构件的应力比及跨中挠度。表13.3-3为钢桁架弦杆截面形式对比计算结果。通过对比分析可知，桁架上下弦杆采用π形截面可适当降低弦杆的应力比，因此，中轴线钢桁架上下弦杆采用π形截面。

钢桁架弦杆截面形式对比计算结果 　　　　　　　　　　表13.3-3

楼层位置	3F		4F/5F/6F		7F	
钢桁架弦杆截面形式	H型钢	π形	H型钢	π形	H型钢	π形
单层桁架用钢量/t	73.2	74.6	65.2	66.1	80.2	81.0
上弦最大应力比	0.826	0.773	0.581	0.546	0.621	0.581
下弦最大应力比	0.713	0.668	0.480	0.455	0.753	0.704
跨中挠度/mm	84	84	60	60	93	88
挠度/跨度	1/655	1/655	1/917	1/917	1/591	1/625

3．中庭树形支撑结构

中庭树形支撑结构采用单层空间网壳，网格形式可为三角形和四边形。在结构方案阶段对网格形式进行对比分析，主要考察其对结构自重、结构变形及幕墙的影响等。表13.3-4为三角形和四边形网格树形结构自重、位移及对幕墙的影响对比。

三角形和四边形网格树形结构自重、位移及对幕墙的影响对比 　　　　　表13.3-4

位置	网格形式	自重/t	工况1竖向位移/mm	工况2水平位移/mm	工况3水平位移/mm	工况4水平位移/mm	工况5水平位移/mm	对幕墙的影响
北侧树形结构	三角形	55	52	46	13	11	4.5	三点共面，各幕墙单元为平面
	四边形	44	158	68	45	11	5.8	四点不共面，各幕墙单元为翘曲
南侧树形结构	三角形	50	49	63	13.9	13.5	4.1	三点共面，各幕墙单元为平面
	四边形	41	145	107	53	16	15	四点不共面，各幕墙单元为翘曲

注：工况1为$D+L$工况，工况2为X向风荷载，工况3为Y向风荷载，工况4为X向地震作用工况，工况5为Y向地震作用。

由表13.3-4可知，较四边形网格，三角形网格结构自重虽有所增加，但各工况下的位移均有不同程度的降低。由于外挂玻璃幕墙，四边形网格下方面积较大的玻璃难以加工成型，三角形网格平面的玻璃有利于幕墙的设计和实施，因此中轴线树形结构采用三角形网格。

13.3.2 结构布置

1．结构体系

（1）H地块高层建筑采用大底盘多塔框架-核心筒结构

3号楼和4号楼主体结构均采用钢筋混凝土框架-核心筒结构，即主楼范围结合楼电梯位置布置钢筋混凝土筒体，形成框架—混凝土筒体结构，主楼框架柱采用型钢混凝土柱，楼屋面采用普通现浇混凝土梁板结构。通过调整筒体连梁高度，实现了X、Y方向周期基本接近、动力特性协调的结构设计要求。由于塔楼偏置，通过在裙房区域增加少量剪力墙，使得裙房各层刚心和质心的偏心率均在 25% 以内，裙房加墙位置详见图 13.1-1、图 13.1-2。裙房区域为少墙框架结构，大跨度处采用型钢混凝土框架结构，楼屋面采用普通现浇混凝土梁板结构。

根据建筑使用功能及商业特点，H 地块裙房中部设置了较大的开洞形成中庭，底层门口入口挑空，致使裙房各层楼板开大洞、局部不连续等。通过单塔模型及整体模型的包络设计，并采用了加强裙房外周框架梁柱、增设剪力墙、加强裙房各层楼板厚度及洞口周边梁板配筋等结构措施，保证了裙房与塔楼的协同工作及水平剪力的有效传递，同时提高了大底盘结构的整体抗扭能力。

（2）中轴线采用单跨大跨度格构式巨型钢框架

中轴线采用单跨大跨度格构式巨型钢框架，由纵向主桁架梁（三层平台六榀、四层及以上两榀）与两侧格构柱刚接组成。三层平台中部设置两道横向次桁架梁搁置在纵向主桁架梁上，纵向主桁架梁、平台横向次桁架梁均采用双榀桁架组合而成，桁架弦杆巧妙地采用了π形截面构件，增加桁架有效高度和承载能力。柱截面由两个格构式截面构成，在短边方向通过钢板相互连接形成一个组合截面，同时格构柱之间设置短向桁架，加强其平面外的连接。由双榀桁架梁和格构柱组成的大跨格构式框架整体性能好、承载力高，能较好地满足建筑功能和跨越地铁的要求。

由于地铁保护要求，中庭钢结构基础设计不得与正在运行的地铁发生任何关系，桩基布置空间受到地铁站点结构的限制，因此，大跨钢框架格构柱柱脚采用铰接柱脚，竖向荷载由桩基础承担，而水平荷载传递到相邻建筑的基础底板处。本工程利用中轴线两侧 A、B 地块地下室较大的抗侧能力，设计了大跨钢柱脚水平和斜向传力装置，保证水平推力可靠传递至两侧相邻结构。

（3）中庭树形支撑结构采用单层空间网格结构

中庭树形支撑结构采用单层空间网格结构，网格形式为三角形，底部支承在中轴线钢结构上，而侧边分别支承在两侧 A、B 地块混凝土结构上。树形结构底部与中轴线钢结构连接处的柱脚采用双向滑动平板橡胶支座；侧边与裙房混凝土结构连接处采用 2 个固定铰支座和 6 个竖向释放的销轴支座，有效解决了不同支承结构间差异变形对幕墙的影响。

2．抗震等级

苏州中心北区各塔楼和裙房的抗震等级如表 13.3-5 所示。

塔楼和裙房各单体抗震等级   表 13.3-5

	3 号楼	4 号楼	H 地块裙房	5 号楼	A 地块裙房
结构抗震等级	框架一级	框架二级	框架二级 剪力墙一级 （局部大跨度框架为一级）	框架二级	框架一级
	简体一级	简体二级		简体二级	
	底部框架一级 简体特一级	底部框架一级 简体一级		底部二级	

注：1. 各楼抗震等级包括相关范围（相关范围按规范确定）；
    2. H 地块为大底盘多塔楼结构，塔楼周边框架柱，裙房以上二层同裙房范围内抗震等级；
    3. 中轴线钢结构及裙房中钢框架部分的抗震等级均为三级；
    4. 各单体地下一层抗震等级同上部结构，地下二层可降低一级，地下三层再降低一级，但最低按三级考虑。

13.3.3 性能目标

3 号楼主体结构高度为 151.2m，已超过 7 度框架—核心筒结构 A 级高度的最大适用高度（≤130m），属于 B 级高度的高层建筑；3 号、4 号及 H 地块裙房整体相连，形成大底盘多塔楼结构，属竖向不规则中的竖向体型收进，且局部存在穿层柱；在规定水平力下考虑偶然偏心的扭转位移比大于 1.2，属扭转不规则；裙房底部中庭处及入口大厅部位楼板有效宽度小于 50%，整体开洞面积大于 30%，属楼板不连续。因此，H 地块整体结构为超限高层建筑，3 号、4 号塔楼采取的抗震性能目标详见表 13.3-6。

楼号	抗震烈度水准		多遇地震 （$\alpha_{max} = 0.08$）	设防地震 （$\alpha_{max} = 0.23$）	罕遇地震 （$\alpha_{max} = 0.50$）
3 号楼	整体抗震性能 目标	抗震性能目标的定性描述	完好	损坏可修复	不倒塌
		整体变形控制目标	1/800		1/100
	关键构件抗震 性能目标	底部加强部位核心筒及底 部穿层柱	弹性	受剪弹性受弯不屈服	满足抗剪截面控制条件
		底部加强部位框架柱	弹性	受剪、受弯不屈服	允许进入塑性，控制塑性变形
	过渡层	过渡层剪力墙	弹性	受剪不屈服	
4 号楼	整体抗震性能 目标	抗震性能目标的定性描述	完好	损坏可修复	不倒塌
		整体变形控制目标	1/800		1/100
	关键构件抗震 性能目标	底部加强部位核心筒及底 部穿层柱	弹性	受剪弹性受弯不屈服	满足抗剪截面控制条件
		底部加强部位框架柱	弹性	受剪、受弯不屈服	允许进入塑性，控制塑性变形
	过渡层	过渡层剪力墙	弹性	受剪不屈服	

13.3.4　计算分析

1. 小震弹性计算分析

（1）3 号、4 号楼主体结构采用两个不同力学模型的三维空间分析软件 SATWE 及 ETABS 进行整体内力位移计算，图 13.3-1 为 3 号楼单模 SATWE 计算模型，图 13.3-2 为 H 地块 3 号、4 号楼总模 SATWE 计算模型，主要计算结果见表 13.3-7。

（2）SATWE 及 ETABS 两个程序电算分析结果表明：两者计算结果基本一致，楼层层间最大位移角，楼层最大水平位移和层间位移与其平均值之比、扭转与平动第一自振周期之比、楼层侧向刚度比、框架柱承受的地震倾覆力矩等各项指标均能满足《高层建筑混凝土结构技术规程》JGJ 3—2010 的要求。

图 13.3-1　3 号楼单模 SATWE 计算模型　　　　　图 13.3-2　H 地块 3 号、4 号楼总模 SATWE 计算模型

序号	科目		H 地块 3 号楼	H 地块 4 号楼
			SATWE	SATWE
1	周期	T_1（X 向平动）	4.0945	3.7416
		T_2（Y 向平动）	3.8148	3.3679
		T_3（扭转）	3.2401	2.8449
2	扭转与平动第一自振周期之比 T_3/T_1		0.791	0.762
3	剪重比	X 方向	1.52% > 1.44%	1.57% > 1.44%
		Y 方向	1.61% > 1.52%	1.79% > 1.52%
4	双向地震作用下层间位移角最大值	X 方向	1/1093	1/1014
		Y 方向	1/1097	1/1136
5	5% 偶然偏心地震作用下最大扭转位移比	X 方向	1.14	1.15
		Y 方向	1.29	1.38
6	风荷载下层间位移角最大值	X 方向	1/1762	1/2035
		Y 方向	1/1313	1/1530
7	刚重比	X 方向	2.92	3.01
		Y 方向	3.35	3.95
8	底层框架柱倾覆弯矩百分比	X 方向	29.21%	34.38%
		Y 方向	30.75%	30.81%
9	底层框架柱总剪力百分比	X 方向	9.61%	19.35%
		Y 方向	7.32%	18.74%

2. 弹性时程分析

3 号、4 号楼主体结构采用 SATWE 程序进行多遇地震作用下的弹性时程分析，选用的地震波为两组双向人工波 RH4TG055、S1A5997（RG2）及五组双向天然波 S0334（S0335）、S0523（S0524）、HACHINOHE_NS（SC1）、NanJing（SC2）、HOLLYWOOD_90（SC4）。

时程分析时多遇地震波有效峰值加速度时程最大值按规范取为 35cm/s²，各条波均以双向水平的地震波输入（两个方向加速度最大值按 1：0.85 的比例调整）。弹性时程分析结果表明：

（1）通过对七组时程波的平均地震影响系数曲线与振型分解反应谱法所用的地震影响系数曲线的比较分析，对应于结构主要振型的周期点上相差不大于 20%，表明所选地震波频谱特性满足要求。

（2）七组时程曲线计算所得结构底部剪力的平均值大于振型分解反应谱法计算结果的 80%，小于120%；其中每组时程曲线计算所得结构底部剪力的平均值均大于振型分解反应谱法计算结果的 65%，小于 135%；满足《建筑抗震设计规范》GB 50011—2010（2016 年版）第 5.1.2 条规定。

（3）七组时程曲线计算所得的结构最大层间位移角小于 1/800，均满足规范要求。

（4）计算结果表明，七组时程曲线计算所得的层剪力平均值均小于振型分解反应谱法计算所得的层剪力，故可以按振型分解反应谱法进行构件设计。

3. 弹塑性时程分析

动力弹塑性分析采用 SAUSAGE 软件计算，采用 3 组地震波（2 条天然波 + 1 条人工波）并取其计算结果的包络值。两组天然波为 TH020TG055 及 TH038TG055、一组人工波为 AEW1。地震波为双向输入，对于每组地震波分别考虑X主向输入和Y主向输入，共计 6 个工况。根据地震波的大震弹塑性位移（层间位移）与小震弹性位移（层间位移）的比值的包络结果对反应谱法计算层间位移角进行放大，得到最大的弹塑性层间位移角X向为 1/134、Y向为 1/118，小于 1/100 的限值要求。

　　图 13.3-3 为框架柱、剪力墙及连梁性能指标。H 地块塔楼剪力墙在大震下总体处于轻微及轻度以下损伤，框架柱基本处于无损坏—轻度损坏状态；连梁有较明显损伤，框架梁发生中度及以下塑性损伤，总体抗震性能良好；楼板抗震性能良好，具有较好地承担竖向荷载和传递水平地震的能力；塔楼上部部分剪力墙中度损伤，后续设计时已加强配筋。

　　图 13.3-4 为裙房区域剪力墙及连梁性能指标。在三组地震波的大震计算结果包络下，裙房区域剪力墙处于轻度损坏及以下的状态（局部墙体重度损坏但未沿截面水平向发展，仅在连梁支座处沿竖向向下延伸），连梁损伤耗能处于中度损坏至重度损坏。从表 13.3-2 可知，裙房区域剪力墙的设置减小了裙房框架柱水平荷载作用下的剪力，剪力墙在大震作用下充当了第一道防线并保持直立，实现了提高底部裙房结构冗余度的作用。

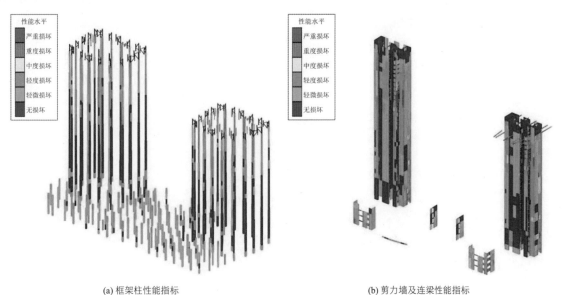

(a) 框架柱性能指标　　　　　　　　　　(b) 剪力墙及连梁性能指标

图 13.3-3　框架柱、剪力墙及连梁性能指标

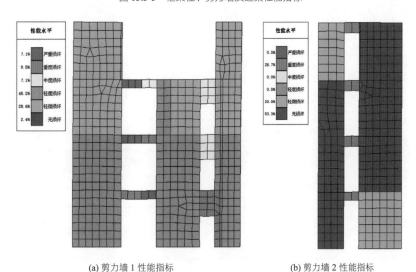

(a) 剪力墙 1 性能指标　　　　　　　　(b) 剪力墙 2 性能指标

图 13.3-4　裙房区域剪力墙及连梁性能指标

13.4 专项设计

13.4.1 大底盘多塔楼超限高层设计

H 地块裙房平面长度约为 176.7m，平面宽度约为 74m，属超长结构；裙房与塔楼未设缝，形成大底盘多塔楼高层结构。塔楼主体结构采用钢筋混凝土框架—核心筒结构，裙房区域为少墙框架结构。3 号、4 号楼底部加强部位延伸至底盘以上两层为底部六层。H 地块二层及裙房屋面结构平面详见图 13.2-1 及图 13.2-2，3 号、4 号楼建筑及结构标准层平面示意详见图 13.4-1。

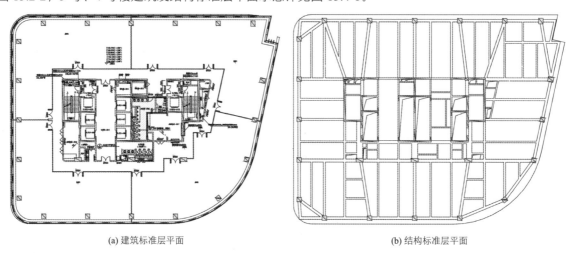

(a) 建筑标准层平面   (b) 结构标准层平面

图 13.4-1 3 号、4 号楼建筑及结构标准层平面示意

1. 超长结构楼板应力分析

H 地块裙房平面超长较多，应考虑温度变化和混凝土收缩对主体结构的影响并采取有效的加强措施。采用 ETABS 程序，对 H 地块整体模型裙房部分进行温度应力的计算；同时按设防烈度地震验算地震作用下的楼板应力。楼板单元采用考虑面内、面外刚度的壳单元，取消刚性隔板后按壳单元建模分析，主要计算结果如下：

（1）温度应力验算：温差按 ±15℃，考虑恒荷载、活荷载、风载及温度四种工况，经计算升温时楼板均为压应力，降温时楼板出现拉应力，图 13.4-2 为 H 地块裙房二层和五层屋面楼板温度应力图。

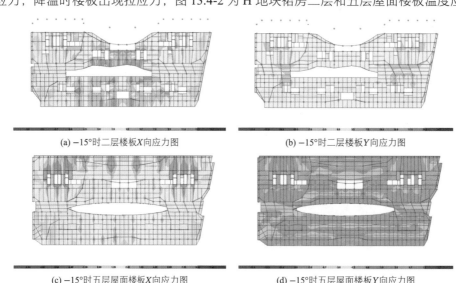

(a) −15° 时二层楼板 X 向应力图   (b) −15° 时二层楼板 Y 向应力图

(c) −15° 时五层屋面楼板 X 向应力图   (d) −15° 时五层屋面楼板 Y 向应力图

图 13.4-2 H 地块裙房二层和五层屋面楼板温度应力图

从图 13.4-2 可以看出，*X*向楼板拉应力较大，其中二层*X*向中部楼板拉应力平均为 5.0MPa，其他各层均在 4.0MPa 以下。施工图设计时二层楼面*X*向采用ϕ12@100 双层配筋加强；二层局部应力较大处，采用板厚加大、局部加腋及另加配筋等措施来抵抗该部分应力。

（2）中震楼板应力计算：考虑恒荷载、活荷载及地震荷载。

按 1.2（恒荷载 + 0.5 活荷载）±1.3 地震及 1.0（恒荷载 + 0.5 活荷载）±1.3 地震两种工况计算，其中 1.2（恒荷载 + 0.5 活荷载）±1.3 地震时楼板应力较大，图 13.4-3 为 H 地块裙房二层和五层屋面中震楼板应力图。根据计算结果，设防烈度地震作用下各层楼板平均拉应力在 4.0MPa 以下，均能满足要求。

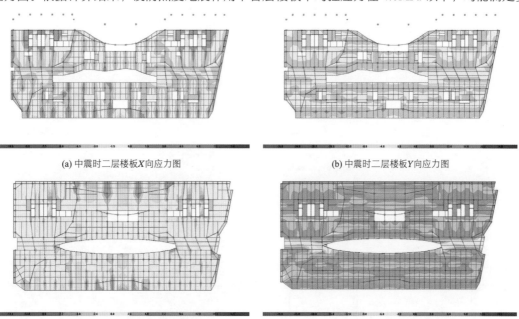

(a) 中震时二层楼板*X*向应力图　　　　　　　　　(b) 中震时二层楼板*Y*向应力图

(c) 中震时五层屋面楼板*X*向应力图　　　　　　　(d) 中震时五层屋面层楼板*Y*向应力图

图 13.4-3　H 地块裙房二层和五层屋面楼板中震应力图

2. 采取的主要抗震措施

H 地块主体结构为超限高层建筑，结构设计采取的主要抗震措施如下：

（1）主体结构采用两个分析软件进行整体内力位移计算；地震作用采用 CQC + 考虑双向地震作用扭转效应的计算方法，同时考虑质量偶然偏心影响，控制各项指标满足现行规范要求；

（2）主体结构采用 SATWE 弹性时程分析法进行多遇地震作用下的补充计算，采用动力弹塑性分析程序 SAUSAGE 进行罕遇地震作用下的弹塑性变形验算和抗震性能分析，控制弹塑性层间位移角满足现行规范要求，且根据分析结果对抗震薄弱部位进行加强；

（3）针对 H 地块大底盘多塔楼结构，按整体模型和各塔楼分开的模型分别计算，并采用较不利的结果进行结构设计；针对裙房超长结构，补充各层楼板温度应力及设防烈度地震作用下楼板应力分析，并按应力分析结果校核配筋；

（4）塔楼部分框架柱采用型钢混凝土柱，以提高其承载力，改善其抗震性能；筒体剪力墙布置尽量规整、均匀、对称，且上下连续贯通，使建筑物具备合理的双向刚度，并尽可能使主体结构的刚度中心和质量中心重合，以减少整体扭转；同时竖向构件按抗震性能目标要求加强；

（5）主体结构中核心筒部位较多的深连梁，其内部配置交叉暗撑，以保证其抗剪承载力及耗能能力；塔楼二层穿层柱，按周边普通框架柱最大剪力对其进行复核并加强配筋，提高其承载能力；

（6）作为大底盘的五层裙房屋面，该层楼板厚度加强为 180mm，且双层双向加强配筋；主楼中与裙房相连处的框架柱，从固定端到六层楼面的高度范围内，纵向钢筋的最小配筋率适当提高，裙房以上两层框架柱的抗震等级同裙房以下范围内框架柱抗震等级，确保底部加强部位安全。

13.4.2 大跨度格构式巨型钢框架结构设计

中轴线大跨度钢结构，既作为立面造型复杂幕墙的结构支撑，又作为联系南北 A、B 地块商业的连廊。西侧钢结构在三层设连桥（中庭平台），东侧钢结构在三～七层设连桥，中轴线格构式钢框架南立面示意如图 13.4-4 所示。该主体结构借鉴桥梁概念以 55m 的跨度连接中庭的两端，结构体系采用单跨大跨度格构式巨型钢框架，梁柱刚接而柱脚完全铰接。

中轴线主体结构构件验算时，对现浇楼板按规范要求考虑其组合效应。计算模型中的混凝土板设置为膜单元，在结构Y向，不设置任何的刚度，在这个方向不受力；在X向，设置为正常的刚度，这样能够提供大跨度桁架的侧向刚度，也使计算模型更符合工程实际受力情况，确保主体结构既经济又合理。中轴线钢结构模型简图如图 13.2-3 所示，三层平台处结构平面布置如图 13.4-5 所示。

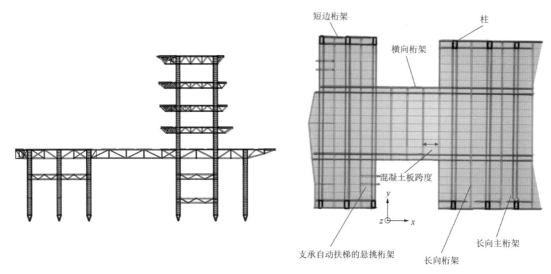

图 13.4-4 中轴线格构式钢框架南立面示意

图 13.4-5 三层平台处结构平面布置

1. 结构自振模态及承载力分析

采用 SAP2000 进行三维整体有限元模型的计算分析，中轴线中庭钢结构楼层层间位移角、扭转位移比、刚重比、剪重比及侧向刚度比等各项指标均满足现行规范要求。前三阶振型依次为Y向平动（南北向）、X向平动（东西向）、扭转，扭转与平动第一振型周期比T_t/T_1为 0.52，满足设计要求。中庭钢结构前三阶振型的自振模态分别如图 13.4-6 所示。

(a) 第一阶自振模态：Y向平动　　　　(b) 第二阶自振模态：X向平动　　　　(c) 第三阶自振模态：扭转

（$T_1 = 1.914$s）　　　　　　　　　（$T_2 = 1.616$s）　　　　　　　　　（$T_3 = 0.999$s）

图 13.4-6 中庭钢结构前三阶振型的自振模态

中轴线主体结构承载力分析中，考虑了结构自重、楼屋面恒活荷载、风荷载、地震作用及温度作用等荷载。其中，三层平台活荷载按照 4.0kN/m² 设计，四～七层连桥活荷载按照 3.5kN/m² 设计；风荷载按照规范要求及风洞试验结果取包络值；其余荷载及作用均按规范要求取值。中庭钢结构杆件应力比水平统计如图 13.4-7 所示。大部分杆件应力比水平在 0.8 以下，桁架杆件应力比均小于 1.0，主体结构承载力满足设计要求。

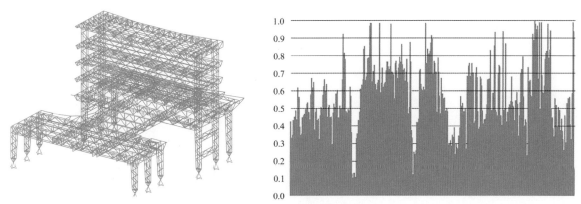

图 13.4-7　中庭钢结构杆件应力比水平统计

2．结构竖向变形及水平位移

在荷载标准组合作用下，三层平台部位桁架最大竖向变形为 122mm（*L*/451），四～七层连桥部位桁架最大竖向变形为 82mm（*L*/668），均能满足规范规定的竖向变形不大于*L*/400 的限值要求。在活荷载单独作用下，平台部位桁架最大竖向变形为 28mm（*L*/1964），连桥部位桁架最大竖向变形为 20mm（*L*/2750），均能满足规范规定的竖向变形不大于*L*/500 的限值要求。在各个工况作用下，中轴线钢结构的水平位移为：风荷载作用下，平台处 17mm（*H*/1176）、连桥处 37mm（*H*/1213）；多遇地震作用下，*X*向水平变形 35mm，*Y*向变形 43mm，均满足现行规范限值 1/250 的要求。

3．结构整体稳定分析

为评估中轴线钢结构的整体稳定性，进行了 1.2*D* + 1.4*L*工况下的特征值屈曲分析。中轴线钢结构前 3 阶屈曲模态如图 13.4-8 所示。第 1 阶屈曲模态的出现位置是格构柱短边的连接板局部屈曲，对应的屈曲荷载因子为 8.05；第 2 阶屈曲模态为框架角部处桁架杆件下弦杆杆件在节点间屈曲，屈曲荷载因子为 10.56，该模态为局部屈曲，非整体屈曲；第 3 阶屈曲模态为连续桁架杆件下弦杆在节点间屈曲，屈曲荷载因子为 12.56，该模态同样为局部屈曲，非整体屈曲。由此可见，中庭钢结构的整体屈曲模态荷载因子大于 10，可以判定该结构的整体刚度很大，没有整体失稳的问题。

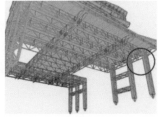

(a) 第 1 阶屈曲模态　　　　　　(b) 第 2 阶屈曲模态　　　　　　(c) 第 3 阶屈曲模态

图 13.4-8　中庭钢结构前 3 阶屈曲模态

4．结构人行舒适度分析

根据《高层建筑混凝土结构技术规程》JGJ 3—2010 第 3.7.7 条规定，楼盖结构的竖向振动频率不宜小于 3Hz。当竖向自振频率小于 3Hz 时，需验算楼面竖向振动加速度。中轴线中庭钢结构的最小振动频率在大平台中间部位为 1.7Hz，在六层楼面悬挑部位为 1.62Hz。由于本结构楼面自振频率均小于 2Hz，所以根据规范要求其竖向振动峰值加速度不应超过 0.22m/s²。

采用时程分析法对三层平台的中间部位以及六层悬挑端分别进行人行振动加速度分析。考虑 40 个体重 70kg 的人以同一频率同一相位分别在分析部位的楼面行走，结构阻尼比取 2%。图 13.4-9 为人行荷载时程和楼层加速度响应时程。由图 13.4-9 计算结果显示，三层平台中部的瞬时最大振动加速度为 0.075m/s²，六层楼面悬挑处的瞬时最大振动加速度为 0.178m/s²，两处的竖向峰值加速度均满足规范不大于 0.22m/s² 的规定，楼面人行舒适度满足要求。

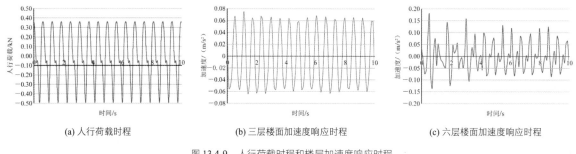

(a) 人行荷载时程　　　　(b) 三层楼面加速度响应时程　　　　(c) 六层楼面加速度响应时程

图 13.4-9　人行荷载时程和楼层加速度响应时程

5．结构设计采取的加强措施

（1）主体结构采用格构式钢框架，减轻结构自重，提高整体刚度和承载能力；控制大跨格构式框架的应力比，提高主体结构构件承载力。

（2）主体结构设置合理的抗震性能目标，格构式框架柱及大跨钢柱脚中震弹性、大震不屈服，格构式框架梁中震不屈服等，增强整体结构的承载能力，改善单跨大跨钢框架结构的抗震性能。

（3）主体结构三层大平台作为竖向收进部位，该层楼板厚度加强为 150mm 且双层双向配筋，且每层每方向的配筋率不小于 0.25%，以确保主体结构安全。

（4）大跨度框架梁中部受拉区域考虑混凝土楼板的组合效应，按组合梁设计，以增强其抗弯刚度；加强栓钉连接件的受剪承载力，确保混凝土翼板与钢构件抗剪连接，充分发挥组合梁的优势。

（5）主体结构在恒荷载及 50%活荷载的标准值下，考虑几何和材料双重非线性，控制结构稳定承载力安全系数不小于 2.0；大跨框架梁施工期间按 50%~60%恒荷载作用下挠度预起拱，以抵消使用期间部分挠度，更好地满足业主及建筑外观要求。

13.4.3　π形截面构件的创新设计

中轴线格构式钢桁架上下弦杆巧妙地采用了π形截面构件，增加桁架有效高度从而增大结构刚度和承载能力；同时桁架腹杆和格构柱柱肢截面翼缘与弦杆π形截面两腹板巧妙平齐对接，使得格构式框架梁柱节点设计简捷、新颖独特，结构自重减轻。中轴线平台及连桥结构梁几何尺寸如图 13.4-10 所示。π形截面格构式钢框架结构梁柱节点示意如图 13.4-11 所示。

针对π形构件在轴压下的受力稳定性能，国内外相关规范都没有相应规定，因此限制了其在工程中的推广应用。本工程通过对π形钢构件在轴压下的稳定性能及失稳模态做相关理论与试验研究，发现π形构件有良好的平面外刚度，初始几何缺陷对π形构件稳定承载力影响很大。同时，通过π形轴压构件有限元模型计算结果与试验结果进行对比，发现两者吻合较好，所建立的有限元模型可以准确模拟π形构件的稳定性能。

所有桁架杆件截面采用梁单元进行模拟，并且相互刚性接。在三层平台和连廊桥Y向（长向）桁架的跨中部分采用组合截面，混凝土板的计算宽度根据钢结构设计规范采用 6 倍的楼板厚度。在有限元的模拟中，此处的截面采用两个梁元截面进行模拟，上部为混凝土截面，下部为钢结构截面，并通过连接单

经典回眸　启迪设计集团股份有限公司篇

元刚性连接。大跨度框架梁上弦杆中部受拉区域考虑混凝土楼板对刚度和承载力的有利贡献，按组合梁进行分析和设计，满足大跨度框架承载要求的同时取得较好的经济性。图 13.4-12 为组合结构构件范围示意，图 13.4-13 为钢与混凝土组合截面示意。

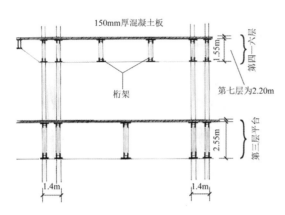

图 13.4-10　平台及连廊桥结构梁几何尺寸

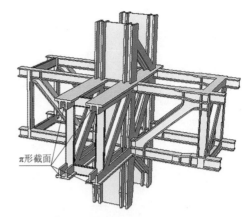

图 13.4-11　π形截面格构式钢框架梁柱节点

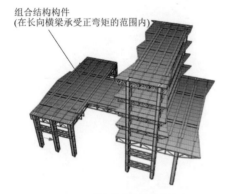

图 13.4-12　组合结构构件范围示意

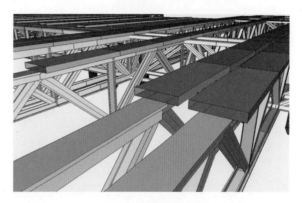

图 13.4-13　钢与混凝土组合截面示意

通过以上的分析可知，中轴线大跨格构式钢桁架，上下弦采用π形截面后，整体计算各项指标均满足规范要求，主体结构设计合理，采取的抗震构造措施有效。

13.4.4　跨越地铁单跨钢框架基础设计

由于受两侧裙房地下室及邻近已建地铁建筑站点的影响，基础位置只能局限在地下室外侧与地铁站台层之间的狭窄区域，宽度非常有限，允许布置的桩基础无法承担刚接柱脚的设计，因此中轴线柱脚采用固定铰接柱脚，满足上部结构的竖向承载；同时利用中轴线两侧 A、B 地块地下室较大的抗侧能力，设计了大跨钢柱脚水平向和斜向传力装置，保证水平推力可靠传递至两侧相邻主体结构上和地下室底板中，满足中轴线钢框架基础设计的要求。图 13.4-14 为中轴线基础柱脚位置示意，图 13.4-15 为铰接柱脚构造示意，图 13.4-16 为大跨钢柱脚水平力传力装置。

中轴线东侧七层大跨格构式钢框架柱脚承台边距已建地铁站点外墙边距离为 11.7～13.1m，上部结构单柱柱脚最大竖向力标准值约 23000kN，采用双排直径 900mm 的钻孔灌注桩条形基础，桩长 73m，桩数量南北侧各 25 根，单桩竖向抗压承载力特征值为 5800kN，柱脚基础尺寸宽度 4.2m、厚度 3m，与地下一层结构面平齐。中轴线西侧单层大跨格构式钢框架柱脚承台边距已建地铁站点外墙边距离为 1.8～3.5m，上部结构单柱柱脚最大竖向力标准值约 12000kN，处于地铁特别保护区范围内，且该区域空间尺寸限制，采用单排直径 900mm 的钻孔灌注桩条形基础，桩长 77～82m，桩数量北侧 8 根、南侧 9 根，单桩竖向抗压承载力特征值为 6500kN，柱脚基础尺寸宽度 3m、厚度 3m。中轴线东侧基础与两侧裙房及已建地铁关系剖面见图 13.4-17。

图 13.4-14 中轴线基础柱脚位置示意

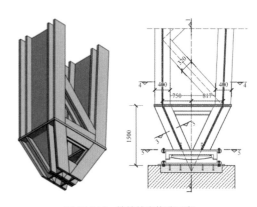

图 13.4-15 铰接柱脚构造示意

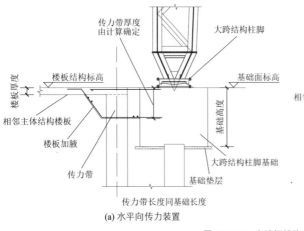

(a) 水平向传力装置

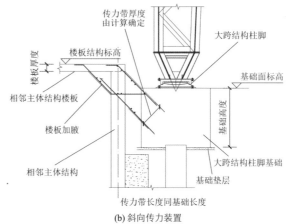

(b) 斜向传力装置

图 13.4-16 大跨钢柱脚水平力传力装置

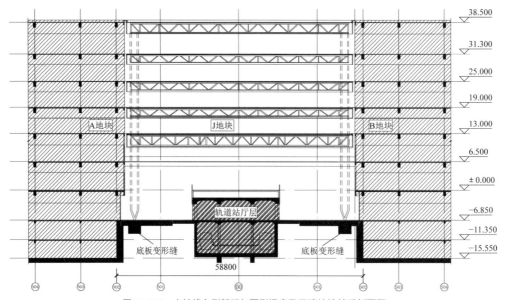

图 13.4-17 中轴线东侧基础与两侧裙房及已建地铁关系剖面图

中轴线主体结构的基础设计，按大震不屈服设计柱脚节点；验算基础在竖向及水平荷载作用下的承载力，同时增强基础刚度、控制变形，以满足上部结构承载要求；对格构柱柱脚及受力复杂的重要节点补充应力分析，按应力分析结果加强节点区构造，确保安全。

根据轨道交通相关要求，中轴线桩基础处于地铁保护区范围内，按规定桩基础沉降需控制在 10mm 以内。中轴线钢框架基础设计通过柱脚铰接释放弯矩来减小基础尺寸，同时按地铁严格控制沉降要求布置长桩及增加数量，控制工程桩竖向受力从而控制实际沉降量。根据中轴线整体结构沉降计算结果，桩基最大沉降为 8mm，满足地铁保护区的要求。

13.4.5 外挂树形钢网壳结构设计

中轴线中庭树形支撑结构采用单层空间三角形网格结构，结构底部支承在中轴线钢结构上，而侧边分别支承在两侧 A、B 地块混凝土结构上。

1. 支座连接方式的选型

由于中庭树形支撑结构同时连接着两个互不相连的结构体系（侧边的混凝土结构以及底部中轴线钢结构），所以在设计树形网壳结构的时候，必须注意由两个结构体系所产生的不同的位移情况。结构体系间的变形差、温度荷载等都有可能会对树形结构体系产生不良的影响，可能会对结构杆件产生不同程度的次应力。图 13.4-18 为中庭树形网壳结构支座布置。

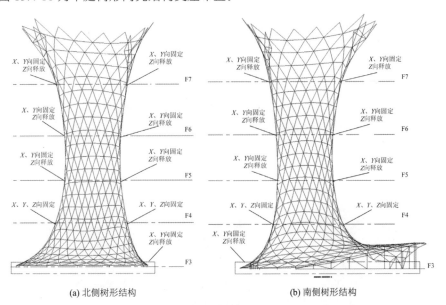

图 13.4-18　中庭树形网壳结构支座布置

树形网壳结构的支座约束情况如下：在四层与混凝土结构进行三个方向的固定，即三个方向的固定铰支座。在五、六、七层仅与混凝土结构进行水平两个方向（X 和 Y 方向）的固定，而垂直方向（Z 方向）是采用滑动的连接。在和中轴线钢结构连接的地方，为了避免产生次应力，在此处设置水平双向滑动支座，即仅垂直方向（Z 方向）固定。另外由于北侧和南侧树形网壳结构在功能上的差异，北侧树形网壳结构直接采用平板式橡胶支座与中轴线钢结构相连。南侧树形网壳结构则需要增加支撑开口屋面的钢柱，通过钢柱与中轴线钢结构相连。

2. 结构布置

中庭树形支撑结构采用空间单层网壳结构体系。由于结构的几何形体是连接在中轴线钢结构的部分大、中部收小，然后在顶部又逐步地变大，所以结构的网格尺寸也是在下部和上部大、中间小。

树形结构采用的三角形的网格，结构杆件之间采用刚接的连接节点，对于螺旋状设置的杆件而言，杆件截面也会绕轴线旋转。如果采用箱形截面，在某些部分的节点区会形成非常复杂的构造。在结构设计时，采用了中心对称的截面—圆形。圆形截面的杆件可以采用相贯焊接从而避免了采用复杂的节点。在构造上可以采用一个方向的杆件全长贯通，而另一个方向的杆件通过加工了相贯焊切口后焊接到主管上。考虑到建筑的外观效果和结构杆件的连接，树形网壳结构主体部分构件采用 140mm 直径的无缝钢管，根据受力大小采用不同的壁厚为 8～25mm；与侧边混凝土结构及中庭钢结构连接的构件采用 219mm 直径的无缝厚壁钢管，壁厚为 10～50mm。

由于网壳结构顶部的树冠张开形成了非常大的悬挑,所以结构顶部刚度较小。故顶部树冠处仅部分设置玻璃板块,以便有效地减小大悬挑的荷载。南侧的树形结构在底板开口处立柱和上部边梁采用直接焊接的刚接连接方式。钢立柱的下端采用螺栓下部的平板橡胶支座连接,详见图13.4-19。

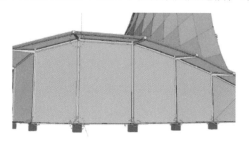

图 13.4-19 南侧树形结构底部结构

3.计算分析

（1）结构振型

树形结构单独计算模型分析,取100个振型(文中给出前三阶振动形态图),X、Y、Z三向振型有效质量依次为0.99、0.99、0.96,满足《抗规》要求。前几阶振动均发生于结构顶部树冠部位的上下振动。北侧树形支撑结构与南侧树形支撑结构扭转与平动第一自振周期之比分别为$T_8/T_1 = 0.47$,$T_7/T_1 = 0.48$,满足要求。北侧及南侧树形支撑结构振型图详见图13.4-20、图13.4-21。

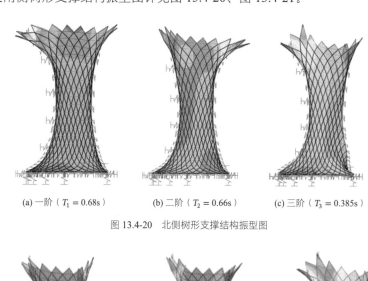

(a) 一阶（$T_1 = 0.68s$）　　(b) 二阶（$T_2 = 0.66s$）　　(c) 三阶（$T_3 = 0.385s$）

图 13.4-20 北侧树形支撑结构振型图

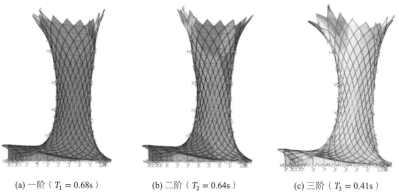

(a) 一阶（$T_1 = 0.68s$）　　(b) 二阶（$T_2 = 0.64s$）　　(c) 三阶（$T_3 = 0.41s$）

图 13.4-21 南侧树形支撑结构振型图

（2）结构变形

树形网壳结构在恒荷载＋活荷载作用下的竖向挠度如图13.4-22所示,可以看出,结构顶部悬挑端的竖向位移较大,在恒荷载＋活荷载工况下产生的最大挠度,北侧树形网壳结构为51mm、南侧树形网壳结构为49mm。悬挑长度按5m计算,悬挑挠度为1/196和1/204。树形结构在风载下的水平位移如图 13.4-23 所示，可以看出，结构顶部悬挑端的水平位移较大，在X向风荷载工况下产生的最大位移，北侧树形结构为 46mm，南侧树形结构为 63mm。悬挑高度按 10.2m 计算，侧向挠度为 1/442 和 1/322。在Y向风荷载工况下产生的最大位移，北侧树形结构为 13mm，南侧树形结构为 13.9mm，侧向挠度为 1/1562 和 1/1466。树形结构在地震作用下的水平位移仅为风荷载作用下的 1/4，不控制。由此可见，树形网壳结构具有足够抵御变形的能力。

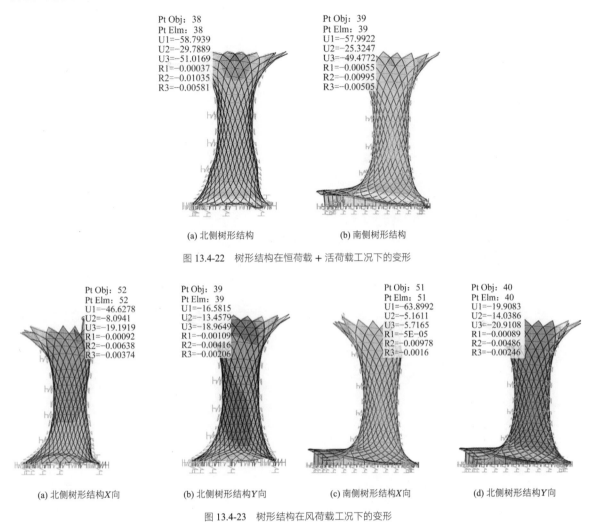

(a) 北侧树形结构   (b) 南侧树形结构

图 13.4-22　树形结构在恒荷载 + 活荷载工况下的变形

(a) 北侧树形结构X向　　(b) 北侧树形结构Y向　　(c) 南侧树形结构X向　　(d) 北侧树形结构Y向

图 13.4-23　树形结构在风荷载工况下的变形

（3）结构承载力

采用 SAP2000 进行各工况包络验算，北侧树形网壳结构构件应力比均小于 0.7，大部分应力比小于 0.4；南侧树形网壳结构构件应力比均小于 0.9，大部分应力比小于 0.4。说明构件满足承载力极限状态并且有一定的冗余度，树形幕墙结构构件截面由变形能力控制。

（4）结构稳定分析

结构在$D+L$工况下的前六阶线性屈曲特征值如表 13.4-1 所示，南北侧树形结构一阶屈曲模态如图 13.4-24 所示。北侧树形结构薄弱区域在结构底部的环型构件，南侧树形结构薄弱区域在与边侧混凝土结构相连的竖向构件。

根据结构的特征值屈曲分析结果及受力特性等方面的结果分析，选取自重与附加恒荷载（考虑玻璃幕墙）组合作为分析工况。每个工况的初始缺陷对应结构特征值整体屈曲分析的最低阶屈曲模态，其缺陷最大计算值取为长度的 1/300。对施加缺陷后的结构进行几何非线性的稳定分析。图 13.4-25 所示为计入初始缺陷的典型节点的荷载位移曲线。

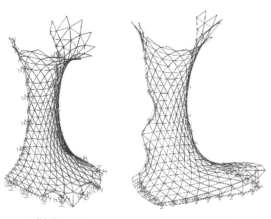

(a) 北侧树形结构　　　　　　(b) 南侧树形结构

图 13.4-24　结构一阶屈曲模态

结构在 $D + L$ 工况下的前六阶线性屈曲特征值　　　　　　表 13.4-1

阶数	北侧屈曲系数	南侧屈曲系数
1	−18	34
2	22	36
3	23	47
4	−24	49
5	28	54
6	29	−57

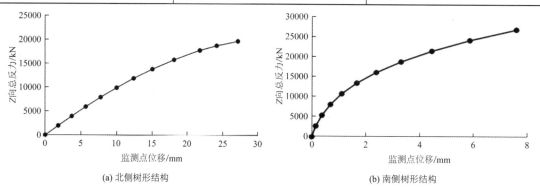

(a) 北侧树形结构　　　　　　(b) 南侧树形结构

图 13.4-25　树形网壳结构荷载-位移曲线

从图 13.4-25 可以得出以下结论，结构考虑初始缺陷和几何非线性的情况下，北侧树形结构的极限荷载为 13787kN，自重与附加恒荷载组合工况下基底反力为 984kN，比例系数为 14 倍，满足 $K > 4.2$ 的要求。南侧树形结构的极限荷载为 8010kN，自重与附加恒荷载组合工况下基底反力为 1086kN，比例系数为 7.3 倍，满足 $K > 4.2$ 的要求。

13.4.6　关键节点设计

1. 中轴线柱脚节点

中轴线格构柱柱脚采用固定铰接支座，铰接柱脚构造详见图 13.4-15。对受力最大柱脚节点进行有限元分析，图 13.4-26、图 13.4-27 为应力云图。根据应力分析结果，不考虑地震作用及考虑小震作用组合下最大应力比为 0.7～0.75，大震不屈服组合最大应力比为 0.9～0.95，柱脚能满足小震弹性及大震不屈服的强度要求。

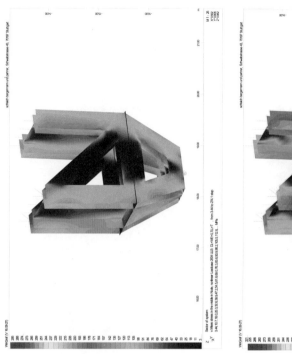

| 图 13.4-26 无震及小震弹性组合的应力云图 | 图 13.4-27 大震不屈服组合的应力云图 |

2. 纵向桁架和横向桁架上弦杆节点

中轴线三层平台纵向桁架和横向桁架交汇处上弦杆节点处，采用 ANSYS 进行有限元应力分析，小震弹性组合下上弦节点模型等效应力详见图 13.4-28。根据图 13.4-28 应力分析结果，小震弹性组合最大应力比为 0.6～0.7，满足要求。

3. 纵向桁架和横向桁架下弦杆节点

中轴线三层平台纵向桁架和横向桁架交汇处下弦杆节点处，小震弹性组合下下弦节点模型等效应力详见图 13.4-29。根据图 13.4-29 应力分析结果，小震弹性组合最大应力比为 0.7～0.8，满足要求。

4. 纵向桁架上弦杆节点

中轴线三层平台纵向桁架上弦杆节点处，小震弹性组合下上弦节点模型等效应力详见图 13.4-30。根据图 13.4-30 应力分析结果，小震弹性组合最大应力比为 0.7～0.8，满足要求。

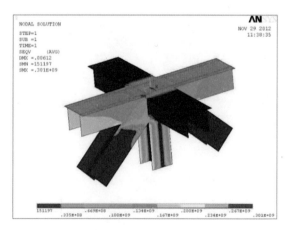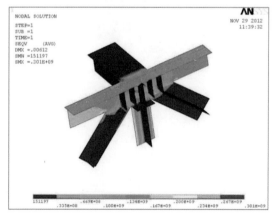

| (a) 模型 Mises 等效应力（N/m²） | (b) 模型 Mises 等效应力（剖开）（N/m²） |

图 13.4-28 纵向桁架和横向桁架上弦节点模型等效应力

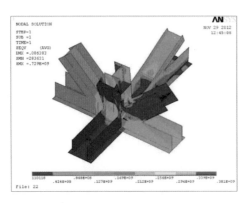
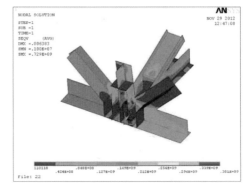

(a) 模型 Mises 等效应力（N/m²）　　　　　　(b) 模型 Mises 等效应力（剖开）（N/m²）

图 13.4-29　纵向桁架和横向桁架下弦节点模型等效应力

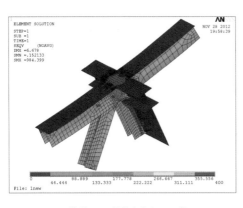
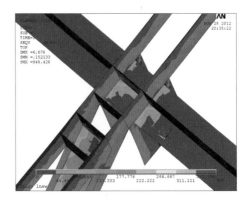

(a) 模型 Mises 等效应力（N/mm²）　　　　(b) 模型 Mises 等效应力（腹板和内部加劲板）（N/mm²）

图 13.4-30　纵向桁架上弦节点模型等效应力

5．纵向桁架下弦杆节点

中轴线三层平台纵向桁架下弦杆节点处，小震弹性组合下下弦节点模型等效应力详见图 13.4-31。根据图 13.4-31 应力分析结果，小震弹性组合最大应力比为 0.7～0.75，满足要求。

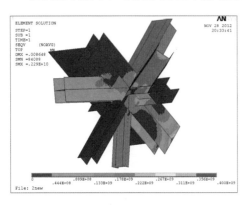
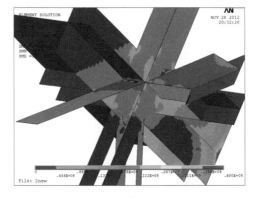

(a) 节点模型 Mises 等效应力（N/mm²）　　　　　(b) 节点模型 Mises 等效应力（N/mm²）

图 13.4-31　纵向桁架下弦节点模型等效应力

6．树形网壳结构吊挂节点

南北侧树形结构按实际考虑自重和附加幕墙荷载，活荷载考虑维护荷载和积灰荷载，并考虑升降温度 30℃ 的两种温度作用工况。树形网壳结构底部与中庭钢结构连接处的柱脚采用双向滑动平板橡胶支座；侧边与裙房混凝土结构连接处采用 2 个固定铰支座和 6 个竖向释放的销轴支座。根据计算分析，两个树形结构与周边裙房连接处支座反力详见表 13.4-2。

位置		四层混凝土结构支座反力/kN					五～七层混凝土结构支座反力/kN		
		F_X	F_Y	F_Z	Mx	My	F_X	F_Y	F_Z
北树结构	最大值	250	121	870	—	—	126	221	—
	最小值	−200	−310	−170	—	—	−184	−121	—
南树结构	最大值	220	307	838	—	—	102	125	—
	最小值	−171	−104	−212	—	—	−190	−205	—

树形结构与周边裙房连接处支座反力　　　　　　表 13.4-2

两个树形结构与周边裙房的连接节点构造详见图 13.4-32。两个树形结构与中轴线三层平台滑动平板橡胶支座节点构造详见图 13.4-33。

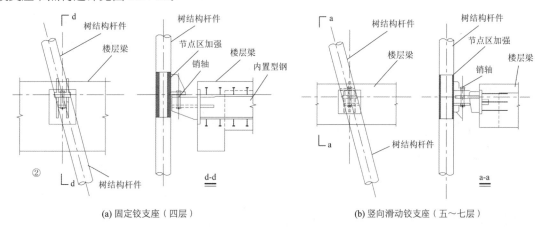

(a) 固定铰支座（四层）　　　　　　　　　　(b) 竖向滑动铰支座（五～七层）

图 13.4-32　树形结构与周边裙房的连接节点构造

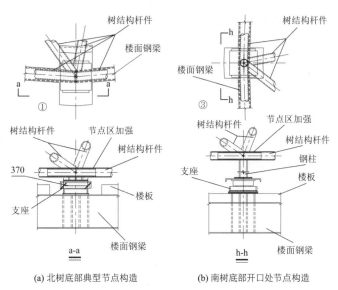

(a) 北树底部典型节点构造　　　　　　　　(b) 南树底部开口处节点构造

图 13.4-33　树形结构底部滑动支座节点

13.5　试验研究

13.5.1　试验背景和目的

本试验背景工程为"苏州中心广场中轴线"，大跨度格构式巨型钢框架节点中所大量使用的π形截面构件（图 13.4-11），π形构件用于桁架弦杆时，其稳定问题是最突出的问题。但针对π形构件在轴压下的受力稳定性能，我国《钢结构设计规范》GB 50017—2003、美国规范 ANSI/AISC 360-10 及欧洲规范 Eurocode 3 等国内外相关规范都没有具体规定，且很少学者对此种截面形式做过研究，因此限制了π形钢构件在工程中的推广应用。对π形钢构件在轴压下的稳定性能及失稳模态做相关理论与试验研究，一方面可以填补国内外钢结构规范关于此种截面相关规定的空白，另一方面可以为苏州中心广场中轴线巨型钢桁架结构设计提供理论与试验论证，同时为今后此种截面构件的设计应用提供较为有效的指导。

本次试验目的为：

（1）对π形截面构件的残余应力进行测定，得到π形截面残余应力分布模型。

（2）对不同截面尺寸、长细比π形截面柱进行轴压稳定承载力试验研究，得到π形截面柱子曲线。

（3）提出π形截面构件宽厚比限值要求，为π形截面的设计应用提供依据。

13.5.2 试验主要内容

试验主要内容包括以下方面：

（1）采用分割法对 9 个π形截面构件进行残余应力数值测量，得到π形截面残余应力分布，并提出π形截面残余应力简化分布模型和计算公式。

（2）对 9 根π形截面短柱和 25 根长柱分别进行轴心受压构件局部稳定和整体稳定承载能力试验，其中整体稳定分为绕主轴的弯曲失稳和绕次轴的弯扭失稳。

（3）建立考虑了材料非线性、几何非线性以及构件初始缺陷和截面残余应力影响的有限元分析模型；通过有限元计算分析结果与试验数据的对比，验证了有限元模型和分析方法的可靠性和准确性。基于以上研究，对π形截面构件进行了参数化分析，确定了π形截面轴心受压构件承载力的计算方法。

（4）根据π形截面局部稳定和整体稳定试验研究及数值分析结果，对π形截面板件宽厚比（高厚比）做了限值规定，可供今后π形截面的设计应用提供参考依据。

13.5.3 π形截面构件局部稳定试验

1. 试验设计

试件设计了 9 根 Q345B 焊接π形截面构件，采用火焰切边方式下料加工，双面角焊缝焊接，焊脚尺寸为 6mm。试件设计为 4 组，A 组为外伸翼缘板局部屈曲；B 组为腹板局部屈曲；C 组为中间翼缘板局部屈曲；D 组为三部分处于等稳定时，板件宽厚比在中钢规受压构件局部稳定规定临界范围之内、临界值及之外的情况，考察各部分板件之间相互嵌固作用及屈曲先后顺序。

π形构件外伸翼缘板，腹板及中间翼缘板屈曲应力处于相等时，板宽厚比尺寸关系应为：b_1/t_f：h_0/t_w：$b_0/t_f = 1：1.39：3.07$。考虑到翼缘板对腹板的嵌固作用，腹板宽厚比h_0/t_w为按照《钢结构设计规范》GB 50017—2003 对 T 形截面受压构件腹板高厚比要求同样作相应放宽。

2. 试验过程

采用东南大学土木结构实验室 1000t 液压式压力试验机进行竖向加载，用 DH3816 进行数据采集，试验加载装置如图 13.5-1 所示。为了保证构件轴心受压，在加工时事先将构件几何中心线与上下两端板中心线重合；进行预加载时，根据角部各点应变片之间的读数偏差，对试件的位置进行微调。以预设加载力为控制目标分级加载，待荷载下降至极限荷载的 80% 时终止加载。

图 13.5-1　试验加载装置

　　所有构件除 1 根的破坏模式为强度破坏外，其余 8 根构件的破坏模式均为局部屈曲破坏，且构件板件发生局部屈曲的先后顺序与试验设定一致。图 13.5-2 中为典型外伸翼缘板先屈曲构件，外伸翼缘板发生屈曲变形时，中间翼缘板与腹板几乎没有发生变化（图 13.5-2a），达到极限承载力之后，中间翼缘板与腹板才开始出现明显变形，最终破坏模态如图 13.5-2（b）所示。

　　从图 13.5-2～图 13.5-4 中可以看出，构件外伸翼缘板及腹板为一边简支另一边自由的板，板件屈曲时沿构件长度方向上呈一个半波形凸曲；中间翼缘板两边均为简支板，板件屈曲时呈现三个半波形凸曲，破坏形态基本呈对称形式。

(a) 外伸翼缘板屈曲　　　　　　　　　　　　　　(b) 最终破坏模态

图 13.5-2　外伸翼缘板先屈曲构件

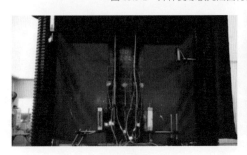
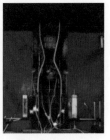

(a) 腹板屈曲　　　　　　　　　　　　　　(b) 最终破坏模态

图 13.5-3　腹板先屈曲构件

(a) 中间翼缘板屈曲　　　　　　　　　　　　　(b) 最终破坏模态

图 13.5-4　中间翼缘板先屈曲构件

13.5.4　π形截面构件整体稳定试验

1．试验概况

试件所采用的钢材为 Q345B，钢板厚度包括 8mm、10mm、12mm，试件分为 A～F 共 6 组，设计 A、B、E 组为绕主轴（X 轴）弯曲失稳，C、D、F 组为绕次轴（Y 轴）弯扭失稳，共 25 根；长细比包含了工程常用的 $\lambda = 50\sim130$ 范围；构件编号为 $h \times b1 \times b2 \times t_w \times t_f$，其中 h 为试件高度，$b1$ 为试件宽度，$b2$ 为腹板两肢距离，t_w 为腹板宽度，t_f 为翼缘宽度。初始几何缺陷利用游标卡尺及应变片读数相结合的方法测得。

2．加载装置及试验过程

本试验采用东南大学结构实验室 1000t 液压式长柱压力试验机进行加载，为了很好地模拟柱两端双向铰接情况，设计了双向转动的刀铰支座。构件与支座相连后，试件的有效长度应为试件长度与上下支座转动中心至试件端部距离，$L_0 = L + 158.7\text{mm}$，试验加载装置见图 13.5-5。

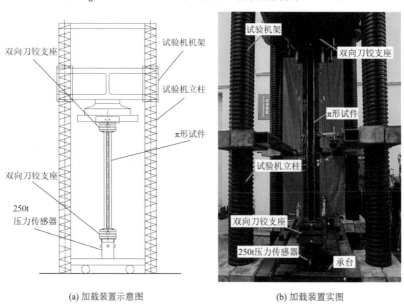

(a) 加载装置示意图　　　　　　(b) 加载装置实图

图 13.5-5　试验加载装置

试验中共设置 13 个应变片及 13 个位移计，如图 13.5-6 所示。试件跨中一般为构件变形最大处，在跨中（SG1～SG7）及跨中上下 10cm 截面（SG8～SG13）布置应变片用于测量加载过程中截面各点纤维应变的发展情况，应变片位置布置如图 13.5-6（a）、图 13.5-6（b）所示；跨中位移计 DTH1、DTH2 及 DTH3 测量试件跨中失稳平面内的水平位移，并可根据 DTH1 和 DTH3 读数的差值判断构件是否发生扭转；位移计 DTH4、DTH5 监控跨中失稳平面外的水平位移；下支座位移计 DTV1～DTV4 及上支座位移计 DTV5～DTV8 用于监控上下支座双向铰支座的转动情况，并且通过计算可以得到上下柱端的转动角 θ。

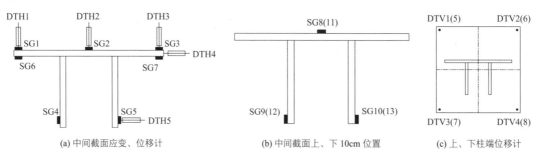

(a) 中间截面应变、位移计　　　(b) 中间截面上、下 10cm 位置　　　(c) 上、下柱端位移计

图 13.5-6　π形截面试件试验测点布置

试件对中完成后先进行预加载，然后以预设加载力为控制目标分级加载，每级荷载之间停留时间为1min，加载速度为30kN/min，荷载加载到极限荷载的80%时终止加载。试验过程采用 DH3816 数据采集仪系统自动采集各个测点的应变、位移及压传感器相应读数，并时刻观察构件的变形情况。

试验中π形构件的失稳模态包括弯曲失稳、弯扭失稳及相关失稳。所有的试验构件均发生整体失稳破坏（除πBZ-1 相关失稳、πCZ-1 局部失稳）。A、B、E 组发生弯曲失稳，C、D、F 组发生弯扭失稳，所有破坏后的试件见图 13.5-7。

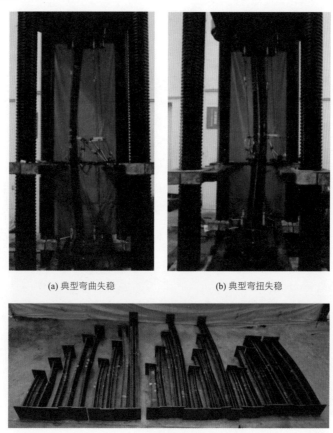

(a) 典型弯曲失稳　　　　　　　　(b) 典型弯扭失稳

(c) 破坏后试件

图 13.5-7　π形截面整体稳定性能试件

13.5.5　试验研究结论

1. 局部稳定试验

针对π形截面 9 根构件进行了轴压局部稳定试验，得到以下结论：

（1）π形截面轴心受压构件局部屈曲应力试验值与理论公式计算得到的局部屈曲应力计算数值吻合较好，说明试验的准确性，可为π形截面局部稳定承载力数值模拟及参数分析提供依据。

（2）对于π形截面，腹板的嵌固系数χ_w为 1.04，外伸翼缘板的嵌固系数为 1.10，中间翼缘板的嵌固系数为 1.06；《钢结构设计规范》GB 50017—2003 对于 T 形截面翼缘宽厚比及腹板高厚比限值的规定并不适用于π形截面，提出π形截面板件宽厚比（高厚比）的规定。

（3）π形截面构件轴心受压下的屈曲模态为在腹板及外伸翼缘呈一个半波凸曲，在中间翼缘呈三个半波凸曲，且基本呈对称形式。

2. 整体稳定试验

针对π形截面构件 25 根进行了轴压整体稳定试验，得到以下结论：

（1）π形构件有良好的平面外刚度，初始几何缺陷对π形构件稳定承载力影响很大。

（2）试验结果与我国规范的柱子曲线进行比较发现，试验数据普遍分布在 b 类曲线附近，绕主轴稳定系数比绕次轴稍高。

（3）建立了π形轴压构件有限元模型，并将试验结果与有限元计算结果进行对比，两者吻合较好，所建立的有限元模型可以准确模拟π形构件的稳定性能。

13.6 结语

本项目通过方案对比确定合理结构体系和布置，通过全面计算分析确保主体结构安全；关键构件按性能目标验算并采取相应的加强措施，提高其承载力和抗震性能；通过专项设计、特殊节点构造、有限元分析及试验研究等，提出大底盘多塔楼高层、大跨格构式钢桁架及外挂树形钢网壳结构的整体设计理念、应对措施及特殊构造等，可为今后类似项目的设计提供参考。现小结如下：

（1）H 地块大底盘多塔楼复杂高层结构，按整体模型和分塔模型分别计算、包络设计；塔楼及裙房周边框架柱抗震等级提高一级且加强配筋，大底盘所在楼板厚度加强为 180mm，双层双向通长配筋，且每层每方向的配筋率不小于 0.25%；底部加强区竖向构件按设定的抗震性能目标进行设计，使其具有足够的安全储备，确保主体结构安全。

（2）针对 H 地块裙房各层平面超长、中庭开洞及楼板不连续等，内力配筋计算采用弹性楼板模式进行整体结构分析；对于楼板不连续、凹凸不规则的楼层，加大楼板刚度，同时提高楼板配筋率；补充温度应力及设防烈度地震作用下楼板应力计算，并按应力分析结果加强配筋。

（3）中轴线单跨大跨度格构式钢框架，框架梁采用双榀钢桁架与格构柱完全刚接，确保大跨结构的刚度和承载力；桁架弦杆巧妙地采用了π形截面，增加桁架高度、减轻结构自重，从而增大结构刚度和承载能力；同时桁架腹杆和格构柱柱肢截面翼缘与弦杆π截面两腹板巧妙平齐对接，使得格构式框架梁柱节点设计简捷、新颖独特且极具规律性，方便施工。

（4）跨越地铁的大跨结构基础设计，柱脚可采用固定铰接柱脚，满足上部结构的竖向承载；同时利用中轴线两侧 A、B 地块地下室较大的抗侧能力，设计了大跨钢柱脚水平向和斜向传力装置，保证水平推力可靠传递至两侧相邻主体结构上和地下室底板中，满足本工程基础设计的要求。

（5）中庭树形幕墙结构采用空间单层三角形网格结构体系，结构底部均支承在中庭钢结构上，柱脚采用双向滑动平板橡胶支座；侧边分别支承在两侧 A、B 地块混凝土结构上，两处采用固定铰支座、6 处采用竖向释放位移的销轴支座，有效地解决了不同支承结构间差异变形对幕墙及支撑结构的不利影响，满足结构安全和建筑日常使用的要求。

参考资料

[1] 舒赣平, 陈尧, 张敏, 等. 焊接π形截面残余应力试验及分布模型[J]. 东南大学学报, 2017, 47(3): 559-564.

[2] 陈尧, 舒赣平, 袁雪芬, 等. π形截面轴心受压构件局部稳定试验研究[J]. 建筑结构学报, 2018, 39(6): 158-166.

[3] π形截面构件轴压稳定性能试验报告. 东南大学土木工程学院, 2017 年 5 月.

设计团队

建筑设计单位：启迪设计集团股份有限公司（初步设计 + 施工图设计）

株式会社日建设计（总体方案 + 初步设计），BENOY（贝诺）（商业方案 + 初步设计）

结构设计单位：启迪设计集团股份有限公司（初步设计 + 施工图设计）

结构顾问单位：奥雅纳（ARUP），德国施莱希工程设计公司（SBP）

结构设计团队：张　敏，袁雪芬，戴雅萍，张　杜，洪庆尔，钱忠磊，李昌平，李烽清，陆春华，蒋　露，王一帆，卢晓军

执　笔　人：袁雪芬

本章部分图片由株式会社日建设计及德国施莱希工程设计公司（SBP）提供。

获奖信息

苏州中心广场项目 A 地块，中轴线（负一层及地上建筑部分）项目，荣获 2018 年度江苏省第十八届优秀工程设计一等奖；

苏州中心广场 A 地块、中轴线部分项目，荣获 2018 年度江苏省优秀工程勘察设计行业奖建筑结构专业三等奖；

苏州中心广场项目 H 地块人防工程项目，荣获 2019 年度江苏省优秀工程勘察设计行业奖人防工程专业一等奖；

苏州中心广场项目，荣获中国建筑学会 2019—2020 建筑设计奖结构专业三等奖。

第14章

苏州胥江天街

14.1 工程概况

14.1.1 建筑概况

苏州胥江天街位于苏州市姑苏区，紧邻城市主干道劳动路，用地南面紧邻胥江，为商业综合体建筑，总建筑面积122948.95m²，建筑效果图见图14.1-1。项目跨越2条轨道交通站点，为轨道上盖商业开发，有效提高土地资源利用效益。

商业平面呈L形，塔楼地上6层，建筑高度为36.65m，首层高6m，标准层层高5.4m。地上建筑平面设置3条防震缝兼伸缩缝，共分成四个结构抗震单元：A区、B-1区、B-2区、C区，平面分区示意图见图14.1-2，其中A区塔楼、B-1区塔楼地上均为6层，为常规钢筋混凝土框架结构；B-2区塔楼地上6层，商业底层跨越苏州轨道交通2号线，跨度约为46m，平面尺寸约为58×73m；C区塔楼为连接两侧商业的空中连廊，地上5层，底层跨越市政道路胥涛路及苏州轨道交通5号线，连廊跨度约为70.5m，平面尺寸约为88m×19.2m。B-2区、C区剖面示意图见图14.1-3、图14.1-4。

经典回眸 启迪设计集团股份有限公司篇

图 14.1-1 建筑效果图

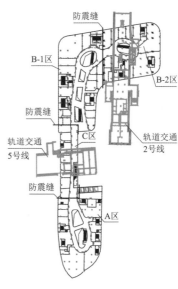

图 14.1-2 平面分区示意图

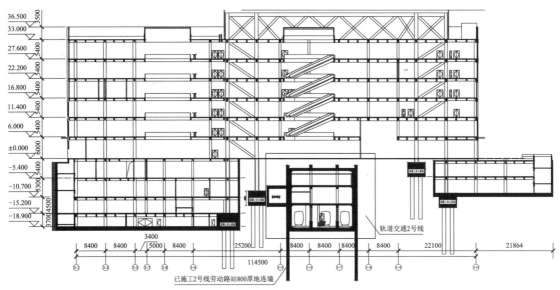

图 14.1-3 B-2 区剖面示意图

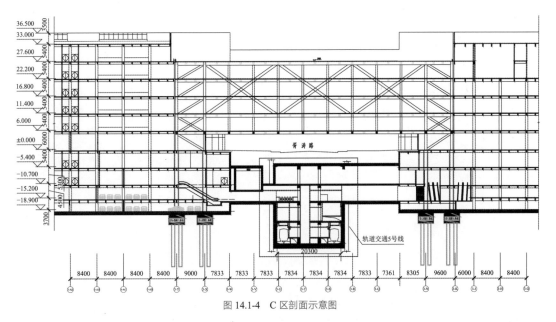

图 14.1-4 C 区剖面示意图

塔楼地下室被轨道交通 2 号线及轨道交通 5 号线隔断，分为 3 个独立地下车库，地下 4 层，局部地下 2 层，最大埋深约为 20m。地下室功能主要为：商业、设备用房、汽车库及非机动车库。

B-2 区东侧地下室与轨道 2 号线换乘通道贴建，局部与轨道 2 号线站点对接，B-1 区南侧地下室、A 区地下室北侧与轨道 5 号线换乘通道贴建，局部与轨道 5 号线站点对接，地下室设计需考虑轨道交通的影响。

14.1.2 设计条件

1. 设计参数

本工程设计参数详见表 14.1-1。

设计参数 表 14.1-1

结构设计基准期	50 年	建筑抗震设防分类	重点设防类（乙类）
建筑结构安全等级	二级	抗震设防烈度	7 度（0.10g）
地基基础设计等级	甲级	设计地震分组	第一组
建筑结构阻尼比	钢筋混凝土 0.05 钢结构 0.04	场地类别	Ⅲ类

2. 荷载

附加恒荷载根据建筑构造确定；活荷载按荷载规范要求取值。

风荷载的地面粗糙程度取 B 类，设计基本风压 0.45kN/m²（按 50 年一遇），计算舒适度时则采用 10 年一遇的风荷载，基本风压 0.30kN/m²（并考虑横向风振影响），风荷载体型系数取 1.4。

钢结构设计考虑温度作用如下：苏州地区基本气温最低为−5℃、最高为 40℃，设计使用基准温度按 20℃，使用阶段最大升温按 20℃，最大降温按 25℃，现场钢结构合拢温度按 10～20℃。

14.2 建筑特点

14.2.1 B-2 区跨越轨道交通 2 号线大跨商业

B-2 区商业塔楼跨越轨道交通 2 号线站点区间，为轨道上盖开发物业，地上 6 层，建筑高度 32.880m，主体结构平面尺寸约为 58m×73m。建筑主要特点：

（1）塔楼跨越轨道交通 2 号线，此轨道已运行，轨道相关范围内不允许竖向构件落地，无法采用常规跨度的框架结构实现；

（2）对于商业综合体，中庭开洞，且中庭间柱网跨度 14.9m，跨度大，局部框架梁断开，连接薄弱；

（3）建筑主要功能为零售、餐饮，建筑层高为 5.4m，业主对楼层净高要求较高；

（4）建筑商业空间不允许出现斜撑，避免影响商业流线及使用功能。

主体结构采用带支撑的巨型钢框架＋悬挂子结构。结构方案将竖向构件布置在轨道交通 2 号线站点外侧，屋面以上设置平面钢桁架形成的空间帽桁架，两端结合建筑楼电梯布置钢管混凝土柱，并局部增加钢支撑形成钢支撑筒体。带支撑的巨型钢框架作为结构主要的抗侧力体系和竖向重力荷载传力体系，其余楼层采用钢框架，悬挂于巨型钢框架之下，实现首层站点区间的无柱商业空间，且钢桁架下弦在屋面位置，上弦在屋面以上，桁架层不影响建筑空间，且不计入建筑计容面积，实现较好的经济效益。

14.2.2　C 区跨越轨道交通 5 号线大跨连廊

C 区空中连廊首层跨越市政道路胥涛路，地下室跨越轨道交通 5 号线，为轨道上盖开发物业。连廊连接两侧 A 区商业塔楼和 B-1 区商业塔楼，地上 5 层，建筑高度 27.530m，主体结构平面尺寸约为 88m×19.2m。

建筑中部 70.5m 范围内不允许竖向构件落地，无法采用常规跨度的框架结构实现，同时连廊通道不允许出现斜撑，影响人行走。

根据轨道交通管理条例和业主使用要求，经方案比选，主体结构采用带支撑的巨型钢框架。与 B-2 区带支撑的巨型钢框架的布置不同，结合建筑平面狭长的特点，经与幕墙协调，在连廊沿纵向立面外侧设置了 2 榀 3 层高的钢桁架，同时作为幕墙的支撑结构，2 榀桁架间距 18m，中间是无柱空间；在连廊两端结合楼电梯布置钢管混凝土柱，并局部增加钢支撑形成钢支撑筒体，在立面桁架上下弦楼面设置平面斜撑，组成带支撑的巨型钢框架结构体系。带支撑的巨型钢框架作为主要的抗侧力体系和竖向重力荷载传力体系，2 层楼面采用钢框架悬挂于巨型钢框架之下，实现底部 70m 架空层无柱空间，方便市政道路通行。

14.2.3　临近轨道站间受限空间的基础

B-2 区东侧钢支撑筒体基础紧邻轨道交通 2 号线站点付费区换乘通道，和站点最近距离约 6.8m，西侧钢支撑筒体基础和站点最近距离约 5m，属于轨道特别保护区范围以内，其沉降变形值需满足苏州轨道交通保护管理办法细则的要求。

C 区巨型框架支撑筒体位于地下室范围内，地下室边与轨道交通 5 号线站点换乘通道、设备区紧邻，其沉降变形值也需满足苏州轨道交通保护管理办法细则的要求。

14.3　体系与分析

14.3.1　方案对比

对于建筑底层跨越市政道路或轨道交通的大跨结构，常见结构体系有支撑钢框架筒体＋转换桁架＋

钢框架结构，即采用支撑钢框架筒体 + 转换钢桁架，桁架上部抬钢框架，转换桁架整体受力特征类似于一块厚板，而桁架杆件则以承受轴向力为主，腹杆设计为两端铰接的轴向构件，上下弦杆设计为压弯或拉弯构件。

支撑钢框架筒体 + 转换桁架 + 钢框架结构结构在跨度较大、转换层以上建筑层数较多时，转换桁架高度较高，一般会牺牲建筑一层高度设置转换层结构，且转换桁架内部斜撑杆件较多，影响内部功能使用，建筑使用效果不佳。

本工程 B-2 区采用一种新型结构形式：带支撑的巨型钢框架 + 悬挂子结构，并和支撑钢框架筒体 + 转换桁架 + 钢框架结构进行方案比选。

方案一：带支撑的巨型钢框架 + 悬挂子结构

主体结构采用带支撑的巨型钢框架 + 悬挂子结构体系。结合建筑柱网，在屋面沿东西向设置 7 榀高度为 7.5m，跨度 46.5m 的横向钢桁架，南侧四榀，北侧三榀，钢桁架间通过纵向稳定次桁架相连，保证各榀桁架间变形协调，并形成屋顶帽桁架，增加桁架整体性能。下部 5 层商业楼面（二～六层）采用钢框架结构，悬挂于屋面帽桁架下，悬挂钢框架吊柱与屋顶桁架竖腹杆位置一一对应。屋顶桁架下弦即为建筑的屋面层，桁架腹杆与上弦杆位于屋面以上，同时作为屋顶幕墙的支撑构件。图 14.3-1 为带支撑的巨型钢框架 + 悬挂子结构模型图。

此方案特点：大跨桁架设置在屋面以上，二～六层的钢框架结构悬挂于桁架以下，不影响建筑布置，提高商业价值；悬挂结构受拉，更有力发挥钢结构作用。缺点是主体结构荷载通过悬挂结构传递至屋面帽桁架，再传递至两侧支撑筒体，最后传至基础，荷载传递路径较长，桁架下弦位于屋面，当桁架变形时，对屋面防水做法要求较高。

方案二：支撑钢框架筒体 + 转换桁架 + 钢框架结构

主体结构采用支撑钢框架筒体 + 转换桁架 + 钢框架结构。转换桁架设置在二层，共 7 榀，桁架高度、跨度及平面位置等均与方案一的屋顶桁架相同。南侧四榀，北侧三榀桁架间仍通过纵向稳定次桁架相连，保证桁架间变形协调。转换桁架下弦为建筑的二层楼面，上弦为建筑的三层楼面，桁架腹杆位于二层和三层楼面之间。转换桁架上部设有 5 层商业楼面（三～七层），采用钢框架结构，框架柱与转换桁架的竖腹杆一一对应。支撑钢框架筒体 + 转换桁架 + 钢框架结构模型见图 14.3-2。

此方案特点：转换桁架下弦为建筑的二层楼面，上弦为建筑的三层楼面，桁架腹杆位于二层和三层之间，腹杆斜撑对于建筑二层的使用空间有较大的影响。转换桁架位于二层楼面，主体结构荷载传递路径直接，但转换桁架上承三～七层普通钢框架，竖向构件受压不利于发挥钢材优势。

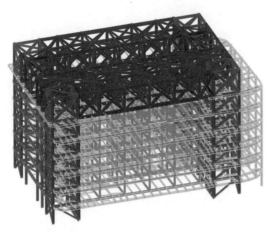
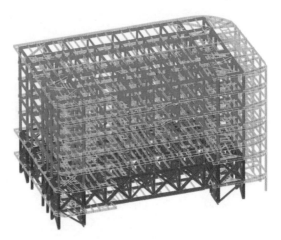

图 14.3-1　带支撑的巨型钢框架 + 悬挂结构　　　　图 14.3-2　支撑钢框架筒体 + 转换桁架 + 钢框架结构

采用 ETABS 软件，分别对方案一和方案二进行计算分析，从周期、刚重比和层间位移角等计算结果可以看出：方案一整体侧向刚度大于方案二；方案二竖向荷载下的挠度变形小于方案一；方案一的结构钢材用量小于方案二，经济性更好。

考虑本工程为地铁上盖商业，底层商业价值较高，如采用方案二，二层整层会设置转换钢桁架，影响二层商业功能。经结构方案比选，并和业主、建筑协商，最终采用方案一：带支撑的巨型钢框架 + 悬挂子结构，将巨型帽桁架放置于屋面之上，支撑钢框架筒体结合楼电梯位置集中布置，此方案在底层形成无柱空间，标准层除支撑筒外为常规钢框架，满足建筑效果，提升了商业使用价值。

带支撑的巨型钢框架承受重力荷载大，其抗震性能研究、变形验算，带支撑的巨型钢框架主结构和悬挂子结构的相互影响关系（图 14.3-3），悬挂子结构与屋面巨型钢框架连接，悬挂楼面梁与支撑钢筒体的连接，施工吊装模拟分析等是本工程结构设计的关键。

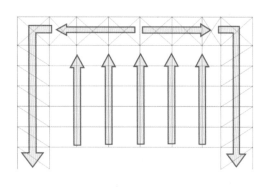 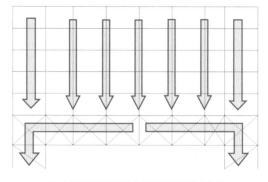

(a) 带支撑的巨型钢框架悬挂子结构传力路径　　　　　(b) 支撑钢框架筒体转换桁架钢框架传力路径

图 14.3-3　结构传力路径示意图

14.3.2　结构布置

1. B-2 区结构布置

B-2 区主体结构采用带支撑的巨型钢框架 + 悬挂子结构体系。结合建筑柱网，在屋面沿东西向设置 7 榀高度为 7.5m，跨度 46.5m 的横向钢桁架 HJX1～HJX7，南侧四榀，北侧三榀间通过纵向稳定次桁架相连，保证各榀桁架间变形协调，增加桁架整体性能。

在建筑东西两端，结合建筑楼电梯及设备用房，布置双排跨度 8.5m 带钢支撑的钢管混凝土柱，在支撑框架平面外，支承南北方向边榀钢桁架 HGX1～HGX2 及 HGX6～HGX7 的钢管混凝土柱间也设置了交叉钢支撑，形成四个角部支撑钢框架筒体。支撑筒屋面纵向共设置四榀钢桁架，与横向七榀钢桁架整体相连，屋面形成环形空间帽桁架。下部 5 层商业楼面（二～六层）采用钢框架结构，悬挂于屋面的屋面巨型钢桁架下。支撑筒体在一～六层大跨方向采用单斜撑，方便建筑使用。B-2 区带支撑的巨型钢框架 + 悬挂子结构体系组成见图 14.3-4。

B-2 区主结构为带支撑的巨型钢框架，为主要抗侧力体系，并承担大部分的重力荷载，悬挂钢框架为子结构，悬挂于屋面巨型钢桁架下弦节点处，吊挂节点连接采用刚接，形成空腹桁架效应；悬挂钢框架边跨钢梁与两侧支撑钢框架筒连接处节点，采用施工期间滑动铰支座，待楼板浇筑完成后连接钢板焊接锁死的固定支座。

支撑巨型钢框架柱主要断面尺寸为：$\phi1000 \times 40$mm 圆钢管混凝土柱、$\phi900 \times 40$mm 圆钢管混凝土柱、$\phi700 \times 30$mm 圆钢管混凝土柱等，材质采用 Q420C 和 Q355C，钢管内浇筑 C50 自密实混凝土；屋面大跨钢桁架弦杆主要断面尺寸为：□600×40 方钢管～□$800 \times 1000 \times 40$ 方钢管不等，材质采用 Q420C

和 Q355C，腹杆主要断面尺寸为□600×25 方钢管～□600×800×40 方钢管不等，材质采用 Q355B；主要吊柱断面为：$\phi700×40mm$ 圆钢管、$\phi600×25～\phi600×45mm$ 圆钢管不等，要求采用无缝钢管，材质为 Q420B。屋面帽桁架上弦平面图见图 14.3-5，标准层平面布置图见图 14.3-6，3-BE 轴钢桁架立面图见图 14.3-7，3-12 轴支撑钢框架立面见图 14.3-8。

屋面主体高度 33.150m，屋面帽桁架顶高度为 40.650m，地上部分不含钢桁架共 6 层，底层层高 6.0m，标准层层高 5.4m，楼板采用钢筋桁架混凝土楼承板，标准层厚度为 120mm。钢桁架、钢管混凝土柱、钢吊柱抗震等级提高为二级，其余钢框架抗震等级为三级。

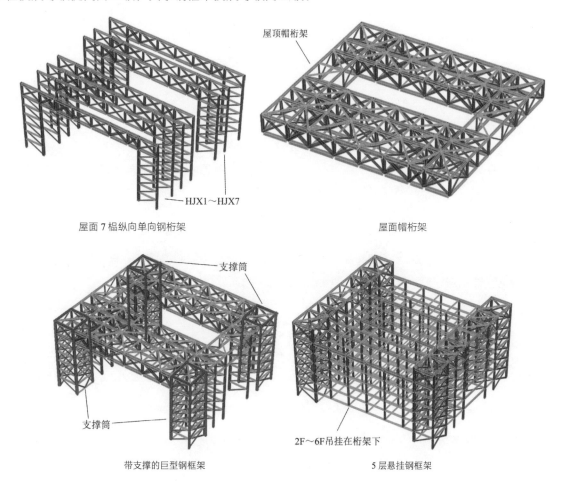

屋面 7 榀纵向单向钢桁架

屋面帽桁架

带支撑的巨型钢框架

5 层悬挂钢框架

图 14.3-4　B-2 区带支撑的巨型钢框架 + 悬挂子结构体系组成

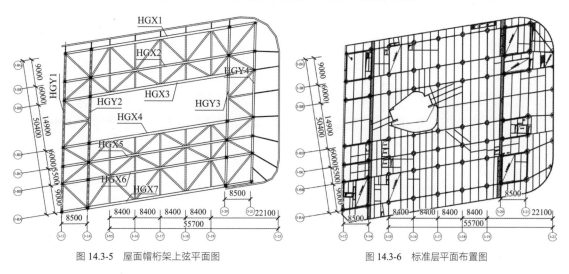

图 14.3-5　屋面帽桁架上弦平面图

图 14.3-6　标准层平面布置图

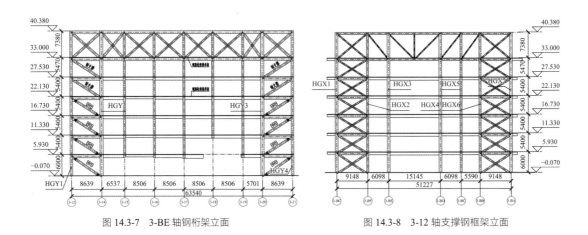

图 14.3-7 3-BE 轴钢桁架立面

图 14.3-8 3-12 轴支撑钢框架立面

2. C 区结构布置

C 区结构平面尺寸 88m×19.2m，在主体结构外围两侧采用两榀高度 16.2m，跨越 3 层（三～五层），跨度 70.5m 平面钢桁架 HJ1、HJ2，在连廊两端结合建筑楼梯和设备用房，设置带斜向钢支撑的钢管混凝土柱的支撑框架，考虑其平面外结构刚度较弱，在两榀桁架支撑框架柱间增设 2 根钢管混凝土，并结合建筑功能，新增钢管混凝土和西侧边柱间设置人字形钢支撑，形成偏置的钢支撑筒体，支撑筒体双向刚度尽量接近。

在钢桁架上弦及下弦位置即三层楼面和屋面板内设置平面内交叉钢支撑，加强结构整体刚度，并协调地震作用和风载下 2 榀钢桁架空间共同作用。商业二层楼面采用钢结构框架，悬挂于两侧巨型钢桁架下。C 区带支撑的巨型钢框架体系组成见图 14.3-9，支撑钢框架立面见图 14.3-10。

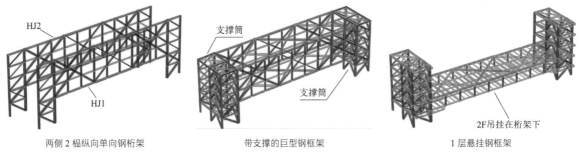

两侧 2 榀纵向单向钢桁架　　　　带支撑的巨型钢框架　　　　1 层悬挂钢框架

图 14.3-9 C 区带支撑的巨型钢框架 + 体系组成

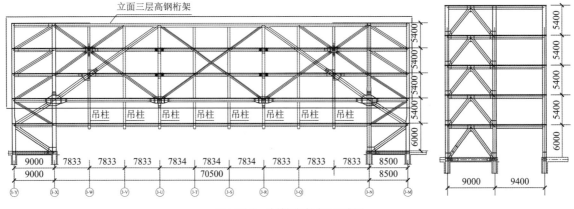

图 14.3-10 支撑钢框架立面示意图

支撑框架柱主要断面尺寸为：□900×700×40 钢管混凝土柱，□800×700×25 钢管混凝土柱等，材质采用 Q420B，钢管内浇筑 C50 自密实混凝土；支撑桁架主要弦杆断面尺寸为：□700×25 方钢管，

□800×700×45 矩形管，材质采用 Q345B；主要吊柱断面尺寸为：□500×700×30 矩形管，□600×700×30 方钢管，材质采用 Q345B。屋面主体高度 27.750m 地上部分共 5 层，底层层高 6.0m，标准层层高 5.4m，楼板采用钢筋桁架混凝土楼板，标准层厚度为 120mm，钢桁架、钢框架、钢支撑抗震等级均提高为二级。

连廊两侧支撑筒支撑进行多次结构优化，最终方案在西侧柱间设置人字形支撑，留出人行通道，很好满足建筑使用功能要求，同时对连廊两侧平面桁架立面布置进行优化，取消桁架上弦杆和腹杆的灌芯，减小施工难度，缩短工期。连廊两侧支撑筒支撑优化见图 14.3-11，连廊两侧平面桁架优化见图 14.3-12。

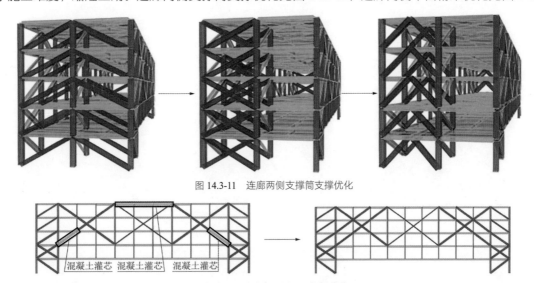

图 14.3-11 连廊两侧支撑筒支撑优化

图 14.3-12 连廊两侧平面桁架优化

14.3.3 性能目标

1. 超限及措施

根据超限高层专项审查技术要点，B-2 区为带支撑的巨型支撑钢框架＋悬挂子结构，C 区为带支撑巨型钢框架，体系超出第 8 章使用范围的钢结构，属于结构类型超限；B-2 区、C 区考虑偶然偏心的规定水平力地震作用下扭转位移比均大于 1.2，属于平面扭转不规则；B-2 区、C 区抗侧力结构底层受剪承载力小于相邻上一楼层的 80%，为薄弱层，属于楼层承载力突变。B-2 区及 C 区钢结构为平面及竖向不规则的超限高层建筑。

针对以上超限类型，结构抗震设计采取以下应对措施：

（1）结构通过 ETABS 及 MIADS GEN 两个软件对比分析。

（2）补充结构在多遇地震弹性时程补充分析。

（3）设置抗震性能目标，关键构件按中震弹性及大震不屈服性能目标验算。

（4）补充结构在罕遇地震下的弹塑性动力时程分析，验算结构在罕遇地震作用下的塑性变形及关键构件的损伤程度。

（5）补充主体结构的抗连续倒塌分析及施工阶段模拟分析。

（6）补充大跨度楼盖舒适度分析。

（7）补充关键节点的有限元分析，确保节点安全。

（8）补充悬挂子结构仅作为悬挂节点荷载，不考虑楼板作用，进行整体结构分析，并包络设计。

（9）对 B-2 区结构，对比悬挂子结构与支撑筒部位连接方式，采用滑动支座释放水平力，优化悬挂子结构的受力性能。

（10）对平面中庭大洞位置，在洞口周边平面设置斜向钢支撑，保证水平力的有效传递，加强平面内刚度。

2．抗震性能目标

根据本工程结构的特点，确定结构及关键构件的抗震性能目标见表14.3-1。

B-2 区及 C 区结构抗震性能目标　　　　　　　　　　　表 14.3-1

抗震烈度水准		多遇地震	设防地震	罕遇地震
整体结构性能水准	抗震性能目标定性描述	基本完好	轻微损伤	中度破坏
	变形控制目标	1/250		1/50
关键构件抗震性能目标	桁架支撑筒柱	弹性	弹性	不屈服
	桁架弦杆、桁架支座部位腹杆	弹性	弹性	不屈服
	桁架支撑筒的支撑、桁架其余构件、钢吊柱	弹性	弹性	不屈服

14.3.4　结构分析

1．B-2 区结构分析

（1）多遇地震下结构分析

多遇地震下反应谱法计算结果：结构扭转为主的第一自振周期与平动为主的第一自振周期的比值为 0.745，不大于 0.85，结构具有较好的抗扭刚度。结构振形图见图 14.3-13。

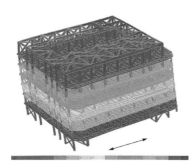 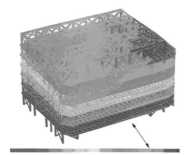 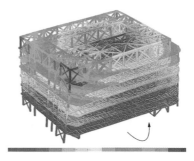

第一阶振型（X 向平动）　　　　第二阶振型（Y 向平动）　　　　第三阶振型（水平扭转）

图 14.3-13　结构振形图

小震下各工况构件最大应力比云图见图 14.3-14；杆件最大应力比为 0.87，满足 0.9 限值。

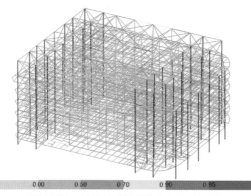

图 14.3-14　小震下各工况构件最大应力比云图

根据钢结构设计规范，桁架挠度控制为 L/400（L 为转换桁架跨度），恒活标准组合下，转换桁架的跨中挠度为 71.5mm，控制在规范的限值之内。且各榀桁架之间的变形差异不大，说明帽桁架的空间作

经典回眸　启迪设计集团股份有限公司篇

用显著。

（2）中震性能目标分析

根据性能化设计要求，桁架杆件、支撑筒杆件及钢吊柱的构件性能化要求为中震弹性，该部分构件小震下最大应力比为 0.762，中震弹性工况下最大应力比为 0.922，故 B-2 区结构能够满足性能化设计要求。

（3）罕遇地震下结构分析

采用 MIDAS GEN 进行了大震弹塑性时程分析。罕遇地震下，顶部桁架均未发生屈服，处于弹性工作状态，轴向受压最大延性系数 0.66，绕截面 Y 轴弯曲变形最大延性系数 0.62，绕截面 Z 轴弯曲变形最大延性系数 0.25。顶部桁架 P-M-M 三成分延性系数如图 14.3-15 和图 14.3-16 所示。

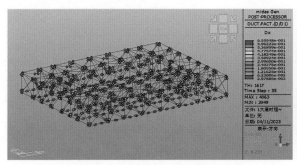

图 14.3-15　顶部桁架轴向 Dx 延性系数　　　　图 14.3-16　顶部桁架 Ry 延性系数

2．C 区结构分析

（1）多遇地震下结构分析

多遇地震下反应谱法计算结果：结构扭转为主的第一自振周期与平动为主的第一自振周期的比值为 0.646，不大于 0.85，结构具有较好的抗扭刚度。结构振型图见图 14.3-17。

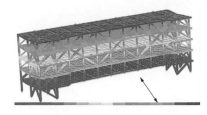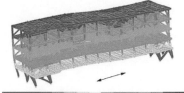

第一阶振型（Y 向平动）　　　　第二阶振型（X 向平动）　　　　第三阶振型（水平扭转）

图 14.3-17　振型图

小震下各工况构件最大应力比云图见图 14.3-18；最大应力比为 0.85，小于 0.90 限值。根据《钢结构设计规范》GB 50017—2003，桁架挠度控制为 $L/400$（L 为转换桁架跨度），立面桁架的跨中挠度为 62.7mm，控制在规范的限值之内。

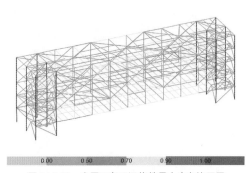

| 0.00 | 0.50 | 0.70 | 0.90 | 1.00 |

图 14.3-18　小震下各工况构件最大应力比云图

（2）中震性能目标分析

根据性能化设计要求，桁架杆件、支撑筒杆件及钢吊柱的构件性能化要求为中震弹性，该部分构件小震下最大应力比为 0.821，中震弹性工况下最大应力比为 0.902，故 C 区结构能够满足性能化设计要求。

（3）罕遇地震下结构分析

C 区结构在大震下基本处于弹性工作状态，在各荷载工况下，结构均未出现明显塑性变形，支撑筒框架柱、斜撑、框架梁等均未出现塑性铰。在地震波 RSN161 X 主向工况下各构件的轴向和弯曲延性系数如图 14.3-19 和图 14.3-20 所示。可以看出，轴向延性系数最大值为 0.55，绕 Y 轴弯曲延性系数最大值为 0.53，绕 Z 轴延性系数最大值为 0.32，均小于 1，即构件均未达屈服状态。

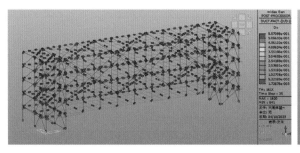 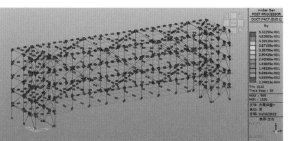

图 14.3-19　主向 Dx 轴向延性系数　　　　图 14.3-20　主向弯曲 Ry 延性系数

14.4　专项设计

14.4.1　带支撑的巨型钢框架按不考虑悬挂子结构分析

巨型支撑框架作为主结构至关重要，以 B-2 区结构为例，按有无悬挂子结构对巨型支撑框架提取模型进行分析，无悬挂子结构模型未考虑楼板作用，吊柱荷载按点荷载施加在桁架下弦；有悬挂子结构模型，考虑悬挂子结构和巨型支撑钢框架空腹桁架效应影响。图 14.4-1、图 14.4-2 为模型示意图。

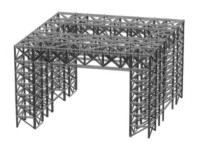 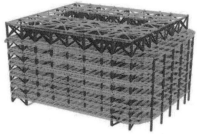

图 14.4-1　无悬挂子结构巨型支撑框架　　　图 14.4-2　悬挂子结构＋巨型支撑框架

采用 ETABS 程序分析巨型支撑框架有无悬挂子结构的振型，计算结果详见表 14.4-1。

	自振周期			表 14.4-1
振型	无悬挂子结构巨型支撑框架结构		巨型支撑框架＋带悬挂子结构	
	周期/s	振型方向	周期/s	振型方向
1	1.410	X 向平动	1.099	X 向平动
2	1.134	Y 向平动	0.927	Y 向平动
3	0.932	扭转	0.849	扭转

振型	无悬挂子结构巨型支撑框架结构		巨型支撑框架 + 带悬挂子结构	
	周期/s	振型方向	周期/s	振型方向
4	0.290	Z向平动	0.451	Z向平动
5	0.281	Z向平动	0.426	Z向平动
6	0.226	Z向平动	0.415	Z向平动
周期比（T_3/T_1）	0.661		0.773	

从计算结果可以看出，前五阶振型模态基本一致，无悬挂结构时巨型支撑框架的前三阶周期有所增加，说明其刚度较巨型支撑框架 + 带悬挂结构小，原因是带悬挂结构类似空腹桁架，增加整体结构的刚度。巨型支撑框架模型应力比云图和挠度计算结果见图 14.4-3 及图 14.4-4。

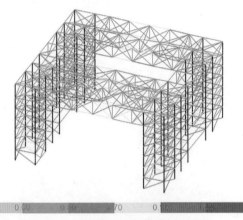

图 14.4-3　巨型支撑框架提取模型应力比云图

巨型支撑框架提取模型中，没有考虑楼板对整体钢构的贡献，各工况下杆件最大应力比为 0.92，而考虑悬挂结构时巨型钢桁架最大应力比为 0.87，应力比有所增加。

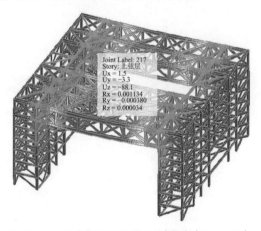

图 14.4-4　巨型支撑框架提取模型竖向挠度（$D + L$ 工况）

恒活标准组合下，转换桁架的跨中挠度为 88.1mm，控制在 $L/400$（115mm）的限值之内，大于考虑悬挂结构时巨型钢桁架的跨中挠度为 71.5mm。

14.4.2　防倒塌分析

本工程防连续倒塌分析采用拆除构件法，拆除构件设计选用非线性静力分析，同时进行静力弹性分析作为参照（线性静力分析满足规范要求时，可不再进行非线性分析），对于倒塌的动态过程，通过动力效应放大系数考虑。

采用 MIDAS GEN 软件进行非线性静力分析（同时考虑几何、材料非线性），观察塑性铰出现的位置和数量，结合强度和变形判断结构是否变为机构而倒塌。

1. C 区结构防连续倒塌分析

通过设置纵向桁架、水平支撑桁架、横向支撑框架形成了一个稳固的整体结构，同时纵向桁架单元相对独立，对抗连续倒塌十分有利。另外，对支撑结构的框架梁柱、斜杆进行了适当加强。以下仅提供拆除内侧边柱和拆除桁架受压上弦杆计算结果。

以拆除内侧边柱为例，柱拆除内侧边柱后，静力弹性分析结果如图 14.4-5、图 14.4-6 所示。从计算结果可以看出：（1）拆除边柱后，与其直接相连的横向框架梁由于承担较大的弯矩和轴力，应力比 $0.76 \times 2 = 1.494 > 1.0$，有屈服和倒塌的可能；（2）四层框架 H 型钢斜撑由于轴力过大面外屈曲，应力比 $1.07 > 1.0$，有屈服和倒塌的可能。

非线性静力分析结果结构的铰状态如图 14.4-7 所示，与拆除边柱直接相连的横向框架梁塑性铰位于 FEMA 曲线点 B 和 C 之间，弯曲延性系数为 1.09，在 IO 阶段内，不会倒塌；外侧框架柱未屈服，四层框架 H 型钢斜撑轴向延性系数为 0.92，亦未屈服。

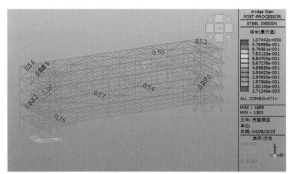

图 14.4-5　拆边柱弹性分析应力比（按钢管柱）

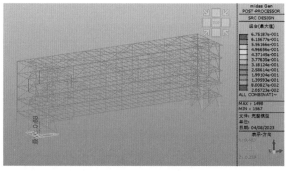

图 14.4-6　拆边柱弹性分析应力比（按钢管混凝土柱）

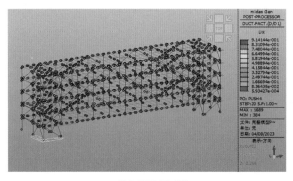

(a) 轴向受压延性系数

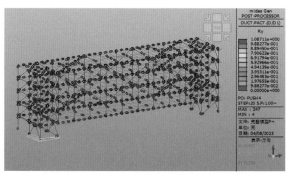

(b) 绕 Y 轴弯曲延性系数

图 14.4-7　拆除边柱 FEMA 铰状态（1.35 ×（1.0 恒荷载 + 0.5 活荷载）+ 0.2 风荷载）

上述对各关键构件失效后的剩余结构的抗连续倒塌分析表明，本结构具有较强的抗连续倒塌能力，完全满足抗连续倒塌设计要求。

2. B-2 区结构防连续倒塌分析

采用概念和经验方法，并结合整体结构线弹性设计分析结果以及桁架结构对称布置的实际情况，确定关键构件（即要拆除的构件）选择为桁架的支承框架底层内柱、端跨腹杆、跨中弦杆及受力最大的一根吊柱。以下仅提供拆除桁架受压上弦杆计算结果。

拆除桁架 HG7 跨中上弦杆静力弹性分析结果见图 14.4-8，计算表明，与拆除构件直接相连的交叉腹杆应力比达到 0.8 × 2 = 1.6 > 1.0，有屈服和倒塌的可能；一榀横向连系次桁架下弦杆应力比达 1.16，有屈服的可能。静力弹性分析同时显示拆除上弦杆件后，纵横向桁架提供了较多的内力传递路径。

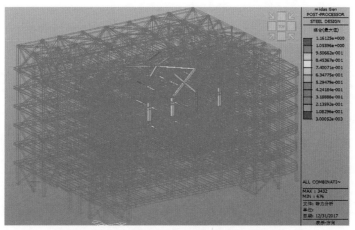

图 14.4-8 拆除 HG7 跨中上弦杆弹性分析应力比

非线性静力分析结果见图 14.4-9、图 14.4-10，计算显示，在加载至总荷载的 97.5% 后，由于与拆除构件直接相连的一根交叉腹杆压溃（分析由于出现负刚度停止），但剩余其他构件均未达到屈服状态，其中与拆除构件直接相连的一根水平支撑接近屈服。由于该支撑的失效倒塌与上弦杆件失效倒塌的范围和后果相同，因此可以判定：上弦杆件的失效会导致直接相连交叉支撑的连带倒塌，但倒塌范围未扩展，整体结构不会发生连续倒塌。横向连系次桁架下弦杆轴向延性系数为 0.997，未屈服。

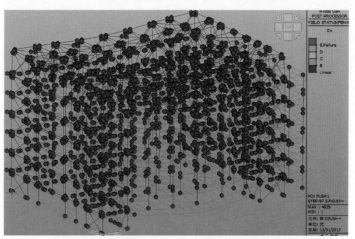

图 14.4-9 拆除桁架跨中上弦杆非线性静力分析屈服状态

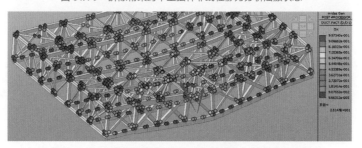

图 14.4-10 拆除桁架跨中上弦杆非线性静力分析 Dx 延性系数

上述对关键构件失效后的结构抗连续倒塌分析表明，结构多重荷载传递路径十分明确，即拆除了桁架上弦杆，荷载通过剩余纵横向桁架传递给框架支承结构。因此，本结构具有较强的抗连续倒塌能力，满足抗连续倒塌设计要求。

14.4.3　舒适度分析

根据《高层建筑混凝土结构技术规程》JGJ 3—2010 规定：楼盖结构的竖向振动频率不宜小于 3Hz，竖向振动加速度峰值不应超过规范表 3.7.7 的限值。

单人步行激励曲线采用 IABSE（国际桥梁和工程结构协会）给出的行人连续行走荷载模型，人的重量参考 AISC《Steel Design Guide Series 11》取 70kg/人，步行频率取 2Hz。

人员行走工况根据《建筑楼盖结构振动舒适度技术规范》JGJ/T 441—2019 中建议，本工程建筑功能为商场，人群密度按建筑消防规范 0.5 人/m² 考虑，人行激励下楼盖阻尼比取 0.02。对 B-2 区中大跨度楼盖和大悬挑区域楼盖进行舒适度验算，主要分为以下三个区域，如图 14.4-11 所示。区域 1：南侧大悬挑区域，悬挑长度 4.5m，按悬挑面积计算得到步伐相同的人数为 20 人；区域 2：北侧大悬挑区域，悬挑长度 2.7m，按悬挑面积计算得到步伐相同的人数为 15 人；区域 3：中庭附近跨度较大区域，跨度 15m，考虑可能出现人员集中，按商场一层总面积计算得到步伐相同的人数为 60 人。

图 14.4-12 为中庭区域二层人行激励荷载分布图，图 14.4-13 为二层楼面响应最大点加速度-时间曲线。二～六层加速度峰值统计见表 14.4-2。

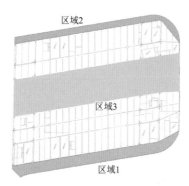

图 14.4-11　舒适度分析区域示意图

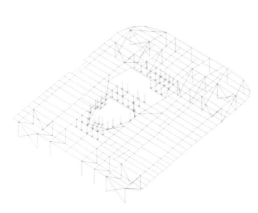

图 14.4-12　中庭区域二层人行激励荷载分布

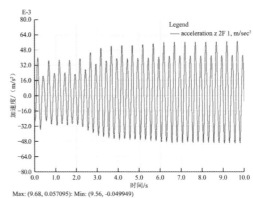

图 14.4-13　二层楼面响应最大点加速度-时间曲线

二～六层加速度峰值统计　　　　　　　　　　　　　表 14.4-2

楼层	加速度峰值/m/s²	加速度限值/m/s²
2	0.049	
3	0.051	
4	0.043	0.212
5	0.045	
6	0.038	

经典回眸　启迪设计集团股份有限公司篇

由表 14.4-2 可知，中庭附近跨度较大区域，在人行荷载激励下，楼层加速度峰值均小于规范限值，满足舒适度要求。

14.4.4　BRB 屈曲约束支撑在支撑筒体中的应用

本工程 B-2 区主体结构X向一共有 7 榀巨型钢框架，支撑框架柱是由带钢支撑的双排钢管混凝土柱形成，支撑框架柱间的钢支撑主要起到抵抗水平荷载的作用，同时为了保证钢支撑对建筑功能的影响最小，所有钢支撑均采用单斜杆支撑形式。

分别对全部普通钢支撑（方案一），全部 BRB 支撑（方案二）和部分普通钢支撑和部分 BRB 支撑（方案三）的方案进行比选。

方案一为一～六层柱间全部采用普通钢支撑，支撑截面采用□600×25 方钢管截面，根据性能化设计要求计算的斜撑应力比如图 14.4-14 所示，由图可见一～四层的斜撑应力较大，但五～六层的斜撑应力比较小；

方案二为一～六层柱间全部采用 BRB 屈曲约束支撑，支撑设计屈服荷载为 3000kN，根据性能化要求设计结果（中震不屈服、大震屈服耗能），见图 14.4-15，四～六层的 BRB 支撑仍处于弹性工作状态，一～三层的 BRB 支撑进入塑性耗能阶段。

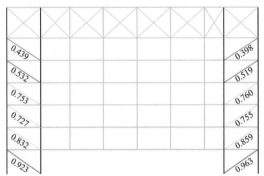

图 14.4-14　方案一支撑计算结果　　　　图 14.4-15　方案二支撑计算结果

根据方案一和方案二的计算结果，尽量使 BRB 屈曲约束支撑都进入耗能工作状态，提高结构经济性，方案三对一～四层的支撑采用 BRB 屈曲约束支撑，五～六层采用普通钢支撑。根据性能化要求的设计结果见图 14.4-16，一～四层的 BRB 屈曲约束支撑均进入了耗能状态，五～六层的普通钢支撑仍能够满足性能化要求设计结果（中震不屈服、大震屈服耗能）。

本工程在X向 7 榀桁架柱间设置 BRB 支撑，BRB 支撑提供小震下必要的刚度和承载力，中震按不屈服设计，大震下允许 BRB 屈服耗能进而保护主体结构。BRB 支撑非线性力学特性参数：屈服前刚度 380kN/mm，屈服荷载 3000kN，屈服后刚度比 0.02。

结构外侧两边榀桁架 HG1 相应的滞回曲线如图 14.4-17 所示，可以看出，一～四层 BRB 支撑在罕遇地震作用下均屈服耗能，而五～六层 BRB 支撑未进入明显屈服状态，其他 5 榀桁架情况亦如此。总体可以认为 BRB 设计达到了预设的效果。施工图设计中将五～六层 BRB 支撑优化为普通钢支撑。

14.4.5　特殊节点构造及分析

1. 悬挂节点

悬挂子结构吊柱和屋面帽桁架连接节点是本工程的关键，节点连接采用刚接受力复杂，典型节点详图 14.4-18，节点区域对应下部吊柱位置在下弦杆设置环形加劲肋，并增加竖向节点穿心板，保证节点的设计安全。根据本项目的性能目标，节点设计在静力和中震工况下保持弹性。为保证节点安全可靠，设计对其中受力复杂的典型节点补充有限分析。

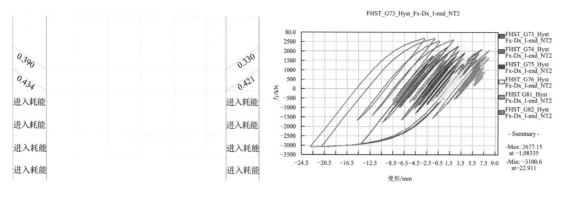

图 14.4-16 方案三支撑计算结果

图 14.4-17 HG1 桁架 6 根 BRB 支撑典型滞回曲线

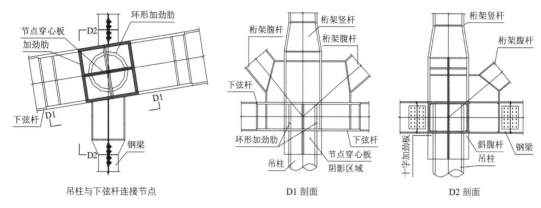

| 吊柱与下弦杆连接节点 | D1 剖面 | D2 剖面 |

图 14.4-18 典型节点详图

选取 B-2 区南侧边榀桁架 HGX-7 第一跨下弦与吊柱在 33.000m 标高交汇连接节点和 HGX-7 与支撑框架交汇处在 33.000m 标高的下弦节点。

采用 ANSYS12.0 程序进行节点的有限元应力分析，在模拟过程中钢材采用 shell63 单元，钢材本构采用"三折线"模型。Q345 钢材折减后的屈服强度为 295MPa，抗拉强度 490.0MPa，材料抗力分项系数取 1.111，强度设计值为 265MPa；Q420 钢材折减后的屈服强度为 377MPa，抗拉强度 520.0MPa，材料抗力分项系数取 1.111，强度设计值为 340MPa。钢材弹性模量为 2×10^5MPa，泊松比为 0.3，构件长度取节点到反弯点的长度。

有限元分析的 Von-mises 应力云图如图 14.4-19 所示，从计算结果可以看出，节点应力处在 111～178MPa，处于弹性阶段，节点处于弹性工作阶段，且有一定富余。

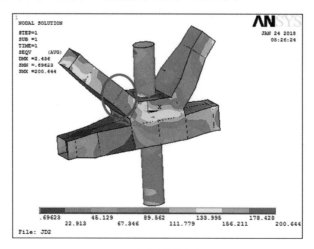

图 14.4-19 节点整体应力云图

2. 悬挂结构边梁与支撑筒连接节点

悬挂子结构钢框架边跨钢梁与两侧支撑钢框架筒间如采用完全刚接，屋面帽桁架和下部悬挂框架会形成空腹桁架效应，边跨钢梁承受较大弯矩，钢梁截面尺寸很大，影响建筑效果，经比较分析，此处连接采用滑移支座，在施工后期锁死形成铰接支座，以释放施工过程变形，减小空腹桁架效应。支撑筒钢柱对应边梁处设置钢牛腿，钢牛腿上设置板式橡胶支座，释放施工阶段钢梁水平和转动约束，待悬挂钢框架安装完毕且楼板混凝土大部分浇筑后（悬挂钢框架和支撑钢框架筒之间楼屋面预留 800mm 左右后浇带），焊接橡胶支座处的连接钢板，锁定水平约束，最后浇筑楼板后浇带混凝土。图 14.4-20 为 B-2 区悬挂框架边跨钢梁与支撑筒钢柱连接节点。

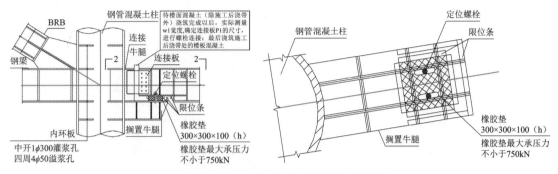

图 14.4-20 B-2 区楼面钢梁与支撑筒钢柱连接节点

3. 桁架与支撑筒框架连接节点

桁架将各层重力通过支撑筒框架传至基础，桁架与支撑筒框架连接节点受力较大，选取 C 区 HG1 与 HG2 桁架与支撑框架交汇处在 11.350m 标高的节点，即桁架下弦与支撑框架相交节点。节点应力状态的评价是通过复核节点的 Von-Mises 应力云斑图。

有限元分析的 Von-Mises 应力云图见图 14.4-21 所示，节点区应力大部分处在 95～236MPa 范围，处于材料弹性阶段。

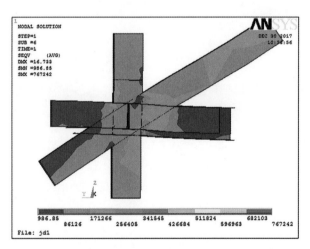

图 14.4-21 节点整体应力云图

14.4.6 施工阶段分析

B-2 区钢结构跨越下方正在运行的轨道交通 2 号线，地面允许施工荷载为 20kPa，根据施工验算，地面允许施工荷载仅能满足屋顶钢桁架的拼装要求。结合现场施工进度和场地条件要求，B-2 区钢结构按照下述顺序进行安装：

第一步：安装两端桁架支撑筒；第二步：在地面拼装屋顶巨型桁架；第三步：分别对屋顶桁架提升

一区和提升二区进行液压同步提升；第四步：在桁架底部地面拼装一～六层悬挂子结构；第五步：悬挂子结构顶部与屋顶桁架拼接，并卸载。图 14.4-22 为 B-2 区钢结构安装顺序示意图。

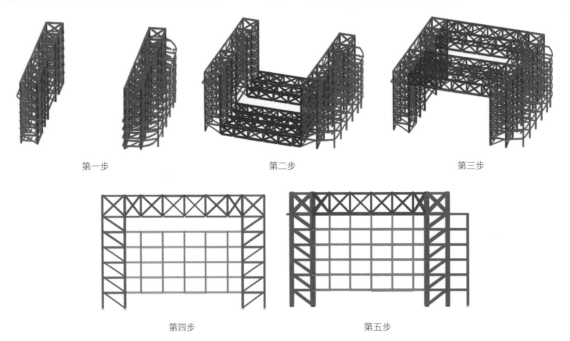

第一步　　　　　　　　　第二步　　　　　　　　　第三步

第四步　　　　　　　　　第五步

图 14.4-22　B-2 区钢结构安装顺序示意图

B-2 区钢结构屋面钢桁架在其投影面正下方地面拼装为整体。同时，利用两边支撑筒钢柱与钢梁设置提升平台（上吊点），在连廊结构主桁架上弦钢梁顶部与上吊点对应位置安装专用下吊具（下吊点），上下吊点间通过专用底锚和专用钢绞线连接。利用液压同步提升系统将连体结构提升至安装高度，与预装段对口焊接为整体。

屋面钢桁架分成两个提升区，提升一区提升重量约 750t，提升二区提升重量约 592t。图 14.4-23 为屋面钢桁架提升分区示意图，图 14.4-24 为提升吊点布置平面图。

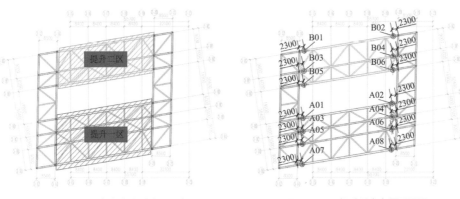

图 14.4-23　屋面钢桁架提升分区示意图　　　图 14.4-24　提升吊点布置平面图

采用 MIDAS GEN 计算软件进行提升桁架模拟计算，计算假定在提升节点处设置 Z 向约束，结构施工过程中的荷载包括结构杆件自重、节点重量，同时考虑提升时动力系数 1.2。最大竖向变形为 6.32mm，最大应力比为 0.62，均满足规范要求。

由于提升结构提升过程中需及时调整提升器油压以确保提升结构基本处于同步提升状态，需考虑单点不同步对提升结构的影响。不同步分析一般采用位移控制或单体提升力控制两种形式，由于顶部桁架区域竖向刚度较大，对位移较为敏感，故本工程采用力控制方式进行分析。提升一二区结构在同步状态下单点提升反力最大值分别为 1223.3kN 和 1296.9kN，不同步分析考虑单点提升反力偏大 20%。提升一区最大不同步竖向变形为 7.15mm，提升一区不同步最大应力比为 0.75，均满足规范要求。

14.4.7　悬挂结构的钢楼梯

因首层为无柱空间，悬挂框架柱无法落在一层地面，考虑商业建筑楼梯为剪刀梯，对一层楼梯梯柱如也采用吊柱悬挂梯梁，节点处理上较为复杂，本工程采用首层楼梯与上部楼面脱开处理设置变形缝，即一层楼梯设置落地的梯柱，梯梁与梯柱连接形成独立框架结构，上跑剪刀梯梯梁采用悬挑梁形式，与二层楼面断开，使得二层以上楼梯和首层楼梯竖向各自变形，互不干扰，节点处理相对简洁，施工方便，很好地解决了悬挂结构钢楼梯在底层变形，并对主体结构不产生影响。悬挂结构钢楼梯首层节点处理详见图 14.4-25。

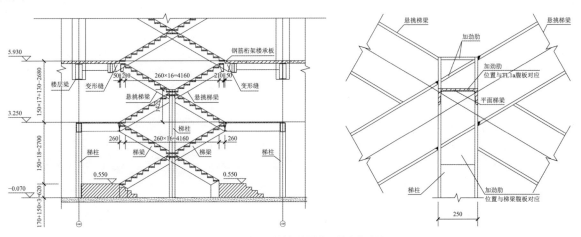

图 14.4-25　悬挂结构的钢楼梯首层节点构造处理

14.4.8　受限区域基础设计

1. 受限区域基础设计

B-2 区巨型支撑钢框架筒体一侧柱脚基础位于地下室范围，一侧柱脚基础位于地库外侧，基础关系详见图 14.1-3 B-2 区立面示意图。

因临近地铁空间有限，支撑钢框架筒体柱脚反力很大，基础采用条形基础 + 双排灌注桩，桩基采用直径 1m 的钻孔灌注桩，桩长 71m，桩端后注浆，抗压承载力特征值为 8500kN。条形基础厚度 3m，水平尺寸 5m × 57.36m，东面外侧条形基础顶标高同四层地下室标高，内侧条形基础紧邻换乘通道，基础底标高与换乘通道一致；西侧外侧条形基础顶标高同两层地下室标高，内侧条形基础位于地面以下 1m，基础高差很大。

2. 桁架基础水平推力处理

B-2 区带支撑的巨型钢框架跨度为 46.5m，存在较大的水平推力，经计算柱脚小震下最大水平推力为 1150kN，大震下最大水平推力为 6800kN。柱脚不在地下室范围内，因基础内部空间限制，柱脚基础与轨道交通 2 号线的换乘通道基本紧贴临建，基础埋深约 10m，考虑柱脚变形对地铁运行的影响，在巨型钢框架的柱脚设置锲形钢筋混凝土水平传力带，将水平推力传至本工程周边地库，并将地库相邻一跨地下二层的楼板加强至 500mm，避免地库和带支撑的巨型钢框架结构沉降差的相互影响造成传力带的复杂受力。图 14.4-26 为桁架基础水平推力构

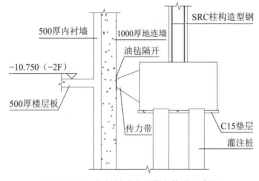

图 14.4-26　桁架基础水平推力构造示意图

造示意图。

C区带支撑的巨型钢框架跨度为70.5m，经计算柱脚小震下最大水平推力为1500kN，大震下最大水平推力为9000kN。此柱脚位于四层地下室范围内，因建筑功能限制，上部支撑筒柱间钢支撑无法延伸到地下室内，为将水平推力在柱脚处传至地下室顶板，并通过地库整体刚度传至基础，设计中在地下室顶板柱脚位置设置型钢梁，按实际推力计算确定型钢梁尺寸，此型钢梁按拉弯构件设计。

14.5 结语

（1）对跨地铁的多层商业，经结构方案比选，主体结构可采用一种新型结构体系：带支撑的巨型钢框架＋悬挂子结构。带支撑的巨型钢框架结合建筑楼电梯布置，不影响商业流线及使用功能，同时底层可实现无柱空间，实现商业功能最大化。

（2）带支撑的巨型钢框架抗震性能研究、变形验算，带支撑的巨型钢框架主结构和悬挂子结构的相互影响关系，悬挂子结构与屋面巨型钢框架连接，悬挂楼面梁与支撑钢筒体的连接，防倒塌分析、舒适度分析、罕遇地震下结构性能状态、关键节点分析、施工吊装模拟分析等是本工程结构设计的关键。

（3）位于轨道特别保护区范围以内受限基础设计，应满足轨道交通保护管理办法细则的要求。带支撑的巨型钢框架柱脚处存在较大水平推力，利用两侧地下室较大的抗侧能力，设计了大跨钢柱脚水平传力装置，保证水平推力可靠传递至两侧相邻主体结构和地下室底板。

设计团队

结构设计单位：启迪设计集团股份有限公司

结构设计团队：袁雪芬，张　杜，孙文隽，张传杰，李昌平，钱忠磊，倪秋斌，曹　霖

执　笔　人：张　杜，孙文隽

第15章

独墅湖高教区西交利物浦大学行政信息楼

15.1 工程概况

15.1.1 建筑概况

西交利物浦大学是由中国西安交通大学和英国利物浦大学合作，在苏州工业园区独墅湖高教区创办的一所以理、工、管起步的培养国际一流人才的新型大学。新建的行政信息楼位于校园西侧重要位置，紧邻规划中的校园景观轴线，南侧紧邻校园主入口，东侧为实验楼群，北侧为教学楼群，建成后是师生重要的聚集和活动场所。校园整体鸟瞰图如图 15.1-1 所示，红色箭头所指为行政信息楼。

图 15.1-1　校园整体鸟瞰图

作为校园标志性建筑，行政信息楼设计理念来源于太湖石的空间组织形态，建筑内部各部分功能空间既相互独立，又通过公共空间有机组织在一起，充分体现了现代高等教育建筑的特点。建筑东南立面效果图见图 15.1-2，内部空间效果图见图 15.1-3。

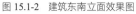

图 15.1-2　建筑东南立面效果图　　　　图 15.1-3　内部空间效果图

行政信息楼使用功能复杂，是集行政办公、学习培训和学生活动为一体的综合性建筑，用地面积 17191m²，总建筑面积 59922m²，其中地上面积 46154m²，地下面积 13768m²。地下室主要为机动车停车和设备用房；地面以上裙房分布各种功能用房，如教室、多功能厅和音乐厅等；主楼三层及以上分布各种行政办公室、会议室和学生信息中心等。

行政信息楼地下一层，层高 5.4m；主楼地上十三层，层高 4.5m 及 4.2m，塔楼结构高度 55.95m；裙房地上二层，层高 4.5m，裙房屋面高度 9.15m。由于建筑功能需求，主楼与裙房整体相连，形成大底盘单塔结构；主楼较多楼层开有大洞，九层及以上楼层通过空中连廊南北相连。

一层建筑平面见图 15.1-4，九层建筑平面见图 15.1-5（以下文中所述两个方向的轴线位置可见本图）。

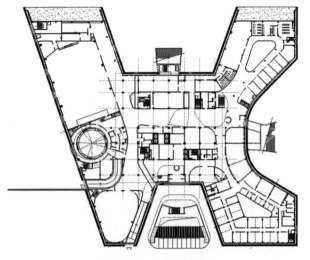

图 15.1-4　一层建筑平面

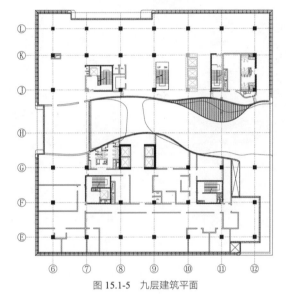

图 15.1-5　九层建筑平面

15.1.2　设计条件

1. 主体控制参数

控制参数见表 15.1-1。

控制参数　　　　　　　　　　　　　　　　　　　表 15.1-1

结构设计基准期	50 年	建筑抗震设防分类	标准设防类（丙类）
建筑结构安全等级	二级（结构重要性系数 1.0）	抗震设防烈度	6 度（0.05g）
地基基础设计等级	甲级	设计地震分组	第一组
建筑结构阻尼比	0.05（小震）/0.06（大震）	场地类别	Ⅲ类

2. 风荷载

（1）50 年重现期基本风压 0.45kN/m²，承载力设计时按基本风压的 1.1 倍采用，地面粗糙度 B 类。

（2）委托同济大学土木工程防灾国家重点实验室对行政信息楼进行压力测量风洞试验，按 24 个风向角确定建筑物的风压体型系数。

3.地震作用

多遇地震作用下地震动参数按规范及安评报告计算的基底剪力较大值取用，设防烈度地震和罕遇地震作用下地震动参数按规范取值。多遇地震作用下的安评报告提供的水平地震影响系数最大值 0.081，地震峰值加速度 36cm/s²。工程场地特征周期 0.55s。

15.2 建筑特点

15.2.1 立面开洞 T 形贯通

主楼自七层起 G～J 轴间楼面开大洞且贯穿多层，形成东西立面不规则洞口，并与南立面不规则洞口在内部 T 形贯通，各立面形状、开洞极不规则。其中涉及洞口的东西向典型剖面见图 15.2-1，南北向典型剖面见图 15.2-2。

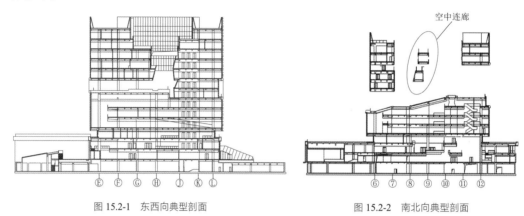

图 15.2-1　东西向典型剖面　　　　图 15.2-2　南北向典型剖面

15.2.2 大面积楼层斜板

主楼七层至八层有大面积斜板，与正常楼层形成错层。其中涉及大面积斜板的七层结构平面见图 15.2-3，八层结构平面见图 15.2-4。

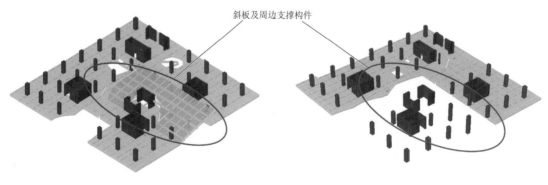

图 15.2-3　七层结构平面　　　　　图 15.2-4　八层结构平面

15.2.3 空中连廊

主楼九层至屋面层 G～J 轴间设置多道空中连廊南北相通，各连廊与主体连接薄弱。其中涉及空中连廊的九层结构平面见图 15.2-5，十一层结构平面见图 15.2-6。

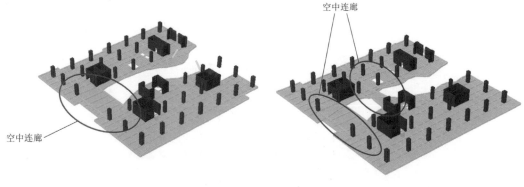

<table>
<tr><td>图 15.2-5　九层结构平面</td><td>图 15.2-6　十一层结构平面</td></tr>
</table>

15.3 体系与分析

15.3.1 方案对比

1. 钢筋混凝土框架结构

（1）优点：建筑平面布置灵活，对使用功能没有影响。

（2）问题：主楼高度 55.95m 已接近 6 度区 A 级高度钢筋混凝土框架结构最大适用高度 60m。工程为平面和竖向均不规则的超限高层建筑结构，且有较多楼层楼板开有大洞；计算分析表明，采用钢筋混凝土框架结构，结构两个方向抗侧刚度及整体抗扭刚度均较弱，扭转位移比很难控制，最大层间位移角不能满足规范 1/550 的要求；由于较多楼层楼板严重不连续，无法有效传递水平力，结构整体性较差。

2. 钢筋混凝土框架-剪力墙结构

（1）优点：主楼高度 55.95m 远小于 6 度区 A 级高度钢筋混凝土框架-剪力墙结构的最大适用高度 130m。计算分析表明，采用钢筋混凝土框架-剪力墙结构，结构两个方向整体抗侧刚度较大，整体抗扭刚度相比于钢筋混凝土框架结构得到较大改善，最大层间位移角、扭转位移比（包括分块刚性扭转位移比）等指标均满足规范要求。

（2）问题：部分剪力墙布置可能会对使用功能有一定的影响，因此，剪力墙布置需兼顾考虑建筑使用功能和较多楼层楼板连接薄弱这两个因素。

15.3.2 结构布置

经过上述两个结构方案对比分析，最终确定结构体系为钢筋混凝土框架-剪力墙结构，楼盖承重体系为钢筋混凝土梁板结构。结合工程实际情况，结构设计时对剪力墙布置、框架梁柱类型、楼层大悬挑结构布置等进行了重点研究。

1. 剪力墙布置

剪力墙主要布置在建筑楼、电梯及部分设备管井周边位置，围合成筒体，尽量不影响建筑使用功能；同时考虑到较多楼层楼板连接薄弱，在每块楼板相对完整区域内均布置了剪力墙筒体，最终形成五个剪力墙筒体，见图 15.3-1。

2. 框架梁柱类型

主楼九层以下框架柱采用型钢混凝土柱，九层及以上 G～J 轴间空中连廊大跨度部位框架梁、柱采用型钢混凝土梁、柱；裙房多功能厅大跨度部位框架柱采用型钢混凝土柱，屋盖大跨框架梁采用组合钢梁结构。七层结构平面布置图如图 15.3-1 所示。

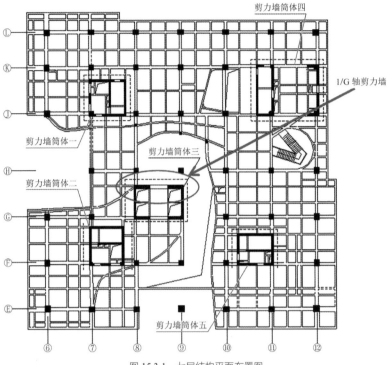

图 15.3-1　七层结构平面布置图

3．楼层大悬挑结构布置

主楼八层至十二层 G～J 轴间因楼面开大洞且开洞极不规则，造成 G 轴、J 轴两侧均有悬挑长度大小不等的楼层大悬挑，最大悬挑长度接近 7.5m。其中涉及楼层大悬挑的局部八层结构平面见图 15.3-2，局部九层结构平面见图 15.3-3。

为满足建筑楼层使用空间要求，悬挑梁截面高度受到限制，相对较小，结构布置时采用了下设斜撑或斜撑与立柱组合的支承体系。对于悬挑长度不大于 5m 的楼层长悬挑，采用在下一层设置单斜撑 XC1 的形式，如图 15.3-4 所示；对于悬挑长度接近 7.5m 的楼层长悬挑，采用在下一层设置斜撑 XC2 和立柱 XC3 的组合形式，如图 15.3-5 所示。

斜撑或立柱设置位置不影响建筑使用功能，其上、下端平面外均设梁约束，按整体模型和各个局部模型分别计算、包络设计，计算中考虑以竖向地震作用为主的组合工况。

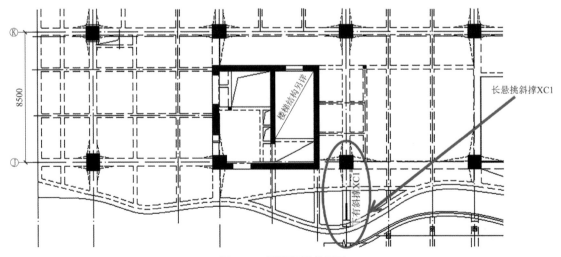

图 15.3-2　局部八层结构平面

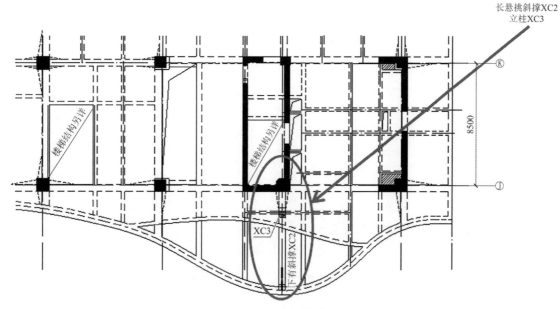

图 15.3-3　局部九层结构平面

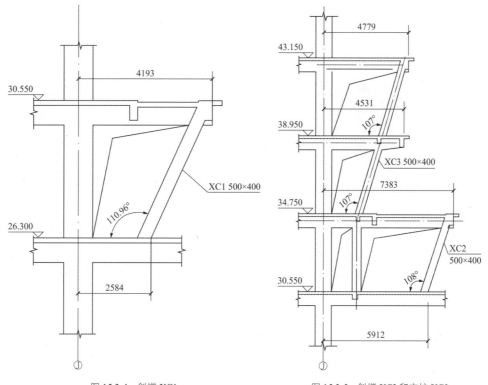

图 15.3-4　斜撑 XC1　　　　　　　图 15.3-5　斜撑 XC2 和立柱 XC3

4．基础设计

（1）主楼采用桩＋筏板基础，桩采用预应力混凝土管桩，桩径 600mm，桩长 32m，以⑨粉土层为桩端持力层，单桩竖向承载力特征值 2550kN，筏板厚度 2000mm。

（2）裙房采用桩＋承台基础，桩采用预应力混凝土管桩，桩径 500mm，桩长 20m，以⑦粉质黏土层为桩端持力层，单桩竖向承载力特征值 1350kN，其中底层庭院及无上部结构的地下室桩基础在洪水位时按抗压兼抗拔桩设计，单桩竖向抗拔承载力特征值 500kN，承台高度 1300m，底板厚度 500～600mm。

（3）主楼计算最大沉降 130mm，裙房计算最大沉降 90mm。在主楼与裙房间设置沉降后浇带，同时将主楼与裙房相邻跨的裙房底板适当加厚过渡，并加强主楼与裙房相邻跨上部结构的配筋。

15.3.3 性能目标

1. 抗震超限分析

1）超限检查

（1）考虑偶然偏心的楼层扭转位移比X向 1.32，Y向 1.38，均大于 1.2，属平面扭转不规则。

（2）二、三层平面凹凸尺寸大于相应边长的 30%，属平面凹凸不规则。

（3）自七层起 G～J 轴间楼板缺失，仅有空中连廊南北相连，属平面楼板不连续。

（4）主楼与裙房整体相连，形成大底盘单塔楼结构，属竖向尺寸突变不规则。

（5）七层至八层有大面积斜板，与正常楼层形成错层，属局部不规则。

（6）四层至七层西侧 6 轴及南侧 E 轴存在穿层柱，导致局部长短柱共用，属局部不规则。

超限检查结论：工程属平面及竖向特别不规则的超限高层建筑结构。

2）应对措施

（1）主体结构采用 SATWE、ETABS 两个不同力学模型三维空间分析软件进行整体内力、位移计算及对比分析，并补充弹性时程分析。

（2）计算模型中风压体型系数按风洞试验结果及规范参数两种方法分别计算，包络设计。根据风洞试验研究报告，主楼立面开洞周边区域实测风压体型系数较大（为 2.0～2.4），结构设计时除整体计算外，对该区域构件按 24 个风向角试验结果逐个进行复核，尤其对平面开大洞无楼板处框架梁重点复核其平面外受弯，加强实配钢筋。

（3）采用 PERFORM-3D 软件进行罕遇地震作用下的动力弹塑性分析，根据分析结果，对薄弱部位采取相应的加强措施。

（4）抗震等级：考虑到工程属平面及竖向特别不规则的超限高层建筑结构，且主楼高度 55.95m 已接近框架-剪力墙 60m 的抗震等级高度分界线，因此，抗震等级按大于 60m 确定。框架和剪力墙抗震等级为三级，剪力墙底部加强部位抗震等级和 G～J 轴间空中连廊大跨型钢梁及其支撑型钢梁、框架柱、1/G 轴剪力墙抗震等级提高为二级。

（5）针对关键构件，采用抗震性能目标化设计，并采取相应的抗震措施。

（6）考虑到底部大底盘在三层竖向尺寸突变带来的不利影响，整体计算时将三层强制为薄弱层，放大水平地震作用。

（7）七层至八层大面积斜板按实际情况建模，考虑斜板侧向刚度贡献及对周边构件的影响，并采用 ETABS 软件对斜板按壳单元进行有限元应力分析。

（8）底部二层裙房平面长度约 146m，宽度约 120m，属超长混凝土结构，设计时考虑温度变化和混凝土收缩的影响，进行温度效应分析，并采取相应的加强措施。

（9）对于大底盘楼层、楼板不连续楼层，楼板厚度不小于 150mm，采取双层双向配筋加强，且每层每方向的配筋率不小于 0.25%。

（10）通过振动台试验，进一步研究主楼结构在不同水准地震作用下的结构反应、裂缝开展及破坏形态，验证不同水准的抗震性能目标。

2. 抗震性能目标

结合工程结构特点及关键构件，确定结构的抗震性能目标见表 15.3-1。表中：中震弹性$1.2S_{GE}$ +

$1.3 \times 2.85 S_{EK} \leqslant R_d/\gamma_{RE}$；中震不屈服 $S_{GE} + 2.85 S_{EK} \leqslant R_k$；大震极限承载力 $S_{GE} + 6 S_{EK} \leqslant R_u$；大震受剪截面控制条件 $V_{GE} + 6 V_{EK} \leqslant 0.15 f_{ck} bh_o$。

抗震性能目标 　　　　　　　　　表 15.3-1

抗震烈度水准		多遇地震	设防烈度	罕遇地震
性能目标定性描述		不损坏	损坏可修复	不倒塌
整体变形控制目标		1/800	—	1/100
关键构件	底部加强部位剪力墙	弹性	抗剪弹性、抗弯不屈服	满足受剪截面控制条件
	1/G 轴剪力墙（图 15.3-1）		弹性	满足受剪截面控制条件
	G、J 轴型钢框架柱		弹性	极限承载力
	主楼其余型钢框架柱（G、J 轴除外）		弹性	—
	穿层柱		弹性	—
	连廊大跨型钢梁及其支承型钢梁		弹性	极限承载力

15.3.4　结构分析

1. 小震弹性分析

采用两个不同力学模型的三维空间分析软件 SATWE 和 ETABS 分别进行多遇地震作用下内力位移计算，其主要计算结果见表 15.3-2。从表中看出，两者计算结果的结构总质量、周期、基底剪力、刚重比、层间位移角、最大层间位移比等均基本一致，可以判断计算模型的分析结果准确、可信。

主要计算结果 　　　　　　　　　表 15.3-2

科目		SATWE			ETABS		
	序号	周期	平动系数	方向	周期	X向参与系数	Y向参与系数	方向
振型	1	1.374	0.99	X	1.325	33.26	8.43	X
	2	1.313	0.76	Y	1.274	17.35	30.69	Y
	3	1.198	0.27	扭	1.162	2.86	14.43	扭
基底剪力/kN	X向	29482			30570		
	Y向	29612			30960		
剪重比/%	X向	3.09			3.20		
	Y向	3.11			3.30		
刚重比	X向	8.01			8.02		
	Y向	8.60			8.41		
层间位移角	X向	1/1334			1/1322		
	Y向	1/1371			1/1377		
最大层间位移比	X向	1.32			1.30		
	Y向	1.38			1.34		
结构总质量/t		95333			98100		

2. 弹性时程分析

采用 PERFORM-3D 软件，按水平向地震动峰值加速度 $36\mathrm{cm/s^2}$ 进行多遇地震作用下的弹性时程分析，分析结果如下：

1）通过对 2 条天然波 HACHINOHE 波、KOBE 波和 1 条人工波加速度时程曲线的平均反应谱与规范反应谱（5%阻尼比）的比较分析，表明所选地震波频谱特性满足规范要求。输入地震波时程曲线见图 15.3-6，输入地震波与规范反应谱比较见图 15.3-7。

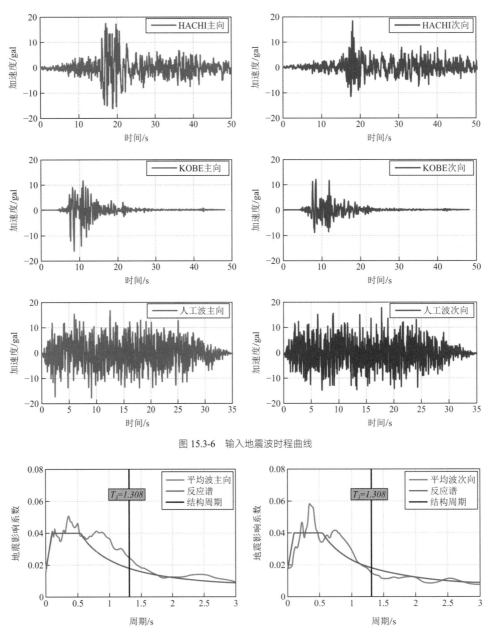

图 15.3-6　输入地震波时程曲线

图 15.3-7　输入地震波与规范反应谱比较

2）弹性时程分析每条波的基底剪力大于振型分解反应谱法的 65%，3 条波的平均基底剪力大于振型分解反应谱法基底剪力的 80%。

3）弹性时程分析每条波计算得到的最大层间位移角满足规范要求。

4）从弹性时程分析结果来看，结构具有合适的刚度，时程分析与反应谱计算结果之间具有一致性，符合工程经验及力学概念判断。

5）结构地震作用效应取时程法分析结果的包络值与振型分解反应谱法计算结果的较大值。

3.弹塑性时程分析

采用 PERFORM-3D 三维结构非线性分析软件进行罕遇地震作用下结构弹塑性时程分析，重点关注立面开洞周边区域构件在罕遇地震作用下的损伤情况。

1）地震波输入

选取 2 条天然波 HACHINOHE 波、KOBE 波和 1 条人工波，按水平向地震峰值加速度比 X：$Y = 1$：0.85 和 X：$Y = 0.85$：1 共 6 个工况分别进行计算，水平向地震峰值加速度 125cm/s²。

2）时程分析结果

（1）基底剪力响应

3 条地震波作用下结构小震弹性基底剪力和大震弹塑性基底剪力汇总见表 15.3-3。

结构基底剪力汇总 表 15.3-3

地震波	小震X向		小震Y向		大震X向		大震Y向	
	基底剪力/MN	剪重比/%	基底剪力/MN	剪重比/%	基底剪力/MN	剪重比/%	基底剪力/MN	剪重比/%
HACHINOHE	28.90	2.90	33.47	3.36	97.86	9.83	102.12	10.25
KOBE	32.34	3.25	38.24	3.84	82.32	8.27	89.03	8.94
人工波	27.05	2.72	30.31	3.04	65.70	6.60	72.55	7.29
包络值	32.34	3.25	38.24	3.84	97.86	9.83	102.12	10.25

（2）结构位移响应

罕遇地震作用下弹塑性时程分析得到的结构两个方向顶层位移和最大层间位移角见表 15.3-4。从表中可以看出，结构两个方向最大层间位移角均小于规范要求的弹塑性层间位移角 1/100 的限值，满足大震不倒的抗震设防目标。

结构位移响应汇总 表 15.3-4

地震波	X向顶层位移/m	Y向顶层位移/m	X向最大层间位移角	Y向最大层间位移角
HACHINOHE	0.115	0.130	1/330（五层）	1/331（七层）
KOBE	0.100	0.139	1/410（九层）	1/302（八层）
人工波	0.072	0.083	1/541（五层）	1/515（五层）
包络值	0.115	0.139	1/330（五层）	1/302（八层）

（3）构件损伤情况分析

结构性能水准依据 FEMA356 分为三个等级：第一水准立即使用（IO）、第二水准生命安全（LS）、第三水准防止倒塌（CP）。

罕遇地震作用下，包括立面开洞周边区域构件的损伤情况综述如下：剪力墙钢筋受拉利用率大多在 0.3 以下，剪力墙混凝土受压损伤均在第一性能水准以内；框架柱均未超越第二性能水准，基本保持弹性工作状态；绝大部分框架梁相应于第二性能水准的利用率都在 0.6 以下；多数连梁率先屈服出现塑性较并超越第一性能水准，达到屈服耗能的目的，但连梁的弯曲损伤均未超越第三性能水准，个别连梁剪切达到极限承载力，超越第二性能水准，但程度有限。

整体来看，结构在罕遇地震作用下具有充分的耗能能力，塑性损伤有限，受力性能良好，主要抗侧力构件没有发生严重损坏，多数连梁屈服耗能，部分框架梁参与塑性耗能，但不至于引起局部倒塌和危及结构整体安全，弹塑性反应及屈服耗能机制符合结构抗震工程学概念。

15.4 专项设计

15.4.1 大面积楼层斜板

1. 多遇地震作用下斜板承载力分析

主体结构计算分析中考虑七层至八层大面积斜板实际的侧向刚度贡献，重点复核该层层间位移角，同时复核其下部楼层是否为薄弱层。斜板对主体结构分析的影响主要表现为：斜板的面内刚度对周边构件起到很强的协调变形的约束作用，设计中必须予以考虑，否则结构的整体动力特性及斜板周边构件的受力情况都可能失真。这是斜板与平板很大的不同之处。

采用 ETABS 软件对斜板进行网格细分，重新定义边界条件，采用壳单元模拟斜板进行有限元应力分析。分析结果表明，斜板在多遇地震作用下角部剪应力接近 2.15MPa，小于 C40 混凝土抗拉强度标准值，斜板不会开裂，配置适当钢筋后，其极限承载力能满足规范要求，斜板剪应力分布如图 15.4-1 所示。

设计中将该部分斜板采用板厚 150mm、10@150 双层双向配筋进行加强，混凝土强度等级采用 C40，提高其斜截面的受剪承载力；考虑到面内支撑作用，在剪应力较大的两个角部增设放射钢筋，进一步提高其抗剪能力。

2. 斜板周边框架柱中震弹性验算

考虑到斜板对周边构件的影响，一方面对斜板周边关键框架柱进行抗震性能设计，按中震弹性验算；另一方面将斜板周边关键框架柱箍筋全长加密，提高其抗剪承载力。斜板周边结构布置见图 15.4-2，红圈位置框架柱中震弹性验算结果见图 15.4-3，验算结果表明，斜板周边关键框架柱在中震下能够保持弹性工作状态，满足性能目标要求。

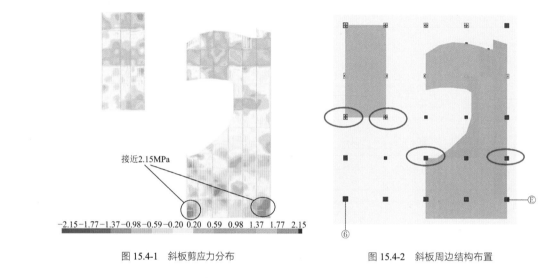

图 15.4-1 斜板剪应力分布   图 15.4-2 斜板周边结构布置

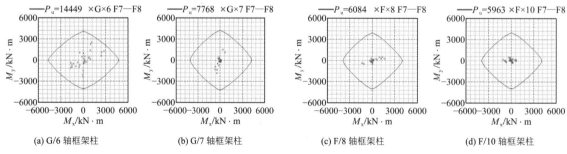

(a) G/6 轴框架柱   (b) G/7 轴框架柱   (c) F/8 轴框架柱   (d) F/10 轴框架柱

图 15.4-3 斜板周边框架柱中震弹性验算

15.4.2 空中连廊

1. 空中连廊结构设计

主楼九层至屋面层 G~J 轴间设置多道空中连廊南北相通，最大跨度达 19m，考虑到各层连廊平面位置不同，且形状各异，连廊部位框架梁均采用型钢混凝土梁，并与主体结构南北刚性连接，详见图 15.2-2、图 15.2-5 及图 15.2-6。

对搁置到剪力墙或框架柱上的连廊型钢梁,剪力墙或框架柱内预埋型钢,保证连接节点刚接;对无法搁置到剪力墙或框架柱上的连廊型钢梁,支撑的框架梁也采用型钢混凝土梁,且将连廊型钢梁内的型钢相应向后延伸一跨,加强节点连接构造。连廊部位构件及其支承构件受力复杂,连廊大跨型钢梁及其支撑型钢梁、框架柱、1/G 轴剪力墙抗震等级提高为二级,并按中震弹性的抗震性能目标进行设计。第十层 G~J 轴间空中连廊如图 15.4-4 所示,中震下梁内型钢利用率见表 15.4-1。

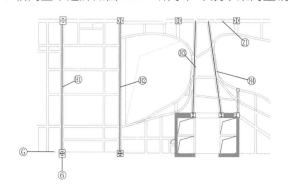
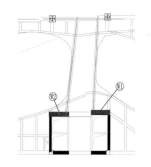

图 15.4-4 第十层空中连廊结构　　　　图 15.4-5 1/G 轴剪力墙 W1、W2 位置示意图

第十层空中连廊梁内型钢利用率　　　　　　表 15.4-1

楼层 (工况)	梁编号	位置	弯矩/kN·m			剪力/kN		
			组合值	承载力	利用率	组合值	承载力	利用率
十层 (中震)	H1	梁端	4680	5729	81.7%	2059	4438	46.4%
		梁中	3109	5612	55.4%			
	H2	梁端	4572	5729	79.8%	1953	4438	44.0%
		梁中	2604	5612	46.4%			
	H3	梁端	1163	1720	67.6%	511	2471	20.7%
		梁中	650	1593	40.8%			
	H4	梁端	1278	1720	74.3%	576	2471	23.3%
		梁中	634	1593	39.8%			
	Z1	梁端	912	1880	48.5%	1712	2551	67.1%
		梁中	791	1751	45.2%			

空中连廊型钢梁在第十层至十三层部分支承在 1/G 轴剪力墙上,该部分墙体在梁端位置增设型钢确保连接可靠,并进行中震下抗弯、抗剪承载力验算,验算结果表明满足中震弹性要求。1/G 轴剪力墙 W1、W2 位置示意图如图 15.4-5 所示,中震下一~三层、四~十层、十一~十三层的抗弯承载力验算结果如图 15.4-6 所示,一~十三层抗剪承载力验算的受剪利用率见表 15.4-2。

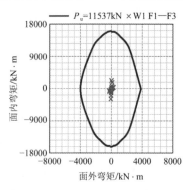
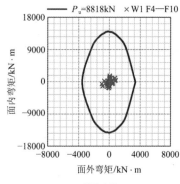
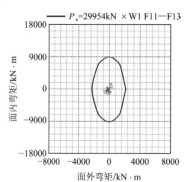

(a) 1/G 轴剪力墙 W1

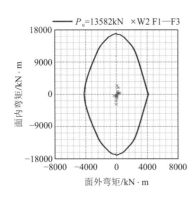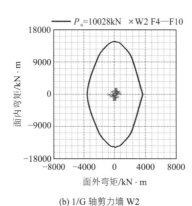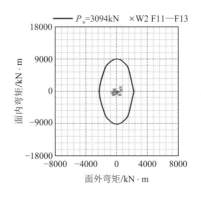

(b) 1/G 轴剪力墙 W2

图 15.4-6 中震下 W1、W2 抗弯承载力验算

中震下 W1、W2 受剪利用率 表 15.4-2

楼层	W1 剪力/kN			楼层	W2 剪力/kN		
	组合	承载力	利用率		组合	承载力	利用率
13	614	5176	11.86%	13	652	5182	12.58%
12	1763	5351	32.94%	12	1707	5378	31.74%
11	1630	5482	29.74%	11	1532	5512	27.80%
10	1252	5781	21.66%	10	1048	5763	18.18%
9	1559	5933	26.28%	9	1180	5852	20.16%
8	1894	6010	31.52%	8	1954	5919	33.02%
7	1648	5968	27.62%	7	1543	5996	25.74%
6	1550	6069	25.54%	6	1418	6062	23.40%
5	1732	6119	28.30%	5	1906	6141	31.04%
4	1273	6157	20.68%	4	1469	6202	23.68%
3	1412	7212	19.58%	3	1624	7277	22.32%
2	646	7277	8.88%	2	707	7277	9.72%
1	2087	7277	28.68%	1	1882	7277	25.86%

2. 水平交叉型钢支撑节点

考虑到结构整体扭转效应产生的附加不利作用,对九层至屋面层东西两侧 G~J 轴间空中连廊平面楼板内增设水平交叉型钢支撑,其中九层西侧空中连廊水平交叉型钢支撑平面见图 15.4-7。

空中连廊水平交叉型钢支撑与型钢梁、型钢柱交汇处构件较多,交叉支撑的连接按不考虑传递弯矩的连接节点设计,方便施工。连接边节点 A 构造见图 15.4-8,连接中节点 B 构造见图 15.4-9。

3. 分块刚性复核位移比

主楼九层至屋面层平面东西向洞口贯通,南北两块楼面仅有连廊连接,连接极为薄弱,整体计算时将此 6 层中间连廊部分定义为弹性板,按分块刚性楼板假定计算,手工复核各区域位移比,计算结果表明各区域最大位移比均满足规范要求。其中九层和屋面层分块刚性板位移比计算控制点见图 15.4-10,分块刚性板位移比部分计算结果见表 15.4-3。

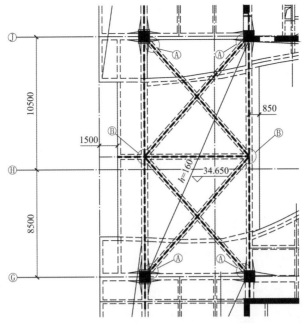

图 15.4-7 九层西侧空中连廊水平交叉型钢支撑平面

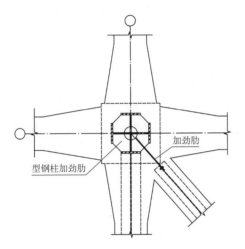

图 15.4-8 连接边节点 A 构造

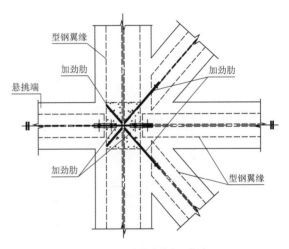

图 15.4-9 连接中节点 B 构造

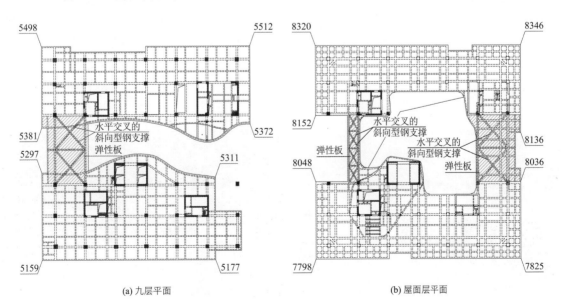

(a) 九层平面

(b) 屋面层平面

图 15.4-10 分块刚性板位移比计算控制点

层号	点号	X−5%偶然偏心位移	位移比	X+5%偶然偏心位移	位移比	Y−5%偶然偏心位移	位移比	Y+5%偶然偏心位移	位移比
九层南区	5297	8.204	1.080	8.656	1.009	8.577	1.078	10.346	1.249
	5159	6.989		8.809		7.342		6.220	
	5311	8.314	1.087	8.645	1.009	8.577	1.077	10.346	1.249
	5177	6.989		8.810		7.346		6.219	
	最大值		1.087		1.009		1.078		1.249
屋面层北区	8320	17.495	1.052	14.214	1.010	14.628	1.036	17.534	1.222
	8125	15.754		14.513		13.610		11.157	
	8346	17.495	1.052	14.214	1.010	14.628	1.036	17.534	1.222
	8136	15.754		14.513		13.610		11.157	
	最大值		1.052		1.010		1.036		1.222

4．空中连廊舒适度验算

对九层至屋面层空中连廊利用 SAP2000 程序逐层进行竖向振动频率计算，以考察竖向舒适度指标。计算结果表明，九层至十三层连廊竖向振动周期为 0.2935s，相应竖向振动频率为 3.4Hz；屋面层连廊竖向振动周期为 0.1804s，相应竖向振动频率为 5.544Hz，均满足规范不小于 3.0Hz 的要求。

15.4.3　音乐厅锥体结构

1．锥体结构布置

根据建筑功能需要，裙房西侧一层为合唱团排练音乐厅，层高仅 4.5m，二层为会议室，立面呈椭圆形锥体，楼面长轴跨度约 19.5m，短轴跨度约 18.7m。为保证使用功能要求，二层楼面结构高度仅允许 700mm，经多次方案比较，最终采用现浇混凝土双向密肋楼板，密肋梁截面 250mm×700mm，间距 1m，楼板厚 150mm。会议室屋面采用空间方钢管桁架结构，呈轮辐式放射布置，管桁架与周边环形框架梁铰接。椭圆形锥体四周设置 6 片长短不等的钢筋混凝土落地弧形斜墙，墙厚 500mm，锥体下小上大，弧形斜墙底部最小长度 1.5m，顶部最大长度 6.0m。考虑到斜墙的外倾力矩，在楼屋面标高均设置刚度较大的环梁，以加强对斜墙的约束和斜墙之间的连接，使四周 6 片斜墙共同受力，同时使斜墙的外倾力与环梁的拉力平衡，楼屋面环梁按双向弯曲＋轴心受拉构件进行设计。一层椭圆形锥体结构见图 15.4-11，屋面方钢管桁架结构见图 15.4-12。

图 15.4-11　一层椭圆形锥体结构

图 15.4-12　屋面方钢管桁架结构

2. 锥体计算分析

采用通用有限元软件 SAP2000 将椭圆形锥体结构及其周边跨单独建模后进行有限元应力分析,计算模型如图 15.4-13 所示。

分析结果表明,二层由于现浇混凝土密肋楼盖整体刚度较大,楼面环梁平面内外均受力较大,因此按实际计算结果加强配筋,同时将与密肋楼盖相邻的二层楼板加厚至 150mm 且加强配筋,保证该部分结构水平力能有效传递;由于屋面荷载相对较小,屋面环梁及钢结构顶部环梁实际受力相比于二层环梁要小一些,因此,其配筋可参考二层相应部位。各层环梁轴力图见图 15.4-14,二层密肋梁内力图见图 15.4-15,弧形斜墙应力图见图 15.4-16。

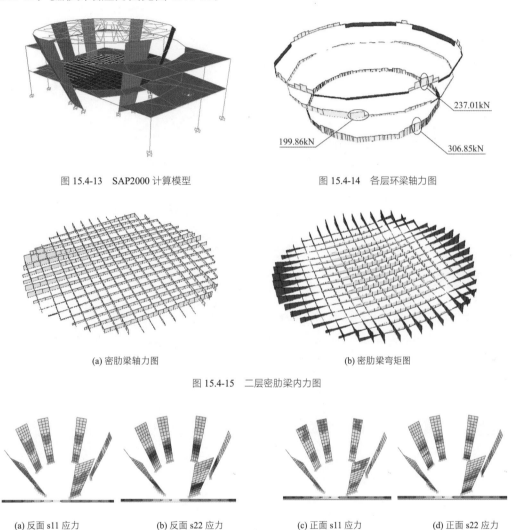

图 15.4-13　SAP2000 计算模型

图 15.4-14　各层环梁轴力图

237.01kN

199.86kN

306.85kN

(a) 密肋梁轴力图

(b) 密肋梁弯矩图

图 15.4-15　二层密肋梁内力图

(a) 反面 s11 应力

(b) 反面 s22 应力

(c) 正面 s11 应力

(d) 正面 s22 应力

图 15.4-16　弧形斜墙应力图

15.4.4　多功能厅屋盖结构

裙房一层西北角为多功能厅,平面长 40.5m,宽 29.5m,横向柱距 29.5m,纵向柱距 13.5m,层高 9m,屋盖为种植屋面,荷载较重。根据多种方案比较,多功能厅屋盖最终采用现浇混凝土板组合钢梁结构。

由于多功能厅净高限制,横向 29.5m 跨钢梁设计为变截面梁,靠柱端部 5.6m 范围考虑下有通风管道通过,梁高 1.5m,跨中梁高 2m,上部混凝土屋面板厚 150mm,通过在钢梁顶设置栓钉与混凝土屋面板连为整体。组合钢梁详图见图 15.4-17。在纵向间距 13.5m 的两柱居中位置增设 29.5m 跨钢梁,即钢梁按间距 6.75m 布置，中间钢梁支承在 13.5m 跨的型钢混凝土托梁上。多功能厅西侧边柱高度达 9m，采用 1m×1.5m 型钢混凝土柱。组合钢梁与型钢柱及 13.5m 型钢托梁均采用铰接连接，仅传递剪力，这样的节点连接构造简单、施工方便，也大大减小对大跨组合钢梁周边构件平面外受力的不利影响。连接节点构造见图 15.4-18。

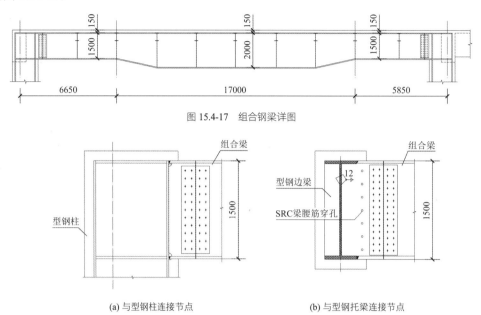

图 15.4-17　组合钢梁详图

(a) 与型钢柱连接节点　　　(b) 与型钢托梁连接节点

图 15.4-18　连接节点构造

15.4.5　穿层柱

主楼四层至七层西侧 6 轴及南侧 E 轴建筑平面有一贯通三层（局部三层半）的共享空间，形成高度达 12.9m 的穿层柱，导致结构局部楼层长短柱共用。四层至七层穿层柱位置见图 15.4-19。

对穿层柱进行屈曲分析确定计算长度系数，且计算长度不小于柱实际高度；同时为加强其抗震能力，满足多道防线要求，穿层柱按周边普通柱水平地震剪力复核其抗弯和抗剪承载力。

根据设定的抗震性能目标，对穿层柱进行中震下承载力验算，验算结果表明穿层柱均满足中震弹性要求。部分穿层柱承载力验算结果如图 15.4-20 所示。

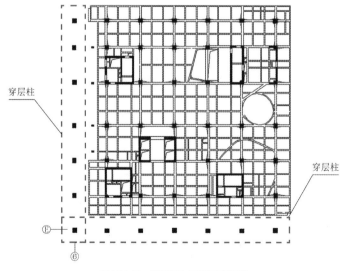

图 15.4-19　四层至七层穿层柱位置

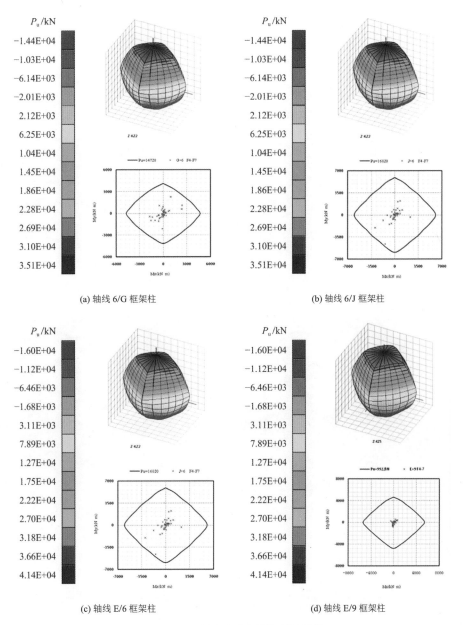

(a) 轴线 6/G 框架柱　　　　　　　　　　　(b) 轴线 6/J 框架柱

(c) 轴线 E/6 框架柱　　　　　　　　　　　(d) 轴线 E/9 框架柱

图 15.4-20　中震下部分穿层柱承载力验算

15.5　试验研究

15.5.1　模型设计及制作

1. 模型简化

振动台试验以主楼为主要研究对象。为规整试验模型，在一、二层外围布置两层钢筋混凝土框架及支撑，以此来模拟原裙房与主楼的相互作用。原型及等效模型一、二层平面见图 15.5-1 和图 15.5-2。

根据结构等强原则设计等效模型。采用 ETABS 软件对等效模型进行动力特性分析，通过对比质量、周期、层剪力及层刚度等结果，等效模型与原型结构基本一致，说明可以通过此等效模型模拟原型结构。原型三维分析模型见图 15.5-3，等效模型三维分析模型见图 15.5-4。

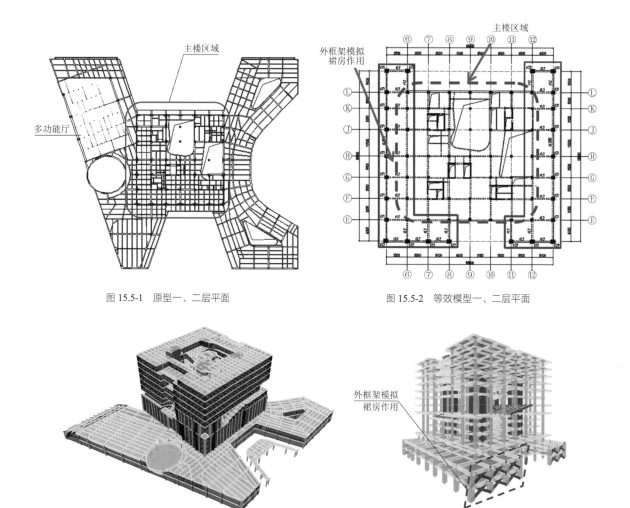

图 15.5-1　原型一、二层平面　　　　　　　图 15.5-2　等效模型一、二层平面

图 15.5-3　原型三维分析模型　　　　　　　图 15.5-4　等效模型三维分析模型

2．模型制作

试验模型确定几何相似比（缩尺比例）为 1∶25，加速度相似比为 2∶1，质量相似比为 1∶6000，其他物理量的相似关系按相似理论换算。模型制作采用微粒混凝土模拟主体结构混凝土，采用镀锌细铁丝模拟受力钢筋，采用 Q235 薄钢片模拟型钢混凝土构件内的钢骨，配重（质量块）均布置在模型结构各层楼面上，沿结构竖向分布与原型结构基本一致。模型制作完成后，模型内部结构见图 15.5-5，模型全景结构见图 15.5-6。

图 15.5-5　模型内部结构　　　　　　　　　图 15.5-6　模型全景结构

3．测点布置

模型结构试验各测点布置见图 15.5-7～图 15.5-9。

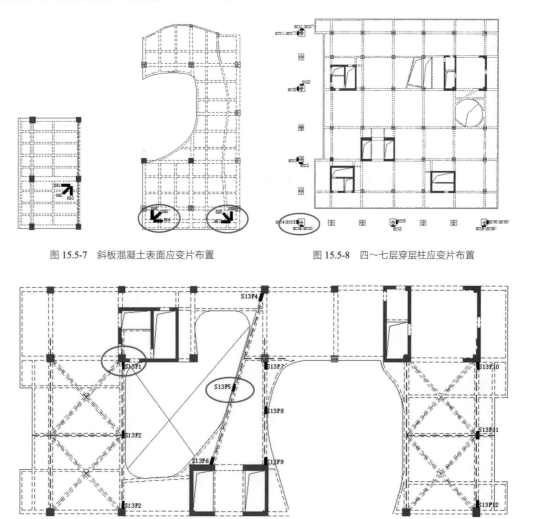

图 15.5-7　斜板混凝土表面应变片布置　　　图 15.5-8　四～七层穿层柱应变片布置

图 15.5-9　十三层连廊型钢混凝土梁钢骨应变片布置

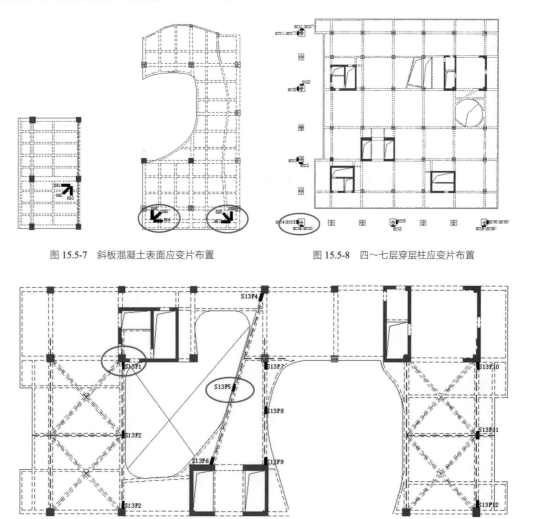

15.5.2　试验及结果分析

1．地震波输入

（1）采用 2 条天然波 El Centro 波、Kobe 波和 1 条人工波作为台面地震波输入，分别对模型结构X向、Y方向进行激振，并且以Y方向作为主振方向。

（2）X向输入加速度峰值分别按 7 度多遇地震至 7.5 度设防烈度地震逐级递增，共 3 组 15 个工况；Y向输入加速度峰值分别按 7 度多遇地震至 8.5 度罕遇地震逐级递增，共 8 组 34 个工况。在每组工况输入前后进行白噪声信号扫频，监测模型结构动力特性，观察损伤开展情况。

2．试验现象

（1）试验模型在X向及Y向经历 7 度多遇地震至 7.5 度设防烈度地震后，模型表面未发现可见裂纹，整体刚度退化不明显，模型基本保持弹性状态。

（2）试验模型在Y向 7 度罕遇地震输入后模型振动极大，结构顶层出现扭转。结构七层 E～L 轴立面洞口附近边柱柱底出现细微裂缝，局部构件已经出现损伤，见图 15.5-10。

（3）试验模型在 Y 向 8.5 度罕遇地震输入后模型振动剧烈，六层至八层 E～L 轴立面剪力墙连梁裂缝进一步开展，表面混凝土脱落，形成 X 形交叉斜裂缝，见图 15.5-11；七层西南角剪力墙底部出现水平裂缝，但并未贯通，见图 15.5-12。

图 15.5-10　七层边柱底　　　　图 15.5-11　六层剪力墙连梁　　　　图 15.5-12　七层剪力墙底

3．试验结果分析

（1）模型结构位移反应

7 度多遇地震下，X 向最大层间位移角 El Centro 波为 1/1493，Kobe 波和人工波分别为 1/1071 和 1/1438，均满足规范要求。

7 度多遇地震下，Y 向最大层间位移角 El Centro 波为 1/1500，Kobe 波和人工波分别为 1/830 和 1/845；7 度罕遇地震下 3 条波最大层间位移角分别为 1/146、1/120 和 1/120，均满足规范要求。Y 向模型结构层间位移角包络如图 15.5-13 所示。

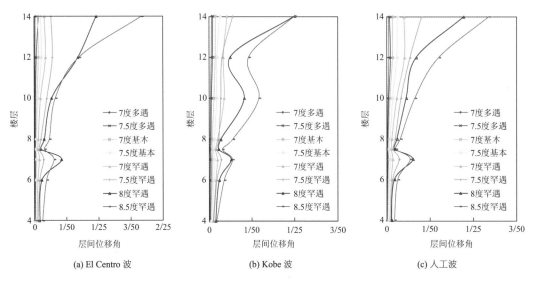

(a) El Centro 波　　　　　　(b) Kobe 波　　　　　　(c) 人工波

图 15.5-13　Y 向模型结构层间位移角包络

试验表明，Y 向层间位移角分布在七层出现突变，烈度越高越明显。这是由于七层最大层间位移角位于平面端部穿层柱顶端，一方面此处楼板缺失影响楼层侧向刚度，另一方面罕遇地震输入后，穿层柱顶部混凝土已出现开裂，对侧向刚度有一定的削弱。

（2）七层斜板应变分析

斜板底部测点测得的应变值均大于顶部测点应变值，说明斜板底部的剪力比顶部大，这与剪切型构件在地震作用下的破坏形态一致。应变片位置见图 15.5-7 红圈测点。7 度设防烈度地震斜板底部、顶部测点应变时程见图 15.5-14。

7 度罕遇地震输入时，斜板应变值超过混凝土极限拉应变，斜板出现开裂，但并未出现断裂现象，说明斜板具备较好的延性。

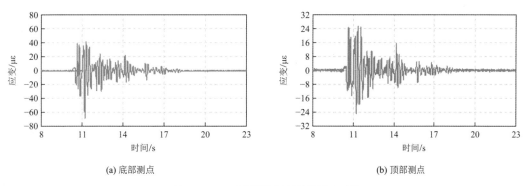

(a) 底部测点   (b) 顶部测点

图 15.5-14   7 度设防烈度地震斜板应变时程

（3）空中连廊型钢梁应变分析

空中连廊型钢梁应变片位置见图 15.5-9 红圈测点。7 度罕遇地震输入后，梁内钢骨应变均未超出型钢屈服极限，型钢梁能满足大震不屈服的要求。7 度罕遇地震梁中、梁端测点应变时程见图 15.5-15。

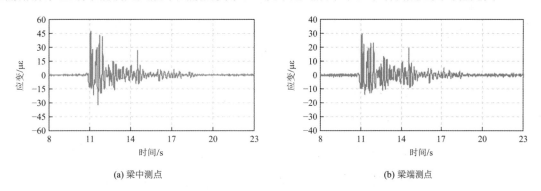

(a) 梁中测点   (b) 梁端测点

图 15.5-15   7 度罕遇地震梁内应变时程

（4）穿层柱型钢应变分析

穿层柱长细比较大，地震作用下柱中弯曲变形较大，应变峰值较柱底部和顶部均大，但在 7 度罕遇地震输入后，柱中钢骨应变均未超出型钢屈服极限，穿层柱能满足大震不屈服的要求。穿层柱应变片位置见图 15.5-8 红圈测点。7 度罕遇地震柱中、柱端测点应变时程见图 15.5-16。

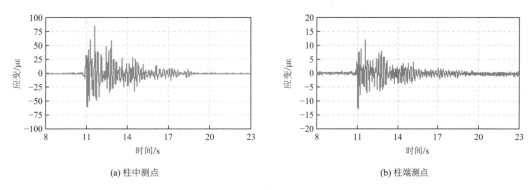

(a) 柱中测点   (b) 柱端测点

图 15.5-16   7 度罕遇地震柱内应变时程

15.5.3   试验结论

通过对振动台试验结果的分析，可以得到以下主要结论：

（1）加速度试验数据的分析表明，由于楼层楼板的不规则缺失，楼层质量与刚度分布不一致，存在一定的楼层偏心，造成楼层端部与中央加速度响应有一定的差异，端部测点的加速度放大效应明显较中央的大，说明结构存在一定的扭转现象。

（2）位移试验数据的分析表明，X向激振下，模型结构在 7 度多遇地震输入后其楼层中央和端部测点的最大层间位移角分别为 1/1309 和 1/830，满足"小震不坏"的要求。Y向激振下，模型结构在 7 度罕遇地震输入后其楼层中央测点和端部测点的最大层间位移角分别为 1/204 和 1/120，满足"大震不倒"的要求。

（3）通过对钢骨及斜板混凝土表面应变数据进行分析，X向激振下，钢骨及混凝土应变均未超过极限应变，处于弹性工作阶段；Y向激振下，当经历罕遇地震后，钢骨应变未超过极限应变，斜板混凝土拉应变达到 300$\mu\varepsilon$以上，远大于混凝土极限拉应变。

（4）在地震波输入过程中，连梁最先开裂，裂缝呈现X形交叉斜缝，并随着地震烈度增大迅速发展，随后部分框架柱底以及剪力墙底出现裂缝，参与整体塑性耗能，部分洞口楼板出现贯通裂缝，穿层柱及错层斜板并未发现明显裂缝。在输入各工况罕遇地震波后，模型结构保持完整，主要抗侧力构件并未发生倒塌，整体结构延性良好，具有较好的塑性耗能能力。

15.6 结语

行政信息楼为平面及竖向特别不规则的超限复杂高层建筑结构，针对立面开洞 T 形贯通、大面积楼层斜板、空中连廊等主要建筑特点，从结构方案对比、结构计算分析、结构专项设计及振动台试验等多方面进行结构设计解析，工程小结如下：

（1）对平面及竖向特别不规则的超限高层建筑结构，通过采用多模型、多软件的分析比较，反应谱分析和弹性时程分析的对比，并按设定的抗震性能目标进行性能化设计，使其具有足够的安全储备，能满足结构既定的抗震能力。

（2）对工程中的关键部位及关键构件，除整体计算外，采用 ETABS、SAP2000 等通用有限元软件单独建模进行专项设计。通过有限元分析，找出在整体计算中不易发现的受力复杂部位和抗震薄弱部位，并在构造上根据其受力特点采取相应加强措施，使关键构件和关键部位的抗震能力不低于整体结构的抗震能力。

（3）罕遇地震作用下弹塑性时程分析结果表明，整体结构的弹塑性反应及屈服耗能机制，符合抗震工程学概念，结构竖立不倒；包括立面开洞周边区域构件在内的主要抗侧力构件没有发生严重损坏，多数连梁屈服耗能，部分框架梁参与塑性耗能，但不至于引起局部倒塌和危及结构整体安全，结构整体满足"大震不倒"的抗震设防目标。

（4）根据振动台试验结果分析，7 度多遇地震、设防地震及罕遇地震作用下模型结构的各项指标均满足规范要求，说明整体结构达到了 7 度的设防标准；振动台试验同时验证，即便是特别不规则的超限复杂高层建筑结构，在进行细致的计算分析并采取合理的抗震措施后，结构尚能具备一定地抵抗超越设防烈度地震作用的储备能力。

参考资料

[1] 苏州西交利物浦大学行政信息楼压力测量风洞试验研究报告[R]. 上海: 同济大学土木工程防灾国家重点实验室, 2009.

[2] 苏州西交利物浦大学行政信息楼动力弹塑性分析报告[R]. 南京: 南京工业大学建筑技术发展中心, 2010.

[3] 苏州西交利物浦大学行政信息楼振动台试验研究报告[R]. 南京: 南京工业大学工程抗震研究中心, 2013.

设计团队

结构设计单位：启迪设计集团股份有限公司（初步设计＋施工图设计）

结构设计团队：张　敏，袁雪芬，戴雅萍，张　杜，沈银良，洪庆尔，王　远，何小安，夏俊杰

执　笔　人：张　敏

获奖信息

2015 年全国优秀工程勘察设计行业奖建筑工程二等奖

2016 年中国建筑学会第九届全国优秀建筑结构设计二等奖

2015 年江苏省城乡建设系统优秀勘察设计一等

2016 年江苏省第十七届优秀工程设计二等奖

2014 年江苏省工程勘察设计行业奖建筑结构专业二等奖

第16章

常熟龙腾希尔顿酒店

16.1 工程概况

16.1.1 建筑概况

常熟龙腾希尔顿酒店位于常熟琴湖北岸，总建筑面积为 11.15 万 m²。整个建筑包括酒店、办公楼、行政客房、配套餐饮四个部分，地下为满堂的地下室，地上部分，酒店和办公楼为一个单体（以下简称主楼），建筑高度为 99.1m，最大高度为 117m；行政客房和配套餐饮在地面以上均为独立建筑。由于建筑造型和功能分布的需要，主楼为连体高层建筑，行政客房和配套餐饮是二～三层的低层建筑。建筑效果见图 16.1-1。

图 16.1-1 建筑效果图

主楼在西—北侧设一道防震缝，与裙楼（酒店的会议中心）分为两个相互独立的抗震单元，见图 16.1-2。

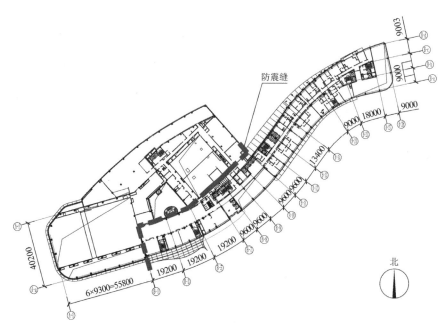

图 16.1-2 主楼二层平面

地下室共两层，主要功能是汽车库，地下一层还包括酒店后勤区，地下室自下而上层高依次为 4.1m、5.8m。酒店共二十一层，首层功能为商业、大堂、宴会厅前厅等，二层及以上为会议、餐厅和客房。主楼酒店部分首层层高为 6.0m，二～三层为 5.625m，标准层层高为 3.75m，十九层以上层高为 4.2m，另含 4 个层高为 2.1m 的设备层。办公楼共 11 层，建筑高度为 58.05m，其多数层高与酒店不同，首层层高 4.95m，标准层层高 4.5m，仅第十、十一层与酒店部分楼面平齐、构成连体。主楼部分的建筑剖面见图 16.1-3。

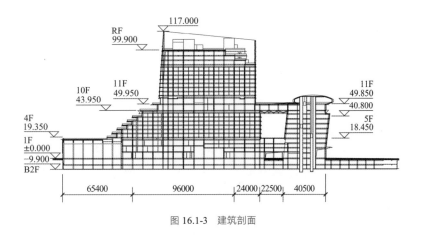

图 16.1-3　建筑剖面

16.1.2　设计条件

1. 主体控制参数（表 16.1-1）

控制参数　　　　　　　　　　　　　　　　　　　　　　　　　　　表 16.1-1

结构设计基准期	50 年	建筑抗震设防分类	标准设防类（丙类）
建筑结构安全等级	二级（结构重要性系数 1.0）	抗震设防烈度	7 度（0.10g）
地基基础设计等级	一级	设计地震分组	第一组
建筑结构阻尼比	0.05（小震）/0.07（大震）	场地类别	Ⅲ类

2. 结构抗震设计条件

工程按 7 度抗震设防烈度设防，设计基本地震加速度为 0.10g，设计地震分组为第一组，抗震设防类别为标准设防类。根据场地波速试验成果，场区 20m 深度范围内土层等效剪切波速 V_{se} 为 174~214m/s，为Ⅲ类场地，设计特征周期为 0.45s（小震，大震下 0.50s）。

3. 风荷载

结构变形验算时，按 50 年一遇取基本风压为 0.45kN/m²，承载力验算时按基本风压的 1.1 倍，场地粗糙度类别为 B 类。

16.2　建筑特点

如图 16.1-3 所示，主楼酒店和办公楼在第六~九层分开，使整个塔楼地上部分成为第二~五层和第十、十一层相连的复杂连体结构。同时，酒店和办公楼对层高的不同需求使塔楼除连体以外的楼层层高都不相同，办公楼在第十层（连体层）以下比酒店少一层，加大了连体两侧结构动力特性的差异。

酒店建筑平面呈现为扭曲的带状，其典型宽度为 18.97m，连体楼层直线长度约为 180.16m，长宽比达到 9.5，整体扭转惯量很大。

酒店设置有 4 个设备夹层，夹层层高 2.1m，若按普通结构楼层设计，则会因相邻层层高差异过大而引起结构刚度沿竖向分布很不均匀、薄弱层和软弱层集中出现在同一楼层等问题。

因建筑立面造型的需要，办公楼东、西立面外轮廓分别倾斜 6°。为最大程度提高建筑室内空间的利用率，办公楼东、西两列框架柱分别自第三层和第五层楼面向上随立面斜度倾斜（图 16.2-1，图中蓝色柱为斜柱，绿色部分为剪力墙）。这样就形成了办公楼结构有近一半框架柱倾斜的情况，重力荷载作用下的水平分量影响不容忽视。

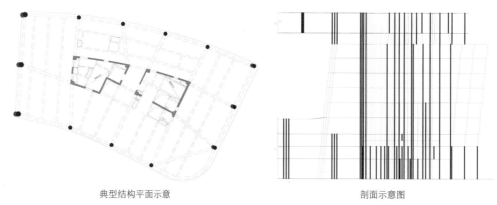

典型结构平面示意　　　　　　　剖面示意图

图 16.2-1　办公塔楼斜柱分布平面、剖面图

　　建筑酒店部分第十层以下在西南端的造型是以 39°倾角逐步退台，自第十二层向上立面倾角变为87°，总体上建筑西南端的收进沿竖向较为均匀；但建筑东北侧在第十一层连体屋面向上存在高位收进，其高度约在 1/2 建筑总高处，叠加连体因素，高位收进—连体楼层上下结构的受力十分复杂。

　　酒店在第二、三层的会议、餐饮功能与客房功能用房处存在不同的层高需求，故以（B-9）轴为界设置了夹层，使结构出现局部错层，见图 16.2-2。

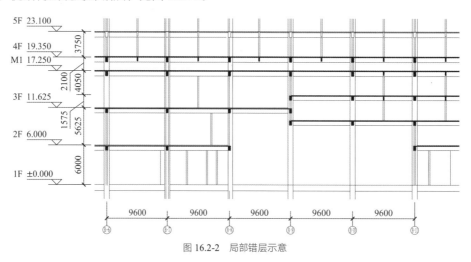

图 16.2-2　局部错层示意

　　第十层连接体部分建筑布置了室内游泳池，不允许室内出现斜杆和大截面柱子，因此，大跨度连体结构不能采用整层高的带斜腹杆桁架。第十一层连接体部分是露天花园，景观设计有带坡地形，覆土较厚，存在相当大的荷载。因建筑功能的需要，酒店有个别框架柱不能落地，需要转换。酒店和办公楼部分楼层设有较大面积共享空间，部分框架柱在楼层标高处没有框架梁拉结从而成为穿层柱。由此可见，主楼存在高位收进、连体、斜柱、局部错层、局部转换、穿层柱等多项复杂情况。

16.3　体系与分析

16.3.1　结构方案

　　从满足建筑功能和确保结构安全出发，主楼采用框架-剪力墙结构体系，部分构件采用型钢混凝土梁、柱和钢管混凝土柱。其中，型钢混凝土柱布置在酒店塔楼，钢管混凝土柱布置在办公塔楼。剪力墙在平面上结合竖向交通盒尽可能布置成筒体，由此形成 5 个抗侧筒体。为使平面狭长且呈扭曲带状的塔楼整体具备合理的抗扭刚度，特别加强这 5 个核心筒中靠两端的 3 个核心筒的 Y 向抗侧刚度，而采取减小连梁高度等方法减小中间 2 个核心筒的抗侧刚度。另外结合建筑酒店部分立面的逐步退台，在低层结合隔墙设置二处单独的剪力墙。典型结构平面布置见图 16.3-1。

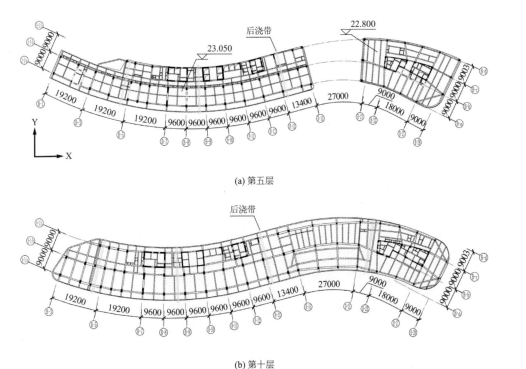

(a) 第五层

(b) 第十层

图 16.3-1　典型结构平面布置

连体部分平面呈弧形，因室内游泳池在东、西两端都超出连接体范围，为保证游泳池功能正常使用，连接体结构采用"强连体"结构方案。连接体最大直线距离为 32.779m，结合建筑师对游泳池室内柱需圆形的要求，采用箱形钢梁＋圆形钢立柱构成水平折形空腹桁架，其平面外水平分力主要由第十、十一层垂直方向的钢梁来平衡。连体部分局部三维关系示意见图 16.3-2。

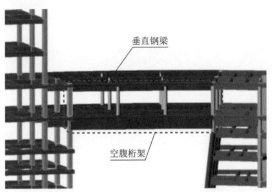

图 16.3-2　连体部分局部三维关系示意

设备夹层以尽可能均匀上下楼层层高为原则确定其结构做法：除第九～十层之间的设备夹层采用吊挂钢结构可上人吊顶的形式来实现外，其余三个设备夹层都采用支承于下层楼面的钢结构非结构层形式，遇主体结构柱、剪力墙处采用水平向的可滑移支座来实现荷载传递，楼板也与主体结构柱、剪力墙设缝脱开。

办公楼框架斜柱带来的附加水平分力主要由办公楼核心筒剪力墙承担，通过在剪力墙内适当设置型钢来提高其抗剪承载能力。

酒店部分剪力墙厚度自下向上 600～300mm，典型框架柱截面尺寸为 700mm×1200mm、

700mm × 1000mm 等，典型框架梁截面尺寸为 400mm × 1100mm、300mm × 650mm 等。办公楼部分剪力墙厚度自下向上 500～300mm，典型框架柱为圆钢管混凝土柱，截面为 D1000 × 30、D900 × 25 等，典型框架梁截面尺寸为 400mm × 1000mm、300mm × 650mm 等。竖向构件混凝土强度等级由下部 C60 渐变到上部 C30，水平构件混凝土强度等级为 C35、C30。钢材均采用 Q355B。

16.3.2 结构主要计算结果

结构分析采用 SATWE 和 ETABS，抗震分析时考虑两个水平向和竖向地震作用的影响，以及扭转耦联效应、偶然偏心及双向地震效应，并进行地震最不利作用方向及主要抗侧力构件方向地震作用的计算。SATWE 整体结构三维计算模型见图 16.3-3。

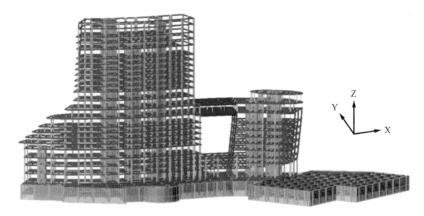

图 16.3-3 SATWE 整体结构三维计算模型

计算结果显示，地下一层相关范围内结构的侧向刚度与一层侧向刚度的比值，X 向为 6.31，Y 向为 3.58，满足《建筑抗震设计规范》GB 50011—2010（2016 年版）（简称《抗规》）对嵌固层的条件要求，因此塔楼嵌固端确定在地下室顶板位置。

结构的主要计算结果列于表 16.3-1。由表 16.3-1 可见，两个软件的计算结果相近，结果是可靠的；振型 1、2 分别为塔楼沿 Y 向和 X 向的平动；振型 3 为绕 Z 轴扭转；结构扭转第 1 周期和平动第 1 周期之比 $T_t/T_1 = 0.68$，满足规范要求，且振型之间耦联效应较小。由于存在较人跨度的连体部分，竖向振型的影响不可忽略。

主要计算结果 表 16.3-1

软件名称		SATWE			ETABS		
	振型	周期/s	平动系数（X向+Y向）	扭转系数 T	周期/s	平动系数（X向+Y向）	扭转系数 T
考虑扭转耦联	T_1	2.39	0.97（0.10 + 0.87）	0.03	2.51	0.98（0.02 + 0.96）	0.02
	T_2	2.22	0.96（0.82 + 0.14）	0.04	2.10	0.96（0.93 + 0.03）	0.04
	T_3（T_t）	1.62	0.29（0.08 + 0.21）	0.71	1.63	0.25（0.06 + 0.19）	0.75
T_t/T_1		0.68			0.65		
地震作用最大方向角		−88.923°					
		X向	Y向		X向		Y向
剪重比		2.24%	2.22%		2.33%		2.11%
楼层最大弹性层间位移角	风荷载作用	1/3320	1/849		1/3318		1/1052
	地震作用	1/1248	1/1103		1/1067		1/997
最大层间位移与平均层间位移之比		1.11	1.46		1.34		1.27

从图 16.3-4 所示考虑偶然偏心下的最大层间位移与平均层间位移比曲线可见，X向位移比总体较小；而Y向除在第六～九层分塔的 4 层位移比较小外，连体及以下的楼层位移比均相对较大，以连体层为最大，说明连体层扭转效应较为强烈，应采取加强措施。

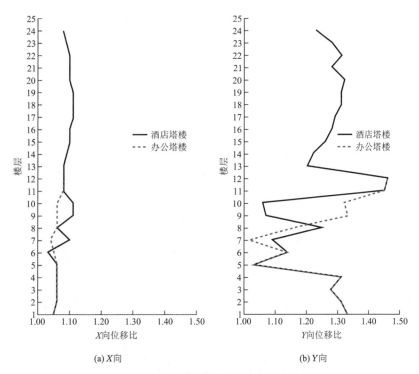

(a) X向   (b) Y向

图 16.3-4 最大层间位移与平均层间位移比曲线

根据场地特性选取了 5 条天然地震动记录和 2 条人工波进行时程分析。各组地震动均采用三向输入，主方向、次方向和竖向幅值比按 1∶0.85∶0.65 确定，多遇地震峰值加速度取 35gal。从图 16.3-5 所示规范谱和所选地震波反应谱的对比可见，各加速度时程的平均地震响应系数曲线与振型分解反应谱法所采用的地震响应系数曲线在主要周期点上的误差不大于±20%，在统计意义上相符。

从弹性时程分析与 CQC 法计算结果比较来看，部分楼层时程分析法计算结果大于反应谱法所得结果，最大放大系数为 1.108（X向）和 1.148（Y向），相应楼层需对反应谱法的计算结果进行调整，以保证结构的安全。

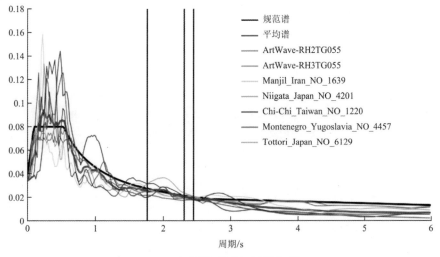

图 16.3-5 规范谱与地震波反应谱的对比

16.3.3 超限判别及性能设计目标

主楼高度 99.1m，低于 7 度区 A 级高度框架-剪力墙结构的最大高度限值 120m，规则性超限判别见表 2。

由表 16.3-2 可见，主楼存在扭转不规则、楼板不连续（及局部错层）、刚度突变（立面尺寸突变）、构件间断、斜柱五项不规则，属于特别不规则的高层建筑结构。

规则性超限判别 　　　　　　　　　　　　　　　　　　　　　　　　　表 16.3-2

序号	不规则类型	涵义	计算值	是否超限
1_a	扭转不规则	考虑偶然偏心的扭转位移比大于 1.2	1.46	是
1_b	偏心布置	偏心率大于 0.15 或相邻层质心相差大于相应边长 15%	—	—
2_a	凹凸不规则	平面凹凸尺寸大于相应边长 30% 等	凹凸尺寸小于相应边长 30%	否
2_b	组合平面	细腰形或角部重叠形	—	—
3	楼板不连续	有效宽度小于 50%，开洞面积大于 30%，错层大于梁高	大堂开洞；建筑三~四层存在错层	是
4_a	刚度突变	相邻层刚度变化大于 70%（按《高规》考虑层高修正时，数值相应调整）或连续三层变化大于 80%	62%	是
4_b	立面尺寸突变	竖向构件收进位置高于结构高度 20% 且收进大于 25%，或外挑大于 10% 和 4m，多塔	第十一层及以上收进	是
5	构件间断	上下墙、柱、支撑不连续，含加强层、连体类	十~十一层办公楼和酒店存在连体	是
6	承载力突变	相邻层受剪承载力变化大于 80%	83%	否
7	其他不规则	如局部的穿层柱、斜柱、夹层、个别构件错层或转换，或个别楼层扭转位移比大于 1.2 等	办公楼局部存在斜柱	是

综合考虑本工程的超限情况，超限审查专家组认同结构抗震性能目标应确定为 D +。结构各部位性能化设计具体要求见表 16.3-3。

抗震设计性能目标 　　　　　　　　　　　　　　　　　　　　　　　表 16.3-3

遭受地震烈度	多遇地震	设防烈度地震	罕遇地震
底部加强区剪力墙、框架柱	弹性	抗弯、抗剪弹性	剪力墙满足截面抗剪要求
错层部位剪力墙、框架柱	弹性	抗弯、抗剪弹性	剪力墙满足截面抗剪要求
连体框架梁及支承的框架柱	弹性	抗弯、抗剪弹性	—
连体层及其上下层剪力墙、框架柱	弹性	抗弯不屈服、抗剪弹性	剪力墙满足截面抗剪要求
局部转换支承梁、柱	弹性	抗弯、抗剪弹性	—
收进部位及其上层剪力墙	弹性	抗弯、抗剪弹性	剪力墙满足截面抗剪要求
其余部位竖向构件	弹性	抗弯、抗剪不屈服	剪力墙满足截面抗剪要求

16.3.4 计算措施

针对连体结构，进行整体模型与切分模型分别计算、强度包络设计。计算时，连体部分考虑竖向地震作用的影响。切分模型按几何上切除连接体部分结构、将连接体竖向荷载输入相应塔楼节点的方式建模。

办公楼核心筒东侧 3 根边柱自第三层以上向外倾斜、西侧 3 根边柱自第五层以上向内倾斜，为计算其引起的水平分力，办公塔楼在第三层及以上各层均按能够反映楼板实际刚度的弹性楼板假定进行计算，楼面梁依实际受力情况分别按压弯和拉弯构件设计。

针对局部错层，采用对错层附近楼板刚度按实际考虑的计算结果作为设计依据。

连体楼层平面超长，其楼板综合设防烈度三向地震作用下楼板应力分析结果和季节温差温度应力作用下楼板应力分析结果进行配筋，采取加大楼板厚度、加强配筋等措施。

经典回眸　启迪设计集团股份有限公司篇

对设防地震作用下处于大偏拉受力状态的剪力墙墙肢，按特一级构造；对设防地震作用下墙肢名义拉应力超过混凝土抗拉强度标准值f_{tk}的，设置型钢并由型钢承担全部拉力。

开大洞周边板块适当增加厚度及配筋率，并局部通长配筋；内隔墙采用轻质填充墙体，减轻结构的自重，减小地震作用。

16.3.5 罕遇地震弹塑性时程分析

罕遇地震弹塑性时程分析采用 SAUSAGE 软件进行计算，按《抗规》的选波原则，选取了在统计意义上与规范谱相近的 2 条天然波（TH084TG055 和 TH083TG055）和 1 条人工波（RH2TG055）进行分析。图 16.3-6 为 TH083TG055 波的结构能量耗散分布图，可见地震波输入约 5s 后，结构阻尼耗能明显增加，说明结构中越来越多的构件陆续进入塑性状态，结构吸收的地震能量不断增加；约 18s 后应变能和阻尼耗能趋于稳定，说明结构吸收的能量趋于稳定，结构在罕遇地震下趋于稳定，能够满足"大震不倒"的要求。

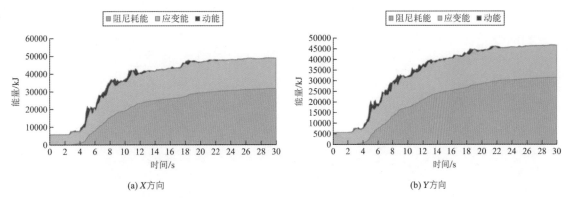

(a) X方向   (b) Y方向

图 16.3-6 TH083TG055 波的结构能量耗散分布图

图 16.3-7 为各地震波下的层间位移角时程包络曲线。从图 16.3-7 可见，罕遇地震下的最大层间位移角为 1/65；在连体楼层上下层间位移角存在明显的突变，设计时应予以特别加强。

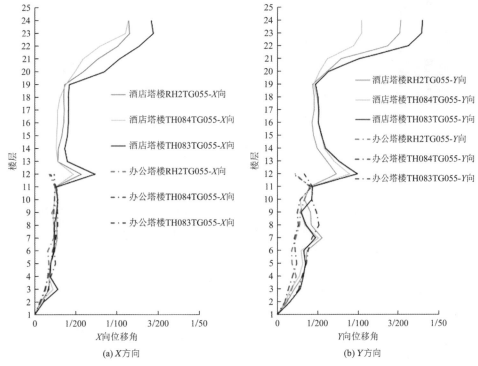

(a) X方向   (b) Y方向

图 16.3-7 各地震波下的层间位移角

图 16.3-8、图 16.3-9 为罕遇地震下弹塑性时程分析得到的基底剪力和顶点位移时程分析结果。从图 16.3-8、图 16.3-9 可见，随着结构构件弹塑性损伤的发展，结构刚度有所下降，周期变长，基底剪力有一定程度的减小，顶点位移也趋于减小。

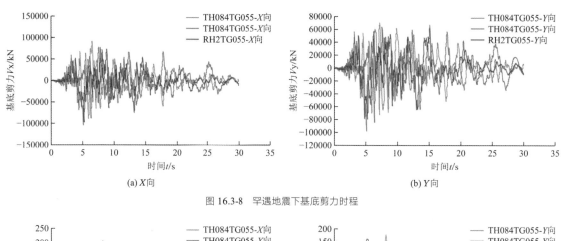

(a) X向

(b) Y向

图 16.3-8 罕遇地震下基底剪力时程

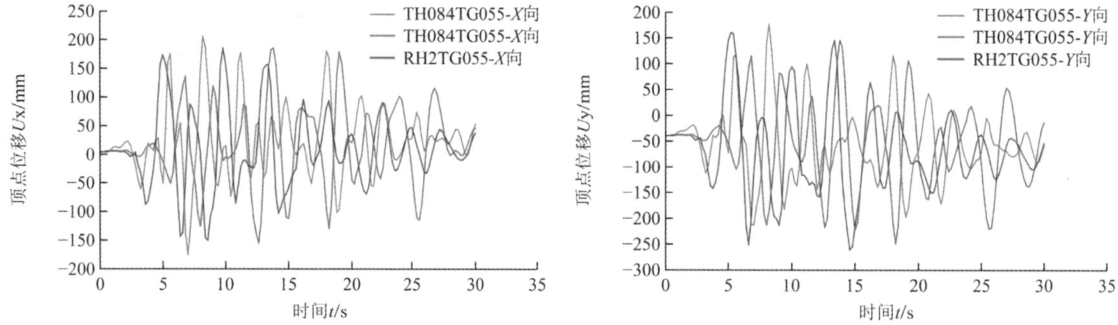

(a) X向

(b) Y向

图 16.3-9 罕遇地震下顶点位移时程

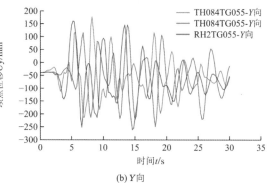

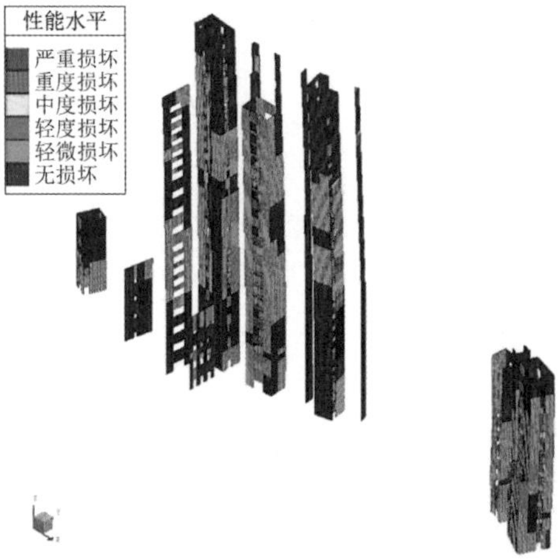

图 16.3-10 RH2TG055_X 地震波下的剪力墙性能水平

弹塑性时程分析结果还显示，罕遇地震下剪力墙损伤基本上都集中在连梁，墙肢仅少部分轻微或轻度损伤（图 16.3-10）；框架柱塑性铰仅出现在顶层或接近顶层，说明达到了抗震性能目标；楼板基本无损坏，仅少部分区域轻微损坏，说明结构整体抗震性能良好。

16.4 专项设计

16.4.1 高位收进-连体对结构性能的影响分析

表 16.4-1 对比了连体模型和将第十、十一层连体部分人为断开而得的分塔模型（中间连接体荷载分别输入到两侧塔楼相应位置）在地震作用下结构一层底部的倾覆弯矩，两者相差很小，说明第十、十一层连体对结构整体的影响有限。

连体、分塔模型底部倾覆力矩对比   表 16.4-1

模型	X向	Y向
连体模型	$1.58 \times 10^6 \mathrm{kN \cdot m}$	$1.41 \times 10^6 \mathrm{kN \cdot m}$
分塔模型	$1.57 \times 10^6 \mathrm{kN \cdot m}$	$1.37 \times 10^6 \mathrm{kN \cdot m}$
比值	1.006	1.029

经典回眸 启迪设计集团股份有限公司篇

考察前述连体模型和分塔模型在高位收进-连体部位（图16.4-1）内力变化的情况。限于篇幅，仅将沿纵向位于平面中间轴线（A-b）的框架柱在连体层及连体以上两层在三向地震作用下的内力数据列于表16.4-2。

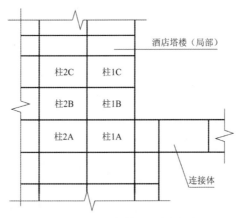

图 16.4-1 收进、连体附近局部框架立面

高位收进、连体附近框架柱内力对比（单位：kN·m）　　　　　　表 16.4-2

内力		工况		连体模型						切分模型					
				柱1A	柱1B	柱1C	柱2A	柱2B	柱2C	柱1A	柱1B	柱1C	柱2A	柱2B	柱2C
N/kN		E_X		−676.7	−867.4	−749.8	−344.5	−350.2	−347.1	−553.4	−726.8	−646.5	274.9	−276.8	−281.3
		E_Y		644.1	815.3	705.8	323.2	333.8	329.6	−511.8	−667.6	−596	−242.5	−248.8	−252.5
		E_v		−366.1	−367.2	−328.3	−530.8	−493.1	−438.3	−410.8	−408.3	−366.4	−558.3	−518.3	−453.5
Q_X/kN		E_X		98.3	143.7	54.6	43	107.4	117.4	120.8	86.4	64.1	72.5	85	118.7
		E_Y		36.6	44.6	13.9	−11.4	24.3	24.2	38.1	28.7	17.6	−18.4	−21.2	−29.6
		E_v		−24.9	16.8	9.7	5.8	−3.7	−4.5	21.1	15.1	8.9	−7.1	−4.6	5.6
Q_Y/kN		E_X		−34.4	268.6	185.7	−22.3	−106.5	−147.6	76.1	112.6	112.9	−37.3	66.6	102.2
		E_Y		77	417.2	298.5	57.7	197.2	268	198.6	268.1	246.7	102	178.3	250.9
		E_v		5	−18.3	−16.5	3.8	−4	−8.9	−11.8	−14.9	−18.3	−3.5	−3.4	−9.1
M_Y/kN·m	E_X	底		−198.5	−901.6	−544.7	141.9	368.8	421.3	−269.4	215.5	−352.2	333.2	−397.9	268.6
		顶		−279.3	711.1	545.1	−126.8	−273.1	−443	144.7	−125.8	−202.1	212.1	−319.5	282.4
	E_Y	底		−419.8	−1371	−857.6	−307.8	−640	−748.2	−669.3	−775.4	−802.3	−373	−479.2	−735.9
		顶		373.6	1136.1	892.5	185.7	550.7	821.1	533.3	837.9	644.9	259.3	596.9	734.2
	E_v	底		22.6	59.6	50.6	12.3	15.1	23.4	45.9	40.7	60.7	21	9.7	25.2
		顶		18.8	−50.3	−46	16.3	13.4	−28.7	−24.9	−49.1	−46.4	5.6	−12	−28.1
M_X/kN·m	E_X	底		319	510.6	149.2	169.6	301.3	356	377.3	329.6	192	245.7	225.7	362.2
		顶		−271.1	−352.8	−171.3	−96.6	−343.5	−330.8	−347.6	−249.7	−183.2	−189.8	−284.7	−332.5
	E_Y	底		117.2	164.6	36.6	35.5	71.2	74.3	118.8	99.3	51.3	−61.7	−56.3	−90
		顶		−102.8	−103.9	−45.4	38.8	−75.2	−67.5	−110	−73.3	−51.9	48.8	70.9	83.4
	E_v	底		−77.5	60.9	29	18.8	−10.7	12.8	64.8	52.1	25.8	−22.9	−14.1	16.2
		顶		−71.8	−41.4	−27.9	−16.2	−11.6	13.9	−61.5	−38.6	−26.4	20	−14.6	17.3

注：E_X代表X向水平地震作用；E_Y代表Y向水平地震作用；E_v代表竖向地震作用；N代表柱轴力；Q_Y代表Y向剪力；Q_X代表X向剪力；M_Y代表Y向弯矩；M_X代表X向弯矩。轴力受拉为正、受压为负，剪力和弯矩的方向与轴线方向（图16.3-3）同向为正。

从表16.4-2可见，相比于分塔模型，连体高位收进部位柱在水平地震作用下的轴力有明显增大，增幅可达20%或更大，且收进部位向上两层及向内侧扩展的第二排柱轴力也都有明显的增大，但柱轴力在竖向地震作用下两者几乎没有变化。柱两个方向的剪力在连体层本身，在水平地震作用下有明显减小（因连体后剪力全结构分配），但在向上一层则有显著增大，最大可增大 1 倍以上，甚至向上第二层、向内一跨也有增大超过 50% 的情况；柱剪力在竖向地震作用下也有类似情况，但增幅较小且在向上第二层就基本相同。柱端弯矩，连体层本身在水平地震作用下基本相同或略有减小，而在上一层有明显增大，幅度达 50% 以上。值得注意的是，连体层本身柱端弯矩在竖向地震作用下有明显增加，增幅约为 20%，并向上层有所延续，但增幅没有向内侧柱扩散。

可见，本工程高位收进—连体对结构局部的影响是很大的，需要在全面、精确计算分析的基础上有针对性地采取加强措施。

16.4.2　连接体钢曲梁多尺度应力分析

因连体部分的室内游泳池使楼板存在较大高差，游泳池底部局部为采用透明亚克力底板实现透视效果而在混凝土楼板开有连续、较大的洞口，致使连体处大跨水平弯曲钢梁受力非常复杂。因此，在 ETABS 模型中采用 SHELL 单元模拟箱形钢梁的板件构成多尺度模型（图 16.4-2）进行精细分析。分析结果表明，连体部分的箱形水平曲梁在两端、梁顶和梁底标高出平面梁以及楼板约束下的应力在规范允许的强度范围之内。

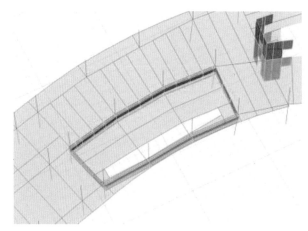

图 16.4-2　局部多尺度模型

图 16.4-3 为曲梁在控制荷载组合下的主应力 σ_1 云图，除极小范围应力集中区域应力较高外，大范围钢板应力水平在 200MPa 以内，应力比是较为适宜的。

图 16.4-3　曲梁在控制荷载组合下的主应力 σ_1 云图

16.4.3　温度和地震作用下的楼板应力分析

塔楼采用现浇钢筋混凝土楼盖，平面最长处直线距离 180.16m，比《混凝土结构设计规范》GB 50010—2010 的规定超长达到 3 倍多，楼板在建筑全生命周期内能否起到应有的作用显得极为关键。

为控制楼板干缩和温度作用下的裂缝，在施工阶段要求设置后浇带；对于使用阶段，采用有限元方法分析混凝土干缩和降温引起的拉应力分布，在拉应力较大部位楼板内增加钢筋配置进行控制。

根据苏州地区气象资料，基本气温最低−8℃，最高 39℃，工程合拢温度取 15～20℃。则楼板中面所经受的温差为升温 24℃、降温−28℃。考虑混凝土的徐变，计算时温度折减系数取 0.3。由于混凝土楼板在降温时大部分区域受拉处于不利受力状态，故重点考察降温工况。图 16.4-4 所示为降温工况下楼板主应力 σ_1 云图。

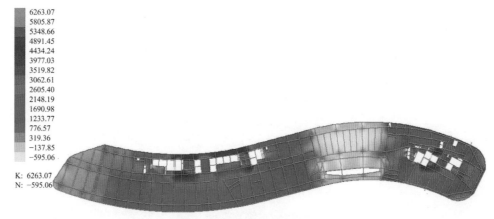

图 16.4-4　第十一层降温工况楼板主应力

去除局部应力集中的影响，楼板拉应力在多数区域均小于 C40 混凝土轴心抗拉强度标准值 2.39MPa；较大拉应力出现在平面北内凹的剪力墙边、楼板开大洞等处。

限于篇幅，仅在图 16.4-5 中示出 Y 向设防地震作用下的楼板主应力 σ_1 云图，可见最大拉应力出现在平面北凹进段的右侧，名义最大拉应力达到 5.26MPa。X 向设防地震作用下的楼板拉应力小于该值，但也位于该区域。

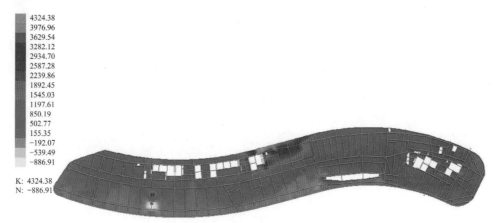

图 16.4-5　第十一层 Y 向地震作用下楼板主应力

值得注意的是，温度和地震作用下楼板拉应力较大的区域（混凝土筒体之间）是相邻且部分重叠的，该区域需要有针对性的采取加强措施。经计算，采用楼板内附加 ϕ10@200 双层配筋予以加强。

16.4.4　基础设计

本工程上部结构超长且集中了多项复杂结构项，整体性不强，因此基础设计以有效控制差异沉降为原则进行。

根据场地土层情况，塔楼下采用桩径 800mm 的钻孔灌注桩，以⑨₂粉细砂层为桩端持力层，桩长 50m，单桩竖向抗压承载力特征值为 4400kN；裙楼及地下室下采用桩径 600mm 的钻孔灌注桩，以⑥粉质黏土夹粉土层或⑦粉土夹粉砂层为桩端持力层，单桩竖向抗压承载力特征值为 1200kN，单桩竖向抗拔承载力特征值为 800kN。采用考虑桩间土作用的变刚度调平设计，底板厚度取 1200～600mm 不等。

图 16.4-6 所示为基础沉降计算结果，最大沉降量为 18mm，相邻柱基的沉降差除以相邻柱基的中心距离最大为 1.4‰，满足规范不超过 2‰ 的要求。

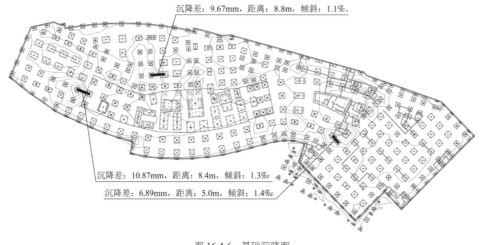

沉降差：9.67mm，距离：8.8m，倾斜：1.1‰。

沉降差：10.87mm，距离：8.4m，倾斜：1.3‰。

沉降差：6.89mm，距离：5.0m，倾斜：1.4‰。

图 16.4-6　基础沉降图

16.5 结语

（1）本工程平面狭长扭曲，同时存在高位收进、双塔连体、平面超长、穿层斜柱等多项复杂情况，结构设计首先通过合理布置抗侧力构件，调整剪力墙侧向刚度与框架刚度在平面中的分布，提高结构整体抗扭刚度，有效控制了结构的扭转效应。

（2）针对连体结构，应进行整体模型与切分模型分别计算、强度包络设计。

（3）通过抗震性能化设计，设定合理的抗震性能目标，对关键构件进行加强，保证了结构整体抗震性能达到要求的抗震设防水准。

（4）高位收进部位，内力的增大不仅限于收进后的第一排构件，第二排构件也有明显增幅，设计时应高度重视。

（5）对强连体部分的主要复杂受力构件建立多尺度模型进行精细分析，保证了连体结构的安全性。

（6）对局部错层、斜柱等，应采用模拟实际楼板刚度的计算模型进行分析，相关框架梁的配筋应考虑轴向力的影响。

（7）综合考虑场地土层分布和上部结构需要，采用变刚度调平设计，兼顾了基础的安全性、经济性和合理性。

参考资料

赵宏康, 戴雅萍, 陈磊, 等. 常熟龙腾希尔顿酒店复杂连体超限高层结构设计[J]. 建筑结构, 2022, 52(7): 65-72.

设计团队

结构设计单位：启迪设计集团股份有限公司（初步设计＋施工图设计）

结构设计团队：戴雅萍，赵宏康，陈　磊，潘苏辰，丁　锐，陈　蒙，丛　戎，姚天麟，龚富涛，黄志豪，李欣忆，庄逸峰

执　笔　人：赵宏康

第17章

国家电器产品质量监督检验中心

17.1 工程概况

17.1.1 建筑概况

图 17.1-1 工程全景

苏州电器科学研究院股份有限公司投资建设的国家电器产品质量监督检验中心位于苏州吴中经济开发区旺山工业园，总建筑面积 85000m²，是国家生产许可证检测单位。整个工程包括继保测试楼、1 号电机测试车间、1 号、2 号屏蔽测试车间等数十个单体。

其中 2 号屏蔽测试车间为单层结构，跨度 56.35m、开间 12m、单层层高 63.8m、在 53.13m 标高处运行 65t 桥式吊车一台、在屋盖下设有 5t 悬挂吊车二台，属于单层超高、大跨重载的工业建筑。建成后照片见图 17.1-1。

一层建筑平面图、剖面图见图 17.1-2 和图 17.1-3。

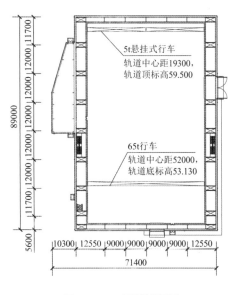

图 17.1-2 一层建筑平面图

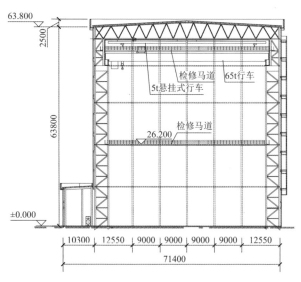

图 17.1-3 剖面图

17.1.2 设计条件

1. 控制参数（表 17.1-1）

控制参数　　　　　　　　　　　　　　　　　　　　　　　　　　　　　　表 17.1-1

结构设计基准期	50 年	建筑抗震设防分类	标准设防类（丙类）
建筑结构安全等级	二级（结构重要性系数 1.0）	抗震设防烈度	6 度（0.05g）
地基基础设计等级	甲级	设计地震分组	第一组
建筑结构阻尼比	0.04（小震）/0.06（大震）	场地类别	Ⅲ类

2. 竖向荷载取值

恒荷载按建筑实际做法取值，活荷载按表 17.1-2 取值。

建筑使用类别	标准值/kN/m²	组合值系数ψ_c	准永久值系数ψ_q
地坪	100.0	0.7	0.5
屋面吊挂	1.0	0.7	0.5
卫生间	3.0	0.6	0.7
楼梯间	3.5	0.7	0.3
不上人屋面	0.5	0.7	0.0

3．结构抗震设计条件

本工程设计时苏州地区抗震设防烈度为 6 度，设计基本地震加速度值为 0.05g，设计地震分组为第一组。依照场地剪切波速测试结果，计算所得等效剪切波速平均值为$V_{se} = 156.1 \sim 172.3 m/s$，场地覆盖层厚度大于 80m，故建筑场地类别为Ⅲ类，设计特征周期值取为 0.45s（罕遇地震下取 0.50s）。地下土层可不作液化判别和处理。

4．风荷载

苏州地区基本风压为 0.45kN/m²，承载力验算时考虑 1.1 放大系数。地面粗糙度类别为 B 类，风载体型系数取为 1.40。

5．性能化目标

多遇地震作用下，主体结构处于弹性状态，控制结构层间位移角、扭转位移比满足规范要求，使用功能充分运行；中震作用下格构柱等关键构件处于弹性状态；罕遇地震作用下，主体结构部分处于弹塑性状态，控制结构层间位移角小于$H/70$（略严于高层钢结构建筑的要求），避免出现中等程度以上的破坏。

17.2 建筑特点

2 号屏蔽测试车间需要围护结构通过与试验台较大的距离来达到屏蔽测试的要求，因此，建筑上要求实现单层超大层高（63.8m）、单跨大跨度（56.35m）的结构。

17.3 体系与分析

17.3.1 结构方案及结构体系

通过对单层超高、大跨、重载工业建筑结构体系选型的系统研究，为实现单层超大层高（63.8m）、单跨大跨度（56.35m）结构，设计采用横向钢管混凝土四肢格构柱加双拼的钢管梯形桁架构成大跨单层刚架，纵向采用带柱间支撑的排架结构体系。刚架底部为固接，顶部与桁架的连接采用刚接。

纵向在中部设一道柱间支撑、沿高度方向由下到上设 5 道纵向桁架式系杆传递沿纵向的水平作用，在建筑纵向两端的排架之间设不落地支撑。

钢管混凝土四肢格构柱和双拼的钢管梯形桁架均采用相贯连接节点。端部山墙抗风桁架的顶端连接到屋面桁架的下弦，采用专门的构造确保只传递水平作用、不承受竖向作用。抗风桁架的高度取与四肢格构柱的宽度相同，与相邻格构柱之间和抗风桁架自身之间均设刚性系杆以确保抗风柱的平面外稳定。在屋盖下弦设置封闭的屋面横向及纵向水平支撑以分配、传递水平作用。在屋架上弦设置屋面横向水平支撑和刚性系杆，以及竖向支撑以确保屋盖结构的刚度和稳定性，具体详图见图 17.3-1～图 17.3-4。

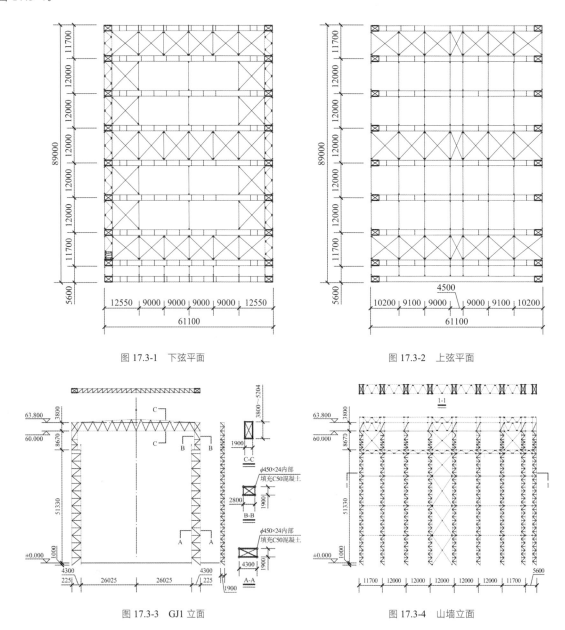

图 17.3-1　下弦平面　　　　　　　　　　　图 17.3-2　上弦平面

图 17.3-3　GJ1 立面　　　　　　　　　　　图 17.3-4　山墙立面

　　针对格构柱肢距较大的特点，为有效约束格构柱，在外柱肢和内柱肢平面分别设置柱间支撑；同时在两道交叉支撑交点之间设置连杆，巧妙地解决了由于建筑开间大、层高大、柱间交叉支撑平面外无支长度大带来的构件稳定问题，并在结构整体屈曲分析的结果中得到了验证。

　　外围护墙体采用蒸压轻质加气混凝土板，在格构柱和抗风桁架外围沿高度方向每 6m 设置一道方钢管围梁，在围梁上固定蒸压轻质加气混凝土板（图 17.3-5）。

　　屋面采用高频焊接轻型 H 型钢作檩条，檩条上安装彩钢板作为屋面。

　　基础埋深按房屋总高度的 1/18 控制。

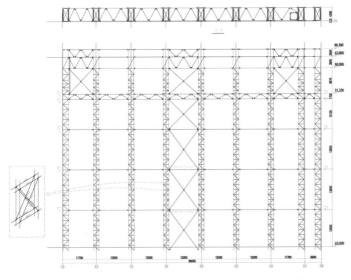

图 17.3-5　支撑布置及照片

17.3.2　结构计算模型

厂房框排架结构的计算分析通常简化为平面结构进行,考虑到本工程的特点,如简化为平面结构计算,忽略结构的空间作用,无疑偏于保守,需要耗费更多的材料。为做到准确计算,合理考虑结构的空间整体作用,采用 SAP2000 和 ANSYS 软件构建了三维空间结构模型,除计入常规的恒荷载、活荷载、风载以及水平地震作用外,还考虑温度作用和竖向地震作用;利用 ANSYS 软件的随机振动分析功能对结构进行频域内的风振响应计算以得到适用于此类结构设计的风振系数;进行了考虑结构初始缺陷的特征值屈曲分析等。计算时均计入了 $P\text{-}\Delta$ 和 $P\text{-}\delta$ 效应。计算模型见图 17.3-6。

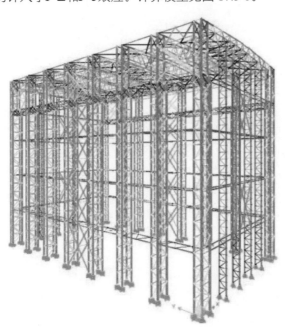

图 17.3-6　SAP2000 模型

地震作用分别进行振型分解反应谱法、弹性动力时程分析法、静力弹塑性分析法的分析。

振型分解反应谱法分析包括单向和双向水平作用分析,并分别考虑双向地震和 5%偶然偏心的作用。弹性动力时程分析进行三维地震作用分析,三个方向的地震加速度峰值比值为 1∶0.85∶0.65。进行罕遇地震作用下整体结构的静力弹塑性分析,验算其弹塑性变形,发现薄弱部位。

17.3.3 结构分析

1. 结构分析主要结果（表 17.3-1）

结构分析主要结果 表 17.3-1

序号	科目		计算结果			规范控制值
1	振型	序号	周期/s		方向	—
		1	1.84		Y	
		2	1.62		X	
		3	1.61		扭	
2	周期比 T_t/T_1		0.875			< 0.90
3	基底剪力/kN	X向	1310			—
		Y向	1408			
	剪重比/%	X向	1.43			
		Y向	1.54			
4	有效质量系数/%	X向	100			$\geqslant 90$
		Y向	100			
5	最大层间位移	地震作用	X向	17.54mm		—
			Y向	14.18mm		
		风荷载	X向	121.59mm		
			Y向	50.28mm		
6	层间位移角（单层）	地震作用	X向	1/3650		1/400
			Y向	1/4513		
		风荷载	X向	1/526		1/400
			Y向	1/1273		
7	最大层间位移比	X向	1.08			$\leqslant 1.5$
		Y向	1.04			
8	结构总质量/t		9154.2			—

结构主要振型见图 17.3-7。

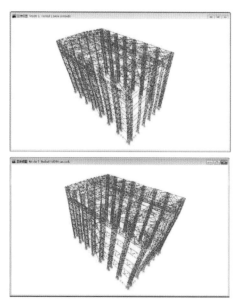 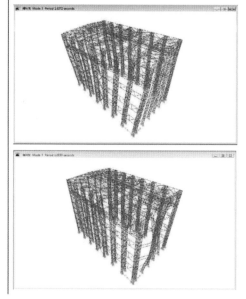

图 17.3-7 前 4 个振型模态

2. 静力弹塑性分析结果

静力弹塑性分析结果
X方向

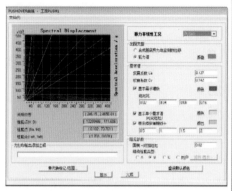
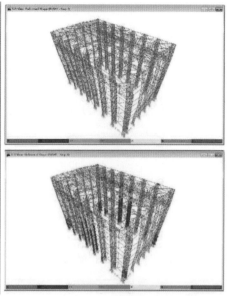
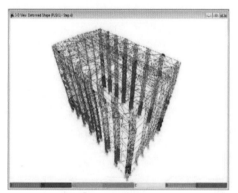
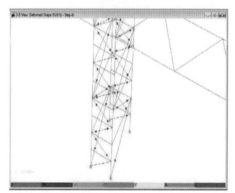

图 17.3-8

从静力弹塑性分析结果可知（图17.3-8），塑性铰均出现于格构柱腹杆，可见，整体结构在大震下的性能能够满足要求。

17.4 专项设计-单层大跨超高厂房结构选型

1. 单层大跨超高厂房结构设计的影响因素

（1）荷载对大层高、大跨度单层结构的影响

随着结构层高加大、跨度增大，各种荷载对结构产生影响的变化趋势是不同的。以40m跨度、40m高度单跨刚架为初始考察对象，为分析单一参数改变对结构影响的发展趋势，先设定一定的竖向荷载和水平作用（以基本风压0.45kN/m²、基本地震烈度7度、65t吊车的水平作用为例），并按初始考察对象确定一定的结构构件截面（按《钢结构设计规范》GB 50017—2003建议的顶点侧移和屋盖跨中挠度分别按H/400（H为房屋高度）及L/400（L为屋盖跨度）控制）并予以固化，然后分别保持高度不变而改变跨度、保持跨度不变而改变高度，分析不同荷载作用在建筑高度和跨度变化时对结构的不同影响变化趋势。

分析采用通用结构分析和设计软件SAP2000，考虑了P-Δ和P-δ效应，以及荷载作用顺序引起的差异。

图17.4-1表示在结构高度不变时，随着跨度的变化，跨中挠度、顶点侧移在竖向荷载、风荷载、地

震作用、吊车荷载作用下的变化趋势。图 17.4-2 表示在结构跨度不变时，随着结构高度的变化，跨中挠度、顶点侧移在各荷载作用下的变化趋势。

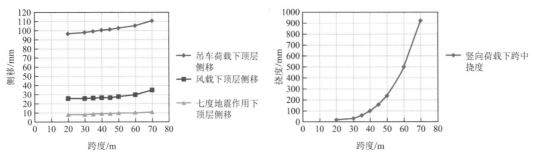

图 17.4-1　相同层高、不同跨度下的单跨单层结构变形趋势曲线

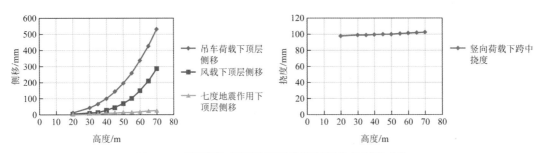

图 17.4-2　相同跨度、不同层高下的单跨单层结构变形趋势曲线

从图中可见，当厂房高度不变、跨度改变时，风荷载、吊车荷载和水平地震引起的顶点侧移有变化但幅度较小，基本上是受到水平构件跨度增加后线刚度下降而使结构抗侧刚度相应减小的影响；当跨度超过一定数值时（本算例为 60m 左右），前两种荷载作用下的顶点侧移有加速增大的趋势；而此时竖向荷载引起的水平构件跨中挠度呈急剧增加的趋势也是符合力学常识的。从本算例可见，在水平方向，大吨位吊车横向刹车荷载作用下的结构侧移较风载和地震作用下的侧移大，而因结构自重较轻使结构在地震作用下的反应较小，风荷载作用的影响比地震作用的影响大。

当厂房跨度不变、高度改变时，风荷载、吊车荷载和水平地震引起的顶点侧移均呈增大趋势，但其中水平地震作用下的顶层侧移增大幅度相当小，吊车荷载引起的顶点侧移增加幅度最大，并随着高度的增加，呈加速上升趋势，风载次之。此时竖向荷载引起的水平构件跨中挠度仅有极小的增加，几乎可以忽略。

由此可见单层超高大跨度厂房结构的抗侧刚度是设计的主要控制因素，横向抗侧刚度主要由结构柱提供，所以结构柱的设计是此类结构设计是否合理、经济的关键。

另外，如厂房由于工艺方面的需要而开较大门洞时，其风载体型系数与封闭厂房相比有明显不同，其取值宜适当加大，必要时可通过风洞试验确定风荷载。

（2）连接节点刚度对整体结构的影响

由于跨度大、高度高，结构梁和柱的线刚度相对较小，其连接节点的刚度对整体结构的影响较为有限。表 17.4-1 和表 17.4-2 分别给出了结构梁柱铰接和刚接时在各水平荷载作用下的顶层侧移的比值。

从表 17.4-1 中的数据对比可见，在相同高度下，随着跨度的增加，在风荷载和吊车作用下梁柱铰接时顶层侧移的增加幅度越来越大；而地震作用下的增幅几乎维持不变，从表中算例来看，基本上在 5%以内，而风荷载和吊车作用下的顶层位移随着跨度的增加，梁柱铰接时可达梁柱刚接时的 2～4 倍。从表 17.4-2 中的数据对比可见，在相同跨度下，随着高度的增加，在风荷载和吊车作用下，梁柱铰接时的顶层侧移增大幅度明显，大多接近或超过 10%；而地震作用下的增幅较小，基本上在 5%左右。这与地震作用和结构的刚度成正比有关：梁柱铰接，结构刚度减小，自振周期变长，随之地震力减小，地震作用下的结构顶层位移增加就小。

经典回眸　启迪设计集团股份有限公司篇

梁柱铰接与固接下的顶层侧移比值			表 17.4-1
跨度/m	风荷载	地震作用	吊车作用
20	1.099	1.039	1.101
30	1.093	1.037	1.087
35	1.145	1.046	1.083
40	1.187	1.039	1.090
45	1.317	1.033	1.118
50	1.535	1.028	1.180
60	2.439	1.021	1.480
70	3.954	1.015	2.076

梁柱铰接与固接下的顶层侧移比值			表 17.4-2
高度/m	风荷载	地震作用	吊车作用
20	2.110	1.031	1.191
30	1.374	1.034	1.104
40	1.187	1.039	1.090
45	1.145	1.033	1.091
50	1.119	1.039	1.095
60	1.113	1.052	1.107
65	1.116	1.056	1.114
70	1.120	1.060	1.121

（3）吊车正常运行的变形要求

《钢结构设计规范》GB 50017—2003 对柱顶位移提出了控制要求；对冶金工厂或类似车间中设有 A6 级以上吊车的厂房柱的吊车梁顶面水平侧移规定的限值是按平面结构模型计算为 $H_c/1250$（H_c 为柱高）、按空间结构模型计算为 $H_c/2000$，但对 A6 级以下吊车的梁顶面水平侧移没有提出控制要求。单层超高厂房往往需要设置多层吊车，结构柱超高可能由于两侧结构柱变形不同步引起不同标高吊车梁顶面水平侧移差大于吊车允许限值而导致卡轨，使吊车的正常运行受到影响。因此，单层超高厂房对吊车梁顶面水平侧移差应从严控制，对 A6 级以下吊车也应控制梁顶面水平侧移使之满足吊车正常运行的需要。

2. 主要结构构件形式的选择

如前分析，单层大跨超高厂房结构的横向侧移刚度主要由结构柱提供。为保证结构的稳定性、足够的抗侧移刚度和大吨位吊车运行的可靠性，结构柱的刚度显得尤为重要。对于单层大跨超高厂房来说，钢筋混凝土柱自重大，不适合于大跨度结构，施工质量难以保证、工期很长，显然不如钢结构柱合适。

钢结构柱的形式可分为实腹柱和格构柱两大类。格构柱在制造上较为费工，但当柱截面高度 h_c 超过 1m 时，往往较实腹柱经济。本节以单层大跨超高厂房结构为研究对象，厂房柱截面高度均超过 1m，故仅考察格构柱。实际工程中实腹型钢格构柱、钢管格构柱、钢管混凝土格构柱等均有运用。图 17.4-3 中给出了双肢柱、三肢柱、四肢柱常见的格构柱。

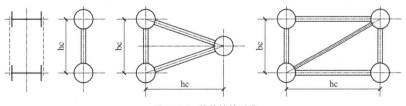

图 17.4-3 格构柱的形式

格构柱的截面对厂房的平面布置和有效使用面积以及经济性等都有较大影响，受层高和荷载控制。阶形柱十分适合于含有大吨位吊车的车间，吊车梁的设置应尽量减小偏心以降低牛腿或柱肢的用钢量。传统的普通厂房钢柱下柱截面高度一般为厂房高度的 1/15～1/20（当吊车为重级工作制时则为 1/11～1/14）。对于单层超高厂房而言，柱截面高度按上述一般情况取值往往不能满足要求。

格构柱由柱肢和缀条（板）组成，其承载力和刚度主要由柱肢截面和肢距决定。图 17.4-4 给出了在相同的跨度、高度以及荷载下，单层单跨结构格构柱柱肢截面 A 和肢距h_c对顶点侧移的影响曲线。为体现两者的相互关系及发展趋势，图中采取比值形式：以某一格构柱柱肢截面或肢距下的顶点侧移为 1，分别增大或减小格构柱柱肢截面或肢距而计算得到对应情况下的顶点侧移，并以此值与原值相比。

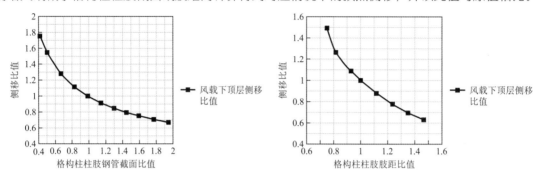

图 17.4-4　格构柱柱肢截面和肢距的影响趋势曲线

从图 17.4-4 可见，增加格构柱的柱肢截面和加大肢距都能够有效控制顶点侧移。但各有缺点：增加柱肢截面会导致用钢量的显著上升；加大肢距会明显影响净跨或增加占地、减小使用空间，同时缀条的加长也会增加用钢量。而近年来快速兴起的钢管混凝土技术为提高格构柱刚度、同时有效控制造价提供了一条有效途径。钢管混凝土所具有的承载力高、塑性好、抗震性能好的优点，用于超高大厂房格构柱的柱肢更能有效降低结构造价。为提高超高厂房柱的刚度，钢管混凝土柱内部混凝土的强度等级宜高一些以提供更高的弹性模量。

采用钢管混凝土格构柱对提高结构柱抗侧刚度的作用可以通过将钢管混凝土柱肢按"相等轴向刚度、相等抗弯刚度"原则折算成钢管柱肢而体现出来（图 17.4-5）。

钢管混凝土构件的轴压刚度、抗弯刚度可按下式计算：

轴压刚度

$$EA = E_c A_c + E_s A_{ss} \tag{17.4-1}$$

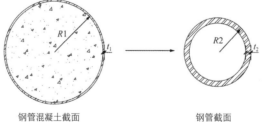

钢管混凝土截面　　　　　　　钢管截面

图 17.4-5　钢管混凝土截面折算成钢管截面

抗弯刚度

$$EI = E_s I_{ss} + E_c I_c \tag{17.4-2}$$

按上述原则折算成的钢管截面尺寸为：

$$R_2 = \frac{1}{2}\sqrt{\frac{\frac{E_c}{E_s}(R_1 - t_1)^4 + R_1^4 - (R_1 - t_1)^4}{\frac{E_c}{E_s}(R_1 - t_1)^2 + R_1^2 - (R_1 - t_1)^2} + \frac{E_c}{E_s}(R_1 - t_1)^2 + R_1 + (R_1 - t_1)^2} \tag{17.4-3}$$

$$t_2 = R_2 - \sqrt{R_2^2 - R_1^2 + (R_1 - t_1)^2 - \frac{E_c}{E_s}(R_1 - t_1)^2} \tag{17.4-4}$$

以外径 450mm、壁厚 24mm、内部填充 C50 混凝土的钢管混凝土截面为例，依上式折算成钢管截面为外径 300mm、壁厚 78mm，后者的用钢量是前者的 1.66 倍。可见，采用钢管混凝土作为柱肢是一个相当有优势的选择。

为确保达到预定的目标，设计应对超高钢管混凝土柱指定工地接长的位置，并要求各柱肢在竖向的拼接点错开 200mm；要求采用顶升法浇注管内混凝土以使管内混凝土密实，并在肩梁上翼缘板开数个直径 30mm 的出气孔。

依据以上分析结果，2 号屏蔽测试车间结构柱采用四肢的钢管混凝土格构柱，肢距 4.3m，柱肢外径 450mm，壁厚 24mm，内部填充 C50 混凝土，斜缀条采用φ245×10 钢管，水平缀条采用φ152×5 钢管，按斜缀条倾斜角度在 35°～55°之间确定缀条间距。

3. 屋盖结构型式的选择

在确定柱结构型式后，可随之确定屋盖的结构型式。对于采用格构柱的大跨度厂房，大多采用桁架形式的钢屋架。2 号屏蔽测试车间结构柱采用四肢的钢管混凝土格构柱，其屋架采用双拼的钢管桁架，桁架端部高度 3m，跨中随屋面 1∶20 找坡达到 4.229m，上下弦杆采用φ325×（8～16）钢管，腹杆采用φ203×（6～16）钢管。

4. 支撑体系的选择

单层超高厂房总体刚度比一般常规厂房偏柔，因此应采取相对强的支撑体系。在 2 号屏蔽测试车间的设计中，屋盖水平支撑分别设置桁架下弦水平支撑和桁架上弦水平支撑，因山墙抗风柱水平力传到桁架下弦，因此下弦水平支撑采取比常规厂房更强的布置（图 17.4-6）：沿外围设置封闭的支撑，并从严控制支撑杆件的长细比；桁架上弦按常规设三道横向水平支撑。

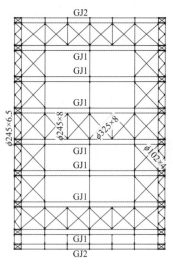

图 17.4-6　屋面下弦支撑平面

在传统工业厂房纵向排架设计中，可采用吊车梁兼作纵向水平系杆。但在单层超高厂房中，柱间支撑沿竖向需设多道纵向水平系杆才能有效控制结构柱的平面外计算长度；而格构柱分肢肢距的扩大也使位于内侧的吊车梁难以向柱外侧分肢提供有效的平面外约束，因此，采用专门的水平桁架作为纵向水平系杆更有利于保证结构柱的平面外稳定。

水平系杆沿竖向的布置需兼顾立面上的超大门洞、柱变阶位置、吊车标高、横向结构间距等因素。

超高厂房的山墙抗风柱同样超高，其平面内的计算高度与层高相同，但平面外可以通过合理的支撑设置来减小计算长度。抗风柱的柱间支撑可采用落地支撑，对结构整体动力特性有明显影响，应通过三维整体模型计算确定。2 号屏蔽测试车间的山墙柱间支撑如图 17.4-7 所示。

抗风柱采用平面桁架结构，桁架截面高度与结构柱（格构柱）的宽度相同，这样可使厂房端部刚架和山墙抗风柱、水平系杆以及抗风柱支撑形成完整的平面结构有利于力的传递和节点构造的简化。抗风柱柱柱间支撑、水平系杆均采用钢管构件，沿抗风柱内、外侧各设一道，其平面内在跨中相交、平面外相互之间设系杆，使支撑杆件在两个方向的计算长度均有效减小，从而减小其长细比、降低支撑构件的用钢量。局部大样见图 17.4-8。

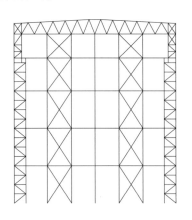 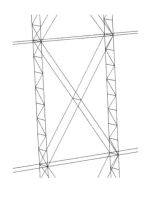

图 17.4-7　山墙抗风柱及其支撑布置立面　　图 17.4-8　山墙抗风柱及支撑局部大样

5．节点设计

（1）柱顶节点

柱顶与屋面桁架之间的连接是实现厂房横向刚架的关键。如前所述，钢管混凝土格构柱与管桁架的连接需保证可靠传力。钢管之间一般采用直接焊接的相贯节点，这要求汇交到同一节点的钢管外径相互之间具有一定的差异以避免或减少隐蔽焊缝。对于受力大、汇交杆件多或特别复杂的节点，采用设置穿心节点板是较好的处理方法。2 号屏蔽测试车间横向刚架梁柱相交处内侧的节点就采用了设置穿心节点板的做法，如图 17.4-9 所示。

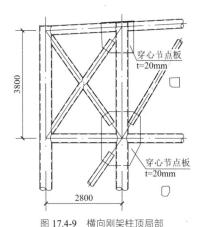

图 17.4-9　横向刚架柱顶局部

（2）肩梁节点

上下柱的连接是整个结构柱的关键。这里采用双向肋板加劲的穿心板式肩梁设计，即肩梁腹板采用整块钢板，上下柱的钢管先开槽、开坡口，将肩梁腹板插入钢管槽内，然后焊接；并设置纵横向的加劲肋约束腹板，增加了传力的可靠性和整体结构的安全性。其大样图如图 17.4-10 所示。采用通用结构分析软件 ANSYS 建立节点区的高精度有限元分析模型，材料为 Q345 钢，设为理想弹塑性材料，其屈服强度 $f_y = 315\text{MPa}$，弹性模量 $E = 2.06 \times 10^5\text{MPa}$，泊松比 $\gamma = 0.3$，选用 ANSYS 提供的 Shell181 单元模拟。计算所得节点在设计荷载（1.35 恒荷载 + 0.98 活荷载）下的 Von-Mises 应力云图如图 17.4-11 所示。

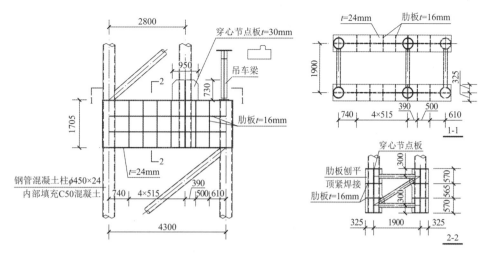

图 17.4-10　上下柱连接大样

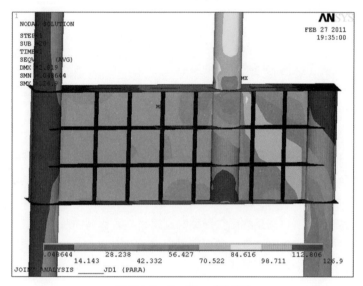

图 17.4-11　Von-Mises 应力云图

　　从有限元分析的应力云图看，穿心肋板的受力为桁架式的，上柱内侧分肢的竖向力基本上沿肩梁对角线方向传给下柱，加劲肋起到了确保肋板可靠工作、不提前屈曲的作用。分析结果显示在设计荷载下，该节点处于弹性工作状态，其极限承载力约为设计荷载的 5 倍。可见此节点传力可靠、安全，构造、施工均相当简便；同时，可以通过调整穿心板厚度、加劲肋之间的间距来适应各种不同的情况，其适应性较强。

　　（3）柱脚节点

　　结构整体分析结果显示格构柱柱脚刚性主要由内外分肢轴力形成的力偶提供，各分肢本身刚接与否对结构整体的影响很小，从本节多个算例的计算结果看，对顶点侧移的贡献大致为 2%～3%。但对于单层大跨超高厂房而言，柱脚的可靠性无疑是重中之重，因此工程采用埋入式柱脚，如图 17.4-12 所示。

6. 空间整体计算及整体稳定性分析

　　传统的单层工业厂房钢结构通常单独计算横向结构和纵向结构的内力及变形，两个方向分别采用平面结构来进行计算，多数情况下没有考虑两个方向计算后在同一构件中产生的内力叠加。已有研究表明，非刚性屋面时考虑有相邻 5 个平行的横向结构共同工作就已足够准确。但对于大跨超高厂房，端部山墙抗风柱及其支撑结构提供的刚度，已显著高于中部结构的刚度；四周墙体材料（本工程采用蒸压加气混凝土板）及其支架结构（本工程采用沿高度方向每 5～6m 设一道方钢管围梁与格构柱相贯连接作为墙面板材的支架）也给结构整体带来了不可忽视的刚度。水平作用，尤其是单独作用到单榀横向结构上的吊车作用，由于其作用的空间位置的不同，所引起的结构内力也只有在空间整体计算中才可能较为准确。

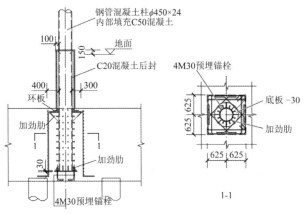

图 17.4-12　柱脚大样

厂房钢结构的横向框架在平面外通过柱间支撑构成纵向支撑排架结构、在屋面通过屋面水平支撑系统而形成完整的结构体系。支撑构件一般按长细比确定截面，再按支撑平面结构进行一定的补充计算。对于本节研究的单层大跨超高厂房结构，支撑结构较常规厂房结构复杂，其三维整体模型在空间受力和整体稳定等方面也表现出与平面简化模式不同的特点。

对于由格构式柱和桁架式梁组成的刚架，为考虑柱或横梁截面高度变化和腹杆变形的影响，在整体计算时应计入 P-Δ 和 P-δ 效应。

工程设计时对两个单体分别建立了空间整体计算模型，并进行了整体弹性屈曲分析。在结构选型过程中，也试算了分肢为 H 型钢的格构柱方案，发现存在弹性屈曲稳定的第一模态是 H 型钢分肢肢间屈曲的情况，即结构的屈曲源于格构柱分肢的失稳，而该格构柱及各支撑的设计完全满足规范的相关限值要求。这是值得注意的问题，可作进一步的整体弹塑性稳定性分析研究。采用钢管或钢管混凝土构件作为格构柱柱肢时，屈曲稳定的第一模态是柱间支撑失稳且屈曲系数达到 30 以上，这是理想的情况。

另外，对于单层大跨超高厂房而言，山墙受风面积很大，全部纵向风力和吊车纵向刹车力以及纵向地震力均由两侧的纵向排架中的柱间支撑传到基础。因此，在三维整体计算模型中建入完整的抗侧力体系，对准确计算纵向水平力工况组合下的柱、柱脚及基础作用力，也是必须的。

17.5　试验研究

1. 试验模型

试验采用 1∶4 缩尺模型模拟下柱段受力状态，对钢管混凝土格构柱进行偏心受压试验。通过试验得到试件的荷载-跨中挠度曲线、荷载-压缩曲线等，用于分析构件的受力全过程情况。对试验过程中柱肢钢管的纵向应变、环向应变和部分缀件的纵向应变进行量测，为分析加载过程中构件各部位的受力情况提供数据。结合试验现象和测量的相关数据，对钢管混凝土长柱的最终失效模式进行分析，为钢管混凝土格构长柱偏压性能的理论分析提供试验基础。同时，为研究混凝土对构件承载力的影响，另做一根不灌注混凝土的钢管格构柱进行对比。

材性试验压强度分别为 40.9MPa、41.2MPa 和 37.7MPa，平均值为 39.9MPa。

2. 偏压试验模型

试验柱模型编号为 GG1（钢管格构柱缩尺模型）和 GG2（钢管混凝土格构柱缩尺模型）。试验模型长 12.6m，根据长细比等效原则得出模型格构柱截面尺寸（图 17.5-1 和图 17.5-2）。

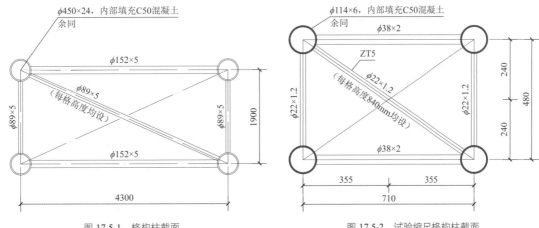

图 17.5-1 格构柱截面 图 17.5-2 试验缩尺格构柱截面

模型的四柱肢钢管管材为 Q345B 钢材制作,采用无缝钢管。其余缀管采用 Q235B 钢材制作,也采用无缝钢管,焊条均为 E43 型。格构柱构件如图 17.5-3 所示。

图 17.5-3 格构柱工厂加工图

3．试验装置及试验方法

由于压力试验机行程均远小于试验柱长度(12.6m),试验采用卧位试验方法,通过预应力加载方式加载,如图 17.5-4、图 17.5-5 所示。

图 17.5-4 GG1 试验现场图 图 17.5-5 GG2 试验现场图

试验采用 250t、400t 两台千斤顶同时加载,通过调节两台千斤顶的张拉力来实现格构柱的偏心加载。为保证缩尺柱偏心距为 $e = 170mm$,设 250t 千斤顶张拉力为 F_1,400t 千斤顶张拉力为 F_2,则需满足 $F_2 = 2F_1$。加载分为预载、标准荷载、破坏荷载三个阶段。加载过程中对构件选取位移和应变测试点进行实时监测,在监测到试件接近破坏时,适当调整加载数值和速度。图 17.5-4、图 17.5-5 分别为构件 GG1、GG2 的试验加载现场。GG2 加载时为模拟实际工程侧向支承点作用,在沿柱长 1/3、2/3 点处均设门形钢架以限制侧向位移,模拟柱间支撑的作用。

4．试验测点布置及测试方法

采用位移计测量构件的纵向变形和侧向挠度。在两端支座处各布置 3 个位移计以观测构件纵向变形和支座处转角；沿柱长分别在 1/6，5/6 处各布置 2 个位移计以监测构件的竖向变形；在柱长 1/2 处四肢各布置竖向位移计一个、水平位移计一个，共计布置位移计 18 个，如图 17.5-6 所示。

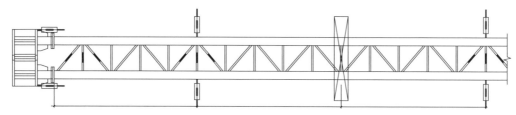

图 17.5-6　半结构位移计、应变片现场布置图

在柱端截面、1/6 跨截面及跨中截面 0°、90°、180° 三个位置布置应变片以分析格构柱柱肢的受力性能，如图 17.5-7 所示；在柱端截面、1/6 跨截面和跨中截面的缀管布置应变片为分析缀管对柱肢受力性能的影响，如图 17.5-8 所示。

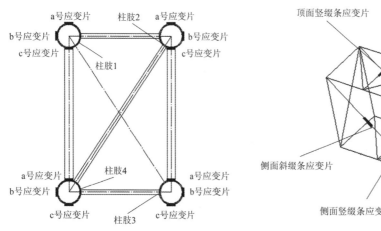

图 17.5-7　柱肢应变片布置原则

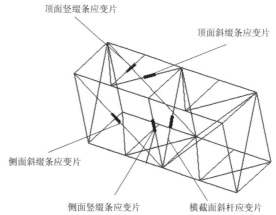

图 17.5-8　缀条应变片布置原则

"▬" 表示电阻应变片

5．试验过程与试验现象

1）构件 GG1

加载初期，因受偏心荷载作用，构件呈面内单波变形。当加载达 180t 时，油泵油表开始回转，无法继续加载。稳住油压后，加载端支座仍不断沿纵向向前移动，紧接着随着"砰"的响声，构件突然发生面外失稳。失稳时构件在面外瞬间产生很大的位移，上下面的缀条沿柱长大多被拉断（图 17.5-9，图 17.5-10），左右侧面的缀条仍处于弹性阶段，无明显变形。因失稳发生时部分构件仍处于弹性阶段，因此失稳后面内反拱变形有部分恢复。此时整体构件已完全丧失承载能力，最大加载值 1800kN 即为构件 GG1 的极限承载力。构件 GG1 整体变形图见图 17.5-11。

图 17.5-9　缀条弯折

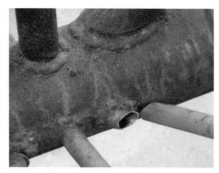

图 17.5-10　缀条拉断

图 17.5-11　构件 GG1 整体变形图

2）构件 GG2

为模拟实际工程中柱间支撑的作用，构件 GG2 利用门形刚架在沿长度 1/3 处设置了侧向支承，因此破坏形态与 GG1 完全不同。构件在荷载小于 80% 极限荷载时变形一直接近线性增长，继续施加荷载超过 80% 极限荷载时横向变形向上开始迅速发展，最后荷载达到最大值无法再增加，而变形仍在增大，待构件变形较明显时停止加载。试件破坏时呈较明显的整体变形，沿偏心力方向向上反拱变形（图 17.5-12）。同时，当荷载超过 80% 极限荷载后，构件在靠近加载端柱肢钢管开始剥落表面铁锈（图 17.5-13），出现横向裂纹（图 17.5-14），紧接着出现较大的塑性区（图 17.5-15），最后出现明显的向外鼓曲（图 17.5-16）。构件极限承载力为 2340kN。试验结束后将局部鼓曲段钢管割开，如图 17.5-17 所示，管内混凝土已全部被压碎。鼓曲位置附近的缀条在这个过程中也发生弯折和拉断现象（图 17.5-18、图 17.5-19）。出现局部屈曲现象主要是由于格构柱的初始缺陷较为复杂，格构柱单个钢管混凝土柱肢本身有一定的初始缺陷，而柱肢上又有众多的缀管交汇焊接，焊接残余应力及缀管制作误差使柱肢的初始缺陷进一步复杂化。又因格构柱各个柱肢初始缺陷的分布、形态也可能不一样，受力时各个柱肢通过缀管相互影响，更加大了复杂程度。故与单肢柱相比，格构柱的初始缺陷要复杂得多，对构件的受力过程会带来更复杂的影响。

图 17.5-12　构件 GG2 整体变形图

图 17.5-13　铁锈剥落

图 17.5-14　出现横向裂纹

图 17.5-15　出现塑性区

图 17.5-16　柱肢局部鼓曲

图 17.5-17　缀条弯折

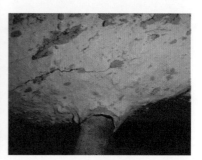

图 17.5-18　缀条拉断

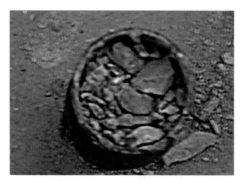

图 17.5-19　破坏段混凝土形态

6．试验结果分析

1）构件 GG1 试验结果分析

（1）荷载与挠度的关系

构件 GG1 加载端的荷载-纵向位移曲线如图 17.5-20 所示。加载前期纵向位移随荷载的增加近似线性增长。构件失稳破坏时，最大纵向位移量达 51.2mm。从图 17.5-21 可见，构件跨中竖向位移随荷载的增长不断加大，构件破坏前最大位移量达 31.84mm，且 1、2 号柱肢各时刻的竖向位移较为一致，表明在构件突然破坏前一直呈现整体的纵向单波变形。构件跨中侧向位移在破坏前随荷载缓慢发展，最大值仅 12.64mm；但构件破坏后，跨中侧向位移超过 200mm。这表明构件柱的失稳破坏具有突然性和危险性。

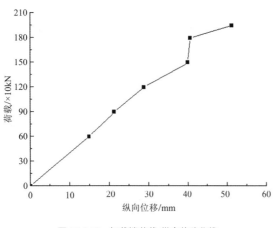

图 17.5-20　加载端荷载-纵向位移曲线

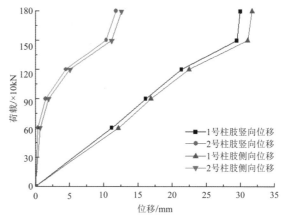

图 17.5-21　跨中荷载-位移曲线

（2）柱肢钢管应力分析

图 17.5-22、图 17.5-23 给出了构件 GG1 不同位置柱肢钢管的纵向应力随外加荷载发展的曲线。

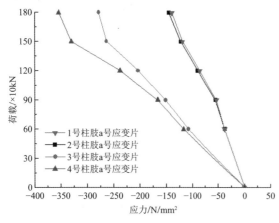

图 17.5-22　跨中柱肢纵向应力发展曲线

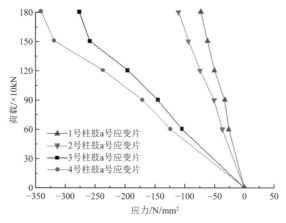

图 17.5-23　1/4 跨柱肢纵向应力发展曲线

从上图可以看出：

①整个加载过程，柱肢各截面的纵向应力随加载的增加呈线性发展，说明钢管始终处于弹性受力阶段。偏心荷载下试件处于全截面受压状态，但1、2号柱肢应力较小，3、4号柱肢应力较大。

②同一截面的1、2号柱肢应力曲线差异性较小，3、4号柱肢应力曲线具有一定差异，且随着荷载的增加，差异不断增加。

（3）缀管应力分析

图 17.5-24、图 17.5-25 为各位置缀管的荷载-纵向应力图。从图中可以看出，加载过程中跨中和 1/4 跨位置的所有缀管应力均很小，规律性不强。最后试验现象顶面斜缀管大部分弯折或拉断是由于构件突然失稳引起的。在弹性阶段，与跨中附近的缀管相比，靠近端部的缀管受力更大，其受力也更复杂。

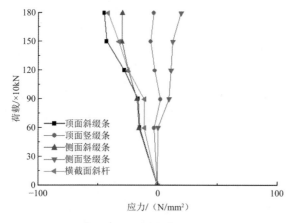

图 17.5-24 跨中缀管的荷载-纵向应力曲线　　　　图 17.5-25 1/4 跨缀管的荷载-纵向应力曲线

2）构件 GG2 试验结果分析

（1）荷载与挠度的关系

四肢钢管混凝土格构柱典型的荷载-轴向位移曲线如图 17.5-26 所示。加载初始阶段，构件处于弹性受力状态。加载到 70% 极限荷载（1800kN）后试件进入弹塑性阶段，变形加快，达到极限荷载时试件的最大纵向位移为 57.7mm，此时加载端支座呈现很明显的滑动和后倾。

试件的跨中截面荷载-竖向位移曲线如图 17.5-27 所示。加载初始阶段，试件跨中竖向反拱位移随着荷载的增大呈线性增长。加载到 70% 极限荷载（1800kN）后试件的竖向变形开始加快，达到极限荷载时试件的最大竖向位移为 114.76mm。加载过程中试件四肢的竖向变形较为一致，体现出较好的整体性。

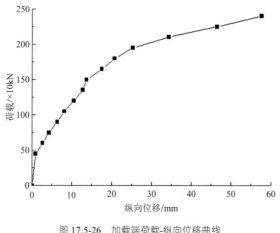 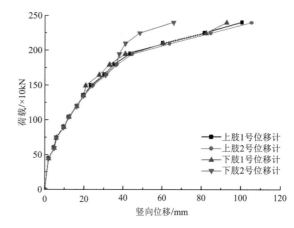

图 17.5-26 加载端荷载-纵向位移曲线　　　　图 17.5-27 跨中荷载-竖向位移曲线

图 17.5-28 为加载过程中 GG2 面内变形变化图，可以看出试件 GG2 变形的整体性较为明显，柱肢变形受缀管的影响也较小，柱子变形曲线比较光滑，呈现面内基本对称的半波形。随着加载量的不断增

加，试件沿柱长的整体变形越来越快。

由于受到侧向支承点的限制，试件 GG2 的面外变形在加载过程中一直很小。从图 17.5-29 可以看出，试件的跨中面外挠度最大仅为 5.16mm。加载初期，四肢的面外变形较为一致，但面外两侧变形方向没有可预测性。随着加载量的增加，四肢变形差异越来越明显，且规律性不强。这是由于四肢的初始缺陷各不相同，且影响因素众多。

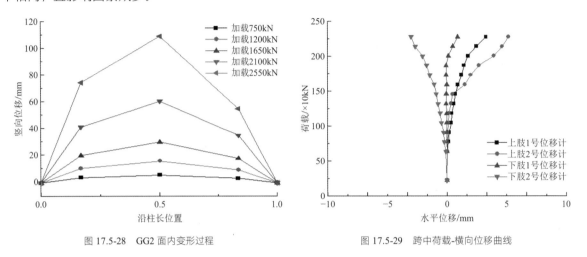

图 17.5-28　GG2 面内变形过程　　　　图 17.5-29　跨中荷载-横向位移曲线

（2）柱肢钢管应力分析

图 17.5-30 给出了构件 GG2 不同位置柱肢钢管的纵向应力随外加荷载发展的曲线。从图中可以看出：

①加载初期，柱肢各截面的纵向应力随外加荷载的增加呈线性发展，说明钢管处于弹性受力阶段。偏心荷载使 1、2 号柱肢受拉，3、4 号柱肢受压，但试件仍处于全截面受压状态，各截面 1、2 号柱肢应力均较小，3、4 号柱肢应力较大。

②加载到 1950kN 时，跨中截面和近载端截面的 3、4 号柱肢钢管首先进入屈服状态，之后除远载端截面，其余截面均迅速进入屈服状态。此后，构件进入材料非线性和几何非线性阶段，构件所受的几何非线性引起的附加弯矩也显著增加，体现在各截面的荷载-纵向应力曲线上升的斜率减小。而整个加载过程中，1、2 号柱肢钢管始终处于弹性阶段，应力均较小。

③比较同一截面的 1、2 号柱肢和 3、4 号柱肢可发现，在初始阶段，不同柱肢的应力曲线几乎重合。随着荷载的增加，在最先进入塑性的跨中和近载端不同柱肢的应力曲线开始出现差异，且差异性不断增加，这也解释了在破坏阶段近载端出现的腰鼓现象。

④远载端柱肢钢管的纵向应力一直小于近载端柱肢钢管的纵向应力，且随着荷载的增大，与近载端差距也不断增大，近载端柱肢钢管则较早进入非线性强化阶段。这是因为随着竖向挠度的增大，附加弯矩也不断增大，附加弯矩对近载端产生不利的压力，对远载端产生有利的拉力，使两者间的压力差越来越大。

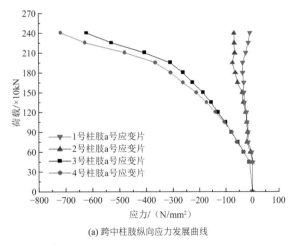

(a) 跨中柱肢纵向应力发展曲线　　　　(b) 近载端柱肢纵向应力发展曲线

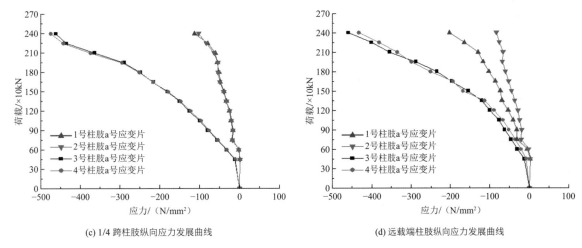

(c) 1/4 跨柱肢纵向应力发展曲线   (d) 远载端柱肢纵向应力发展曲线

图 17.5-30　构件 GG2 各截面钢管的荷载-纵向应力曲线

（3）缀管应力分析

图 17.5-31、图 17.5-32 为各位置缀管的荷载-纵向应力图。从图中可以看出：

①在整个加载过程中跨中和 1/4 跨位置的所有类型缀管的应力均很小，且规律性不强。侧面缀管的轴力主要来柱肢面内的不一致变形；顶面缀管的轴力主要来自柱肢面外的不一致变形。与跨中附近的缀管相比，靠近端部的缀管受力更大，在整个加载过程中，由于端部局部应力的影响，其受力也更为复杂。

②构件斜缀管最大应力为 43.05MPa。理论上斜缀管应力主要由杆件横向几何变形而产生剪力引起，由于横向几何变形相对于构件几何长度而言很小，因此剪力引起的斜缀管应力也较小。当横向几何变形相对构件截面产生较大的偏心时，还会因变形产生二阶附加弯矩，因此在加载后期，部分斜缀管会出现应力快速发展的状态。

③构件竖缀管最大应力为 19.16MPa。构件横截面上的斜杆最大应力为 24MPa。竖缀管和横截面斜杆理论上仅会在受柱肢钢管挤压时才会变形，因此应力很小。

总言之，各类缀管的应力值均远小于钢材的屈服应力，在设计中可选择低于柱肢钢材等级的材料，并在相关计算中假定为弹性阶段。

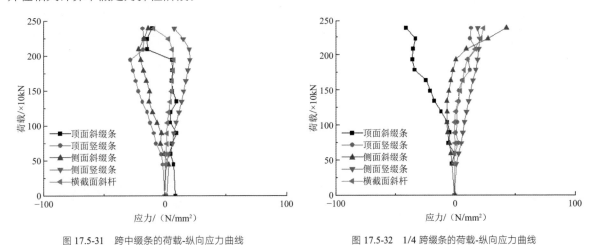

图 17.5-31　跨中缀条的荷载-纵向应力曲线   图 17.5-32　1/4 跨缀条的荷载-纵向应力曲线

通过对四肢钢管格构柱和钢管混凝土格构柱的偏压极限承载力试验研究表明：

（1）钢管格构柱在整个加载过程中始终处于弹性阶段，在加载后期发生失稳破坏。失稳破坏前各杆件处于弹性阶段，失稳破坏时变形量很大，具有一定危险性。这表明构件长细比过大，导致失稳破坏先于强度破坏，不利于利用材料强度，在设计中应避免出现这种情况。

（2）钢管混凝土格构柱的整个加载过程可分为弹性阶段、弹塑性阶段和破坏阶段。受力前期，偏压格构柱全截面受压，各柱肢钢管应力随加载量呈线性增长，两肢压应力较小，另两肢压应力较大。随荷载的增大，跨中和近载侧柱肢荷载-应变曲线首先进入非线性强化阶段。达到极限荷载时，整体构件呈半波形破坏形态，跨中截面柱肢钢管进入屈服，近载侧柱肢钢管发生腰鼓形局部破坏。对比相同结构形式的钢管格构柱，钢管混凝土格构柱试验采用两个有效侧向支承点可有效避免发生失稳破坏，使强度破坏先于失稳破坏，充分利用了构件的材料强度，提高了构件的极限承载力。钢管混凝土格构柱具有较高的极限承载力和较明显的延性破坏特征。

（3）两根格构柱在破坏之前各类缀条应力水平都很低，远小于钢材的屈服应力，因此在实际设计类似构件时可选用较低等级钢材，并假定它们均处于弹性阶段进行计算。

17.6　结语

单层超高大跨厂房结构的侧移刚度主要由结构柱提供，结构柱的合理选型和设计是关键。

增加格构柱的柱肢截面和加大肢距都能够有效控制顶层侧移。钢管混凝土格构柱用于超高厂房结构柱，既充分利用了钢和混凝土两种材料的性能，有效增加柱刚度，又可以减少用钢量。

单层大跨超高厂房有必要建立空间整体计算模型进行整体屈曲分析，避免格构柱分肢首先失稳。

格构柱柱肢填充混凝土后能显著提高结构的整体刚度和承载能力，体现在结构在各类侧向荷载下位移量减小、钢管应力值减小，因此对于此类结构是优选的结构形式。

对于此类通常较为均匀的厂房体系，采用二维建模偏于保守；三维模型考虑了空间效应，应力、位移计算结果更接近于实际。三维模型能够计算出温度作用在整体结构中引起的内力响应，在实际设计时可根据不同的结构形式灵活选择。

对于此类厂房体系，重力二阶效应不可忽视。通过二阶计算的整体结构侧移均比一阶计算增加；二阶计算得到的柱底控制内力与一阶计算相比也有增加，个别杆件轴力、弯矩甚至发生了异号；结构沿竖向柱底和肩梁位置二阶效应引起的柱肢内力变化较为明显，在结构分析时应予以重视。

与一般结构二阶效应仅对弯矩有显著影响不同，厂房格构柱的柱肢轴力和缀条轴力也可能发生显著变化，个别柱肢和缀条由压变为拉。因此，在结构二阶分析时不能仅关注弯矩增量，应当整体结构建模以获取柱肢、缀条各杆件的轴力增量。

参考资料

[1] 赵宏康，陈磊，徐文希. 单层大跨超高厂房结构选型研究及工程设计[J]. 建筑结构，2012, 42(1): 21-26.

[2] 李莉，赵宏康，舒赣平. 超长钢管混凝土格构柱极限承载力试验研究[J]. 建筑结构，2013, 43(S1): 488-492.

设计团队

结构设计单位：启迪设计集团股份有限公司（初步设计＋施工图设计）

结构设计团队：赵宏康，陈　磊，仇志斌，徐文希，李　莉

执　　笔　　人：赵宏康

获奖信息

2013 年江苏省工程勘察设计行业奖建筑结构专业一等奖

2016 年第九届全国优秀建筑结构设计奖三等奖

第18章

腾讯（苏州）数字产业基地

18.1 工程概况

18.1.1 建筑概况

腾讯（苏州）数字产业基地位于苏州市高新区白鹤山路以南、馀杭桥路以东。项目占地约 68000m²，总建筑面积 539281.13m²，其中地上建筑面积为 331777.90m²，地下建筑面积为 207503.23m²。

本项目包含多个不同形态、不同高度、不同业态的建筑单体，各单体坐落在满铺的大地下室上，通过地面交通、地下通道及地上异形人行步道连接。其中腾讯总部大楼地上建筑面积约 50000m²，由东、西双塔组成，东塔地上 18 层，西塔地上 12 层，层高均为 4.5m，房屋高度分别为 81.60m 和 54.30m，在第十二层设一层高的连接体连通东、西两塔楼。产业管理中心大楼建筑面积约 18000m²，地上 11 层，一层及二层层高均为 4.5m，标准层层高 4.2m，房屋高度为 47.35m。图 18.1-1 为基地鸟瞰效果图。

地下室共 2 层，地下二层和地下一层层高分别为 3.90m、6.0m，主要功能为停车库和商业。

腾讯总部大楼第十二层在东塔与西塔之间进行连通，连接体跨度 35.7m，作为悬空办公和会所区；产业管理中心大楼在第十一层（屋顶层）东侧整层挑出，悬挑长度 16.80m，并在悬挑端南北向封闭形成 U 形悬空商务办公空间，悬空办公室南北向长 42.1m，U 形中间段长 20.4m。图 18.1-2 为腾讯总部大楼效果图，图 18.1-3、图 18.1-4 为建筑剖面和平面图。图 18.1-5 为产业管理中心大楼效果图、图 18.1-6、图 18.1-7 为建筑剖面和平面图。

图 18.1-1 腾讯（苏州）数字产业基地鸟瞰图

1. 腾讯总部大楼

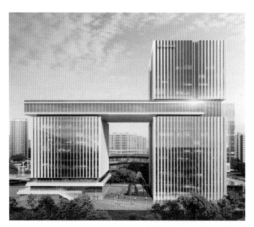

图 18.1-2 腾讯总部大楼效果图

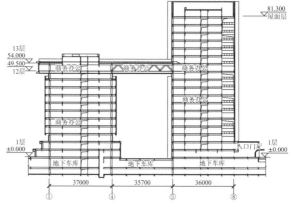

图 18.1-3 腾讯总部大楼建筑剖面图

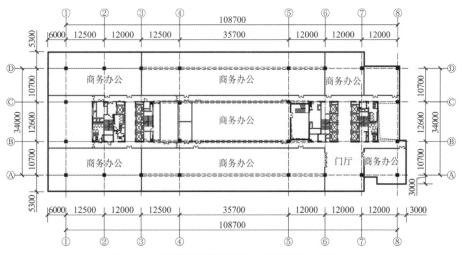

图 18.1-4　腾讯总部大楼建筑第十二层平面图（连体层）

2. 产业管理中心大楼

产业管理中心大楼相关详图见图 18.1-5～图 18.1-7。

图 18.1-5　产业管理中心大楼效果图

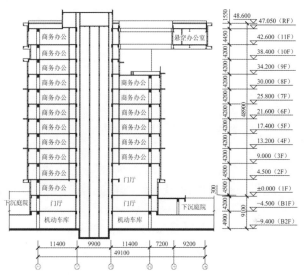

图 18.1-6　产业管理中心大楼建筑剖面图

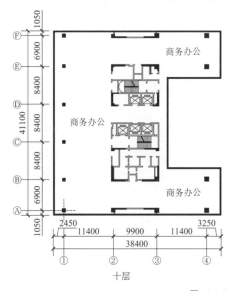

十层

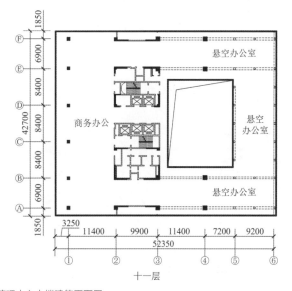

十一层

图 18.1-7　产业管理中心大楼建筑平面图

18.1.2 设计条件

1. 主要控制参数

腾讯总部大楼及产业管理中心大楼主要控制参数见表 18.1-1。

控制参数

表 18.1-1

结构设计基准期	50 年	建筑抗震设防分类	标准设防类（丙类）
建筑结构安全等级	二级（结构重要性系数 1.0） 连接体及悬挑桁架为一级（结构重要性系数 1.1）	抗震设防烈度	7 度（0.10g）
地基基础设计等级	甲级	设计地震分组	第一组
桩基设计等级	甲级	场地类别	Ⅲ类
建筑结构阻尼比	0.05（混凝土结构）/0.02（钢结构）	特征周期	0.45s

2. 其他设计参数取用

（1）基本风压为 0.45kN/m²、基本雪压为 0.40kN/m²。

（2）地面粗糙度类别：B 类，风荷载体型系数：1.40。

（3）基本雪压：0.40kN/m²。

（4）温度作用：升温 25℃，降温 25℃。

18.2 建筑特点

18.2.1 腾讯总部大楼—不等高双塔、高位连体

根据建筑方案，连接体两侧塔楼高度不同，西塔地上 12 层，房屋高度 54.30m，东塔地上 18 层，房屋高度 81.60m，连体层位于第十二层，距地面约 50m，属高位连体，同时，两侧塔楼层数的差异导致两侧塔楼动力特性不一致，对连接体设计带来挑战和困难。

连接体的层数和位置对连体结构受力有较大影响，根据建筑方案研究分析连接体与两侧塔楼的相互影响，根据相互影响原理，采用合理的连接体结构方案，最大化减小两侧塔楼因高度或体型不一致引起的连接体复杂受力。

18.2.2 腾讯总部大楼—连接体层数少、跨度大、荷载大

根据建筑方案，连接体仅第十二层一层，层高 4.5m，高度较小，连接体跨度 35.7m，连接体跨高比约为 8，相比于常规的连体结构（连体层一般包含 2 个以上楼层），连接体竖向比较柔；连接体屋顶为屋顶花园，绿化覆土最大厚度约 1.5m，且高低错落，绿化荷载大且不均匀，导致连接体受力更复杂。

结合建筑方案，在连接体范围内尽量多的在 A、B、C、D 四个轴线均设置连体钢桁架，同时与建筑及设备专业协调，桁架尽量设置在办公室分隔墙位置、调整设备管线走向避开桁架等方式最大化增加桁架高度，提高连接体的刚度及强度。对屋顶花园做法做特殊处理，如垫高区域采用容重较小的 XPS 挤塑板回填、景观庭院设置架空地板、采用较轻的玻璃钢或不锈钢树池等，在满足景观方案的同时最大化减小荷载。对连接体楼盖进行舒适度验算，控制楼盖舒适度满足规范要求。

18.2.3 产业管理中心大楼—单侧偏心大悬挑、U形悬空办公区

产业管理中心大楼屋顶层（第十一层）在东侧挑出，悬挑长度16.80m，挑出长度占主体结构平面尺寸的51%，并在悬挑端南北向封闭形成U形悬空办公空间，悬空办公室南北向长42.1m，U形中间段长20.4m。U形大悬挑尺度较大，又是人员达到的场所，合理控制悬挑结构承载力、变形、抗倾覆、用钢量及悬空办公区楼盖舒适度是结构设计的重难点。

结构考虑在悬挑区域分别设置多道悬挑桁架，并在悬挑桁架根部设置交叉斜腹杆，增加悬挑桁架冗余度；在U形悬挑中间段设置两榀封口桁架，并在楼层平面内设置交叉斜撑，增大楼盖刚度并对悬挑桁架平面外进行有效支撑。对于单侧偏心大悬挑特点，对主体结构进行倾覆验算，确保结构安全性，同时对支撑U形悬挑的远端竖向构件拉应力进行分析，并对相关柱子设置钢骨。对整体结构补充关键构件性能化设计及罕遇地震下的弹塑性时程分析，并采取相应加强措施。考虑建筑使用舒适度要求，对U形悬空办公区楼盖进行多种激励下的竖向加速度验算，控制楼盖舒适度满足规范要求。

18.2.4 项目毗邻有轨电车

本工程临近有轨电车，有轨电车对轨道精度要求较高，需要对临近有轨电车的项目基础设计及施工方案有较多要求和限制，要求尽量控制振动及挤土效应等对有轨电车轨道的影响；基础设计时对建造成本控制、施工方法、辅助措施、相关监测及对有轨电车的影响控制等是本项目成功与否的关键。图18.2-1为基地与有轨电车位置关系示意图。

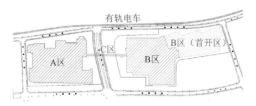

图 18.2-1 基地与有轨电车位置关系示意图

针对此特点，考虑采用合理的桩型方案，沉桩方式及沉桩速度；在靠近有轨电车一侧的红线内设置应力释放孔及测斜孔等辅助措施；加强基坑支护设计，控制基坑变形量及加强有轨电车轨道相关监测。

18.3 体系与分析

18.3.1 方案对比

1. 腾讯总部大楼方案对比

腾讯总部大楼分东、西两个塔楼，西塔与东塔在第十二层通过一个悬空商务办公区连接体把两个塔楼连接在一起，形成一个复杂连体结构。连接体为单层，层高4.5m，跨度35.7m（东、西塔支撑框架柱中心线距离），宽度44m。

1）连接方式

连体结构中，连接体与塔楼的常规连接方式可以分为两类，强连接和弱连接。类似梁式构件概念，连接体可按照"跨高比"和"线刚度"的概念对其刚度进行评估，将连接体的跨度与连接体的结构高度之比定义为连接体的"跨高比"，将连接体结构的横截面的惯性模量（桁架时为等效惯性模量）与连接体

的跨度之比定义为连接体的"线刚度"。图18.3-1为连体结构方案示意图。

（1）强连接：当连接体"跨高比"较小，"线刚度"较大、连接体位置双塔相对变形较小、双塔动力特性接近或以连接体自身刚度和承载力能够协调两侧主体结构受力和变形时，可做成强连接。这种连接方式可以通过搁置端与主体结构采用刚接或铰接的连接方式，如图18.3-1（a）所示。但一般情况，为确保连体结构的冗余度及可靠性，连接体钢桁架直接与两侧主体结构型钢柱刚性连接，桁架弦杆分别伸入主体结构一跨，此时结构整体性较强，在两侧塔楼动力特性接近的情况下可有效地控制两侧塔楼的扭转变形，但此强连接方案连接处受力较大，节点承载力要求高。对于连体两侧塔楼动力特性相差较大的结构，连体受力更复杂，对连接体要求较高。

经典回眸 启迪设计集团股份有限公司篇

（2）弱连接：如果连接体"跨高比"较大，"线刚度"较小，或者两侧塔楼主轴角度偏差大，甚至错位，动力特性相差较大时（扭转效应会随着塔楼的不对称程度的增加而加剧），连接体难以协调两侧结构共同工作时，可做成弱连接。常用弱连接有多种形式，如一端采用铰接、另一端滑动连接，或者弹性支座连接等，典型弱连接如图18.3-1（b）所示。此时，连接体钢桁架搁置在框架柱伸出的牛腿上，与两侧塔楼间设缝，连接体不协调两侧塔楼受力，对两侧塔楼影响很小，各塔楼可以独立工作，但需重点关注支座的构造设计，支座通常要求具有较好的水平变形能力，常用的支座形式有滑板支座、摩擦摆支座或橡胶支座等。支座处需设置限位装置，防止地震作用下连接体滑落。连接体与主体结构连接处还可设置黏滞阻尼器以减小地震作用和相对变形，提高抗震性能。

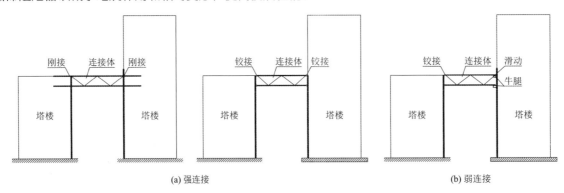

图 18.3-1 连体结构方案示意图

本项目（腾讯总部大楼）两侧塔楼建筑平面较规则，且基本对称，控制两塔楼动力特性相差不大的情况下，连接体位置相对变形和受力均较小，结构上采用上述两种连接方式均可行。但若采用弱连接方案，建筑上有以下几点不足：（1）桁架搁置在主体结构牛腿上，且牛腿尺寸较大，影响建筑立面效果；（2）塔楼和连接体间设缝，建筑幕墙亦需断缝处理，对效果影响较大，且渗漏水风险较高；（3）连接体竖向变形较大，当连接体跨度较大时，为控制变形，桁架腹杆较多，影响室内使用空间。

根据两侧塔楼形式及建筑方案效果要求，本项目连体结构采用强连接方式。通过合理的结构布置尽量加大连接体的结构刚度，将两侧塔楼连接为整体，协调两侧塔楼受力、变形。连接体同塔楼的连接部位受力虽然复杂，但结构分析和构造上更容易把握。

2）塔楼与连接体相互受力影响分析

当风或地震作用时，连体结构除产生平动变形外还会产生扭转变形，而扭转效应随两侧塔楼的不对称性的增加而加剧。对于双塔连体结构，两侧塔楼地震作用下存在振动差异，使得连体部分结构受力很复杂。为了减小连体部分因协调两栋塔楼的变形而承受的内力，也为了反映连体对结构的影响，采用时程分析法，分析连接体及两侧塔楼的位移和受力。分别调整东、西塔相对刚度，建立多种模型：模型 1 为连体模型；模型 2 为在模型 1 的基础上低塔墙柱刚度折减系数取 0.40；模型 3 为在模型 1 的基础上低塔墙柱刚度折减系数取 0.80（高低塔自振周期一致）；模型 4 为在模型 1 的基础上低塔墙柱刚度系数取

1.35；模型 5 为连体模型，其中低塔墙柱刚度系数取 1.70。以上刚度折减系数及放大系数无具体含义，仅为概念性研究高低塔相对刚度变化情况下连接体及主体结构的受力影响。

图 18.3-2 为X向层间剪力曲线对比图。由图可知：a. 连体结构的外荷载按连接两塔楼的相对刚度在两塔楼间进行分配，连接体的受力即为两塔楼之间传递的力；b. 由于分塔统计时连接体质量统计在高塔一侧，同时连接体协调两侧塔楼的变形和受力，使得东塔层间剪力在连体层发生明显突变；c. 随着低塔刚度的增加，连体层下部低塔分担的剪力越大，高塔分担的剪力越小，而高塔在连体层的剪力突变越明显，说明随着两侧塔楼相对刚度差异越大，连接体传递的层间剪力越大，连接体受力越不利；d. 两塔楼自振周期一致的模型 2 在连体层的剪力突变量最小，说明在两侧塔楼振动方向一致、周期一致的情况下，连接体传递的剪力最小，对连接体的设计最有利。因此，连体结构设计考虑高低塔刚度和动力特性的匹配性，可有效减小连接体的受力和材料用量，实现受力合理、经济性好的结构设计。

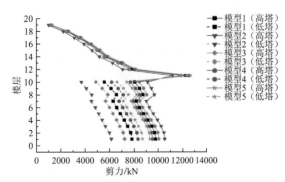

图 18.3-2 腾讯总部大楼X向层间剪力曲线对比图

对于建筑平面较规则、基本对称的连体结构，连体结构设计时可先对两侧塔楼结构布置及动力特性进行单独分析，通过调整两侧塔楼的结构布置及刚度，尽量使东、西塔的前两个振型的振动方向、周期及连体层的位移等尽量接近，再把连接体合拢建入模型进行整体调试和分析，可使得两个单塔各自满足结构性能的前提下实现连接体的合理受力。

3）连接体桁架方案

根据建筑平面方案，连接体所在楼层主要使用功能为商务办公，结合建筑功能分区情况，在 A、B、C、D 轴分别设置四榀钢桁架连接东西塔楼，桁架高度同建筑层高 4.5m。图 18.3-3 为腾讯总部大楼连接体桁架布置示意图。

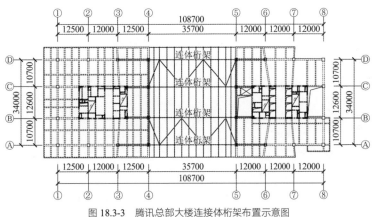

图 18.3-3 腾讯总部大楼连接体桁架布置示意图

根据本工程特点，选取 3 种桁架方案进行对比，连体桁架方案比选见表 18.3-1。通过对各种桁架方案实际建模分析对比，得到最佳连体结构形式。

桁架方案	杆件布置形式	最大杆件截面	单榀用钢量/t	特点
方案 A	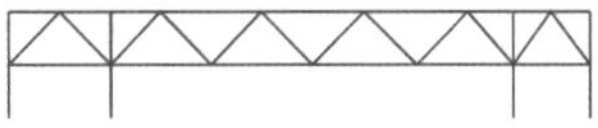	弦杆 H1200×600×630×650 腹杆 H600×6600×630×650	132	桁架上弦受力大，用钢量少，冗余度好
方案 B	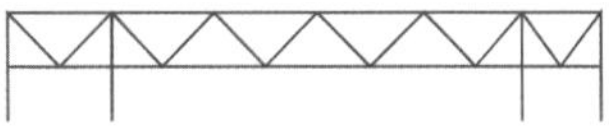	弦杆 H1200×6600×630×650 腹杆 H600×6600×630×650	132	桁架下弦受力大用钢量少，冗余度好
方案 C	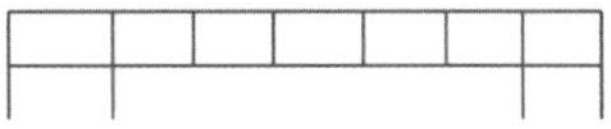	弦杆 H1400×6700×630×650 腹杆 H700×6700×630×650	145	用钢量大，弦杆截面大，冗余度低

由于连接体楼层数较少，桁架高度较低，以上 3 种桁架方案均为整体支承方案，桁架上下弦通过腹杆连接，整体协同受力。方案 A 和 B 的主要区别在于斜腹杆的布置方式，由此导致主要受力弦杆不同，方案 A 上弦杆受力较大，而方案 B 下弦杆受力较大。这两种方案由于斜腹杆较多，会一定程度影响建筑房间布置。方案 C 为空腹式桁架，整个连接体没有斜腹杆，可以达到更好的建筑效果，但杆件截面和用钢量较大，影响房间净高。考虑到连接体上弦层有大面积的绿化覆土，荷载较大，而方案 A 传力主要为上弦受力，传力更加直接，且经济性相对空腹桁架更好，故选用方案 A 这种桁架方案。同时，为了尽量减小对建筑使用功能影响，南北两榀桁架在两端仅上下弦杆型钢伸入相邻跨内，不设斜腹杆，图 18.3-4 为连体桁架示意图。

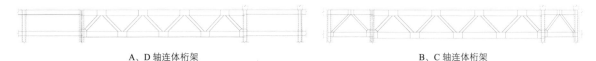

A、D 轴连体桁架　　　　　　　　　　　　　　　B、C 轴连体桁架

图 18.3-4　连体桁架示意图

2．产业管理中心大楼方案对比

1）主体结构方案

根据建筑平面方案，产业管理中心结构方案可选用框架-核心筒体系或框架-剪力墙体系。两种结构体系均是框架和剪力墙共同组成，其中剪力墙抗侧刚度较大，在地震作用下承担大部分的地震作用，作为抗震设防的第一道防线，框架结构可防止结构在大震下发生倒塌，作为第二道抗震防线，与剪力墙组成双重抗侧力体系。不同之处在于，框架-核心筒体系中的剪力墙需在中间围合成筒体，墙体间设强连梁，对于此类中等高度的高层建筑，结构平动刚度较大，出现平扭接近的特性，需加强周边框架刚度控制扭转效果。而框架-剪力墙体系中，剪力墙的布置相对灵活，可结合建筑设备区布置剪力墙。

根据本项目单侧 U 形大悬挑的方案特点，悬挑长度占平面宽度的 51%，悬挑面积占楼层面积的 31%，由于悬挑部分对于楼层平面的占比较大，楼层偏心使得扭转效应较明显，合理控制扭转成为关键，结合平面布置情况及初步验算结果，减弱交通核区域剪力墙数量，同时在平面外侧的 A、F 轴布置两片剪力墙可以有效提高结构抗扭刚度，可以较好地控制大悬挑造成的扭转。综上分析，本项目选择框架-剪力墙方案，平面布置见图 18.3-9。

2）U 形悬挑结构方案

根据建筑方案，本工程在第十一层悬挑 16.8m，并在悬挑端南北向封闭形成 U 形悬空办公空间，针对此建筑方案，结构设计思路及相应措施如下：

（1）分别在 A、B、E、F 轴分别设置四榀 X 向悬挑桁架与主体框架柱相连，同时，悬挑桁架向主体结构内延伸一跨至 3 轴和剪力墙衔接。

（2）与悬挑桁架相连的框架柱内增设钢骨（3～4 轴交 A、B、E、F 轴），并构造下延至 9 层楼面，确保与悬挑桁架的可靠连接。

（3）分别在5轴及6轴设置两榀Y向封边桁架，与四榀悬挑桁架相连，增加悬挑部分的空间整体性，有利于四榀X向悬挑桁架协同受力及变形控制。

（4）在悬挑部分（十一层和屋面）楼、屋面内设置交叉斜撑，增加悬挑部分平面内刚度以及结构冗余度。

（5）在大悬挑桁架对应轴线设置剪力墙，增大X向刚度及稳定性。

根据以上思路，结合建筑方案，本工程主体结构采用钢筋混凝土框架-剪力墙结构体系，第十一层悬挑结构采用钢结构桁架，支撑在主体结构上。悬挑层结构布置见图18.3-5。

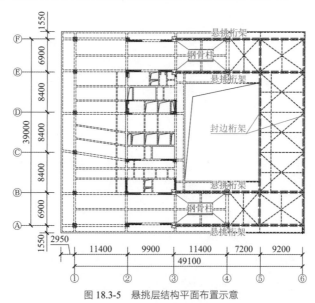

图18.3-5　悬挑层结构平面布置示意

结合建筑方案、结构安全及经济合理等综合考虑，结构设计时对悬挑结构桁架形式进行了如下3种方案比选，其中封口桁架选受力较大的5轴桁架为代表（两端为开敞办公空间，不允许设腹杆）。

桁架比选方案示意　　　　　　　　　　　　　　　　表18.3-2

桁架	比选方案	桁架方案简单图	桁架	比选方案	桁架方案示意图
悬挑桁架	方案一		封口桁架	方案一	
	方案二			方案二	
	方案三			方案三	

同等应力比情况下桁架方案比选　　　　　　　　　　　表18.3-3

桁架位置	比选方案	弦杆轴力/kN	竖向变形/mm	用钢量/t	抗倒塌能力
悬挑桁架	方案一	上弦杆：3178.2	84.1	33.7	强
	方案二	上弦杆：3756.7	130.2	46.1	弱
	方案三	上弦杆：2601.6	80.7	41.2	适中
封边桁架	方案一	下弦杆：1535.4	95.2	64.5	/
	方案二	下弦杆：2391.5	155.4	78.4	/
	方案三	下弦杆：1879.1	90.1	72.1	/

根据以上方案对比分析（表18.3-2、表18.3-3），悬挑桁架：方案一根部设置交叉斜腹杆，冗余度较好且用钢量较省；方案二结构变形较大，冗余度较低，同时上弦杆拉力较大，造成楼板拉应力较大；方

案三抗倒塌能力稍差，且用钢量较方案一大；封边桁架：方案一用钢量较省，下弦杆拉力较小，可较好地控制楼板开裂；方案二竖向变形、用钢量及下弦杆拉力均较大；方案三竖向变形、用钢量及下弦杆拉力均适中，但用钢量稍大。在满足方案要求前提下，综合结构安全性及经济性考虑，悬挑桁架及封口桁架均选择方案一。此外，为增大 U 形悬挑结构的冗余度，在设计过程悬挑桁架及封口桁架的节点均采用刚接节点。图 18.3-6 分别为悬挑桁架和封口桁架立面示意图。

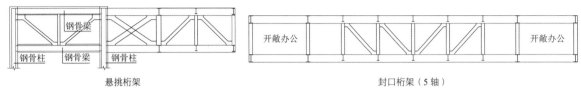

图 18.3-6　桁架立面示意图

经典回眸　启迪设计集团股份有限公司篇

18.3.2　结构布置

1. 腾讯总部大楼

（1）结构布置

根据建筑平面功能，东、西塔均采用钢筋混凝土框架-核心筒结构。根据建筑方案要求，连接体及两端均不允许设缝，以确保平面及立面的整体性，结合前节的研究分析，本项目连体结构采用强连接方案。第十二层连接体在 A、B、C、D 轴设置四榀 X 向钢桁架与东、西塔相连，并向两侧塔楼内各延伸一跨，与桁架相连的框架梁、柱内设置型钢，同时在第十二层和十三层的桁架上、下弦平面内设置水平支撑，形成水平桁架体系，可有效控制施工期间结构稳定，同时考虑即使楼板受拉开裂刚度退化，水平桁架依然能够保证结构在平面的稳定。

本工程为不等高双塔高位连体结构，东、西两塔的高度相差较大，为了最大程度减小连接体的受力，东、西塔楼通过合理的结构方案尽量使得两塔楼的动力特性接近，使得结构扭转变形尽量小。表 18.3-4 为结构概况表。图 18.3-7 为连接体方案空间示意图。图 18.3-8 为腾讯总部大楼典型楼层结构平面布置图。

结构概况表　　　　　　　　　　　　　　　　　　表 18.3-4

项次		西塔	东塔
主体结构	房屋高度	54.30m	81.60m
	层数	地上 12 层/地下 2 层	地上 18 层/地下 2 层
	层高	4.5m（地上）/6.0m（地下 1 层）/3.9m（地下 2 层）	
	建筑平面尺寸（$B \times L$）	42m × 40m	42m × 40m
	结构平面尺寸（不含悬挑）	38m × 35m	37m × 35m
	核心筒平面尺寸	20m × 13m	23m × 13.1m
	高宽比　H/B	1.55	2.32
	$H/\sqrt{BL}$	1.49	2.26
	长宽比（L/B）	1.09	1.06
	核心筒高宽比	4.17	6.21
连接体	跨度	35.7m	
	宽度	44.0m	
	高度	4.5m	
	长宽比	0.81	
	跨高比	7.93	

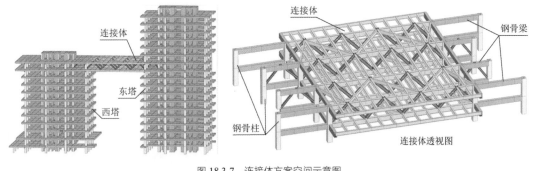

图 18.3-7 连接体方案空间示意图

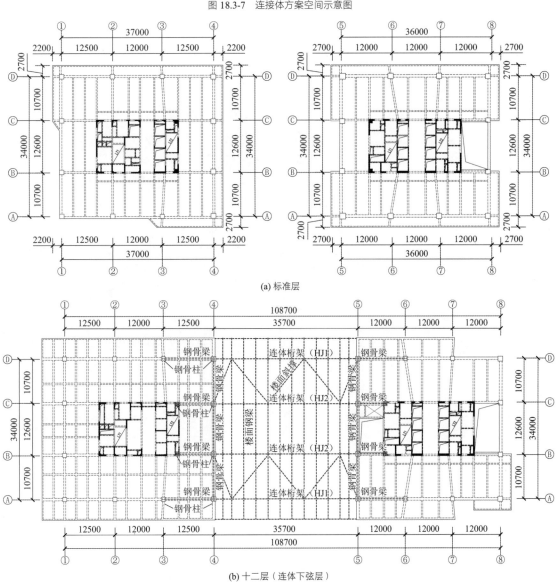

(a) 标准层

(b) 十二层（连体下弦层）

图 18.3-8 腾讯总部大楼典型楼层结构平面布置图

（2）典型构件截面选择

西塔外围框架柱截面 1200×1200～1000×1000，东塔外围框架柱截面 1400×1400～800×800，核心筒剪力墙厚度 400～200mm；十二～十三层连接体两侧框架柱截面 1200×1200～1100×1100，内设十字钢骨。连体桁架上弦截面 H1200×600×30×50、下弦截面 H1150×600×30×50，腹杆截面 H600×600×30×30、H500×500×30×30、H400×400×20×20，均采用 Q345GJB 焊接 H 型钢；连体楼面钢梁及楼面斜撑截面为 H800×300×20×30，均采用焊接 H 型钢，钢材强度 Q355B。

连接体第十二、十三层楼板均采用钢筋桁架楼承板，第十二层板厚200mm，十三层板厚180mm，连接体以外区域板厚150mm；其他楼层采用现浇钢筋混凝土楼板或叠合楼板（装配式），板厚120～150mm。

（3）抗震等级

根据《高层建筑混凝土结构技术规程》JGJ 3—2010及建筑结构方案特点，对塔楼及连接体抗震等级做如下要求：框架和核心筒抗震等级为二级，其中钢桁架相连的框架柱及边缘构件在连体层及上下各一层抗震等级为一级、与连接体相连的框架梁及钢桁架向两侧塔楼内延伸跨的钢骨梁为一级；地下一层"相关范围"的抗震等级同上部结构、地下一层以下抗震构造措施的抗震等级逐层降低。

2. 产业管理中心大楼结构布置

根据前文方案比选，产业管理中心大楼选用框架-剪力墙结构，在南、北两侧的A、F轴设两片剪力墙，以提高结构抗扭刚度，产业管理中心大楼结构平面见图18.3-9。主体结构采用钢筋混凝土结构，典型框架梁截面400mm×800mm、次梁截面250mm×700mm，剪力墙厚度200～300mm，框架柱截面1000mm×1000mm～700mm×700mm，与悬挑桁架相连的3、4轴框架柱截面1000mm×1000mm，内设钢骨（九层～屋面）。标准层楼板厚度120～130mm，均为现浇钢筋混凝土和叠合楼板（装配式），悬挑层（十一层和屋顶层）板厚120～200mm，其中B区（B1和B2区）为悬挑桁架与主体衔接区，受悬挑桁架受力和变形影响，B区楼板受力较大，因此对该区域楼板加强处理：第十一层板厚取150mm，屋面层板厚取200mm，为了尽量减小结构自重对悬挑结构的受力及变形影响，第十一层和屋面层C区板厚取120mm，同时A区避免采用叠合楼板，采用130mm厚现浇混凝土板。图18.3-10为悬挑层楼板分区示意图。

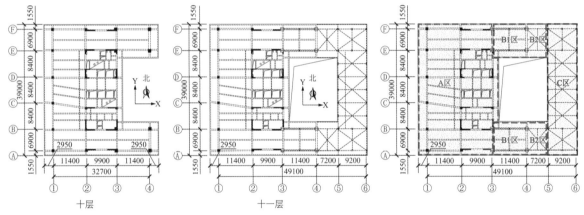

图18.3-9　产业管理中心大楼结构平面图　　　　　图18.3-10　悬挑层楼板分区示意图

悬挑层钢桁架杆件均采用焊接H型钢，主要截面如下：悬挑桁架上下弦杆H900×500×30×45，封口桁架上下弦杆H900×400×24×36，腹杆H600×500×30×45和H400×500×25×25，楼面钢梁H700×300×15×20，楼面斜撑H600×250×14×18，所有钢材牌号均为Q355B。

18.3.3　性能目标

1. 抗震超限分析

1）腾讯总部大楼

（1）考虑偶然偏心的扭转位移比十二层Y向1.38，大于1.2，属扭转不规则。

（2）连体两端塔楼高度及振动周期显著不同，属复杂连接。

（3）连接体相邻层受剪承载力比小于80%，属承载力突变。

（4）连接体下层侧向刚度小于相邻上层的50%，属刚度突变。

根据"建质【2015】67 号"《超限高层建筑工程抗震设防专项审查技术要点》，本工程属于具有多项不规则的不等高双塔高位强连体结构，属于特别不规则复杂超限高层建筑。

2）产业管理中心大楼

（1）顶层（第十一层）外挑 16.8m，外挑大于 10% 和 4m，属尺寸突变。

（2）悬挑桁架与相邻层受剪承载力比小于 80%，属承载力突变。

本工程属于具有 2 项不规则的高层建筑，属一般不规则结构。

2. 抗震性能目标

根据工程结构特点及关键构件类型，确定结构的抗震性能目标见表 18.3-5 和表 18.3-6。

腾讯总部大楼 抗震性能目标   表 18.3-5

结构性能水平描述			多遇地震	设防地震	罕遇地震
			不损坏	损坏可修复	不倒塌
构件性能	关键构件	底部加强区框架柱、剪力墙	弹性	抗剪弹性、抗弯不屈服	不屈服
		与连接体相连的框架柱（4、5 轴）（连体层及上下层）	弹性	弹性	不屈服
		连接体（钢桁架）		弹性	
	重要竖向构件	连接体两端延伸跨外侧框架柱、剪力墙（3 轴、1/3 轴、1/5 轴、6 轴）（连体层及上下层）	弹性	抗剪弹性、抗弯不屈服	满足受剪截面控制条件
		东塔 14 层及以上竖向构件			
	普通竖向构件	其他剪力墙	弹性	不屈服	满足受剪截面控制条件
		其他框架柱			
	耗能构件	框架梁	弹性	受剪不屈服	—
		连梁			
	重要水平构件	连接体及两端相邻一跨楼板	弹性	受剪弹性，钢筋受拉不屈服	—

产业管理中心大楼 抗震性能目标   表 18.3-6

结构性能水平描述			多遇地震	设防地震	罕遇地震
			不损坏	损坏可修复	不倒塌
构件性能	关键构件	底部加强区框架柱、剪力墙	弹性	抗剪弹性、抗弯不屈服	抗剪不屈服，部分抗弯屈服
		悬挑桁架及与其相连的钢骨柱		弹性	不屈服
	普通竖向构件	其他剪力墙	弹性	不屈服	满足受剪截面控制条件
		其他框架柱			
	耗能构件	框架梁	弹性	受剪不屈服	—
		连梁			

18.3.4 结构分析

1. 腾讯总部大楼—结构分析

（1）"连体模型"小震分析

采用两个不同力学模型三维空间分析软件 YJK 和 ETABS，分别进行多遇地震作用下内力位移计算，小震主要计算结果和曲线图见表 18.3-7 和图 18.3-11。由于模型分塔时连体层统计在东塔，同时连接体协调两侧塔楼的受力和变形，使得第十三层 *X* 向楼层剪力及层间位移角存在突变。

小震主要计算结果 表 18.3-7

程序		YJK	ETABS
周期/s	T_1	2.1340（Y向平动）	2.0740（Y向平动）
	T_2	1.9410（X向平动）	1.9520（X向平动）
	T_3	1.8185（Y向平动）	1.7740（Y向平动）
	T_4	0.7309（扭转）	0.8550（扭转）
周期比T_t/T_1		0.34	0.41
基底剪力/kN	X向	18103	17961
	Y向	15643	17014
剪重比/%	X向	2.099	2.083
	Y向	1.814	1.973
刚重比	X向	4.692	7.513
	Y向	3.527	5.704
结构总质量/t		86224.75	86224.75

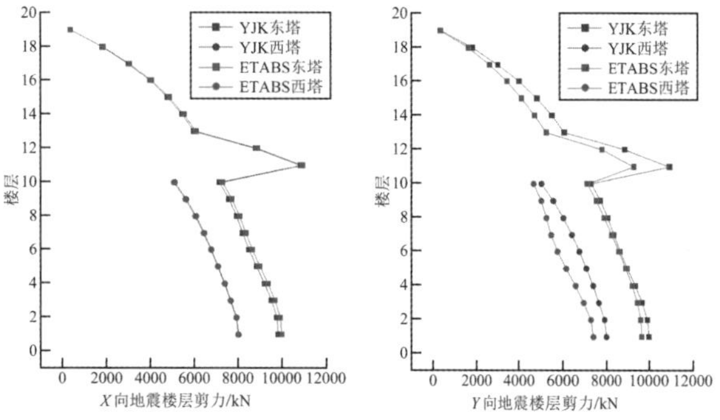

地震楼层剪力曲线

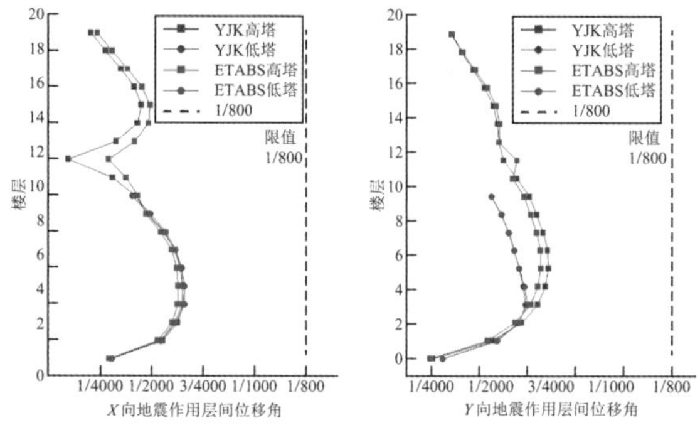

地震作用层间位移角曲线

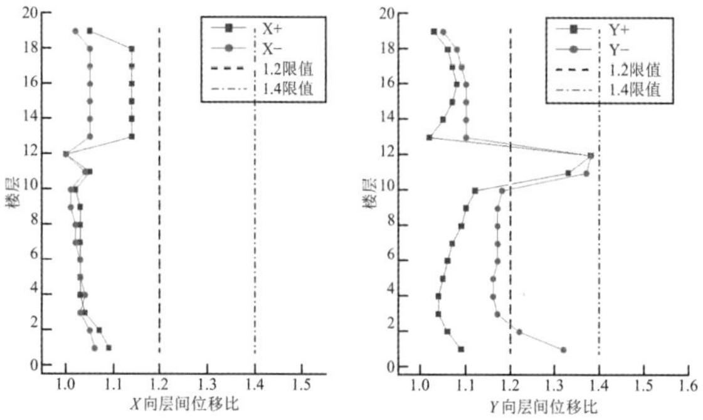

位移比曲线

图 18.3-11 主要计算结果曲线图（连体模型）

（2）“连体模型”与“单塔模型”对比分析

采用 YJK 软件，对东、西单塔模型分别进行多遇地震作用下内力位移计算，并与“连体模型”计算指标对比分析，表 18.3-8 为连体模型与单塔模型主要参数分析对比。经对比可知：（1）连体模型与两个单塔模型第一振型均为Y向振动，连体模型第一周期为 2.13s，西塔第一周期为 1.76s，东塔第一周期为 2.12s，连体模型第一周期与单塔模型（东塔）非常接近，说明连接体对于两个塔在Y向刚度变化不大，连体对塔楼Y向振动的约束比较弱；（2）连体模型第二振型为整体X向振动，自振周期相对于西塔变长、相对于东塔变短，反映出连接体协调两个塔楼协同变形，影响两个塔楼的刚度和周期；（3）连体模型和单塔模型在连接体顶层的平均位移（水平地震作用下）接近，表明连接体两侧塔楼结构刚度接近，不会因东、西两塔相对位移过大对连接体部分产生较大内力；（4）对于两侧塔楼层数、高度等不同的连体结构设计，先对两侧塔楼的变形协调调整后再建入连接体综合分析，合拢后的连体结构的振动模态、周期、位移等变化不大，对于两塔楼平面规则且基本对称的连体结构，这种先塔楼再连体的设计思路是合理有效的，可大大减小连接体的受力。图 18.3-12 为连体模型楼层侧向刚度比曲线图。

将连接体荷载以点荷载的形式施加到单塔模型，使得底层相关框架柱轴压比与连体模型一致，同时保证两个单塔模型的总质量之和与连体模型保持一致，从而对比单塔模型和连体模型剪力变化情况，图 18.3-13 为单塔模型与连体模型楼层剪力曲线对比分析。由图可知，单塔模型与连体模型楼层剪力基本相同，说明连接体建入后的总模型东、西塔楼的相对刚度基本没变化，基本实现了"先对两侧塔楼的动力特性进行趋同性调整后再建入连接体综合分析，以减小连接体受力的"设计意图。

连体模型与单塔模型主要参数分析对比　　　　　　　　　表 18.3-8

项次		模型		
		西塔	东塔	连体模型
周期/s	T_1	1.7626 平动系数（0.00 + 0.70）	2.1228 平动系数（0.01 + 0.99）	2.1340 平动系数（0.0 + 0.92）
	T_2	1.7094 平动系数（0.47 + 0.17）	2.0675 平动系数（0.94 + 0.01）	1.9410 平动系数（1.0 + 0.0）
	T_3	1.6757 平动系数（0.53 + 0.14）	1.9381 平动系数（0.05 + 0.00）	1.8185 平动系数（0.0 + 0.64）
地震层间位移角	X向	1/1527	1/1557	1/1512
	Y向	1/1482	1/1701	1/1375
连接体顶层位移（12 层水平地震作用下）	X向	21.34	21.74	21.75
	Y向	26.54	26.10	27.77

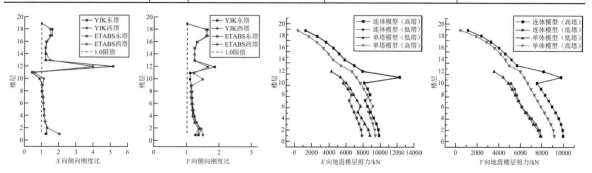

图 18.3-12　楼层侧向刚度比曲线（连体模型）　　　　　图 18.3-13　楼层剪力曲线对比分析

（3）弹性时程分析

对于双塔连体结构，受力比较复杂，同时连体部分高阶的竖向振型在反映谱法的计算中难以得到全部反映，因此，为了全面地考察整体结构的动力特性及连接体的受力状况，采用 YJK 软件补充弹性时程分析。选用 2 组人工波和 5 组天然波进行时程分析，根据分析，地震作用下，单塔模型与连体模型东、西塔X向最大基底剪力基本一致，连体模型西塔十三层（连体层）X向位移较单塔模型变大，反之，东塔模型在连体模型下十三层X向位移变小，连体模型东、西塔十三层（连体层）X向最大位移基本相同，说明地震作用下连接体协调两侧塔楼变形，但由于"先单塔楼再连体的设计思路"的实施，单塔模型下东、西塔刚度及位移接近，连体层X向位移与单塔X向位移仅有较小的变化，表明连接体协同东、西两塔变形的变化量较小，连接体受力较小。图 18.3-14 为两塔楼X向基地剪力时程曲线图，图 18.3-15 为两塔楼十三层X向位移时程曲线图。根据时程分析结果，最大七条时程曲线计算所得的X向楼层剪力平均值在中部楼层比 CQC 结果略大，其余层均小于 CQC 计算值；Y向楼层剪力平均值在多个楼层比 CQC 结果略大，

CQC 分析时对X向六～十二层及Y向全部楼层地震力按 1.1 倍相应放大，确保整体结构及连接体的安全性。

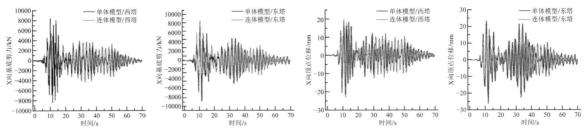

图 18.3-14　两塔楼X向基底剪力时程曲线　　　　　图 18.3-15　两塔楼十三层X向位移时程曲线

（4）罕遇地震弹塑性时程分析

本工程为不等高双塔高位连体结构，属复杂高层建筑结构，采用 SAUSAGE 软件进行罕遇地震弹塑性时程分析，以评估结构在罕遇地震作用下的损伤情况。地震时程采用两组天然波和一组人工波，按水平主方向：水平次方向：竖向加速度峰值比为 1∶0.85∶0.65 比例输入，分别以X向、Y向为主方向输入，加速度峰值调整到 220gal。

分析结果表明，结构在X向和Y向的最大层间位移角分别为 1/217 和 1/230，均小于规范限值 1/100，满足"大震不倒"的基本要求。

图 18.3-16 为罕遇地震弹塑性时程分析主体结构性能指标。根据分析，剪力墙混凝土受压损伤，墙体边缘构件均未出现屈服，主要损伤集中在连梁；连体桁架及与其相连的框架柱（4、5 轴）均未出现屈服，结构抗震性能较好，满足性能设计要求。连体上下层承受很大的拉压轴力，所以连接体楼板设计时，综合考虑大震作用下的楼板计算内力，考虑楼面斜撑的有利作用的情况下，可达到连接体楼板"大震受剪不屈服"的抗震性能，连接体抗剪性能较好。

框架梁　　　　框架柱　　　　剪力墙　　　　十二层楼板　　　　十三层楼板

图 18.3-16　主体结构性能指标

为了进一步验证连接体楼板损坏情况下的两侧塔楼的反应，按连接体部分不考虑楼板（楼板仅按荷载输入）进行补充分析，计算结果表明，连接体楼板破坏情况下连接体及两侧塔楼均无明显损坏，不会出现主体结构严重破坏或倒塌情况，主体结构抗震性能较好。图 18.3-17 为不考虑连接体楼板情况下的结构性能指标。

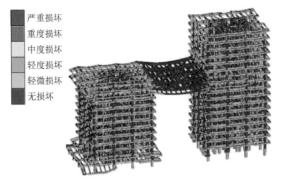

图 18.3-17　结构性能指标（不考虑连接体楼板）

2．产业管理中心结构分析

主体结构采用 YJK 和 MIDAS Gen 软件进行整体分析，悬挑钢桁架采用 MIDAS Gen 和 SAP2000 软件单独分析。图 18.3-18 为结构整体计算模型，图 18.3-19 为悬挑结构计算模型。

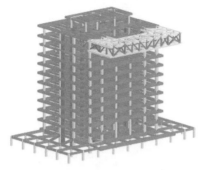 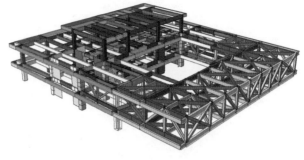

图 18.3-18　结构整体计算模型　　　　　　　　图 18.3-19　悬挑结构计算模型

根据《建筑抗震设计规范》GB 50011—2010 第 5.1.1 条第 4 款：8、9 度时的大跨度和长悬臂结构及 9 度时的高层建筑，应计算竖向地震作用。《高层建筑混凝土结构技术规程》JGJ 3—2010 第 10.6.4 条第 4 款：6、7 度抗震设计时，悬挑结构宜考虑竖向地震作用。由于本工程悬臂长度达 16.8m，且在端部形成较长的 U 形封闭段，悬挑结构设计时考虑竖向地震作用。

（1）小震反应谱分析

整体模型反应谱分析结果　　　　　　　　　　　表 18.3-9

计算指标			YJK	MIDAS Gen
结构总质量/t			38026.9	38534.2
周期/s		T_1	1.71（Y向平动）	1.74（Y向平动）
		T_2	1.48（X向平动）	1.50（X向平动）
		T_t	1.46（扭转）	1.49（扭转）
周期比		T_t/T_1	0.85	0.86
层间位移角	地震作用	X向	1/1259	1/1189
		Y向	1/1126	1/1056
	风荷载	X向	1/3818	1/3766
		Y向	1/3870	1/3734
规定水平力下最大层间位移比		X向	1.17	1.14
		Y向	1.18	1.21

表 18.3-9 为整体模型反应谱分析结果。由表可见，YJK 与 MIDAS Gen 的计算结果相近且均满足《高层建筑混凝土结构技术规程》JGJ 3—2010 要求，说明两种软件的计算模型准确可靠，计算结果可以作为设计依据。第一扭转周期与第一平动周期之比均不大于 0.90，满足规范要求。

为探讨顶部悬挑对各项指标的影响，采用整体模型，补充分析了结构在小震下的刚度比、抗剪承载力，结构侧向刚度比见图 18.3-20、楼层受剪承载力比见图 18.3-21。根据分析可知，由于十一层存在多榀桁架，且腹杆较多，十一层刚度及受剪承载力均较大，主体结构十层与十一（桁架层）侧向刚度比存在突变，同时由于十一层大多为 X 向悬挑桁架，X 向受剪承载力存在突变，结构十层形成薄弱层，符合结构实际情况，结构设计时相应加强处理。

（2）设防及罕遇地震补充分析

根据结构方案，顶部单侧偏心形成 U 形大悬挑，A、B、E、F 轴的部分框架柱及剪力墙会承受较大的剪力，同时悬挑桁架的支撑墙柱可能会存在受拉情况，因此，补充对悬挑桁架的支撑墙柱中震下的偏拉分析。分析表明，A、B、E、F 轴的部分框架柱及剪力墙存在偏拉情况，但名义拉应力均小于 f_{tk}。在相应框架柱内增设钢骨，抵抗拉力的同时也便于钢桁架的连接。

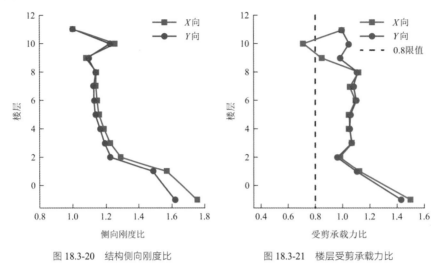

图 18.3-20 结构侧向刚度比   图 18.3-21 楼层受剪承载力比

为进一步验证该部分竖向构件的可靠性，采用 SAUSAGE 软件补充进行罕遇地震弹塑性时程分析。罕遇地震弹塑性时程分析结果见表 18.3-10，结构损伤情况见图 18.3-22。

罕遇地震弹塑性时程分析结果   表 18.3-10

推覆方向	基底剪力/kN	最大层间位移角	顶点位移/mm
X向	32490.8	1/242	167.8
Y向	27849.2	1/266	146.7

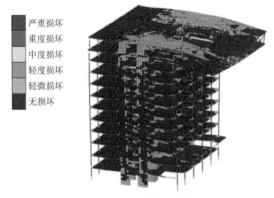

图 18.3-22 结构损伤云图

根据分析结果，除部分连梁屈服外，部分墙肢有轻微-轻度损坏，框架柱及其他结构构件均见明显损伤，整体结构抗震性能较好。

18.4 专项设计

18.4.1 腾讯总部大楼——连接体结构设计

连接体除承受自身荷载外，还需要协调两侧塔楼受力和变形，受力复杂，因此，对连接体的详细专项分析显得尤为重要，如各工况下的应力分析、竖向变形分析、抗倒塌分析以及舒适度分析等。采用

MIDAS Gen 软件对连接体钢桁架进行性能分析，钢桁架计算时不考虑混凝土楼板对承载力的贡献，楼板仅起导荷作用（楼板自重按实际分配到钢梁上），以确保在楼板破坏情况下钢桁架受力的安全。

1. 连体桁架强度验算

根据《高层建筑混凝土结构技术规程》JGJ 3—2010 要求，7 度抗震设计时，高位连体结构的连接体宜考虑竖向地震的影响。考虑连接体重要性系数 1.1，连体桁架各工况下应力比计算结果见图 18.4-1。根据分析，持久工况下连体桁架最大应力比 0.74、小震作用下最大应力比 0.64（未列入附图）、温度组合作用下（考虑±25 度温差）最大应力比 0.80，表明连体钢结构（桁架）受温度作用影响较大，因为两侧塔楼刚度较大且受温度影响较小的混凝土结构，中间为对温度敏感的钢结构（桁架），在温度作用下，受两侧混凝土结构的约束，连体钢结构温度应力无法有效释放，连体钢结构（桁架）的内力可以达到甚至超过 8%，应重点复核。

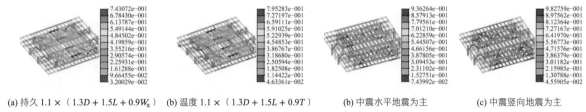

(a) 持久 1.1 ×（1.3D + 1.5L + 0.9W_x）　(b) 温度 1.1 ×（1.3D + 1.5L + 0.9T）　(b) 中震水平地震为主　(c) 中震竖向地震为主

图 18.4-1　连体桁架各工况下应力比

中震作用下，除个别桁架支撑应力比达到 0.98（竖向地震为主），其余关键构件的应力比均小于 0.7。竖向地震为主的作用效应不小于甚至超过水平地震为主，这表明连接体跨度较大，竖向地震效应较明显，考虑竖向地震影响是十分必要的。

2. 连体桁架竖向变形验算

图 18.4-2 为连体桁架竖向变形。由分析可知，最不利标准组合（1D + 1L + 0.6W_y）作用下，桁架最大竖向变形出现在边榀跨中，54.4mm < 35700/400 = 89.2mm，满足要求。但四榀桁架之间存在较大的竖向变形差，约 7mm。因此，为避免变形差引起构件的附加内力，甚至楼板开裂，考虑施工阶段对四榀桁架采取预起拱措施以减少桁架间的变形差。初步考虑桁架在恒载单工况作用下的变形值作为施工起拱值，即边跨跨中按 45mm，中间跨中部按 38mm 起拱。

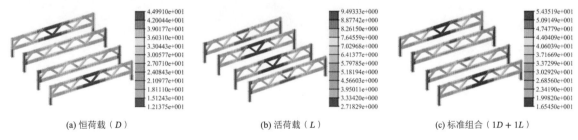

(a) 恒荷载（D）　　　　　(b) 活荷载（L）　　　　　(c) 标准组合（1D + 1L）

图 18.4-2　连体桁架竖向变形

3. 连接桁架抗连续倒塌分析

根据《高层建筑混凝土结构技术规程》JGJ 3—2010 第 3.12 节，本工程大跨钢桁架连接体采用拆除构件法进行抗连续倒塌分析。拆除构件后，剩余构件承载力满足：$R_d \geqslant \beta S_d$，式中 S_d 为剩余结构构件效应设计值；R_d 为剩余结构构件承载力设计值；β 为效应折减系数。构件承载力计算时，钢材正截面强度取标准值的 1.25 倍，竖向荷载动力放大系数取 2.0。

采用 MIDAS Gen 进行抗连续倒塌分析，拆除连接体钢桁架根部受力较大的斜腹杆，剩余结构恒荷载作用下的轴力与原结构对比见图 18.4-3，拆除杆件后，桁架的传力途径发生变化，图 18.4-4 为拆除构件后桁架应力比,剩余结构最大应力比 0.96,拆除构件后表明结构有较好的冗余度,满足防连续倒塌要求。

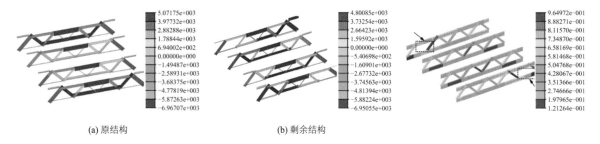

(a) 原结构　　　　　　　　　　　　　(b) 剩余结构

图 18.4-3　连体桁架构件拆除前后轴力图　　　　　图 18.4-4　拆除构件后桁架应力比

4. 连体桁架支撑构件性能设计

连接体除了承受本身荷载之外还要协调两侧塔楼的受力和变形,受力复杂,除了连接体自身承载力需满足要求外,连体桁架两侧支撑框架柱的承载力和抗震性能同等重要,直接决定了连接体的安全。连体桁架两侧支撑框架柱(4、5轴)(连体高度范围及上下层)性能目标为中震弹性,大震不屈服。采用等效线性分析方法,连体桁架支撑框架柱中震弹性验算结果见图 18.4-5,验算结果表明,连体桁架两侧框架柱在中震下能够保持弹性工作状态。同时对相应支撑框架柱进行大震动力弹塑性时程分析(见第 18.3.4 节),满足大震下不屈服性能要求。

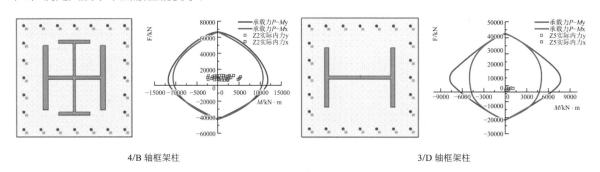

4/B 轴框架柱　　　　　　　　　　　　　3/D 轴框架柱

图 18.4-5　连体桁架支撑框架柱中震弹性验算

18.4.2　腾讯总部大楼—连接体楼盖分析与设计

连体层楼板作为协调东、西塔楼变形和内力的重要连接构件,对实现结构的抗震性能起着重要的作用,须确保连体层楼板在各种工况下不会遭遇严重破坏,同时连体层X向长度达 115m,需进行温度应力分析。设计时通过对连接体层楼板在温度、小震、中震及大震作用下的抗拉、抗压、抗剪等进行专项分析,根据楼板在各工况作用下的应力分布提出配筋建议,以确保连接体的安全性。

连体层楼板划分为 3 个区域,楼板分区示意图见图 18.4-6,采用 YJK 软件对楼板进行详细分析,楼板均设为弹性板 6,网格按 1m × 1m 进行划分。

1. 楼板温度应力分析

根据苏州地区气象条件,最大正负温差为±25℃。以十三层(桁架上弦层)为例主要分析负温差工况下楼板产生的X向拉应力大小,图 18.4-7 为连体十三层X向楼板温度应力分布图。分析结果显示,因温度变化产生的楼板主拉应力大部分小于混凝土的抗拉强度标准值,仅在楼电梯井洞口周围有应力集中情况,这些位置楼板双层双向配筋,并适当提高配筋率。

2. 地震工况下楼板应力分析

为了确保连接体楼板在各种地震工况下的受力安全,根据结构方案及性能目标要求,采用 YJK 软件对连体层（十二、十三层）地震作用下的楼板应力进行分析，见图18.4-8、图18.4-9、图18.4-10。分析结果显示，小震、中震、大震分别作用下，楼板应力分布大致相同，仅数值大小有差异。除有限元计算产生的局部应力集中外，各区域在中震水平及竖向地震作用下的楼板拉应力及剪应力均小于混凝土的抗拉强度标准值f_{tk}（2.01、2.2N/mm²）（混凝土作为脆性材料，抗剪等同于抗拉）。X向中震及大震作用下，连体层（十二、十三层）楼板左右半区交替出现较大的拉应力，其中大震作用下拉应力大于混凝土抗拉强度标准值f_{tk}，部分区域楼板会出现开裂；Y向大震作用下，除局部应力集中外，连体层（十二、十三层）楼板剪应力均小于f_{tk}，大震下楼板受剪不屈服，满足性能目标要求；竖向地震作用下楼板应力虽远小于水平地震作用，但对于连体结构，竖向地震作用的影响也是不可忽略的。

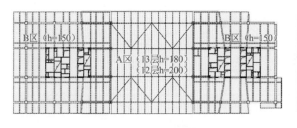

图18.4-6　楼板分区示意图　　　　　　　图18.4-7　楼板温度应力分布图（连体十三层，X向）

根据楼板应力分析可知，A区域（连体范围）楼板应力较大，其中十二层（桁架下弦层）主要受拉，板厚取200mm，混凝土强度等级C35，楼板配筋双层双向$\phi14@100$（$A_S = 1539\text{mm}^2$）。十三层（桁架上弦层）楼板X向承受较大压应力，设计时板厚取180mm，混凝土强度等级C30，楼板双层双向配筋$\phi12@100$（$A_S = 1131\text{mm}^2$）。

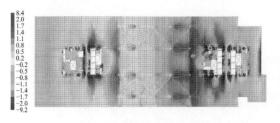

十二层（桁架下弦层）

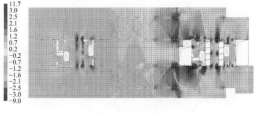

十三层（桁架上弦层）

图18.4-8　连接体楼板X向正应力分布图（中震）

十二层（桁架下弦层）

十三层（桁架上弦层）

图18.4-9　连接体楼板Y向剪应力分布图（大震）

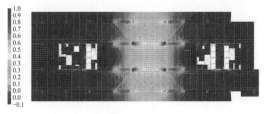

十二层（桁架下弦层）

十三层（桁架上弦层）

图18.4-10　连接体楼板正应力分布图（中震竖向地震）

除各单工况验算外，十二层 A 区域在不同荷载组合工况下的楼板每延米平均最大拉力及验算结果见表 18.4-1（最大值出现位置同各单工况应力集中区域）。

连接体楼板承载力验算   表 18.4-1

连体楼板性能目标	工况	设计承载力/kN	承载力/(kN/m)	验算结果
小震弹性	1.3 恒荷载 + 1.5 活荷载	1082	1108	满足
	1.3 恒荷载 + 0.65 活荷载 + 1.4 小震X	1102		满足
	1.3 恒荷载 + 0.65 活荷载 + 1.4 小震Y	986		满足
	1.3 恒荷载 + 0.65 活荷载 + 1.4 小震X + 0.5 竖向	994		满足
	1.3 恒荷载 + 0.65 活荷载 + 1.4 小震Y + 0.5 竖向	1034		满足
中震不屈服（钢筋受拉）	1.0 恒荷载 + 0.5 活荷载 + 1.0 中震X	988	1231	满足
	1.0 恒荷载 + 0.5 活荷载 + 1.0 中震Y	972		满足

3. 连接体舒适度分析

连体结构的连接体跨度较大，对楼面荷载的振动响应较敏感，为了满足后期正常使用要求，楼盖舒适度需作为设计考虑的重点之一。取连接体部分模型分析结构竖向振动模态，连接体楼板第一阶竖向振动模态如图 18.4-11 所示。分析得到楼盖竖向振动为主的一阶自振周期为 0.25s，相应的自振频率为 4Hz > 3Hz，分析表明，连接体虽然仅一层，"跨高比"较大，但结合连接体楼面宽度较大的特点，通过合理的结构布置，使得连接体实现较好的刚度，楼盖舒适度满足规范要求。

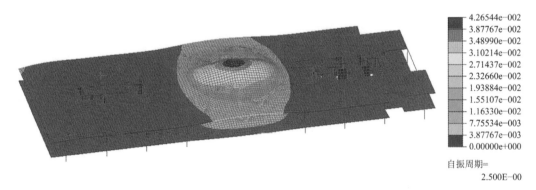

4.26544e−002
3.87767e−002
3.48990e−002
3.10214e−002
2.71437e−002
2.32660e−002
1.93884e−002
1.55107e−002
1.16330e−002
7.75534e−003
3.87767e−003
0.00000e+000

自振周期=
2.500E−00

图 18.4-11 连接体楼盖振动模态图

18.4.3 产业管理中心大楼—U 形悬挑结构设计

根据建筑 U 形悬挑的平面方案，A、B、E、F 轴的四榀X向悬挑桁架与 5、6 轴的两榀Y向封边桁架构成了 U 形悬挑结构的主要受力体系，U 形悬挑结构的承载力及变形控制是悬空办公室设计的重点，须进行详细的分析及控制。

1. U 形悬挑部分承载力计算

悬挑桁架部分采用 MIDAS Gen 和 SAP2000 软件进行分析。为确保大震情况下楼板完全失效时桁架仍能确保不屈服状态，桁架计算时不考虑楼板对桁架的有利作用，楼板厚度设为零，仅考虑楼板自重及楼面荷载。

图 18.4-12 为 U 形悬挑部分各工况应力比。计算结果表明：持久设计状况荷载组合作用下，钢构件最大应力比为 0.83。小震组合作用下悬挑桁架最大应力比为 0.68；中震组合作用下，除伸入主体的支撑

应力比约为 0.97 外，其余关键构件的应力比均小于 0.7，悬挑桁架满足中震弹性的性能目标。

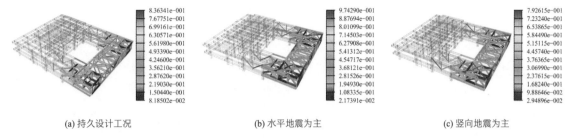

(a) 持久设计工况   (b) 水平地震为主   (c) 竖向地震为主

图 18.4-12 U 形悬挑部分各工况应力比

2. U 形悬挑部分变形计算

U 形悬挑方案，使得不同悬挑部分的竖向变形不一致，对悬挑各部分的竖向变形分析及控制是设计的重点之一。图 18.4-13 为悬挑桁架及封口桁架标准组合（$1D + 1L$）的竖向变形结果，根据计算，荷载标准组合下，内侧（B、E 轴）悬挑桁架相对竖向变形最大值为 84（端部变形）－ 14（根部变形）= 70mm，小于 $2 \times l/400 = 84$mm（l 为桁架悬挑长度 16.8m）；活荷载作用下内侧相同位置相对竖向变形最大值为 $18 - 3.5 = 14.5$mm，小于 $2 \times l/500 = 67.2$mm，满足《钢结构设计标准》GB 50017—2017 相应要求。

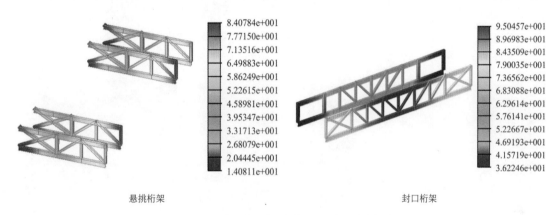

悬挑桁架   封口桁架

图 18.4-13 桁架标准组合（$1D + 1L$）竖向变形

荷载标准组合下，外侧（6 轴）封口桁架相对竖向变形差（跨中变形减去端部变形）最大值约为 95（跨中变形）－ 84（端部变形）= 11mm，小于 $l'/400 = 63$mm（l' 为封口桁架跨度 25.2m）；活荷载作用下封口桁架相对竖向变形为 $21 - 18 = 3$mm，小于 $l'/500 = 50.4$mm，均满足《钢结构设计标准》GB 50017—2017 相应要求。两榀封口桁架（5 轴和 6 轴）之间存在约 40mm 的竖向变形差，此变形差主要是由于悬挑桁架的变形引起的，因此，考虑施工阶段对四榀悬挑桁架（A、B、E、F 轴）采取预起等拱措施以减少悬挑桁架的变形，从而减小内外两榀封口桁架的变形差，根据钢标规程要求，起拱量取恒荷载标准值加 $l/2$ 活荷载标准值所产生的挠度，结合本项目情况，悬挑桁架按起拱量的 $l/150$ 控制，封口桁架起拱量按 $l'/1000$ 控制。

18.4.4　产业管理中心大楼—U 形悬挑结构楼盖设计

楼板作为水平抗侧力构件，在承受和传递竖向力的同时把水平力传递和分配给竖向抗侧力构件，协调同一楼层中竖向构件的变形，使建筑物形成一个完整的抗侧力体系。根据楼板布置情况，补充分析楼板在各工况下应力分析，评估楼板的性能状态。

由于施工过程中，桁架楼板为后浇，仅在附加恒荷载及活荷载作用与桁架共同受力。Y 向楼板受力较小，以下仅对 X 向楼板应力进行分析。图 18.4-14 为恒活载作用下桁架楼板 X 向应力分析结果。

由分析可知，除局部应力集中区域，悬挑桁架与主体结构交接处楼板存在较大的拉压应力，具体表现为桁架上弦（屋面层）楼板受拉，可通过加强板厚配筋，设置后浇带等方式抵抗、释放拉应力；桁架下弦（十一层）楼板受压，远小于混凝土抗压强度，可仅通过混凝土抗压受力。

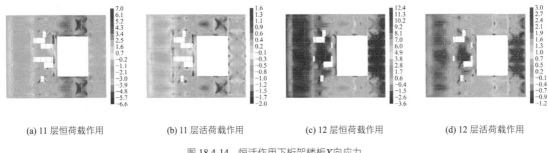

| (a) 11 层恒荷载作用 | (b) 11 层活荷载作用 | (c) 12 层恒荷载作用 | (d) 12 层活荷载作用 |

图 18.4-14　恒活作用下桁架楼板X向应力

对悬挑桁架层楼板补充中震作用下的楼板应力分析，见图 18.4-15，根据分析，中震下楼板拉应力除局部应力集中位置外，基本低于混凝土抗拉强度标准值，楼板在中震下能满足水平力传递的要求，应力集中区域通过加大配筋等方式进行加强处理。

根据多工况楼板应力分析，桁架上弦层（屋面层）楼板受拉，桁架下弦层（十一层）楼板受压。桁架下弦（十一层）楼板压应力小于混凝土抗压强度设计值，混凝土抗压受力满足要求，同时考虑加大楼板厚度及配筋进行加强处理。桁架上弦层（屋面层）楼板X向承受较大拉应力，可通过加强板厚（200mm）配筋（Φ12@100，配筋率 0.6%），设置后浇带等方式抵抗、释放拉应力，并实现楼板中震不屈服设计。

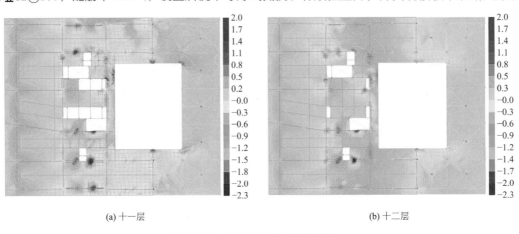

| (a) 十一层 | (b) 十二层 |

图 18.4-15　桁架层中震作用下楼板应力

18.4.5　产业管理中心大楼—U 形悬挑楼盖舒适度分析

U 形悬挑区对竖向激励下的楼盖变形及舒适度较敏感，悬挑区楼板舒适度是需要关注的重点之一。根据《建筑楼盖结构振动舒适度技术标准》JGJ/T 441—2019 要求，对整体模型做适当处理建立典型悬挑结构模型，有效均布荷载取 0.5kN/m²，阻尼比取 0.03；取悬挑结构所在楼层作为计算模型，进行模态分析得到结构一阶振动为悬挑部分竖向振动，自振频率约为 3.05Hz，满足大于 3Hz 的规范要求。图 18.4-16 为 U 形悬挑结构一阶竖向振动模态。

为了进一步验算 U 形悬挑楼盖在不同激励下的反应，对 U 形悬挑区楼板补充竖向加速度分析。根据实际使用情况、楼盖跨度和悬挑情况，选取竖向位移较大区域作为激励位置进行舒适度分析，典型激励工况为单人慢速行走，单人快速行走和单人连续起跳三种，图 18.4-17 为行人激励位置示意图，图 18.4-18 为单人激励时程标准曲线。根据《建筑楼盖结构振动舒适度技术标准》JGJ/T 441—2019，取楼盖峰值竖向加速度限值为 0.05m/s²，楼盖在 3 种工况下的竖向振动加速度满足规范限值，不同工况下楼盖竖向振动加速度见表 18.4-2。

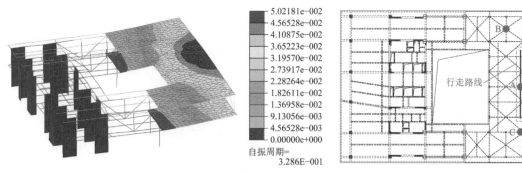

| | 5.02181e-002 |
| 4.56528e-002 |
| 4.10875e-002 |
| 3.65223e-002 |
| 3.19570e-002 |
| 2.73917e-002 |
| 2.28264e-002 |
| 1.82611e-002 |
| 1.36958e-002 |
| 9.13056e-003 |
| 4.56528e-003 |
| 0.00000e+000 |

自振周期=
3.286E-001

图 18.4-16　U 形悬挑结构一阶竖向振动模态

图 18.4-17　行人激励位置示意图

注：图中 A、B、C 为单人连续起跳点。

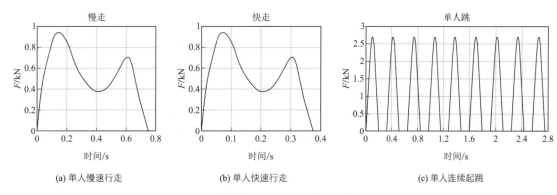

(a) 单人慢速行走　　　　　　(b) 单人快速行走　　　　　　(c) 单人连续起跳

图 18.4-18　单人激励时程标准曲线

不同工况下楼盖竖向振动加速度　　　　　　　　表 18.4-2

工况		加速度/m/s²	加速度规范限值/m/s²	是否满足
单人慢速行走		0.04	0.05	满足
单人快速行走		0.04	0.05	满足
单人连续起跳	A 点	0.04	0.05	满足
	B 点	0.04	0.05	满足
	C 点	0.04	0.05	满足

18.4.6　基础设计

本工程临近有轨电车，部分用地用线在有轨电车 30m 保护区（《苏州市轨道交通条例》相关要求）内，因有轨电车对轨道精度要求较高，有轨电车公司对临近项目的基础设计及施工方案有较多要求和限制，需控制施工振动及挤土效应等对有轨电车轨道的不利影响，这就要求基础设计时对建造成本控制、施工方法、辅助措施、相关监测等综合控制提出了更高的要求。

如工程桩采用钻孔灌注桩，可以最大限度地减小挤土效应对有轨电车的不利影响，符合有轨电车公司的管理要求，但采用钻孔灌注桩的方案不符合建设单位对建造成本及工期的控制要求，需设计找出更完美的解决方案。工程桩与有轨电车的位置关系见图 18.4-19，虽然部分用地红线在有轨电车的 30m 保护区内，但地下室工程桩距有轨电车的实际距离约 58m，塔楼工程桩距有轨电车大于 68m，远大于保护区 30m 的要求，桩基施工对有轨电车的影响大大减小，经过与有轨电车公司多轮的沟通及专家论证会研讨，工程桩规避掉钻孔灌注桩方案，在采取可靠措施的情况下可采用预制桩方案。

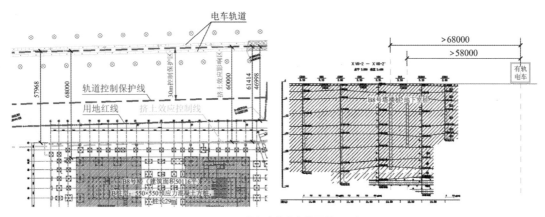

图 18.4-19　工程桩与有轨电车位置关系示意图

本工程地下室工程桩采用 450mm × 450mm 实心方桩,桩长 12m(尽量短以减小挤土效应影响范围),塔楼采用 550mm × 550mm 实心方桩,桩长 29m。桩基施工时采取以下控制措施:(1)先施工临近有轨电车一侧桩基,再往远离轨道的一侧施工,可采用跳打等施工方式,减小挤土效应;(2)主楼及相临边的方桩采取跳打施工,跳打距离大于 4 倍桩间距,相邻桩施工间隔时间不小于 12 小时;(3)距有轨电车边线 60m(挤土效应影响范围一般按 1.5 倍沉桩深度考虑,1.5 ×(29 + 10) = 58.5m)范围的挤土效应影响区内,工程桩施工时控制打桩速度,每天不应超过 8 套;(4)应先施工长桩后施工短桩,避免出现吊脚桩等不利情况;(5)在有轨电车一侧的红线内"之"字形设置一排应力释放孔,孔径 ϕ400,孔深 16m,孔距 800,以减小预制桩的挤土效应;(6)红线内侧设置一定数量的深层土体位移监测点,加强桩基施工过程中对有轨电车轨道标高和位移监测。

18.4.7　特殊节点构造

腾讯总部大楼连体桁架与主体结构钢骨柱典型连接节点见图 18.4-20(a),选取 B、C 轴连接体钢桁架受力较大的节点,采用 ABAQUS 软件建立实体单元有限元模型,考虑 1.1 重要性系数,内力采用设计结果中最不利荷载组合 1.1 ×(1.3 恒荷载 + 1.5 活荷载 + 0.9 风荷载)进行节点应力分析,典型节点应力分析结果见图 18.4-20(b),根据分析结果,节点区域仅加劲板与斜腹杆连接处存在应力集中,最大应力约 335N/mm²,其他区域钢材应力均小于 300N/mm²,小于 Q345GJB 钢材屈服强度 345N/mm²,连接节点安全可靠。

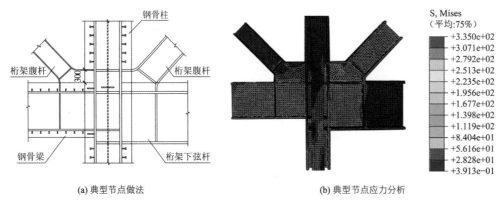

(a) 典型节点做法　　　　　　　　(b) 典型节点应力分析

图 18.4-20　连接体典型节点做法及分析

18.4.8　连体结构施工步骤及要求

腾讯总部大楼不等高双塔高位连体复杂结构,连接体部分除了承受自身的恒、活荷载及地震等作用外，还起到协调两侧塔楼变形和内力的重要连接构件，因此，对连接体的强度、变形、内力等各方面都有较高的要求。在施工过程中，连体结构什么时候进行连接，对结构的内力变形会产生较大的影响，需进行研究和控制。采取合理的施工步骤可以较大幅度释放或者减小结构的初期变形，以减小连接体的初始应力。施工步骤控制要求如下：

（1）由于东、西两栋塔楼高度不一样，塔楼的沉降变形也不一样，连接体若随楼层施工同时搭建，则双塔后期的沉降变形差将由连接体来协调，对连接体的受力非常不利。因此，要求东、西塔楼主体结构封顶且主要墙体砌筑完毕，早期沉降完成后再安装连接体钢桁架，以减小两栋塔楼沉降差造成的钢桁架附加应力。

（2）连接体楼板施工：根据以上各节分析，连接体在自重荷载下产生竖向变形，同时钢桁架上弦层楼板受压，下弦层楼板受拉，且下弦层楼板拉应力较大，为了减小下弦层（十二层）楼板拉应力，先浇筑连体上弦层（十三层）楼板（先把这部分楼板自重施加上去）并产生一定的竖向变形，再浇筑连体下弦层（12层）楼板。

（3）后浇带封闭：待连体上下层楼板浇筑完毕（楼板自重全部施加完成），连接体在恒载下的竖向变形基本完成后，再封闭后浇带。

图 18.4-21 为施工步骤控制示意图。

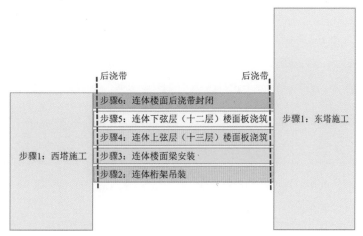

图 18.4-21 施工步骤控制示意图

18.5 结语

腾讯总部大楼设计难点是不等高双塔连体结构，连接体结构受力较复杂，不仅承受本身荷载还要协调两侧塔楼的内力和变形；产业管理中心大楼的设计难点是 U 形大悬挑悬空办公室，在结构单侧悬挑并在外侧封闭，内部形成大开洞，悬挑跨度及受力均较大。针对两个单体类型方案特点，提出如下设计建议：

（1）连体结构及大悬挑结构在有条件的情况下宜设置多层、多道桁架，并在悬挑桁架平面外设置可靠拉结或支撑，增强连接体及悬挑结构的刚度、强度、稳定性及抗倒塌能力。尤其像产业管理中心大楼支撑悬挑桁架的框架在 Y 向为单跨框架时，更应在悬挑桁架平面外设置刚度较大的封口桁架，加强 Y 向的约束及整体性。

（2）连体桁架及悬挑桁架应伸入主体结构内一跨，同时在伸入一跨的梁、柱内设置型钢，并进行可靠连接，以承受桁架传来的拉、压力。

（3）连体桁架及悬挑桁架承载力计算时不考虑混凝土板的有利作用，楼板按荷载输入，确保大震等不利情况下楼板完全失效时桁架仍能确保不屈服状态。

（4）连体桁架及悬挑桁架根部与主体结构交界处楼板承受较大的拉压应力，可通过加强板厚及配筋，设置后浇带等方式抵抗、释放拉应力。对连接钢梁与混凝土楼板的栓钉四周采用低弹性模量的材料包裹，也可减小由于连体或悬挑结构变形引起的楼板拉应力。

（5）连体桁架及大悬挑结构的舒适度是设计中的重点之一。结构设计时应尽量增大连接体或悬挑结构刚度，避免较柔的结构形式，并应根据实际使用情况，对不同激励下的楼盖舒适度进行分析。

（6）特殊结构应根据结构特点及受力情况控制合理的施工顺序。对于连体及悬挑钢桁架结构，应对主体结构、连接体或悬挑结构设置合理的施工步骤，以减小施工工序对结构的不利影响，必要时应进行施工模拟分析。

参考资料

[1] 曹彦凯, 袁雪芬, 郭军, 等. 某 U 形悬挑结构设计与分析[J]. 建筑结构, 2022, 52(7): 51-59.

[2] 徐麟, 彭林海, 商裕峰, 等. 某超高层复杂连体结构受力特点及难点分析[J]. 建筑结构, 2020, 50(4): 106-111.

[3] 王启文, 吴风利, 周斌, 等. 超限高层建筑大悬挑楼层结构设计[J]. 建筑结构, 2016, 46(22): 12-18.

设计团队

建筑方案设计单位：中国建筑西南设计研究院有限公司

施工图设计单位：启迪设计集团股份有限公司（初步设计 + 施工图）

结 构 设 计 团 队：曹彦凯，袁雪芬，郭 军，林 山，徐 明，王 磊，杨文凯，孙 平，孔 成

执 笔 人：曹彦凯

第19章

中银大厦

19.1 工程概况

19.1.1 建筑概况

中银大厦为中国银行股份有限公司苏州分行的总部大楼，工程坐落在苏州工业园区金融中心，位于旺墩路以北，万盛街以东。总建筑面积 99797m²，其中地上 79898m²，地下 19899m²，主要功能为金融办公。中银大厦是美国贝聿铭建筑事务所在国内设计的一座标志性建筑，具有典型的贝氏设计的特征，和北京中银总部及香港中银一样，都清晰强烈地表现了建筑的几何体框架。此外，大厦的设计还结合了苏式建筑的特色，运用现代建筑语言重新诠释了苏州丰富的建筑传统。

建筑物由主塔楼及东侧裙房、中庭连廊组成。主塔楼地上 22 层为办公用房，标准层层高 4.3m，顶部两层为机电设备用房，地面以上主体结构高度为 99.72m，建筑总高度为 109.13m；裙房地上 4 层，其中首层功能为营业厅，层高 7.0m，二层为银行办公，层高 4.8m，三层为办公和多功能厅，层高 4.75m，裙房高度 20.75m；主塔楼和裙房第四层通过空中中庭连廊相连，连廊层高 4.3m，功能为餐厅和设备机房，连廊屋面设置覆土绿植景观；工程设置满堂地下室，地下室功能为停车库和设备用房。整个建筑整体效果见图 19.1-1，建筑剖面见图 19.1-2，典型平面图见图 19.1-3。

图 19.1-1　整体效果图

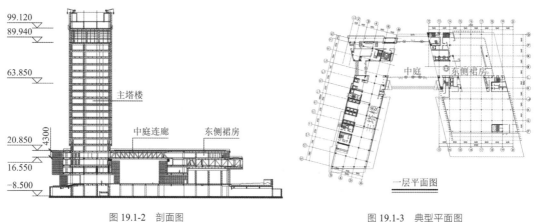

图 19.1-2　剖面图　　　　　　　　图 19.1-3　典型平面图

本工程结构主体主要采用钢筋混凝土结构，局部楼层及构件采用钢结构，部分重要构件采用型钢混凝土结构；主塔楼和东侧裙房采用框架-剪力墙结构体系，中庭连廊采用钢结构；建筑物上部设防震缝，

经典回眸　启迪设计集团股份有限公司篇

分为主塔楼单元和东侧裙房、中庭连廊组成的另一单元。

19.1.2 设计条件

1. 主体控制参数

主体结构设计控制参数见表 19.1-1。

控制参数				表 19.1-1
结构设计基准期		50 年	抗震设防烈度	6 度
建筑结构安全等级		二级	设计地震分组	第一组
结构重要性系数		1.0	场地类别	Ⅲ类
建筑抗震设防分类		标准设防类	基本地震加速度	0.05g
地基基础设计等级		甲级	场地特征周期	0.54s
结构抗震分析阻尼比	塔楼（钢筋混凝土）	0.05	多遇地震	0.04
	裙房（混合结构）	0.04	设防地震	0.12
	钢结构连廊	0.02	罕遇地震	0.28

2. 风荷载

结构变形验算时，按 50 年一遇基本风压为 0.45kN/m²，承载力验算时按基本风压的 1.1 倍，场地粗糙度类别为 B 类。

3. 场地地质情况

本工程拟建场地内各地基土层较稳定，土质均匀，未发现有影响工程稳定性的不良地质作用。根据区域地质资料，自上而下分为 12 个工程地质层，典型地质剖面见图 19.1-4。

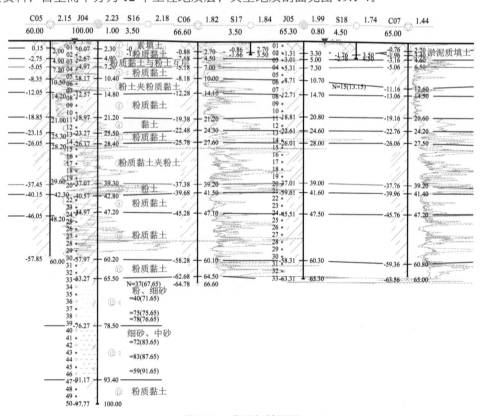

图 19.1-4　典型地质剖面图

19.2 建筑特点

19.2.1 入口挑空大厅

南侧入口大厅为挑高 3 层的大空间，挑空高度 16.5m，挑空空间平面呈梯形状，南面入口宽度 43.1m，北面宽度 27.5m，挑空的三层平面见图 19.2-1。大跨无柱空间给接待区域提供了高大空间，为建筑提供多样化的设计形式创造条件，大厅内景图 19.2-2。

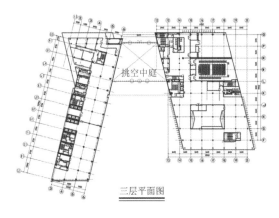

三层平面图

图 19.2-1　平面图

图 19.2-2　大厅内景图

该部分结构设计中，考虑建筑的整体效果，结合该区域四层的功能布置，在四层连廊层合适的位置设置了钢结构桁架，桁架高度为第四层整层层高。钢桁架具有良好的空间刚度，且立面上形式整齐优美，既能实现建筑的功能和效果，又能体现结构布置的科学严谨的美感，中庭连廊的立面效果也能在图 19.1-1 中看到。

19.2.2 西侧无柱入口通道

为保证 VIP 客户的私密性，建筑设计师在西侧设置了单独的入口，通过此通道，可直接进入 VIP 候梯厅，坐专用电梯进入顶层 VIP 业务区。此处的入口通道是大楼的第二个重要的门户，该处上部的框架柱在二楼位置进行转换，一层通道无竖向构件。通道一层平面详见图 19.2-3，通道内景见图 19.2-4，无柱通道的结构采用局部转换，转换层设置于二层，转换布置简图见图 19.2-5。

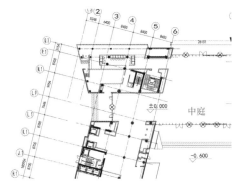

图 19.2-3　西侧通道一层平面

图 19.2-4　VIP 客户通道内景图

19.2.3 塔楼顶部大空间接待区

塔楼二十一层北端设置了银行家俱乐部，二十二层挑空，端部悬挑宽度 16.5m，内侧室内空间宽度

17.4m，该区域的无柱大空间视野良好，为 VIP 客户提供了很好的交流沟通场所，其建筑平面布置及内部效果见图 19.2-6。

此处结构采用 4 榀钢结构桁架来实现，悬挑最大跨度为 18.89m，桁架高度 4.5m，桁架下弦为屋顶平面，上弦为设备层平面。

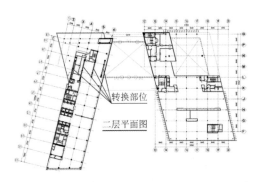

图 19.2-5　转换结构平面布置示意图

图 19.2-6　银行家俱乐部平面区域及内部效果图

19.2.4　一楼大空间营业厅

一楼东北侧为营业大厅，此处二层楼面挑空，总体空间高度 11.7m，跨度 26m。大空间为营业厅的布置提供了多种可能，同时也能营造一个良好的工作环境。该区域三层为多功能报告厅，四层为餐厅，餐厅顶部为裙房种植屋面，其中一楼营业大厅内景见图 19.2-7。

该处的大空间采用了钢结构桁架的结构形式，结合三层的平面功能，桁架设置于三层，高度为 5.6m，桁架跨度 27.1m，端部悬挑 8.44m，桁架平面位置见图 19.2-8。

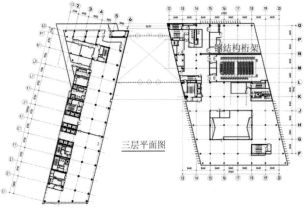

图 19.2-7　一楼营业厅内景图　　　　　　　　　　图 19.2-8　钢结构转换桁架平面位置示意图

19.3 体系与分析

19.3.1 方案对比

1. 主塔楼结构体系

板式主塔楼常规可采用两种结构体系：（方案1）钢筋混凝土核心筒＋钢框架混合结构体系；（方案2）钢筋混凝土框架-剪力墙结构体系。

结合建筑平面，将上述两种结构体系进行了各自的结构布置和试算，优缺点分析如下：（1）方案1的框架部分采用装配式钢结构，安装施工便捷，而方案2采用整体现浇，施工速度稍慢，但方案1的建造成本明显高于方案2；（2）由于整体交通核偏置于边跨，布置筒体剪力墙刚度偏心较大，方案1的钢结构外框架提供的整体线刚度小于方案2的混凝土框架，因此，方案2对结构平面的刚心调节更有效，试算结果也表明，方案2更易于控制水平地震力作用下的楼层位移比。

最终主塔楼采用钢筋混凝土框架-剪力墙结构体系。

2. 东侧裙房结构体系

东侧裙房高21.0m，未超过框架的适用高度，可以采用框架结构体系（方案1）；结合建筑的楼电梯位置设置剪力墙，东侧裙房也可采用框架-剪力墙结构体系（方案2）。

两种结构体系的优缺点分析如下：（1）方案1的建造成本较低，且布置灵活；（2）东侧裙房首层层高较高（首层层高7.0m，二层层高4.8m），三层设置了桁架转换结构，因此方案1布置难于避免薄弱层的出现；（3）二层东北侧存在楼板大开洞，竖向构件较少，因此方案2的结构布置易于控制水平地震力作用下的楼层位移比和变形，传力更合理，更安全经济。

最终东侧裙房采用框架-剪力墙结构体系。结合建筑楼（电）梯间位置，设置合适的剪力墙，作为抗震设防第一道防线，同时注意框架柱的剪力调整，保证抗震设防二道防线的安全可靠。

3. 东侧裙房与主塔楼连接方案

东侧裙房与主塔楼之间通过中庭连廊第四层连通，中庭连廊连接体采用钢结构桁架，中庭连廊与东侧裙房相连，和主塔楼设缝脱开。中庭连廊与主塔楼连接，可以采用的方案：（方案1）中庭连廊与主塔楼之间设防震缝脱开，中庭连廊与东侧裙房作为一个结构单元与主塔楼分别计算；（方案2）刚接连接，主塔楼、东侧裙房、中庭连廊整体计算；（方案3）主塔楼、东侧裙房、中庭连廊各自成独立结构单元，交接处设置防震缝脱开。

方案1的两个结构单元分别计算相对简单，避免了复杂高层中的连接体类型，不需要对连接体以及连接体的连接部位做复杂的结构分析和构造加强，建造成本低。方案1的防震缝设置对建筑外立面是有影响的，需要幕墙设计做构造处理，另外防震缝的存在对屋顶渗漏是个隐患。

方案2通过中庭连廊的四、五层楼面协调水平力作用下的主塔楼和东侧裙房的变形，需要足够的刚度；方案2的主塔楼和东侧裙房楼层数相差较大，两个单体的动力特性相差甚远，造成中庭连廊在地震力作用下受力十分复杂，地震作用下在中庭连廊与主楼交接处楼板应力出现集中（中震作用下楼板应力计算结果见图19.3-1），且中庭连廊本身跨度大，竖向荷载较大，钢桁架尚需协调两侧裙房变形，内力增大，构件设计更困难；方案2整体平面南北向约107m，东西向约106m，平面成U形，楼面温度应力较大，且在连廊与主塔楼交接位置的温度应力集中非常明显，图19.3-2显示温度作用下楼板主应力图。另外U形平面的水平地震力下位移比控制较为困难；方案2造成建筑物在五层位置竖向收进，大底盘效应明显，且抗侧刚度中心突变位置正好也在大跨度钢桁架的中庭连廊顶部楼层。

经典回眸　启迪设计集团股份有限公司篇

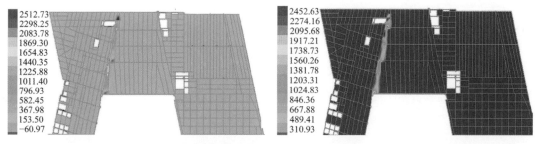

图 19.3-1　中震作用下楼板主应力

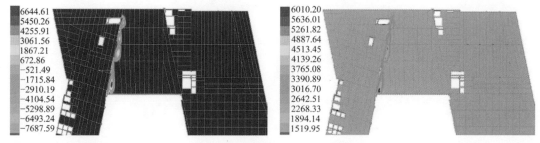

图 19.3-2　温度作用下楼板主应力

方案 3 中的中庭连廊单元X向为单跨、大跨框架结构，结构体系对抗震不利，且与东侧裙房连接位置设置双柱，也影响内部建筑功能及效果。

最终东侧裙房与主塔楼的连接方式按方案 1 实施。方案 1 的实施避免了诸多复杂的分析和计算，使得结构受力更为清晰简单，建造成本低，有利于工程建设。另外建筑效果图显示，防震缝设置位置是建筑体块相嵌处，整体对建筑立面效果影响不大。防震缝宽度的设置需要特别关注，保证中震下两个单体不碰撞，同时也需要做好大震下防坠落的构造措施。

19.3.2　结构布置

1. 主要构件截面

高层主塔楼采用钢筋混凝土框架-剪力墙结构体系，典型柱跨为 8.7m × 8.4m，框架柱采用直径 900mm 的钢管混凝土柱，梁采用 600mm 高的钢筋混凝土梁，楼面为钢筋混凝土现浇楼板；东侧裙房采用传统钢筋混凝土框架-剪力墙结构，典型柱跨为 8.44m × 8.44m，局部转换桁架位置采用钢管混凝土柱，考虑到与钢结构转换桁架连接的便利性，五层局部位置通过桁架转换的框柱采用工字形钢柱，楼面为钢筋混凝土现浇楼板。

中庭连廊与主塔楼设置 120mm 宽的防震缝，中庭连廊与东侧裙房结构整体相连，连廊钢桁架搁置主塔楼处（相应位置的框架柱设牛腿）设置双向滑移支座，搁置东侧裙房处设置铰接支座，结构布置图见图 19.3-3。从图中可见，从北侧至南侧设置了 5 榀钢结构桁架，分别为 TRUSS1~5，其桁架跨度分别为 46.117m、37.677m、33.604m、29.085m、25.017m，桁架高度为 4300mm，以 TRUSS2 为例，其典型桁架立面如图 19.3-4 所示。桁架杆件截面采用 H 型钢，典型腹杆截面 H500 × 300 × 16 × 20，其杆件长度与截面高度比最大为 8.3，因此，腹杆、弦杆节点均按刚接假定；桁架之间设置 H 型钢次梁，典型截面 H700 × 350 × 16 × 26。为节约净空高度，楼层板采用 120mm 厚的钢筋桁架板，钢筋桁架板的典型截面大样如图 19.3-5 所示。另外弦杆均与本层楼板脱离，即同层次的楼板底部高出弦杆 30mm，不直接支撑在弦杆上，避免弦杆因非节点区域受力而在弦杆中产生较大弯矩，从而降低弦杆的受力性能。

整体地下室采用框架结构，典型柱跨 8.44m × 8.44m。地下室顶板采用钢筋混凝土现浇梁板结构，板厚 180mm，梁高 750mm，地下室外墙厚 600mm。

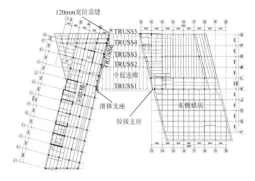

图 19.3-3　结构平面布置图

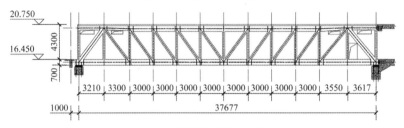

图 19.3-4　TRUSS2 桁架立面图

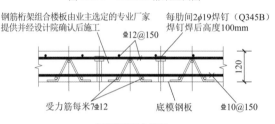

钢筋桁架组合楼板　1:10

混凝土强度等级：C30
支承钢梁间距不大于 3.5m

图 19.3-5　钢筋桁架板大样图

2. 地基基础设计

根据地勘报告提供的工程地质资料以及上部结构特点，本工程基础采用桩筏基础。

主塔楼下采用钢筋混凝土钻孔灌注桩，桩直径 800mm，桩长 60.5m，以⑫$_1$号粉、细砂层为桩端持力层，单桩竖向抗压承载力特征值为 4800kN。

裙楼以及单层地下室部分采用预制混凝土方桩，桩长 25m，桩边长 500mm，以⑧$_1$号粉质黏土夹粉土层为桩端持力层，单桩竖向抗压承载力特征值为 1600kN，单桩竖向抗拔承载力特征值为 950kN。

主塔楼及裙房、地下室部分采用不同的筏板厚度。经计算，主塔楼的最大沉降量约为 127mm，裙房的最大沉降量约为 91mm，地下室其余部分最大沉降量约为 56mm，满足规范要求；为控制沉降差，沿着主塔楼及裙楼边设置沉降后浇带，待主体结构完成后封闭后浇带。

19.3.3　性能目标

1. 主塔楼抗震超限分析

1）超限检查

（1）在 5% 的偶然偏心地震力作用下楼层最大位移与平均位移比值为 X 向 1.35，超过 1.2，平面扭转不规则；

（2）在二层靠近北侧位置，存在局部的斜柱转换，为竖向抗侧力构件不连续；

（3）顶部北侧大悬挑结构，为竖向不规则；

（4）中庭连廊与主楼连接设置滑动支座，为弱连体结构。

超限检查结论：为带连体的复杂高层建筑。

2）应对措施

（1）计算分析中计入了双向地震力作用，并计及了扭转效应。竖向构件最大弹性水平位移和层间位移计算控制不超过平均位移值的 1.5 倍；

（2）对于斜柱转换位置，将用 SATWE 和 ETABS 程序进行对比分析，对构件进行包络设计，对斜柱内和斜柱下的楼面梁的小震作用下的内力将乘以 1.5 的放大系数来进行构件设计，并按预定的性能化目标进行设计；计算结果显示斜柱转换处在二层的楼面梁内会产生拉力。

（3）拉力较大的 3～6 轴上的二层楼面梁采用型钢混凝土构件，以抵抗较大的轴向拉力（该处最大设计轴向拉力约 6994kN），对斜柱也设置钢骨构件，加大构件承载能力，同时对斜柱以及转换层以上的转换柱，适当加大箍筋配置，箍筋加密，以此提高柱子延性；对于转换位置的二层及三层楼面，将加大局部楼板厚度，以此增加传递水平力的能力。

（4）主塔楼南北向长度约 107m，超过规范要求的伸缩缝间距要求较多，设计中考虑了温度应力的影响，加强长向楼板配筋，避免温度收缩出现结构裂缝；同时复核温度应力下竖向构件的承载力，计入构件设计时的工况组合。

（5）中庭连廊设双向滑移支座搁置于主楼构件上，单体计算按节点力输入计算模型，并采用整体建模、包络设计。搁置的主楼构件提高抗震等级，采用型钢混凝土构件。

2．东侧裙房抗震规则性检查

1）规则性检查

（1）在 5%的偶然偏心地震力作用下楼层最大位移与平均位移比值 X 向为 1.35，Y 向为 1.47，均超过 1.2，为平面扭转不规则；

（2）在二层东北侧位置部分为大空间上空，造成该位置楼板凹进尺寸 Y 方向为 40%，X 方向为 68.7%，为楼面凹凸不规则；

（3）在三层位置沿 N 轴处设置了整层高的转换桁架，来转换四层位置的 3 个钢管混凝土柱，为竖向抗侧力构件不连续。

超限检查结论：东侧裙房属平面及竖向特别不规则多层建筑。

2）应对措施

（1）计算分析中计入了双向地震力作用，计及了扭转效应，且竖向构件最大弹性水平位移和层间位移比值均未超过平均位移值的 1.5 倍；框架抗震等级为四级，剪力墙抗震等级为三级。

（2）对于二层楼面较大尺寸的楼板缺失凹入情况，将对该部分楼面采用弹性板假定，模拟平面内楼板刚度变化对楼层构件的影响，并复核地震作用下楼板的应力状况，包括设计。

（3）对于三层的转换桁架的结构布置，结构分析时除把桁架建入整体模型计算外，还对桁架单独进行了平面内力分析，平面分析时对由上面转换柱传给桁架的地震内力进行了放大（放大系数 1.5），同时按预定的性能化目标进行设计。同时加强三、四层转换桁架的两侧的楼板构造，加强楼板传递水平力的能力。

（4）考虑到 N 轴交 17.5 轴位置支撑转换桁架的柱子的重要性，且该柱子一层至三层属穿层柱，抗震设计时应对此特别加强，该构件除采用钢骨构件进行构造设计外，还进行了中震弹性的性能化设计，以此提高整个结构在地震力作用下的可靠性。

3．中庭连廊结构抗震措施

中庭连廊与主塔楼通过滑移支座连接，一侧与裙房不动铰支座连接，结构分析时对连廊单独进行了结构分析，对中庭连廊与裙房的连接部位，则通过整体建模，来分析相关部位的内力情况。除此之外，参考高层连体结构的构造加强措施，对于与中庭连廊相连的裙房相关的梁柱构件，做如下的加强构造措施：

1）加强四、五层中庭连廊以及四、五层裙房与中庭连廊连接部位的楼板构造（加大楼板厚度和加强楼板配筋）；

2）中庭连廊与裙房连接部位的柱子抗震等级按三级构造加强，剪力墙按二级构造加强，加强部位从基础顶至五层屋面；

3）相连部位的柱子箍筋加密，提高柱子延性。

4．抗震性能目标

结合本工程特点和关键构件，确定结构的抗震性能目标见表 19.3-1。

结构抗震性能目标   表 19.3-1

	多遇地震	设防地震	罕遇地震
整体结构性能目标	完好、无损坏	轻度损伤	中度损坏
层间位移角	1/800		1/100
关键构件（主塔楼斜柱转换构件、中庭钢连廊搁置及连接构件、裙房转换桁架及连接框架、裙房转换桁架支撑柱）	弹性	弹性	不屈服
其他构件	弹性	部分屈服	

19.3.4 结构分析

1．总体计算分析

考虑到工程结构的复杂性，东侧裙房和主塔楼均采用 SATWE 和 ETABS 两种软件进行分析比较。两种程序的计算结果基本一致，SATWE 主要计算结果见表 19.3-2、表 19.3-3，计算模型见图 19.3-6。

在基础设计以及连接构件设计时，也包络了整体模型的计算结果，计算模型见图 19.3-7。

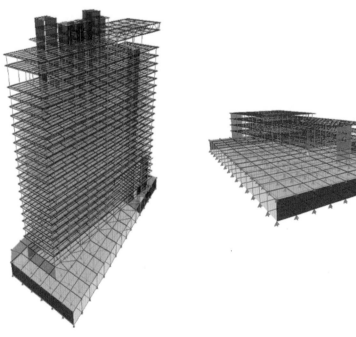

图 19.3-6 主塔楼、东侧裙房分析模型（ETABS）

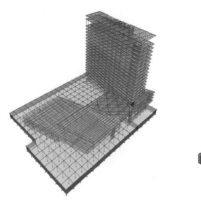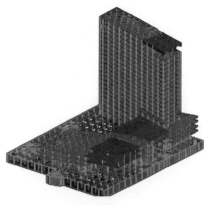

图 19.3-7　整体分析模型（ETABS 和 SATWE）

　　单体计算的中庭连廊计算假定和处理措施：（1）由于中庭连廊在主楼一侧设置了双向滑移支座，主楼计算时仅在此位置输入了支座节点力，认为连廊对主楼抗侧刚度无影响；（2）东侧裙房计算时也在相应位置简化输入中庭连廊的支座节点力，认为连廊对东侧裙房抗侧刚度无影响；（3）上述简化方法对东侧裙房的平面质心计算是有偏差的，在进行水平地震力作用下的楼层位移比验算时应考虑此偏差；（4）在上述简化办法的基础上进行结构整体各项指标计算，同时建立 ETABS 整体模型，对中庭连廊与两个单体连接位置的构件作复核验算。

SATWE 主塔楼主要计算结果　　　　　　　　　　　　　表 19.3-2

计算参数		X向	Y向
结构总重量G/kN		1112513	
结构前三阶自振周期/s	T_1 T_2 T_3	3.1715 2.9511 2.6955	
T_3/T_1		0.850	
刚重比		2.93	3.56
扭转位移比		1.06	1.35
楼层侧向刚度比（层高修正）		1.43（十二层）	1.35（十二层）
楼层抗剪承载力比		0.80（二层）	0.89（二层）
负一层与首层的剪切刚度比		3.04	3.03
最大层间位移角	风荷载 地震作用	1/3768 1/2046	1/1206 1/1944

SATWE 东侧裙房主要计算结果　　　　　　　　　　　　表 19.3-3

计算参数		X向	Y向
结构总重量G/kN		106651.4	
结构前三阶自振周期/s	T_1 T_2 T_3	0.7673 0.5958 0.5004	
T_3/T_1		0.652	
刚重比		12.92	6.97
扭转位移比		1.35	1.47
楼层侧向高度比（层高修正）		1.00（五层）	1.00（五层）
楼层抗剪承载力比		0.97（三层）	1.00（五层）
负一层与首层的剪切刚度比		10.5	11.7
最大层间位移角	风荷载 地震作用	1/9999 1/1477	1/7961 1/904

2. 中庭桁架计算分析

中庭钢桁架采用 SAP 软件建模进行计算分析，钢桁架一端铰接，另一端滑移。建模计算时，考虑了竖向地震作用下的工况组合。

中庭桁架共 5 榀，典型平面单榀计算模型及分析结果见图 19.3-8，构件最大应力比 0.818，计算结果见图 19.3-9。单榀平面桁架受力分析结果显示，每榀桁架竖向变形相差比较大，从南往北桁架在正常使用阶段的竖向变形为：55.43、65.38、48.24、33.16、23.99mm。

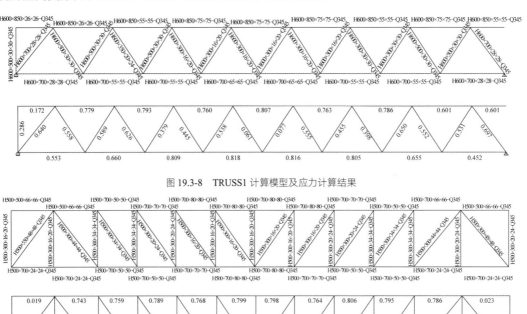

图 19.3-8　TRUSS1 计算模型及应力计算结果

图 19.3-9　TRUSS2 计算模型及应力计算结果

桁架平面呈不规则的梯形截面，而且桁架平面四层北侧为机房，南侧为餐厅，同一层楼面的使用活荷载标准值差异比较大。因此有必要对桁架进行整体受力分析，了解桁架变形协调下楼板以及边界构件的受力状况。钢桁架整体三维模型及计算结果如图 19.3-10、图 19.3-11 所示。桁架整体模型分析结果有如下几点值得注意：

（1）承担各榀桁架变形协调功能的组合楼盖应力分析结果如图 19.3-11 所示，五层楼板主应力以压应力为主，四层楼板主应力以拉应力为主，上下两层楼板应力均在混凝土的抗压和抗拉强度设计值范围之内，考虑到各榀桁架的竖向变形相差比较大，设计时必须加强钢筋桁架楼板的配筋以及钢筋桁架板与钢梁的连接。

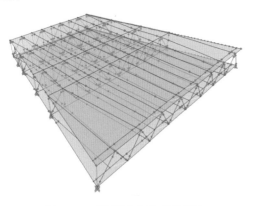

图 19.3-10　桁架整体分析三维模型图

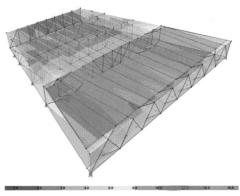

图 19.3-11　杆件及楼板应力计算结果

（2）与单榀平面模型相比，整体模型分析得出的钢桁架应力比较小，以 TRUSS1 中间的下弦杆件为例，整体模型分析下的杆件应力比为 0.586，小于单榀模型分析下的 0.818。在整体分析模型中，定义了楼板的平面外以及平面内的刚度，上述整体模型下应力比偏小的原因是因为钢桁架杆件设计时考虑了混凝土楼板的抗压、抗拉作用。根据上述分析计算结果，在施工图设计中，有以下需要考虑的：①必须加强楼板的配筋；②加强钢筋桁架板与钢梁的连接以保证楼板发挥一定的组合受力作用；③考虑到结构的重要性、安全性，应力比控制以单榀平面模型分析为主。

（3）4 层的桁架支座反力显示，在恒荷载和活荷载的组合作用下，两个正交方向均存在一定数值的水平力，以受力较大的第二榀桁架为例，平行于桁架方向的水平力 396.4kN，垂直于桁架方向的水平力 495.2kN。施工图期间如何合理地传递或者抵抗这些水平力成为本工程桁架设计的关键点。

19.4 专项设计

19.4.1 防震缝设计

中庭连廊与主塔楼之间设置了防震缝，根据《建筑抗震设计规范》GB 50011—2010 的规定，防震缝宽 120mm。由于建筑功能的要求，桁架搁置位置未设置柱，而是搁置在主塔楼外侧柱的牛腿上，牛腿面上设有双向相位装置的双向滑移支座，此结构设计特点需要注意的是：（1）多遇地震作用下中庭桁架不与主塔楼碰撞；（2）罕遇地震作用下橡胶支座足够的变形能力不至于使中庭连廊的钢结构桁架坠落。

按上述要求，设计了两种验算目标：（1）多遇地震作用下四、五层位置的楼层最大弹性变形量小于120mm；（2）罕遇地震作用下楼层位置的弹塑性变形小于滑移支座的变形量；按照中震弹性以及大震弹塑性计算参数，采用 PKPM 程序进行计算，得出上述四、五层位置的弹性变形为 75.6mm，弹塑性变形为 90.7mm。因此得出上述防震缝的宽度设置是合适的，同时选用最大变形能力为 150mm 的双向滑动橡胶支座。上述计算数据取得有两个计算假定：（1）假设楼层楼板平面内刚度无限大；（2）考虑到地震作用下可能的相位差，主塔楼与东侧裙房楼层位置的变形量叠加。

19.4.2 中庭钢桁架

1. 计算分析

因中庭桁架跨度大、四层屋面覆土荷载较重，结构分析中，采用了多种软件进行平面单榀及三维整体分析，构件包络设计，保证结构安全。连廊桁架和主体结构整体模型示意详见图 19.4-1。

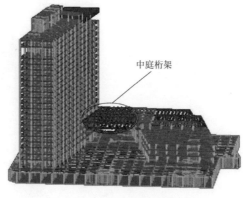

中庭桁架

图 19.4-1 桁架模型示意图

2. 弦杆设置

中庭钢桁架弦杆的设置方式有两种：（方案一）型钢的强轴向垂直于桁架平面（正放）；（方案二）型钢的强轴向平行于桁架平面（侧放）。在初步设计阶段，对两种布置方式进行了反复的比较，以 TRUSS1 为例，挑选下弦杆的中间位置截面，两种设置方式在恒荷载 + 活荷载组合下的内力数据见表 19.4-1。

442

桁架内力、应力比汇总表　　　　　　　　　　　　　　　表 19.4-1

设置方式	内力计算值		截面设置	应力比
方案一	轴力/kN	18641.7	H600×700×55×55	0.741
	弯矩/kN·m	760.8		
	剪力/kN	10.4		
方案二	轴力/kN	18782.1	H600×700×55×55	0.737
	弯矩/kN·m	373.2		
	剪力/kN	5.6		

由上述计算分析可见：（1）方案一由于弦杆平面内刚度比较大，吸收的弯矩也较大，因此整个截面设计的应力比比方案二略高一些；（2）两个方案的轴力相差不多。

值得注意的是，由于 TRUSS1 桁架立面上必须与幕墙的模数相匹配，个别平面外搁置过来的次梁没有位于节点位置，造成弦杆中间位置有集中力，但由此造成的弯矩值占整个弯矩值比例较小，因此，上述结构布置特点不成为上述方案比较的重点考虑因素；虽然方案一的截面抗弯抵抗矩较大，但考虑到截面中处于高应力状况的区域较方案二所占整个截面比例大，因此，从效率和截面的安全储备来说，方案二较为合理。

在初步设计阶段，考虑到桁架受力较大，而桁架的高度受限制，桁架弦杆与东侧裙房的连接方式考虑均采用不动支座，经过计算，该种边界条件下，支座的水平力较大，达到 15800.1kN，支座和裙房相连的梁无法承受如此大的水平力，最终设计分析时，把上弦杆设计成可滑动的支座，释放自重及部分附加恒荷载下的水平力，待结构主体完成以后固定上弦支座，使之成为铰接支座。

3. 杆件连接

根据之前的方案比较分析，钢桁架弦杆与腹杆为 H 型钢截面，并按照强轴水平向放置的设置方式，其典型节点设计如图 19.4-2 所示。为保证节点区钢板承载力的可靠性，对受力较大的典型节点进行了有限元应力分析，分析模型如图 19.4-3 所示，节点分析应力结果如图 19.4-4 所示。节点应力分析结果显示，在最大荷载基本组合值下，节点区的钢板应力值未超过钢材的强度设计值，该节点承载力满足设计要求；同时应力分析也显示，在腹杆与弦杆的翼缘板交接位置，应力值较其他位置偏大，有应力集中现象出现，桁架制作过程中应要求加工制作单位注意该部位作一些连接加强处理，减少应力集中效应。

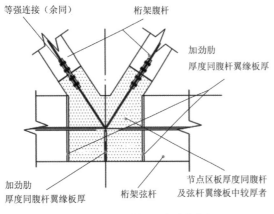

图 19.4-2　桁架弦杆与腹杆连接节点

图 19.4-3　弦杆与腹杆连接节点分析模型

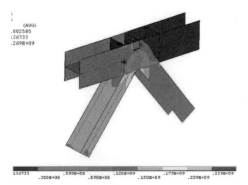

图 19.4-4 弦杆与腹杆连接节点应力图

4．连接支座

（1）与东侧裙房的连接支座

如前所述，钢桁架若上下弦均与东侧裙房铰接，则存在的水平力过大，节点设计无法实现，因此对上弦采用部分滑动的设计来释放过大的水平力。考虑到桁架的整体稳定性，又不能完全设计成滑动，另外钢桁架五层屋顶覆土荷载较大，实际上铰接节点产生的水平力大部分是由恒荷载产生的，因此该节点设计成如图 19.4-5 所示。连接板的长圆孔用于释放恒荷载下的水平力，待桁架主体以及五层覆土完成后再完成安装螺栓的拧紧工作，同时复核预埋件在活荷载以及幕墙等荷载作用下的承载力，计算显示，此部分荷载产生的水平力不大，可以由与桁架连接的混凝土构件承担。

桁架下弦的东侧裙房搁置支座按照铰接节点设计，桁架的整体受力分析显示，在桁架的固定支座处存在着一定数值的水平力，垂直于桁架平面外的水平力考虑由楼板以及下弦平面外的钢梁承担；由于中庭桁架与东侧裙房连接位置存在较多的楼梯洞口以及设备管井洞口，该部分的水平力无法由楼板有效传递；橡胶支座抵抗水平力也有一定的局限性，因此节点设计时考虑橡胶水平支座与该位置与之相连的混凝土梁来同时承担水平力；同时通过施工加载顺序，来有效控制水平力的产生时间和传力路径，节点设计如图 19.4-6 所示，具体方法如下：（1）桁架吊装就位后，连接裙房的螺栓就位，连接板开长圆孔；（2）中庭桁架东侧靠近裙房位置留设 1m 长的后浇带，浇筑混凝土，注意做好桁架施工期间的稳定支撑工作；（3）五层屋顶建筑防水完成，覆土也完成，桁架此时西侧可滑移，东侧也可滑移，此时认为桁架支座仅产生少量由于施工误差引起的水平力，该部分水平力有支座本身承担；（4）最后东侧裙房的螺栓垫板与连接板焊接，浇筑后浇带。

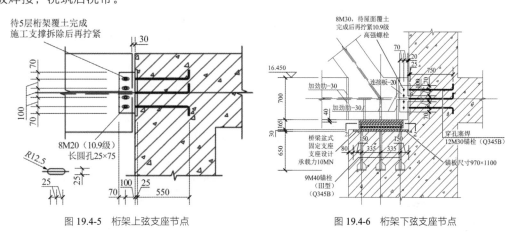

图 19.4-5 桁架上弦支座节点 　　　　　　　图 19.4-6 桁架下弦支座节点

上述节点做法和施工顺序的目的在于：①释放数值较大的恒荷载产生的水平力；②活荷载以及装修恒荷载、风荷载下产生的水平力由橡胶支座以及桁架端部的预埋件承担。计算显示，TRUSS2 在此措施下固定支座水平力为 105.6kN，端部的高强螺栓预埋件完全可以承受。

（2）与主塔楼的连接支座

中庭桁架与高层主楼间设置 120mm 的防震缝，主楼位置框架柱上伸出牛腿，桁架搁置在上面，桁架支座设计成双向滑移支座，支座水平最大位移限值 150mm，支座的设计详图如图 19.4-7 所示。支座设计参照中交公路规划设计院的桥梁盆式支座 GPZ（Ⅱ）型，支座实物如图 19.4-8 所示。

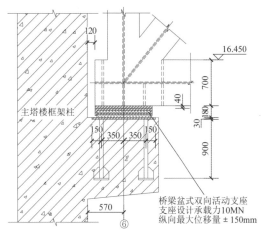

图 19.4-7 桁架双向滑移支座

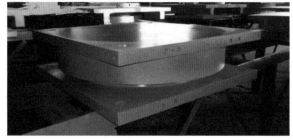

图 19.4-8 盆式支座

19.4.3 主塔楼斜柱转换

主塔楼在二～三层之间北侧（L.1 轴至 N.5 轴）局部设置了 4 榀斜柱转换以转换上部 3 轴至 6 轴上的柱子。转换结构布置见图 19.4-9，典型转换结构立面如图 19.4-10 所示。

结构计算时用 SATWE 和 ETABS 程序进行对比分析，对构件进行包络设计，对斜柱内和斜柱下的楼面梁的地震内力将乘以 1.5 的放大系数来进行构件设计；计算结果显示斜柱转换处在二层的楼面梁内会产生拉力，对该处拉力较大的 3.2 轴和 4 轴上的二层楼面梁采用型钢混凝土构件，以抵抗较大的轴向拉力（该处最大设计轴向拉力约 6994kN），对斜柱也设置了钢骨构件，加大构件承载能力，同时对斜柱以及转换层以上的转换柱，适当加大箍筋配置，箍筋加密，以此提高柱子延性；对于转换位置的二层及三层楼面，加大局部楼板厚度，加强楼板配筋，以此来有效传递水平地震力。计算显示该二层虽存在局部斜柱转换，但楼层侧向刚度和抗剪承载力均未出现突变。整体计算的转换结构模型示意详见图 19.4-11。

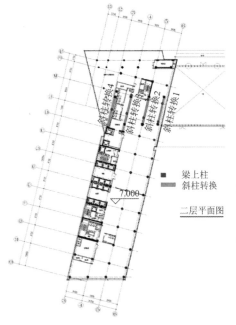

图 19.4-9 转换结构平面布置图

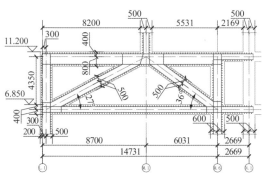

图 19.4-10 典型转换结构立面

斜柱现场施工完成后的实景见图 19.4-12。

图 19.4-11 转换结构模型示意图 | 图 19.4-12 斜柱转换现场施工实景

19.4.4 塔楼顶部悬挑桁架

在主塔楼 22 层顶部设置 4 榀钢结构桁架，悬挑最大跨度为 18.89m，桁架高度 4.5m。钢桁架布置详见图 19.4-13。典型钢桁架立面见图 19.4-15，计算显示，TRUSSA 端部竖向变形为 95mm，满足规范变形限值要求。

结构设计时对 4 榀桁架除单独进行平面结构分析外，还进行了整体分析，对钢桁架构件进行包络设计，建模计算时考虑了竖向地震作用的组合工况，整体计算模型详见图 19.4-14。总体计算分析显示，为保证各桁架的变形协调，桁架上下弦楼板平面均存在一定数值的次应力，楼板设计时除适当加大板厚外，配筋也需加强。

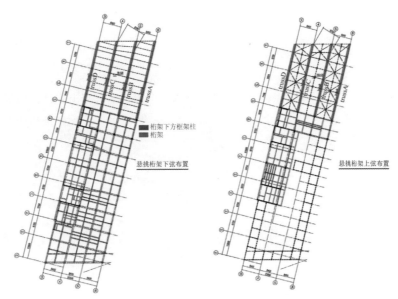

图 19.4-13 主塔楼顶部大悬挑钢结构桁架布置

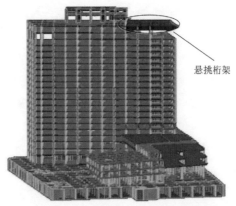

图 19.4-14 主塔楼顶悬挑钢桁架布置模型

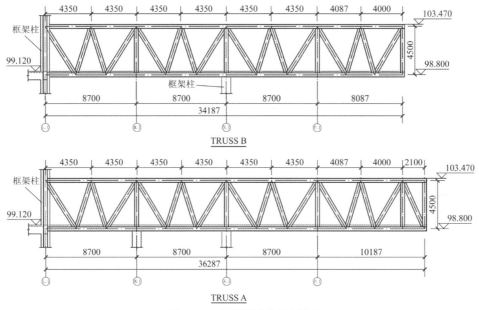

图 19.4-15 典型钢结构桁架立面图

19.4.5 营业大厅转换钢桁架

东侧裙房底部营业大厅通高两层，在三层位置设置大跨度转换桁架，桁架占据三层整层高度，转换桁架平面布置见图 19.4-16，现场施工完成实景及桁架立面图见图 19.4-17、图 19.4-18。

图 19.4-16 钢结构转换桁架平面布置

图 19.4-17 钢结构转换桁架施工现场实景

钢结构桁架分析设计要点：（1）转换桁架需进行单榀平面分析与整体分析包络设计，计算分析时考虑了竖向地震作用的组合工况，整体模型示意详见图 19.4-19；（2）下弦与 14.3 轴位置柱连接节点刚接连接时，对柱子水平推力太大，且柱子两侧的框架梁存在 870mm 的高差，因此，考虑在恒荷载作用下端部下弦设计成滑动支座，待主体及墙体砌筑完成后再固定。计算结果详见图 19.4-20、图 19.4-21，结果显示在此措施实施下的下弦杆件轴向压力设计值为 204kN，在竖向构件承载力可接受的范围内；（3）与转换桁架上弦相邻的框架梁，存在一定的水平拉力（2440kN），需对其进行重点分析处理。设计中该位置的桁架上弦伸入框架梁内至 13 轴，形成一段钢骨构件，保证了该水平力的有效传递；（4）加强桁架上下弦位置楼板的承载力配置，通过构造使楼板与桁架构件变形协调，增大转换桁架的承载力富余量。（5）17～18 轴之间的桁架支撑柱按中震弹性的性能化设计要求实施，并提高相关构件的抗震等级。

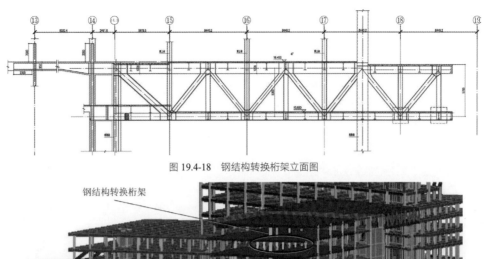

图 19.4-18　钢结构转换桁架立面图

图 19.4-19　钢桁架转换位置及下层空间模型示意图（裙房东北视角）

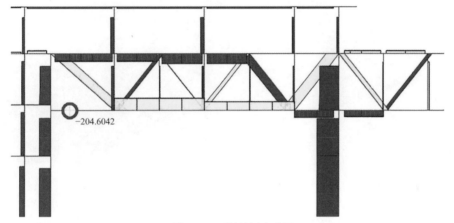

图 19.4-20　桁架轴力包络图

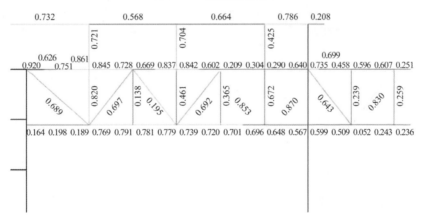

图 19.4-21　桁架杆件设计应力比

19.4.6　全玻幕墙结构

由于入口中庭三层挑空，使该区域南北立面的幕墙高度达 16.5m，该部分的幕墙系统受力较大，且建筑外立面效果要求通透，对幕墙设计提出了较高的要求，幕墙立面及剖面图见图 19.4-22。该部分幕墙系统采用了全玻幕墙系统，即除了直接承受风荷载的构件是玻璃外，竖向的受力构件也是采用玻璃材料，全玻幕墙系统示意见图 19.4-23。

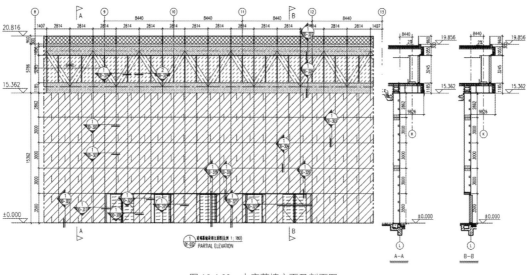

图 19.4-22　中庭幕墙立面及剖面图

图 19.4-23　全玻幕墙系统示意图

该处幕墙受力形式为索-肋集合系统，垂直方向单索主要承担面板自重，玻璃肋承担水平方向荷载，单索直径 20mm，肋采用 15 + 1.52PVB + 15 的夹胶玻璃，肋高 700mm，间距 1407mm，面板采用 10 + 20A + 10 中空玻璃。玻璃肋按照上端铰接，下端水平铰接，竖向自由的边界假定进行复核验算，在水平荷载作用下，玻璃肋跨中第一主应力 $\sigma = 45.2$MPa，扰度变形为 16.18mm，临界稳定屈服应力 $\sigma = 48.1$MPa，局部侧向屈服弯矩小于承受的最大弯矩值，各项验算均满足要求，验算结果见图 19.4-24、图 19.4-25；在竖向重力荷载作用下，由玻璃肋前部采用一根 1×37 的 $\phi 20$（截面面积 237.22mm²）的单索承担自重，纵索均施加 200MPa 的预应力，计算显示重力荷载下索的应力为 234.8MPa，满足承载力要求，索的变形为 0.987mm，能满足要求。其计算简图以及计算结果见图 19.4-26、图 19.4-27。

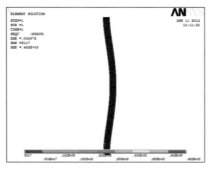
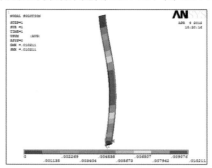

图 19.4-24　玻璃肋变形结果图　　　　图 19.4-25　玻璃肋强度验算应力图

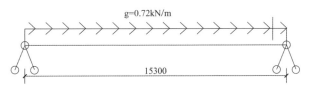

g=0.72kN/m

15300

图 19.4-26　拉索计算简图

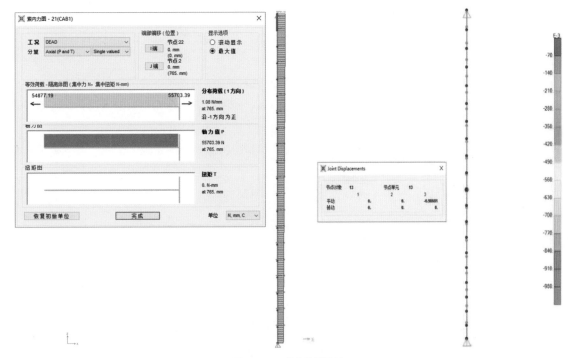

图 19.4-27　拉索计算结果

由于该全玻幕墙系统悬挂搁置于中庭桁架的下弦，桁架的竖向变形对于全玻幕墙系统的影响如下：（1）幕墙计算应根据幕墙安装时桁架的变形条件进行，预留考虑幕墙系统由于桁架后期变形引起的受力变化；（2）竣工完成后的正常使用过程中应注意桁架的变形变化，应预留考虑此变形变化对幕墙系统受力的影响。

中庭桁架的主要荷载为五层屋面的覆土，桁架变形主要由恒荷载引起的，因此，该处的悬挂式全玻幕墙系统的安装时间较为重要，涉及底部玻璃肋预留的纵向变形距离，否则将使玻璃肋受压破坏。主体结构分析中考虑幕墙安装时间为五层覆土完成，提资给幕墙设计的竖向预留变形为 50mm。吊挂幕墙底部节点见图 19.4-28，吊挂幕墙实景见图 19.4-29。

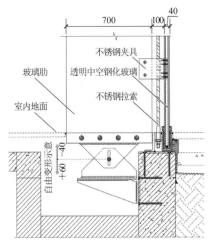

图 19.4-28　吊挂幕墙底部节点图

图 19.4-29　吊挂幕墙实景图

19.5 结语

中银大厦项目为包含诸多不规则项的复杂高层建筑,为满足和实现建筑功能和效果,采用了多种结构形式来实现,包含钢骨混凝土斜柱转换、大跨钢桁架、钢桁架转换、钢管混凝土构件等。通过结构方案比选、结构计算分析、专项结构分析等几个方面对其进行解析,现结构设计小结如下:

(1)在不影响建筑效果的前提下,对平面不规则较严重的建筑设置防震缝是简化结构计算分析和连接构造的优选方法。

(2)多个软件以及多个计算模型对比分析、包络设计是保证结构安全可靠的设计方法。

(3)结构设计需优先考虑建筑效果和建筑功能的实现,并通过多个结构方案的比选,找出结构受力较合理、建筑成本较经济的解决办法。

(4)结构方案的选择应优先考虑传力方式最直接、结构分析最简单的方式,避免复杂分析带来的结构安全风险。

(5)施工期间的加载模式对于设计具有重要意义,不同的施工工况对于结构受力会产生不同的结果,相应的结构节点设计也需采用不同的方法。

参考资料

[1] 戴雅萍, 张志刚, 陈磊. 苏州某银行大楼中庭钢结构设计, [J]. 建筑结构, 2014, 44(1): 12-15.

[2] 张志刚, 戴雅萍. 苏州中银大厦结构设计, [J]. 建筑技术开发, 2018, 45(21): 11-13.

[3] 李德生, 王浙武. 苏州中银大厦幕墙计算书[R]. 苏州: 苏州柯利达装饰股份有限公司, 2012.

设计团队

建筑方案设计:贝聿铭建筑师与贝氏建筑事务所(美国)

施 工 图 设 计:苏州市建筑设计院有限公司(现启迪设计)

结构设计团队:戴雅萍,张志刚,陈 磊,廉浩良,申真真,吴 杨,朱 轶

执 笔 人:张志刚

获奖信息

2015 年全国优秀工程勘察设计一等奖

第九届全国优秀建筑结构设计一等奖

第20章

锦峰大厦

20.1 工程概况

20.1.1 建筑概况

科技城科技服务区一区（锦峰大厦）项目位于苏州高新区科技城核心板块锦峰路以西，太湖大道以南，分 P-28-02（以下简称 02 地块），P-28-04 地块（以下简称 04 地块）两个地块。其中 02 地块用地面积 9783.9m²，04 地块用地面积 21007.7m²。

本工程地上建筑面积分别为 02 地块 71063.5m²，04 地块 114918.1m²。两个地块均设地下二层地下室，地下室总建筑面积分别为 18682m²、34017m²。主要建筑功能为零售商业、设备、后勤、停车功能，04 地块地下一层与苏州高新区有轨电车管委会站出口连通。

两地块主塔楼均为地上二十一层，含四层裙房。底层层高为 5.7m，二～三层层高为 5.2m，四层层高为 4.5m，标准层层高为 4.4m，塔楼屋面主体高度为 96.2m，其中裙房屋面高度为 20.8m。裙房功能主要为商业，塔楼（02 地块 A 楼和 04 地块 B 楼）主要功能为写字楼。建筑总平面图和整体效果图分别见图 20.1-1 和图 20.1-2。

两地块之间由跨越河道的连廊相连，连廊底部两层架空，三层、四层连通，建筑高度为 20.80m。其纵向跨度约 46m，横向宽度为 27m，主要建筑功能为健身房和商务办公。

VIP 办公位于 02 地块，地上八层，含四层裙房（与 A 塔楼裙房相连），其中五、六层层高均为 4.4m，七层层高为 3.8m，八层层高为 3.48～6.258m，建筑高度为 40.358m，主要功能为办公。

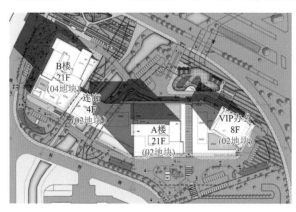

图 20.1-1　总平面图

图 20.1-2　项目整体立面图

20.1.2 设计条件

1. 主体控制参数（表 20.1-1）

控制参数　　　　　　　　　　　　　　　　　　　　　　　　　　表 20.1-1

结构设计基准期	50 年	建筑抗震设防分类	标准设防类（丙类）
建筑结构安全等级	二级（结构重要性系数 1.0）	抗震设防烈度	6 度（0.05g）
地基基础设计等级	甲级	设计地震分组	第一组
建筑结构阻尼比	0.05（混凝土）/0.04（钢结构）	场地类别	Ⅲ类

2. 结构抗震设计条件

本工程多遇地震作用下地震动参数按规范及地安评报告计算的基底剪力较大值取用，设防烈度地震和罕遇地震作用下地震动参数按规范取值。多遇地震作用下地安评报告提供的水平地震影响系数最大值0.081。

本工程右侧04地块A塔楼与两侧裙房间设置两条防震缝兼伸缩缝将结构分为三个独立的抗震单元，根据规范要求，防震缝宽度均为130mm。

02地块与04地块之间大跨连廊与02地块B塔楼间采用防震缝兼伸缩缝分开；根据规范要求，此处防震缝宽度为200mm。各抗震单元平面位置示意图如图20.1-3所示。

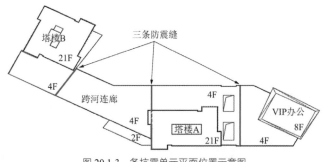

图 20.1-3　各抗震单元平面位置示意图

本工程各单体（四个抗震单元）均以地下室顶板作为上部结构嵌固部位，结构设计时地下室满足作为嵌固端的相关要求。

3．风荷载

结构变形验算时，按50年一遇取基本风压为0.45kN/m²，两塔楼承载力验算时按基本风压的1.1倍，地面粗糙度为B类，风载体型系数为1.4。

20.2　建筑特点

20.2.1　塔楼竖向收进

本工程A楼和B楼均存在竖向收进情况。A、B楼屋面主体高度均为96.2m，裙房屋面主体高度为20.8m。由于建筑功能要求，A楼北侧三跨裙房及东侧三跨裙房与塔楼整体相连，建筑剖面图见图20.2-1。B楼南侧三跨裙房及东侧一跨裙房与塔楼整体相连。

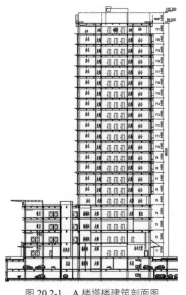

图 20.2-1　A楼塔楼建筑剖面图

A 楼沿裙房方向，塔楼宽$B_1 = 30.9$m，带裙房总宽$B = 53.25$m，$B_1/B = 30.9/53.25 = 58.0\%$，小于$75\%$。高度方向$H_1/H = 20.8/96.2 = 21.6\%$，大于$20\%$。

B 楼沿裙房方向，塔楼宽$B_1 = 40.050$m，带裙房总宽$B = 66.800$m，$B_1/B = 40.050/66.80 = 60.0\%$，小于$75\%$。高度方向$H_1/H = 20.8/96.2 = 21.6\%$，大于$20\%$。

按《高层建筑混凝土结构技术规程》JGJ 3—2010 第 3.5.5 条，A 楼和 B 楼属于竖向收进。

20.2.2　裙房楼板大开洞

由于建筑功能要求，A 楼在裙房范围存在大开洞，如图 20.2-2 所示。右侧裙房位置宽 53.250m，开洞宽度为$18.30 + 17.50 = 35.80$m，开洞比例$= 35.80/53.250 = 67.3$m。可见有效宽度小于50%，开洞面积大于30%。

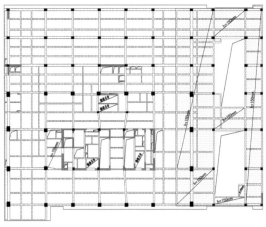

图 20.2-2　典型裙房标准层图

20.2.3　大跨钢结构连廊

连廊部分主体结构采用钢 + 混凝土混合框架结构。主要特点如下：

（1）由于景观河道的存在，中间需采用大跨，不设置框架柱，故左侧 46m 跨范围采用两层高的大跨钢桁架，横向（27m 方向）则采用 9m 及 18m 钢梁支承在三榀大跨钢桁架上。

（2）连廊左右两侧分别为单榀钢框架和多跨混凝土框架，左右刚度不平衡。在 0 轴Y向设置柱间支撑，以一定程度上解决桁架左右刚度不平衡；另由于一～二层，由于建筑功能的需要，不允许设置柱间斜支撑，其上下层楼层承载力存在突变，软弱层和薄弱层同时存在（图 20.2-3）。

（3）1 轴左侧为大跨钢结构，右侧为混凝土结构，交界处存在两种不同结构间传力问题（图 20.2-4）。

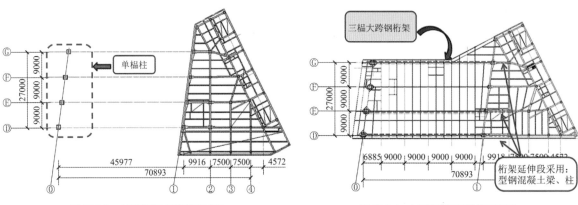

图 20.2-3　A 区连廊二层结构平面图　　　　图 20.2-4　A 区连廊三层结构平面图

20.3 体系与分析

20.3.1 方案对比

本工程 A 塔楼带裙房不设缝，其中主楼为高层（二十一层），采用框架核心筒结构体系，裙房（四层）为多层，裙房是否设置剪力墙，进行结构方案对比。

方案一，裙房不设置剪力墙，对建筑功能布置较有利，但刚度较小，对结构整体刚度贡献较小（图 20.3-1）。

方案二，裙房设置剪力墙，对建筑上下功能布置有一定影响，但能提供一定刚度，变形相对可控（图 20.3-2）。

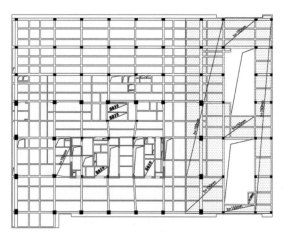

图 20.3-1 方案一：裙房不设置剪力墙 　　　　　　　图 20.3-2 方案二：裙房设置剪力墙

对两方案分别进行计算，其计算结果如表 20.3-1 所示

计算结果汇总表　　　　　　　　　　　　　　表 20.3-1

序号	科目		类型		规范控制值
			裙房设置剪力墙	裙房不设置剪力墙	
1	周期/s	T_1	2.9786（X）	3.0234（X）	——
		T_2	2.6001（Y）	2.6542（Y）	
		T_3	2.4534（T）	2.5276（T）	
2	周期比T_t/T_1		0.845	0.836	0.90
3	剪重比/%	X向	1.92%	1.89%	1.60
		Y向	2.32%	2.31%	1.60
4	有效质量	X向	95.26%	96.40%	≥90
	系数/%	Y向	95.14%	95.16%	
5	刚重比	X向	4.01	2.71	≥1.4 满足整体稳定，＜2.7 需要考虑重力二阶效应
		Y向	4.79	3.39	
6	层间位移角	地震作用 X向	1/980	1/962	1/800
		地震作用 Y向	1/1079	1/860	
		风荷载 X向	1/2768	1/2727	
		风荷载 Y向	1/2219	1/2172	

序号	科目		类型		规范控制值
			裙房设置剪力墙	裙房不设置剪力墙	
7	规定水平力下最大层间位移比	X向	1.45	1.39	位移角 < 0.4 倍限值时放宽至 1.6
		Y向	1.25	1.50	
8	底层柱/墙轴压比最大值		0.88/0.59	0.89/0.54	0.90/0.60
9	规定水平力底层框架柱地震倾覆力矩百分比	X向	30.02%	33.05%	
		Y向	29.15%	29.87%	
10	结构总质量/t		73734.57	73444.11	——

注：模型中的第一层对应于建筑平面的第二层，其余以此类推。

各楼层层间位移角分布如图 20.3-3 所示。

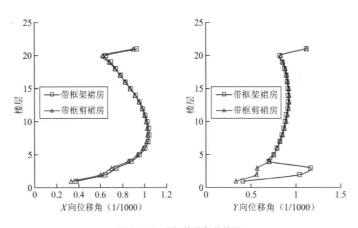

图 20.3-3　层间位移角曲线图

由上述分析结果可知：

（1）裙房无论是否带剪力墙，两个方案的各项整体指标均满足设计要求。

（2）塔楼刚度较大，裙房是否设置剪力墙，对结构整体指标影响甚微，两方案参数指标结果值大部分较为接近。

（3）裙房部分，是否设置剪力墙对裙房动力响应影响较大。方案一裙房不设置剪力墙时，裙房位置其层间位移角较大（1/860），方案二设置剪力墙时，裙房刚度增大，其主楼最大位移角就转至塔楼中间层（1/1079）。

（4）裙房设置剪力墙后，结构刚度相对更为均衡，其规定水平力下的Y向层间位移比由 1.5，降低至 1.25，满足《高层建筑混凝土结构技术规程》JGJ 3—2010（以下简称《高规》）第 3.4.5 条相应要求。

综上，本工程采用方案二更为合理。

20.3.2　结构布置

1. 塔楼结构布置

通过上述主楼方案比较，A 楼和 B 楼均采用在裙房范围布置一定剪力墙，主楼布置有钢筋混凝土核心筒。其中框架抗震等级为三级，剪力墙抗震等级为二级。

核心筒内楼板厚度取 130mm，裙房大开洞位置楼板厚度为 150mm 外，其余楼板最小厚度为 100mm。其 A 楼为例，其典型中间楼层平面图如图 20.3-4 所示。

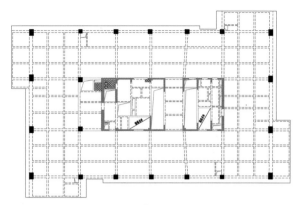

图 20.3-4　中间楼层平面图

主要构件截面见表 20.3-2。

主要构件截面 表 20.3-2

楼层功能	层号	层高	竖向构件混凝土等级	外框架截面/mm	核心筒外墙厚度/mm
屋顶	小屋面	3.00		—	X向：300 Y向：400
办公区	19~21	4.40	C30	X向：700×700 Y向：700×900	X向：300 Y向：500
	16~18	4.40		X向：800×800 Y向：800×1000	X向：300 Y向：500
	14~15	4.40	C35	X向：900×900 Y向：800×1100	
	13	4.40		X向：900×900 Y向：900×1300	X向：300 Y向：600
	12	4.40			
	10~11	4.40	C40	X向：900×900 Y向：900×1300（钢骨柱）	X向：300 Y向：600
	9	4.40			
	5~8	4.40	C45		
商业	4	5.2	C50	X向：1000×1000 Y向：900×1300（钢骨柱）	X向：400 Y向：600
	3	5.2			
	2	5.2		X向：1000×1000 Y向：900×1300（钢骨柱）	X向：500 Y向：600
	1	5.7			

2．大跨连廊结构布置

连廊采用钢＋混凝土框架结构体系（大跨部分采用钢桁架形式）。屋面采用钢梁＋压型钢板上覆混凝土形成组合板。其余部分主体结构采用钢筋混凝土框架结构，楼屋面均采用普通现浇混凝土梁板结构。

连廊跨度较大，在不影响建筑功能的情况下利用三四层的建筑高度，设置了三榀主受力桁架。其中边跨桁架（D、G 轴）为二层通高桁架，中跨桁架（E 轴）由于建筑功能的需要，三层无法均设置斜杆，采用了局部空腹的形式。如下图 20.3-5 所示。三榀桁架中，弦杆断面大部分采用 H800×400×25×36，斜腹杆大部分采用 H600×400×16×25，材质均为 Q345B。其结构布置如图 20.3-4 所示。

考虑其跨度大、荷载重且受力复杂，钢筋混凝土框架及钢框架的抗震等级提高为三级，三榀钢桁架及其支承构件的抗震等级提高为二级。

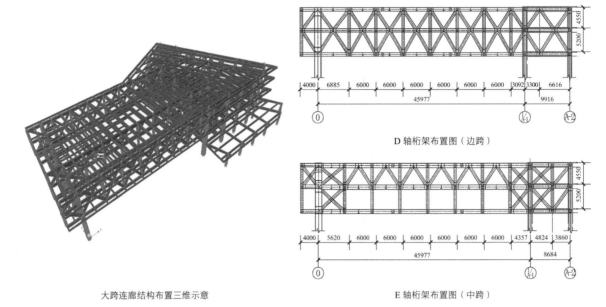

D 轴桁架布置图（边跨）

E 轴桁架布置图（中跨）

大跨连廊结构布置三维示意

图 20.3-5　大跨连廊结构布置图

3. VIP 办公结构布置

VIP 办公主体结构采用普通框架结构，12 个框架柱均采用型钢混凝土柱，顶部屋面结构采用钢框架结构，即钢框架梁加压型钢板上覆混凝土形成组合屋面板，其余部分楼屋面均采用普通现浇混凝土梁板结构。其结构布置如图 20.3-6 所示，主框架梁大部分采用 H800 × 300 × 25 × 30，悬挑梁大部分采用 H1000 × 400 × 25 × 40，材质均为 Q345B。

VIP 办公框架抗震等级为三级，顶部屋面钢框架的抗震等级为四级。

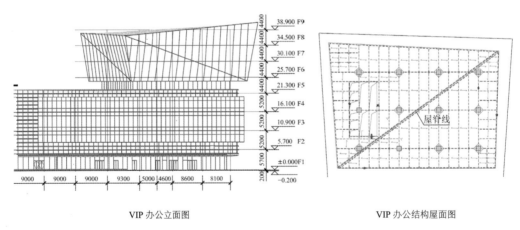

VIP 办公立面图

VIP 办公结构屋面图

图 20.3-6　VIP 办公结构布置图

4. 基础结构设计

本工程 A 楼、B 楼塔楼基础拟采用"预应力混凝土管桩及承台 + 筏板"的基础形式，桩采用 ϕ600 预应力混凝土管桩，以⑧$_1$粉土及⑧$_2$粉质黏土夹粉土层为桩端持力层，桩顶标高−7.05m 及−8.130m（1985国家高程基准），有效桩长 41～42m；根据地质报告，单桩竖向抗压承载力特征值为 R_a = 2700kN；塔楼基础底板采用整体筏板，筏板厚度为 2200mm。

本工程裙房及地下车库基础采用"预制方桩 + 承台"的基础形式，桩采用 450 × 450 预制钢筋混凝土方桩（抗压兼抗拔桩），以⑥$_1$粉质黏土夹粉土层为桩端持力层，桩顶标高−6.20m、−7.28m（1985 国家高程基准），有效桩长 25m；单桩抗压承载力特征值 R_a = 1500kN，单桩抗拔承载力特征值 R_a = 600kN。

裙房及地下室底板采用带梁筏板，底板厚度为 600mm，柱下承台厚度为 1500～1600mm，基础地梁高度为 $600 \times$（1200～1400）mm。

本工程按现行规范要求进行地基变形验算，经计算，A 楼塔楼及 B 楼塔楼的平均沉降为 60～70mm，均满足现行规范要求。

20.3.3 结构分析

1. A 塔楼小震弹性计算分析

A 塔楼采用 SATWE 和 ETABS 两个不同力学模型三维空间分析软件对结构进行计算，振型数取为 21 个，周期折减系数 0.85。计算结果见表 20.3-3。

A 塔楼不同软件计算结果汇总表　　　　　　　　　　表 20.3-3

程序		SATWE	ETABS
周期/s	T_1	2.9786（X）	2.9875（X）
	T_2	2.6001（Y）	2.5912（Y）
	T_3	2.4534（T）	2.4287（T）
周期比 T_t/T_1		0.845	0.813
剪重比/%	X向	1.92% > 1.6%	2.0% > 1.6%
	Y向	2.32% > 1.6%	2.5% > 1.6%
刚重比	X向	4.01	5.43
	Y向	4.79	6.07
层间位移角	地震作用 X向	1/980	1/1003
	地震作用 Y向	1/1079	1/1067
	风荷载 X向	1/2768	1/3493
	风荷载 Y向	1/2219	1/3007
规定水平力下最大层间位移比	X向	1.45	1.23
	Y向	1.25	1.04
底层柱/墙轴压比最大值		0.88/0.59	0.87/0.55
结构总质量/t		73734.570t	71460t

注：模型中的第一层对应于建筑平面的第二层，其余以此类推。

可见，本工程主体结构采用两个不同力学模型的三维空间分析软件 SATWE、ETABS 进行整体内力位移计算，从计算结果可知，两软件结果差异不大，且均能满足规范要求。

图 20.3-7 为 A 楼前三阶振型图，前二阶平动为主，第三阶扭转为主。

第一振型　　　　　　　　　第二振型　　　　　　　　　第三振型

图 20.3-7 A 塔楼前三阶振型图

2. 大跨连廊小震弹性计算分析

本工程主体结构采用两个不同力学模型的三维空间分析软件 SATWE、ETABS 进行整体内力位移计算。计算结果见表 20.3-4。

大跨连廊计算结果汇总表

表 20.3-4

程序		SATWE	ETABS
周期/s	T_1	0.8495 (Y)	0.8755 (Y)
	T_2	0.7552 (X)	0.7831 (X)
	T_3	0.6585 (T)	0.6616 (T)
周期比 T_t/T_1		0.7752	0.7557
剪重比/%	X向	6.85%	7.1%
	Y向	5.94%	6.1%
刚重比	X向	55.09	72.52
	Y向	50.12	61.15
层间位移角	地震作用 X向	1/890	1/788
	地震作用 Y向	1/703	1/587
	风荷载 X向	1/9540	1/12622
	风荷载 Y向	1/4932	1/5360
规定水平力下最大层间位移比	X向	1.42	1.08
	Y向	1.31	1.34
楼层抗剪承载力比最小值及所在层数	X向	0.83 (第一层)	—
	Y向	0.86 (第三层)	—
结构总质量/t		13179.157t	13310.0t

注：模型中的第一层对应于建筑平面的第二层，其余以此类推。

可见，本工程主体结构采用两个不同力学模型的三维空间分析软件 SATWE、ETABS 进行整体内力位移计算，从计算结果可知，两软件结果差异不大，且均能满足规范要求。

除整体计算外，采用 ETABS 进行单榀桁架复核，控制其上下弦杆最大应力比 ≤ 0.85，斜腹杆最大应力比 ≤ 0.90，确保关键部位结构安全。

3. 大跨连廊动力弹塑性时程分析

考虑到连廊左右两侧分别为单榀框架和多跨混凝土框架，其左右刚度不平衡。为反映地震左右下的连廊动力响应情况，对连廊进行弹塑性时程分析计算。

选取罕遇地震水准下的两组实际强震记录加速度时程和一组人工模拟加速度时程来进行结构的罕遇地震弹塑性时程分析。本工程弹塑性时程分析均采用双向地震波输入，按水平主方向：水平次方向：竖向加速度峰值比为 1：0.85：0.65 比例输入；地震波持续时间为 35s，主方向地震波峰值为 125gal。

在考虑重力二阶效应及大变形的条件下，罕遇地震作用下最大层间位移角为 1/121（天然波 Y 向输入作用下第二层），见表 20.3-5，小于 1/50 的规范限值。

弹塑性分析结构顶点位移约为弹性大震的 0.77～1.62 倍。

弹塑性大震和弹性大震计算的 X 向和 Y 向顶点位移时程曲线和基底剪力时程曲线在 5～10s 之间出现相位差，表明部分构件在大震作用下出现塑性损伤后，结构的刚度出现下降。

工况	主方向	类型	最大顶点位移/m	最大层间位移角	位移角对应层号
RH2TG045_X	X主向	弹塑性	0.049	1/206	1
TH093TG045_X	X主向	弹塑性	0.059	1/171	1
TH098TG045_X	X主向	弹塑性	0.025	1/434	2
RH2TG045_Y	Y主向	弹塑性	0.091	1/125	2
TH093TG045_Y	Y主向	弹塑性	0.094	1/121	2
TH098TG045_Y	Y主向	弹塑性	0.043	1/274	2

选取对性能影响最大的地震波 RH2TG045，在其激励下框架柱塑性应变如图 20.3-8 所示。

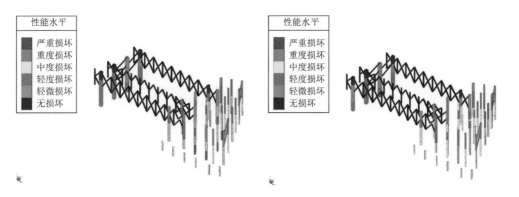

RH2TG045_X 框架柱性能指标　　　　　　RH2TG045_Y 框架柱性能指标

图 20.3-8　框架柱性能指标

从性能水平来看，大跨桁架两侧框架柱在大震作用下均处于弹性阶段。另外，左侧单榀柱灌混凝土后，强度得到提高，大震作用下，其仅出现轻度损伤，比右侧混凝土框架柱安全冗余度相对更大。

20.4　专项设计

20.4.1　塔楼竖向收进分析与研究

本工程主楼属于竖向收进的复杂高层。为分析竖向收进结构所带裙房跨数的影响，分别按带裙房不同跨数的 3 个方案进行计算分析，如图 20.4-1 所示。

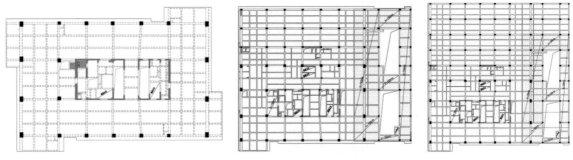

方案一：单塔楼不带裙房　　　　方案二：塔楼带 3 跨裙房　　　　方案三：塔楼带 5 跨裙房

图 20.4-1　塔楼所带不同跨数裙房示意图

1. 计算结果汇总

按塔楼带裙房不同跨数进行计算分析（其中带 3 跨裙房模型为本工程采用模型），其结果如表 20.4-1。

塔楼带不同跨数裙房计算结果汇总表　　　　　　　　　　　　　　表 20.4-1

序号	科目		类型			规范控制值
			单塔	带 3 跨裙房	带 5 跨裙房	
1	周期/s	T_1	3.0875（X）	2.9786（X）	2.9755（X）	——
		T_2	2.7478（T）	2.6001（Y）	2.5846（Y）	
		T_3	2.6243（Y）	2.4534（T）	2.4025（T）	
2	周期比 T_t/T_1		0.890	0.845	0.807	0.90
3	剪重比/%	X 向	1.80%	1.92%	1.89%	1.60
		Y 向	2.19%	2.32%	2.43%	1.60
4	有效质量系数/%	X 向	97.49%	95.26%	94.83%	≥ 90
		Y 向	95.92%	95.14%	94.26%	
5	层间位移角	地震作用 X 向	1/1013	1/980	1/978	1/800
		地震作用 Y 向	1/1251	1/1079	1/1031	
		风荷载 X 向	1/2709	1/2768	1/2768	
		风荷载 Y 向	1/2165	1/2219	1/2228	
6	规定水平力下最大层间位移比	X 向	1.12	1.45	1.58	≤ 1.4
		Y 向	1.39	1.25	1.27	
7	楼层刚度比最小值及所在层数	X 向	21	21	21	≥ 1.00
		Y 向	21	21	21	
8	楼层抗剪承载力比最小值及所在层数	X 向	0.94	0.99	0.99	≥ 上一层受剪承载力 80%
		Y 向	0.93	0.98	0.98	
9	规定水平力底层框架柱地震倾覆力矩百分比	X 向	27.53%	30.02%	31.29%	
		Y 向	26.24%	29.05%	30.92%	
10	结构总质量/t		60189.56	73734.570	80707.85	——

注：模型中的第一层对应于建筑平面的第二层，其余以此类推。

由上述分析结果可知，随着所带裙房跨数的增加，结构整体刚度变大，自振周期变短。但上部塔楼刚度不变的情况下，层间位移角随着裙房跨数的增加而变大（1/1251 变为 1/1031）。同时，层间扭转位移比会逐渐增加。

2. 楼层位移角变化

塔楼带不同跨数裙房进行计算分析，其各层层间位移角响应如图 20.4-2 所示。

X 向塔楼收进尺寸相对较少，接近高层竖向收进不规则要求限值 0.25，其小震下动力响应与单塔楼基本一致。Y 向塔楼收进尺寸已远大于 0.25。从其小震下各层位移角图可以看出，在裙房屋面竖向收进位置标高，其结构位移角存在一定突变，塔楼带裙房模型相较不带裙房模型其层间位移角有一定放大。

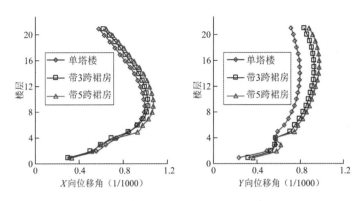

图 20.4-2　塔楼带不同跨数裙房的层间位移角图

3．楼层扭转位移比变化

由计算结果汇总表可知，随着所带裙房跨数的增加，其扭转位移比越大。

随着主楼所带裙房跨数的增加（Y向）：结构主体X向的扭转位移比会增加，单塔楼时最大扭转位移比为 1.12，带 3 跨增大至 1.45（左下角），带 5 跨时，增大至 1.58（左下角）。

结构主体Y向的扭转位移比会减小，单塔楼时最大扭转位移比为 1.39，带 3 跨增大至 1.32，带 5 跨时，增大至 1.27。

按此类推，若跨数继续增加，其结构主体X向扭转位移比将超 1.60，即使按《高规》3.4.5 条，此楼层最大层间位移角不大于第 3.7.3 条规定的限值（1/800）的 40%，仍将不满足规范要求。

此时，需调整扭转位移比。按原来传统的调整刚心和质心尽量重合，在远端加X向墙体的话，会发现没有作用，甚至是反作用。

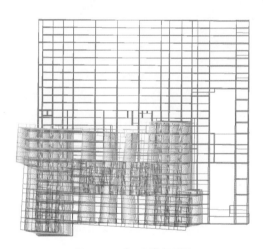

图 20.4-3　第一周期振型图

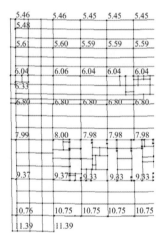

图 20.4-4　裙房第四层左侧部分构件X向位移值（mm）

由上图 20.4-3 和图 20.4-4 可知，由于塔楼的存在，其在地震作用下，塔楼端比裙房远端的水平位移更大（塔楼端 11.39mm，裙房远端 4.84mm）。

可见，正常设计时，当远端扭转位移比较大时，采取质心和刚性尽量重合的方法是可行的。对于带高层主楼的裙房时，不能完全按上述原则来调整。根据本项目计算分析，其主要原因在于：

（1）主楼和裙房不设缝，整体刚度主要由高层塔楼提供，地震工况下，主楼吸收的地震力也相应变大，而裙房框架吸收的地震力较小，其位移变化也较小。

（2）高层塔楼，由于高度及质量的存在，其本身整体水平变形相较附近裙房可能会更大。

由于上述原因，对于带高层主楼的裙房时，其扭转位移比最大值，基本会出现在主楼一侧，而不是裙房远端。此时根据计算结果，加强出现最大位移比的主楼近端X向刚度，尽量控制位移值，而不是纯粹按质心和刚性尽量重合的方法在裙房远端增设剪力墙。

4. 竖向构件内力变化

为分析塔楼带不同跨数裙房对竖向收进位置竖向构件的影响，选取交界处裙房上一层框架柱为分析对象，如图 20.4-5 所示，其在各方案下的受力情况对比。

轴力方面，由于上部塔楼没有变化，带裙房和不带裙房基本没有区别，其轴力值基本一致。

对于 M_x、Q_y，其带 3 跨裙房时，是单塔时的 2 倍左右，随着跨数的增加，其值相应变大。对于 M_y、Q_x，其带 3 跨裙房时，是单塔时的 3 倍左右，随着跨数的增加，其值相应变大。可见塔楼带裙房后，对收进位置的塔楼柱内力影响较大，设置时不能忽视。应按《高规》10.6 条提高其上下两层的抗震等级，并按相应计算结果配置钢筋。

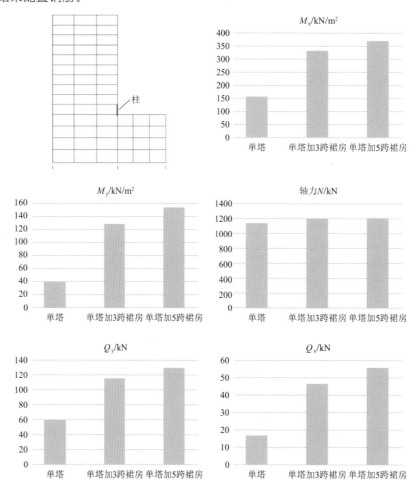

图 20.4-5　裙房上一层柱（收进交界处）选取位置及内力图

综上，通过塔楼带不同跨数裙房下各方面的对比可知：

（1）塔楼所带裙房跨数越多，整体刚度越大，自振周期越大，但塔楼范围其层间位移角变大，且在裙房屋顶位置其层间位移角有突变现象，设计时需注意不能突变过大。

（2）塔楼所带裙房跨数越大，其扭转位移比越大，且最大值所在位置在塔楼一侧。调节扭转位移比时，不纯粹按质心和刚性尽量重合的方法在裙房远端增设剪力墙，而需根据计算结果，加强主楼周边相关抗侧构件刚度。

（3）塔楼带裙房后，对裙房以上一层的竖向构件内力影响较大，设计时不能忽略，应该按《高层建筑混凝土结构技术规程》JGJ 3—2010 第 10.6 章，对收进位置的竖向构抗震等级提高一级，并加强配筋。

20.4.2 大跨连廊左右刚度不对称处理

考虑到连廊左侧为单榀柱，右侧为多榀混凝土框架，左右刚度不协调。设计中为加强左侧 0 轴位置单榀桁架支撑柱纵向刚度，在三～四层位置增设柱间斜撑，做法见图 20.4-6。

上述 0 轴 Y 向柱间支撑的设立，一定程度上解决了桁架左右刚度补平衡的问题，但由于一～二层，由于建筑功能的需要，柱间支撑无法设置，这就带来一个新的问题，上部三四层刚度更大，形成传统意义上的"鸡腿柱"，其上下层楼层承载力存在突变。

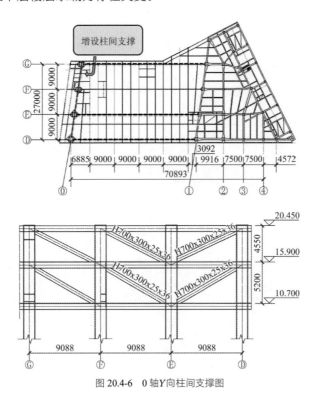

图 20.4-6　0 轴 Y 向柱间支撑图

针对上述连廊大跨度桁架及支承柱的结构特点，确定主要结构构件的抗震性能目标见表 20.4-2。

大跨连廊抗震性能目标　　　　　　　　　　　　　　　　表 20.4-2

抗震烈度水准		多遇地震（地安评）（$\alpha_{max} = 0.081$）	设防地震（地安评）（$\alpha_{max} = 0.22$）	罕遇地震（规范）（$\alpha_{max} = 0.28$）
整体抗震性能目标	抗震性能目标定性描述	完好	损坏可修复	不倒塌
	整体变形控制目标	1/550		1/50
关键构件抗震性能目标	大跨度钢桁架（三榀）	小震弹性	中震弹性	—
	钢桁架支承柱	小震弹性	中震弹性	大震不屈服

注：中震弹性：$1.2S_{GK} + 1.3 \times 2.85S_{EK} \leqslant R/\gamma R_E$；大震不屈服：$S_{GK} + 6S_{EK} \leqslant R_k$。

桁架左侧框架柱除按箱形钢柱计算满足承载力和整体计算指标要求外，采用内灌高强度混凝土（C50）的方式，进一步加强此榀桁架支承柱刚度，如图 20.4-7 所示。

20.4.3 钢连廊关键节点有限元分析

本分析主要考察连廊大跨桁架腹杆与弦杆连接节点的力学性能，取连廊北侧 G 轴钢桁架下弦中节点为研究对象，进行有限元分析，节点位置如图 20.4-8 所示。

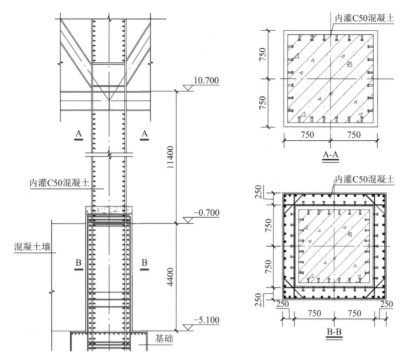

图 20.4-7　0 轴方钢管柱内灌混凝土加强图

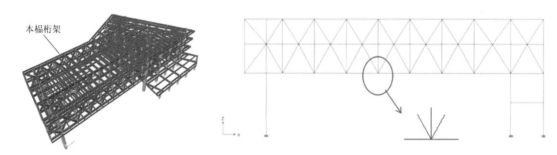

图 20.4-8　大跨钢连廊桁架节点分析位置

本节点处桁架下弦杆截面为 H900×500×30×40，腹杆断面均为 H400×600×25×36，连接处设加劲板，板厚 25mm，内力取设防地震下 ETABS 分析结果，有限元模型及应力比结果如图 20.4-9 所示。

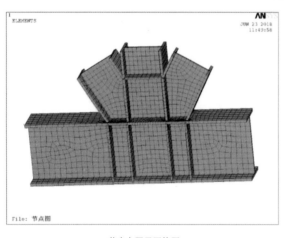

节点有限元网格图

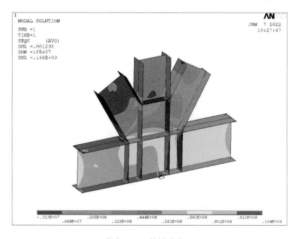

节点 Mises 等效应力图

图 20.4-9　大跨钢连廊桁架节点有限元分析图

从计算结果应力图中可以看出，节点处于弹性工作状态，整体应力处于 210MPa 以下，最大应力出现在腹杆与弦杆交界处位置，弦杆应力较为均匀，均小于杆件材料强度设计值，因此，可以判断此节点安全。

20.4.4 大跨连廊防倒塌分析

考虑到本工程跨度较大，按《高规》3.12 要求进行防连续倒塌验算要求，以便当发生爆炸、撞击、人为错误等偶然事件时，结构能保持必需的整体稳固性，不出现与起因不相称的破坏后果，防止出现结构的连续倒塌。

对建筑外侧的桁架 1 进行拆杆分析，分别进行了拆斜腹杆、竖杆、下弦杆三种工况，分析时钢结构正截面承载力取标准值的 1.25 倍。各工况下，桁架构件应力比如图 20.4-10 所示。

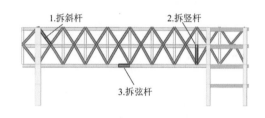

拆除构件位置示意

拆除斜杆构件应力比图（周边构件最大 0.466）

拆除弦杆构件应力比图（周边构件最大 0.264）

拆除竖杆构件应力比图（周边构件最大 0.490）

图 20.4-10　大跨钢连廊防连续倒塌，拆除构件设计应力比图

由图 20.4-10 可见，各拆杆情况下，各构件最大应力比均不超 1.0，均满足承载力要求。其中拆杆位置周边构件的最大应力比，考虑竖向荷载动力放大系数，按小于 0.5 控制，其结果也均满足承载力要求。

可见，本钢结构连廊防连续倒塌能力可行。

20.4.5 大跨连廊楼盖舒适度分析

本工程钢连廊部分楼盖跨度较大，对大跨区域进行了楼盖结构的舒适度验算。

1. 竖向自振频率验算

计算时，参照《建筑楼盖结构振动舒适度技术标准》JGJ/T 41—2019，连廊和室内天桥的人群荷载应包括人群竖向荷载和人群横向荷载。单个行人行走时产生的竖向和横向作用力分别取值 0.28kN 和 0.035kN，考虑到本工程采用钢-混凝土组合楼板，阻尼比取 0.01。其激励加速度时程曲线如图 20.4-11 所示。

通过计算，可知本楼层最新竖向振动频率为 3.19Hz，不小于 3Hz。本工程连廊满足上述规范的要求。

2. 竖向振动加速度峰值验算

根据《高规》第 3.7.7 条要求，楼盖竖向振动加速度限值：室内连廊当竖向自振频率不小于 4Hz 时为 0.15m/s²，不大于 2Hz 时为 0.22m/s²，2～4Hz 是可线性插值，故本工程连廊竖向振动加速度限值按插值法确定为 0.1784m/s²，本工程实际算出最大竖向振动加速度为 0.15548m/s²，小于规范限值，满足上述规范的要求（图 20.4-12 和图 20.4-13）。

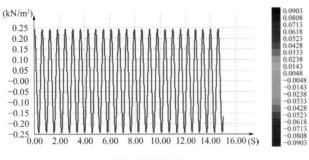

图 20.4-11　天桥人群荷载激励曲线　　　　　图 20.4-12　连廊三层楼盖竖向第一振型图

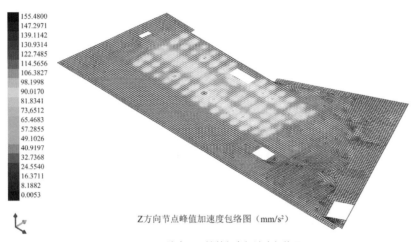

Z方向节点峰值加速度包络图（mm/s²）

图 20.4-13　连廊三层楼盖竖向加速度包络图

可见，本工程大跨连廊楼盖舒适度满足规范要求。

20.4.6　钢连廊与混凝土结构交界处处理

大跨连廊本身采用钢结构体系，与之相连的右侧为多榀混凝土框架。为解决传力和变形协调问题，本工程采取措施如下：

（1）与钢桁架相连的框架柱采用型钢混凝土柱，在方便左侧钢结构与右侧混凝土结构相连的情况下，加强 1 轴位置框架柱延性。图 20.4-14 分别为柱 1 在设置型钢和不设置型钢情况下，中震弹性工况下二层标高范围正截面承载力$P\text{-}M_x\text{-}M_y$验算。

可见，无论是否设置型钢，柱轴力和弯矩均位于$P\text{-}M_x\text{-}M_y$曲线范围内，正截面承载力满足要求；另外，设置型钢后，此框架柱的承载力冗余量更大的。

（2）三榀钢桁架上下弦型钢延伸一跨至相邻混凝土框架内，并设置抗剪栓钉，加强钢与混凝土结构的连接，提高整体变形协调性，抵抗大跨钢桁架竖向变形对其的不利影响，做法见图 20.4-15。设计时，按桁架延伸和不延伸进行比较，其在竖向荷载工况 1.2 恒荷载 + 1.4 活荷载作用下，G×1 轴桁架附近内力，内力简图见图 20.4-16～图 20.4-18。

在桁架延伸一跨后，轴力方面，斜腹杆轴力有一定增加，但上下弦杆桁架跨中位置轴力减小较多；弯矩方面，1 轴框架柱左侧桁架支座的弦杆和腹杆负弯矩有改善，同时右侧框架梁弯矩由于设置了斜杆，减小幅度更大，此时 1 轴框架柱支座左右的梁弯矩更协调，对框架柱的弯矩值也改善明显。通过上述内力分析，可见桁架延伸一跨后，对结构主体内力有一定改善，桁架整体效应更明显。

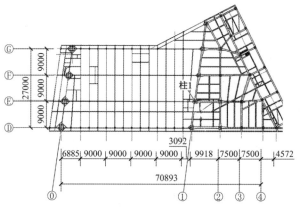

图 20.4-14　混凝土与钢结构交界位置局部柱示意

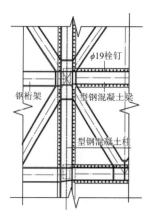

图 20.4-15　交界处梁柱节点做法

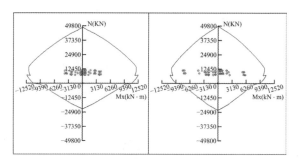

柱 1（设置型钢）正截面承载力验算

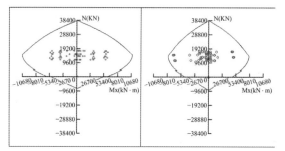

柱 1（不设置型钢）正截面承载力验算

图 20.4-16　柱 1 和柱 2 正截面承载力验算

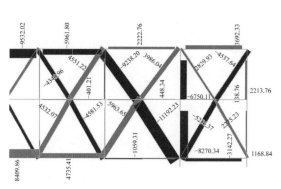

桁架延伸一跨

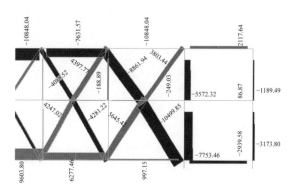

桁架不延伸

图 20.4-17　G 轴 ×1 轴位置轴力图（kN）

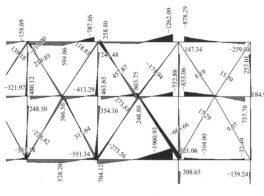

桁架延伸一跨

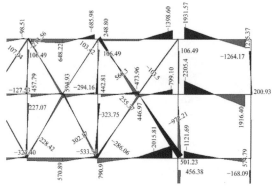

桁架不延伸

图 20.4-18　G 轴 ×1 轴位置弯矩图（kN×m）

20.5 结语

本工程包含塔楼竖向收进、裙房楼板大开洞，钢结构大跨连廊左右刚度不平衡、上下层受剪承载力存在突变等不规则，同时为满足建筑功能需要，连廊位置还采用了大跨度钢桁架。通过计算分析及专项设计，现工程小结如下：

（1）塔楼所带裙房跨数越多，整体刚度越大，自振周期越大，但塔楼范围其层间位移角会变大，且在裙房屋顶位置其层间位移角有突变现象，设计时需注意不能突变过大。

（2）带裙房的塔楼收进结构，调节扭转位移比时，不能纯粹按质心和刚性尽量重合的方法在裙房远端增设剪力墙，而需根据计算结果，加强出现最大位移比位置抗侧力的刚度，如主楼周边等位置。

（3）塔楼带裙房形成竖向收进后，对裙房以上一层的竖向构件内力影响较大，设计时不能忽略，应该按《高规》第 10.6 章，对收进位置的竖向构抗震等级提高一级，并加强配筋。

（4）对于大跨连廊，考虑其具体不规则项，除整体结构抗震等级提高一级、进行动力弹塑性分析外，对三榀钢桁架及其支承构件确定合适的抗震性能目标，以确保关键构件的安全可靠。同时进行了防倒塌验算和舒适度分析，以及关键节点的有限元补充分析，验证了本结构体系的安全性和使用合理性。

设计团队

建 筑 设 计 方 案：Gensler

初步设计及施工图：苏州设计研究院股份有限公司（现启迪设计集团股份有限公司）

结 构 设 计 人 员：袁雪芬，张　敏，陆春华，钱忠磊，闫海华，郑履云，郑晓冬，李清雅

执　　笔　　人：陆春华，袁雪芬

获奖信息

2017 年江苏省城乡建设系统优秀勘察设计一等奖

2018 年度省第十八届优秀工程设计一等奖

2017 年全国优秀工程勘察设计行业奖评选中获优秀建筑工程设计三等奖